최신 전기설비

설계·시공·감리

강동귀·이순형 공저

문운당

머리말

인간이 살아가는 데 많은 에너지를 필요로 하고 있다. 사용에너지를 보면 빛에너지, 진동에너지, 열에너지, 정보에너지, 영상에너지, 문자에너지, 소리에너지, 운동에너지 등이 있는데, 전기에너지를 받아 전기기계기구나 가전제품, 컴퓨터 등을 통해 인간이 필요로 하는 어떠한 에너지도 손쉽게 얻을 수 있기에 전기에너지가 유용한 에너지요, 쾌적성을 확보할 수 있기에 그린에너지라고 칭하기도 한다. 그러나, 다기능 가전제품이나 자동화를 구축한 공장설비, 그리고 인공지능화하고 있는 건축물 등은 정보통신기기나 컴퓨터를 응용하므로 순간정전, 전압변동, 노이즈, 고조파전류, 정전기 등에 의해 오동작을 일으키거나 손상될 우려가 있기 때문에 높은 신뢰성은 물론 무정전 전력공급을 요구하고 있다. 이는 전기에너지를 이용하는 전기설비의 중요성을 증명하는 것이라 생각한다.

이렇게 인간이 윤택한 삶을 영위하기 위해 많은 전기에너지를 이용하고 있고, 높은 욕구를 충족시키며, 전기설비의 신뢰성을 높이기 위해서는 고도의 전기기술자가 배출되어야 한다고 생각하기에 수십 년의 현장실무 경험과 20여 년의 대학 강의경험을 기반으로 심여를 기울여 이 책을 집필하였다.

이 책은

첫째, 전기기기나 전기설비를 처음 접하는 전기공학도들에게 전기기초공학을 한 번 더 이 책을 통해 일깨워주고, 이를 응용한 전기설비를 논리적이며 체계적으로 이해할 수 있도록 해설해 놓았고, 또한 전기기사 및 산업기사 실기시험 예상문제를 발취하고 답안을 상세히 풀이하였기에 기술자격 검정에 많은 도움이 되리라 보며,

둘째, 현장기술자들을 위해 설계나 시공, 그리고 감리수행 시 필요한 사항들을 한 눈에 들어올 수 있도록 Flow Chart 식으로 기술하였기에 실무적으로 접근이 용이하게 하였으며,

셋째, 전기기술사 자격을 취득하고자 준비하는 전기기술자들을 위해 각 전기설비마다 상세하고 이해도를 높일 수 있도록 서술하였다.

아무쪼록 이 책을 통해 전기기술인의 기술력이 크게 향상되어 대한민국의 산업발전에 기여하는 한 축이 되었으면 하는 바램이며, 미흡한 점이 있다면 아낌없는 충고와 지도를 해주시어 다음 기회에는 한 단계 향상된 개정판을 집필할 수 있도록 도와주시기 바랍니다.

끝으로 본서의 출판을 위해 많은 도움을 주신 문운당 출판사 임직원 여러분께 깊은 감사를 드리며, 전기기술인들의 무궁한 발전을 기원하는 바입니다.

저자 씀

차 례

1 전기설비의 기본개념

2 수·변전설비

3 예비전원설비

4 배 전 설 비

5 부하설비

6 접 지 설 비

7 방 재 설 비

8 계측 및 시험

1 전기설비의 기본개념

1-1 전기설비란

건축물 내에서 전기에너지는 모든 분야에 매우 많이 이용되고 있다. 이처럼 인간이 문명사회를 형성하는 데 전기에너지는 없어서는 안될 중요한 역할을 담당하고 있다. 문명의 발달과 함께 생활환경에 대한 쾌적한 환경을 더욱더 요구하게 되는데, 이를 충족시키기 위해서는 건축물이 원활한 기능을 갖도록 하여야 하며, 이를 위해서는 전기설비가 반드시 필요로 하여 매우 강조되고 있는 실정이다.

표 1-1 전기설비와 인간과의 관계

인체의 기능	대 상	전 기 설 비
시각(눈)	빛, 색상	조명설비
청각(귀, 입)	소리	신호, 통신설비
후각(코)	냄새	환기, 배기설비
촉각(피부)	온도, 습도	공기조화, 냉·난방설비
소화(장기)	물, 영양분	급·배수설비
운동(팔, 다리)	작업	동력설비
신경(제어)	감각, 동작	감시제어설비

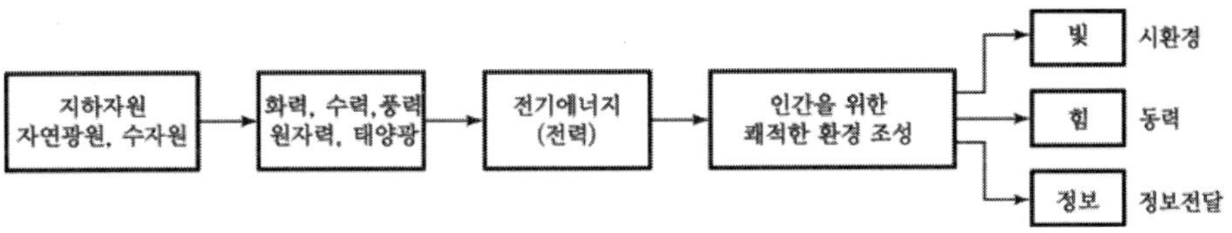

그림 1-1 에너지의 변환 및 응용

이러한 전기설비는 기능적인 분류와 전류의 크기에 의한 분류, 전기사업법에 의한 분류로 나눌 수 있으며 그 내용을 항목으로 나누어 보면 다음과 같다.

1-1-1 기능에 의한 분류

1. 전원설비

전원설비는 전력회사로부터 전력을 수전하는 수전설비, 부하의 사용전압으로 강압하거나 설비나 기기를 보호하는 변전설비, 비상용 전원설비로서의 발전설비, 직류전원설비인 축전지설비, 컴퓨터용 전원 등에 정전압·정주파수를 위한 무정전 전원설비로 되어 있다.

전원설비에 속하는 중요 설비는 다음과 같다.

① 수전설비
② 변전설비
③ 발전설비, 비상용 발전설비
④ 직류전원설비(축전지 설비)
⑤ 무정전 전원설비(정전압·정주파수를 위한 전원설비)

2. 배전 및 배선설비

전력을 변전실로부터 전력부하로 공급하는 전력공급설비는 각 부하설비에 공급망을 통해 전력을 분배하는 설비로서 대단히 중요한 설비이다.

이것은 대용량으로 집약하여 보내는 간선설비와 각각의 부하에 공급하는 분기회로로 구분되며 배선방식으로는 전선관, 플로어 덕트, 셀룰러 덕트, 평형보호층 배선, 통합 배선시스템, Bus-Duct 등이 있다.

3. 전력부하설비

전력부하설비는 일반조명설비, 비상조명설비, 옥외조명설비 등의 조명설비와 급수, 배수, 위생, 냉·난방설비, 반송설비 등의 시설에 동력을 전달하는 동력설비와 비상 엘리베이터, 배기팬, 소화펌프 등의 비상전원을 공급받아 동력을 전달하는 비상동력설비, 일반 콘센트설비 및 비상콘센트 등으로 되어 있으며, 이러한 전기에너지를 소비하는 설비를 전력부하설비라 한다.

4. 감시제어설비

부하설비의 기동, 정지, 역전, 속도가변, 보호 등의 제어와 상태감시를 수행하는 설비인 제어, 감시, 조작설비와 전등, 동력, 전원설비 등의 원격조작 및 감시제어를 한 곳에서 정보를 집중하여 실시함으로써 유지·관리비를 절감시키는 데 목적을 두는 설비로서 최근에는 컴퓨터를 응용함으로써 감시제어설비의 합리화를 도모하고 있다.

5. 반송설비

사람이나 물품을 운반하는 설비로서 엘리베이터, 에스컬레이터, 덤웨이터, 컨베이어 및 에어-슈터, 콘도라 등의 설비를 반송설비라 한다.

6. 정보통신설비

일정장소 내에서 무선호출을 위한 페이징설비, 내부의 특정장소간 통화수단인 인터폰설비, 건물 내부와 외부의 통신수단인 전화설비 및 데이터통신설비, 시각에 의한 정보수단인 TV 공청설비, 위성통신설비, 시각정보 전달기능의 전기시계설비, 구내 데이터통신을 위한 LAN 설비, 주차관제설비, 원격검침시스템 등을 정보전송설비라 한다.

7. 방재설비

방재설비는 건축물에서 발생할 수 있는 모든 재난(화재, 지진, 뇌격, 도난 등)에 대한 방지 또는 감시시스템을 말한다.

화재 관련설비로 화재의 조기발견과 자동통보기능인 자동화재탐지설비, 도난 및 불법 침입자에 대한 방지설비인 방범설비와 건물을 뇌해로부터 보호하는 피뢰설비, 그리고 항공장애설비 등이 있다.

1-1-2 전류에 의한 분류

1. 강 전 류

전등설비, 동력설비, 간선설비, 구내배선설비, 축전지설비, 자가발전설비, 피뢰침설비, 접지설비 등이 있다.

2. 약 전 류

전기시계, 반송설비, 자동화재탐지설비, 배연설비, 비상통보설비, 신호표시설비, 인터폰·전화설비, 고주파 또는 펄스에 의한 신호회로, 라디오 공청설비, TV 공청설비 등이 있다.

1-1-3 전기사업법에 의한 분류

1. 전기사업용 전기설비

전기사업자가 전기사업을 목적으로 설치한 전기설비로서 발전, 변전, 송전, 배전, 통신(전력용 보안) 전기설비 및 이를 관리하기 위하여 설치하는 모든 설비를 총괄하여 사업용 전기설비라 한다.

2. 일반용 전기설비

사업용 및 자가용 전기설비를 제외한 소규모 전기설비로서 주택, 상점, 소규모 공장 등과 같이 한정된 구역에서 전기를 사용하기 위한 설비를 말한다.

3. 자가용 전기설비

자가용 전기설비란 사업용 전기설비 및 일반용 전기설비 이외의 전기설비로 다음과 같이 정의된다.

① 수전전압이 고압 이상이거나 수전전력이 75 [kW] 이상인 경우

② 다음 항목의 건물에 설치하는 용량 20 [kW] 이상의 전기설비

- 갑종탄광
- 화약류 제조사업장, 각종 위험물 저장소 및 제조소
- 흥행 및 유흥장(카바레, 나이트클럽, 댄스홀, 헬스클럽 등)
- 공연장, 집회장, 공공 회의장(극장, 영화관, 관람장, 공연장 등)
- 다중 출입장소(시장, 대규모 소매점, 도매센터, 예식장, 병원, 호텔 등)

4. 전기설비에서 제외되는 설비

① 선박, 차량, 항공기에 설치된 전기설비(단, 발전 및 변전을 목적으로 하는 경우 제외)

② 전압 30 [V] 미만의 설비로서 30 [V] 이상에 전기적으로 접속되지 아니한 것

③ 전기통신설비(수전설비 제외)

1-2 전기설비의 설계단계

1-2-1 전기설비설계의 개요

설계란 시행하여야 할 공사에 대하여 비용이나 재료, 구조 등의 계획을 세워 도면이나 서류에 구체적으로 명시하는 일로서 계획에 의한 시스템이 선정된 것을 도서로 표현하는 기술적인 작업을 말한다.

즉, 사업주로부터 어떤 건물의 규모나 사업성 등을 요청 받아 이를 구체화하도록 연구, 조사, 분석, 계획하여 이에 대한 도서를 만드는 것이다.

이러한 도서는 다음과 같다.

- 설계개요서
- 설계도면
- 시방서(표준시방서, 특기시방서 등)
- 기술계산서(설계계산서)
- 예산내역서
- 기타 – 유지·관리 지침서

1-2-2 설 계 단 계

1. 계획단계(타당성 조사)

계획단계란 설계를 시행하기 위한 기반사항을 고려하여 모든 것을 조사하고 각종 설계에 대한 법규나 주위여건 등을 검토하여 설계의 진행방향을 제시하며, 예상된 문제점과 가예산을 산정하여 사업 타당성 등을 판단하는 단계이다.

모든 설계에 있어서 사업 타당성에 대하여 충분한 검토가 필요한데, 이를 가볍게 여기는 경우 공사의 준공은 물론 유지, 보수에 많은 문제를 야기하게 되므로 이러한 계획단계의 중요성이 매우 크다.

전기설비의 계획단계에서 고려해야 할 사항을 살펴보면 다음과 같다.

① 빌딩시설의 사용목적에 잘 부합할 것

② 설비의 신뢰도를 저하시키지 않고 운전·보수에 불편을 초래하지 않는 범위에서 가급적 간단한 설비일 것

③ 전기설비로 인한 화재의 위험성이 없고 감전사고가 없는 안전한 설비일 것
④ 기기의 성능이 우수하며 신뢰도가 높고 또한 수명이 긴 것을 사용할 것
⑤ 변전실의 넓이와 높이의 절감을 기할 수 있는 소형·경량의 기기를 사용할 것
⑥ 운전 및 보수가 간단하고 용이하며 오조작의 염려가 없을 것
⑦ 기기의 배치가 합리적이고 일상시 운전·보수나 고장시 조치에 불편하거나 위험이 없을 것
⑧ 외관이 좋고 주위와 조화를 이룰 것
⑨ 건설비가 저렴하고 운전·유지비를 경감할 수 있을 것

이상에서 열거한 각 조건은 서로 모순되는 것이 있으므로, 건물의 중요도, 특수성, 경제성 등을 고려하여 어느 사항에 중점을 둘 것인가를 계획단계에서 결정해야 한다.

2. 기본설계

기본설계란 실제설계의 첫 단계로서 계획과 실시설계를 이어주는 중요한 역할로 보다 구체적이고도 현실적인 방안이 제시되도록 해야 한다.

① 건물용도(부하종류)
② 부하조사
③ 수·변전설비용량과 계약전력
④ 수전전압과 수전방식
⑤ 단선결선도 초안작성
⑥ 비상용 발전설비용량과 전환방식
⑦ 배전전압과 주회로 결선방식
⑧ 보호방식과 보호협조
⑨ 수·변전설비의 형식과 기기의 시방, 정격
⑩ 감시제어방식
⑪ 전기인입과 인입방식
⑫ 전기실의 위치, 크기 및 배치

이와 함께 건축설계자, 기계설비설계자, 시공주, 건축주와도 협의를 하여야 한다.

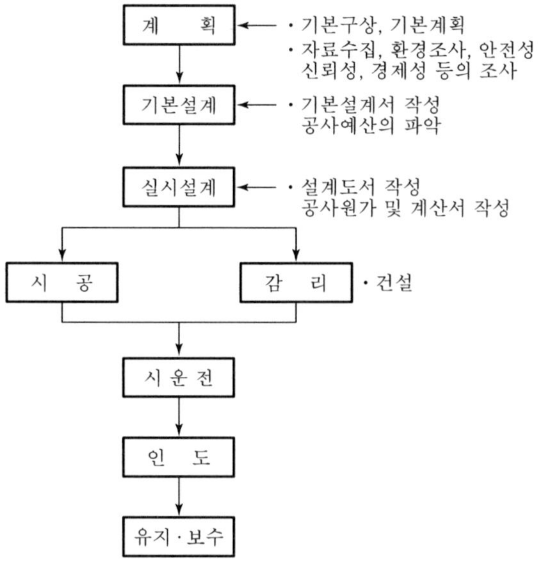

그림 1-2 전기설비의 Life Cycle

표 1-2 전기설비 프로젝트의 주요 작업

항 목	주 요 작 업
기획·계획 요령 새기술 연구시험조사	1. 각 시스템의 검토 2. 문제점 발취 3. 원가와 유지비의 검토 4. 설비내용 및 정도의 검토 또는 운전보수 검토 5. 지진이나 화재 등의 방재측면 검토 6. 공기 예측 7. 관계기관과의 협의(정부기관, 전력회사) 8. 자료수집 9. 시공시의 주의사항 및 동의
설계 관련기술제도 안전성	1. 전기설비도서의 작성 2. 설명서, 시방서 작성 3. 공사예산서 작성 4. 기술계산서 작성 5. 공기의 결정 6. 발주자, 관공서와의 설계도서 재확인 7. 최종 발주자의 동의 8. 시공순서
감 리	1. 공사계획의 검토 2. 공정표의 검토 3. 발주자, 시공자 및 제조자가 작성한 시공도서의 검토·확인 4. 전기설비의 규격에 관한 검토·확인 5. 공사자재의 규격 및 품질의 검토·확인 6. 설비 및 기기의 시험성적서 검토 7. 재해예방대책 및 안전관리의 확인 및 지도 8. 설계변경에 관한 사항의 검토·확인 9. 공정의 적합성 조사 및 검사 10. 준공도서의 검토 및 준공검사 11. 하도급에 관한 타당성 조사 12. 설계도서와 시공도서의 적합성과 시공 가능성에 관한 사전검토
시 공	1. 시공도 작성(설계도에 의함) 2. 시공상 필요한 서류 작성 및 제출 3. 시공도에 의한 각 공사의 시공 4. 제작시방서의 작성 5. 설비 및 기기의 각종 시험 및 검사계획 6. 준공도서 작성 7. 기타

3. 실시설계

실시설계란 기본설계 또는 계획의 검토, 실시설계에 필요한 자료의 수집 및 정리, 설계요약의 결정, 설계지침의 작성, 공정표 작성, 공사내역 및 공사비 견적 등을 말하며 이는 기본설계를 설계도서화하는 것을 말한다.

설계도서에는 다음과 같은 것들이 있다.

- 설계개요서(설계설명서)
- 설계도면
- 기술계산서
- 시방서
- 예산내역서

(1) 설계개요서

설계개요서는 설계목적, 각 설비의 요약, 각 설계에 대한 분석자료, 설계시 적용한 특별한 사항 등이 기록된다.

(2) 설 계 도 면

전기설비에 관한 도면은 계통도(system diagram), 접속도(connection diagram), 회로도(schemtic diagram), 배선도(wiring diagram) 등이 있다. 이러한 도면에는 전기기계기구 등을 표시하는 기호나 선을 이용하여 각 도면에서 요구하는 결선이나 접속관계, 전기기계기구 등의 배치를 올바르게 표시하여야 하며, 그리는 방법이나 크기에는 일정한 제약은 없다. 다만, 도면에 표기되는 기호는 한국 산업표준규격에서 규정하고 있는 전기용 기호를 사용하여야 한다.

① 계통도 : 전기적 계통을 표시한 도면

② 접속도 : 기기나 기구의 전기적 접속상태나 회로의 동작을 표시한 도면

③ 회로도 : 여러 가지 부품을 조합한 전기회로의 접속을 기호로 표시한 도면

④ 배선도 : 배선도는 전기를 사용하는 부하설비의 설치 위치라든지, 인입구로부터 부하설비에 이르는 배선이나 접속관계를 표시한 것으로서 보통은 옥내 전기공사의 설계도를 배선도라 부르고 평면도, 결선도, 기기상세도 등으로 나누어진다.

(3) 기술계산서(설계계산서)

기술계산서는 설계시 선정한 각종 기기에 대한 기술계산서를 말한다. 도서목록 중 가장 중요한 항목으로서 대상 건축물의 특징과 상황을 정확히 파악하여 계산서를 작성하

도록 하여야 한다.

① 부하계산서
② 수·변전설비용량 계산서
③ 간선 및 전압강하 계산서
④ 고장전류계산서(단락, 지락, 충전전류계산서)
⑤ 조도계산서
⑥ 발전기용량계산서
⑦ 축전지용량계산서
⑧ 접지계산서
⑨ 고조파전류계산서
⑩ 전화설비용량계산서 등

(4) 설계시방서

시방서는 공사방법, 지침내용을 문서화한 것으로 시공시 및 감리시 설계도면과 더불어 매우 중요한 자료로서 활용되는 것이다. 이것은 전기설비 전반에 대한 일반적인 용어의 정의, 시공방법, 적용법규 등을 규정한 표준시방서와 각각의 특성에 따른 특별한 내용 및 적용법규 등을 규정한 특기시방서, 그리고 중요자재 및 기기의 구매, 발주에 사용되는 자재시방서로 구분된다.

따라서 시방서는 설계도면에 표시된 공사의 범위, 시공정밀도, 규모, 배치 등 도면으로 설명할 수 없는 내용을 보완하여 주는 역할을 하여 공사자가 해당공사를 확실히 이해할 수 있도록 작성되어야 한다. 이러한 시방서는 건축주, 설계자, 공사업자 및 기타 관련 당사자간에 분쟁발생시 법률적인 판단기준이 된다. 합리적으로 작성된 시방서는 공사진행 중 발생할 수 있는 분쟁을 방지할 수 있으며 도급업자가 계약사항과 공사의 질적인 성능수준에 적합하게 시공하고 있는지의 여부를 판단할 수 있다.

시방서는 시공서의 내용, 사용목적, 작성방법, 명세제한에 따라 크게 네 가지로 분류할 수 있으며, 표준시방서는 편의상 공사시방서를 작성하지 않고 모든 공사에서 공통적으로 적용되는 사항을 규정한 시방서로서 일종의 지침시방서이다. 국내의 경우 정부에서 발주하는 공사 등에 적용되는 건축전기설비공사 표준시방서가 이에 해당된다. 특히 시방서는 공사의 특징에 따라서 표준시방서의 적용범위, 표준시방서에 없는 사항, 그리고 표준시방서에서 특기시방으로 정하도록 되어 있는 사항 등을 규정한 시방서이다.

① 시방서의 작성
- 공사개요(공사종별, 공사시공범위 등)

- 준공시일
- 전기방식 및 배선방식
- 사용재료 및 기구에 관한 사항
- 공사방법에 관한 사항
- 기타 필요한 사항

② 시방서의 종류

- 기술시방서 : 공사 전반에 걸친 기술적인 사항을 규정한 시방서
- 일반시방서 : 비기술적인 사항을 규정한 시방서
- 표준시방서 : 모든 공사의 공통적인 사항을 규정한 시방서
- 특기시방서 : 공사의 특징에 따라서 특기사항 등을 규정한 시방서(특수설비, 특수공법, 특수제작 등 일반시방서에서 담을 수 없는 내용을 담고 있다)
- 자재시방서(순수제작시방서) : 제작기준이나 제작요구내용 등을 구체적으로 담고 있는 시방서

표 1-3 시방서의 종류

구 분	종 류	특 징	비 고
내용상 분 류	기술시방서	공사전반에 걸친 기술적인 사항을 규정한 시방서	
	일반시방서	비기술적인 사항을 규정한 시방서	
작성방법상 분류	표준시방서	모든 공사의 공통적인 사항을 규정한 시방서	일종의 지침서
	특기시방서	공사의 특징에 따라서 특기사항 등을 규정한 시방서	시방서
사 용 목적상 분 류	공사시방서	특정공사를 위해 작성되는 시방서	건축전기 설비 공사 표준시방서, MASTER-SPEC KS, ASTM, BS, DIN, JIS 등
	지침시방서	공사시방서를 작성하는 데 지침이 되는 시방서	
	약술시방서	설계자가 건축주에게 설명용으로 작성하는 시방서	
	자재 생산업자 시방서	시방서 작성시 또는 자재구입시 자재의 사용 및 시공지식에 대한 정보자료로 활용하도록 자재생산업자가 작성하는 시방서	
	성능시방서	제품자체보다는 단지 제품의 성능만이 설명되는 시방서	
	자재 및 제품의 표준시방 또는 표준규격	자재 및 시공방법에 대한 표준규격으로서 시방서 작성시 활용하도록 하는 시방서	
사용자재 규제상 분 류	폐쇄형 시방서	재료, 공법 또는 공정에 대해 제안된 몇 가지 항목을 기술한 시방서	경쟁제한
	개방형 시방서	일정한 요구기준을 만족하면 이를 허용하는 시방서	경쟁유도

(5) 예산내역서

내역이란 발주자가 공사를 집행하기 위한 기준예산이 되는 것으로서 내역서를 작성할 때는 장비수량, 각종 자재물량과 이에 따른 표준적인 인력투입량(공량)이 산출되며, 여기에 조사된 기준금액을 적용시켜 계산하고 다시 각종 간접비용, 잡비 및 이윤 등을 포함시켜 계산한다.

연 습 문 제

1-1 건축전기설비의 기능에 대하여 설명하여라.

1-2 건축전기설비를 분류하고 상술하여라.

1-3 설계도서의 종류를 나열하고 설명하여라.

수·변전설비 2

2-1 수·변전설비의 개요

수전점에서 변압기 1차측까지의 기기구성을 수전설비라 하고 변압기에서 배전반까지를 변전설비라 하며, 수용가 구내에 전력회사로부터 전력을 수전하고 변전설비를 시설하여 구내에만 배전하고 구외로 전력을 전송하지 않는 설비를 수·변전설비 또는 자가용 수·변전설비라 한다.

발전소
(22[KV])

↓

1차 변전소
(765[KV], 345[KV])

↓

2차 변전소
(345[KV], 154[KV])

↓

배전용 변전소
(154[KV], 22.9[KV])

↓

수용가
(일반용·자가용수용가)

표 2-1 우리나라의 전압계통과 전압변성

2-1-1 수·변전설비의 분류

1. 시설장소에 따른 분류

① 옥 외 형

일반적으로 주변압기, 개폐장치 등의 고전압설비는 옥외에 설치하고 배전반, 축전지 등의 제어용 기기는 옥내에 설치하는 방식이다(일반적으로 공장이나 플렌트에서 적용된다).

② 옥 내 형

주변압기, 개폐장치 등의 고전압설비는 물론 배전반, 축전지 등의 제어용 기기를 옥내에 설치하는 방식이다(빌딩이나 공장에서 적용된다).

2. 수전전압에 의한 분류

① 고압 수·변전설비

대규모 빌딩, 초고층 빌딩, 대규모 공장 등에서 2차 변전실용으로 사용된다.

② 특고압 수·변전설비

수전전압이 22.9~154 [kV]인 특고압으로 수전하는 변전설비이다.

3. 수전방식에 따른 분류

① 1회선 수전방식

부하가 간단한 소규모 용량에 적용되는 방식이다.

② 2회선 방식

본선-예비선수전, 평행 2회선수전, Loop 수전, Spot-Network 수전방식 등이 있다.

4. 수·변전기기의 조립방식에 따른 분류

① 자립개방형

배전반, 차단기, 변압기, 고압 및 특고압 모선, 애자류 등을 조립한 프레임구조에 개방해서 시설한 형식이다(공장에서 많이 적용되고 있다).

② 폐 쇄 형

배전반, 차단기, 변압기, 고압 및 특고압 모선, 애자류 등을 전부 금속제 함에 넣은 형식이다(빌딩, 인텔리전트 빌딩).

③ 자립, 폐쇄형을 병행하는 방식

차단기 등을 폐쇄형으로 하고 변압기·군, 콘덴서·군을 프레임구조로 한 변전설비형식이다(공장에서 많이 채용).

5. 수·변전기기의 절연유 사용에 따른 분류

① 건식 설비

절연유를 사용하지 않은 기기를 채용한 설비이다.

② 유입식 설비

유입식 기기를 사용한 설비이다.

③ 병용식 설비

건식기기와 유입식 기기를 조합하여 사용한 설비이다.

2-1-2 수·변전설비의 계획수립에 필요한 조건

1. 계획의 이면성

전기설비를 계획할 경우 무엇보다 중요한 것은 소유주의 요구에 중점을 둔 주관적인 조건이어야 하지만 동시에 지역, 사회적 조건을 누구를 위한다는 생각보다는 자기 자신을 위한다는 생각으로 받아들여져야 한다. 동시에 소유주의 투자조건과 최대의 안전을 확보한다는 것 사이에서 적절한 안전시설을 확보한다는 것도 그리 쉬운 일은 아니며 이들 상호관계에서 적절한 보완관계를 찾아 소유주의 만족은 물론 전기기술자의 사회적 책임 및 에너지 절약이란 차원에서도 만족할 수 있는 시설을 갖추어야 한다.

2. 지 역 성

어느 지역이나 그 지역이 지니고 있는 나름대로의 특수한 환경조건은 그 지역에 시설된 건축물이나 시설물이 요구하는 조건, 교통량, 급·배수상태, 기후조건 등과 밀접한 관계가 있다.

따라서 건축물에 설치된 전기설비의 입장에서 전력회사의 공급능력, 풍수해, 염해, 설해 등과 같은 지리적 및 기상조건은 물론 소음, 진동, 유도장해 등과 같은 영향에 대한 인식도 계획 입안에서 소홀히 다루어서는 안될 문제들이다.

3. 법적 제약

전기설비설계는 전기설비의 시설에 따라 관계되는 법규에 규제를 받게 되는데, 직접적으로 관련된 법규와 간접적으로 관련된 법규로 대별된다. 충분한 사전조사가 필요하며, 시설의 종류에 따라서는 관할 관공서와의 절충이나 확인, 신고, 허가 등을 필요로 하게 된다.

다음은 전기와 직접적으로 관련된 법규와 간접적으로 관련된 법규에 대하여 살펴보자.

(1) 직접적으로 관련된 법규

① 전기사업법
② 전기설비기술기준
③ 전력기술관리법
④ 전기공사업법
⑤ 전기용품 안전관리법

(2) 간접적으로 관련된 법규

① 건축법
② 건축사법
③ 소방법
④ 전기통신법
⑤ 유선방송 수신관리법
⑥ 항공법
⑦ 기술사법
⑧ 환경보전법
⑨ 산업안전보건법
⑩ 전파관리법
⑪ 광고물 단속법, 주차장법, 에너지 이용 합리화법 등
⑫ 지방자치단체 조례

(3) 기타 권고 규정

① 내선규정(대한전기협회)
② 배전규정(대한전기협회)
③ 전기공급약관(한국전력공사)

4. 안 전 성

① 인간 : 타협이 있을 수 없다(실현 가능한 최상의 안전방식 채용).
② 설비 : 경제적인 관계는 다소 타협가능(화재, 폭발 등의 간접적인 인간에 대한 주의 요망)

5. 환경대책

최근에 심각하게 부각되고 있는 문제점의 하나로서 직접적으로 인체에 위해를 미치지 않아도 장래에 2차파급이 장·단기에 걸쳐서 제 3 자의 생활환경을 해치지 않도록 세심한 배려를 한 설비가 되도록 계획하여야 한다.

6. 신 뢰 성

부하가 요구하는 "최소로 필요로 하는 전기의 품질"을 만족하는 것이 아니라면 수·변전설비의 목적 자체가 뜻을 잃게 된다.

7. 경 제 성

경제성이란 건설비뿐만 아니라 운전·보수비, 사고시의 영향 등 장래의 문제까지 검토하여야 한다. 즉, 당초의 공사비, 운전·보수비를 포함한 경제성을 검토해야 하는데, 원하는 수·변전설비의 기능이 충분히 발휘될 수 있는 방식이라면 비용은 경제적일수록 좋으나 당초의 공사비와 운전·보수비의 합계로 판단해야 한다. 경제성에 대한 평가판단의 기준은 공사 당초의 비용만으로 비교 판단하는 것이 아니라 3~10년 후의 두 시점(예를 들면, 5년 후와 10년 후의 시점)에서의 비교평가를 하면 올바른 해답을 얻을 수 있다.

8. 취급·조작의 간단

취급이나 조작이 어려우면 운전원의 오조작으로 인하여 사고를 유발하게 되므로 공급신뢰도와 안전을 유지하기 위해 취급 및 조작이 간단하여야 한다.

9. 전압변동

전력계통에서 전압변동이 배전설계의 결정적인 요소가 되는데, 전압변동이 심하면 전기설비의 수명이 짧아지고, 기능도 저하할 뿐만 아니라 전력손실 및 제품의 품질에도 영향을 주게 된다.

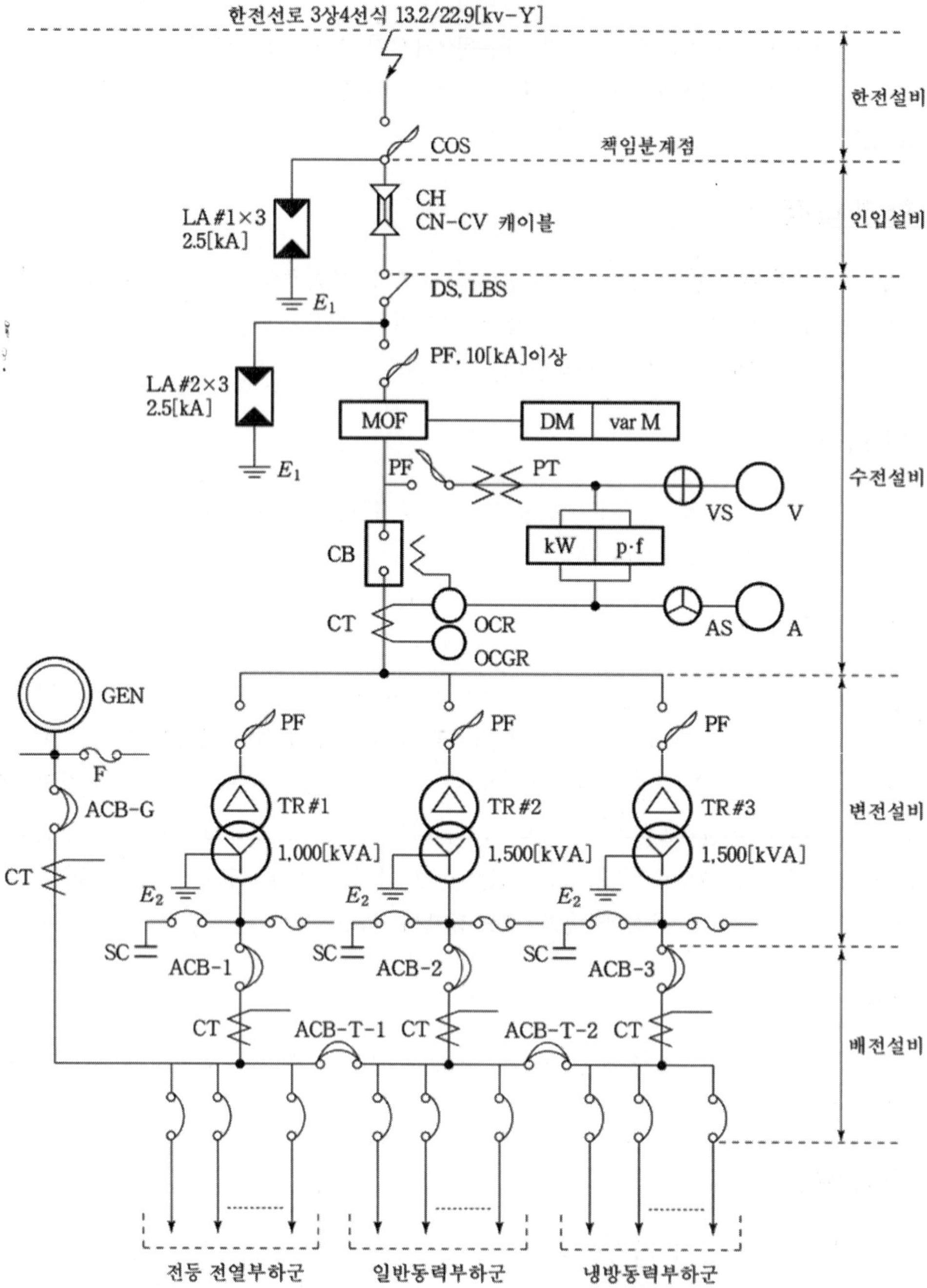

그림 2-1 3상4선식 13.2/22.9 [kV-Y] 수·변전설비의 예

10. 장래의 확장성

당장에 필요한 것만 생각해서 설계하면 결과적으로 경제성에서 절감이 가능하지만 장래의 증설까지 고려한 설계를 하면 이중투자나 불필요한 투자를 피할 수 있어 이익을 가져다준다.

일반적으로는 장래의 구상까지 조정할 수는 없으므로 실질적 내용은 융통성이 있는 구상이 된다. 예를 들면, 장래의 증설분에 대한 배치가 되어 있느냐의 여부는 실제로 이것을 설치하는 단계에서는 경제적 손실의 대소에 큰 차이로 나타난다.

2-2 수·변전설비의 기본계획 및 설계

수·변전설비는 수용가 내에 설치된 조명, 전열 및 동력부하설비에 전력을 공급하기 위하여 외부의 전력회사로부터 전력을 공급받는 설비로서 수·변전설비의 계획은 건물의 사용목적, 규모, 부하조사, 계통도, 배치도, 설치비용에 적합한 설비가 되도록 전력회사의 공급규정을 검토하여 관련부서와 사전에 협의를 하여야 한다.

2-2-1 수·변전설비의 계획시 고려사항

① 건축물의 사용목적에 적합한 설비일 것
② 각종 기기의 성능이 우수하고 신뢰성이 높으며 조작 및 취급이 간단할 것
③ 소형 경량일 것
④ 수명이 길 것
⑤ 전기설비로 인한 감전 및 화재의 위험이 없도록 안전한 설비일 것
⑥ 장래 부하증가에 대한 신축성(확장성)이 좋을 것
⑦ 종합적으로 경제적이며 부하의 중심부에 위치할 것

표 2-2 수·변전설비설계 Flow Diagram

1. 사전조사	① 지적도검토 ② 현장검토 : 지세, 홍수위, 도로상황, 구조물(한전선로, 통신) ③ 대 관청업무조사
2. 부하설비용량 산출	① 각종 부하조사(전등, 전열, 동력)
3. 수전용량 산출	① 수용률, 부등률, 부하율, 여유율 등을 고려
4. 수전전압 결정	① 특고압, 고압, 저압(한전공급약관 참조)
5. 수전방식 결정	① 1회선 방식, 2회선 방식
6. 배전전압 및 배전방식 결정	① 배전방식 : 단상 2·3선식, 3상 3·4선식 ② 배전전압 : 특고압, 고압, 저압
7. 제어 및 보호기기 선정	① 차단기 선정 ② 보호계전기 선정 및 구성, 보호협조 점검
8. 주요 기기 선정	① 변압기, 차단기, 피뢰기, 콘덴서, 계기용 변성기 등 시방서 작성
9. 모선구성방식 결정	① 단일모선, 이중모선 방식 등
10. 수·변전실의 위치 및 면적 산정	① 위치 : 전기적, 재해적, 환경적, 유지·보수적 ② 면적 : 유지·보수, 점검, 확장성 등 고려
11. 설계도서 작성	① 계획설계, 기본설계 ② 실시설계
12. 설계작성 완료	

2-2-2 설계순서

1. 수전용량과 수전전압

전력회사로부터 전력을 공급받는 경우 수용가의 사용전력을 추정 계산한 후 수전용량의 크기에 따라 한국전력공사의 공급규정에 의하여 수전전압을 결정한다.

(1) 계약전력 100 [kW] 미만의 경우

저압으로 공급이 가능하나 수용가의 요구에 따라서 고압 또는 특고압으로 공급 받을 수 있다(교류, 단상 또는 3상 220 [V], 380 [V]).

(2) 계약전력 100 [kW] 이상의 경우

계약전력이 100 [kW] 이상인 경우는 고압 이상으로 공급하도록 되어 있으나, 최근 우리나라의 배전선로가 특고압 22.9 [kV]로 승압 공급되고 있으므로 보통 특고압으로 수전하고 있다.

공급전압은 3.3 [kV], 6.6 [kV], 22 [kV], 22.9 [kV], 154 [kV], 345 [kV] 중 하나를 택하도록 되어 있으나, 대부분 다음과 같이 용량에 따라 공급하고 있다.

① 1000 [kW] 이하 : 전력회사에서 고압 공급이 가능할 경우 고압 수전으로 하나 최근에는 고압 수전보다 특고압 13.2/22.9 [KV]를 채용한다.

② 1000 [kW] 초과 : 특고압 수전을 원칙으로 한다.

- 수전용량 1,000 [KW] 초과 10 [MW] 이하 : 교류3상 22.9 [KV]
- 수전용량 10 [MW] 초과 400 [MW] 이하 : 교류3상 154 [KV]
- 수전용량 400 [MW] 초과 : 교류3상 345 [KV]

2. 수전방식

수전방식을 선정시 다음과 같은 사항을 검토해야 한다.

① 건물용도 및 부하의 중요도를 고려한다.

② 예비전원설비(자가발전설비, 무정전 전원공급장치)의 유·무를 고려한다.

③ 전원의 공급신뢰도(정전회수, 시간)를 고려한다.

④ 경제성을 고려한다.

(1) 1회선 수전방식

① 1회선 전용수전방식

- 가장 간단하고 경제적이다.

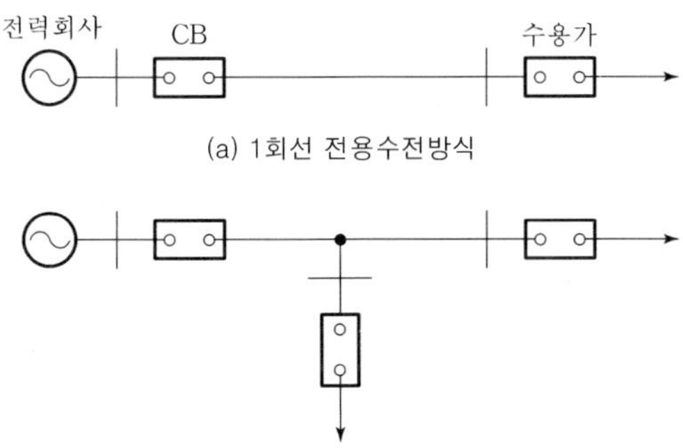

(a) 1회선 전용수전방식

(b) 1회선 분기수전방식

그림 2-2 1회선 수전방식

- 송전선 사고시 정전시간은 송전선 복구시간과 같아 정전시간이 길다.
- 다른 수용가에 영향을 초래하지 않는다.
- 소·중규모 빌딩에 널리 사용된다.

② 1회선 분기수전방식

- 간단하고 경제적이다.
- 송전선 사고시 정전시간은 송전선 복구시간과 같아 정전시간이 길다.
- 다른 수용가에 영향을 초래한다.
- 소·중규모 빌딩에 널리 사용된다.

(2) 2회선 수전방식

① 동계통 본선, 예비선 수전방식

- 본선의 점검 또는 정전시에는 예비회선으로 절체되어 전원을 공급한다.
- 공급신뢰도가 높은 반면 건설비가 많이 든다.

② 2계통 본선, 예비선 수전방식

- 송전선 사고시 일단은 정전이 되지만 예비회선으로 절체하여 정전시간을 단축할 수 있다.
- 한쪽 전원이 정전되어도 다른 전원에 의해 전력을 공급할 수 있다.
- 공급신뢰도가 높은 반면 건설비가 많이 든다.

③ 평행 2회선 수전방식

- 송전선 점검 및 보수시는 물론 사고시에도 정전되지 않는다.
- 보호계전방식이 복잡하다.
- 공급신뢰도가 매우 높다.
- 건설비가 고가이다.

④ Loop 수전방식

부하밀도가 높은 대도시의 배전방식으로 이용되고 있는 방식이다. 배전용변전소로부터 2회선을 근접하는 수 개소의 수용가를 환상으로 구성하여 공급하는 방식이다.

이 방식에는 개(開, Open)루프 방식과 폐(閉, Closed)루프 방식의 두 가지 방식이 있다. 어느 쪽도 사고, 고장시에는 고장개소를 고속도 계전기방식에 의하여 고장구간을 제외할 수 있도록 보호장치를 설치하여 수급하고 있지만 개루프방식에서는 처음부터 루프 전로의 일부를 개방하고 고장 발생시에 이미 개방되어 있는 차단기를 투입하여 완전

루프가 구성된다. 이 때문에 수용가는 일부에서 잠깐 정전되는 일이 일어나지만, 이것은 극히 짧은 시간 내에 공급이 가능하게 된다. 이것에 대하여 폐루프 방식은 상시 완전 루프를 형성하고 있기 때문에 항상 2회선 수전하는 일이 되고, 무정전 공급이 가능하다.

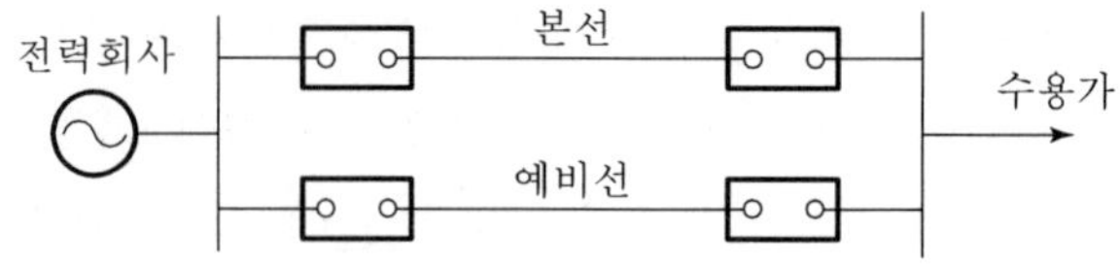

(a) 동계통 본선·예비선 수전방식

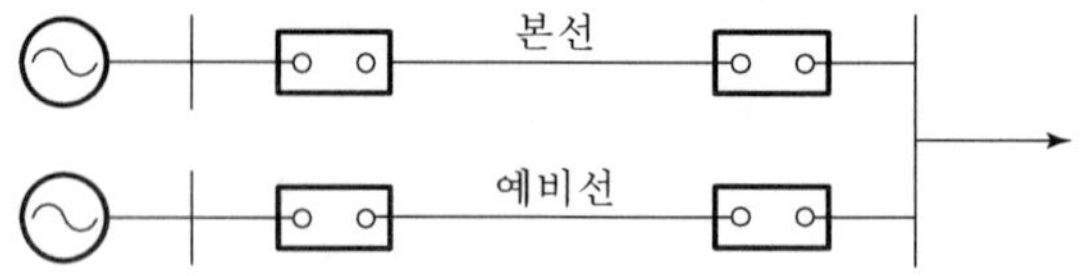

(b) 2계통 본선·예비선 수전방식

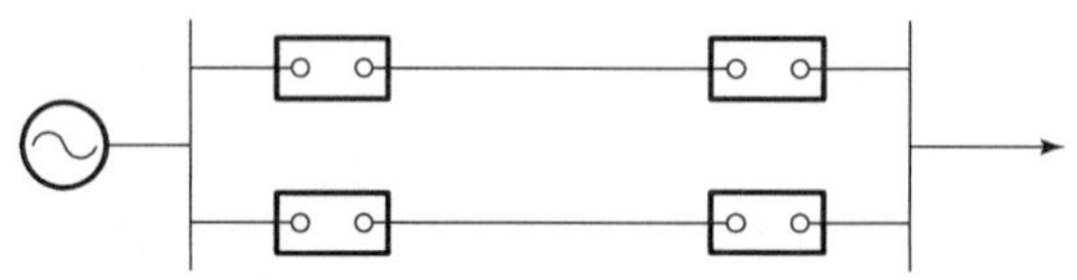

(c) 평행 2회선 수전방식

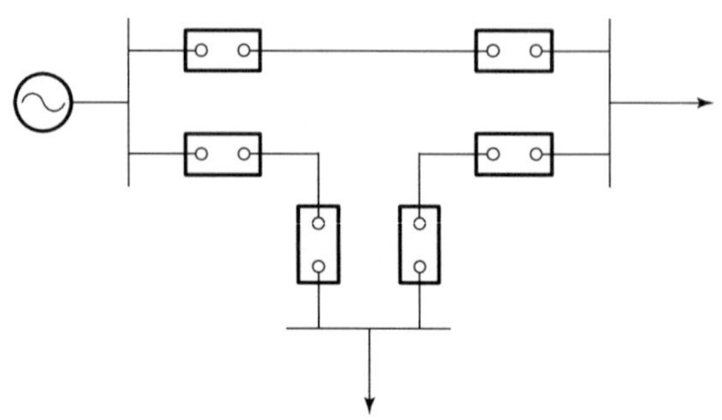

(d) 루프 수전방식

그림 2-3 2회선 수전방식

- 송전선 사고시 사고구간만 구획 차단으로 전력공급의 중단이 없다.
- 전압변동률이 적다.
- 전력공급 신뢰도가 매우 높다.
- 루프(Loop) 회로에 걸리는 용량은 전부하를 고려하여야 한다.
- 수전방식이 복잡하고 건설비가 고가이다.
- 보호계전방식이 복잡하다.
- 부하밀도가 큰 대도시, 공업지역에 적합하다.

(3) Spot-Network 수전방식

3회선 이상의 수전방식으로 배전선로의 사고에 대하여, 1회선이 정전되어도 남은 건전회선으로부터 전력공급이 되기 때문에 무정전이 된다. 또한 이 방식은 사고나 고장에 의한 1회선의 정지 때에도 부하 제한 없이 수전이 가능하므로 가장 전력공급 신뢰도가 높은 수전방식이다.

이 방식의 특징은 다음과 같다.

① 무정전 전력공급방식이다.

② 운전효율이 높아 전력손실이 적고 전압변동률이 낮다.

③ 부하증가에 대한 적응성이 크다.

④ 기기의 이용률이 향상된다.

⑤ 설비투자비가 대단히 크다.

⑥ 인텔리전트 빌딩이나 대형 전산센터 등에 적용된다.

■ Spot-Network 수전방식의 주요 기기 특징

① 부하단로기

네트워크 변압기 1차측에 설치(기중부하개폐기, SF_6 가스개폐기 사용)한다.

② Network 변압기

1회선 정전시 또는 1뱅크 고장시 다른 건전회선만으로 부하의 최대수요전력에 견딜 수 있어야 하고 130 % 과부하에 8시간 이상 안전하게 전력공급을 할 수 있어야 한다.

$$\text{변압기 용량 [kVA]} = \frac{\text{최대수요전력 [kVA]}}{\text{변압기 대수} - 1} \times \frac{100}{\text{과부하율 [\%]}}$$

③ Protecter Fuse

후비보호 개념으로 변압기 2차측에서 단락사고가 발생한 경우 큰 고장전류를 한류차단하는 전력퓨즈를 사용한다.

④ Protecter CB

사고회선을 차단하는 역할을 하며 프로텍터 퓨즈(Protecter Fuse)와 차단전류 영역을 분담하여 변압기 1차측 단락사고 발생시에 전원측으로 역류하는 단락전류 및 지락전류를 차단한다.

고압회로인 경우 VCB, 저압의 경우는 ACB가 사용된다.

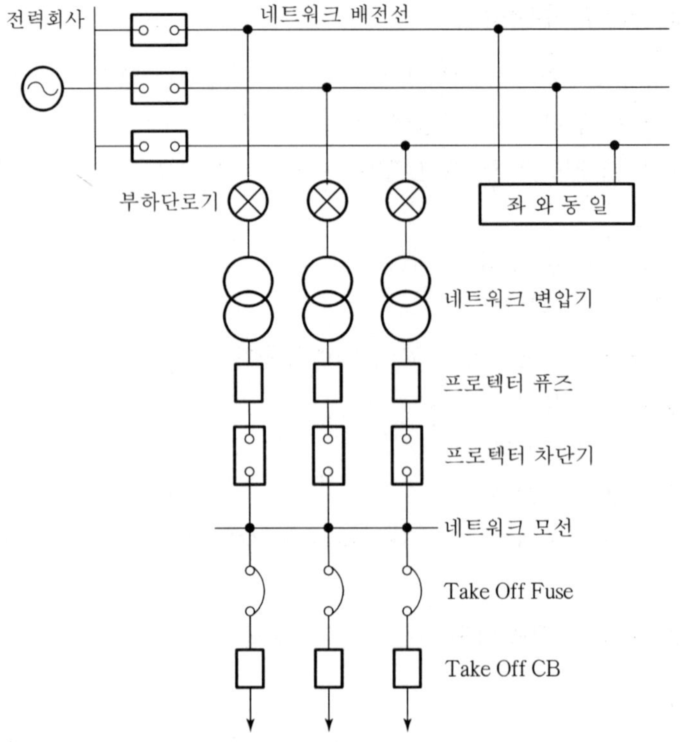

그림 2-4 Spot-Network 수전방식

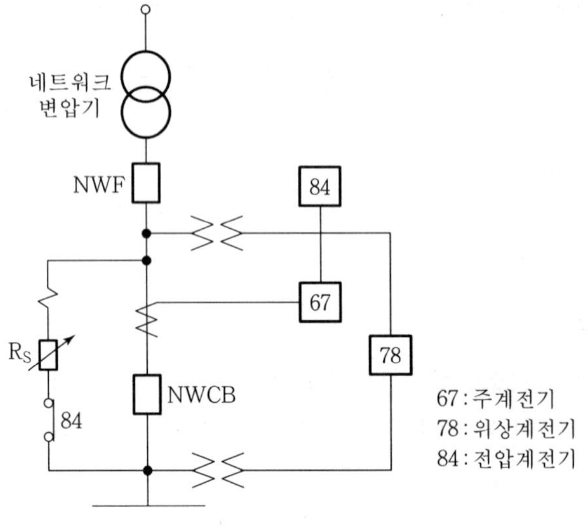

그림 2-5 네트워크 프로텍터 단선결선도

■ Spot-Network Protecter 특성

① 무전압 투입특성

전회선이 정전되어 있는 상태(네트워크 모선이 무전압일 때)에서 어느 것이든지 1회선이라도 복전되면 그 회선의 Pro. CB를 자동적으로 투입한다.

② 차전압 투입특성

어느 뱅크(Bank)의 보호차단기가 개로상태에 있으면 네트워크 모선이 다른 뱅크에 의한 공급으로 인해 그 개로된 차단기의 변압기측 전압이 모선측 전압보다 높은 동시에(일반적으로 1 [V] 정도) 진행위상에 있으면 그 모선차단기를 자동적으로 투입한다. 여기서 1회선이 휴지되었기 때문에 부하분담을 하고 있는 다른 회선 변압기의 2차측 전압인 네트워크 모선측의 전압이 낮다.

③ 역전력 차단특성

특고압배전선 가운데 1회선에 단락사고가 발생한 경우 변전소의 차단기는 차단되지만 다른 회선에서 네트워크 모선을 경유하여 전력이 단락점으로 우회하게 된다. 때문에 단락사고회선을 프로텍터 차단기로 차단시켜야 한다.

또한 특고압배전선에 지락사고가 발생한 경우나 1회선이 휴지상태인 경우에도 변전소용 차단기는 개방되지만 네트워크 모선으로부터 우회하는 전력에 의해 특고압측에 전압이 인가되므로 변압기의 여자전류와 전력회사 배전선로의 충전전류를 검출하여 역전력을 차단한다.

3. 배전전압 및 배전방식

(1) 배 전 전 압

일반적으로 배전전압에는 저압(220 [V], 380 [V], 440 [V])과 고전압(3.3 [kV], 6.6 [kV], 22.9 [kV])이 있으며 배전전압의 결정은 다음 사항을 고려하여 결정한다.

① 부하의 종류, 부하용량, 부하의 분포상태

② 배전거리

③ 전압강하, 전압변동률

④ 경제성 등

(2) 배 전 방 식

배전방식에는 단상2선식, 단상3선식, 3상3선식, 3상4선식 등이 있으며 부하의 배치 상태, 부하설비용량, 공급신뢰도, 경제성 등을 고려하여 결정한다.

배전방식에는 ① 1 ϕ2W식 ② 1 ϕ3W식 ③ 3 ϕ3W식 ④ 3 ϕ4W식 등이 있다.

4. 모선구성방식

모선은 변전실의 주요 회로 중의 하나로 모선사고시 전력공급의 신뢰도가 크게 낮아지므로 모선구성방식 선정시 부하의 중요도, 경제성, 융통성, 유지·보수성 등을 고려하여야 한다.

모선구성방식에는 일반 건축물에 적용되는 단일모선방식과 중요 부하에 적용하는 복모선방식 등이 있다.

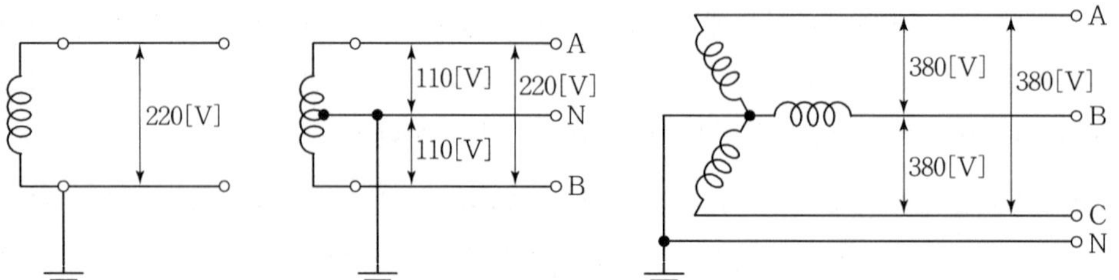

(a) 단상2선식 (b) 단상3선식 (c) 3상4선식

그림 2-6 배전방식별 접속도

표 2-3 배전방식과 공칭전압

구 분	공칭전압 [V]	배 전 방 식 별 전 압 [V]			
		단상 2 선식	단상 3 선식	3 상 3 선식	3 상 4 선식
저 압	110	110	110	–	–
	220	220	220	220	120/208
	380	220	–	380	220/380
	440	–	(440)	–	–
고 압	3,300 6,600	–	–	3,300 6,600	–
특고압	22,900	13,200	–	–	13,200/22,900

표 2-4 배전방식별 비교

구 분	단상 2 선식	단상 3 선식	3 상 4 선식
장 점	1. 부하불평형이 없음 2. 구성이 간단	1. 경제적 배전방식 2. 전력손실 및 소요동량이 감소 3. 장경간 공급이 가능	1. 공급능력이 크다 2. 경제적 배전방식 3. 배전설비가 단순
단 점	1. 소요동량이 많음 2. 전력손실이 크다 3. 대용량 공급불가 4. 장경간 공급불가	1. 부하불평형 문제발생 2. 중성선 단선시 이상전압 유입으로 기기 손상	1. 부하불평형 발생 2. 동력부하 기동시 플리커 발생 3. 중성선 단선시 이상전압 유입
적 용 장 소	1. 소용량, 단경간 부하에 적합 2. 전등부하	부하 밀집지역에 적합	동력 및 전등부하에 공동사용

(1) 단일모선방식

모선방식 중 가장 구성이 간단하고 점유면적이 작으며 경제적이나 공급신뢰도가 가장 낮은 방식으로 신뢰성을 고려하여 폐쇄형이나 절연모선사용 등으로 사고확률을 최소화시킬 필요가 있다.

(2) 섹션을 가진 단일모선방식

급전에 융통성이 도모되는 방식으로 한쪽 변압기 고장시 또는 부하감소시 Tie-Switch의 투입으로 전력공급 신뢰성은 물론 계통 효율화를 촉진시킬 수 있다.

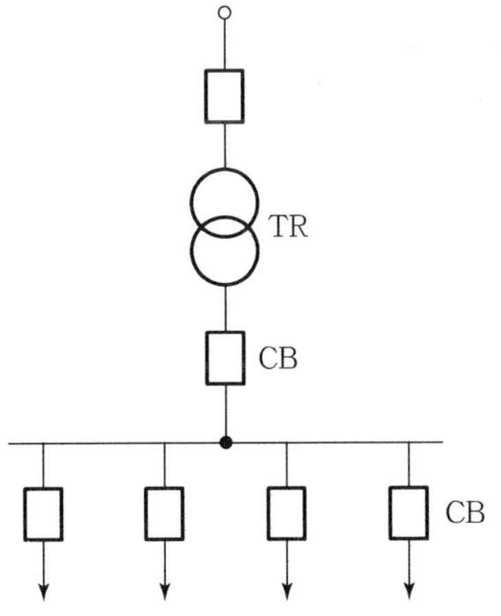

그림 2-7 단일모선방식

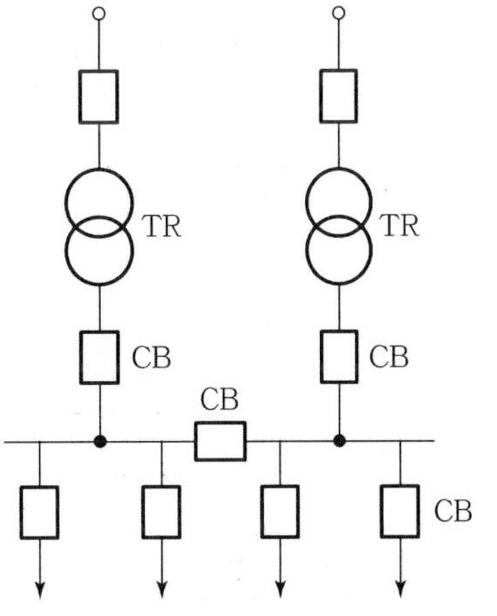

그림 2-8 섹션을 가진 단일모선방식

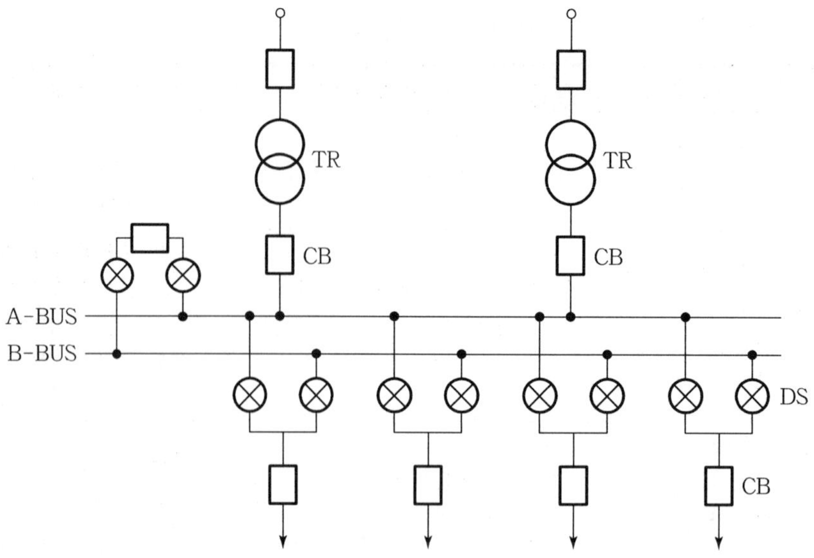

그림 2-9 이중모선방식

(3) 이중모선방식

이중모선방식은 사고에 의한 급전중단을 최소화시킨 방식으로서 중요 부하가 있는 경우 선정한다. 정기점검이나 작업을 무정전으로 시행할 수 있으나 설비구성비가 고가이다.

5. 변전설비용량의 추정

변전설비용량을 산정하기 위해서는 가장 먼저 부하설비용량의 추정이 선행되어야 하는데, 변전설비용량 산정을 위한 Flow를 보면 그림 2-10과 같다.

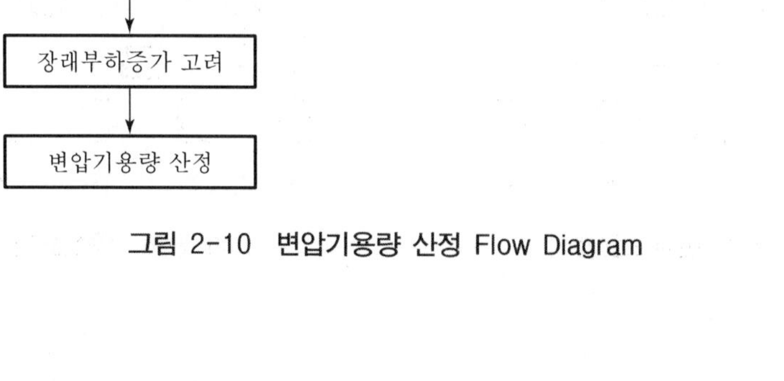

그림 2-10 변압기용량 산정 Flow Diagram

(1) 부하조사

변압기용량 산정시 제일 먼저 검토해야 할 사항이다.

부하설비용량은 건물 내에 설치되는 전기부하의 종류, 용량, 전압, 사용목적에 따라 각 전력부하에 사용한 변압기 용량을 산출 합계하고 고전압 전력부하가 있으면 그 용량을 합하여 산출한다. 그러나 기획이나 기본설계에서는 일반적으로 설치부하의 상세를 알 수 없으므로 건물의 용도, 규모 등에 따라 과거의 실적을 참고하여 부하설비용량을 산출한다.

① 부하밀도에 의한 부하용량 산정

설비규모와 용도에 따라 과거의 실적을 토대로 하여 각 부하마다 단위면적당 부하밀도에 연면적을 곱하여 계산한다.

$$\text{부하설비용량}\,[\text{VA}] = \text{부하밀도}\,[\text{VA/m}^2] \times \text{연면적}\,[\text{m}^2]$$

이 부하용량 산정은 각 건축물의 특징과 여건에 따라 추정하는데, 전력부하밀도표 수치는 약간의 증감이 있을 수 있다. 즉, 획일적인 적용이 불가능함을 말하며 단지 기획과 설계시 용량추정효과에 있다.

② 가산부하

- 주택, 아파트의 가산부하 : 세대당 500~1,000 [VA]
- 상점 진열장 : 길이 1 [m]당 300 [VA]

표 2-5 건축물의 종류별 부하 밀도표(단위 VA/m^2)

구분	일반사무실		백화점 상점	호텔	주택	극장
	고압	특고압				
조명	25	25	60	31	20	45
일반동력	30	38	43	25	21	44
공조용	38	39	55	38	30	40
계	93	102	158	94	71	129

표 2-6 건축물의 면적별 부하 밀도표(단위 VA/m^2)

구분	건축물의 연면적[㎡]		
	5,000	5,000~20,000	20,000 초과
조명	27	30	32
일반동력	30	33	38
공조용	33	37	40
계	90	100	110

표 2-7 일반건물과 IB와의 전기설비용량 비교(단위 VA/m^2)

구분	조명	콘센트 (OA용)	공조부하	기타동력	계
일반건물	20~30	5~15	25~40	20~30	70~115
IB	20~30	30~50	40~60	30~40	120~180

표 2-8 건물종류별 표준부하(단위 VA/m^2)

건물의 종류	표준부하	비고
공장, 공회당, 사원, 교회, 극장, 영화관, 연회장	10	내선규정
기숙사, 여관, 호텔, 병원, 음식점, 다방, 목욕탕, 학교	20	
주택, 아파트, 사무실, 은행, 상점, 백화점, 이·미용실	30	
빌딩	15~40	기술계산핸드북

표 2-9 건축물의 부분 부하표(단위 VA/m^2)

건물의 부분	표준부하
복도, 계단, 세면장, 창고, 다락	5
강당, 관람석	10

③ 부하설비용량에 의한 산정

전등부하, 동력부하 등의 부하 용도별, 건물 각 층별, 각층의 공간 용도별 List를 작성하여 부하설비용량을 산정한다.

(2) 수용률, 부등률, 부하율의 적용

① 수용률(Demand Factor)

수용률이란 수용장소에 설치된 전등부하 및 동력부하 등 총설비용량에 대하여 실제 사용하고 있는 부하의 최대전력의 비율을 백분율로 표시한 것이다.

$$\text{수용률} = \frac{\text{최대수용전력 [kW]}}{\text{총부하설비용량 [kW]}} \times 100\ [\%]$$

표 2-10 부하 List 작성의 예

부하 종별	층 수	설치장소 및 용도	부하소비전력			비 고
			소비전력 [VA]	설치개수	합 계 [VA]	
전 등	1층	로 비	40	10	400	상용 및 비상용 기록
		수위실	40	6	240	
		총무사무실	40×2	36	2,880	
		업무사무실	40×2	40	3,200	
		전력실	40×2	20	1,600	
		전력요원실	20×4	6	480	
		복 도	40×1	12	480	
	2층	화장실	20×4	4	320	
	· ·	· ·				
소 계						
일반동력						상용 및 비상용
소 계						
냉방동력						상용 및 비상용
소 계						
합 계						

표 2-11 건축물의 종류별 수용률

종 류	수용률[%]
사무실	31~46
백화점, 상점	37~53

표 2-12 전등부하 수용률

건물의 종류	수용률[%]	
	10[KVA] 이하	10[KVA] 초과분
주택, 아파트, 여관, 호텔, 병원	100	50
사무실, 학교, 은행	100	70

표 2-13 동력부하 수용률

종 류	수용률[%]
펌프, 콤프레샤, 엘리베이터, 송풍기	40
반 연속운전 전동기	60
연속운전 전동기	90
유도로	80
아크로	100
아크 용접기	40

② 부등률(Diversity Factor)

한 계통 내에 단위부하, 예를 들면 한 배전변압기에 접속된 각 수용가의 부하는 각각의 부하특성에 변동하게 되는데 이로 인해 각 수용가의 최대수용전력의 발생시간이 다르므로 부등률을 적용하여 변압기용량을 적정용량으로 낮추는 효과를 가져온다.

즉, 부등률이란 어느 전력계통에 접속된 각 수용가, 배전선, 변압기 등 각개의 최대수용전력의 합과 그 계통에 발생한 합성최대전력의 비를 말하며 항상 1보다 큰 값이다.

$$\text{부등률} = \frac{\text{각 부하의 최대수용전력의 합 [kW]}}{\text{합성 최대수용전력 [kW]}} \geq 1$$

- 부등률이 클수록 설비이용률이 높다.
- 부하단에서 전원단으로 갈수록 부등률이 커진다.
- 동력부하의 변압기간 부등률이 다른 부하군의 부등률보다 크다.

표 2-14 부등률의 값

공급점	전력소비점	부등률
주상변압기	전등수용가	1.14
주상변압기	동력수용가	1.58
배전간선	전등수용가	1.35
배전간선	동력수용가	1.15
배전간선	전등변압기	1.18
배전간선	동력변압기	1.36

③ 부하율(Load Factor)

부하율은 배전선 단위, 변압기 단위, 전주 단위, 수용가 단위 등 범위, 시기, 기간 등에 따라 그 값이 다르므로 그 목적에 따라서 필요한 값이 채용된다.

즉, 부하율은 부하의 특성을 알기 위해서 어느 기간중의 평균전력과 그 기간 사이의 최대수용전력과의 비를 백분율[%]로 표시한 것이다.

$$\text{부하율} = \frac{\text{어느 기간중에 1시간 평균수용전력 [kW]}}{\text{동일한 기간중의 최대수용전력 [kW]}} \times 100\ [\%]$$

이 부하율은 측정하는 기간에 따라 일부하율, 월부하율 및 연부하율이 있으며 보통 기간이 길수록 부하율은 작아진다. 따라서 부하율을 기록할 때는 측정범위, 기간 등을 분명히 해야 한다. 부하율이 높을수록 공급설비가 유효하게 사용된다고 판단할 수 있다.

④ 수용률, 부등률, 부하율과의 관계

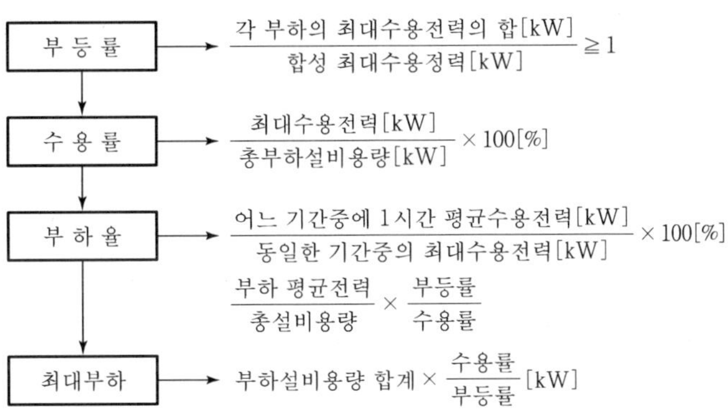

그림 2-11

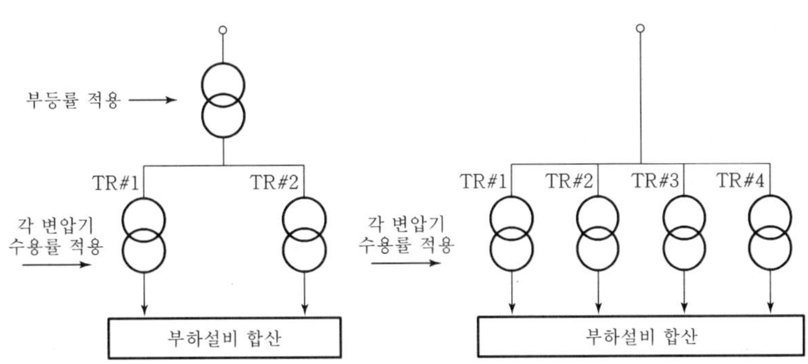

그림 2-12 수용률, 부등률 적용의 예

예제 2-1 200 [kW], 300 [kW], 250 [kW]인 부하설비의 수용률이 각각 60 [%], 70 [%], 65 [%]이다. 이 부하에 공급할 변압기용량을 구하여라(단, 부등률은 1.1, 부하 역률은 80 [%]이다).

풀이 변압기용량 [kVA] $= \dfrac{200\times0.6+300\times0.7+250\times0.65}{0.8\times1.1} = 559$ [kVA]

따라서 표준용량인 750 [kVA]로 결정한다.

6. 책임분계점 및 인입선

(1) 책임분계점

책임분계점(수급지점)이란 전력회사로부터 전기에너지를 수전하는 장소임과 동시에 수·급 양자의 재산한계이며 전기설비의 안전 및 유지관리 책임한계점을 말한다.

이러한 수급지점에 대하여 전기기본공급약관(제28조)에서는 전기사용장소 내의 한 지점으로 함을 원칙으로 하되, 한전의 전선로에서 가장 가까운 거리에 있는 지점을 기준으로 고객과 한전이 협의하여 결정하도록 한다.

보안상의 책임분계점은 자가용 전기설비 설치자(이하 "자가용"이라 한다)의 구 내에 설치하여야 한다. 다만 전기사업자가 자가용 인입선 전용의 분기개폐기를 시설하는 경우 또는 특별한 사유에 의하여 자가용 구 내에 설정하기 곤란한 경우에는 보안상의 책임분계점을 구 외에 설정할 수 있다.

책임분계점에 설치하는 인입구장치는 수전전압, 수전용량에 의해 결정되는데 설치기준을 보면 다음과 같다.

① 고압수전의 경우

책임분계점의 위치에 유입개폐기(OS : Oil Switch), 자동고장구분개폐기(ASS : Automatic Section Switch) 등 인입구 장치를 시설한다.

② 특별 고압수전의 경우

ⓐ 계약전력이 3,000 [kW] 이하 : COS를 설치한다. 단, COS는 2.6 [mm]의 동선으로 직결시켜야 한다(한국전력공사에 시공한다).

ⓑ 3,000 [kW] 이상 7,000 [kW] 이하 : 3상을 동시에 개폐할 수 있는 개폐기를 설치한다(예 : IS).

ⓒ 7,000 [kW] 이상 14,000 [kW]까지 : Sectionalizer, 단 긍장이 1 [km] 이상일 경우에는 IS를 설치한다. 66 [kV] 이상의 경우에는 LS를 사용하고, 154 [kV] LS는 원방조작이 가능한 것으로 해야 한다.

(2) 인입선

인입선은 크게 가공인입선과 지중인입선으로 나누어진다. 최근에는 도시의 미관과 인입케이블의 품질이 향상됨에 따라 지중인입선이 많이 시설되고 있으며, 인입선의 선정은 다음과 같다.

① 가공인입의 경우(설계시 표준)

- 6.6 [kV] : ACSR 32~160 [mm^2] 이하
- 22.9 [kV] : ACSR-OC 32 [mm^2], 58 [mm^2], 95 [mm^2], 160 [mm^2]
- 66 [kV] : 원칙적으로 사용하지 않으나 ACSR 95 [mm^2]
- 154 [kV] : ACSR 160 [mm^2] 이상(표준 330 [mm^2], 240 [mm^2])
- 345 [kV] : ACSR 480 [mm^2]×2B, 480 [mm^2]×4B

[참고] 전기설비기술기준 ① 10만 [V] 미만 : 55 [mm^2] 이하 ② 10만 [V] 이상 : 55 [mm^2] 이상

② 지중선의 경우 (설계시 표준)

- 22.9 [kV] : 전기기본공급약관에 준한다. CN-CV 60 [mm^2], 100 [mm^2], 150 [mm^2], 200 [mm^2], 250 [mm^2], 325 [mm^2]
- 22 [kV] : 공급하지 않음
- 154 [kV] : 600 [mm^2], 1,200 [mm^2], 2,000 [mm^2] 중에서 선정(CV, Of Cable)
- 345 [kV] : 현재는 지중공급이 불가능하다.

7. 변전실의 위치 및 면적 산정

빌딩의 경우는 대체로 입체적으로, 공장의 경우는 평면적으로 부하가 분산되므로 변전실의 위치 및 면적 산정시 부하특성, 설비용량, 수·변전전압, 건물의 용도, 환경성, 안전성, 장래확장성, 유지·보수성 등을 고려하여 설계하여야 한다.

(1) 변전실의 위치

변전실의 위치선정시 전기적 사항, 재해로부터 안정성, 환경요인, 경제성 등을 고려하여야 한다.

① 가능한 한 부하에 가까운 위치를 선정(전력손실, 배선비, 전압강하의 최소화)
② 전력회사로부터 수전 및 배전이 용이한 장소
③ 기기의 반입, 반출이 용이한 장소
④ 장래의 용량 증설이나 크기의 확장이 좋은 장소
⑤ 위험물 저장소나 폭발성 물질의 저장소 부근 등 화재의 우려가 없는 장소
⑥ 부식성 가스의 침입이나 염해의 우려가 없는 장소
⑦ 유독성 가스의 발생이 없는 장소
⑧ 침수의 우려가 없는 장소
⑨ 지반이 견고한 장소
⑩ 종합적으로 경제적인 곳

(2) 변전실의 배치

빌딩에서 변전실 배치방식에는 변전실을 1개소에 설치하여 전전력부하에 공급하는 방식과 여러 층에 분산 설치하여 한정범위에 공급하는 분산식, 그리고 하층, 중간층, 상층 정도에 분산 설치하는 중간식이 있다.

변전실 배치방식의 선정은 부하분포상황, 배전전압, 전기적 사항, 경제성 등을 고려하여야 하며, 일반적으로 소규모 건축물(빌딩)은 집중식을, 건물규모가 큰 것은 중간식이나 분산식을 선정한다.

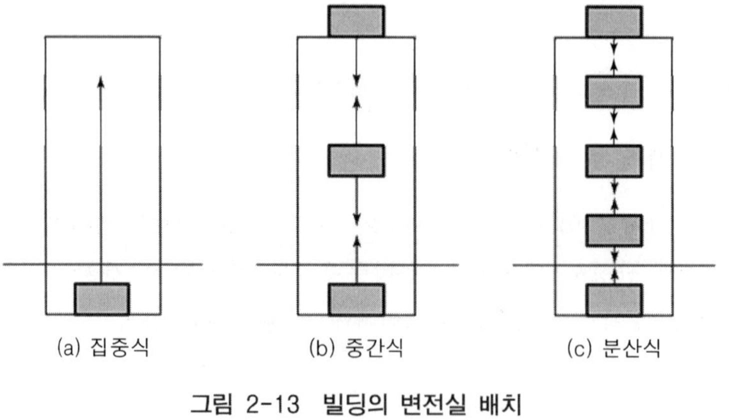

그림 2-13 빌딩의 변전실 배치

(3) 변전실의 면적

변전실의 면적은 수전전압, 전압강압방식, 특고·저압배전반의 수량, 변압기의 수량, 기기의 배치상태, 변전실의 형태, 기기의 형식, 보수·감시에 필요한 넓이, 장래 증설에 대한 여유율 등을 고려하여 결정한다.

① 제 1 방법

$$A = k(\text{변압기용량 [kVA]})^{0.7}[\mathrm{m}^2]$$

여기서 k : 특 고 압 → 고압 : 1.7
특 고 압 → 저압 : 1.4
고 압 → 저압 : 0.98

② 제 2 방법

$$A = 3.3\sqrt{\text{변압기용량 [kVA]}} \times a[\mathrm{m}^2]$$

여기서 a : 건물면적이 6,000 [m^2] 미만 : 2.66
10,000 [m2] 미만 : 3.55
10,000 [m^2] 이상으로서 큐비클방식인 경우 : 4.3
형식의 구별이 없는 경우 : 5.5

③ 제 3 방법

$$A = 2.15 \times (\text{부하설비용량 [kVA]})^{0.52}[\mathrm{m}^2]$$

(4) 변전실 높이

① 고압변전실(3.3 [kV], 6.6 [kV])은 보 밑에서 3 [m] 이상 확보
② 특고압변전실(22 [kV]급)은 보 밑에서 4.5 [m] 이상 확보하는 것이 바람직하다.

(5) 변전실의 구조

① 방화구조나 내화구조로서 불연재료로 구획하고, 창문이나 출입구에는 갑종방화문 또는 을종방화문을 설치하며 비상구 방향으로 개폐가 가능할 것(소방법, 건축기준법, 화재예방조례를 참고할 것)
② 창문이나 창문의 파손으로 인해 빗물이 들어오거나 조류나 짐승이 들어오지 않도록 고려할 것
③ 견고한 기초이고 충분한 내진조치를 한 구조일 것

(6) 건축상 고려사항

변전실 설계시 건축상 고려사항은 전기설계의 중요한 부분이므로 설계시 반드시 발주자와 건축설계자, 각종 설비설계자와 협의를 거쳐 결정하도록 하여야 하며 다음 사항을 고려하여야 한다.

① 변전실의 천장높이는 충분히 확보하도록 한다.
② 변압기, 차단기, 변성기, 콘덴서 등의 중량물이 설치되므로 이들 중량물에 견디는 구조로 한다(바닥 기초하중 : 500 [kg/m^2] 이상).
③ 바닥에는 케이블 피트, 배관 등을 고려하여 콘크리트를 200~300 [mm]로 친다.
④ 변전실의 바닥은 충분한 내진설계를 한다.
⑤ 완전한 방호구획으로 하고 옆방과의 벽은 콘크리트, 블록 등으로 완전히 구획한다.
⑥ 출입구의 문은 갑종 또는 을종 방화문으로 하고, 문의 폭과 높이는 기기의 반출·입에 충분한 크기로 한다.
⑦ 변전실의 직상층 또는 바로 옆에는 물탱크나 화장실 등 물을 취급하지 않는 실로 배치하여야 한다.

2-3 수·변전설비용 기기

수·변전설비용 기기에는 변압기, 차단기, 개폐기, 전력용 콘덴서, 전력퓨즈, 보호장치, 모선 및 부속기기, 저압기기, 계기류 등이 있다.

표 2-15 수·변전설비기기의 구성

인입관계기기	책임분계점 및 인입개폐기(DS, Int.S, ABS, ASS, LS 등), 인입케이블, 피뢰기
특고 및 고압수전반	차단기, 전력퓨즈, 계기용 변압기, 계기용 변류기, 영상변류기, 계량장치(전력계, 전압계, 전류계, 주파수계) 및 표시등, 보호계전기
변 압 기	단상변압기, 3상변압기, 유입변압기, 몰드변압기, 가스절연변압기, 아몰퍼스변압기
전력용 콘덴서	콘덴서, 방전장치, 직렬리액터
저압배전반	계기용 변류기, 계기용 변압기, 배선용 차단기, 기중차단기, 누전경보기

2-3-1 변 압 기

변압기(Transformer)는 전자유도작용에 의하여 한편의 권선으로부터 공급받는 교류전기에너지를 2차권선에 동일주파수의 교류전기에너지로 변환하는 일종의 정지형 전자유도장치라고 할 수 있다.

1. 변압기 원리

그림 2-14에서 1차에 실효값 V인 교류전압을 인가하면 여자전류 I가 흘러 자속 Φ를 만든다.

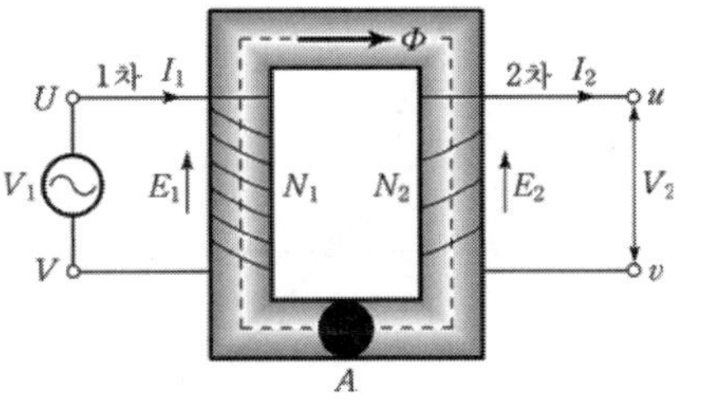

그림 2-14 변압기 기본구조

$V_1 = V_{1m}\sin\omega t$의 정현파 교류전압을 인가하면 역기전력 E_1이 발생하게 되며 이로 인해 1차회로에 키르히호프 전압법칙에 의하여 다음 식이 성립된다.

$$V_1 + E_1 = 0, \quad V_{1m}\sin\omega t + E_1 = 0$$

$$\therefore E_1 = -V_{1m}\sin\omega t$$

즉, 정현파 기전력을 발생한다.

$$E_1 = -V_{1m}\sin\omega t = -N_1\frac{d\Phi}{dt}$$

$$d\Phi = \frac{V_{1m}}{N_1}\sin\omega t\,dt$$

$$\Phi = \frac{V_{1m}}{N_1}\int\sin\omega t\,dt = -\frac{V_{1m}}{\omega N_1}\cos\omega t = \frac{V_{1m}}{\omega N_1}\sin(\omega t - 90°)\ [\mathrm{Wb}]$$

여기서 Φ는 자속의 순시값을 나타내며 이 자속은 공급전압 V_1보다 90° 뒤진다.

$$\Phi_m = \frac{V_{1m}}{\omega N_1}$$

$$V_{1m} = \omega N_1 \Phi_m = 2\pi f N_1 \Phi_m$$

실효값(Effective Value)으로 표시하면 다음과 같다.

$$E_1 = 1/\sqrt{2}\, V_{1m} = 1/\sqrt{2} \times 2\pi f N_1 \Phi_m = 4.44\, f N_1 \Phi_m \,[\mathrm{V}]$$

그림 2-15에서 1차측에 실효값 V_1인 교류전압을 인가하면 여자전류 I_0가 흘러 자속 Φ를 만든다. 이 자속 Φ는 1차권선 및 2차권선을 교차하여 전자유도에 의하여 1차측(E_1)과 2차측(E_2)에 기전력을 유기한다.

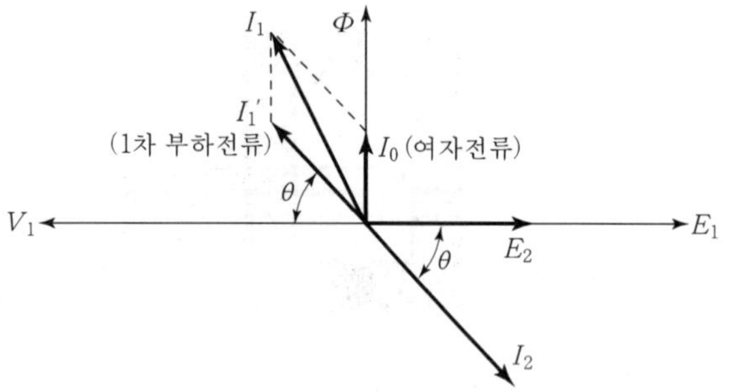

그림 2-15 변압기 벡터도

이 변압기의 권선저항과 누설자속이 없다고 하면 E_1은 V_1과 같고, E_2는 2차측 단자전압 V_2와 같으므로 다음과 같다.

$$\frac{E_1}{E_2} \fallingdotseq \frac{V_1}{V_2} = \frac{N_1}{N_2} = a\,(\text{권수비}), \quad \frac{I_1}{I_2} \fallingdotseq \frac{N_2}{N_1} = \frac{1}{a}$$

2. 변압기의 종류

(1) 내부구조상에 의한 분류

① 내철형
② 외철형

(2) 절연방식에 의한 분류

① 유입변압기
② 건식변압기(H종 건식변압기, 몰드변압기)
③ 가스절연변압기(SF_6)

(3) 권선수에 의한 분류

① 단권변압기

② 2권선변압기

③ 3권선변압기

(4) 냉각방식에 의한 분류

① 건식자랭식(AN)

일반적으로 소용량의 변압기에 한해서 쓰인다.

② 건식풍랭식(AF)

권선하부에 풍도를 마련하여 송풍기로 바람을 불어넣어 냉각효과를 향상시킨 것으로 500 [kVA] 이상의 경우에 채용한다.

③ 유입자랭식(ONAN)

보수가 간단하여 가장 널리 쓰인다. 변압기 내부에서 발생한 열은 대류에 의해 우선 기름에 전해지고 다시 탱크벽에 전달되어 탱크벽 바깥쪽 표면에서 방사와 공기의 대류에 의해 방열한다. 30~60 [MVA] 이상의 대용량기에서는 소요방열기수가 많아지므로 자랭식보다는 강제냉각방식이 일반적으로 유리하다.

④ 유입풍랭식(ONAF)

유입자랭식의 방열기에 송풍기로 강제로 바람을 불어넣어 방열효과를 증대시킨 것으로 유입자랭식의 20~30 [%] 변압기용량을 증가시킬 수 있다.

⑤ 유입수랭식(ONWF)

냉각관을 탱크 상부의 내벽을 따라 배치하고 펌프로 물을 순환시켜 기름을 냉각하는 방식이다.

⑥ 송유자랭식(OFAN)

방열기탱크를 따로 두고 본체 탱크와의 접속배관의 도중에 송유펌프를 설치하여 기름을 강제로 순환시키는 방식이다.

⑦ 송유풍랭식(OFAF)

송유자랭식의 방열기탱크에 송풍기를 설치한 것으로 30 [MVA] 이상의 대용량기에 많이 채용된다.

⑧ 송유수랭식(OFWF)

송유풍랭식과 냉각기가 다를 뿐 송유수랭식 유닛쿨러를 탱크 주위에 설치하여 냉각하는 방식이다.

(5) 상수에 의한 분류

① 단상변압기
② 3상변압기

(6) 사용전압에 의한 분류

① A종 : 발전전압에서 고압 또는 특고압으로 승압
② B종 : 특고압에서 다른 특고압으로 승압
③ C종 : 특고압에서 고압으로 강압
④ D종 : 고압에서 저압으로 강압

(7) 탭전환방식에 의한 분류

① 무전압 탭변환기(NLTC)

변압기를 여자하지 않은 상태에서 탭을 변환하는 장치로, 탭변환의 요구가 있을 때마다 변압기를 정지하고 작업을 하여야 하기 때문에 전력전송의 중지는 물론 조작이 번거로운 문제점이 있다.

② 부하시 탭변환기(ULTC)

변압기를 정지하지 않고 부하를 둔 상태에서 탭변환이 가능한 장치로, 변압기와 조합되어 부하시 탭변환기로서 이용되고 있다.

3. 몰드변압기

고압 및 저압권선을 모두 에폭시수지로 몰드한 변압기로서 가격은 고가이나 다음과 같은 많은 특징을 가지고 있어 몰드변압기(Mold Transformer)의 이용이 보편화되고 있다.

(1) 장 점

① 난연성이다

기름을 사용하지 않기 때문에 가연의 위험이 적고 권선몰드 자체가 자기소화성을 가지고 있으며 불꽃이 닿는 경우 석영분말층이 생겨서 내부로의 연소를 방지한다.

② 소형, 경량화

유입형이나 건식형에 비하여 코일 자체 에폭시수지의 높은 절연내력이 있으므로 절연간격을 대폭 축소시킬 수 있어 소형, 경량화된다.

③ 고효율, 저손실

몰드변압기는 권선의 전류밀도를 적게 하여 권선 내의 발생열량이 감소하고 온도상승을 낮게 설계하여 유입형이나 건식형보다 저손실, 고효율이다.

④ 내습성이 좋다

권선이 에폭시수지로 완전히 몰드되어 있으므로 흡습의 염려가 없고 장시간 휴지상태로 방치된 후에도 건조작업이 필요없다.

⑤ 단시간 과부하내량이 크다

1, 2차권선이 모두 에폭시수지층으로 일체화되어 있어 코일 전체의 열용량이 크고, 단시간 과부하에 대한 권선의 온도상승이 낮아 단시간 과부하내량이 크다.

⑥ 저소음이다

에폭시수지로 몰드된 코일은 차폐효과가 있어 종래의 건식변압기에 비하여 소음이 적다.

(2) 단 점

① 가격이 고가이다.

② 내전압이 낮아 서지(Surge)에 약하다.

③ 옥외 설치 및 대용량 제작에 곤란하다.

표 2-16 몰드 변압기의 절연방식 분류

방 식	방 법	내 용
금형방식 (주형몰드) 2 [MVA] 이하 냉각구조곤란	주형법	충전제를 배합한 수지를 금형 내에 진공주입하는 것
	함침법	코일과 금형간에 유리섬유를 충전하고 저점도 수지와 진공함침하는 것
	함침주형법	함침과 주형을 조합시킨 것
	FRP 주형법	FRP층을 절연층으로 설계하고 고압 및 저압권선을 일체로 하여 몰드하는 주형법
무금형방식 (함침몰드) 10 [MVA] 정도 임의의 냉각 채널을 필요 개소에 설치	푸리-푸레그 절연법	당초부터 수지를 함침해서 반경화시킨 유리섬유테이프를 누출되지 않도록 경화시키는 것
	디핑법	코일 주면을 유리테이프류로 덮은 후 수지를 함침하고 수지가 누출되지 않도록 경화시키는 것
	필라멘트 와인딩법	필라멘트 와인딩 기술을 응용한 것
	부유경화법	코일 주면을 유리섬유로 덮은 후 수지 함침하여 반용융액 속에 침적해서 경화시키는 것
	기타	코일 주면에 고정형 절연물로 싸서 그것을 금형으로 대신 이용하는 여러 가지 방법의 것

표 2-17 절연 종류별 최고허용온도 한도[℃]

절연 종별	허용최고 온도[℃]	절연물의 종류	용도별
Y	90	면, 견, 종이 등	저전압기기
A	105	위의 것을 바니스나 기름에 채운 것	보통의 회전기 변압기
E	120	폴리우레탄 수지, 에폭시 수지, 멜라민 수지 등의 것	대용량 및 보통의 기기
B	130	운모, 석면, 유리섬유 등으로 접착제와 함께 사용한 것	고전압기기
F	155	위의 재료를 실리콘 알키드 수지의 접착제와 사용한 것	고전압기기
H	180	위의 재료를 실리콘 수지 등의 접착제와 사용한 것	건식 변압기 등
C	180 초과	운모, 석면, 유리 등을 단독 또는 접착제와 사용한 것	특수한 기기

4. 아몰퍼스변압기

아몰퍼스변압기의 철심재료로 사용되는 아몰퍼스 금속은 철, 실리콘, 보론을 주성분으로 하여 원료를 노에 넣어 약 1,260 [℃]로 가열 용융하여 그 용탕을 슬롯이 달린 노즐에서 고속 회전하는 금속성 롤 위에 붙여 냉각하여 10 [℃/sec] 박대상으로 제작한다.

아몰퍼스 자성재료가 1978년 미국에서 최초로 시험 제작되면서 종래부터 전력용 변압기에 사용되고 있는 규소강판 대신 아몰퍼스 박대를 철심의 자성재료로 적용한 것이 아몰퍼스변압기이다.

아몰퍼스변압기의 특징은 다음과 같다.

① 종래 규소강판을 사용하고 있는 변압기에 비해서 철손을 1/3~1/4로 저감시킬 수 있다.

② 와전류손이 1/10로 절감된다.

③ 철손을 대폭 저감시킬 수 있어 부하율이 낮은 장소에 효과적이다.

(a) 몰드변압기 외형

(b) 유입변압기 외형

그림 2-16 변압기의 종류

5. 변압기의 정격(전압, 전류, 정격용량, 주파수, 역률 등)

(1) 정격전압

변압기의 정격1차전압은 그 계통의 공칭전압으로 하고, 전압변동에 대응할 수 있는 탭을 마련한다. 또한 정격2차전압은 부하설비의 정격전압으로 한다.

표 2-18 변압기의 정격전압

부하설비의 정격전압 [V]	변압기의 정격전압 [V]
220	600
380	
440	
3,300	3,600
6,600	7,200
22,900	25,800
154,000	160,000
345,000	380,000

(2) 정격용량

변압기 정격이란 정해진 규격에 적합한 범위 내에서 사용할 수 있는 한도를 말한다.

변압기용량 결정요인으로는 부하용량, 부하의 종류, 변압기 대수, 장래 부하증설, 경제성 등을 들 수 있으며 변압기가 중량물이고 고가이어서 설치완료되면 그 변경이 용이하지 않기 때문에 설계시 충분한 검토가 반드시 필요하다.

① 정격용량의 단위는 [kVA], [MVA]로 표시한다.

② 정격용량 [kVA] $=\sqrt{3}$ × 정격1차전압 [kV] × 정격1차전류 [A]

표 2-19 단상변압기의 표준용량 [kVA]

1	15	150	1,500	15,000
2	20	200	2,000	20,000
3	30	300	3,000	30,000
5	50	500	5,000	50,000
7.5	75	750	7,500	
10	100	1,000	10,000	

표 2-20 3상변압기의 표준용량[kVA]

					120,000
	15	150	1,500	15,000	150,000
					180,000
	20	200	2,000	20,000	200,000
					250,000
3	30	300	3,000	30,000	300,000
			4,500	45,000	
5	50	500		50,000	
			6,000	60,000	
7.5	75	750	7,500		
				90,000	
10	100	1,000	10,000	100,000	

6. 변압기 결선

(1) 단상변압기와 3상변압기

표 2-21 단상변압기와 3상변압기의 선정에 따른 비교표

종 별	단상변압기 3대	3상변압기 1대
설치면적	넓다	작다
구 성	복잡하다	간단하고 단순하다
가 격	경제적 부담이 크다	저가이다
전력공급 신 뢰 도	1대 고장시 나머지 2대로 V 결선하여 사용할 수 있어 높다	제조기술이나 절연기술의 발달로 신뢰도가 높아져 많이 채용된다

(2) 변압기 결선방식

변압기 결선방식에는 Δ-Δ 결선, Δ-Y 결선, Y-Y 결선, Y-Δ 결선, V-V 결선방식 등이 있다.

변압기 결선방식별 시스템 구성은 그림 2-17과 같다.

① Δ-Δ 결선방식

ⓐ 장 점

• 제 3 고조파 전류가 Δ결선 내를 순환하므로 정현파 교류전압을 유기하여 기전

력의 왜곡이 발생하지 않는다.

- 단상변압기 3대로 Δ결선 운전중 1상분이 고장나도 나머지 2대로 V 결선을 하여 3상전력을 공급할 수 있다.
- 상전류가 선전류의 $1/\sqrt{3}$배가 되어 대전류에 적합하다.

ⓑ 단 점

- 중성점을 접지할 수 없어 지락사고시 지락전류검출이 곤란하다.
- 변압비가 다른 경우 순환전류가 흐른다.
- 각상 권선임피던스가 다른 경우 3상부하가 평형상태일지라도 변압기의 부하전류는 불평형이 된다.
- 지락사고시 건전상의 이상전압이 발생한다.

② Y-Y 결선방식

ⓐ 장 점

- 중성점을 접지할 수 있어 단절연방식을 채택할 수 있고 지락사고시 이상전압이 발생하지 않아 저감절연방식을 채택할 수도 있다.
- 상전압이 선간전압의 $1/\sqrt{3}$이 되어 고전압계통에 적합하다.
- 변압비, 권선임피던스가 서로 다르다 하여도 순환전류가 흐르지 않는다.

ⓑ 단 점

- 제 3 고조파 전류의 통로가 없으므로 유기기전력에 제 3 고조파가 함유되어 중성점을 접지하면 통신선에 유도장해를 주며 기전력 파형이 왜형파가 된다.

③ Y-Δ 결선방식

ⓐ 장 점

- Δ-Δ, Y-Y 결선의 장점을 갖는다.
- 강압변압기에 적합하다.
- 1차측 중성점을 접지할 수 있다.

ⓑ 단 점

- 1, 2차간에 30° 의 위상변위가 있어서 1대 고장시 전원공급이 불가능하다.

④ Δ-Y 결선방식

ⓐ 장 점

- Δ-Δ, Y-Y 결선의 장점을 갖는다.
- 승압용에 적합하다.
- 2차측 중성점을 접지할 수 있다.

ⓑ 단 점

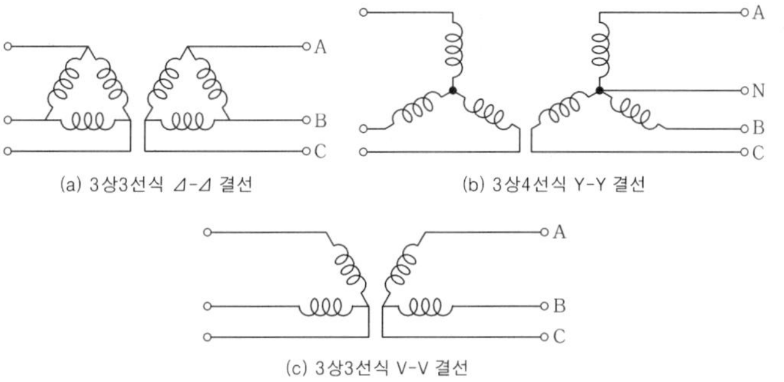

그림 2-17 변압기 결선방식

• 1, 2차간에 30° 의 위상변위가 있어서 1대 고장시 전원공급이 불가능하다.

⑤ V-V 결선방식

ⓐ 장 점

• 장래 부하증가가 예상되는 경우나 Δ-Δ 결선 운전중 1대 고장시에도 3 ϕ부하에 전력을 공급할 수 있다.

• 일반적인 이용률은 $\sqrt{3}/2$이다.

• 3대 운전중 1대 고장으로 인한 이용률은 $\sqrt{3}/3$이다.

ⓑ 단 점

• 3상 평형부하를 접속했다 하여도 변압기의 전류는 불평형이 된다.

⑥ Y-지그재그 결선방식(특수결선)

ⓐ 1차측, 2차측 모두 중성점이 필요한 경우, 각 변압기에 제 3 권선을 삽입하여 이를 Δ접속시켜 제 3 고조파 여자전류를 순환시키는 방법이다.

ⓑ 2차권선을 둘로 나누어 다른 변압기의 권선을 직렬로 연결하면 제 3 고조파 여자전류는 각 기기에서 서로 상쇄되어 외부에 나타나지 않는다.

7. 변압기 대수와 급전방식

(1) 변압기 뱅크수

변압기 뱅크수는 공급신뢰성과 경제성 등을 고려하여 결정하게 되는데, 일반적으로 부하용도별, 변압기용량에 따라서 뱅크수를 결정하고 있다.

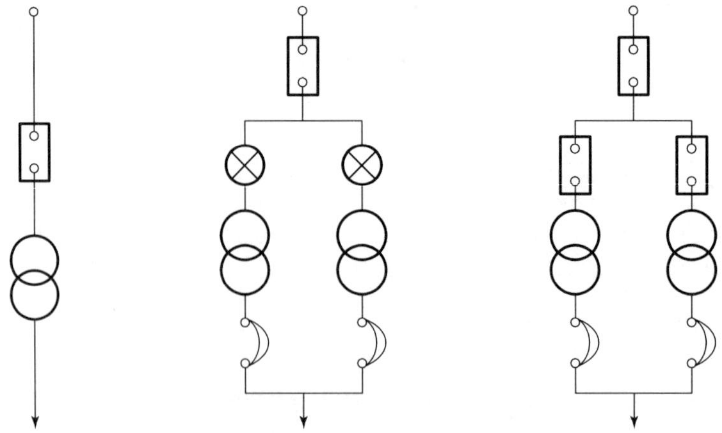

(a) 변압기 1대 (b) 변압기 2대(1차측 단로기) (c) 변압기 2대(1차측 차단기)

그림 2-18 급전방식

① 1,500 [kVA] 미만 : 1 뱅크 구성이 적당하다.
② 1,500~3,000 [kVA] : 1~2 뱅크 구성, 일반적으로 빌딩에서 냉방용 부하가 전부하의 50 [%] 정도인 경우가 많으므로 냉방기간 이외에는 일부 뱅크의 휴지를 통해 운전손실을 경감하기 위하여 2 뱅크 구성이 바람직하다.
③ 3,000 [kVA] 이상 : 2 뱅크 구성이 바람직하다.

(2) 급전방식

① 1대의 변압기에 의한 급전방식

구성이 간단하며 가장 경제적인 급전방식이나 변압기 고장발생시 정전시간이 길어져 공급신뢰성이 요구되지 않는 장소에 적합하다.

② 2대의 변압기에 의한 급전방식

그림 2-18 (b), (c)의 그림처럼 2대의 변압기를 사용하여 배전의 신뢰도를 향상시킨 방법으로, 단락전류가 단독운전의 경우 2배가 되므로 주의를 요한다. 1대의 변압기가 고장이 생겼을 때 부하를 제한하여 다른 1대로 공급하도록 한다.

③ 2대 이상의 변압기에 의한 급전방식

보통 Spot-Network System이라고 부르며, 무정전공급이 가능하기 때문에 인텔리전트 빌딩이나 대형 전산빌딩 등에서 채용되고 있다. 이때 변압기용량 산정은 다음과 같다.

$$\text{변압기용량} = \frac{\text{최대수요전력 [kVA]}}{\text{변압기 대수} - 1} \times \frac{100}{\text{과부하율 [\%]}} \text{ [kVA]}$$

8. 변압기의 병렬운전

변압기 병렬운전이란 2대 이상의 변압기에 의하여 동일한 부하에 전력을 공급하는 운전방식으로 다음 조건에 주의할 필요가 있다.

(1) 병렬운전조건

① 변압기 전압비가 같아야 한다

각 변압기의 전압비가 다른 경우 변압기간 순환전류가 흘러 변압기출력이 감소하고 과부하 소손 우려가 있다.

② 임피던스전압이 같고 저항과 리액턴스비가 같아야 한다

임피던스전압이 다른 경우 부하분담에 불균형이 발생, 소손위험이 있다(%Z비가 평균값의 ±10 [%] 이내가 되도록 한다).

또한 저항과 리액턴스비가 다른 경우 부하의 역률변화에 따라서 부하분담이 변화하여 소손위험이 있다.

③ 단상변압기의 경우 극성이 같아야 한다

다른 경우 등가적 단락상태가 된다.

④ 3상변압기의 경우 각변위와 상회전방향이 같아야 한다

각변위, 상회전방향이 다르면 각 변압기간의 순환전류가 흘러 권선온도의 상승과 소손위험이 있다.

(2) 임피던스전압이 다른 경우 각 변압기의 부하분담

병렬운전을 하는 변압기의 %임피던스(%Z)가 각각 다른 경우 %Z에 반비례하여 부하분담을 하게 되는데 이로 인하여 %Z가 작은 변압기가 과부하되어 손상될 우려가 발생

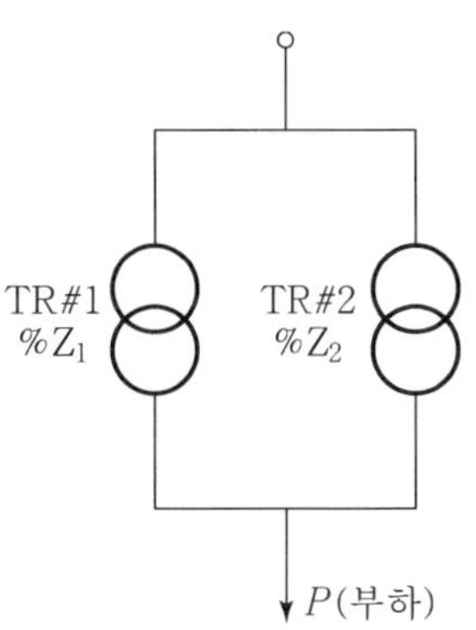

$$TR_1\text{의 부하분담} = \frac{\%Z_2}{\%Z_1 + \%Z_2} \times P$$

$$TR_2\text{의 부하분담} = \frac{\%Z_1}{\%Z_1 + \%Z_2} \times P$$

그림 2-19

표 2-22 병렬운전이 가능한 결선

병렬운전이 가능한 결선		불가능한 결선	
A 변압기	B 변압기	A 변압기	B 변압기
Δ-Δ	Δ-Δ	Δ-Δ	Δ-Y
Y-Y	Y-Y	Y-Y	Y-Δ
Δ-Y	Δ-Y		
Δ-Y	Y-Δ		
Y-Δ	Y-Δ		
Δ-Δ	Y-Y		

표 2-23 변압기 %Z (2차전압이 고압인 경우)

공칭전압 [kV]	%임피던스	공칭전압 [kV]	%임피던스
3.3(유입)	3	33(유입)	5.5
6.6(유입)	3	66(유입)	7.5
11(유입)	4.5	77(유입)	7.5
22(유입)	5.0	110(유입)	9.0
22(건식)	8.9~9.5	154(유입)	11.0

표 2-24 변압기 %Z (2차전압이 저압인 경우)

종 류	공칭전압 1차/2차	%임피던스					
		25~100 [kVA]	300~750 [kVA]	1,000 [kVA]	1,500 [kVA]	2,000 [kVA]	2,500 [kVA]
유 입	0.4/0.2~0.1	2.0~3.0	-	-	-	-	-
건 식	0.4/0.2~0.1	3.5~4.5	-	-	-	-	-
유 입	6.6~3.3/0.4	-	3	4	-	-	-
건 식	6.6~3.3/0.4	2.0	2.5	2.5	-	-	-
유입, 건식	33~22/0.4	-	5.5	7.5	7.5	7.5	8.5

한다. 따라서 과부하운전을 하지 않으려면 부하를 낮추면 되는데 %Z가 작은 변압기를 기준으로 하는 부하 P가 되도록 부하를 낮추면 된다. 따라서 임피던스전압이 작은 변압기의 부하분담이 커지므로 임피던스전압에 큰 차이가 있는 경우 변압기의 병렬운전은 하지 않아야 한다.

[참고] 정격이 서로 다른 변압기의 병렬운전시 가장 낮은 %Z값을 갖는 변압기가 과부하되지 않고 걸 수 있는 최대부하

정격용량과 %Z가 서로 다른 변압기를 여러 대 병렬운전할 때 걸 수 있는 합성최대 부하의 간단한 계산법을 살펴보면 다음과 같다. 예를 들어 A, B, C 3대의 변압기용량이 P_a, P_b, P_c이고 그 각각의 자기용량기준 %Z가 $\%Z_a$, $\%Z_b$, $\%Z_c$인 경우 또한 $\%Z_a$, $\%Z_b$, $\%Z_c$ 중에 $\%Z_a$가 가장 작은 경우 어느 변압기도 과부하시키지 않고 걸 수 있는 최대부하는 다음과 같다.

$$P_{max} \leqq \%Z_a\left(\frac{P_a}{\%Z_a}+\frac{P_b}{\%Z_b}+\frac{P_c}{\%Z_c}\right)[\text{kVA}]$$

여기서 P_{max} : 변압기가 과부하되지 않고 걸 수 있는 최대부하 [kVA]

P_a, P_b, P_c : 각 변압기의 정격용량 [kVA]

$\%Z_a$, $\%Z_b$, $\%Z_c$: 각 변압기의 자기용량기준 %임피던스 [%]

9. 변압기 보호

수전변압기는 수·변전설비에서 가장 중요한 기기로서, 고장시 전력공급의 신뢰성에 큰 영향을 초래하게 되며 또한 중량물로서 고가여서 수리시간이 길어 큰 피해를 준다. 따라서 변압기의 적절한 보호로 변압기 보호는 물론 계통으로 사고의 파급확산을 방지하기 위해 보호장치를 설치하도록 전기설비기술기준에서 규정하고 있다.

(1) 변압기 사고

① 내부고장 : 권선의 상간·층간단락, 고저압 혼촉, 리드선의 단락·지락·단선, 탭전환기의 단락·지락, 접촉부의 과열, 오일누설, 오일열화, 온도 이상상승 등

② 외부고장 : 부싱의 절연파괴, 기계적 파손, 단자의 과열

③ 부속설비 고장 : 송유펌프 고장, 냉각팬 고장

④ 과부하 고장

(2) 변압기 보호장치의 규정

변압기 사고가 발생하였을 경우 자체의 사고를 최소한으로 국한하여 계통으로 파급확산을 방지하고, 절연물 및 절연유의 열화에 의한 절연내력의 저하를 방지하도록 전기설비기술기준 제54조에서 의무화하고 있다.

그 내용을 보면 다음과 같다.

표 2-25 변압기의 보호장치

용량 및 냉각방식	보호장치	자동차단	경 보	비 고
뱅크용량 5,000 [kVA] 이상 10,000 [kVA] 미만	과 전 류	○		
	내부고장		○	
	온도 이상상승			상시 감지를 하지 않는 변전소에 있어서는 3,000 [kVA]를 초과하는 것에 설치한다(다이얼온도계 등에 의해 검출).
뱅크용량 10,000 [kVA] 이상	과 전 류	○		
	내부고장	○		
	온도 이상상승		○	다이얼온도계 등에 의해 검출
송유풍랭식 송유자랭식	오일펌프 정지 송풍기 정지		○	온도 이상상승 보호장치가 있는 경우 생략할 수 있다.
송유수랭식	냉각수 단수		○	

주) 여기서 ○표는 의무규정이다.

(3) 변압기 보호장치의 분류

권선보호	과전류계전기, 차동계전기, 비율차동계전기
권선의 지락보호	영상차동 계전방식 방향지락 계전방식 영상전압 계전방식
과부하 보호	과부하보호 계전기 (OCR-한시계전기, 반한시계전기)
과열보호	등가온도계전기(CT 2차전류) 저항온도계 다이얼온도계
기계적 보호장치	부르홀츠계전기 충격압력계전기

2-3-2 차 단 기

차단기(CB : Circuit Breaker)는 평상시 부하전류를 개폐하는 것 외에 차단기 부하측에서 단락사고 및 지락사고가 발생한 경우 각종 보호계전기와 조합하여 신속하게 회로를 차단함으로써 전기기기 및 선로를 보호하는 목적으로 사용되는 기기이다.

① 부하전류의 개폐
② 단락전류와 같은 고장전류를 보호계전기와 동작협조를 통해 차단

1. 차단기의 종류

차단기는 소호방식에 따라 유입차단기, 진공차단기, 공기차단기, 자기차단기, 가스차단기 등으로 분류된다.

(1) 유입차단기

유입차단기(OCB : Oil Circuit Breaker)는 전로개폐시 발생되는 아크를 절연유의 소호작용에 의하여 소호하여 전류 '영(0)'점에서 극간에 절연이 회복되어 차단이 완료되는 차단기로서 가장 오래된 차단기이다.

특 징

- 가격이 저렴하다.
- 화재발생의 우려가 있고 설치면적이 크다.
- 소·중용량 차단기로서 널리 사용된다.
- 절연유로서 석유계 광유를 사용한다.
- 사용전압범위 : 3.3 [kV]~300 [kV]

(2) 진공차단기

진공차단기(VCB : Vacuum Circuit Breaker)는 진공에서의 높은 절연내력과 아크생성물을 진공 중으로 급속한 확산을 이용하여 아크를 소호한다.

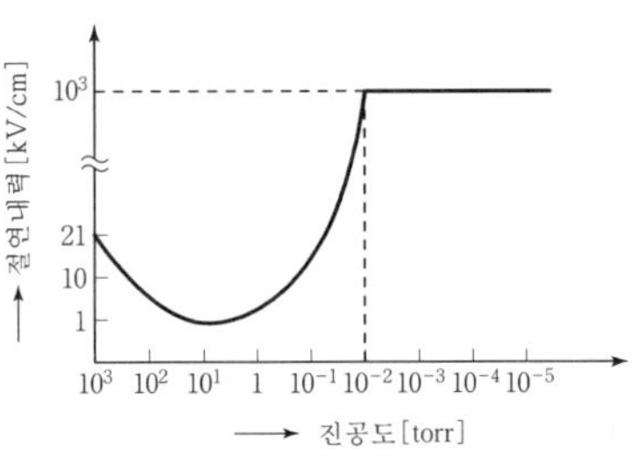

그림 2-20 공기압력과 절연내력

기체는 통상 양호한 절연물이지만 대기압상태에서 점차적으로 압력을 내리면 분자의 평균자유행정이 늘어나 충돌전이가 발생하여 절연내력이 저하한다. 그러나 10^{-2} [torr] 정도까지 압력을 내리면 평균자유행정이 현저히 늘어나 충돌전이가 감소하여 절연내력이 증가한다.

진공차단기는 허용도를 고려하여 10^{-4} [torr] 이상의 고진공영역을 이용하고 있다. 10^{-4} [torr] 고진공 속에서 전극을 개방했을 경우에 발생하는 아크는 전극에서 증발한 금속증기가 전리되어 생기는 플라즈마로, 주위의 고진공과 비교하면 매우 큰 압력, 밀도 구배가 된다. 따라서 금속이온·입자는 주변을 향하여 급속하게 확산되고 교류전류의 영(0)점 근방에서 플라즈마 발생이 약해짐과 동시에 급속하게 절연내력이 회복되어 전류가 차단된다. 이때 확산된 금속이온, 금속입자는 전극에 재증착 재차 고진공이 유지된다.

특 징

- 차단성능이 우수하다.
- 소형 경량이다(큐비클 내 수용이 용이하다).
- 개폐수명이 길고 보수점검이 용이하다(부하전류 개폐수명 : 10,000회 정도).
- 기름을 사용하지 않으며 완전한 밀폐구조로서 화재위험이 없다.
- 안전성이 높아 방재설비용으로 적합하다.
- 개폐시 소음이 적다.
- 동작시 높은 서지전압을 발생시키는 결점이 있다.
- 사용전압범위 : 12 [kV]~36 [kV]

(3) 공기차단기

공기차단기(ABB, ABCB : Air Blast Circuit Breaker)는 차단기 개방시 접촉자와 떨어지면서 발생하는 아크에 강력한 압축공기(10~30 [kg/cm^2])를 불어넣어 소호하는 방식이다. 유입차단기와 달리 전류의 크기에 의하여 소호능력이 변하지 않고 일정한 소호능력을 가지고 있어 대전류 차단기로 적합하다.

특 징

- 화재위험이 없다.
- 차단능력이 뛰어나다.
- 컴프레서 등 부대설비가 필요하여 점유면적이 넓고 유지·보수성이 좋지 않다.
- 대용량 차단기로서 널리 사용된다.
- 개폐빈도가 많은 장소에 적합하다.
- 사용전압범위 : 12 [kV]~36 [kV]

(4) 자기차단기

자기차단기(MBB, MBCB : Magnetic Blast Circuit Breaker)는 아크와 직각으로 자계를 주어 아크를 소호실로 흡인하여 아크전압을 증대시키고 냉각하여 소호작용을 하도록 하는 차단기이다.

특 징

- 화재의 염려가 없다.
- 소호능력이 비교적 떨어져 특고압에 적합하지 않다.
- 사용전압범위 : 3.6 [kV]~12 [kV]

(5) 가스차단기

가스차단기(GCB : Gas Circuit Breaker)는 절연강도와 소호능력이 매우 우수한 불활성가스인 SF_6 가스를 이용한 차단기이다.

① SF6 가스의 특성

- 화학적으로 안정도가 높은 불활성가스
- 열전도율이 좋음
- 무취, 무독, 무해, 불연성, 비폭발성 가스
- 비중이 공기의 5배 정도
- 소호능력이 공기의 100배
- 절연능력이 공기의 3배 정도
- 3기압으로 가압된 경우 절연내력이 절연유와 거의 같음

② 차 단 원 리

- SF_6 가스 중에 아크가 발생하면 다른 차단기와 달리 외염부온도가 낮고 전류가 흐를 수 없으므로 전류는 아크부에 집중해서 흘러 아크 단면적이 감소하고 전류의 영(0)점에 접근함에 따라 단면적이 급속히 감소하여 절연내력을 회복하고 차단이 완료된다.

특 징

- 차단성능이 우수하고 고장이 거의 없어 유지·보수가 용이
- 설치면적이 적어 초고압계통의 차단기로 많이 사용
- 화재의 위험이 없음
- 밀폐형이므로 개폐시 소음이 적음
- 가격이 고가
- 사용전압범위 : 12 [kV]~550 [kV]

그림 2-21 진공차단기의 외형

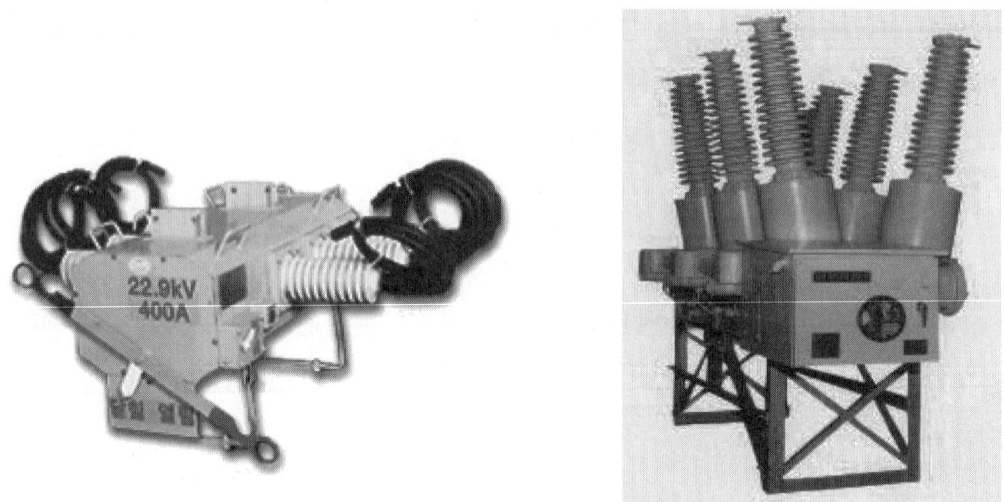

그림 2-22 가스차단기의 외형

2. 차단기의 정격

(1) 정 격 전 압

차단기의 정격전압(Rated Voltage)은 차단기에 인가하여 사용할 수 있는 회로의 최대허용전압을 말하며, 3상의 선간전압으로 표시한다.

$$\text{정격전압} = \text{공칭전압} \times \frac{1.2}{1.1}\ [\text{kV}]$$

표 2-26 차단기의 정격전압

공칭전압 [kV]	정격전압 [kV]
3.3	3.6
6.6	7.2
22-Δ	24
22.9-Y	25.8
66	72
154	170
345	362

예제 2-2 22.9 [kV] 계통에 채용하고자 하는 차단기의 정격전압은 몇 [kV]인가?

풀이 22.9×1.2/1.1=24.98 [kV]
그러므로 표준전압인 25.8 [kV]로 선정한다.

표 2-27 고압차단기의 종류별 특징

구 분	OCB	ABCB	MBCB	VCB	GCB
소호방식	오일분사	압축공기를 불어서 소호	자계로 밀어서 소호	아크의 급속한 확산 소호	SF_6 가스로 확산 냉각 소호
사용전압범위[kV]	12~300	12~36	3.6~12	12~36	12~550
차단시간 [Hz]	5~8	3~5	5~8	3~5	3~5
연소성	가연성	난연성	난연성	불연성	불연성
치수, 중량	크다	크다	보통	작다	가장 작다
서지전압	약간 높다	낮다	낮다	매우 높다 (보호장치 요)	낮다
보수, 점검	간단	-	-	극히 간단	거의 필요없음
수명(회)	10,000	10,000	10,000	50,000	50,000
경제성	염가	중	중	중	고가

(2) 정격전류

차단기의 정격전류(Rated Current)는 정격전압, 정격주파수 하에서 각 부분의 온도가 규정하는 온도상승 한도를 초과하지 않고 연속적으로 통전할 수 있는 전류의 한도를 말한다. 3상의 경우 다음과 같다.

$$I_n = \frac{P}{\sqrt{3}\,V\cos\Theta}\ [\mathrm{A}]$$

여기서 P : 설비용량 [kW], V : 정격전압 [kV], $\cos\Theta$: 역률

① 전등, 전열 등의 일반 부하회로의 경우(부하전류×1.2배)

② 전동기회로의 경우(부하전류×3.0배)

③ 콘덴서회로의 경우(부하전류×1.5배)

(3) 정격차단전류 및 정격차단용량

① 정격차단전류

차단기의 정격전류에 해당하는 회복전압 및 재기전압 등의 규정조건에서 규정동작책무 및 동작상태를 수행할 수 있는 지역률 차단전류의 한도를 말한다.

표 2-28 정격차단전류

공칭전압 [kV]	정격전압 [kV]	정격차단전류 [kA]
6.6	7.2	12.5
22.9	25.8	12.5
66	72	25
154	170	40

② 정격차단용량

정격차단용량은 차단기의 정격전압과 정격차단전류를 곱하여 여기에 $\sqrt{3}$배한 값이다. 3상의 경우 다음과 같다.

$$P_s = \sqrt{3} \times \text{정격전압 [kV]} \times \text{정격차단전류 [kA]} \text{ [MVA]}$$

$$P_s = \frac{100}{\%Z} \times P_n \text{ [kVA]}$$

여기서 P_s : 차단용량, $\%Z$: %임피던스, P_n : 변압기 정격용량 [kVA]

(4) 표준동작책무

차단기는 부하전류의 투입, 개방 등을 계획적으로 수행하는 것 외에 전력계통에 고장이 발생했을 때 신속하게 자동차단하는 책무를 가지는 보증장치로서 동작기능에 대한 보증이 필요하다.

차단기의 동작책무란 1~2회 이상의 투입차단 또는 차단투입동작을 일정한 시간간격으로 행하는 일련의 동작을 말하고, 이것을 기준으로 하여 차단기의 차단성능, 투입성능을 정한 동작책무를 표준동작책무라고 한다.

차단기의 동작책무는 다음과 같다.

① 일반 : CO-15 [sec]-CO (7.2 [kV]급)

② 고속도 재투입용 : O-0.3-CO-3 [min]-CO (22 [kV]급)

3. 단락전류의 계산

전력계통의 기기나 선로는 고장전류가 주는 열적, 기계적 충격으로부터 충분히 견디는 강도의 선정이나 보호계전방식의 선정 및 계전기의 동작 정정값, 차단기의 정격차단용량 선정을 위해서는 고장전류를 알아야 한다.

고장전류 중 3상 단락고장은 극히 드문 고장이지만 일단 3상 단락고장이 발생하면 아주 큰 고장전류가 흐르기 때문에 사전에 알아둔다는 것이 매우 중요하다.

3상 단락고장전류 계산법에는 ① 옴 [Ω]법 ② %임피던스법 ③ P·U법 등이 있는데 여기서는 주로 사용되고 있는 옴 [Ω]법과 %임피던스법에 대해 살펴보도록 한다.

(1) 옴[Ω]법에 의한 계산

3상 단락고장은 평형고장이므로 이때의 단락전류는 고장점 대지전압을 고장점에서 본 전계통의 임피던스 Z[Ω]로 나누어 구할 수 있다.

만일 진압을 고압측의 전압으로 나타내고, E를 고장점에서의 고장직전의 상전압 [V], 각 기기나 계통 각 부분의 임피던스를 E를 기준으로 환산해서 집계한 것을 Z[Ω]이라고 하면 3상 단락전류 I_s 및 3상 단락용량 P_s는 다음과 같이 산출된다.

$$I_s = \frac{E}{Z}\,[\mathrm{KA}] = \frac{E}{\sqrt{R^2+X^2}}\,[\mathrm{KA}]$$

$$P_s = 3\,E I_s\,[\mathrm{kVA}] = \sqrt{3}\,V I_s\,[\mathrm{kVA}]$$

여기서 V : 단락점의 선간전압 [kV]

Z : 단락지점에서 전원측을 본 계통 임피던스 [Ω]

이와 같은 단락전류 계산법을 옴[Ω]법이라고 한다.

① 옴〔Ω〕법에 의한 단락전류의 계산 Flow

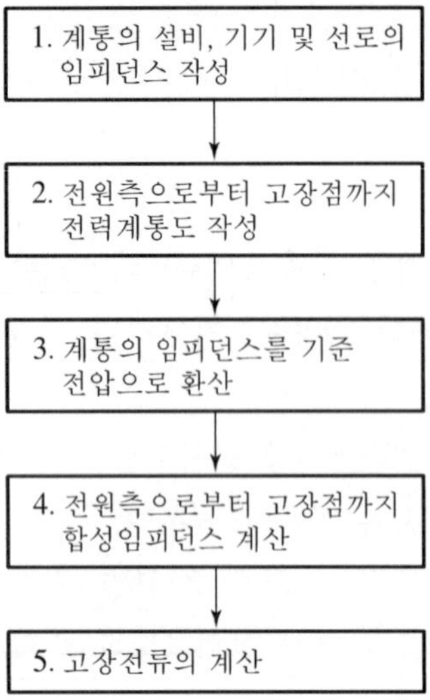

① 임피던스는 전압의 제곱에 비례한다.

① $I_s = \frac{E}{Z}\,[\mathrm{A}] = \frac{E}{\sqrt{R^2 + X^2}}\,[\mathrm{A}]$

그림 2-23

② 유의사항

옴[Ω]법은 고장점에서 본 전계통의 임피던스 $Z[\Omega]$를 구하는 것이 핵심이 된다. 임피던스는 [Ω]값이기 때문에 고장점의 회로전압과 다른 전압의 회로에 있는 임피던스를 고장회로의 전압 하에서 환산하려면 우선 변압기의 접속법에 주의해서 권수비(전압비)의 제곱을 곱해야 하고 $\Delta-\Delta$ 결선일 경우에는 $\Delta \to \mathrm{Y}$로 고쳐주어야 한다.

옴[Ω]법은 이러한 임피던스의 환산이 불편하기 때문에 별로 쓰이지 않고 있다.

(2) %임피던스법

%임피던스란 회로의 임피던스에 정격전류가 흘렀을 때 발생하는 전압강하와 회로전압을 100 [%] 비율로 나타낸 것이다. 즉,

$$\%\mathrm{Z} = \frac{Z I_n}{E} \times 100\,[\%], \qquad \%\mathrm{Z} = \frac{PZ}{10V^2}$$

여기서 Z : 회로의 임피던스 [Ω], I_n : 정격전류 [A], E : 회로전압 [V]

P : 기준용량 [kVA], V : 공칭전압 [kV]

로 나타낼 수 있다. 윗식에서

$$Z = \frac{\%\mathrm{Z}\,E}{100 I_n}\,[\Omega]$$

이 식을 $I_s = \dfrac{E}{Z}$ 에 대입하면

$$I_s = \frac{E}{Z} = \frac{E\,100\,I_n}{\%Z\,E} = \frac{100}{\%Z} \times I_n[\mathrm{A}]$$

로 I_s를 쉽게 계산할 수 있다. 또한,

$$P_s = \sqrt{3}\;VI_s = \sqrt{3}\;V\frac{I_n}{\%Z} \times 100 = \frac{100}{\%Z} \times P_n[\mathrm{kVA}]$$

여기서 P_s : 3상 단락용량 [kVA], P_n : 정격용량 [kVA]

이와 같은 단락전류 계산법을 %임피던스(%Z)법이라 한다.

① %Z법에 의한 단락전류의 계산 Flow

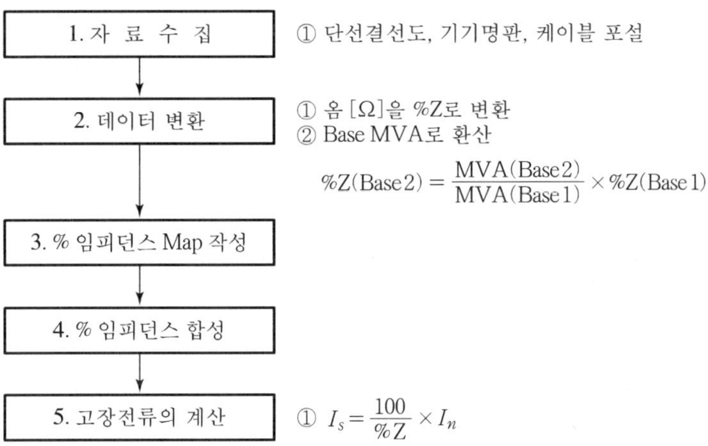

그림 2-24

② 유의사항

%Z법은 전압의 크기, 즉 전압비에 관계가 없으므로 단락전류의 계산이 간편하여 가장 많이 사용되나 전력계통에 접속된 발전기, 변압기, 조상기 및 선로 등 각 부분의 [kVA]용량이 서로 다른 경우에는 우선 먼저 %Z값을 모두 같은 기준용량 [kVA]으로 환산해준 다음 계산하여야 한다.

표 2-29 변압기 %임피던스(2차전압이 고압인 경우)

공칭전압 [kV]	%임피던스	공칭전압 [kV]	%임피던스
154(유입)	11.0	22(건식)	5.0
110(유입)	9.0	22(유입)	8.5~9.5
77(유입)	7.5	11(유입)	4.5
66(유입)	7.5	6.6(유입)	3
33(유입)	5.5	3.3(유입)	3

표 2-30 변압기 %임피던스(2차전압이 저압인 경우)

종 류	공칭전압 [kV]	%임피던스					
	1차/2차	25~100 [kVA]	300~750 [kVA]	1,000 [kVA]	1,500 [kVA]	2,000 [kVA]	2,500 [kVA]
유 입	0.4/0.2~0.1	2.0~3.0	–	–	–	–	–
건 식	0.4/0.2~0.1	3.5~4.5	–	–	–	–	–
유 입	6.6~3.3/0.4	–	3	4	–	–	–
건 식	6.6~3.3/0.4	2.0	2.5	2.5	–	–	–
유입, 건식	33~22/0.4	–	5.5	7.5	7.5	7.5	8.5

표 2-31 동기기의 %임피던스

동기기의 종류	%Xd"
디젤발전기	20~30
2극 터빈발전기	7~14
4극 터빈발전기	12~17
제동권선식 전동기	13~35
제동권선 없는 전동기	20~45
6극 전동기	10

예제 2-3 22.9 [kV] 수용가의 전원측 %Z가 용량 100 [MVA]에서 12 [%]일 때 이를 10 [MVA]로 환산하면 %Z값은?

풀이 $\%Z(\text{Base2}) = \dfrac{\text{MVA(Base2)}}{\text{MVA(Base1)}} \times \%Z(\text{Base1})$

$$\%Z = \frac{10\,[\text{MVA}]}{100\,[\text{MVA}]} \times 12 = 1.2\,[\%]$$

4. 차단기의 투입, 트립방식

(1) 차단기 투입방식

① 수동조작식

- 투입에 필요한 기계력이 인력에 의한 방식(정격차단전류 8 [kA] 이하)

② 동력조작식

- 전기조작식 : 전동기, 전자 솔레노이드에 의한 방식
- 스프링조작식 : 전동스프링 조작, 전자스프링 조작, 수동스프링 조작식
- 공기조작식 : 압축공기로 투입 조작
- 유압조작식

③ 조작전원에 의한 분류

- 직류조작방식 : 일반적으로 가장 많이 사용하는 방식으로 직류전원에 의한 조작
- 교류조작방식

(2) 차단기 트립방식

차단기 트립방식에는 전압 트립방식(상시 개로방식), 전류 트립방식(상시 폐로방식), 콘덴서 트립방식 등이 있다.

① 전압 트립방식(상시 개로방식)

차단기 트립전원으로 직류제어전원(축전지전원)을 사용하여 차단기를 트립하는 방식으로 일반적으로 많이 채용된다.

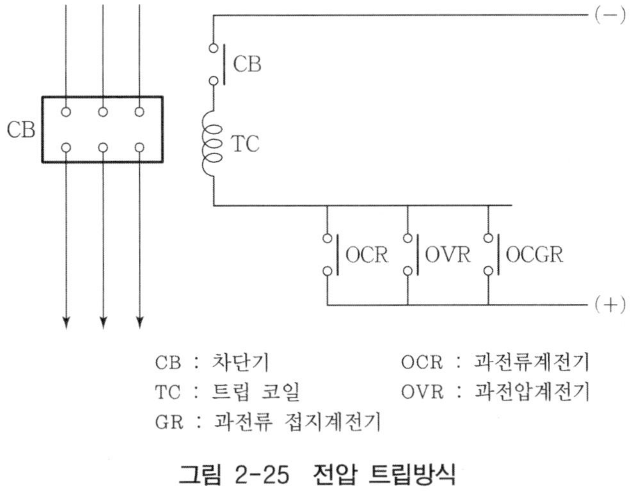

그림 2-25 전압 트립방식

② 부족전압 트립방식

PT 2차전압을 상시 트립코일에 인가하여 이를 차단기 트립전원으로 사용하여 트립하는 방식이다.

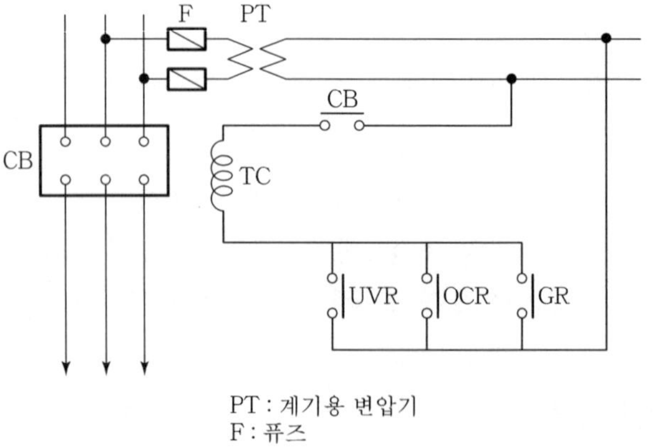

그림 2-26 부족전압 트립방식

③ 전류 트립방식(상시 폐로방식)

상시 폐로방식이라고도 하며 CT 2차전류가 정해진 값보다 초과되었을 때 차단기를 트립하는 방식으로 소규모 변전소나 무인변전소 등에서 채용하고 있다.

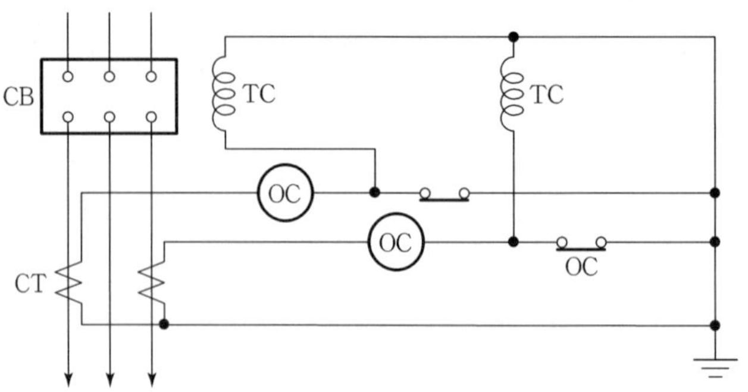

그림 2-27 전류 트립방식

④ 콘덴서 트립방식

PT 2차측에 정류기를 부설하여 평상시 계통으로부터 전력을 공급받아 이 전력으로 콘덴서를 충전하고, 이 충전전압을 트립코일을 통해서 방전시켜 차단기를 트립하는 방식으로 직류전원을 공급하기 어려운 곳에 적합하다.

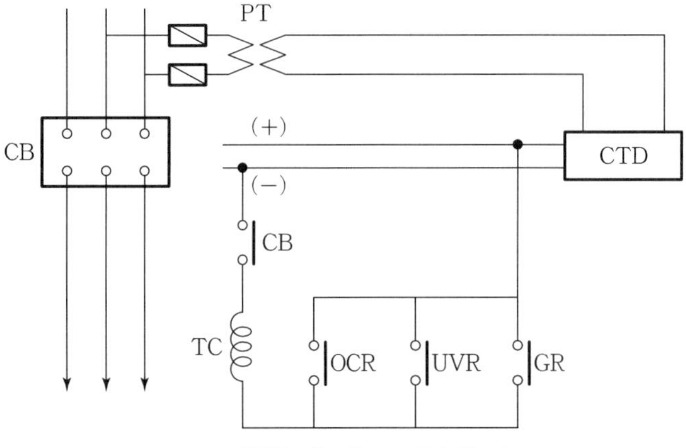

그림 2-28 콘덴서 트립장치

2-3-3 개 폐 기

1. 단 로 기

단로기(DS : Disconnecting Switch)는 공칭전압 3.3 [kV] 이상의 고전압 전로에 사용되는 개폐기의 일종으로 기기의 점검, 수리, 시험 등을 행할 때 기기를 회로로부터 확실하게 분리하거나 회로변경을 위해서 설치한다.

단로기는 통상적으로 부하전류를 차단할 능력이 없기 때문에 반드시 무부하상태에서 개폐를 하도록 하여야 한다.

(1) 단로기의 분류

① 사용회로수에 의한 분류

- 단투형 단로기
- 쌍투형 단로기

② 접속방식에 의한 분류

- F−F Type (F : Front, B : Back)
- F−B Type
- B−B Type
- B−F Type

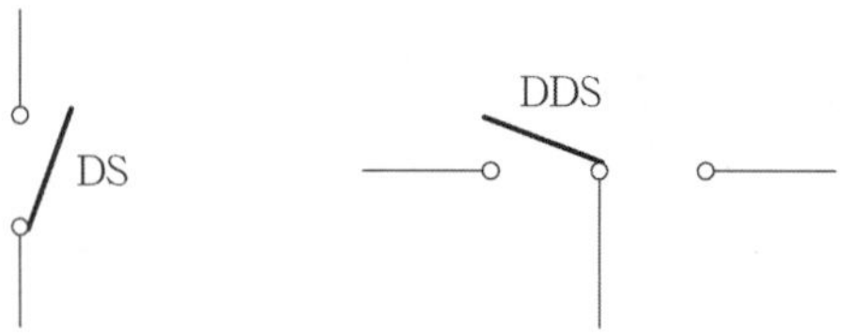

(a) 단투형　　(b) 쌍투형

그림 2-29 단로기의 심벌

25.8 [kV], 800~3,000 [A] 옥외용(Outdoor Use)

25.8 [kV], 200~600 [A] 옥외용(Outdoor Use)

그림 2-30 단로기의 외형

(2) 단로기의 조작방식

① 수동조작방식

- 훅봉 조작방식
- 원방 수동조작방식

② 동력조작방식

- 전기조작방식 : 전자조작방식, 전동조작방식
- 압축공기 조작방식

(3) 단로기의 정격

① 정 격 전 압

회로전압의 상한을 말한다.

$$\text{정격전압} = \text{공칭전압} \times \frac{1.2}{1.1}\ [\text{kV}]$$

표 2-32 단로기의 정격전압(A : 표준레벨, B : 저레벨)

공칭전압 [kV]	정격전압 [kV]	절연계급(호)
3.3	3.6	3BA
6.6	7.2	6BA
22	24	20BA
154	168	140BA

② 정격전류

정격전류가 작아도 정격단시간전류가 큰 경우에는 정격단시간전류에 적합한 정격전류의 단로기로 선정한다. 여기서 정격전류란 연속해서 통전할 수 있는 전류의 최대한도의 값을 말한다.

표 2-33 단로기 정격의 표준값

정격정압 [kV]	정격단시간전류 [kA]	정 격 전 류 [A]						
		400	600	800	1,200	2,000	3,000	4,000
3.6	16		◉					
	25		◉		◉			
	40				◉	◉	◉	
7.2	12.5	◉	◉		◉			
	20		◉		◉			
	31.5				◉	◉	◉	
	40					◉	◉	◉
24	12.5		◉					
	20		◉		◉			
	25		◉		◉	◉	◉	
	40					◉	◉	
	50							◉
	63					◉	◉	◉

③ 충전전류

배전계통에서 케이블의 길이가 길어지면 충전전류가 단로기 선정시 문제가 된다. 즉, 무부하시에도 케이블의 대지정전용량에 의한 충전전류가 흐르는데 단로기는 이 충전전류를 개폐할 수 있는 능력이 있어야 한다.

$$I_c = 2\pi f C \frac{V}{\sqrt{3}} \text{ [A/km]}$$

여기서 f : 주파수 [Hz], C : 정전용량 [F/km]
V : 선간전압 [V], I_c : 충전전류 [A]

④ 정격단시간전류

사용회로의 단락전류가 1 [sec] 또는 2 [sec]동안 통전되어도 단로기가 손상되지 않는 단락전류의 최대한도값을 말한다.

2. 자동 고장구분개폐기

우리나라의 배전전압은 대부분 13,200 [V]/22,900 [V]-Y의 3상4선식 중성점 다중접지방식으로서 많은 장점과 단점을 가지고 있는데, 그 중 하나는 지락사고시 지락전류가 매우 커서 단락사고 때와 같이 전력회사의 배전선로에 설치된 Recloser나 배전용변전소에 설치된 차단기가 동작하여 한 수용가 사고로 인하여 많은 수용가에 피해를 유발시키는 결과를 가져올 수 있다.

따라서 자동 고장구분개폐기(ASS : Automatic Section Switch)는 어느 한 수용가의 사고를 1개의 수용가로 국한시켜 다른 건전수용가에 사고의 파급을 방지하기 위한 방안으로, 수전용량이 300 [kVA]를 초과하고, 1,000 [kVA] 이하인 특고압 간이수·변전설비인 경우 이의 설치를 의무화하고 있다(1985. 9. 24. 개정).

(1) Recloser와 동작협조

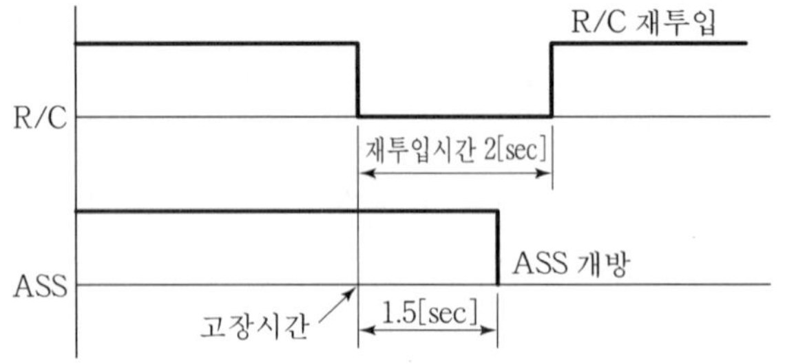

그림 2-31

(2) 특고압 간이수·변전설비 결선도

① 300 [kVA] 이하의 경우에는 ASS 대신 Int.S를 사용할 수 있다.

② LA용 DS는 생략할 수 있다.

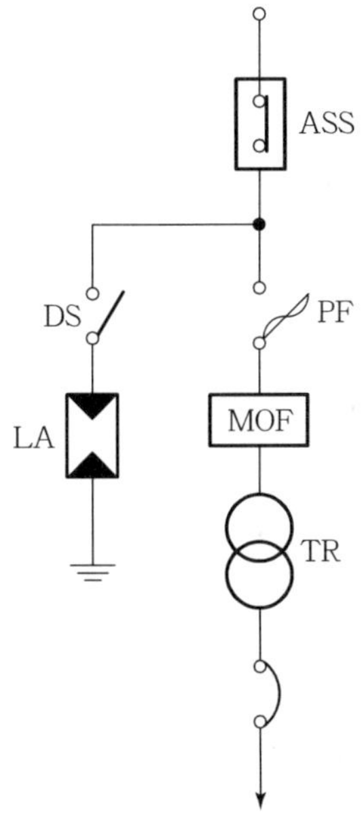

그림 2-32

③ 인입선을 지중선으로 가설하는 경우에는 사고시 정전피해가 큰 수전설비 인입선을 예비선을 포함하여 2회선으로 가설하는 것이 바람직하며 22.9 [kV]-Y 계통에서는 CN-CV 케이블, 22 [kV]-Δ 계통에서는 CV 케이블을 사용하여야 한다.
다만, 22.9 [kV-Y] 지중인입선으로 침수의 우려가 있는 경우에는 CNCV-W 케이블(수밀형)을 시설하는 것이 바람직하다.

④ 300 [kVA] 이하인 경우 PF 대신 COS(비대칭 차단전류 10 [kA] 이상의 것)를 사용할 수 있다.

⑤ 간이수·변전설비는 PF의 용단 등의 결상사고에 대한 대책이 없으므로 변압기 2차측에 설치되는 주차단기에는 결상계전기를 설치하여 결상사고에 대한 보호능력이 있도록 하는 것이 바람직하다.

(3) 정 격

최소동작전류(한시요소)의 정격(탭)

$$\text{Phase 전류} = \frac{\text{설비용량[kVA]}}{\sqrt{3} \times \text{공칭전압[kV]}} \times (2 \sim 3)\,[\text{A}]$$

$$\text{Ground 전류} = \text{상전류} \times 1/2\,[\text{A}]$$

표 2-34 자동 고장구분개폐기

공칭전압 정격전압 정격전류 정격주파수			22.9 [kV] 25.8 [kV] 200 [A] 60 [Hz]
정격단시간전류	순시(Asym) 1초 10초		15 [kA] 10 [kA] 3.5 [kA]
최소동작 전류정정	Phase Ground		50, 70, 100, 140, 200 [A], Block 6탭 ① 25, 35, 50, 70, 100 [A], By-Pass 6탭 ②
돌입전류 억제정정	Phase	배수 [cycle]	1, 2, 4, 6, 8, Block 6탭 ③ 5, 10, 15, 20 4탭
	Ground	배수 [sec]	Block ④ 0.3, 0.7, 1.5, 3.0, 5.0 5탭
상용주파 내전압	건조(1분) 주수(10초)		60 [kV] 50 [kV]
충격파 내전압(1.2×50 [μs]) 정격차단전류 최대과전류 Lock 전류값 개폐기 본체의 차단전류			150 [kV] 900 [A] 800 [A] 5 [Hz]

주) ① Block를 설정하면 최소동작전류(Phase)의 동작기능은 없는 것이 된다.
② By-Pass를 설정하면 최소동작전류(Phase)의 동작기능은 없는 것이 된다.
③ Block를 설정하면 전체의 돌입전류(Phase)가 억제된다.
④ Block를 설정하면 돌입전류(Groimd)는 전부 억제된다.

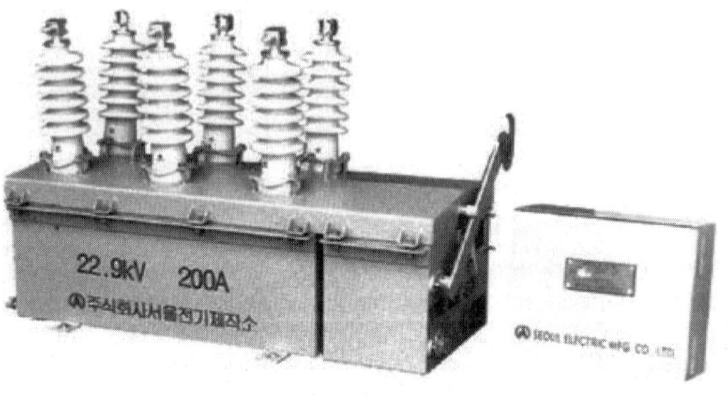

그림 2-33 자동고장 구분개폐기

(4) 특 징

① 전력회사 변전소의 차단기나 선로 Recloser와 협조하여 1회 순간정전 후 고장구간을 자동 분리한다.

② 800 [A] 미만의 과부하 및 이상전류에 대해서는 자동차단하는 과부하 보호기능을 가지고 있으며 차단능력은 900 [A]이다.

③ 개방, 투입방식

- 자동개방·투입방식
- 수동개방·투입방식

④ 개폐조작은 스프링축력에 의한 구조이므로 작동이 신속하고 확실하다.

⑤ 800 [A] 이상의 고장전류 발생시는 무전압상태에서 개방하므로 안정도가 높다.

3. 부하개폐기

부하개폐기(LBS : Load Breaker Switch)는 수·변전설비의 인입구 개폐기로 사용되며 부하전류를 개폐할 수 있으나 고장전류 차단능력이 없으므로 전력퓨즈와 조합하여 단락사고 방지용으로 사용될 수 있으며 전력퓨즈 용단에 의한 결상방지를 목적으로 사용되고 있다.

LBS는 전력퓨즈가 용단될 때 전력퓨즈에 내장된 동작표시장치가 돌출하여 트립장치가 작동 Limit S/W의 접점을 폐로하여 부하개폐기를 자동개방시키도록 되어 있다.

IEC 265-1, 694에 의해 합격된 국내 LBS 규격은 표 2-36과 같다.

표 2-35 LBS의 규격

규 격	단 위	성 능
정 격 전 압	kV	24
정 격 전 류	A	630
단락투입전류	kA Peak	50
단시간전류(1초)	kA rms	20
부하개폐전류	A rms	630
정격용량성 차단용량	A rms	31.5
상용주파 내전압(60 [Hz], 1분간)		
대지-극간	kV	50
극간-극간	kV	60
충격 내전압(1.2/50 [μ s])		
대지-극간	kV	125
극간-극간	kK	145

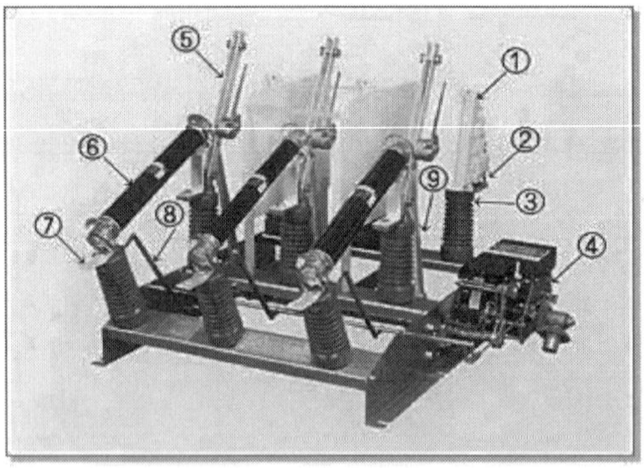

① 아크 소호통
② 인입 터미널
③ 지지애자
④ 조작기부
⑤ 가동 주접점
⑥ 퓨즈
⑦ 부하측 터미널
⑧ 절연레버

그림 2-34 LBS의 외형

■ 설계 및 시공시 주의사항

LBS는 전력퓨즈와 같은 장소에 단락사고 방지용으로 많이 사용되나 3상부하의 결상 방지용으로 기계적 결합한 개폐기이므로 전력퓨즈와 같이 취급하나 다음과 같은 사항을 주의하여야 한다.

① 수직형과 수평설치형을 구분하여 설계 및 설치할 것

② 퓨즈는 전원측에 취부하는 경우와 부하측에 취부하는 경우가 있으므로 주문시 제조자와 협의할 것

③ 퓨즈 용단시 대처가 용이하도록 예비품을 비치할 것
④ 전동작동이 가능하며 모터 정격전압은 AC/DC 110 [V] 사용이 가능(DC를 사용하는 것이 좋음)할 것
⑤ 전력퓨즈가 없는 LBS도 있으므로 설계시 주의할 것
⑥ 설치위치는 MOF 전단에 설치할 것

4. 기중부하개폐기

기중부하개폐기(Int.S : Interrupter Swich)는 개폐시 아크가 소호통 안에서 발생하도록 하여 아크를 소호한다. 이 개폐기는 더블(Double)과 싱글(Single)방식이 있으며, 근래에 13.2/22.9 [kV]-Y 선로에서 많이 사용하고 있고 수전용량 300 [kVA] 이하시 인입개폐기로 사용하도록 하고 있다.

■ 사용조건

① 주위온도 최고 40 [℃], 최저 −25 [℃] 범위 이내
② 표고 1,000 [m] 이하
③ 풍속 40 [m/sec] 이하

표 2-36 기중부하개폐기의 정격

전압 [kV]	정격전류 [A]	주파수 [Hz]	정격단시간전류 [kA]	개폐용량 [A]	기준충격 내전압 (BIL) [kV]
25.8	600	60	25	600	150

그림 2-35 기중부하개폐기(Int. S)

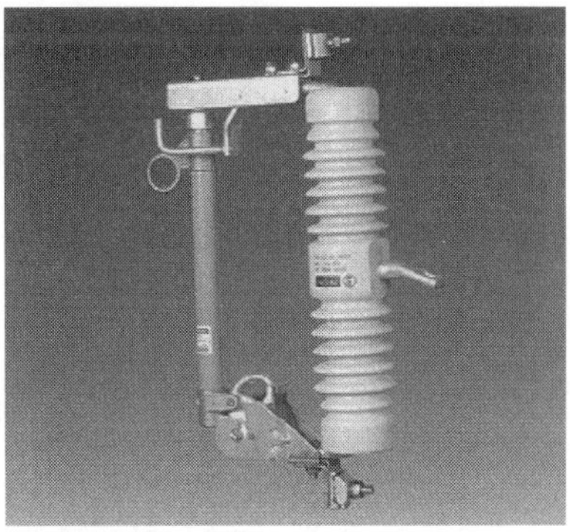

그림 2-36 컷 아웃 스위치(COS)

5. 컷 아웃 스위치

컷 아웃 스위치(COS : Cut Out Switch)는 주로 변압기 1차측의 각상마다 설치하여 변압기의 과부하 보호와 개폐를 위한 것으로 단극으로 제작된다.

■ 특 징

① 내부의 퓨즈가 용단되면 퓨즈 홀더(스위치덮개)가 중력에 의하여 스스로 개방되어 멀리서도 퓨즈의 용단 여부를 쉽게 식별할 수 있다.
② COS에 퓨즈 대신 동선을 사용시 단로기(DS) 대용으로 사용할 수 있다(수전용량 3,000 [kVA] 이하인 한전 책임분계점에 설치한다).
③ 변압기에 사용할 때 22.9 [kV]에서 300 [kVA] 이하에 사용한다(단, 3.3 또는 6.6 [kV] 계통에서 변압기용량이 150 [kVA] 이하에서 COS를 사용한다).
④ 차단용량은 최소 10 [kA] 이상을 선정한다.
⑤ 퓨즈 용단시 퓨즈는 링크만을 교환하여 다시 사용할 수 있다.
⑥ 동작원리 : 퓨즈 링크가 용단되면서 발생하는 아크의 지속을 억제시키고 열에 의해 퓨즈 홀더 내벽의 물질이 분해되어 절연성 가스가 발생하면 열에 의해 팽창된 아크를 소호하여 고장전류를 차단한다.
⑦ 퓨즈용량은 변압기 1차측 정격전류의 1.25~1.5배로 선정하여 사용한다(저항부하 : 1.25배, 유도부하 : 2.0~2.5배).

6. 선로개폐기

선로개폐기(LS : Line Switch)는 보안상 책임분계점에서 보수·점검시 선로를 개폐하기 위하여 시설하는 것으로 반드시 무부하 상태에서 개방하여야 하며, 단로기와 비슷한 용도로 사용된다. 근래에는 LS 대신 ASS를 사용하며 22.9[KV-Y] 계통에서는 사용하지 않고 66[KV] 이상의 경우에 LS를 사용한다.
(300[KVA] 이하의 경우 기중부하개폐기[Int.S] 사용)

7. 자동 부하전환개폐기(ALTS : Automatic Load Transfer Switch)

자동 부하전환개폐기는 22.9[KV-Y] 접지계통의 지중배선선로에 사용되는 개폐기로 중요시설(공공기관, 병원, 인텔리젠트 빌딩, 상수도 처리시설 등)의 정전시 큰 피해가 예상되는 수용가에 이중전원을 확보하여 주전원 정전시나 기준전압 이하로 떨어지는 경우 예비전원으로 순간 자동전환되어 무정전 전원공급을 수행하는 3회로 스위치의 개폐기이다.

(1) 자동 부하전환개폐기의 특징

① 개폐기는 예비전원으로 전환된 후 주전원이 정상복구되면 원 상태인 상시전원으로 복구된다.

② 정격사항

- 정격전압 : 25.8 [KV]
- 정격연속전류 : 600 [A]
- 정격부하차단전류 : 600 [A]
- 전환시간 : 0.2 [sec] 이내
- 충격내전압(1.2×50 [μsec] : 125 [KV])

③ 최근 기술동향

SF_6 전환시가스차단방식의 ALTS 개발보급
(차단시 서지현상이 발생하지 않음)

2-3-4 계기용 변성기

계기용 변성기란 고전압, 대전류를 이에 비례하는 저전압, 소전류로 변성하는 전압 및 전류의 변성용 기기로서 계기용 변압기(PT), 계기용 변류기(CT), 전력수급용으로 계기용 변압·변류기(MOF 또는 PCT), 영상변류기(ZCT) 등을 총칭한다.

1. 계기용 변압기

계기용 변압기(PT : Potential Transformer)는 특고압회로의 전압을 이에 비례하는 저압으로 변성하기 위하여 사용하며 전력계, 주파수계, 역률계, 표시등, 전압계전기, 전력계전기 등의 전원으로 사용된다. 상수에 따라 단상과 3상으로 구분되며 사용목적에 따라 접지형과 비접지형으로 분류된다.

① 비접지형 : 1차 양단자를 선로 간에 접속하여 사용하는 것

② 접지형 : 1차단자의 한 단자를 선로에 접속하고 다른 단자를 접지해서 사용하는 것

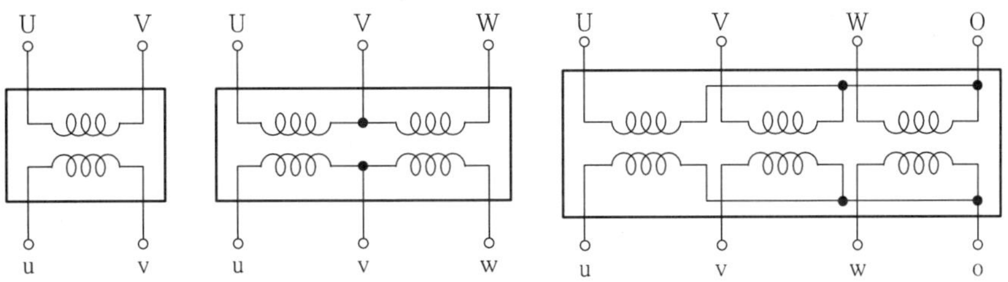

(a) 단상 계기용 변압기　　(b) 3상 계기용 변압기

그림 2-37 계기용 변압기의 구조 및 단자기호

(1) 정격전압

계기용 변압기의 정격1차전압과 정격2차전압은 표에서와 같은 값을 기준으로 한다.

표 2-37 표준형 계기용 변압기의 정격전압(단위 : V)

정격1차전압				정격2차전압
–	1,100	11,000	110,000	
–	–	–	154,000	
220	2,200	22,000	–	
–	3,300	33,000	–	110
440	–	–	–	
–	6,600	66,000	–	
–	–	77,000	–	
–	$11,400/\sqrt{3}$	–	$110,000/\sqrt{3}$	$190/\sqrt{3}$
–	–	–	$154,000/\sqrt{3}$	
–	$22,900/\sqrt{3}$	–	$220,000/\sqrt{3}$	110
$380/\sqrt{3}$	–	–	$275,000/\sqrt{3}$	
–	–	$66,000/\sqrt{3}$	$550,000/\sqrt{3}$	

표 2-38 계기용 변압기의 정격부담

계급	정격부담[VA]							용도
0.1급	10	15	25	–	–	–	–	특별 정밀계측용
0.2급	10	15	25	–	–	–	–	
0.5급	–	15	–	50	100	200	–	일반계기용
1.0급	–	15	–	50	100	200	500	
3.0급	–	15	–	50	100	200	500	

표 2-39 단상접지형 계기용 변압기의 정격전압

정격1차전압 [kV]			정격2차전압 [V]
$0.38\sqrt{3}$	$3.3/\sqrt{3}$	$6.6/\sqrt{3}$	110
$11/\sqrt{3}$	$11.4/\sqrt{3}$	$110/\sqrt{3}$	
13.2	–	$132/\sqrt{3}$	
16.5	–	$154/\sqrt{3}$	
–	–	$187/\sqrt{3}$	$190/\sqrt{3}$
$22/\sqrt{3}$	–	$220/\sqrt{3}$	
$22.9/\sqrt{3}$	–	$275/\sqrt{3}$	
$33/\sqrt{3}$	–	$345/\sqrt{3}$	110, $190/\sqrt{3}$
–	–	$380/\sqrt{3}$	
–	–	$550/\sqrt{3}$	
$66/\sqrt{3}$	–	–	
$77/\sqrt{3}$	–	–	

注) 1. 정격1차전압 13.2 [kV] 및 16.5 [kV]의 계기용 변압기는 발전기에 사용하는 것에 한정한다.
2. 정격1차전압 13.2 [kV]의 계기용 변압기는 특수품으로 한다.

(2) 정격부담

계기용 변압기의 부담이란 정격2차전압 하에서 2차회로에 접속된 부하가 소비하는 피상전력으로서 단위는 [VA]로 나타낸다.

계기용 변압기의 부하는 병렬로 접속해야 한다.

$$\text{PT 2차부담 [VA]} = \frac{V_{2n}^2}{Z}$$

여기서 V_{2n} : 정격2차전압 [V], Z : 2차회로 임피던스 [Ω]

(3) 계 급

계기용 변압기(PT), 계기용 변류기(CT)의 정확도를 나타내는 것으로 정격부담 하에서 정격주파수의 정격전압 또는 정격전류를 가했을 때 비오차의 한도값을 나타낸다.

표 2-40 계기용 변성기의 계급

계 급	호 칭	중요 용도
0.1급 0.2급	표준용	계기용 변성기 시험용의 표준기 또는 특별 정밀계측용
0.5급 1.0급 3.0급	일반계기용	정밀측정용 보통계측용, 배전반용 배전반용

2. 계기용 변류기

회로에 직렬로 접속하여 사용하며 고압회로의 대전류를 이에 비례하는 저압의 소전류로 변성하는 것으로서 보호계전기, 지시계기의 전원으로 작용한다.

계기용 변류기(CT : Current Transformer)의 부하는 반드시 직렬로 접속해야 한다.

(1) 변류기의 종류

① 권선형 변류기 : 1차전류가 비교적 적은 변류기에 적합(1,000 [A] 이하)

② 봉형 변류기 : 1차전류가 큰 변류기에 적합

③ 관통형 변류기

④ 부싱형 변류기(BCT : Bushing Type Current Transforer)

⑤ 3차 권선부 변류기

⑥ 이중비(다중비) 변류기

(2) 변류기의 단자기호 및 심볼

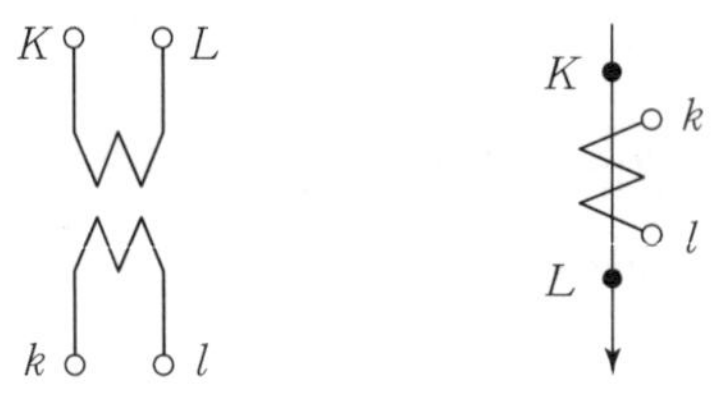

그림 2-38 계기용 변류기의 단자기호 및 심볼

(3) CT의 선정순서

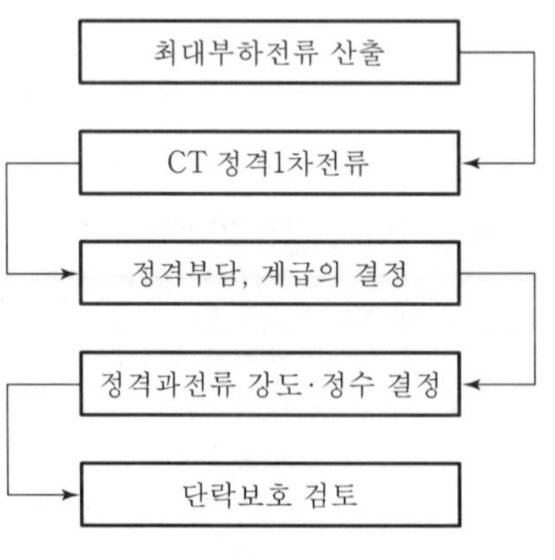

그림 2-39

(4) 사용목적

① 고압회로의 전류를 저압의 소전류로 변성

② 배전반의 전류계, 전력계 및 직접 CB의 트립 코일(TC)의 전원으로 사용

③ 주요 부하로는 OCR, OCGR 등의 보호계전기는 물론 전류계, 전력계 등이 있음

(5) 정격전류

① 정격1차전류

변류기 정격1차전류 값은 그 회로의 최대부하전류값에 여유를 주어 결정한다.

- 일반적인 수용가 인입회로, 전력용 변압기 1차측에 설치하는 경우
  최대부하전류 × (1.25~1.5)배 정도
- 전동기 부하 등 기동전류가 큰 부하의 경우
  전동기 정격전류 × (2.0~2.5)배 정도

표 2-41 계기용 변류기의 정격전류값

<table>
<tr><th colspan="6">정격1차전류 [A]</th><th>정격2차전류 [A]</th></tr>
<tr><td>0.1</td><td>1</td><td>10</td><td>100</td><td>1,000</td><td>10,000</td><td rowspan="12">0.1
1
5</td></tr>
<tr><td>–</td><td>–</td><td>12</td><td>120</td><td>1,200</td><td>12,000</td></tr>
<tr><td>–</td><td>1.5</td><td>15</td><td>150</td><td>1,500</td><td>15,000</td></tr>
<tr><td>–</td><td>2</td><td>20</td><td>200</td><td>2,000</td><td>20,000</td></tr>
<tr><td>–</td><td>–</td><td>24</td><td>–</td><td>–</td><td>–</td></tr>
<tr><td>0.25</td><td>2.5</td><td>25</td><td>250</td><td>2,500</td><td>–</td></tr>
<tr><td>0.3</td><td>3</td><td>30</td><td>300</td><td>3,000</td><td>–</td></tr>
<tr><td>–</td><td>4</td><td>40</td><td>400</td><td>4,000</td><td>–</td></tr>
<tr><td>0.5</td><td>5</td><td>50</td><td>500</td><td>5,000</td><td>–</td></tr>
<tr><td>–</td><td>6</td><td>60</td><td>600</td><td>6,000</td><td>–</td></tr>
<tr><td>0.75</td><td>7.5</td><td>75</td><td>750</td><td>7,500</td><td>–</td></tr>
<tr><td>–</td><td>8</td><td>80</td><td>800</td><td>8,000</td><td>–</td></tr>
</table>

② 정격2차전류

<table>
<tr><th>정격2차전류 [A]</th><th>적용장소</th></tr>
<tr><td>5</td><td>일반적인 계기, 보호계전기</td></tr>
<tr><td>1</td><td rowspan="2">디지털계전기, 2차배선의 길이가 길 경우</td></tr>
<tr><td>0.1</td></tr>
</table>

③ 정격3차전류

유효접지계통(중성점 직접접지계통)의 영상전류를 얻기 위해 사용되는 3권선변류기의 정격3차전류는

- 계기용 변류기의 정격1차전류가 300 [A] 이하인 경우에는 Y 회로의 잔류회로를 이용하여 영상전류를 검출할 수 있으나,
- 계기용 변류기의 정격1차전류가 300 [A] 초과시는 반드시 3권선변류기를 이용하여 영상전류를 확보하도록 한다. 이때 1차권선과 3차권선의 변류비는 100/5로 한다.

(6) 정 격 부 담

변류기의 부담이란 변류기의 2차단자에 접속되는 부하가 정격주파수의 2차전류 하에서 소비하는 피상전력 [VA]을 말하고 정격부담이란 규정조건(정격주파수, 정격전류, 정격역률) 하에서 정해진 특성을 보증할 수 있는 변류기 권선당 부담을 말한다.

$$VA = I^2 Z\,[\mathrm{VA}]$$

여기서 VA : 변류기 2차권선의 정격부담

I : 변류기 정격2차전류 [A]

Z : 변류기 2차권선의 임피던스 [Ω]

표 2-42 변류기의 정격부담

계 급	정 격 부 담 [VA]						
0.1급	2.5	5	–	15	25	–	–
0.2급	2.5	5	–	15	25	–	–
0.5급	–	–	–	15	25	40	100
1.0급	–	5	10	15	25	40	100
3.0급	–	5	10	15	25	40	100

■ 유 의 사 항

- 변류기 정격부담보다 변류기의 부하 사용부담이 클 경우에는 변류기의 오차가 증가하고 과도특성 또한 나빠진다.
- 변류기 2차배선의 길이가 길 경우에는 배선의 임피던스를 반드시 고려한다.

(7) 정격과전류강도(정격내전류)

전력회로에 단락사고가 발생하면 변류기의 1차권선에도 큰 고장전류가 흘러 권선이 온도상승으로 용단되거나 강력한 전자력으로 변형될 우려가 있다.

따라서 변류기는 이러한 고장전류에 대하여 열적, 기계적으로 견디어야 하는데 변류기 1차권선에 고장전류가 흐를 때 그 변류기의 정격1차전류 값의 몇 배의 고장전류까지 견딜 수 있는가를 정한 것을 변류기의 과전류강도라 한다.

표 2-43 계기용 변류기의 정격과전류강도

정격과전류강도	보증하는 과전류강도
40	정격1차전류의 40배
75	정격1차전류의 75배
150	정격1차전류의 150배
300	정격1차전류의 300배

주) 정격과전류강도가 300을 초과하는 경우 특수주문하여야 한다.

① 열적 과전류강도

열적 과전류강도는 KS 규격상으로 표준시간 1[sec]로 되어 있으나 실제로 과전류가 흐르는 시간은 경우에 따라서 달라진다. 따라서 임의의 지속시간에 대한 열적 과전류강도는 다음 식으로 계산한다.

$$S = \frac{S_n}{\sqrt{t}} \text{ [kA]}$$

여기서 S : 통전시간 t[sec]에 대한 열적 과전류강도[kA]

S_n : 정격과전류강도[kA]

t : 통전시간[sec]

② 기계적 과전류강도

기계적 과전류강도는 고장전류의 최대진폭에 견디어야 하고 최악의 경우에는 고장전류(교류실효값) $2\sqrt{2}$배의 진폭에 견디어야 하지만 KS 규격상으로 직류분의 감쇠를 고려하여 정격과전류강도에 해당하는 1차전류(교류실효값)의 2.5배에 상당하는 초기 최대순시값의 과전류에 견디면 충분한 것으로 되어 있다.

일반적으로 다음과 같다.

$$변류기의\ 기계적\ 강도 \geq \frac{전력회로의\ 최대고장전류\,[A]}{변류기의\ 정격1차전류\,[A]}$$

(8) 과전류정수

변류기의 과전류정수는 변류기의 정격부담, 정격주파수 하에서 변성비오차가 -10 [%]가 될 때의 1차전류값과 정격1차전류의 비를 말하며 기호는 n으로 표시하고 표준으로는 $n>5$, $n>10$, $n>20$ 등이 있다.

변류기의 과전류정수에 관련한 고려사항은 다음과 같다.

① 정격과전류정수는 변류기의 과전류영역에 대한 특성을 나타낸다.

② 정격과전류정수가 작은 경우 : 변류기의 1차권선에 큰 고장전류가 흐를 때 변류기의 2차권선에 접속된 계기, 보호계전기 등으로 유입되는 전류가 적어서 유리하다.

③ 전력용 변압기, 발전기 등을 차동보호하는 변류기인 경우에는 그 2조의 변류기가 과전류영역에서의 오차가 다르게 되면 보호하고자 하는 기기가 과부하될 경우 오차전류의 차에 의해서 차동계전기가 오동작하게 되므로 주의할 필요가 있다.

④ 변류기의 정격과전류정수는 변류기가 정격부담일 때의 값이므로 변류기 2차부담에 따라서 과전류정수도 변하게 된다.

$$n' = n \times \frac{변류기의\ 정격부담\,[VA] + 변류기의\ 정격\ 내부손실\,[VA]}{변류기의\ 사용부담\,[VA] + 변류기의\ 내부손실\,[VA]}$$

여기서 n' : 과전류정수, n : 변류기의 정격과전류정수

표 2-44 과전류상수의 사용부담에 따른 변화

A/VA	정격부담 40 [VA]	사 용 부 담		
		25	15	10
과전류정수	n > 10	n′ > 15	n′ > 20	n′ > 25

그림 2-40 계기용 변류기

그림 2-41 계기용 변압기

3. 영상변류기

영상변류기(ZCT : Zero Phase Current Transformer)는 전력회로에서 지락사고가 발생했을 때 발생하는 영상전류를 검출하기 위한 전력기기이다.

(1) 영상변류기의 종류

① 관통형 : 2차권선을 감은 철심에 1차도체인 3심케이블 또는 1심케이블 3줄을 관통하여 사용한다.

② 권선형 : 1개의 철심에 3조의 1차권선 및 1조의 2차권선이 감겨져 있다.

(2) 영상변류기의 원리

① 1차전류에 영상분(영상전류)이 포함되어 있지 않을 때

$$I_r + I_s + I_t = I_{r1} + I_{s1} + I_{t1} + I_{r2} + I_{s2} + I_{t2} = 0$$

따라서 $\Phi_r + \Phi_s + \Phi_t = 0$

② 1차전류에 영상분(영상전류)이 포함되어 있을 때

$$I_r + I_s + I_t = I_{r1} + I_{s1} + I_{t1} + I_{r2} + I_{s2} + I_{t2} + I_{r0} + I_{s0} + I_{t0} = 3I_0$$

따라서 $\Phi_r + \Phi_s + \Phi_t = 3\Phi_0$가 생기고 2차측에도 $3I_0$가 흐른다.

(3) 영상변류기의 정격

영상변류기는 주회로전류에 상당하는 정격1차전류 이외에 정격영상1차전류(표준값) 200 [mA] 및 이것에 대응하는 정격영상2차전류(표준값) 1.5 [mA]가 있다.

이것들의 값은 비접지계통의 지락전류 및 지락계전기의 감도를 참고로 해서 정해진 것이다.

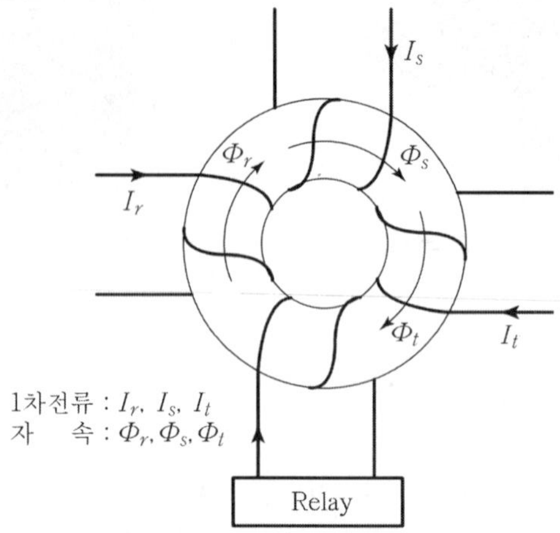

그림 2-42 영상변류기의 구조 및 원리

(4) 영상변류기의 접속

영상변류기의 극성은 변류기와 마찬가지로 감극성이다.

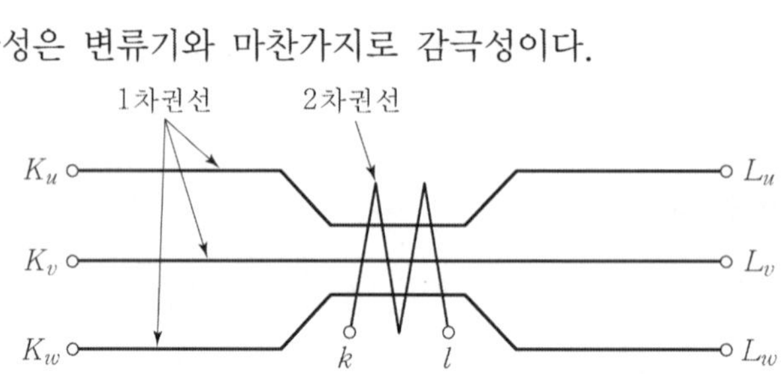

그림 2-43 영상변류기의 단자기호

① 영상변류기는 원칙적으로 1회로에 1대 사용하고, 2차측은 서로 접속하지 않으며 영상변류기 2차측 접지는 반드시 한 곳만 실시한다(배전반측에서).

② 케이블 관통형 영상변류기를 사용하는 경우 시설방법

- 영상변류기를 해당 케이블의 부하측에 설치하는 경우

그림 2-44 (a)와 같이 케이블 차폐층의 접지선을 영상변류기에 관통시키지 않도록 한다.

- 영상변류기를 해당 케이블의 전원측에 설치하는 경우
  그림 2-44 (b)와 같이 케이블 차폐층의 접지선을 영상변류기에 관통시킨다.

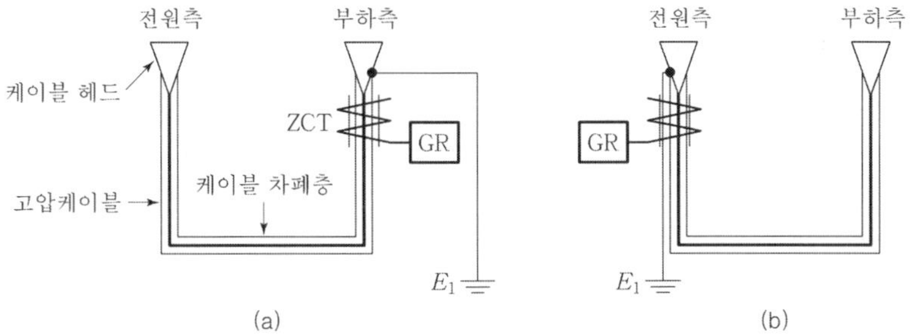

그림 2-44 관통형 영상변류기의 시설방법

그림 2-45 ZCT의 외형

[참고] 한류저항기(CLR : Current Limit Resistor)

비접지방식에서 GPT를 사용하여 SCR을 작동시키는 데 필요한 유효전류를 발생시키고 오픈델타결선의 각 상전압 중의 제 3 고조파 전압발생을 억제하는 것은 물론 중성점 이상 전위진동이나 중성점 불안정 현상을 제거하기 위하여 GPT의 Open Delta 측에 OVGR과 병렬로 접속한다.

한류저항기의 용량산출은 다음과 같다.

$$R = \frac{E}{\sqrt{3}} \times \frac{9}{I_g \times n^2}$$

여기서 E : 1차 선간전압, I_g : 고장전류

n : GPT의 턴 비율, R : 한류저항기의 저항 [Ω]

영상전압은 다음 식에 의해 계산한다.

$$V_0 = \frac{E/\sqrt{3} \times 3}{n}$$

여기서 V_0 : 영상전압

예제 2-3 수전전압 22.9 [kV], 수전용량 1,000 [kW]의 빌딩에서 주배전반에 설치되는 계기용 변류기의 적당한 변류비는? 단, 부하역률은 0.8이다.

풀이 먼저 부하전류를 구하면 $I = \frac{1,000 \times 10^3}{\sqrt{3} \times 22,900 \times 0.8} = 31.5[\text{A}]$

따라서 1.25~1.5배의 여유를 주면 40~47이므로 변류비는 50/5 [A]로 한다.

예제 2-4 통전중에 있는 변류기의 2차측 기기를 교체하거나 과전류계전기의 TAP값을 변경 정정하고자 할 경우 가장 먼저 행하여야 할 조치는?

풀이 CT 1차권선은 배전선에 직렬로 접속되어 있으며 2차측의 회로가 단선되거나 또는 잘못하여 열리더라도 1차측의 전류는 변하지 않는다. 이때 1차측의 전류는 모두 CT의 여자전류가 되며 이때 2차측의 전류는 흐르지 않기 때문에 2차측 전류에 의한 AT를 상쇄하지 못하므로 CT의 철심이 과도하게 여자되고 포화에 의한 한도까지 고전압이 유기되어 2차측 회로의 절연이 파괴될 염려가 있으며 철손의 증가로 과열손상의 원인이 된다. 이와 같은 위험을 피하기 위하여 CT의 2차측을 절대로 개방되지 않도록 주의할 필요가 있다.

2-3-5 전력용 콘덴서

건축전기설비에서 동력부하가 전 전력부하 중 2/3 정도를 차지하게 되며, 이 동력부하는 역률이 낮아 전력계통의 전기기기나 배선의 능력을 충분히 발휘할 수 없게 되고, 전력손실이 많아지므로 전력계통의 역률을 개선할 목적으로 이 전력용 콘덴서(SC : Static Condenser)를 부하와 병렬로 접속한다.

표 2-45 콘덴서의 분류

분 류	설 치 목 적
병렬콘덴서	역률개선, 전압강하 경감, 설비여력 증대, 전기요금 경감
직렬콘덴서	전압강하 보상, 전압변동 경감, 송전용량 증대, 안정도향상, 전력조류 제어
결합콘덴서	전력선 반송전파에 이용(Carrier-Coupling 콘덴서)
필터용 콘덴서	직류변환회로의 필터
고조파 방지용 콘덴서	방진회로, 유도로 등으로 이용
기타 콘덴서	ACB 분압용, 방전가공장치용

1. 역률개선의 원리

일반적으로 전력부하는 저항(R)과 유도리액턴스(X_L)로 구성하고 전압과 전류는 $\Theta(\tan^{-1}X_L/R)$만큼의 위상차를 갖게 되며 이를 역률각이라 하며 $\cos\theta$ 를 역률이라 한다.

역률개선 전에는 저항 R에 흐르는 전류 I_R은 전압 E와 동상이고, 유도리액턴스 X_L에 흐르는 전류 I_L은 전압보다 90° 늦은 위상차를 갖는데 벡터합의 전류는 I_0가 된다.

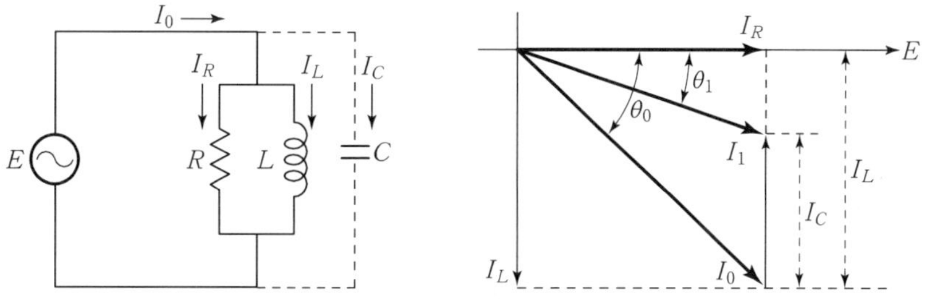

(a) 전력회로의 등가회로 (b) 전압-전류 벡터도

그림 2-46 역률개선 원리도

(역률개선 전의 역률각 $\Theta_0 = \tan^{-1}X_L/R$).

이러한 부하에 역률을 개선하기 위하여 병렬로 진상용 콘덴서를 접속하면 이 진상용 콘덴서에 흐르는 전류 I_C는 전압보다 90° 앞선 위상이 되어 I_L은 I_C만큼 상쇄하여 겉보기 전류 I_0가 I_1으로 감소한다. 이 결과 그림 2-44 (b)와 같이 위상각 Θ_0가 Θ_1으로 감소하여 $\cos\theta$ 값이 1에 가까워지게 되는데 이를 역률개선이라 한다.

2. 콘덴서용량 계산

그림 2-47에서 Q_C[kVA]는 역률을 $\cos\Theta_0$에서 $\cos\Theta_1$으로 개선하기 위한 콘덴서 용량이 된다.

$$Q_C = P\tan\Theta_0 - P\tan\Theta_1 \text{ [kVA]}$$
$$= P(\tan\Theta_0 - \tan\Theta_1)$$
$$= P\left(\frac{\sin\Theta_0}{\cos\Theta_0} - \frac{\sin\Theta_1}{\cos\Theta_1}\right) \text{ [kVA]}$$
$$= P\left(\frac{\sqrt{1-\cos^2\Theta_0}}{\cos\Theta_0} - \frac{\sqrt{1-\cos^2\Theta_1}}{\cos\Theta_1}\right) \text{ [kVA]}$$

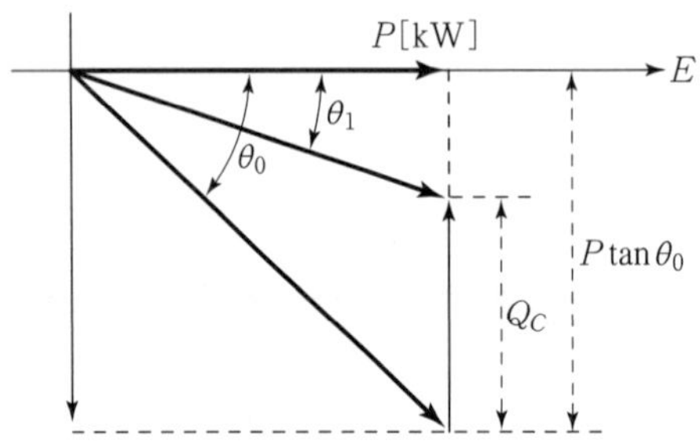

그림 2-47 역률개선용 콘덴서용량 벡터도

여기서 P : 부하의 유효전력 [kW], Q_C : 콘덴서용량 [kVA]
$\cos\Theta_0$: 개선 전의 역률, $\cos\Theta_1$: 개선 후의 역률

표 2-46 수전변압기 용량의 경우

변압기용량 [kVA]	콘덴서용량 [kVA]
500 이하	변압기용량×5 [%]로 콘덴서용량 결정
500~2,000의 경우	×4 [%]
2,000 이상	×3 [%]

예제 2-5 500 [kVA]의 변압기가 지역률 70 [%], 전부하 운전하고 있다. 여기서 콘덴서를 병렬로 설치하여 변압기의 역률을 90 [%]로 개선하고자 한다. 필요한 콘덴서의 용량은 얼마인가?

풀이 콘덴서용량 $Q_C = P \times \left(\frac{\sqrt{1-\cos^2\Theta_0}}{\cos\Theta_0} - \frac{\sqrt{1-\cos^2\Theta_1}}{\cos\Theta_1}\right)$ [kVA]

에서 $P = 500 \times 0.7 = 350$ [kW]이므로

$$Q_C = 350\left(\frac{\sqrt{1-0.7^2}}{0.7} - \frac{\sqrt{1-0.9^2}}{0.9}\right) = 188\,[\text{kVA}]$$

3. 전력용 콘덴서의 설치효과

전력용 콘덴서를 설치하여 전력계통에 역률을 개선하면 전력손실의 경감, 공급설비의 여유도 증가, 전압강하의 개선, 전력요금의 경감 등의 효과를 얻을 수 있게 된다. 그러나 역률개선에 과보상이 되는 경우 모선전압의 과상승, 전력손실의 증가, 고조파 왜곡증대 등의 역효과가 발생하므로 주의할 필요가 있다.

(1) 변압기 동손의 경감

변압기 손실에는 철손과 동손이 있는데 전손실 중 동손이 차지하는 비율이 75 [%] 정도로 역률을 개선함으로써 변압기 효율이 개선되며 이때 동손의 경감량은 다음 식으로 구해진다.

$$W_t = \left(\frac{100}{\eta} - 1\right) \times \frac{3}{4} \times \left(\frac{P}{P_t}\right)^2 \times \left(1 - \frac{\cos^2\theta_0}{\cos^2\theta_1}\right) \times P_t\,[\text{kW}]$$

여기서 W_t : 동손의 저감량 [kW], P_t : 변압기 정격용량 [kW], P : 부하용량 [kW]
η : 변압기 효율, $\cos\theta_0$: 개선 전의 역률, $\cos\theta_1$: 개선 후의 역률

(2) 선로손실의 경감

역률을 개선하게 되면 선로에 흐르는 전류가 감소하기 때문에 선로손실이 감소된다. 선로손실 저감량 W_t는 다음 식으로 구해진다.

$$W_t = \left(\frac{P}{E}\right)^2 \times R\left(\frac{1}{\cos^2\theta_0} - \frac{1}{\cos^2\theta_1}\right) \times 10^{-3}\,[\text{kW}]$$

여기서 E : 회로전압 [W], P : 부하의 유효전력 [kW], R : 선로1상분의 저항 [Ω]

(3) 공급설비용량의 여유도 증가

전력용 콘덴서를 설치하여 역률 $\cos\theta_0$에서 $\cos\theta_1$으로 개선하였을 경우 전원으로부터 공급되는 피상전력이 P_0에서 P_1으로 감소하게 되어 결국 공급설비의 여유율이 증가하게 된다. 따라서 부하증가에 대한 대응능력이 좋아진다.

$$P_0^2 = P_1^2 + P'^2 - 2P_1P' \cos(180° - \Theta_0 + \Theta_1)$$

$$P' = -P_1 \cos(\Theta_0 - \Theta_1) + \sqrt{P_1^2 \cos(\Theta_0 - \Theta_1) - (P_1^2 - P_0^2)}$$

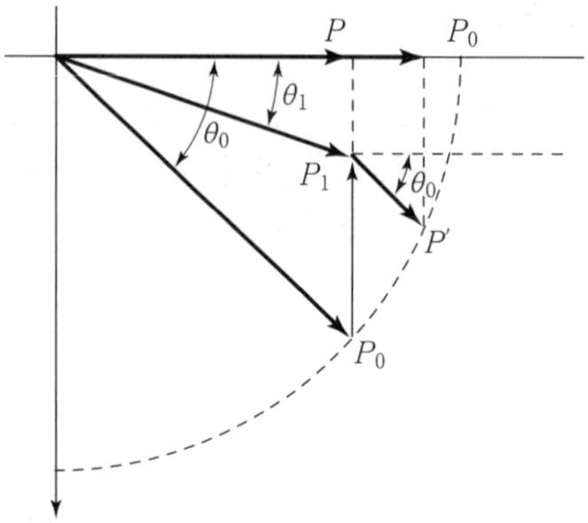

그림 2-48 설비여력 증가의 벡터도

(4) 전압강하의 개선

역률을 개선하면 선전류가 감소하여 선로리액턴스에 의한 전압강하가 보상된다.

$$\Delta V = I_0(R\cos\Theta_0 + X\sin\Theta_0) - I_1(R\cos\Theta_1 + X\sin\Theta_1)\,[\text{V}]$$

여기서 ΔV : 전압강하 개선량 [V]

I_0 : 개선 전 역률, I_1 : 개선 후 역률

$\cos\Theta_0$, $\sin\Theta_0$: 개선 전의 역률 및 무효율

$\cos\Theta_1$, $\sin\Theta_1$: 개선 후의 역률 및 무효율

R : 선로저항 [Ω], X : 선로리액턴스 [Ω]

(5) 전기요금의 경감

전력회사의 공급규정에 따르면 수용가역률이 기준역률인 90 [%] 이하가 될 경우 매 1 [%]에 대하여 기본요금의 1 [%]씩 할증을 하고, 기준역률 90 [%]를 초과하는 경우에는 95 [%]까지 매 1 [%]씩 할인을 해주어 역률을 개선함으로써 전기요금을 경감할 수 있다.

전기요금 = 기본요금 + 전력량 요금

기본요금 = 계약전력 × $\left(1 + \dfrac{90 - \text{역률}\,[\%]}{100}\right)$ × 전력단가 [원/kW]

전력량요금 = 사용전력량 [kWh] × 전력단가 [원/kWh]

4. 설치장소와 효과

전력용 콘덴서를 적합한 장소에 설치하기 위해서는 수용가의 구내계통, 부하조건, 설치효과, 보수, 점검, 경제성 등을 충분히 검토하도록 하여야 한다.

표 2-47 설치장소와 효과

설 치 장 소	특 징
수전 모선단에 중앙집중 설치하는 방법	• 관리가 용이하고 경제적이다. • 무효전력에 신속하게 대처할 수 있어 전력요금 절감효과가 좋다. • 선로의 개선효과를 기대할 수 없다.
부하와 중앙에 분산 설치하는 방법	• 수전 모선단에 중앙집중설치방식보다 개선효과가 크다.
부하말단에 분산 설치하는 방법	• 전력용 콘덴서 설치효과가 크다. • 콘덴서 제어가 간편하다. • 경제적 부담이 크다. • 설치면적이 많이 든다.

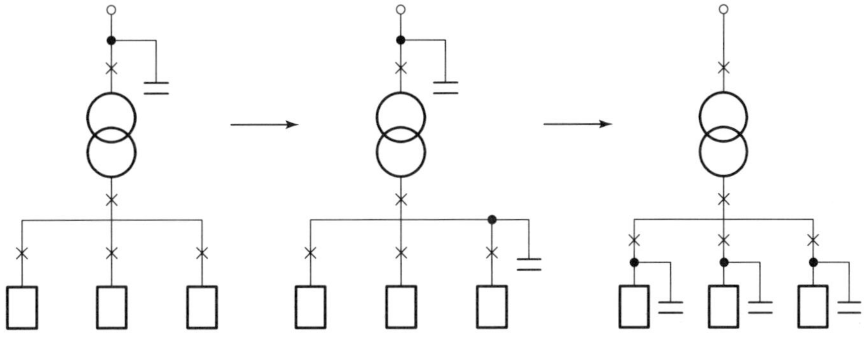

그림 2-49 콘덴서 설치방법

5. 전력용 콘덴서의 자동제어방식

전력용 콘덴서를 설치하여 항상 높은 역률을 유지하고 전기설비를 효율적으로 이용하려면 부하의 변동에 맞춰 필요한 진상무효전력만 공급하도록 콘덴서를 개폐 제어해야 한다.

운전원에 의한 수동조작으로 제어하기 위해서는 운전원이 항상 계기를 감시해야 하기 때문에 비현실적이며 진상무효전력의 과보상으로 많은 문제점을 야기시키게 되므로 효과적이고 합리적인 콘덴서 자동제어방식이 많이 채용되고 있다.

(1) 특정부하의 개폐신호에 의한 자동제어

변동하는 특정부하 이외의 다른 부하의 무효전력이 거의 일정한 곳에서 적용되는 방식으로 개폐기의 접점만으로 제어가 간단히 이루어지며 가장 설비비가 저렴하다.

(2) 프로그램제어

① 하루의 부하변동 패턴이 거의 일정한 장소에 적용된다.
② 타이머의 조정과 조합으로 기능변환이 가능하다.
③ (1)방식 다음으로 설비비가 적게 든다.

(3) 무효전력제어

① 모든 변동부하에 적용한다.
② 부하변동의 종류를 가리지 않고 적용이 가능하다.
③ 무효전력계전기를 써서 자동제어하는 방식이다.

(4) 모선전압에 의한 제어

① 전원임피던스가 크고 전압변동이 큰 부하에 적합하다.
② 역률개선용으로 적합하지 않고 전력회사에서 전압강하 억제용으로 많이 채용된다.

(5) 부하전류에 의한 제어

① 전류의 크기와 무효전력의 관계가 일정한 곳에 적용된다.
② CT와 전류계전기의 조합에 의한 제어방식이다.
③ 조작이 간단하고 비교적 경제성이 좋다.

(6) 수전점 역률에 의한 제어

① 모든 변동부하에 적용한다.

② 같은 역률이라 할지라도 부하의 크기에 따라 무효전력이 다르므로 일반적으로 수용가에서 채용되지 않는다.

③ 헌팅을 방지하기 위하여 자동제어 Lock Out 범위를 설정해야 한다.

6. 전력용 콘덴서의 부속기기

(1) 방전코일

콘덴서를 회로로부터 개방하였을 때 잔류전하로부터 발생하는 위험의 방지와 재투입시 콘덴서에 걸리는 과전압의 방지를 위해서 방전장치가 사용된다.

방전장치에는 방전코일(DC : Discharging Coil)과 방전저항이 사용되는데, 방전코일은 대용량의 콘덴서에서 사용되고 방전저항은 소용량 콘덴서에서 사용된다.

방전코일은 콘덴서를 회로로부터 분리했을 때 잔류전하를 방전시키는 기능을 갖는데, 고압콘덴서의 경우 개로 후 5 [sec] 이내에 콘덴서의 잔류전하를 50 [V] 이하로 방전시킬 수 있는 성능이어야 하며, 저압콘덴서의 경우에는 개로 후 3 [min] 이내에 콘덴서의 잔류전하를 75 [V] 이하로 방전시킬 수 있는 성능을 가져야 한다.

단, 콘덴서를 변압기나 전동기에 직결하여 같이 개폐되는 경우 기기의 권선을 통하여 잔류전하가 방전되므로 방전장치가 필요하지 않다.

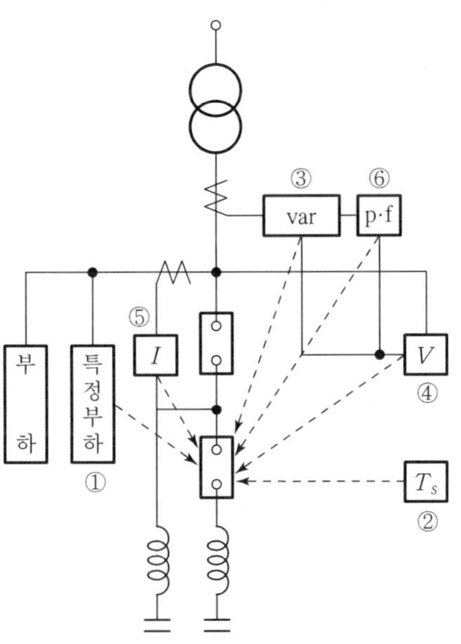

그림 2-50 자동제어방식의 회로도

(2) 직렬리액터

역률개선용으로 회로에 대용량(300 [kVA] 이상)의 콘덴서를 설치하면 고조파 전류에 의하여 파형(전압, 전류)의 왜곡은 물론, 변압기와 전동기의 이상소음, 케이블의 과열, 계전기의 오동작, 전력손실의 증가, 유도장해 유발 등의 전력계통에 많은 영향을 초래하게 되는데, 이를 억제시킬 목적으로 전력용 콘덴서와 직렬로 직렬리액터(SR : Series Reactor)를 설치한다.

① 설 치 사 유

전력회로에 역률개선용으로 콘덴서를 설치하면 회로의 전압이나 전류파형의 왜곡을 크게 확대시킬 수가 있고 때로는 기본파 이상의 고조파가 발생되는 수가 있다.

전력계통에서 고조파의 발생 원인으로는 다음과 같다.

ⓐ 전력변환장치(정류기, 인버터, 무정전 전원공급장치, VVVF, CVCF 등)

ⓑ 변압기 철심에 의한 자기포화특성 등

이들 고조파가 콘덴서를 회로에 투입함으로써 전원측 리액턴스와 콘덴서의 리액턴스 간 $L-C$ 공진에 의하여 확대되는 데 기인한다.

이때 공진주파수 f_0는 다음과 같이 표시된다.

$$f_0 = \frac{1}{2\pi\sqrt{LC}} \text{ [Hz]}$$

이 공진주파수의 전류가 계통에 흐르고 있으면 콘덴서의 단자전압은 과대해져서 계전기의 오동작이나 전동기 등의 이상소음의 원인이 된다. 회로의 고조파전압은 콘덴서를 삽입하면 콘덴서의 용량성 때문에 확대된다.

이러한 고조파에 의한 계통에 주는 영향은 다음과 같다.

- 변압기, 전동기의 이상소음 증대
- 콘덴서회로의 과부하
- 계전기의 오동작

일반적으로 3상회로에서 발생하는 고조파의 차수는 제 5 고조파 이상으로, 제 5 고조파가 가장 많고 다음으로 제 7, 제 9, …로 되어 있다.

제 5 고조파를 줄이기 위해서는 콘덴서회로에 직렬리액터를 삽입하는데, 이는 제 5 고조파에 대해 회로를 유도성으로 하기 위해서이다.

직렬리액터의 인덕턴스를 L, 콘덴서의 커패시턴스를 C라고 하면

$$5\omega L > \frac{1}{5\omega C}$$

$$\omega L > \frac{1}{25\omega LC} = 0.04\frac{1}{\omega C}$$

즉, 콘덴서의 리액턴스의 4 [%] 이상되는 직렬리액터의 리액턴스가 필요하게 된다. 실제로는 계통주파수 변동이나 경제성을 고려하여 6 [%]를 표준으로 하고 있다.

단, 제 3 고조파가 존재할 때는 계통의 직렬공진을 피하기 위하여 13 [%] 가량의 직렬리액터를 넣도록 하여야 한다.

■ 직렬리액턴스 사용할 때 주의사항

- 콘덴서 단자전압의 상승 : 6 [%] 리액터 삽입에 의해 콘덴서 단자전압은 약 6.38 [%] 이상 상승하고 콘덴서 전류도 약 6.38 [%] 상승하며, 콘덴서의 약 13 [%]의 용량이 증가하게 되므로 큐비클 내의 발열을 검토할 때 주의할 필요가 있다.
- 콘덴서와 용량을 합치는 일 : 직렬리액터는 직렬기기이므로 동일용량의 콘덴서와 조합시킴으로써 성능이 발휘된다.

【예】6 [kVA] 리액터를 콘덴서 100 [kVA]에 접속하면 비로소 리액턴스 6 [%]가 되어 제 5 고조파에 대해 주효하게 된다. 만약 이 6 [kVA] 리액터를 콘덴서 50 [kVA]에 접속한 경우는

$$6\,[\text{kVA}] \times \left(\frac{50\,[\text{kVA}]}{100\,[\text{kVA}]}\right)^2 = 1.5\,[\text{kVA}]$$

가 되어, 콘덴서 50 [kVA]에 대해서는 3 [%] 리액턴스가 되어 제 5 고조파에 대해서는 효과가 없고, 오히려 회로정수에 따라서는 증가하는 경우도 생긴다. 만일 콘덴서의 보수점검상 리액터를 부착한 콘덴서 뱅크에서 일부의 콘덴서를 제거한 채로 운전하는 경우, 리액턴스는 주파수 변동 및 콘덴서 리액터의 제작허용차의 여유를 보아 5 [%] 이하가 되지 않도록 주의할 필요가 있다. 콘덴서의 최대사용전류는 그 충전전류에 고조파가 포함되어 있는 경우 그 합성전류의 실효값이 정격전류의 135 [%] 이내라고 규정되어 있다. 콘덴서 전류가 정격전류의 120 [%] 이상 흐르는 경우에는 고조파의 영향을 받고 있다고 믿어지므로 이런 경우에는 다른 기기에 악영향을 줄 것도 고려하여 직렬리액터를 사용할 필요가 있다. 모선의 단락전류가 큰 계통 및 병렬콘덴서 군이 있는 경우에 콘덴서의 직렬리액터가 부속되어 있지 않으면 콘덴서 투입시에 투입전류가 과대해지므로 CT

2차측 회로에서 섬락현상이 일어날 수 있다. 이와 같은 계열에 콘덴서를 접속할 때에는 직렬리액터를 부착한 제품을 접속하는 것이 좋다.

② 직렬리액터의 설치효과

ⓐ 콘덴서 투입시 돌입전류 억제

콘덴서를 회로에 투입시 전류를 억제하는 것은 계통의 리액턴스밖에 없기 때문에 투입시 돌입전류는 수십~100배에 이르게 된다.

이러한 돌입전류에 의하여 CT 2차측에 과전압이 유기되어 계전기 손상을 유발하게 된다. 그러나 제 5 고조파를 고려하여 6 [%]의 직렬리액터를 삽입한 경우의 과도전류는 다음과 같이 크게 감소된다.

$$I_{\max} = I_C(1+\sqrt{X_C/XL}) = I_C(1+\sqrt{100/6}) \fallingdotseq 5I_C$$

ⓑ 파형의 개선

콘덴서에서 발생하는 제 5 고조파에 동조하도록 직렬리액터를 설치함으로써 파형의 일그러짐을 개선한다.

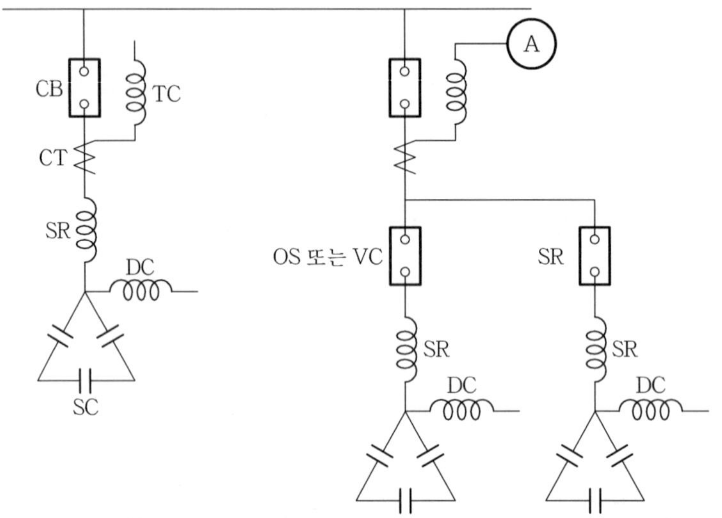

(a) 콘덴서용량 300[kVA] 이하 (a) 콘덴서용량 300~600[kVA] 이하

그림 2-51 전력용 콘덴서의 접속도

③ 콘덴서의 설치기준

표 2-48 콘덴서의 설치기준

콘덴서용량 [kVA]	분할수(군)	차단기 및 개폐기 설치기준
300 이하 300~600 이하 600 초과	1 2 3군 이상	콘덴서회로는 전용의 과전류 트립 코일부 차단기를 설치할 것 (단, 콘덴서 용량이 100 [kVA] 이하의 경우 CB 대신 OS, VC, Int.S를, 50 [kVA] 이하에서는 COS를 직결하여 사용할 수 있다)

주) 부하의 변동에 따라서 접속콘덴서의 용량을 변화시킬 수 있도록 한다.

7. 전력용 콘덴서 보호

전력용 콘덴서 보호장치는 내부고장으로 인한 계통으로 파급 확대되는 것을 방지함은 물론 계통이상시 전력용 콘덴서가 손상되지 않도록 전기설비기술기준 제 55 조에서 규정하고 있다. 그 내용은 표 2-51과 같다.

(1) 과전류계전기

콘덴서 내부손상 보호

(2) 과전압계전기

경부하시 콘덴서 과보상으로 전압이 상승하고 콘덴서에 직렬리액터를 설치하면 콘덴서 단자전압도 상승하게 되는데, 이러한 과전압으로부터 전력용 콘덴서를 보호하기 위해 과전압계전기를 설치하는 것이 바람직하다. 이때 과전압계전기의 정정(Setting)값은 콘덴서가 120 [%] 전압까지 견디도록 제작되므로 KS 규격에서 115~120 [%]로 하고 있다.

(3) 부족전압계전기

계통 정전 후 전압이 회복되었을 때 무부하상태에 콘덴서만 투입되어 과보상되는 것을 방지하기 위해 부족전압계전기(UVR)를 설치한다.

표 2-49 전력용 콘덴서의 보호장치 설치규정

<table>
<tr><th colspan="2">용 량</th><th>보호장치</th><th>자동차단</th><th>비 고</th></tr>
<tr><td rowspan="4">뱅크용량
500 [kVA] 이상
15,000 [kVA] 미만</td><td>11 [kV]
미만</td><td>과전류 보호</td><td>○</td><td></td></tr>
<tr><td rowspan="3">11 [kV]
이상</td><td>과전류 보호</td><td>○</td><td rowspan="2">어느 쪽이든 1종류만 설치해도 좋다</td></tr>
<tr><td>내부고장 보호</td><td></td></tr>
<tr><td>과전압 보호</td><td></td><td>설치하는 것이 바람직하다</td></tr>
<tr><td colspan="2" rowspan="4">뱅크용량
15,000 [kVA] 이상</td><td>과전류 보호</td><td>○</td><td></td></tr>
<tr><td>내부고장 보호</td><td>○</td><td></td></tr>
<tr><td>과전압 보호</td><td>○</td><td></td></tr>
<tr><td>부족전압 보호</td><td></td><td>설치하는 것이 바람직하다</td></tr>
</table>

주) ○는 반드시 설치하여야 한다.

8. 콘덴서의 개폐현상

콘덴서용 개폐기를 선정하려면 먼저 콘덴서의 개폐에 따른 특이현상을 검토해야 한다.

(1) 콘덴서의 투입시 현상

콘덴서 회로는 $R-L-C$의 직렬회로로 해석할 수 있는데, 이 회로는 회로손실이 작고 고유주파수가 작기 때문에 투입시의 전압위상에 따라서 큰 돌입전류가 흐른다. 이 돌입전류의 크기와 주파수의 배율은 다음 식으로 구할 수 있다.

$$\text{주파수배수} = \sqrt{\frac{X_C}{X_L}} \ [\text{배}]$$

$$\text{최대돌입전류배수} = 1 + \sqrt{\frac{X_C}{X_L}} \ [\text{배}]$$

일반적으로 콘덴서 용량의 6 [%]인 직렬리액터가 설치되므로($X_L / X_C \simeq 0.06$) 최대돌입전류는 5배, 주파수는 약 4배가 된다. 그러므로 콘덴서 회로에는 직렬리액터를 필히 삽입하여야 한다.

(2) 콘덴서의 개방시 현상

그림 2-52와 같은 단상회로를 예를 들면, 콘덴서에는 단자전압보다 90° 앞선 진상전류가 흐르고 있기 때문에 콘덴서 개방시의 전류영점에서는 최대전압값에서 잔류전압이 존재한다.

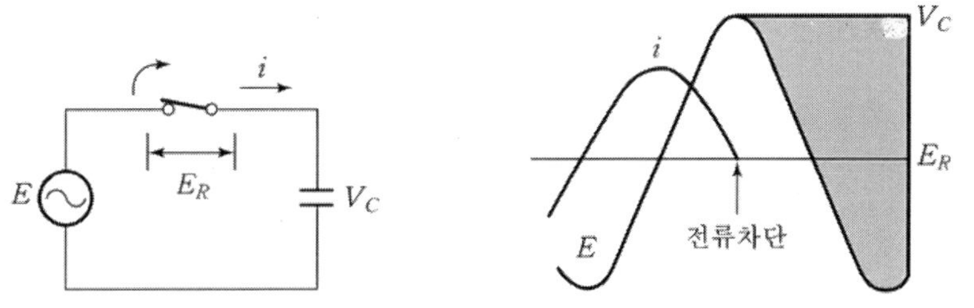

(a) 등가회로 (b) 회복전압 E_R

그림 2-52 콘덴서 개방현상

때문에 개방 후에 개폐기의 극전압은 개방순간의 극간전압은 낮지만 반사이클이 경과된 후에는 2배나 되는 높은 전압이 나타나므로 개폐기의 극간은 이와 같은 회복전압에 견디어야 한다. 잔류전압은 재투입시에 콘덴서에 이상 과전압이 더해지거나 점검시 감전의 위험이 있으므로 방전장치를 설치해야 한다.

(3) 재점호 현상

콘덴서 개방 후 전극의 개리가 작은 동안에 계속해서 나타나는 큰 회복전압에 의해 극간이 절연파괴되어 재점호 현상이 발생하게 된다. 재점호에 의한 회로의 현상은 콘덴서 차단 1/2사이클이 경과한 후에 발생하는 회복전압의 최대값을 나타내는 시점의 것이 가장 나쁘다.

이와 같은 현상을 되풀이하면서 극히 열악한 조건에서 재점호 전류와 콘덴서 단자의 과전압 상태를 나타내게 한다. 이 경우 콘덴서 단자전압 V_C는 간단하게 3, 5, 7, … 배로 증대되고 전원측 과전압으로 커진다. 그러나 재점호 전류가 고주파의 반파로 차단되며 개폐기 극간에 진폭이 큰 과도회복전압이 나타나 그 상승률은 매우 높으므로 재점호 전류가 고주파의 반파로 차단되는 일은 거의 없다. 따라서 재점호가 회로에 주는 직접적인 피해는 콘덴서 단자에 최고 약 3배의 과전압을 주는 것과 전원측에 1.5배 이하의 과전압을 주는 정도이다.

(4) 콘덴서 개폐장치의 성능

일반부하와는 달리 콘덴서 개폐장치에는 다음과 같은 성능이 요구된다.

① 투입시 과대한 돌입전류에 견디고 개방시 회복전압에 견디어 재점호 현상이 없을 것

② 전기적, 기계적으로 다빈도 개폐에 견디고 보수·점검의 주기와 수명이 길 것

③ 보수가 간단하고 종합적으로 경제적일 것

2-3-6 보호계전기

보호계전기는 전력계통, 전기기기의 이상상태(사고)가 발생하였을 때 이를 신속하게 검출하여 고장회로를 분리하여 사람의 안전, 설비의 손상방지 및 2차재해의 방지를 꾀하는 동시에 다른 전력계통으로 사고의 파급을 방지함으로써 전력공급의 안정과 신뢰도를 향상시킬 목적으로 설치하는 기기이다.

1. 보호계전시스템의 기능과 구성

(1) 기 능

① 정 확 성

전력계통의 이상검출시 오동작 없는 정확한 동작 확보기능을 갖추어야 한다(계통의 사고에 대하여 보호대상물을 완전하게 보호하는 기능).

② 신 속 성

주어진 조건에 만족할 경우 신속한 동작기능을 갖추어야 한다(계통기기에 주는 손상의 최소화).

③ 선 택 성

선택차단 및 복구로 정전구간을 최소화할 수 있는 기능을 갖추어야 한다(불필요한 정전방지 및 고장범위 파급의 최소화).

④ 기 타

- 주위온도 등의 주위환경에 동작성능의 변화가 적어야 한다.
- 정정변경 및 계통변경 등에 신속히 대처할 수 있어야 한다.
- 취급이 간단하고 보수가 용이하여야 한다.
- 위 조건을 모두 만족하면서 가격이 저렴하여야 한다.

(2) 구 성

① 검 출 부

검출부는 주회로의 전압, 전류를 검출하는 구성부로 CT, PT, ZCT, GPT 등의 변성기류 등이 이에 속한다.

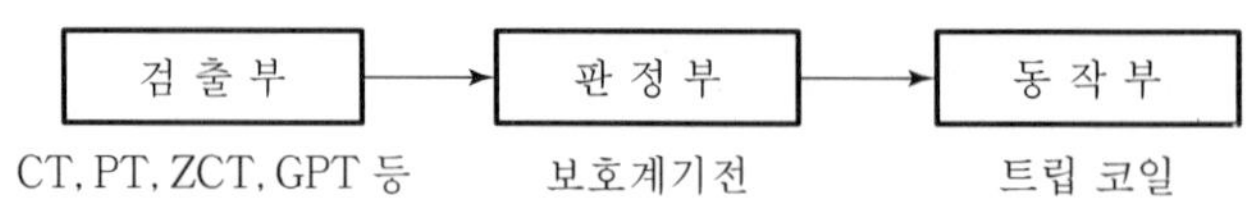

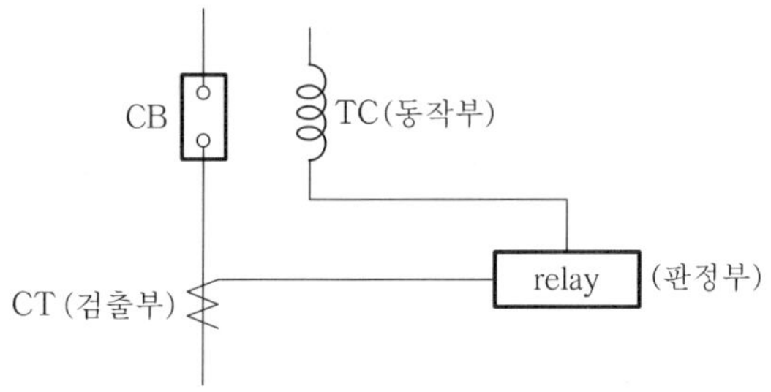

그림 2-53 보호계전시스템의 구성

② 판 정 부

판정부는 검출부로부터 전압, 전류의 신호를 받아 사고의 유무와 동작 유무를 결정짓는 요소로 반발스프링, 전류탭, 전압탭, 억제코일 등이 해당한다.

③ 동 작 부

검출과 판정을 거쳐 작동지시값에 도달한 경우 접점을 여닫는 구동을 하는 구조로서 가동코일, 가동철심, 유도원판 등이 있다.

2. 보호계전기의 분류

(1) 동작구조별 분류

<table>
<tr><td rowspan="3">전자기계형</td><td>가동철편형</td><td>플런저형
힌지형
밸런스 빔형
유극형</td></tr>
<tr><td colspan="2">유 도 형</td></tr>
<tr><td colspan="2">가동코일형</td></tr>
<tr><td>정 지 형</td><td colspan="2"></td></tr>
<tr><td>Digital형</td><td colspan="2"></td></tr>
</table>

① 전자기계형

가동부에 자속이 작용하여 기계적인 힘으로 접점을 개폐한다.

ⓐ 가동철심형

보호계전기 중 가장 먼저 개발된 형으로 교류를 사용할 경우 그 흡인력은 전원주파수의 2배 주기로 맥동하므로 동작한계값 부근에서는 소음이 발생할 뿐만 아니라 동작도 불안정하게 되어, 이를 방지하기 위하여 가동철심 위쪽에 셰이딩 코일을 설치하여 위상이 다른 자속을 발생시켜 흡인력의 맥동을 적게 해준다.

특 징

- 전력소비가 크다.
- 동작속도가 빠르다(10~50 [msec]).
- 오차가 크다.
- 기계적으로 튼튼하고 저렴하다.
- 고속도형 과전류계전기에 사용한다.

ⓑ 유도형

유도형 계전기는 교류 전용계전기이다. 현재 교류 보호계전기로서 널리 사용되고 있다.

유도형의 종류는 유도원판형, 유도원통형, 유도원환형 등이 있으며 동작원리는 이동자계로 도체에 발생하는 와류와의 상호작용으로 도체가 회전하는 원리를 이용한다.

특 징

- 정확한 동작을 한다.
- 비교적 소비전력이 적다.
- 조정(정정값)이 용이하다.
- 설계상 임의의 전류-시간 특성을 얻을 수 있다.
- 안정성이 좋다.

ⓒ 가동코일형

특 징

- 직류 전용계전기이다.
- 동작값과 복귀값의 차가 작다.
- 동작값이나 동작시간 변경이 용이하다.
- 토크가 작아 접점압력이 작다.

② 정 지 형

입력된 전기량을 트랜지스터나 IC 회로 등으로 크기비교 또는 위상비교를 하여 그 결과에 따라 출력한다.

특 징

- 고속도 동작이다.
- 서지에 약해 별도의 대책이 필요하다.
- 주위온도에 영향을 받는다.
- 반한시성을 가진 계전기로는 사용이 불가능하다.

③ 디지털형

입력된 전기량(전압, 전류)을 디지털량으로 변화시켜 설정된 규정값과 비교하여 CPU의 프로그램에 의해 동작 여부를 판정하여 외부에 출력한다.

디지털계전기의 구성은 회로의 전압, 전류 등 아날로그량을 샘플링해서 디지털로 변환하는 입력부, 보호동작을 실행하는 연산처리부, 차단기 등의 외부에 신호를 전달하는 출력부, 보호계전기의 정정값을 정정하는 정정부 등으로 되어 있다.

μ -processor를 활용하는 디지털계전기의 특징은 다음과 같다.

- 고성능, 고기능의 특성실현 및 신기능 창출이 가능하다.
- 장치의 축소화가 가능하다.
- 신뢰성이 높다.
- 표준화시킬 수 있다(하드웨어).
- 다기능(보호기능, 계측기능, 표시기능, 제어기능, 자기판단기능)
- 소비전력이 작다(PT, CT 부담이 적다).
- 장래성이 좋다.
- 서지에 대한 대책이 필요하다.
- 유지·보수상의 문제점이 있다.
- 부품의 진보화에 따른 사용기간의 단축 우려가 있다.

(2) 종류별 분류

① 과전류계전기(OCR : Over Current Relay)

변류기 2차측에 접속되어 주회로의 과부하 및 단락사고가 발생하여 변류기 2차측 전류가 계전기 정정값 이상이 검출되었을 때 작동하는 계전기이다(단락 및 과부하보호).

② 과전압계전기(OVR : Over Voltage Relay)

계기용 변압기 2차회로에 접속되어 계기용 변압기 2차전압이 정정값 이상이 되었을 때 동작하는 계전기이다.

일반적으로 PT 2차전압의 130 [%]에서 정정하고 있다.

③ 부족전압계전기(UVR : Under Voltage Relay)

부족전압계전기는 전압이 정정값 이하가 되면 동작하는 계전기로서, 계통의 단락사고 및 지락사고, 정전 및 순간정전 확인용 등에 사용되고 있다. 일반적으로 PT 2차정격전압(110 [V])의 80 [%]에서 정정하고 있다.

표 2-50 과전류계전기의 형식

형 식		정 격	설 정 범 위 (Tap)		주파수
			한 시 요 소 (T)	순시요소 (I)	
10	C-3R	5 [A]	3-4-5-6-7-8-10-12 [A] 2.5-3-3.5-4.5-6 [A]	없음	50 [Hz] 또는 60 [Hz]
10	C-B1	1 [A]	0.6-0.8-1.0-1.2-1.4-1.6-2.0-2.4 [A]		
10	CI-3R	5 [A]	3-4-5-6-7-8-10-12 [A] 2-2.5-3-3.5-4-5-6 [A]	10~80 [A] 110~40 [A] 140~160 [A]	
10	CI-B1	1 [A]	0.6-0.8-1.0-1.2-1.4-1.6-2.0-2.4 [A]	12~8 [A] 14~16 [A]	

표 2-51 과전압계전기의 정격

정격전압 [V]	설 정 범 위 [V]
110	90 − 100 − 110 − 120 − 130 − 140 − 150
220	180 − 200 − 220 − 240 − 260 − 280 − 300

표 2-52 부족전압계전기의 정격

정격전압 [V]	설 정 범 위 [V]
110	65 − 70 − 75 − 80 − 85
220	130 − 140 − 150 − 160 − 170

④ 과전류 지락계전기(OCGR : Over Current Ground Relay)

이 계전기는 과전류계전기보다도 동작전류가 작고, 배전선이나 기기의 지락보호에 사용된다.

⑤ 과전압 지락계전기(OVGR : Over Voltage Ground Relay)

과전압 지락계전기는 최대영상전압 $3V_0 = 110\,[\mathrm{V}]$인 경우 GPT 2차전압의 검출용은 20~25 [V](20 [%]), 트립용은 30~35 [V](30 [%])에서 정정한다.

⑥ 지락계전기(GR : Ground Relay)

기기의 내부 또는 회로에 지락사고가 발생하는 경우 영상전류를 검출해서 동작하는 계전기로서 영상변류기와 조합(ZCT+GR)하여 사용한다.

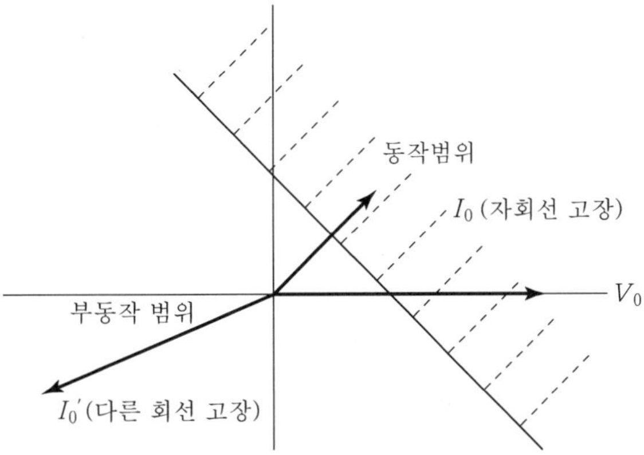

그림 2-54 방향성 지락계전기의 위상특성도

⑦ 방향성 지락계전기(DGR : Directional Ground Relay)

방향성 접지계전기는 비접지방식 선로에서 과전압 접지계전기와 조합하여 지락사고에 의한 영상전압과 영상전류의 방향성에 의해서만 동작하는 계전기로서, 배전선이 여러 선로가 있는 경우 어느 한 선로에 지락사고 발생시 그 고장선로만 선택차단하기 위한 계전기로 선택지락계전기(SGR : Selecting Ground Relay)라고도 한다.

⑧ 거리계전기(Z : Distance Relay)

계전기가 설치된 위치에서 보는 전기적 거리(옴, 임피던스, 리액턴스) 등을 판별하여 동작하는 계전기이다.

⑨ 비율차동계전기(R Diff R : Ratio Differential Relay)

비율차동계전기는 보호구간 내 유입하는 전류와 유출되는 전류와의 크기비 및 벡터차의 관계비로 동작하는 것으로서 변압기나 발전기 보호 등에 사용된다.

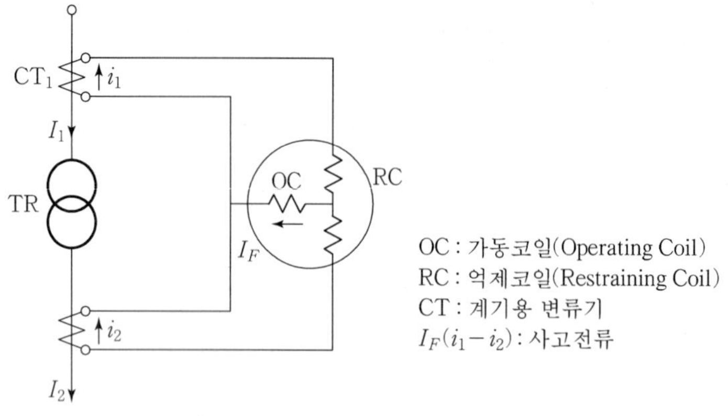

그림 2-55 비율차동계전기의 원리도

표 2-53 비율차동계전기 선정시 고려사항

<table>
<tr><th>고 려 사 항</th><th colspan="2">대 책</th></tr>
<tr><td>변압기는 1, 2차전압이 다르고 전류 또한 다르므로 동일정격의 변류기를 사용할 수 없어 변압기 1, 2차에 사용되는 CT의 특성이 일치하지 않는 문제</td><td colspan="2">차동계전방식에서 비율차동계전방식을 채택한다.
즉, 계전기에 동작코일 이외에 억제코일을 두어 억제코일에 흐르는 전류의 어느 비율 이상(일반적으로 30 [%])이 동작코일에 흐르는 경우에만 동작하도록 한다.
$$\text{동작비율} = \frac{|I_1 - I_2|}{|I_1| \text{ 또는 } |I_2|} \times 100\,[\%]$$</td></tr>
<tr><td>부하시 탭전환에 의한 전류비 변동에 대한 대책</td><td colspan="2">비율차동계전기의 동작비율에 전변환탭 범위[%]의 반정도를 포함시켜서 탭전환에 의한 오동작을 방지한다.</td></tr>
<tr><td rowspan="6">보호대상기기의 1, 2차전류의 위상차에 대한 대책</td><td colspan="2">변류기 결선을 통해 30°의 각변위를 상쇄시킨다.</td></tr>
<tr><td>변압기 결선</td><td>CT 결선</td></tr>
<tr><td>Y−Y</td><td>Δ−Δ</td></tr>
<tr><td>Y−Δ</td><td>Δ−Y</td></tr>
<tr><td>Δ−Y</td><td>Y−Δ</td></tr>
<tr><td>Δ−Δ</td><td>Y−Y</td></tr>
<tr><td>여자돌입전류에 의한 오동작 방지대책</td><td colspan="2">• 감도 저하식
• 고조파 억제식
• 비대칭파 저지식</td></tr>
</table>

그림 2-55과 같이 보호대상기기의 1차측과 2차측에 각각 CT를 설치하고 각 CT 2차회로를 차동접속하여 차동회로에 전류계전기(OC)를 삽입한 것으로, 각 CT 2차회로의 전류 I_1과 I_2의 크기를 같게 해두면 차동회로에 흐르는 전류 $I_F = I_1 - I_2 \fallingdotseq 0$가 된다.

그러나 내부사고시는 I_F값이 영(0)이 되지 않아 계전기가 동작하게 된다.

여기서 가동코일(OC)에 흐르는 차전류로 동작력을, 억제코일(RC)에 통과전류로 억제력을 발생시키는데 통과전류가 작을 때에는 억제력도 작아서 작은 차전류($I_1 - I_2$)로 동작하고, 외부사고와 같은 큰 통과전류가 흘렀을 경우에는 큰 억제력을 내어 변류기의 특성오차 및 변압기 여자돌입전류에 의한 차전류가 다소 흘러도 오동작하지 않도록 하고 있다.

(3) 동작시한별 분류

전류계전기의 동작시한 특성은 고속도(순시)형, 정한시형, 반한시형, 반한정한시형, 단한시형 등이 있는데 용도에 따라 적절한 것을 선정하여야 한다.

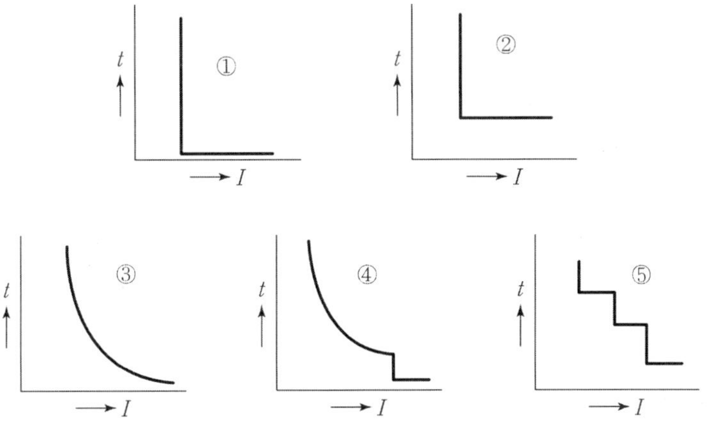

그림 2-56 전류계전기의 동작시한 특성

① 고속도(Instantaneous)형

- 입력값이 일정값(정정값) 이상일 경우 즉시 동작하는 계전기
- 40 [ms] 이하에 동작

② 정한시형

- 입력값이 일정값[정정값(Setting)] 이상일 경우 동작하며 입력값의 크기에 관계없이 일정한 시간이 지나면 동작하는 계전기

③ 반한시형

- 입력값이 증가하는 데 따라 동작속도가 빨라지는 특성을 갖는 계전기

④ 반한정한시형

- 입력값의 어느 범위까지는 반한시 특성을 가지고, 그 이상이 되면 정한시 특성을 가지는 계전기

⑤ 단 한 시 형

- 동작시간이 다른 정한시계전기를 조합해서 입력값의 일정범위마다 정한시 특성을 가지는 계전기

3. 보호계전기의 적용

(1) 기본적인 고려사항

보호계전기의 설치목적을 달성하기 위하여 보호계전방식을 적용하는 데에는 다음과 같은 사항을 기본적으로 고려해야 한다.

① 대상설비의 중요도

② 설비의 위치

③ 계통적인 관계를 고려하여 상호협조 등의 고려사항 중 가장 중요한 것은 계통과의 상호협조를 이루는 것이다. 즉, 전체적인 시스템의 보호협조체제가 조화를 이루어야 한다.

(2) 적용의 원칙

① 사고범위의 국한과 공급의 확보(선택성)

사고발생시 설비의 손상을 줄이고 계통의 안정도를 해치지 않도록 그 영향을 최소한으로 막기 위해 사고구간을 신속하게 선택차단하고 다른 건전한 부분의 운전유지를 확보할 수 있어야 한다.

② 보호협조와 중첩(신뢰성)

전기설비의 인접구간의 보호방식과 협조하여 비보호구간이 없도록 하고 보호구간의 사고에 대해서는 오동작하지 않도록 충분한 신뢰성을 가져야 한다.

③ 후비보호기능의 구비(후비보호성)

주보호기능과 후비보호기능을 구비하고 사고구간의 계전기, 차단기 등이 불량하여 부동작할 경우에 타 보호장치 또는 타 구간의 계전기로 사고를 제거할 수 있어야 한다.

④ 재폐로에 의한 계통 및 공급의 안정화(안정성)

주계통의 안정도 향상을 도모하기 위하여 고속도 재폐로를 행하고 일반 부하선정은 정전시간의 감소와 자동복구를 위해 저속도 재폐로를 필요에 따라 실시할 수 있어야 한다.

4. 보호계전기의 보호협조

전력계통(기기, 전선)은 언제나 사고위험을 안고 있으며, 사고가 발생하면 큰 고장전류가 흐르게 된다. 그 결과 계통에 접속된 기기 등이 전기적, 기계적 손상을 입게 되기 때문에 고장이 발생한 선로구간이나 기기를 계통으로부터 빨리 분리해서 고장을 제거해 주어야 한다. 즉, 보호계전기는 고장구간을 고속도로 선택차단하는 기능을 갖추어 계통 보호기능을 발휘하도록 해야 한다.

계전기를 계통보호라는 목적을 위해서 어떻게 조합할 것인가 하는 것이 보호계전방식(Protective Relay System)이다. 이러한 전력계통에 발생한 사고를 제거하기 위한 보호계전방식은 주보호계전방식과 후비보호방식으로 나눌 수 있다.

주보호는 신속하게 고장구간을 최소범위로 한정해서 제거한다는 것을 책무로 하며 후비보호는 주보호가 실패했을 때 또는 보호할 수 없을 때에 어느 시간을 두고 동작하는 Bank-Up 계전방식이다. 즉, 피보호물에 사고가 발생하였을 때 피보호물의 주보호장치가 동작하여 고장이 제거되고 피보호물의 후비보호장치(Back-Up Protecting Eguipment)는 동작하지 않도록 주보호장치와 후비보호장치간에 시간차이를 두어 보호장치간에 시간협조를 시키는 것을 보호협조라 한다.

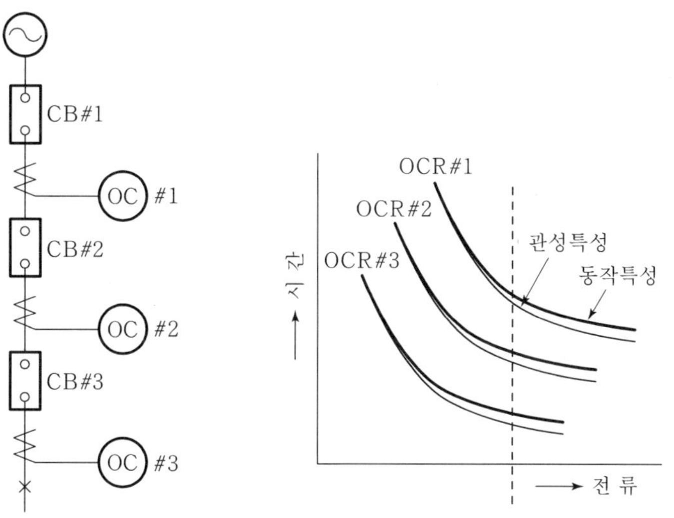

그림 2-57 보호계전기의 보호협조 예

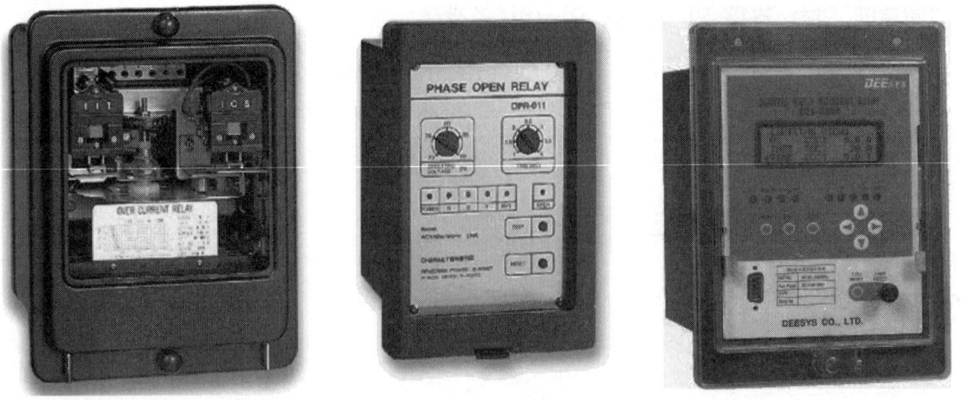

ICS : Indicating Contact Switch Unit
IIT : Indicating Instantaneous Trip Unit

(a) 전자유도형 과전류계전기 (b) 정지형 계전기 (c) 디지털형 계전기

그림 2-58 보호계전기의 외형

2-3-7 전력퓨즈

전력퓨즈(PF : Power Fuse)는 고압, 특고압의 전로나 기기를 단락전류로부터 보호할 목적으로 사용되며 변류기, 과전류계전기, 차단기의 세 가지 기능을 갖추고 있는 경제적인 보호장치이다.

1. 전력퓨즈의 기능

① 부하전류를 안전하게 통전시킨다(과도전류나 순간 과부하전류에 용단되지 않아야 한다).

② 동작대상의 일정값 이상 과전류에서는 오동작 없이 차단하여 전로나 기기를 보호해야 한다.

2. 전력퓨즈의 종류

전력퓨즈는 소호방식에 따라 한류형과 비한류형이 있으며 이들에 대한 특성비교를 보면 다음과 같다.

표 2-54 전력퓨즈의 종류별 차단특성

항목 \ 종류	한류형 (전압 영점에서 차단)	비한류형 (전류 영점에서 차단)
차단특성	• 단락전류 차단시 높은 아크저항을 발생하여 사고전류를 강제적으로 억제 차단하는 퓨즈	• 전류차단시 소호가스를 뿜어 전류 영(0)점에서 극간의 절연내력을 재기전압 이상으로 높여 차단하는 퓨즈
장 점	• 소형이며 차단용량이 큼 • 한류효과가 큼(후비보호용으로 적합)	• 차단시 과전압을 발생하지 않음 • 녹으면 반드시 차단(과부하 보호 가능)
단 점	• 차단시 과전압 발생 • 최소차단전류가 있음	• 대형 • 한류효과가 작음

[참고 1] 한류특성이란?

한류특성은 한류퓨즈만이 가지고 있는 귀중한 특성으로서 단락전류 차단시 사고전류를 강제적으로 억제하는 특성을 말한다.

이러한 한류특성을 갖는 이유로 전·후비보호에 다른 차단기와 병행하여 많이 채용되고 있다.

[참고 2] 1. 과부하전류 : 과부하전류는 정격전류를 넘고 수배에 이르는 전류를 말하며, 부하의 변동이 원인이 된다. 전력퓨즈로 이 전류를 보호하게 되면 수명이 짧아지고 결상의 우려가 있어 전력퓨즈로 보호하지 않도록 하는 것이 좋다.

2. 과도전류 : 아주 짧은 시간만 존재하고 서서히 감소하여 정상전류값으로 회복되는 전류로서 변압기의 돌입여자전류, 전동기의 기동전류 등이 이에 속한다. 전력퓨즈는 이 전류에 동작하지 않도록 해야 한다.

3. 단락전류 : 전력계통의 전로간에 낮은 저항값으로 서로 혼촉 또는 접촉했을 때 발생하는 전류로서 정상시 전류(정격전류)보다 매우 큰 전류가 흐르는데 보통 정격값의 20배 이상에 이른다.

3. 전력퓨즈와 차단기의 고장전류 차단특성 비교

차단기에는 릴레이시간을 포함한 전차단시간이 10 [cycle] 정도로 길며, 고장전류가 거의 한류하지 않고 파고값도 줄지 않으나 전력퓨즈는 처음 반파에서 차단하고 고장전류 파고값도 낮아 한류효과가 매우 크므로 회로에 접속되어 있는 직렬기기나 회로가 받는 기계적, 열적 손상을 크게 경감할 수 있다.

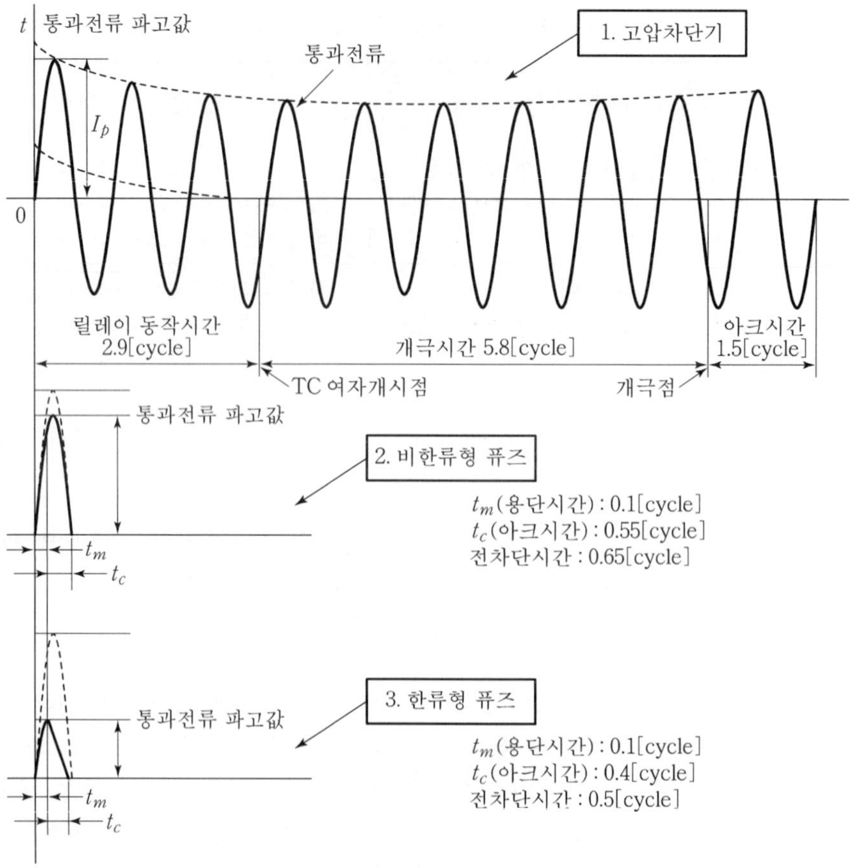

그림 2-59 차단파형 비교도

4. 전력퓨즈의 동작특성

전력퓨즈가 동작하는 전류와 시간과의 관계에는 전류가 커질수록 시간이 짧아지는 특성이 있어 1/2 [cycle] 이하에서 동작될 수 있는 전류영역에서는 한류작용이 크게 나타난다.

즉, 전력퓨즈의 동작특성은 동작시간이 1/2 [cycle] 이하인 한류작용영역과 1/2 [cycle] 이상인 한류작용이 없는 영역으로 크게 구분할 수 있다.

(1) 동작시간 0.01 [sec] 이상의 동작특성

이 영역은 그림 2-60에 나타낸 것처럼 안전통전영역(a), 보호영역(b), 비보호영역(c)으로 나누어 생각하는 것이 이해가 쉽다.

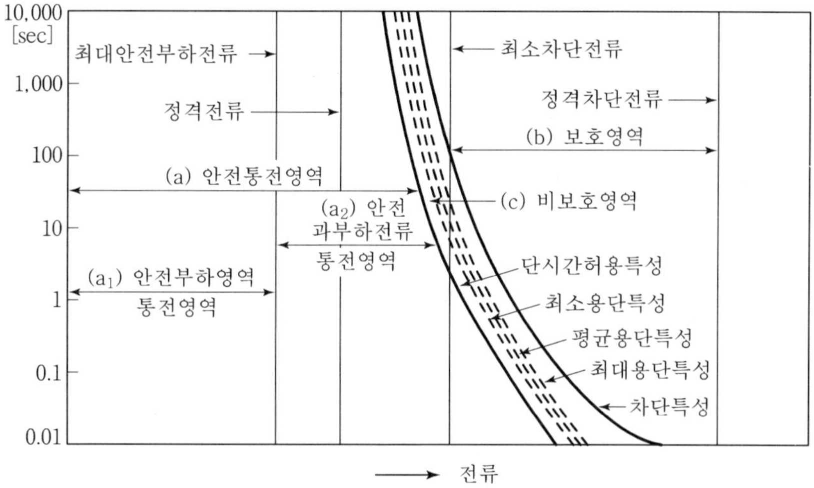

그림 2-60 전력퓨즈의 전류-시간 특성곡선

① 안전통전영역(a)

이 영역은 퓨즈에 연속해서 통전되는 최대안전부하전류 이하의 안전부하전류 통전영역 a_1과 최대안전부하전류와 단시간 허용특성과의 사이의 안전과부하 통전영역 a_2으로 된다. 여기서 최대안전부하전류는 정격전류를 Base로 해서 결정되고 있으나, 정격전류는 퓨즈의 용단특성을 규정하는 Base로 되어 있어 그 용단특성의 결정방법에 따라서 이 값까지 안전영역이 되는 경우와 되지 않는 경우가 있으므로 주의를 요한다. 일반적으로 KS의 G종의 용단특성을 가진 것은 정격전류의 1/1.3~1/1.5 이하를 최대안전부하전류로 하는 것이 안전하다. 퓨즈는 전동기회로용으로서 특수한 용단특성을 가지고 있으므로 정격전류를 최대안전부하전류로 하는 것이 가능하다. 또한 단시간 허용특성은 퓨즈 엘리먼트에 사용되고 있는 재료의 내열특성으로부터 결정된다.

② 보호영역(b)

퓨즈에는 그 설계에 의해 차단되는 전류값의 상·하에 어떤 한계가 있는데, 그 최대는 정격차단전류이고 최소는 최소차단전류이다. 이 상·하의 한계와 차단특성에 의해 구분된 우상측의 영역(b)이 보호영역으로 이 영역의 사고전류를 차단해 기기 또는 회로를 보호한다. 퓨즈는 열동적으로 작용하기 때문에 대전류영역에서는 아주 빨리 동작하여 우수한 한류작용(차단 I^2t 및 한류 파고값이 아주 작다)을 발휘하나 소전류영역에서는 장시간 동작하여 통과전류의 변화에 대해 용단시간의 변화가 크다. 따라서 신뢰성이 낮아 단락보호에는 최적이나 과부하 보호에는 적용하지 않는 편이 좋다.

③ 비보호영역(c)

안전통전영역과 보호영역의 사이에 들어가는 영역(c)으로, 이 영역 내의 사고전류는 퓨즈로는 보호되지 않으며 용단하지 않아도 손상, 열화할 우려가 있다. 이 영역을 가진 것이 퓨즈의 단점이며, 퓨즈 본질상 이 영역을 없애는 것이 불가능하므로 퓨즈를 사용할 때는 이 점을 염두에 두고 다른 차단장치에 의해 보호하도록 하는 것이 좋다.

(2) 동작시간 0.01〔sec〕 이하의 동작특성

이 영역에서는 차단기는 동작하지 않으나 퓨즈는 동작하므로 주의해둘 필요가 있으며, 한류형 퓨즈에서는 한류작용이 나타나 가장 특징적인 기능을 발휘한다. 이 영역의 특징은 전류의 제곱의 시간적분값 $I^2t=\int i^2dt$로 열적용량 지표로 나타낼 수 있다.

① 단시간 허용 I^2t(안전통전 I^2t)

단시간 허용특성은 전류가 커지면 얼마든지 허용시간이 짧아지는데, 특히 투입전류처럼 시간이 수[cycle] 이하로 미소하게 되며, 퓨즈 엘리먼트의 열의 발산이 없게 되고 허용 열에너지=단시간 허용 I^2t는 일정하게 되어 단시간전류(실효값) I_s와 허용시간 t_s와의 관계는 다음 식으로 나타내어진다.

$$I^2s\times t_2 = \text{일정}$$

이 관계는 대수-대수 그래프(graph)로 나타내면 2 : 1의 경사직선이다. 따라서 이것 이하의 시간(또는 이것 이상의 대전류)에서의 단시간 특성은 이 특성을 2 : 1로 전개하면 다음 식으로 추정할 수 있다.

$$I^2s_1\times t_{s1} = I^2s_2\times t_{s2}$$

$$\therefore\ t_{s2} = \left(\frac{I_{s1}}{I_{s2}}\right)^2\times t_{s1}\quad \text{또는}\quad I_{s2} = I_{s1}\sqrt{\frac{t_{s1}}{t_{s2}}}$$

이 단시간 허용 I^2t가 일정한 것은 퓨즈의 단점이 되는데, 차단기에 있어서는 퓨즈의 단시간 허용 I^2t에 대응하는 "계전기의 동작시간+개극시간"이 전류값에 관계없이 일정하므로 과도전류가 어느 정도 커도 거의 동작하지 않으나, 과도전류가 커지면 I^2t가 증가해 단시간 허용 I^2t보다 크게 되면 단시간에 소멸하는 과도전류에 의해서도 퓨즈는 용단 또는 열화하므로 주의가 필요하다.

② 차단 I^2t

미소동작시간의 보호영역은 차단 I^2t 특성으로 나타내어진다. 이것은 퓨즈가 차단완료될 때까지 회로에 유입되는 열에너지로 이 값이 피보호기 내 I^2t보다도 작은 퓨즈를 사용하면 완전한 보호가 된다. 퓨즈는 고속동작을 하므로 차단 I^2t가 작은데, 특히 한류퓨즈를 사용하면 한류작용에 따라 더 작게 제한되어 차단기에 비하여 매우 좋은 보호 특성을 가지고 있다.

③ 통과전류 파고값

한류퓨즈는 한류작용에 따라서 사고전류를 크게 한류차단하는 특성을 가지고 있다. 전력퓨즈에는 같은 과전류보호장치인 다른 차단기에 비해 특이한 점이 있으므로 그 장점을 발휘시켜 단점을 나타나지 않도록 적용하는 것이 중요하다.

5. 전력퓨즈의 정격

(1) 정격전압

3상회로에서 사용 가능한 전압한도를 표시하는 것으로 공칭전압에 대해 다음과 같이 나타내고 있다.

$$\text{정격전압} = \text{공칭전압} \times \frac{1.2}{1.1}\ [\text{kV}]$$

즉, 계통 최대선간전압이 전력퓨즈의 최대설계전압보다 커서는 안 된다.

(2) 정격전류

전력퓨즈의 온도상승 한도를 넘지 않고 연속으로 흘려보낼 수 있는 전류값으로, 실효값[A]으로 표시한다.

전력퓨즈의 정격전류산출은 내선규정에 따르고 일반적으로는 전부하전류의 2배를 한다.

변압기를 보호하는 측면에서 자가용 설비에서는 전부하전류의 1.5배 정도로 낮추어 선정하는 것이 좋다.

표 2-55 전력퓨즈의 정격전류 표준값

전력퓨즈의 정격전류 표준값
1-2-3-5-7-10-15-20-25-30-40-50-65-80-100-125-150-200-250-300-400

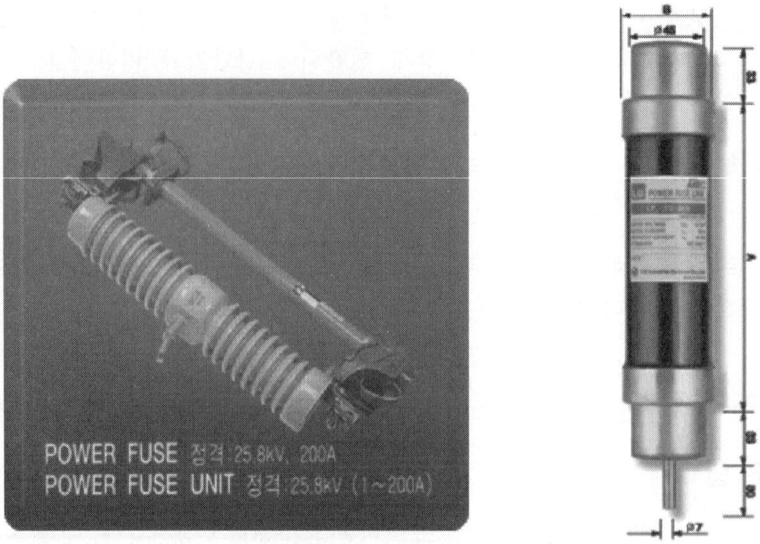

그림 2-61 전력퓨즈의 외형

표 2-56 전력퓨즈의 정격표준값

정격전압 [kV]	정격전류 [A]	정격주파수 [Hz]	정격차단전류 [kA]
3.6			16-25-40
7.2			12.5-20-31.3-40
12			12.5-25-40-40-50-80
24(25.8)	1(1.5)-2-3-5-7 -10-15-20-25030 -40-50-(60)(65)(75) -80-100-125-150 -200-250-300-400	60	12.5-20-25-40-50
36			8-12.5-16.5-25
72			4.0-8.0-12.5-20-31.5
84			3.15-6.3-10-12.5-20

표 2-57 주변압기에 대한 전력퓨즈의 산정

주변압기의 용량 [kVA]	6.6 [kV]		13.2 [kV]		22 [kV]		66 [kV]	
	전부하 전류	퓨즈 정격	전부하 전류	퓨즈 정격	전부하 전류	퓨즈 정격	전부하 전류	퓨즈 정격
100	8.7	20	4.4	10	2.6	5		
200	17.5	40	8.7	20	5.2	10		
300	26.2	65	13.1	30	7.9	15		
450	39.4	80	19.7	40	11.6	25	3.9	10
500	43.7	100	21.9	50	13.1	30	4.4	10
600	52.5	125	25.2	50	15.7	30	5.3	15
750	65.6	125	32.8	65	19.7	40	6.6	15
1,000	87.6	200	43.7	100	26.2	65	8.8	20
1,500	131	250	65.6	125	39.4	80	13.1	30
2,000	175	400	87.5	200	52.5	125	17.5	40
3,000			131	250	78.7	150	26.2	65
5,000			219	400	131	300	43.7	100
6,000					157	350	52.5	125

(3) 정격차단용량

① 퓨즈가 차단할 수 있는 단락전류의 최대전류값[A, kA]으로 표시한다.

② 퓨즈는 고속도로 차단을 하여 차단전류에는 과도현상에서 발생하는 직류분이 포함되는데, 차단용량을 표시하는 경우 이러한 직류분을 포함시킨 비대칭 실효값으로 나타내지 않고 교류분만의 대칭 실효값만을 나타낸다.

③ 대칭값과 비대칭값의 비율은 선로역률이 나쁠수록 크지만 퓨즈는 일반적으로 비대칭값/대칭값=1.6 정도로 적용하고 있다.

(4) 최소차단전류

한류형 퓨즈는 소호원리상 큰 고장전류인 경우 한류차단은 잘되지만 용단시간이 긴 소전류는 차단하기 힘들고, 최소용단전류 근방에서 용단이 바로 차단되지 않고 어느 정도 전류값이 커지지 않으면 차단을 못하는 경우가 있다. 이 때문에 차단할 수 있는 최소전류의 한도가 있는데 이것을 최소차단전류라 한다.

이러한 최소차단전류를 고려하여

① 최소차단전류 이하는 다른 보호기기로 보호하도록 한다.

② 최소차단전류 이하에서 퓨즈가 동작하지 않도록 큰 정격전류의 퓨즈를 사용하도록 한다.

6. 전력퓨즈의 장·단점

표 2-58 전력퓨즈의 장점 및 단점

장 점	단 점
1. 소형, 경량이다. 2. 가격이 저렴하다. 3. 릴레이나 변성기가 필요없다. 4. 한류형 퓨즈는 차단시 무소음, 무방출이다. 5. 소형이며 큰 차단용량을 가진다. 6. 고속도 차단한다. 7. 보수가 간단하다. 8. 장치 전체가 소형이다. 9. 후비보호가 완벽하다.	1. 재투입할 수 없다. 2. 과전류에 용단될 수도 있다. 3. 동작시간-전류특성을 계전기처럼 자유롭게 조정할 수 없다. 4. 한류형 퓨즈의 경우 용단해도 차단되지 않는 전류범위를 가진다. 5. 비보호영역이 있어 사용중에 열화해 동작하면 결상 우려가 있다. 6. 한류형의 경우 차단시 과전압을 발생한다. 7. 고임피던스계통의 지락사고보호는 불가능하다.

2-3-8 피 뢰 기

피뢰기(LA : Lightning Arrester)란 전력설비·기기를 이상전압(낙뢰, 개폐시 발생하는 전압)으로부터 보호하는 장치이다. 피뢰기의 특징은 단자전압이 이상전압의 침입으로 피뢰기의 방전개시전압 이상으로 상승했을 때 신속히 동작하여 보호레벨 이하로 이상전압을 억제하는 기능과 이상전압 처리 후 자동적으로 회복(속류차단)시키는 기능을 가지고 있다.

1. 피뢰기의 종류

피뢰기는 구조에 따라 갭저항형(Gap Resistance Type), 밸브형(Valve Type), 밸브저항형(Valve Resistance Type), 갭레스(Gapless)형이 있으며 최근에 갭레스형이 많이 사용되고 있다.

(1) 갭형 피뢰기의 특성

갭형(Gap Type) 피뢰기의 구성은 직렬갭과 특성요소로 되어 있으며 이들에 대한 특성은 다음과 같다.

① 직 렬 갭

정상전압(사용주파계통전압)에서는 절연상태를 유지하여 방전하지 않고 이상전압 발생시 신속하게 대지로 방전함과 동시에 계속해서 흐르는 속류를 신속하게 차단한다.

② 특성요소(SiC)

비저항특성을 갖는 SiC(탄화규소)를 이용한 것으로, 뇌서지 등에 의한 큰 방전전류에 대해서는 저항값이 작아서 제한전압을 낮게 억제하고 비교적 낮은 계통의 전압에서는 고저항값을 가져 직렬갭이 속류를 차단하기 용이하도록 도와준다.

(2) 갭레스형 피뢰기의 특징

특성요소로서 비직선 저항특성(곡선)이 뛰어난 금속산화물(ZnO)을 이용한 것으로 직렬갭을 생략하고 금속산화물 특성요소만을 포개어 애자 속에 봉입한 것으로 다음과 같은 특징이 있다.

① 직렬갭이 없으므로 구조가 간단하고 소형 경량이며 가격이 저렴하다.
② 속류가 없어 소손의 위험이 적고 반복되는 서지에 대해서도 뛰어난 성능(이상전압 처리능력)을 기대할 수 있다.
③ 속류가 없어 특성요소의 변화가 적다.
④ 특성요소로만으로(직렬갭이 없다) 절연되어 있어 특성요소 사고시 지락사고가 된다.

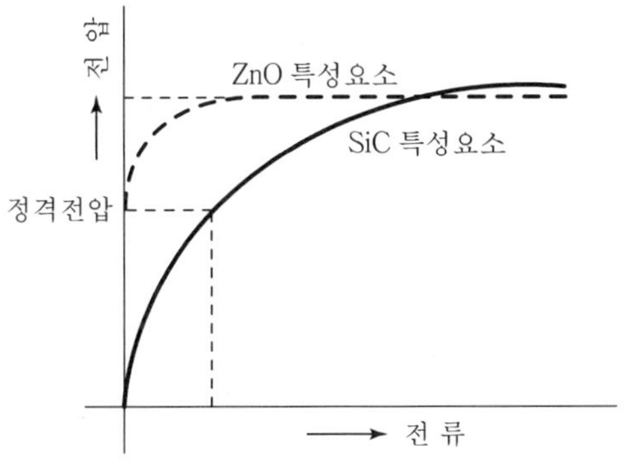

그림 2-62 특성요소별 $V-I$ 특성곡선

2. 피뢰기의 구비조건

피뢰기는 다음과 같은 조건을 만족하여야 한다.

① 이상전압의 침입시 신속한 방전특성을 가질 것
② 방전시 발생하는 이상전류 통전시 발생하는 단자전압을 제한전압 이하로 억제할 것
③ 이상전압 처리 후에 흐르는 상용주파계통전압에 의한 속류를 차단하여 자동회복하는 능력이 있을 것

④ 반복동작에 대하여 특성이 변화하지 않을 것
⑤ 상용주파 방전개시전압은 높을 것
⑥ 뇌충격파 방전개시전압은 낮을 것

3. 동작특성

그림 2-63은 피뢰기의 동작전압과 전류상태를 나타낸 것으로 상용주파계통전압에 서지가 겹쳐 그 파고값이 피뢰기의 뇌임펄스 방전개시전압에 도달하면 피뢰기가 동작하여 방전을 시작하여 전압이 내려간다. 동시에 피뢰기에 방전전류가 흐르게 되는데 이때 피뢰기의 선로단자와 접지단자에 제한전압이 발생한다.

이상전압이 소멸된 후에도 계통전압에 의한 속류가 흐르지만 처음의 전류 영점에서 속류를 차단하고 원상태로 회복하는데 이러한 제반동작이 1/2 [cycle]이라는 짧은 시간에 이루어진다.

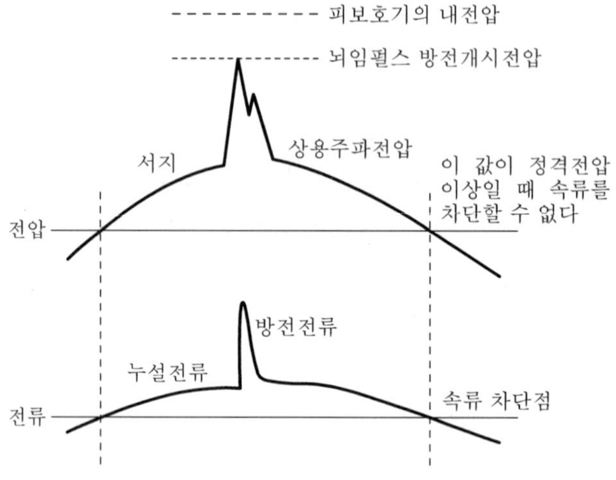

그림 2-63 피뢰기의 전압-전류 동작특성곡선

4. 피뢰기의 설치장소 및 위치

(1) 설치장소

피뢰기는 전력기기를 보호하는 것이 주목적이므로 전기설비기술기준에서 정하는 장소에 피뢰기를 설치하도록 하여야 한다.

① 고압(특고압) 가공전선으로부터 공급받는 수용장소의 인입구
② 가공전선로에 접속하는 배전용변압기의 고압 및 특고압측

③ 가공전선과 지중전선이 접속되는 접속점

④ 발·변전소 또는 이에 준하는 장소의 가공전선의 인입구 및 인출구

표 2-64 피뢰기와 피보호기기와의 최대유효이격거리

선로전압 [kV]	유효이격거리 [m]
22(22.9)	20 이하
66	45 이하
154	65 이하
345	85 이하

(2) 설치위치

피뢰기와 피보호기기가 같은 곳에 설치되어 있으면 피보호기기에 걸리는 전압이 피뢰기의 제한전압과 같으나, 멀리 떨어져 있는 경우는 피뢰기의 제한전압보다 높게 되어 피보호기기에 위해를 가하게 된다. 피보호기기와의 이격거리와 피보호기기에 걸리는 전압과의 관계식을 보면 다음과 같다.

$$V_t = V_p + \frac{2US}{V}$$

여기서 V_t : 기기에 걸리는 전압 [kV], V_p : 피뢰기의 제한전압 [kV]

S : 피뢰기와의 이격거리 [m]

U : 침입파의 파두준도 [kV/ μs], 차폐선로 : 500, 일반선로 : 200

V : 서지의 전파속도 [m/ μs] 가공선로 : 300, 케이블 : 150

5. 정격전압

피뢰기의 정격전압이란 그 전압을 선로단자와 접지단자 사이에 인가한 상태에서 소정의 단위동작책무를 소정의 횟수로 반복수행할 수 있는 상용주파 최고한도전압(실효값)을 말한다.

① 피뢰기 정격전압 = 공칭전압 [kV] $\times \frac{1.4}{1.1}$ [kV]

② 피뢰기 정격전압

$$E_r = \alpha\beta V_m \text{ [kV]}$$

여기서 E_r : 피뢰기 정격전압 [kV]

α : 접지계수(0.75~1.0)

β : 여유도(일반적으로 1.15 적용)

V_m : 최고허용전압(공칭전압×1.15/1.1) [kV]

표 2-60 피뢰기의 정격전압

전 력 계 통		피뢰기의 정격전압 [kV]	
전압 [kV]	중성점 접지방식	변 전 소	배전선로
345	유효접지	288	
154	유효접지	138	
66	PC 접지 또는 비접지	75	
22	PC 접지 또는 비접지	24	
22.9	3상4선식 다중접지	21	18

* PC : Petersen Coil

6. 공칭방전전류

공칭방전전류란 피뢰기의 보호성능 및 회복성능을 표현하기 위해 사용하는 방전전류의 규정값을 말한다.

[참고] 1. 방전전류(Discharge Current)

피뢰기의 방전전류란 피뢰기가 방전중 이것에 흐르는 충격전류를 말하며 공칭방전전류란 피뢰기의 보호성능 및 자동복귀성능을 표현하기 위하여 쓰이는 방전전류의 규정치로 소정의 파고와 파형을 갖는 뇌충격전류를 표시한다.

2. 속류(Follow Current)

피뢰기의 속류란 방전현상이 실질적으로 끝난 후 계속하여 전력계통에서 공급되어 피뢰기를 통해 대지로 흐르는 전류를 말한다.

3. 제한전압

피뢰기의 제한전압이란 피뢰기의 방전중 과전압이 제한되어 양단자 사이에 잔류하는 충격전압이며 방전전류의 파고 및 파형에 의해 정하며 제한전압의 규정치는 파고치로 표시한다.

4. 충격방전개시전압

피뢰기의 양단자 사이에 충격전압이 인가되어 피뢰기가 방전하는 경우 그 초기에 방전전류가 충분히 형성되어 단자간 전압강하가 시작하기 이전에 도달하는 단자전압의 최고전압을 충격방전개시전압이라 한다.

7. 접지선의 굵기

(1) 접지선의 굵기 산정식(KS-C IEC60364-4-41)

① 차단시간 5〔sec〕 이하인 경우

$$S = \frac{\sqrt{I^2 t}}{k}$$

여기서, S : 접지도체 굵기 [mm^2]

I : 보호장치를 통해 흐를 수 있는 예상 고장전류실효값 [A]

t : 고장계속시간 및 보호장치의 동작시간 [sec]

k : 보호도체, 절연 등 계수

(Cu : 143, AL : 95, Fe : 52)

(TN 및 IT 계통의 접지방식에서는 큰 고장전류가 접지도체를 통하여 흐르지 않을 경우 Cu : 6 [mm^2] 이상, Fe : 50 [mm^2] 이상)

표 2-61 설치장소별 피뢰기의 공칭방전전류

공칭방전전류 [A]	설치장소	적 용 조 건
10,000	발전소	전 발전소
	변전소	① 154 [kV] 이상의 전력계통 ② 66 [kV] 이상 변전소 ③ 뱅크용량이 3,000 [kVA]를 초과하거나 특히 중요한 곳 ④ 장거리 송전선케이블(배선 인출용 단거리케이블은 제외) 및 정전 축전기 뱅크를 개폐하는 곳
5,000	변전소	① 66 [kV] 이하 계통 ② 뱅크용량이 3,000 [kVA] 이하인 곳
2,500	선로 변전소	① 배전선로 ② 배전선 Feeder 인출측

표 2-62 정격전압별 접지선의 굵기

피뢰기 정격전압 [kV]	접지선의 굵기 [mm^2]
144	100~150
72	38~60
24 및 21	22~38
18	14~22

(2) 피뢰기의 접지

① 피뢰기의 접지는 전기설비기술기준령에 따르나 접지저항은 가능한 한 3Ω 이하가 될 수 있도록 극력 저하시켜야 한다.

② 10KV 이상의 피뢰기와 접지저항은 교류측정치로 10Ω 이하로 한다.

또 6KV 이하의 것에서는 5Ω 이하의 것이 요망되지만, 접지점으로부터의 반사파의 파고치(역극성)을 크게 하고 침입파를 저감시키기 위하여 1Ω 정도가 요구되는 경우도 있다.

따라서 피뢰기의 접지는 다중접지식으로 하는 것이 가장 유리한 방법이라고 할 수 있다.

즉, 다수의 대지전극을 매설하고 이를 병렬로 접속한다.

③ 접지도선은 되도록 짧게 한다.

(접지선을 길게 하면 진행파가 접지선의 길이를 왕복하는데 요하는 시간을 주기로 하는 진동전압이 피뢰기 제한전압에 가해지고, 진동분의 파고치는 접지선이 길수록 또한 그 대지 임피던스가 높을수록 높아진다.)

④ 피뢰기의 접지는 되도록 단독접지로 하는 것이 좋으나 일반적으로 접지저항이 2Ω 이하일 때에는 2종접지와 공용해도 무리가 없는 것으로 조사되고 있다.

(피뢰기용 접지와 중성선을 연접한 경우 피뢰기 동작시의 전압은 피뢰기 제한전압과 중정선에서 유입되는 전류합에 대한 접지저항의 관계에서 피뢰기 단독접지시보다 전압이 상승되어 피뢰기의 효과를 저해할 수 있으므로 단독접지하도록 되어 있고, 또한 이로 인한 변전실 배전반의 전위상승으로 인해 근로자에게 위해를 가할 수 있다.)

8. 단로장치

피뢰기의 열화 또는 내부고장시 계통사고로 파급되는 것을 방지하기 위하여 22.9 [kV-Y]계통에서는 피뢰기의 접지측에 단로장치(Disconnector, Isolator)를 취부하여야 한다.

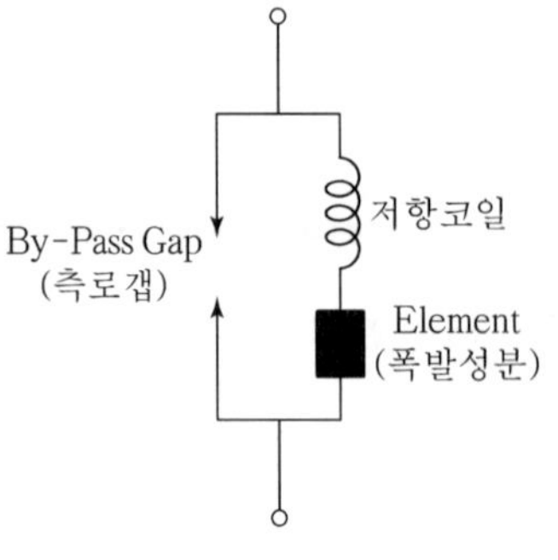

그림 2-65 단로장치의 등가회로도

9. 서지흡수기

서지흡수기(SA : Surge Absorbor)는 선로상에서 발생한 개폐서지 등의 원인으로 이상전압이 내습하면 기준충격절연강도(BIL)가 낮은 건식류 변압기에 손상을 초래하게 되는데, 이러한 개폐서지 등으로부터 건식류 변압기를 보호하기 위하여 VCB(진공차단기)와 건식류 변압기 사이에 각상의 전로와 대지간에 설치하도록 하고 있다.

표 2-63 서지흡수기의 적용 예

차단기 / 보호기기		VS		VCB				
		3 [kV]	6 [kV]	3 [kV]	6 [kV]	10 [kV]	20 [kV]	30 [kV]
발전기		불필요		부분적으로 검토적용		–	–	–
변압기	유입식	불필요		불필요	불필요	불필요	불필요	불필요
	몰드식	불필요		반드시적용	반드시적용	반드시적용	반드시적용	반드시적용
	건 식	불필요		반드시적용	반드시적용	반드시적용	반드시적용	반드시적용
콘덴서		불필요		불필요	불필요	불필요	불필요	불필요
고압전동기		불필요		반드시적용	반드시적용	–	–	–

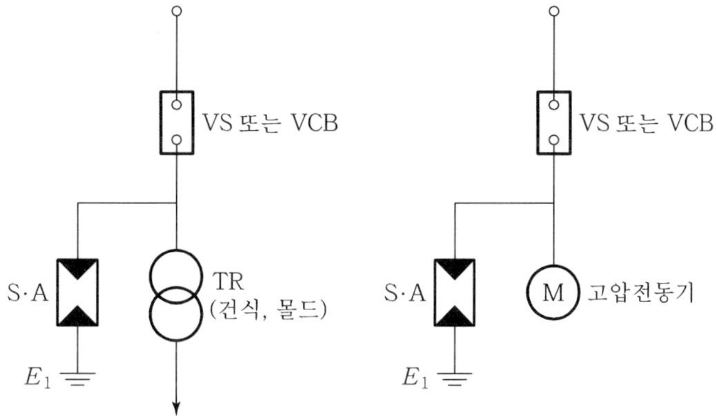

그림 2-66 서지흡수기의 설치 예

표 2-64 서지흡수기의 정격

공칭전압	3.3 [kV]	6.6 [kV]	22.9 [kV-Y]
정격전압	4.5 [kV]	7.5 [kV]	18 [kV]
공칭방전전류	5 [kA]	5 [kA]	5 [kA]

10. 서지보호장치(SPD : Surge Protection Device)

(1) SPD 설치 기준

전기설비 기술기준의 판단기준 제18조 제7항은 통합접지공사는 제6항의 규정을 따르며 낙뢰 등에 의한 과전압으로부터 전기설비 등을 보호하기 위해 KS C IEC 60364-5-53(534 과전압 보호 장치) 또는 한국전기기술기준위원회 기술지침 KECG 9012-2015에 따라 KS C IEC 61643-11에 적합한 서지보호장치를 설치하여야 한다. 즉, 이는 전기설비의 접지계통과 건축물의 피뢰설비 및 통신설비 등의 접지극을 공용하는 통합접지 방식을 채용할 경우 뇌서지에 의한 전기설비의 손상을 방지하기 위하여 반드시 서지보호장치를 설치하여야 함을 명시하고 있다.

(2) SPD의 분류

① SPD 형식별

SPD 형식	시험종류	비고
Class Ⅰ	등급 Ⅰ시험	고 피뢰장소, 직격뢰 보호
Class Ⅱ	등급 Ⅱ시험	저 피뢰장소, 유도뢰 보호
Class Ⅲ	등급 Ⅲ시험	저 피뢰장소, 유도뢰 보호

② SPD 기능별

구분	평상시	차단 시	사용 소자
전압스위치형	고임피던스	급격히 임피던스 저감	방전가스 갭, 에어갭
전압억제형	고임피던스	완만히 임피던스 저감	억제다이오드, 바리스터
복합형	스위치형, 억제형 기능 모두 포용		

③ SPD 설치 장소

SPD는 보호하려는 설비에 최대한 가깝게 설치해야 한다.

번개의 영향 및 개폐 과전압으로부터 직접적인 보호를 위해서는 시험등급 Ⅱ SPD 적용하고, 건물 외부에 이미 피뢰시스템이 장착되어 있거나 직접적인 번개에 대한 보호장치가 있는 경우 시험등급 Ⅰ SPD 적용한다. 시험등급에 대한 제품의 마킹은 “test class Ⅰ”이라 적혀있거나 아니면 네모칸 안에 “T1”이라 적혀있다.

SPD 결선 방법은 아래와 같이 두 가지 경우로 구분된다.

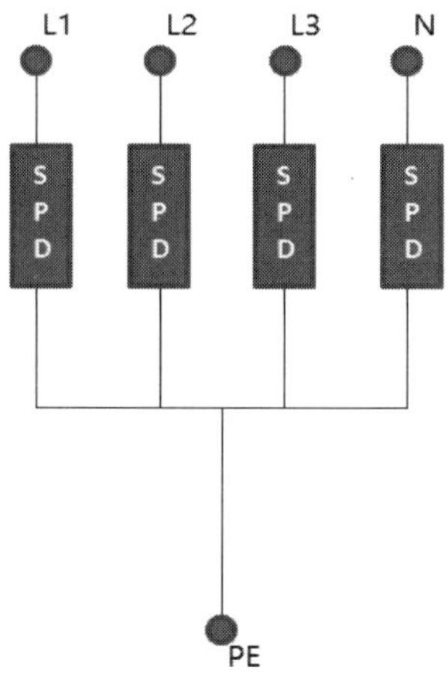

<CT1 결선방법>

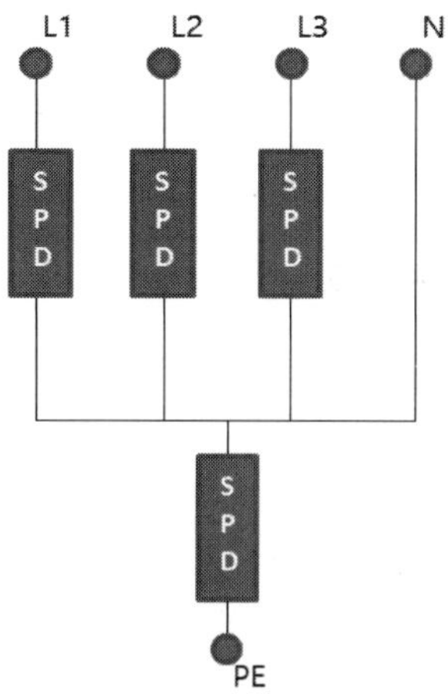

<CT2 결선방법>

- CT1 결선방법 : 충전선과 PE 사이 순간과전압 보호 시
- CT2 결선방법 : 충전선과 PE 사이 및 충전선과 충전선 사이 순간과전압 보호 시

참고로 IEC code나 기타 IEEE code의 접지쪽을 보다보면 가령 공통 접지를 하고 SPD를 설치하라 라고만 된 경우가 있는데 이는 충전선과 PE 사이의 일시적인 과전압 보호를 해라 라는 의미이며 상기와 같이 SPD를 사용하여 결선하면 된다.

(4) SPD 연결도체 길이 및 접지선 굵기

① SPD 연결도체 길이는 상전선에서 SPD와 SPD에서 주접지단자(또는 보호선)까지 50 [cm] 이하일 것

② 1등급 SPD의 접지선은 16 [㎟](구리) 이상, 기타 SPD는 접지선의 단면적 4 [㎟](구리) 이상의 것으로 시설할 것

2-3-9 배 전 반

배전반(Switch Board, Switch Gear)은 이에 부착된 각종 계기류에 의하여 전력계통 및 전력기기의 상태를 감시하고 제어스위치로써 기기를 현장조작 또는 원격조작을 하며 표시등의 표시상태로 각종 개폐기의 개폐상태를 알 수 있고, 각종 계전기에 의하여 전력계통(기기, 선로)의 이상상태를 검출하여 고장구간을 선택차단 및 경보를 발하는 기능을 가지고 있는 전력계통의 중추적인 설비이다.

1. 배전반의 구성요소

배전반에 부설하는 기기는 주회로용 기기와 감시제어용 기기로 나누어지며, 이를 살펴보면 다음과 같다.

(1) 주회로용 기기

① 차단기
② 단로기

(2) 감시제어용 기기

① 지시계기(기기 및 전력회로의 상태감시 및 계측)
② 표시등(차단기, 개폐기 등의 개폐상태 표시)
③ 조작개폐기(조작용)
④ 보호계전기(전력회로 및 기기의 이상상태 검출 및 선택차단)
⑤ 경보장치(ELD, 정전경보 등)

2. 배전반의 분류

(1) 형태(모양)에 따른 분류

① 수직형

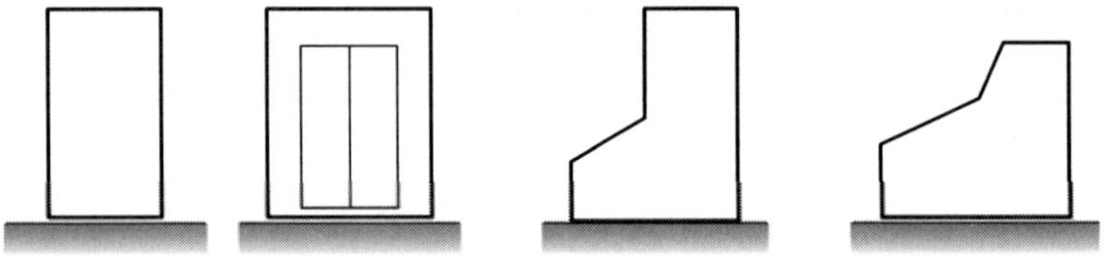

(a) 수직형　(b) 벤치형　(c) 데스크형

그림 2-67 배전반의 구조(굵은선 : 감시면)

• 자립형(큐비클형) : 폐쇄된 철판함 속에 차단기, 단로기, 변성기 및 조작스위치를 장치하고 있다.

• 자립개방형 : 소용량 변전설비에서 사용한다.

② 벤치형 : 수직자립형과 데스크형을 조합한 것으로 조작용 스위치, 신호등, 계기류의 수가 많은 경우에 적합하다.

③ 데스크형 : 수직자립형과 제어용을 조합해서 사용하는 일이 많다.

④ 특수형 : 사용목적에 따라 여러 형태로 특수하게 제작된 것이다.

(2) 기능·용도에 의한 분류

① 계기반(전기량을 지시)

② 감시반(전력계통의 운전상태를 감시)

③ 제어반, 조작반(각종 개폐기류의 조작)

④ 계전기반(보호계전기)

⑤ 조정기반(발전기, 변압기, 콘덴서, 전동기 등의 기기를 자동운전하기 위해 필요한 장치를 설치한 배전반)

⑥ 원격감시제어반(원방감시제어)

⑦ 개폐기반(저압동력, 조명등의 개폐기 또는 퓨즈를 집합하여 배치한 배전반)

3. 고압큐비클

고압 이상의 수·변전설비에서 대부분 고압큐비클식이 많이 채용되고 있으며 개방형 수·변전설비에 비하여 다음과 같은 특징이 있다.

① 설비의 소요면적이 적게 든다.

② 전용의 설치면적이 필요하지 않아 지하실, 옥상, 계단실 또는 구내의 일부에 설치할 수도 있다.

③ 내부기기 장치의 간소화로 점검 및 보수가 용이하며 신뢰성이 높다.

(1) 고압큐비클의 종류

고압큐비클은 주차단장치에 따라서 CB형, PF-CB형, PF-S형 등이 있다.

표 2-65 고압큐비클의 종류

형 식		수전설비용량 [kVA]	주 차 단 기	콘덴서용량 [kVA]
CB형	옥내형 옥외형	1,000 이하	차단기(CB)를 사용한 것	300 이하
PF-CB형	옥내형 옥외형	500 이하	한류형 전력퓨즈(PF)와 CB를 조합하여 사용한 것	300 이하
PF-S형	옥내형 옥외형	300 이하	PF와 고압개폐기를 조합 사용한 것	100 이하

(2) 단위폐쇄배전반(Metal Clad)

미국 NEMA(Netional Electrial Manufacture Association) 규격에 의하면 폐쇄배전반이란 차단기, 단로기, 기타의 기기를 단순히 접지강판으로 둘러싼 것을 일반큐비클이라고 하며, 외함뿐만이 아니라 모선실, 단로기, 차단기실을 구분하여 각실을 완전히 접지금속으로 격벽을 설치하고 차단기 등을 볼트, 너트류로 완전히 고정하여 자동연결방식으로 외부로 입·출을 할 수 있도록 하고, 차단기가 개방상태가 되지 않으면 이러한 기기의 입·출(인출이나 접속)을 할 수 없도록 상호 Inter Lock 장치가 완비된 배전함을 단위폐쇄배전반(Metal Clad)이라고 한다.

연 습 문 제

2-1 그림은 22.9 [kV-Y] 3상4선식 중성점 다중접지계통에서 수전하는 수용가의 수·변전설비 단선결선도이다. 다음 물음에 답하여라.

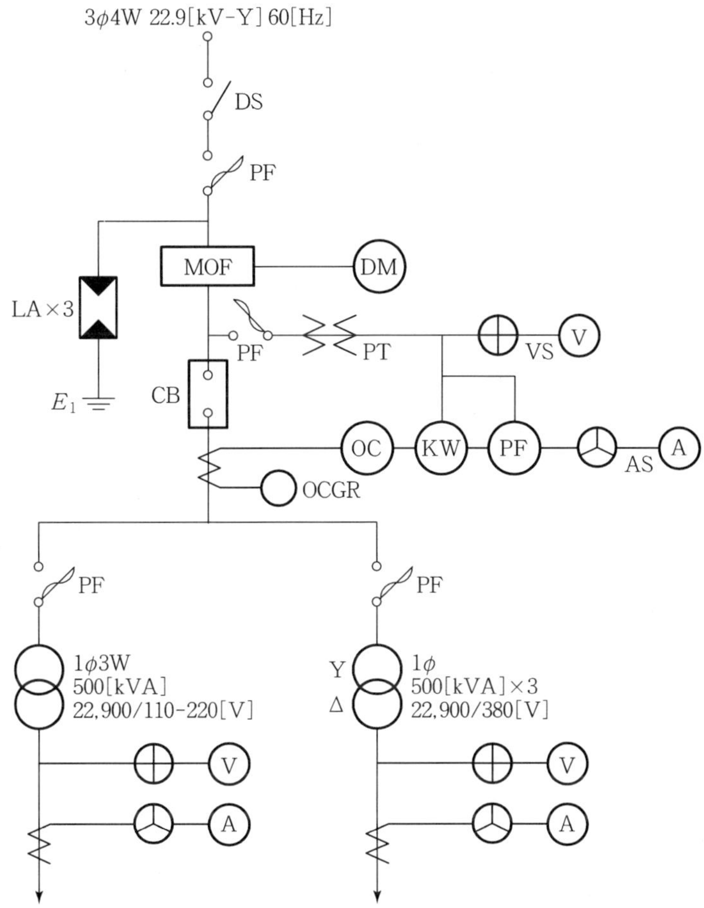

① MOF에 연결되어 있는 DM은 무엇인지 명칭을 써라.

② DS의 정격전압은?

③ LA의 정격전압은?

④ ①의 PF의 정격전류는 얼마인가?
(단, 변압기 정격전류의 2배로 선정하며 부하역률은 90 [%]로 한다)

⑤ MOF의 변류비는?
(단, 평균역률은 90 [%]이고, 전압변동은 고려하지 않는다)

⑥ OCGR의 정확한 명칭은?

⑦ 변압기와 피뢰기의 최대유효이격거리는?

⑧ 변압기 Y-Δ 접속의 복선도를 그려라.

⑨ 계기용 변압변류기의 복선도를 그려라.

⑩ 절환스위치(AS)의 용도는?

2-2 그림과 같은 계통도가 있을 때 A점의 차단용량은 몇 [MVA]인가?

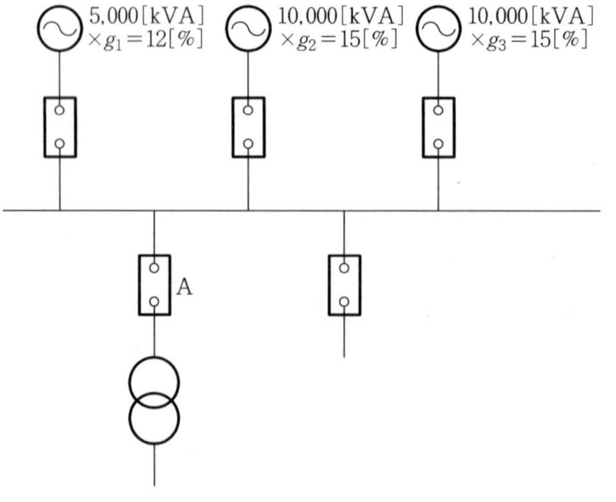

2-3 22.9 [kV]-Y 수전설비의 부하전류가 60 [A]이고, CT의 변류비가 120/5 [A] 계기용 변류기에 접속된 과전류계전기의 전류탭은 몇 [A]로 선정하여야 하는가?
(단, 120 [%]의 과부하에 차단기를 동작시키고자 한다)

2-4 피뢰기에서 다음 용어를 설명하여라.

① 정격전압

② 제한전압

③ 공칭방전전류

④ 충격방전개시전압

2-5 계약전력 1,000 [kW], 전압 22.9 [kV], 역률 0.9일 때 MOF 정격을 선정하여라.

2-6 수전전압 22.9 [kV], 수전전력 750 [kW]의 수용가의 전력계용 계기용변류기의 적당한 변류비는?(단, 부하역률은 80 [%]이다)

2-7 통전중에 있는 변류기 2차측 기기를 교체하고자 할 때 가장 먼저 취해야 할 조치는?

2-8 3,000 [kW] 역률 80 [%]인 부하에 1,200 [kVA]의 콘덴서를 설치할 경우 역률은 얼마가 되겠는가?

2-9 부하용량 1,000 [kVA], 역률 60 [%]를 90 [%]로 개선하는 데 필요한 콘덴서용량은 몇 [kVA]인가?

2-10 22.9 [kV]-Y 3상4선식의 특고압 가공전선로로부터 공급을 받는 수용장소의 인입구에 설치하여야 할 피뢰기의 정격전압은?

2-11 특고압을 저압으로 변성하는 자가용 수·변전설비의 변압기용량이 총 2,500 [kVA]일 때 변전실의 넓이 [m^2]를 산출하여라.

2-12 부하율, 부등률, 수용률에 대하여 설명하여라.

2-13 총설비용량 800 [kW], 수용률 75 [%], 부하율 60 [%]인 부하의 평균전력은 얼마인가?

2-14 수·변전설비에서 저압전로 보호방식의 종류 세 가지를 나열하고 설명하여라?

2-15 변압기의 병렬운전조건을 나열하여라.

2-16 전력계통에서 전력용 콘덴서를 삽입하여 역률을 개선함으로써 나타나는 효과에 대하여 설명하여라.

2-17 전력용 콘덴서의 부속장치인 직렬리액터와 방전코일의 설치목적에 대하여 설명하여라.

2-18 다음 보호계전기의 사용목적은?

① 과전류계전기(OCR)
② 과전압계전기(OVR)
③ 지락계전기(GR)
④ 과전압지락계전기(OVGR)
⑤ 선택지락계전기(SGR)

2-19 그림과 같이 부하설비에 공급할 변압기용량은 몇 [kVA]인가?
(단, 부등률 1.1, 종합부하역률 80 [%]이다)

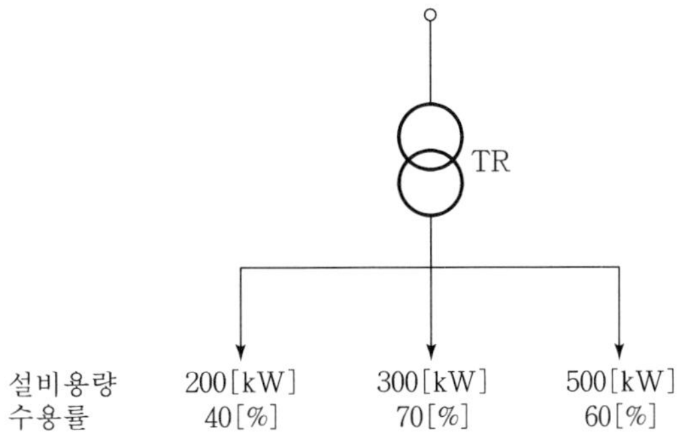

2-20 변압기 결선방식 중 Y-Y 결선방식의 특징에 대하여 서술하여라.

2-21 MOLD TR의 특징에 대하여 설명하여라.

2-22 진공차단기와 가스차단기에 대하여 비교 설명하여라.

2-23 전력퓨즈의 종류와 특징에 대하여 기술하여라.

2-24 100 [kW]의 설비용량을 가진 공장이 수용률 80 [%], 부하율 60 [%]라 하면 1개월(30일) 사이의 사용전력량은 몇 [kWH]인가?

2-25 최근 차단기의 절연 및 소호용으로 많이 이용되고 있는 SF_6 Gas의 특성을 열거하시오.

2-26 단로기와 차단기의 차이점을 간단히 쓰시오.

2-27 부하설비의 역률이 90 [%] 이하로 저하하는 경우(지상역률) 수용가가 볼 수 있는 손해 네 가지를 예로 들어 답하시오.

예비전원설비 3

3-1 예비전원설비의 개요

3-1-1 정 의

미국의 규격(ANSI/IEEE Std 100)에서는 비상용 예비전원 계통을 "상용전원 정전시 인명의 안전 및 기능 유지 또는 재산상의 손실방지에 중대한 역할을 하고 있는 장치 및 장비에 규정된 시간 이내에 신뢰도가 높은 전력을 자동적으로 공급할 수 있는 독립된 예비적 전기예비지원"이라 정의하고 있다.

이에 적합한 전원으로는 자가발전설비, 독립된 비상전원 전용수전설비, 축전지설비, 비상조명용 단위 장비(축전지내장형), 양질의 전원을 요구하고 있는 전신기기, 정보·통신설비 그리고 병원의 수술·검사기기와 같은 정밀기기에 사용되는 무정전 전원설비(UPS) 등이 있으며 ANSI/IEEE Std 100에서 이들에 대하여 규정하고 있다.

우리나라에서도 화재·사고 등의 재해나 보수·점검·공사 등으로 인해 정전이 발생했을 경우 건물의 최소한의 기능을 유지하도록 하는 것은 물론 인명의 보전과 재산손실의 초소화를 위해 소방법에서는 "비상전원"으로, 건축법에서는 "예비전원"으로 규정되어 있고 빌딩이나 공장 등에 건축법이나 소방법에서 규정하는 부하에는 반드시 예비전원설비의 설치를 의무화하고 있다. 그리고 자위상 또는 임대건축물의 신뢰성 측면에서 예비전원설비를 설치하고 있는 추세이다.

3-1-2 예비전원설비의 분류

1. 자가발전설비

사용목적에 따라 상용, 비상용으로 구분되며 상용 자가발전설비는 상용전원과 병렬운전하는 것을, 비상용 자가발전설비는 상용전원이 차단된 경우에만 사용되는 것으로서 내연기관 또는 가스터빈에 의하여 발전기를 구동하여 부하에 전력을 공급하는 장치로 원동기, 발전기, 제어장치 및 부속장치로 구성되어 있다.

2. 축전지설비

수·변전설비의 조작용 전원, 비상용 조명, 방송통신장치의 예비전원으로 사용되는 것으로 사용전원 정전시 즉시 전원을 공급할 수 있는 설비로서 정류장치와 축전지로 구성되어 있다.

3. 전기저장장치

외부 전기에너지를 저장해 두었다가 필요할 때 전기를 공급하는 장치 또는 전기를 저장하고 공급하는 시스템을 말한다. 전기설비기술기준 제72조(비상용 예비전원의 시설)에서는 다음과 같이 정하고 있다.

① 수용장소에 시설하는 비상용 예비전원은 상용전원이 정전되었을 때 수용장소 이외의 전로에 전력이 공급되지 않도록 시설하여야 한다.

② 비상용 예비전원으로 발전기 또는 이차전지 등을 이용한 전기저장장치를 시설하는 공간에는 환기 등 필요한 시설을 갖추어야 한다.

4. 무정전 전원공급설비

일반적으로 UPS(Uninterruptible Power Supply System)라 부르며 정류기, 인버터, 축전지, 절환스위치로 구성되어 있으며 대형 컴퓨터 및 중앙감시장치 등 순간 정전도 허용하지 않는 부하기기에 사용된다.

5. 비상전원수전설비

"화재예방, 소방시설 설치·유지 및 안전관리에 관한 법률 시행령" 별표 5의 소방시설에 설치하여야 하는 비상전원수전설비는 일반 전기사업자로부터 특고압 또는 고압으로 수전하는 비상전원수전설비는 방화구획형, 옥외개방형 또는 큐비클(Cubicle)형으로 하여야 한다. 그리고, 전기사업자로부터 저압으로 수전하는 비상전원설비는 전용배전반(1·2종)·전용분전반(1·2종) 또는 공용분전반(1·2종)으로 하여야 한다. 자세한 사항은 소방시설용 비상전원수전설비의 안전기준(NFSC 602)에 준해야 한다.

3-1-3 법적 근거

1. 관련법규의 규정사항

(1) 건축물의 설비, 피난 방화구조 기준 등에 관한 규칙

제9조(피난계단 및 특별피난계단의 설치기준)

① 계단실에는 예비전원에 의한 조명설비를 설치할 것

제13조(헬리포트 및 구조공간 설치기준)

① 대피 공간에는 예비전원으로 작동하는 조명설비를 설치할 것

제14조(배연설비)

① 건축물에 배연설비를 설치하여야 하며 배연구 및 배연기에는 예비전원을 설치할 것

제30조(피난용 승강기의 설치기준)

① 예비전원으로 작동하는 조명설비를 설치할 것

② 피난용 승강기 전용 예비전원

㉮ 정전시 피난용 승강기, 기계실, 승강장 및 폐쇄회로 텔레비전 등의 설비를 작동할 수 있는 별도의 예비전원설비를 설치할 것

㉯ ㉮항에 따른 예비전원은 초고층 건물의 경우에는 2시간 이상, 준초고층 건축물의 경우에는 1시간 이상 작동이 가능한 용량일 것

㉰ 상용전원과 예비전원의 공급을 자동 또는 수동으로 전환이 가능한 설비를 갖출 것

㉱ 전선관 및 배선은 고온에 견딜 수 있는 내열성 자재를 사용하고 방수조치를 할 것

(2) 초고층 및 지하연계 복합건축물 재난관리에 관한 특별법

① 시행령

제14조(피난안전구역 설치기준) 피난안전구역에는 비상 조명등 및 휴대용 비상조명등을 설치할 것

② 시행규칙

제7조(종합방재실의 설치기준)

종합방재실에는 다음과 같은 설비 등을 구비해야 한다.

㉮ 조명설비(예비전원을 포함한다) 및 급수·배수설비

㉯ 상용전원·예비전원 공급 자동·수동 전환설비

㉰ 전력공급 상황 확인시스템

㉱ 공기조화·냉난방·소방·승강기 설비의 감시 및 제어시스템

㉲ 소화장비 보관함 및 무정전전원공급장치

(3) 승강기 안전기준 및 승강기 안전부품 안전기준

① 비상용 엘리베이터

엘리베이터 및 조명의 전원공급시스템은 주 전원공급장치 및 보조(비상, 대기 또는 대체) 전원공급장치로 구성되어야 한다.

보조 전원공급장치는 자가발전기에 교류 예비전원으로서 다른 용도의 공급용량과는 별도로 비상용 엘리베이터의 전 대수를 동시에 운행할 수 있는 충분한 전력용량이 확보되어야 한다.

정전시에는 보조 전력공급장치에 의하여 엘리베이터를 다음과 같이 운행시킬 수 있어야 한다.

㉮ 60초 이내에 엘리베이터 운행에 필요한 전력용량을 자동으로 발생시키도록 하되, 수동으로 전원을 작동시킬 수 있어야 한다.

㉯ 2시간 이상 운행시킬 수 있어야 한다.

② 승용 승강기

정상 조명전원이 차단될 경우에는 2 [lux] 이상의 조도로 1시간 동안 전원이 공급될 수 있는 자동 재충전 예비전원공급장치가 있어야 하며, 이 조명은 정상 조명전원이 차단되면 자동으로 즉시 점등되어야 한다.

(4) 자위상 비상용 예비전원이 필요한 설비

비상용예비전원은 고도의 정보화사회 발전으로 보안과 신뢰성 확보를 위하여 확대되고 있는 추세이다. 이러한 이유 때문에 건축법과 소방법에서 규정하는 설비이외에 다음과 같은 기능을 가진 설비에 대해서도 비상용 예비전원이 필요하다.

① 업무의 운영수단으로서 정보처리 시스템을 이용하고 이 시스템이 광범위한 정보를 집중시켜 온라인 실시간 처리를 하는 경우

② 업무의 운영수단으로서 정보수집 시스템과 정보처리 시스템을 이용하여 이 업무가 국제적으로 24시간 실시간 가동을 요구하는 경우
③ 업무 내용이 극히 공공성이 높고 업무의 정지가 사회적으로 중대한 영향을 미치므로 상황에 따라서는 기업경제에 관계가 있는 경우
④ 사회기반 시설인 경우
⑤ 업무기능 시스템, 장치의 정지가 인명에 직접 영향을 주는 경우
⑥ 기타 정전에 따른 업무상 피해, 재산상 손실 등이 초래될 수 있는 중요 임의 시설에 비상전원이 요구되는 경우

표 3-1 건축 관련법령에서 규정하는 예비전원 필요 대상설비

<table>
<tr><th>대상설비</th><th>자가발전설비</th><th>축전지설비</th><th>자가발전설비와
축전지설비 병용</th><th>작동시간
(이상)</th></tr>
<tr><td>비상조명설비(계단실 등)</td><td>○</td><td>○</td><td>○</td><td>30분</td></tr>
<tr><td>피난구 조명장치</td><td>○</td><td>○</td><td>○</td><td>30분</td></tr>
<tr><td>비상용 승강기</td><td>○</td><td></td><td></td><td>120분</td></tr>
<tr><td>피난용 승강기</td><td>○</td><td></td><td></td><td>120분</td></tr>
<tr><td>비상용배수설비</td><td>○</td><td></td><td></td><td>30분</td></tr>
<tr><td>배연설비</td><td>○</td><td></td><td></td><td>30분</td></tr>
<tr><td>방화셔터·자동방화문</td><td>○</td><td>○</td><td>○</td><td rowspan="2">30분
(축전지 필수)</td></tr>
<tr><td>방화댐퍼·자동방연벽</td><td>○</td><td>○</td><td>○</td></tr>
</table>

(5) 소방관련법령

소방용 비상부하설비에 적용할 수 있는 비상전원이 필요한 부하설비는 소화설비, 경보설비, 피난설비, 소화활동상 필요한 설비가 있으며, 최소운전시간 등을 소방법(화재안전기준)에서 규정하고 있다.

표 3-2 화재안전기준에서 규정하고 있는 비상전원의 종류

설비	소방시설	설치대상	비상전원의 종류			작동시간 (이상)
			발전기	축전지	수전	
소화설비	옥내소화전	① 7층 이상으로 연면적 2,000m² 이상 ② 지하층 바닥면적의 합계 2,000m² 이상	○	○	×	20분
		③ 기준 없으나, 상기 미만의 대상인 경우	○	○	○	
	옥외소화전	기준 없으나, 비상전원 연결펌프 설치 시	○	○	○	
	스프링클러 · 미분무	차고, 주차장으로 스프링클러를 설치한 부분의 바닥면적의 합계 1,000m² 미만	○	○	○	
		기타 대상인 경우	○	○	×	
	포소화	① Foam Head 또는 고정포방출설비가 설치된 부분의 바닥면적의 합계가 1,000m² 미만 ② 호스릴포 또는 소화전만 설치한 차고, 주차장	○	○	○	
		③ 기타 대상인 경우	○	○	×	
	물분무	대상 건물 전체	○	○	×	
경보설비	자동화재탐지 비상경보 ·방송설비	대상 건물 전체	×	○	×	감시 : 60분 경보 : 10분
피난설비	유도등설비	① 11층 이상의 층 ② 지하층 또는 무창층 (도·소매시장, 여객자동차터미널, 지하역사, 지하상가)	×	○	×	60분
		③ 기타 대상인 경우	×	○	×	20분
	비상조명등설비	① 11층 이상의 층 ② 지하층 또는 무창층 (도·소매시장, 여객자동차터미널, 지하역사, 지하상가)	○	○	×	60분
		③ 기타 대상인 경우	○	○	×	20분
소화활동설비	제연	대상 건물 전체	○	○	×	20분
	연결송수관	높이 70m 이상 건물(승압펌프)	○	○	×	20분
	비상콘센트	① 7층 이상으로 연면적 2,000m² 이상 ② 지하층 바닥면적의 합계 3,000m² 이상	○	×	○	20분

설비	소방시설	설치대상	비상전원의 종류			작동시간(이상)
			발전기	축전지	수전	
	무선통신보조	증폭기를 설치한 경우	○	○	○	30분
기타	도로터널	옥내소화전, 물분무, 자동화재탐지, 비상조명등, 제연설비	○	○	×	40/60분
	고층건축물	옥내소화전, 스프링클러설비	○	×	×	고층 : 40분 초고층 : 60분

(6) 소방시설용 비상전원 수전설비의 화재안전기준(NFSC 602)

소방시설용 비상전원 수전설비는 그림 3-1과 같이 해당 설비전용의 변압기에 따라 수전하거나, 또는, 수전설비의 주변압기의 2차측에서 직접 전용의 개폐기에 의해 수전하는 설비로서 개폐기에는 반드시 "자동화재 탐지설비용"이라는 표지를 하여야 한다.

[별표1] 고압 또는 특별고압 수전의 경우(제5조 제1항 제5호 관련)

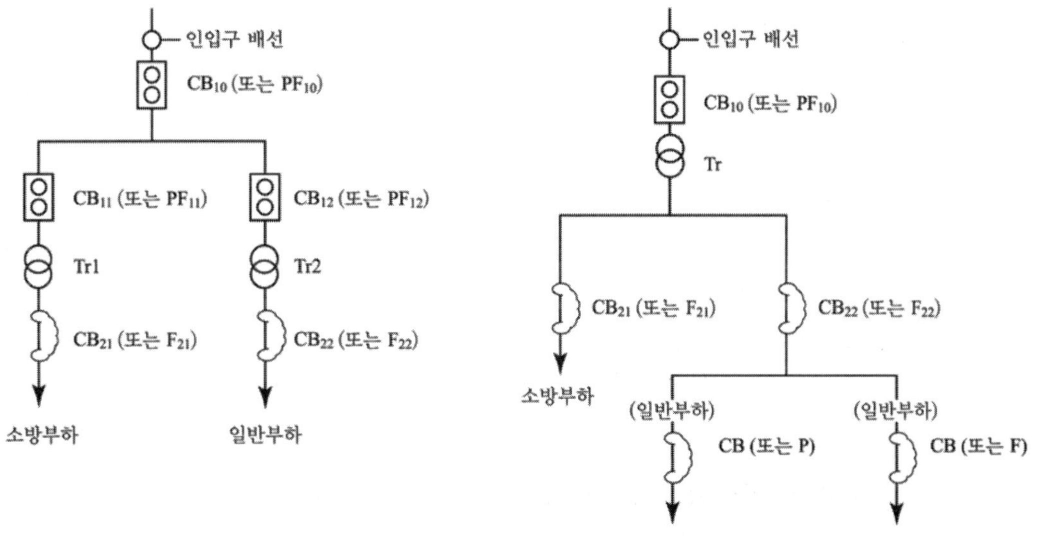

그림 3-1 비상전용 수전설비(고압 또는 특고압 수전의 경우)

가) 전용의 전력용 변압기에서 소방부하에 전원을 공급하는 경우	나) 전용의 전력용 변압기에서 소방부하에 전원을 공급하는 경우
주1) 일반회로의 과부하 또는 단락사고시에 $CB_{10}(PF_{10})$이 $CB_{12}(PF_{12})$ 및 $CB_{22}(F_{22})$보다 먼저 차단되어서는 아니된다.	주1) 일반회로의 과부하 또는 단락사고시에 $CB_{10}(PF_{10})$이 $CB_{22}(PF_{22})$ 및 CB(F)보다 먼저 차단되어서는 아니된다.
주2) $CB_{11}(PF_{11})$은 $CB_{12}(PF_{12})$와 동등 이상의 차단 용량일 것	주2) $CB_{21}(PF_{21})$은 $CB_{22}(PF_{22})$와 동등 이상의 차단 용량인 것

(7) 병원전기설비의 비상전원

의료설비의 비상전원은 흉부 수술실, 회복실, 관상동맥 환자 집중치료실, 중환자실, 분만실, 생리검사실, X-ray 검사실 등에서 적용하는 설비를 말하며 다음의 성능이 요구된다.

① 절환 주기가 0.5[sec] 이하인 전원

배전반에서 하나 또는 여러 개의 상도체 전압 결합이 발생한 경우, 특수 안전 전원은 수술실, 내시경과 같은 기타 필수 조명의 조명을 최소 3시간 동안 유지하여야 하고, 0.5sec를 넘지 않는 절환주기 내에 전원을 복귀하여야 한다.
(해당 장소 : 수술이 필요한 분만실, 수술실, 중환자실 등)

② 절환 주기가 15[sec] 이하인 전원

다음과 같은 기기는 비상전원용 주 배전반에서 하나 또는 그 이상의 선도체의 전압이 전원전압 공칭값의 10[%] 이상 감소하였을 때 최소 24시간 동안 기기의 기능을 유지할 수 있는 안전전원에 15sec 내에 접속되어야 한다.

-. 그룹 1 의료장소(병실, 분만실, 물리치료실, 혈액투석실, MRI실 등 그룹 2의 적용장소는 제외)의 방, 각 방에는 최소 하나의 조명이 비상전원설비용전원으로부터 전원을 공급받아야 한다.
-. 그룹 2 의료장소(마취실, 수술실, 중환자실, 미숙아실 등 생명유지에 필수적인 치료가 요구되는 실 등)의 방, 최소 50[%]의 조명이 비상전원설비용 전원으로부터 전원을 공급받아야 한다.

③ 절환 주기가 15[sec] 이상인 전원

병원 서비스의 유지를 위해 요구되는 기기 및 설비

(8) 전기저장장치

전기설비기술기준 제53조의2(전기저장장치의 시설)에서는 다음과 같이 시설하도록 규정하고 있다.

① 전기저장장치를 시설하는 경우에는 인체 감전, 화재 그 밖에 사람에게 위해를 주거나 다른 전기설비에 지장을 주지 않도록 시설하여야 한다.

② 전기저장장치는 사용 목적이 따라 전기를 안정적으로 저장하고 공급할 수 있도록 적절한 보호 및 제어장치를 갖추고 폭발의 우려가 없도록 시설하여야 한다.

전기저장장치의 구성은 다음과 같다.

㉮ 축전지(Battery)

축전지란 외부의 전기에너지를 공급받아 화학에너지의 형태로 바꾸어 저장하고 전기에너지가 필요할 때 저장된 화학에너지를 전기에너지로 변환하여 출력하는 장치를 말한다. 저장된 전기에너지를 완벽하게 사용할 수 있도록 하는 배터리시스템의 제어 및 감시하는 장치인 BMS(Battery Management System)를 포함한다.

㉯ 전력변환장치(Power Conversion System)

AC/DC, DC/DC 또는 DC/AC로 변환하는 장치를 말한다.

㉰ 전력관리장치(Power Management System)

전기저장장치 내에서의 전기 소비를 감시하고 규제하며, 전기에너지 사용을 예상하여 필요한 조정을 할 수 있는 기능 등으로 전력을 종합적으로 관리하는 시스템이다.

3-2 자가용 발전설비

3-2-1 자가발전설비의 분류

1. 사용목적에 따른 분류

(1) 상용 발전기

평상시는 물론 비상시에도 자체 발전설비로 상시전원을 공급하는 발전기로서 전력회사에서 전력을 공급받을 수 없는 장소에서 사용된다(도서, 산간벽지 등).

(2) 비상용 발전기

전력회사로부터 공급되는 상용전원이 정전되었을 경우 여러 시설물의 보안 또는 기능을 계속 유지하기 위하여 비상전원이 필요로 되는 중요 시설에 전력을 공급하기 위한 발전기이다(건축법, 소방법, 기타).

일반적으로 디젤엔진 발전기가 사용되며 시설특성에 따라 발전기용량은 변전설비용량에 대하여 상·하수도설비인 경우 약 80 [%], 전산·전화설비인 경우 약 65 [%], 병원설비의 경우 약 20 [%] 정도로 결정한다.

(3) Peak Cut용 발전기

첨두부하를 대비하여 전력을 분담하기 위해 설치하는 발전기이다(일반적으로 하절기 냉방부하를 분담한다).

(4) 열병합(Co-Generation)발전기

Total Energy System으로서 폐열회수가 가능한 발전장치를 갖추고 발전기를 가동하여 발생전력을 이용하는데 이때 발생되는 열원을 폐열회수하는 발전방식을 말한다.

2. 엔진구동방식에 의한 분류

(1) 디 젤 기 관

가장 많이 사용되며 일반적으로 중규모 용량에 많이 사용된다.

(2) 가스터빈기관

가격이 비싸지만 기능이 우수하고 전기적 특성이 좋아 대용량 발전기에 적합하다.

(3) 가솔린기관(소용량 발전기)

주요 구성품 및 동작행정은 디젤엔진과 동일하며, 연료로는 휘발유를 사용하고 소용량 발전기에 적합하다.

표 3-3 디젤발전기와 가스터빈발전기의 특성비교

항목 \ 엔진형태		가스터빈	디 젤
일반 특성	작동원리	연속연소로서 연료연소가스의 열팽창력을 이용한 회전운동	단속연소팽창률을 왕복운동으로 변환 (흡입-압축-폭발-배기)
	출력특성	흡입공기의 온도변화에 대한 출력변화나 수명에 영향	주위온도나 사용조건에 영향을 받지 않음
	경부하운전	문제되지 않음	불안전연소로 실린더 내부에 고착현상 발생
일반 특성	진동, 소음	고속음으로 패킹처리만으로 소음 방지	왕복운동에 의한 충격음 발생 진동, 소음 방지대책이 필요
	부피, 중량	구성품이 적어 소형, 저중량 (압축기, 연소기, 터빈)	대형, 무겁다(重量) (실린더, 냉각장치, 윤활장치, 시동장치, 방음장치)
	냉각수	필요없음	30~40 [L/PS·h]
	가 격	디젤기관의 1.5~4배 정도	저렴
연료 특성	소비율	디젤기관의 2배 정도	
	사용연료	경유, A중유, 등유, LNG, 천연가스	경유, A중유
급배기 특성	급배기장치	별도로 필요	배기측에 소음기 부착
	배기단열 시공	별도의 단열대책이 필요	기본단열로 충분
전기적 특성	전압변동률	±1.5 [%]	±4 [%]
	기동시간	20~40 [sec]	5~40 [sec](8~10 [sec])
	부하투입	70~100 [%]	단계적 투입(25-50-75-100 [%])
적용장소		전기적 특성, 소음이나 진동특성이 좋아 인텔리전트 빌딩, 대형종합병원, 대형전산센터 등에 적합	

3. 설치방법에 의한 분류

(1) 고 정 식

발전기 실내의 일정한 기초 위에 발전장치를 고정 배치한 것으로 중규모 발전기가 이에 속한다.

(2) 이 동 식

건축, 토목, 건축공사, 방송중계차 등의 임시전력이 필요한 장소의 전원으로 사용되는 것으로서 200 [kVA] 미만의 소용량 발전기에 사용한다.

최근에는 수처리시설의 중계펌프장, 간이상수도시설 등에서 사용실적이 증가하고 있다.

4. 시동방식에 의한 분류

(1) 공기식 시동형

① 공기식 시동형은 중·고속의 직접분사식에 많이 채용되며 화재의 우려가 없어 방폭 지역에 효과적이다.

② 공기시동형은 공기탱크에 공기압력을 컴프레서를 가동하여 10~30 [kg/cm^2]로 가압하고, 이 공기를 이용하여 기동하는 방식으로 6회 이상 연속기동이 가능하도록 하여야 한다.

③ 공기탱크는 주탱크와 예비탱크를 갖추고 있다.

④ 설치면적이나 설치비용이 전기식에 비하여 고가이다.

⑤ 대형 디젤발전기에 적합하다.

(2) 전기식 시동형

엔진구동용 모터에 의한 방식으로 DC24 [V] 축전지에 접속시킨 구동모터와 피니언 기어를 연결시켜 엔진기관의 플라이휠(Flywheel) 기어를 맞물리게 하여 기동시키는 방식을 말한다.

5. 회전수에 의한 분류

표 3-4 고속형과 저속형의 특성비교

구 분	고 속 기	저 속 기
회 전 수	1,200 [rpm] 이상	900 [rpm] 이하
연속운전	저속기에 비하여 열등	연속운전에 적합

표 3-4 (계 속)

구 분	고 속 기	저 속 기
크기, 진동	저속기에 비해 소형, 진동이 많음	진동이 적음
전압특성		전압특성이 고속기에 비해 양호
고 장	저속기에 비해 열등	
설치면적, 건 설 비	저속기에 비하여 설치면적이 작고, 건설비 또한 저렴	
적용장소	소용량 고압에 적합	장시간 발전이나 저압용에 적합

6. 냉각방식에 의한 분류

냉각방식에는 크게 수랭식과 공랭식이 있다.

(1) 수 랭 식

보통 발전기용량 500 [kVA] 이상의 대용량인 경우 적용되는 방식으로 순환식, 냉각탑 순환식, 방류식 등이 있다.

(2) 공 랭 식

보통 발전기용량 500 [kVA] 이하의 소용량인 경우 적용되는 방식으로 대부분 엔진기관 전단에 달린 라디에이터방식으로, 이동식에 많이 채용된다.

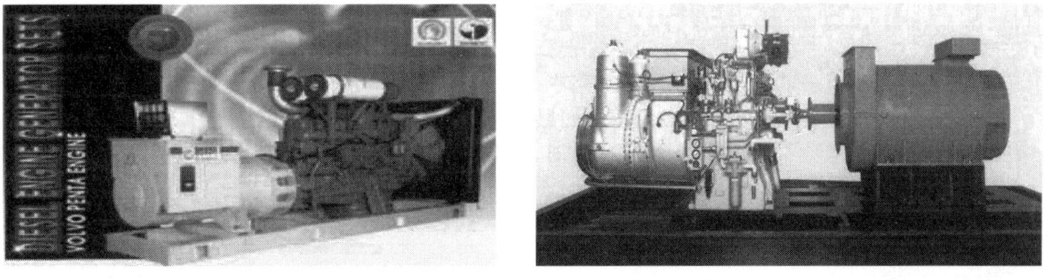

(a) 디젤발전기 (b) 가스터빈발전기

그림 3-2 발전기의 형태

7. 운전방식에 따른 분류

(1) 단독운전

몇 대가 설치되더라도 각기 다른 부하에 전력공급으로 개별 운전되는 방식을 말한다.

(2) 병렬운전

2대 이상의 발전기 또는 상용전원계통을 함께 사용하는 방식을 말하는데, 병렬운전시에는 전압의 크기, 주파수, 위상, 상회전방향 등이 일치하여야 한다.

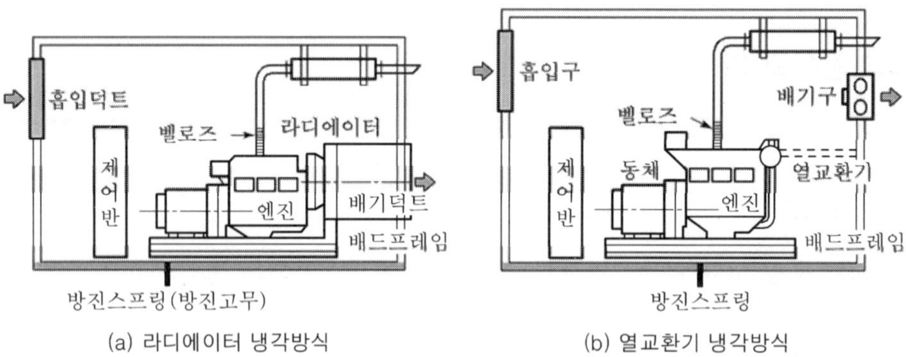

그림 3-3 디젤발전기의 구성 및 설치방법

3-2-2 발전기의 정격 및 성능

1. 발전기의 정격

정격전압	100, 220, 440, 3,300, 6,600 [V]							
정격주파수	60 [Hz]							
정격용량	일반적으로 [kVA]로 표시							
정격역률	늦은 역률 80 [%]							
정격부하	연속 부하							
상 · 선수	1 φ2W, 1 φ3W, 3 φ3W, 3 φ4W							
회전속도	N [rpm] = 120 × f [Hz] / 극수							
극수	2	4	6	8	10	12	14	16
60 [Hz]	3,600	1,800	1,200	900	720	600	514	450

2. 발전기의 성능

① 발전기의 정격에서 역률은 지상 80 [%] 이상으로 한다.
② 단시간 과부하내량은 정격의 150 [%]를 15 [sec]간 흘려도 이상이 없어야 한다.
③ 과속도내력 : 무부하시 정격속도의 120 [%]로 2분간 운전하여도 기계적 손상이 없어야 한다.
④ 전압파형의 왜형률 : 무부하 정격전압에서 10 [%] 이하이어야 한다.
⑤ 전압변동특성 : 종합전압변동률은 ±2.5 [%] 이내이어야 한다.
⑥ 최대전압강하특성 : 최대전압강하율이 30 [%] 이내이어야 하고 2 [sec] 이내에 최종정상전압의 3 [%] 이내로 복귀하여야 한다.
⑦ 불평형률 : 역상분전류 15 [%]의 불평형부하에 견디어야 한다.
⑧ 발전기 각부의 온도상승 한도, 내전압, 절연저항, 여자장치의 특성이 관계규격 및 특기시방에 적합하여야 한다.

3-2-3 발전기용량의 산정방법

발전기용량을 결정하는 경우에는 부하의 종류 및 부하용량을 산정하고 또 장래의 부하 증설을 고려하여 결정하는 것이 보통이다. 그러나 지금은 전동기의 기동특성 및 기동순서와 전압강하 등을 고려한 산정방식 그리고 특수개념 방식으로는 부하에서 발생하는 역상전류 및 고조파 전류 등을 고려하는 산정방식으로 인버터 등의 위상변환 및 고조파 발생으로 인한 영향에 대응할 수 있는 방식을 고려하여야 한다.

NFSC 103(스프링클러 설비의 화재안전기준)에서 비상전원의 출력용량은 다음과 같은 조건을 만족하는 방식으로 산정하도록 하고 있다.

① 비상전원 설비에 설치되어 동시에 운전될 수 있는 모든 부하의 합계 입력용량을 기준으로 정격출력을 산정할 것. 다만 소방전원 보존형 발전기를 사용할 경우에는 그러하지 아니 한다.
② 기동전류가 가장 큰 부하가 기동될 때에도 부하의 허용 최저입력전압 이상의 출력전압을 유지할 수 있을 것
③ 단시간 과전류에 견디는 내력은 입력용량이 가장 큰 부하가 최종 기동할 경우에도 견딜 수 있을 것

[참고] 수전용량과 자가발전용량과의 관계를 제사하면 다음과 같다.

-. 상하수도시설 : 약 80 [%] 이상
-. 통신시설 : 약 65 [%] 이상

-. 병원 : 약 30 [%] 이상
-. 빌딩 : 약 20 [%] 이상

1. 전 발전기부하의 정격운전을 위한 발전기용량 산정법

이 발전기용량 산정법은 비상용 부하로 분리된 발전기 부하에 전력을 공급하여 원활한 가동이 이루어지도록 하기 위한 용량산정식으로 전 발전기부하의 정격운전에 필요한 발전기용량을 말한다.

$$PG_1 = \frac{P_L}{\eta_L \cdot P_{fL}} \cdot D[KVA]$$

여기서,

- η L : 부하의 종합효율
- PfL : 부하의 종합역률
- PL : 접속된 부하출력의 합계 [KW]
- D : 부하율, 수용율 등을 고려한 계수(분명하지 않을 때 1.0)

2. 최대의 기동용량〔KVA〕을 가지는 전동기(군) 기동시 허용전압강하를 고려한 발전기용량 상정법

유도전동기를 기동할 때 큰 부하가 갑자기 발전기에 걸리게 되면 발전기 단자전압이 순간적으로 저하하여 전자접촉기가 개방되거나 전동기 기동시간이 길어져 전압강하가 더욱 심화되어 기동실패에 이르는 경우도 발생하게 된다. 이러한 악영향을 줄 수도 있으므로 허용전압강하를 고려하여 발전기용량을 산정한다.

$$PG_2 = PLmax \cdot Xs' \cdot \frac{(1-\Delta V)}{\Delta V}[KVA]$$

여기서,

- PLmax : 최대전동기 또는 전동기군의 시동kVA(전동기출력 × 전동기 단위출력당 기동(KVA) × 기동방식에 의한 계수)
- Xs' : 과도 리액턴스 0.1~0.35(불분명한 경우 0.2~0.25 적용), 소용량의 2극

발전기인 경우 0.125 적용

- △V : 허용전압 강하율 0.2~0.25
  (보통 : 0.25, 비상용 엘리베이터의 경우 : 0.2)

3. 국가건설기준(KDS 31-60-20 예비전원설비)에서 제시한 발전기용량 산정법

발전기 출력용량 산정방법은 해당 건축물의 소방부하, 비상부하, 및 그 밖의 정전시에 운전이 필요한 부하 등의 특성을 고려하여 산정할 수 있다. 다만, 발전기용량은 해당 건축물에서 발전기 연결 부하의 특성을 고려하여 조정할 수 있으며 화재 및 예고 없는 정전시에도 소방 및 비상부하 가동에 지장이 있어서는 안 된다.

$$PG_3 = [\Sigma P + (\Sigma Pm - PL) \times a + (PL \times a \times c)] \times k\ [KVA]$$

여기서,

- ΣP : 전동기 이외 부하의 입력용량 합계[KVA]
- ΣPm : 전동기 부하용량 합계[KW]
- PL : 전동기 부하 중 기동용량이 가장 큰 전동기 부하용량[KW]
  다만, 동시에 기동될 경우에는 이들을 합한 용량으로 한다.
- a : 전동기 [kw]당 입력용량 계수
  (※ a의 추천값은 고효율 1.38, 표준형 1.42이다. 다만, 전동기 입력용량은 각 전동기별 효율, 역률을 적용하여 입력용량을 환산할 수 있다.)
- c : 전동기의 기동계수
- k : 발전기 허용전압강하계수

표 3-5 전동기의 기동계수[c]

기동방식	직입기동	Y-△기동	VVVF (인버터기동)	리액터기동(Tap)		
				50%	65%	80%
기동계수	6 (범위 5~7)	2 (범위 2~3)	1.5 (범위 1~1.5)	3	3.9	4.8

표 3-6 발전기 허용전압강하계수[k]

구분		발전기 정수					
		20	21	22	23	24	25
발전기허용 전압강하율 (%)	15	1.13	1.19	1.25	1.30	1.36	1.42
	16	1.05	1.10	1.16	1.21	1.26	1.31
	17	0.98	1.03	1.07	1.12	1.17	1.22
	18	0.91	0.96	1.00	1.05	1.09	1.14
	19	0.85	0.90	0.94	0.98	1.02	1.07
	20	0.80	0.84	0.88	0.92	0.96	1.00

단, 명확하지 않은 경우 1.07~1.13으로 할 수 있다.

3. 발전기용량 산정시 고려사항

① 단상부하

ⓐ 현 상

- 교류3상 발전기에 단상부하 접속시 단상부하의 3배의 부하를 접속한 것과 같아 발전기에 접속할 수 있는 3상의 부하용량이 감소한다.
- 단상부하를 많이 걸면 전압불평형, 파형의 일그러짐, 이상진동 등의 원인이 된다.

ⓑ 대 책

- 각상에 단상부하의 균등한 배분
- Scott 결선변압기 설치
- 부하불평형률이 10 [%] 이하가 되도록 한다.

② 감전압 시동전동기

ⓐ 현 상

- 전동기에 감전압 시동방식을 채용하면 시동돌입전류가 감소하게 되어 발전기 용량을 적게 할 수 있겠으나, 이 경우 전동기의 시동토크(Torque)가 감소하여 전동기 회전속도가 충분히 올라가 있지 않은 상태에서 전전압으로 전환되면 시동전류가 미처 저하되지 않아 순시전압강하를 일으키게 된다.

ⓑ 대 책

- 감전압상태에서 전전압으로 전환되는 시간설정을 충분히 고려하여 결정한다.

③ 정류기부하(고조파 발생부하)

ⓐ 현 상

- 전압파형이 일그러진다(전압파형의 일그러짐은 발전기 리액턴스가 클수록 심하게 나타난다).
- 부하가 일정할 경우 발전기용량이 작을수록 이러한 형상이 심하다.
- 발전기 리액턴스가 일정할 경우 정류기부하가 클수록 심하게 나타난다.
- AVR의 헌팅현상
- 발전기 손실증가
- 발전기 회전자표면의 과열손상

ⓑ 대 책

- 용량이 큰 발전기를 선택한다.
- 발전기 리액턴스가 작은 것으로 선택한다.
- 정류기 등의 전력변환장치의 정류상수를 많게 한다.
- 고조파 필터를 설치한다.

3-2-4 상용전원과 발전기전원의 전환

상용전원과 예비전원 사이에는 병렬운전을 하지 않는 것이 원칙이며, 수전용 차단기와 예비전원용 차단기는 반드시 전기적, 기계적 Inter Lock 장치를 하여야 한다.

발전기용 차단기의 차단용량을 구하는 식은 다음과 같다.

$$\text{차단용량}\,[\text{kVA}] = \frac{\text{발전기출력}\,[\text{kW}]}{X_d'} \times 1.25$$

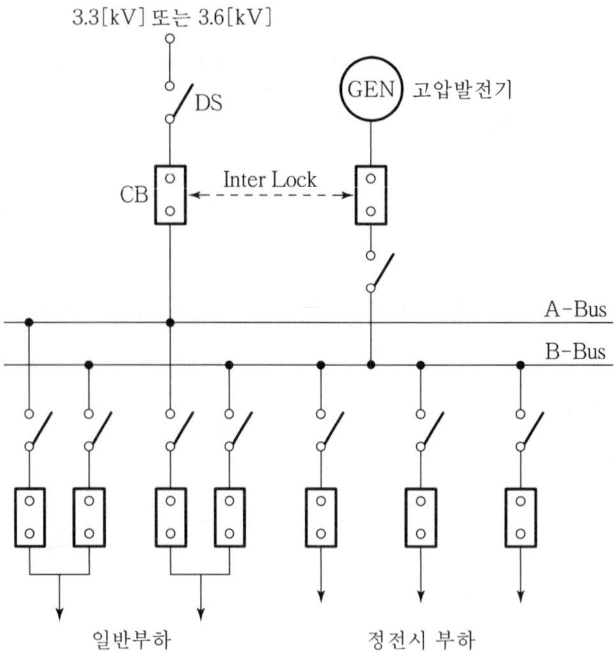

그림 3-4 고압회로의 전환결선도

여기서 X_d' : 발전기 과도리액턴스(단독운전의 경우 0.2~0.3 정도)

이 식에 의하여 계산된 값이 전력계통회로의 차단용량보다 적은 경우 회로측의 차단용량과 같게 한다.

3-2-5 발전기 병렬운전조건

2대 이상의 발전기를 병렬운전하는 경우 다음 조건이 만족되어야 한다.

- 기전력의 크기가 같을 것
- 기전력의 위상이 같을 것
- 기전력의 주파수가 같을 것
- 기전력의 파형이 같을 것
- 상회전방향이 같을 것

① 기전력의 크기가 다른 경우 무효전류가 흐른다.

$$I_c = \frac{E_1 - E_2}{2Z_s} = \frac{E_r}{2Z_s} \text{ [A]}$$

② 기전력의 위상이 다른 경우 자동적으로 E_1과 E_2를 동위상으로 유지하기 위한 동기화전류가 흐른다.

$$P = \frac{E^2}{2Z_s} \sin\delta \,[\mathrm{W}]$$

여기서 Z_s : 발전기 동기임피던스[Ω], δ : E_1과 E_2의 위상차각

③ 기전력의 주파수가 다른 경우 동기화전류가 교대로 주기적으로 흐른다(난조의 원인).

④ 기전력의 파형이 다른 경우 각 순시의 기전력의 크기가 다르기 때문에 고조파 무효순환전류가 흐른다.

3-2-6 디젤발전기의 보호장치

디젤발전기의 보호장치는 표 3-7과 같다.

표 3-7 디젤발전기의 보호장치

<table>
<tr><th rowspan="2">종류</th><th rowspan="2">분 류</th><th colspan="2">항 목</th><th rowspan="2">규 정</th><th colspan="3">보호장치</th><th rowspan="2">시 방</th><th rowspan="2">비 고</th></tr>
<tr><th>명 칭</th><th>기 호</th><th>기관정지</th><th>차단기개방</th><th>표시및경보</th></tr>
<tr><td rowspan="5">중고장</td><td rowspan="5">기 관</td><td>윤활유 압력 저하</td><td>63Q</td><td></td><td>○</td><td>○</td><td>○</td><td>규정압력의 1/2~1/3에서 동작</td><td></td></tr>
<tr><td>냉각수 단수</td><td>69W</td><td rowspan="2">500 [kW]를 넘는 경우 둘 중 하나 설치</td><td>○</td><td>○</td><td>○</td><td>기관 출구에서 검출</td><td></td></tr>
<tr><td>냉각수 온도 상승</td><td>49W</td><td>○</td><td>○</td><td>○</td><td>라디에이터식 (약 80~90 [℃]) 방수식 (약 70~80 [℃])</td><td></td></tr>
<tr><td>과속도</td><td>12</td><td>500 [kW]를 넘는 경우</td><td>○</td><td>○</td><td>○</td><td>규정속도의 115 [%]를 넘지 않을 것</td><td>과속도내력 : 정격속도의 110 [%]에서 1분간</td></tr>
<tr><td>시동 실패</td><td>48</td><td></td><td>○</td><td>○</td><td>○</td><td>시동명령 후 40 [sec] 경과 후 검출</td><td></td></tr>
<tr><td rowspan="2">중고장</td><td rowspan="2">발전기</td><td>발전기 과전압</td><td>59G</td><td></td><td>○</td><td>○</td><td>○</td><td></td><td></td></tr>
<tr><td>발전기 과전류</td><td>51G</td><td>500 [kW]를 넘는 경우</td><td></td><td>○</td><td>○</td><td></td><td></td></tr>
<tr><td rowspan="2">경고장</td><td rowspan="2">보조기</td><td>연료 소출조 유면 저하</td><td>33Q</td><td></td><td></td><td></td><td>○</td><td>플로트 t_m 위치</td><td></td></tr>
<tr><td>공기조 압력 저하</td><td>63A</td><td></td><td></td><td></td><td>○</td><td>공기시동방식에서 공기압력이 14~18 [kg/cm^2] 이하일 경우</td><td></td></tr>
</table>

3-2-7 발전기실

1. 발전기실의 위치

발전기실을 선정할 때는 다음의 항목을 고려하여야 한다.

① 부하의 중심이 되며 전기실에 가까울 것
② 엔진기초는 건물의 기초와 관계없는 곳으로 한다.
③ 실내의 환기가 충분하고 온도가 높지 않은 장소이어야 한다.
④ 급배수가 용이한 곳이어야 한다.
⑤ 발생하는 진동, 소음이 주위에 영향을 주지 않는 장소이어야 한다.
⑥ 기기의 반입, 반출이 용이하고 운전·보수가 편리한 곳이어야 한다.
⑦ 연료의 급유 및 냉각수의 공급이 용이한 장소이어야 한다.
⑧ 발전기실의 높이는 기기의 보수·점검이 용이하도록 충분한 높이를 확보할 수 있는 장소이어야 한다.

2. 발전기실의 면적

발전기실은 일상적인 보수·점검 및 정기 정비시에 작업할 수 있는 넓이가 필요하며 엔진발전기 주위는 0.8~1.0 [m] 이상 배전반 및 축전지 설비의 전면(前面)은 1.0 [m] 정도의 공간이 필요하다. 보통의 경우 방의 가로, 세로의 관계는 1 : 1.5~1 : 2가 되는 것이 바람직하다.

$$S \geq 1.7\sqrt{P}\ [\mathrm{m}^2]$$

권장값 면적 $S \geq 3\sqrt{P}\,[\mathrm{m}^2]$

여기서 P : 원동기출력 [PS]
S : 발전기실의 소요면적 [m^2]

3. 발전기실의 높이

$$H = (8 \sim 17)D + (4 \sim 8)D\,[\mathrm{m}]$$

여기서 $(8\sim17)D$: 실린더 상부까지의 엔진높이
$(4\sim8)D$: 실린더 해체에 필요한 높이
(체인 블록의 유무에 따라 결정되며, 체인 블록이 없으면 4D 정도이다)
D : 실린더 지름 [mm]

표 3-8 발전기출력과 발전기실의 크기

발전기출력 [kVA]	회전속도 [rpm]	실린더수	발전기실 크기 깊이 [m]×폭 [m]×천장높이 [m]
20	1,500, 1,800	3~4	4×3×3
40	1,500, 1,800	3~4	4.5×3.5×3
100	1,500, 1,800	4~6	5.5×3.5×3.5
200	1,500, 1,800	6	6.5×5×4
300	1,000, 1,200	6	7.5×5×4
500	1,000, 1,200	6	9×6×4.5
1,000	900, 1,000	6~12	10×7×4.5
1,250	900, 1,000	6~12	10×7×4.5
1,500	900, 1,000	6~12	10×7×4.5
1,750	900, 1,000	6~12	10×7×4.5

4. 발전기실의 기초

발전기실의 기초는 자중과 기관운전에 인한 진동력에 충분히 견딜 수 있는 강도를 갖추어야 하고, 특히 운전으로 인한 진동력이 다른 기기나 건물에 미치지 않도록 하여야 한다.

발전기실의 기초설계는 디젤 엔진의 경우 다음 식이 사용된다.

$$W_f = 0.2\,w\sqrt{N}\ [\text{ton}]$$

여기서 W_f : 발전기의 기초하중 [ton]

w : 발전기설비의 총중량 [ton]

N : 기관의 회전수 [rpm]

가스터빈발전기 및 방진장치 장착 디젤발전장치의 경우 기초에 전달되는 진동하중은 위의 직접설치방식인 것에 비해 1/10 이하가 되어 기초하중은 작아도 된다.

$$W_f' = \alpha\, W_f\ [\text{ton}]$$

여기서 W_f' : 방진장치 장착인 경우의 기초하중 [ton]

α : 방진계수(일반적으로 0.2~0.4)

5. 발전기실의 소음 및 진동대책

(1) 소음대책

디젤발전기에서 발생하는 소음은 기관의 기계음, 흡·배기음, 진동음, 발전기동체음이 대표적이며 이 중에서 대부분의 소음은 기관음과 배기음이다.

기관음 대책으로는 방음커버로 몸체를 차음시키거나 내벽에 흡음률이 높은 흡음판을 설치하여 소음이 전달되지 못하도록 하는 방법, 발전기를 지하실에 설치하는 방법이 있고, 배기음 대책으로는 배기관에 소음기를 설치하는 방법 등이 있다.

(2) 진동대책

발전기에서 발생하는 진동으로는 왕복회전운동에 의한 불균형력, 운동부 가동오차에 의한 불균형력에 의한 진동 등이 있다. 이 진동으로 인해 발전기 자체의 손상으로 수명이 단축되고 외부로의 전달로 인하여 건축물에 영향을 초래하게 된다. 또한 외부로부터의 진동에 의해 발전설비에 큰 장애를 초래하게 되므로 방진설비를 갖추도록 해야 한다. 가장 방진효과가 좋은 방진기구는 강철방진스프링기구(중·대용량 발전기)이며, 이것은 대체로 95 [%] 정도의 방진효과를 갖는다. 스프링 밑에 고무판(Rubber Plate)을 장착하면 스프링을 통해 전달되어지는 고주파진동도 막을 수 있다. 또한 방진기구로 고무방진기구(소용량 발전기)가 있는데 90[%] 정도의 방진효과를 갖고 있으며 진동에 의한 소음방지효과도 있다.

(3) 대기오염대책

석유계에 들어있는 유황분이 연소되면서 유황산화물(SOx)이 발생하여 호흡기에 장애를 초래하는데 이를 위한 대책으로는 유황성분이 적은 연료 사용, 배기장치에 탈류장치 설치, 높은 연통을 사용하는 방법 등이 있다. 또한 질소성분이 들어있는 연료가 연소되며 산소와 결합하여 질소산화물(NOx)이 발생하게 되는데 이는 스모그 현상 등 대기오염의 주 원인이 되며, 이에 대한 대책으로는 기관 연소 시스템을 개량하여 발생을 억제하거나, 배기장치에 탈류장치 설치, 연료를 예열하는 방법 등이 있다.

6. 자가발전설비의 설계순서

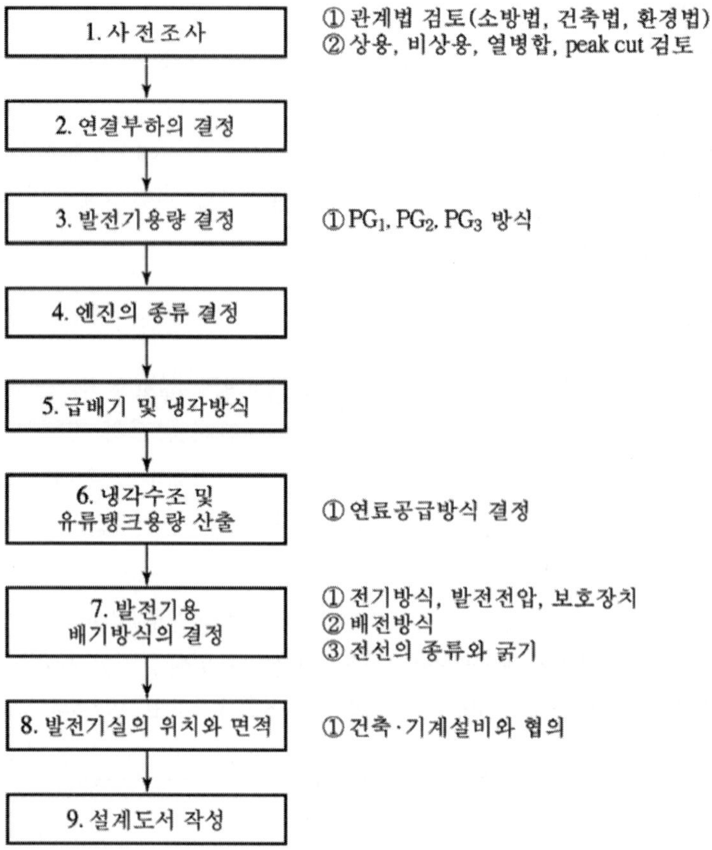

그림 3-5

7. 발전기실의 구조

발전기실은 소방법을 근거로 규제되고 있으며 개요는 다음과 같다.

① 침수 또는 침투할 염려가 없는 구조여야 한다.

② 가연성(可燃性), 부식성(腐蝕性)의 증기 또는 가스가 발생할 염려가 없어야 한다.

③ 불연재료로 된 벽(벽 내부도 불연재료), 바닥, 기둥 및 천장(천장이 없는 경우 지붕)에서 구획하며, 창 및 출입구에 갑종방화문 또는 을종방화문이 있는 전용실이어야 한다. 단, 큐비클식 발전설비는 화재 발생 염려가 적은 곳(기계실, 축전지실, 설비실 등)에 설치할 수 있다.

④ 실외로 통하는 유효 환기설비가 있어야 한다.
⑤ 불연 전용실에서 배선, 공조용 덕트가 벽체를 관통하는 경우 불연재료로 마감되어야 한다. 단, 발전설비 이외의 다른 용도로 사용되는 덕트, 수관, 기타 설비를 설치 또는 관통시키지 않아야 한다.
⑥ 화재 발생의 우려가 있는 설비(연료탱크 제외), 화재 확대의 요인이 될 염려가 있는 가연성, 기타 보수·점검상의 방해물을 두지 않아야 한다.
⑦ 점검·조작에 필요한 조명설비가 설치되어야 한다.
⑧ 발전설비는 방진을 위한 조치가 강구된 바닥 또는 기초에 설치하고 내진 대책을 고려한다.

3-3 축전지설비

축전지설비는 가장 이상적인 직류전원이며 축전지, 충전장치, 기타로 구성된 것을 말하며 건축법이나 소방법의 규정에 의하여 예비전원이나 비상용 전원으로서 비상용 조명, 유도등, 비상방송, 화재경보장치 등 즉, 방재용 설비로 이용되는 것 외에도 무정전전원공급장치(UPS), 수·변전설비 제어용 및 기기의 조작용 릴레이, 사무자동화(OA : Office Automation), 공장자동화(FA : Factory Automation) 등의 전원으로 사용된다.

3-3-1 축전지 종류

2차전지의 종류	형 식 기 호		
연 축 전 지	클레드식(CS형)		완방전형
	페이스트식(HS형)		급방전형
알칼리축전지	포켓식	AL형	완방전형
		AM형	표준형
		AMH형	급방전형
		AH-P형	초급방전형
	소결식	AH-S형	초급방전형
		AHH형	초초급방전형

3-3-2 축전지의 특성

1. 기전력(voltage)

축전지 한 개의 셀(cell)당 기전력은 연축전지가 2.05 [V/cell]이며 알카리축전지가 1.32 [V/cell]이다. 이 기전력은 충전 또는 방전 후 1시간 이내의 개로 단자전압이 아니라 1시간 이상 방치한 후의 안정된 개로 단자전압을 말한다.

2. 사이클(cycle)

한 번의 충전과 방전까지를 1 사이클이라 한다.

3. 공친전압(nominal voltage)

전지전압(cell당 전압)의 표시에 사용하는 호칭으로 연축전지는 2[V/cell], 알카리축전지는 1.2 [V/cell]이다.

4. 정격(공칭)용량

규정온도, 방전전류 및 종지전압의 조건에서 완전충전 상태에서 뽑아낼 수 있는 전기량으로 축전지 용량을 말하며 단위는 [AH]이다.

공칭용량[AH] = 방전전류[A] × 방전종지전압까지의 연속 방전시간[H]

5. 방전종지전압(final voltage)

축전지는 일정한 전압 이하로 방전되면 극판이 열화되므로 일정한 전압에서 방전을 정지시킬 필요가 있다. 이때의 방전정지전압을 방전종지전압이라 하며 이 방전종지전압은 축전지의 종류에 따라 다르다.

6. 방전시간율

전지의 방전전류 크기를 나타내는 용어로서 정격용량[AH]과 밀접한 관계가 있다.

일반적으로 연축전지의 경우 10시간율을, 알카리축전지인 경우 5시간율을 적용하며 이 방전시간율은 방전종지전압이나 축전지 온도, 축전지 성능에 따라 달라질 수 있다.

따라서 방전전류를 정격용량(c)의 배수로 나타내는 방전 전류율이 있다.

예를 들어 10시간율로 정격용량 100 [AH]의 축전지를 100 [A]로 방전하는 경우 1C방전이라 하며 50 [A]로 방전하는 경우 0.5C 방전이라 한다.

7. 자기방전(self discharge)

축전지 내부에서는 방전과 관계없이 화학반응에 의해 전기량을 자연스럽게 잃어 방전했을 때와 동일한 결과를 초래하게 되는데, 이를 자기방전이라 한다. 자기방전량은 축전지 온도(주위 온도)가 높거나 전해액의 농도가 높을수록 많아진다.

3-3-3 알칼리축전지와 연축전지의 특성비교

<table>
<tr><th colspan="2">구 분</th><th colspan="2">연축전지</th><th colspan="2">알칼리축전지</th></tr>
<tr><td rowspan="3">작용
물질</td><td>양극</td><td colspan="2">PbO_2</td><td colspan="2">NiOOH(수산화니켈)</td></tr>
<tr><td>음극</td><td colspan="2">Pb</td><td colspan="2">Cd</td></tr>
<tr><td>전해액</td><td colspan="2">H_2SO_4</td><td colspan="2">KOH(가성칼리)</td></tr>
<tr><td colspan="2">전해액 비중</td><td colspan="2">1.215~1.240 (20 [℃])</td><td colspan="2">1.20~1.30 (20 [℃])</td></tr>
<tr><td colspan="2">반 응 식</td><td colspan="2">양극 음극
$PbO_2 + 2H_2SO_4 + Pb \underset{충전}{\overset{방전}{\rightleftarrows}}$
양극 음극
$PbSO_4 + 2H_2O + PbSO_4$</td><td colspan="2">양극 음극
$2NiOOH + 2H_2O + Cd \underset{충전}{\overset{방전}{\rightleftarrows}}$
양극 음극
$2Ni(OH)_2 + Cd(OH)_2$</td></tr>
<tr><td colspan="2">공칭전압</td><td colspan="2">2.0 [V/cell]</td><td colspan="2">1.2 [V/cell]</td></tr>
<tr><td colspan="2">기 전 력</td><td colspan="2">2.05 [V/cell]</td><td colspan="2">1.32 [V/cell]</td></tr>
<tr><td colspan="2">공칭용량</td><td colspan="2">10시간율 [AH]</td><td colspan="2">5시간율 [AH]</td></tr>
<tr><td colspan="2">셀수(100 [V])</td><td colspan="2">50~55 [cell]</td><td colspan="2">80~86 [cell]</td></tr>
<tr><td colspan="2">형 식</td><td>클레드식(CS형)</td><td>페이스트식(HS형)</td><td>포켓식
AL, AM, AMH, AH</td><td>소결식
AH, AHH</td></tr>
<tr><td colspan="2">수 명</td><td>10~15년</td><td>5~7년</td><td colspan="2">12~20년</td></tr>
<tr><td colspan="2">특 징</td><td colspan="2">1. AH당 단가가 낮다.
2. 축전지의 소요셀수가 적다.
3. 전해액의 비중에 의해 충·방전상태를 알 수 있다.
4. 충·방전전압의 차가 작다.</td><td colspan="2">1. 극판의 기계적 강도가 크다.
2. 과방전, 과충전에 대해 강하다.
3. 저온특성, 방전특성이 좋다.
4. 부식성 가스가 발생하지 않는다.
5. 보존이 용이하다.
6. 수명이 길다.</td></tr>
</table>

3-3-4 축전지용량 산출

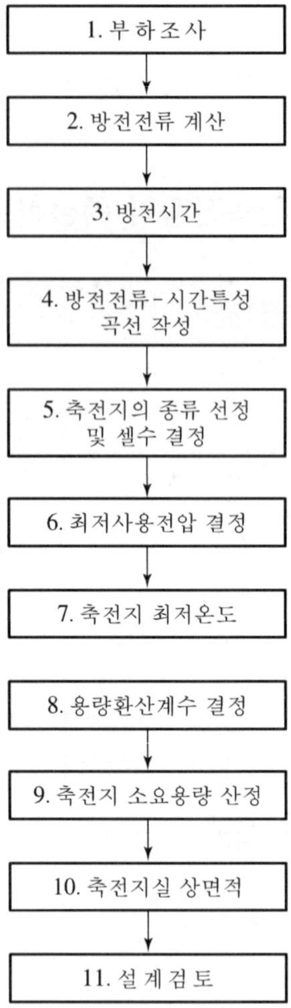

그림 3-6 축전지용량 산정 Flow

축전지용량 산출시 부하조사(부하용량, 종류, 특성), 정격전압, 방전전류, 허용최저전압, 축전지 종류, 용량환산계수, 보수율 등을 충분히 고려하여야 한다.

1. 부하조사

축전지용량 산출시 가장 먼저 선행되어야 하는 것으로 건축법, 소방법에서 규정하는 부하나 자위상 필요한 부하의 조사를 통해 부하용량을 합산한다.

2. 방전전류의 산정

축전지가 부담하여야 할 부하용량에서 방전전류를 계산한다.

$$\text{방전전류}[A] = \frac{\text{부하용량}[VA]}{\text{정격전압}[V]}$$

3. 방 전 시 간

건축법이나 소방법에서 규정하는 시간 이상으로 하여야 하는데, 일반적으로 약 30분으로 정하고 자가발전설비를 갖춘 경우 약 10분간으로 한다.

4. 방전전류-시간의 예상 부하특성곡선 작성

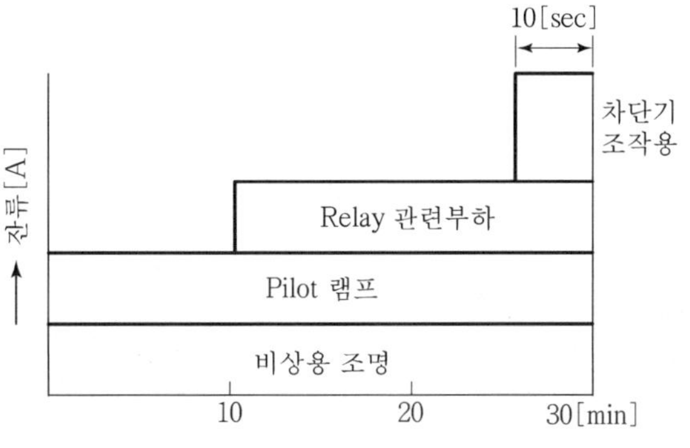

그림 3-7 부하특성곡선

[주의] 부하특성곡선을 작성할 때에는 방전의 마지막 시간에 큰 방전전류가 사용됨을 가정해두는 것이 좋다. 그 이유는 방전말기의 최저조건에서도 대전류가 필요한 경우 작동할 수 있어야 하기 때문이다.

5. 축전지 종류 결정

① 가격면에서 선정하는 경우
- 연축전지의 급방전용(HS형)으로 선정

② 성능이나 보수면에서 선정하는 경우
- 알칼리 포켓형의 표준형(AM형)으로 선정

③ 순간 대전류가 많은 경우
- 알칼리 포켓형의 급방전형(AMH형)으로 선정

6. 축전지의 소요셀수 결정

① 부하의 최저전압과 최고전압을 고려하여 결정한다.

② 표준셀수로 연축전지의 경우 54셀, 알칼리축전지의 경우 86셀로 한다.

③ 이때의 정격전압은 다음과 같다.

- 연축전지 : 2.0×54 [cell]=108 [V]
- 알칼리축전지 : 1.2×86 [cell]=103 [V]

표 3-9 1셀당 허용량 저전압

정 격 전 압	100 [V]					
허용최저전압	95 [V]		90 [V]		85 [V]	
종 류	연	알칼리	연	알칼리	연	알칼리
셀 수	54	86	54	86	54	86
허용최저전압/셀	1.8	1.10	1.7	1.06	1.6	1.00

(a) 연축전지(HS형) (b) 알칼리축전지

그림 3-8 축전지의 외형

7. 허용최저전압의 결정

축전지의 허용최저전압은 각종 부하, 기기로부터 요구되는 전압 중에서 가장 높은 전압의 값으로 축전지와 부하 사이의 접속선에서 발생하는 전압강하를 더한 것이다.

$$V = \frac{V_L + e}{n}\ [\text{V/cell}]$$

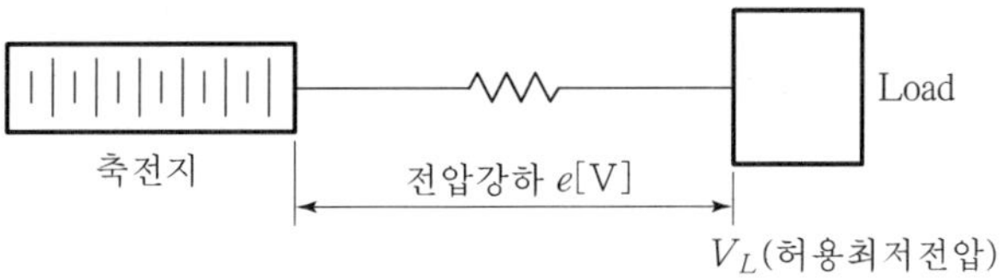

그림 3-9

여기서 n : 직렬접속된 셀수 [cell]

V : 축전지의 최저방전 종지전압 [V/cell]

e : 축전지-부하간 접속선의 전압강하 [V]

V_L : 부하의 허용최저전압 [V]

8. 축전지 최저온도

① 축전지를 한랭지에 설치하는 경우 : −5 [℃]
② 축전지를 실내에 설치하는 경우 : 5 [℃]
③ 공조설비가 구비된 실내에 설치하는 경우 : 25 [℃]

9. 용량 환산시간(K)값 결정

표 3-10 연축전지의 용량환산시간 (K)

형 식	온도 [℃]	10분			30분		
		1.6 [V]	1.7 [V]	1.8 [V]	1.6 [V]	1.7 [V]	1.8 [V]
CS	25	0.9 0.8	1.15 1.06	1.6 1.42	1.41 1.34	1.6 1.55	2.0 1.88
	5	1.15 1.1	1.35 1.25	2.0 1.8	1.75 1.75	1.85 1.8	2.45 2.35
	−5	1.35 1.25	1.6 1.5	2.65 2.25	2.05 2.05	2.2 2.2	3.1 3.0
HS	25	0.58	0.7	0.93	1.03	1.14	1.38
	5	0.62	0.74	1.05	1.11	1.22	1.54
	−5	0.68	0.82	1.15	1.2	1.35	1.68

주) 상단은 900 [AH]를 넘는 것(2,000 [AH]까지), 하단은 900 [AH] 이하인 것

표 3-11 알칼리축전지의 용량환산시간 (K)(상단은 200 [AH]를 넘는 것)

형 식	온도 [℃]	10분			30분		
		1.00 [V]	1.06 [V]	1.10 [V]	1.00 [V]	1.06 [V]	1.10 [V]
AL	25	1.43	1.7	2.5	1.76	2.16	2.5
	5	1.8	2.16	2.6	2.3	2.7	3.16
	−5	2.25	2.85	3.4	2.95	3.7	4.3
AM	25	0.95 0.94	1.19 1.15	1.4 1.36	1.22	1.5	1.74
	5	1.10 1.03	1.30 1.23	1.77 1.68	1.39	1.60	2.10
	−5	1.5 1.40	1.9 1.7	2.34 2.2	1.79	2.20	2.72
AMH	25	0.6	0.7	0.85	0.83	1.00	1.18
	5	0.74	0.93	1.1	0.96	1.17	1.39
	−5	0.95	1.16	1.40	1.20	1.45	1.75
AH	25	0.36	0.43 0.39	0.51	0.60	0.70	0.84
	5	0.45	0.55 0.54	0.69 0.67	0.77	0.85	1.03
	−5	0.52	0.63 0.6	0.8 0.76	0.97	1.06	1.22
AHH	25	0.23	0.28	0.32	0.53	0.57	0.62
	5	0.29	0.35	0.44	0.58	0.65	0.7
	−5	0.33	0.42	0.53	0.69	0.75	0.8

10. 용량환산공식에 적용

$$C = \frac{1}{L}\left[K_1 I_1 + K_2 (I_2 - I_1) + \cdots + K_n (I_n - I_{n-1})\right] [\mathrm{AH}]$$

여기서 L : 보수율(0.8 적용)

K : 용량환산시간 [h]

I : 부하특성별 방전전류 [A]

C : 10시간 기준에 있어서의 정격방전율 용량 [AH/10 h]

3-3-5 축전지의 충전방식

축전지의 충전이란 외부에서 전기에너지를 주어 이것을 화학적 에너지로 축전지에 축전하는 것을 말하며, 충전방식에는 보통충전, 급속충전, 부동충전(Floating Charge), 균등충전, 전자동충전방식 등이 있다.

1. 세류충전

축전지의 자기방전량을 보충하기 위하여 충전하는 방식으로 일명 트리클충전이라 한다.

2. 보통충전

필요할 때마다 표준시간율로 소정의 충전을 하는 방식이다.

3. 급속충전

비교적 단시간에 보통충전전류의 2~3배의 전류로 충전하는 방식이다.

4. 부동충전

충전기(정류기)가 상용부하에 대한 전력을 공급함과 동시에 축전지의 자기방전을 보충하도록 하되 충전기가 부담하기 어려운 일시적인 대전류부하는 축전지로 하여금 부담하게 하는 방식이다. 일반적으로 거치형 축전지설비에 가장 많이 채용되고 있다.

부동충전방식의 특징은 다음과 같다.

- 축전지가 항상 완충전 상태에 있다.
- 정류기의 용량이 적어도 된다.
- 축전지 수명에 좋은 영향을 준다.

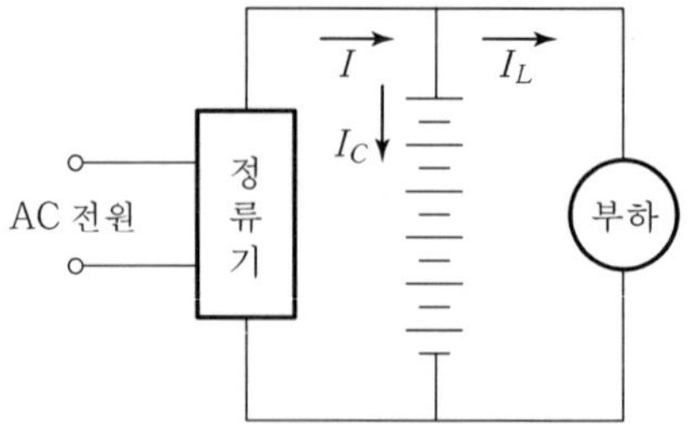

그림 3-10 부동충전회로

5. 균 등 충 전

장시간에 걸쳐 부동충전방식에 의하여 사용할 때 각 축전지간에 발생하는 전위차를 보정하기 위하여 과충전하는 방식을 균등충전이라 하며, 축전지간 전위차를 보정하기 위하여 약 3주 정도에 1번 비율로 균등충전을 실시하는데, 충전전압은 다음과 같다.

① 연축전지 : 2.4~2.5 [V/cell]

② 알칼리축전지 : 1.45~1.5 [V/cell]

6. 전자동충전

정전압충전의 초기에 대전류가 흐르는 결점을 보완하기 위하여 일정전류 이상은 흐르지 않도록 자동전류제한장치를 설치하여 충전하는 방식이다.

즉, 회복충전시 정전압·정전류 충전기능을 가지고 충전하고 충전이 끝나면 자동으로 균등충전으로 전환된다.

3-3-6 정류기용량

Rectifier는 교류전력을 직류전력으로 변환하는 장치로서 용량계산공식은 다음과 같다.

$$P_{AC} = \frac{(I_L + I_C) \times V_{DC}}{\cos\Theta \cdot \eta} \times 10^{-3} \,[\text{kVA}]$$

$$I_{AC} = \frac{(I_L + I_C) \times V_{DC}}{\sqrt{3} \times V_{AC} \times \cos\Theta \cdot \eta} \,[\text{A}]$$

여기서 P_{AC} : 정류기 입력용량 [kVA], I_{AC} : 정류기 입력전류 [A]
I_L : 정류기직류측 부하전류 [A], I_C : 축전지 충전전류 [A]
V_{DC} : 정류기직류측 전압 [V], $\cos\Theta \cdot \eta$: 정류기역률, 효율
V_{AC} : 정류기교류측 전압 [V]

3-3-7 축전지실

과거의 축전지실은 연축전지를 대상으로 하였기 때문에 산무에 의한 부식을 방지하기 위하여 내산처리를 필요로 하였다. 그러나 지금은 연축전지의 경우 실드형, 밴디드형 등 밀폐화된 구조로 산무의 발산이 거의 없고 알칼리 축전지도 유해한 가스를 발산하지 않으므로 축전지실이 필요하지 않은 경향에 따라 축전지와 충전기를 동일 금속케이스 속에 수납하는 큐비클식이 널리 채용되고 있으며 변전실, 기계실 등에 다른 기기와 함께 설치되어 있다.

축전지실을 설계하는 경우 건축적, 전기적, 내진대책적인 측면에서 다음과 같은 사항을 고려하여야 한다.

① 천장높이는 2.6 [m] 이상으로 한다.
② 진동이 없는 곳이어야 한다.
③ 충전중에 수소가스가 발생하므로 환기설비가 필요하다.
④ 개방형 축전지인 경우에 조명기구를 내산형으로 한다(방폭형).
⑤ 충전기는 가급적 부하에 가까운 곳에 설치한다.
⑥ 축전지실의 배선은 비닐전선을 사용한다.
⑦ 실내에는 싱크를 시설한다.
⑧ 실내온도가 높거나 낮은 곳은 피한다.
⑨ 기타 관계법령에 적합하도록 한다.

표 3-12 축전지설비의 보유거리

<table>
<tr><th colspan="3">보유거리를 확보하지 않으면 안되는 부분</th><th>보 유 거 리</th></tr>
<tr><td colspan="2" rowspan="2">큐비클식</td><td>조작면</td><td>1 [m] 이상의 공간을 확보할 것</td></tr>
<tr><td>점검면</td><td>폭 0.6 [m] 이상의 점검 스페이스를 확보할 것
단, 큐비클식 이외의 변전설비, 발전설비, 축전지설비 또는 건축물과 서로 마주 대하고 있는 경우에는 1.0 [m] 이상</td></tr>
<tr><td rowspan="5">큐비클식 이외의 것</td><td rowspan="3">축전지</td><td>벽면과의 사이</td><td>벽에서 0.1 [m] 이상</td></tr>
<tr><td>열 상호간</td><td>동일한 실에 2대 이상 설치하는 경우에는 0.6 [m] 이상
단, 가대를 설치하여 높이가 1.6 [m] 이상이 되는 경우에는 1 [m] 이상</td></tr>
<tr><td>점검면</td><td>0.6 [m] 이상</td></tr>
<tr><td rowspan="2">충전장치</td><td>조작면</td><td>1 [m] 이상</td></tr>
<tr><td>점검면</td><td>0.6 [m] 이상</td></tr>
</table>

3-4 무정전 전원공급장치

최근에 급격하게 발전하고 있는 μ-processor가 내장된 컴퓨터를 응용한 사무자동화기기(OA), 공장자동화기기(FA), 정보통신 네트워크 시스템 등은 전원의 전압변동, 주파수변동, 고조파, 소음, 서지, 순시정전, 정전 등에 민감하게 반응하여 일단 정지하면 재가동까지 장시간을 요하고, 중앙은행의 주컴퓨터장치가 정지(Down)될 경우 전국의 On- Line망(Network)이 마비되어 은행 등 금융기관의 업무불능상태에 이르게 되어 결국 고도정보화시대에 큰 혼란을 야기하게 된다.

따라서 이러한 정보화설비에 전원에서 발생되는 어떠한 장애에도 항상 양질의 전원을 공급하기 위한 장치를 무정전 전원공급장치(UPS : Uninterruptable Power Supply)라 한다.

3-4-1 무정전 전원공급장치의 구성

무정전 전원공급장치는 정류부(Converter), 필터(Filter)부, 인버터(Inverter)부, By - Pass 회로 등으로 구성되어 있다.

1. 정류부(Converter)

전력회사의 교류전원을 공급받아 직류전원으로 바꾸어 주는 동시에 축전지를 충전한다.

2. 축전지(Battery)

상용전원 정전시 인버터에 직류전원을 공급하여 Back-Up 시간동안 부하에 전력을 공급한다.

3. DC/AC 필터(Filter)

직류필터와 교류필터가 있으며 직류필터는 정류기에서 DC로 변환된 직류전압의 리플(Ripple)을 평활하게 해주고, 교류필터는 DC에서 AC로 변환된 출력교류전압에 포함되는 고조파전압을 제거하여 완전한 정현파의 AC 전압을 만드는 역할을 한다.

4. 인버터(Inverter)

정류부와 DC 필터를 통과한 DC 전원을 부하가 필요로 하는 교류전원으로 변환시키는 중요한 부분이다.

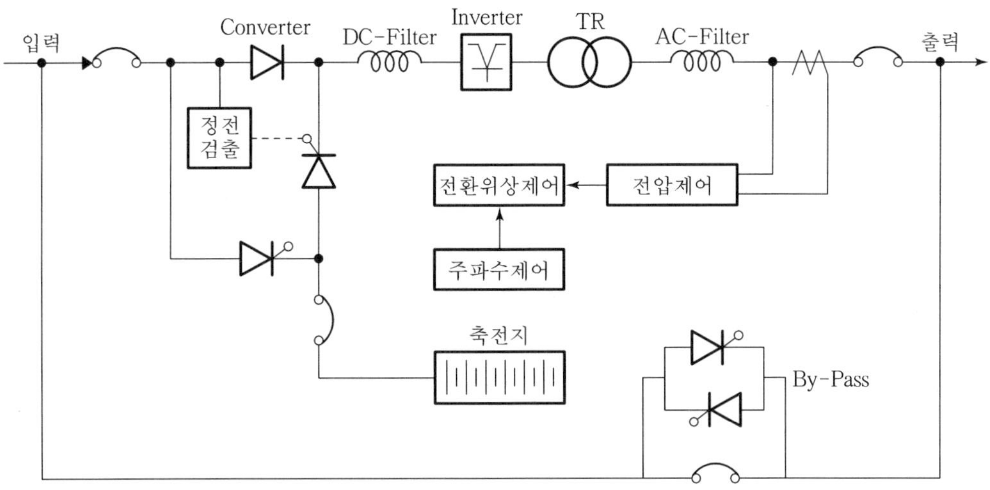

그림 3-11 UPS의 구성도

5. By-Pass 회로

UPS의 내부고장으로 트립되었을 때 상용전원을 그대로 부하에 공급하는 회로이다.

3-4-2 순시전압강하의 영향

순시전압강하와 정전에 대한 적극적인 대처가 UPS이며 각종 전기설비의 순시전압강하의 허용범위와 영향에 대해 살펴보면 다음 표 3-13과 같다.

표 3-13 순시전압강하의 영향

부하의 종별	허용되는 전압강하의 범위	순시전압강하에 의한 영향
컴퓨터, 프로세서 (공장, 사무실, 의료기기)	5~10 [%] 정도로 계속시간이 10 [msec] 이내	메모리 손실, 계산착오, 제어불능
전자개폐기를 사용하는 전동기	40~60 [%] 정도로 계속시간 10~50 [msec] 이내	전자접촉기 개방, 전동기 정지
사이리스터를 응용한 가변속 전동기	15 [%] 정도로 계속시간 10~50 [msec]	소자보호를 위해 정지
방송기기	10 [%] 정도로 계속시간 300 [msec] 이하	소음 발생
고효율 방전등	20 [%] 정도로 계속시간 70~100 [msec] 이내	램프소등, 재점등시간(10분 정도)이 많이 소요되어 공장 등에서 생산 중단, 불량률 증가

3-4-3 UPS의 종류

1. 종 류

무정전 전원공급장치에는 회전형 UPS와, 정지형 UPS가 있으며 특성을 보면 다음과 같다.

표 3-14 무정전 전원공급장치의 특성

방 식	장 점	단 점
회전형	• 과부하내량 및 서지에 강하다. • 입력전원의 순시정전에 강하다.	• 효율이 낮다. • 응답속도가 늦다. • 진동, 소음이 크다. • 유지보수가 어렵다.
정지형	• 효율이 높다. • 주파수 정밀도가 높다. • 응답속도가 빠르다. • 진동, 소음이 작다. • 보수가 간단하다.	• 과부하내량 및 서지에 약하다.

2. 운전방식별 분류

UPS 장치는 중요한 시스템에 사용되기 때문에 신뢰성이 중시되고, 높은 신뢰성을 확보하기 위하여 상용전원을 유효하게 활용하여 각각 시스템을 구성하고 있다. 이것은 크게 나누어보면 상시 인터버 급전방식과 상시 상용급전방식의 2개로 구분할 수 있다.

더욱이 부하용도에 대응한 요구와 신뢰도에 따라서 표에 나타낸 각종 방식의 조합이 가능하다.

여기서는 미니(Mini) UPS에 사용되는 대표적인 방식, 구성에 대하여 소개한다.

표 3-15 UPS 방식의 분류

급전에 의한 분류	1. 상시 인버터 급전방식(On Line 방식) 2. 상시 상용 급전방식(Off Lone 방식)
용장(Redandent) 유무에 의한 분류	1. 단일운전방식 2. 복수대 병렬운전방식
동기 유무에 관한 분류	1. 비동기 운전방식 2. 상용 동기 운전방식

(1) 상시 인버터 급전방식

무정전 또는 안정된 전력을 공급하는 방식으로 상시는 상용을 수전하고 정전압, 정주파수의 전력을 부하에 공급한다.

상용전원 정전시는 축전지로부터의 전력공급에 의해 무정전화하고 있다.

① 단일운전방식

UPS 장치의 기본구성이 되는 것으로 축전지의 접속방식에 따라 부동충전방식과 직류스위치 방식의 두 종류가 있다.

ⓐ 부동충전방식 : 정전시 스위치 등의 절환동작 없이 축전지로부터 전력이 공급되기 때문에 비교적 높은 신뢰도로 무순단을 달성할 수 있다.

상시는 상용교류입력을 정류기(Rectifier)에서 일정 전압의 직류로 변환하고 축전지(Battery)를 충전시킴과 동시에 인버터(Inverter)쪽으로 직류전력을 공급하고 있다.

정류기는 사이리스터(Thyristor) 등의 제어소자가 이용되고, 다른 방식에 비하여 정류기의 크기가 약간 크게 되며, 효율도 약간 저하한다. 그렇지만 회로구성이 간단하므로 소용량화할 수 있다. 입력전압변동이 큰 경우 타방식에서는 축전지운전으로 되지만 이 방식에서는 상용운전으로 할 수 있고 전원사정이 나쁜 지역에서 많이 이용되고 있다.

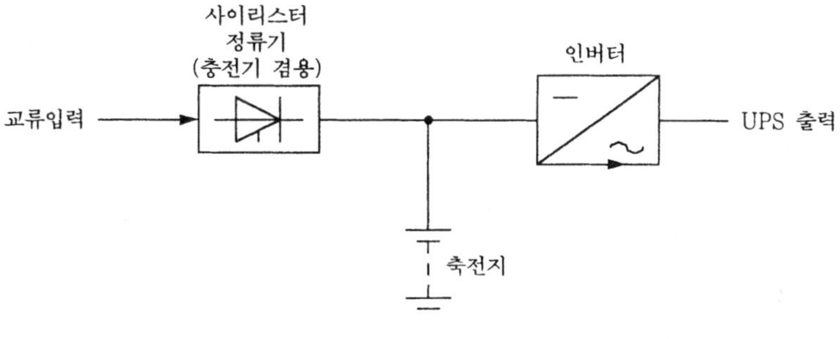

그림 3-12 부동충전방식

ⓑ 직류 스위치(DC Switch) 방식 : 정전시 정전검출신호에 의해 직류 스위치를 On 시켜서 축전지로부터 전력을 공급받는 방식으로 정류기를 무제어형으로 할 수 있으므로 효율 및 입력역률은 비교적 좋다. 상시는 상용교류입력을 정류기에서 직류로 변환하여 인버터쪽으로 직류 전력을 공급하고 있다. 정류기가 무제어형이고

소형이지만 직류 스위치 회로 전용충전기가 필요하게 되고 회로구성이 복잡하게 된다. 입력전압변동이 큰 경우에는 축전지 운전으로 되는 빈도가 많아서 전원 사정이 나쁜 지역에서는 사용하기가 좋지 않다.

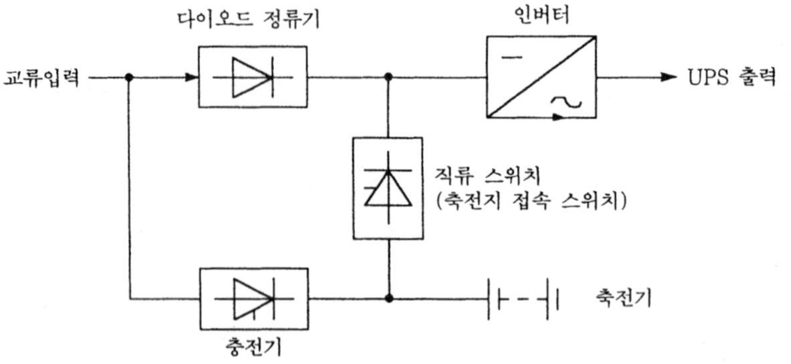

그림 3-13 직류 스위치 방식

ⓒ 다이오드(Diode) 방식 : 직류 스위치에 다이오드를 사용하고 직류 스위치로부터 회로구성을 간단히 한 것이다. 정류기 출력전압이 축전지 전압보다 낮게 되면 다이오드가 도통되어 축전지로부터 인버터를 통하여 교류전력을 공급하는 방식이다. 상시는 상용교류입력으로부터 직류전력을 공급할 수 있도록 축전지 전압을 정류기 출력전압보다 낮게 설정하고 있다. 그리고 축전지는 전용의 충전기에 의하여 충전되고 있다. 한편 인버터의 직류입력 변동범위가 넓게 되기 때문에 다른 방식과 비교하여 인버터의 크기가 약간 크게 된다.

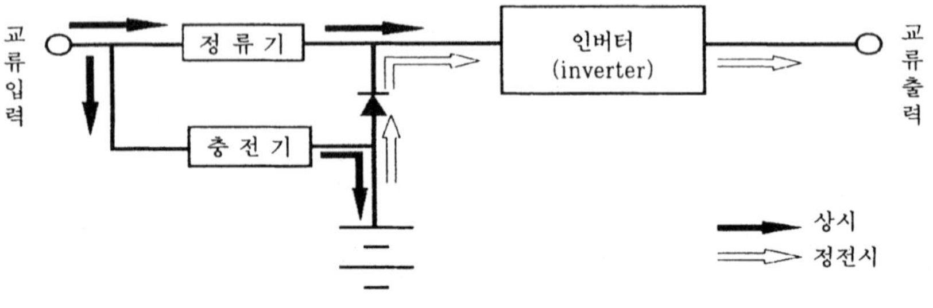

그림 3-14 다이오드 방식

ⓓ 부동직류 스위치 방식 : 이 방식은 그림 3-15와 같이 방식 ⓐ와 ⓑ의 장점을 겸비하고 또한 입력전압에 관계없이 축전지 전압을 선정할 수 있는 새로운 방식이다. 직류 스위치부에 승·강압기능을 갖춘 쵸퍼(Chopper)회로를 설치한 것으로 상시는 쵸퍼회로를 충전기(Charger)로 이용하고 정전시는 축전지 전압을 인버터 전압까지 상승시켜서 직류전력을 인버터에 공급하여 무정전화하는 방식이다. 정류기가 무제어형(Uncontrolled Type)으로 되고 입력 역률은 높으며 소요입력을 절감할 수 있고 또한 회로구성이 간단하다.

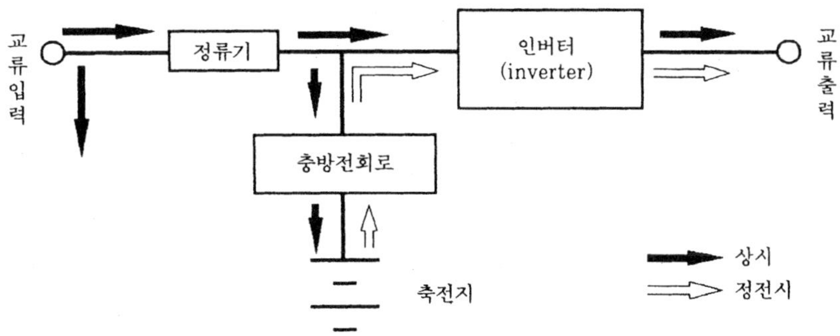

그림 3-15 부동직류 스위치 방식

② 상용동기운전방식

상용동기운전방식은 그림 3-16과 같다. 인버터 공급과 상용급전의 절환시 출력전압변동을 최소한으로 억제하고 부하에 항상 안정된 전원을 공급하는 방식이다.

인버터 출력과 상용 바이패스(by-pass)를 반도체 절환 스위치를 넣어서 접속하고, 상용전원을 최대한으로 활용하도록 하는 방식이다. 상용 바이패스 전원이 정상시 UPS 장치는 상용 바이패스와 동기운전하고 있다. 부하에 관대한 돌입전류가 흐르는 경우 또는 UPS 장치에 고장이 발생한 경우 상용 바이패스측에 무순단으로 절환시켜 인버터의 본체를 크게 하는 일 없이 시스템 신뢰도를 높이고 있다. 따라서 부하가 콘덴서 임팩트형(Condenser Impact Type)의 정류회로나 변압기를 갖는 기기로 전원 스위치 투입 직후의 큰 돌입전류가 흐르는 경우에서도 무순단으로 상용 바이패스측으로 절환시킴으로써 돌입전류에 대하여 인버터의 용량을 증가시키는 일 없이 경제적인 용량산정이 가능하다.

상용전원의 신뢰성이 매우 높은 현시점에서 단기운전방식에 비하여 코스트 업(Cost Up)되지만 매우 신뢰성이 높은 시스템이라 할 수 있다.

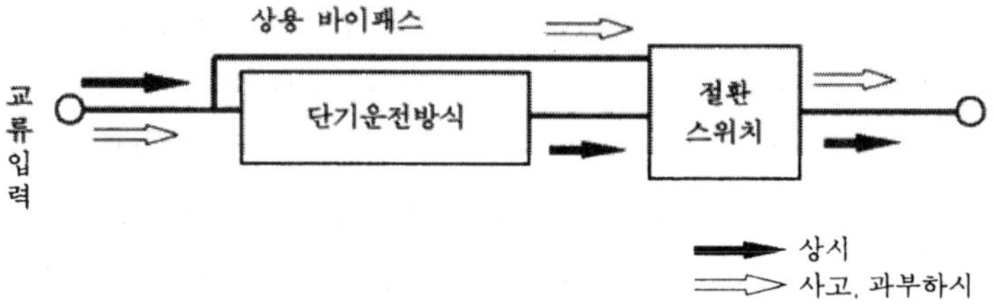

그림 3-16 상용동기운전방식

(2) 상시상용 급전방식

일반 전자기기가 요구하는 전원의 질은 전압이 정격 ±10 [%] 이내, 주파수가 정격 ±1 [%] 이내로 있다면 충분하고 이 경우 상용전력을 직접 사용하는 방식이 채용되고 있다. 상시상용 급전방식의 기본구성을 그림 3-17에 나타내었다.

이 방식은 상시상용의 교류전력을 직접 부하쪽으로 공급하고 충전기는 축전지를 충전하여 상용에 이상이 발생할 경우에 대비한다.

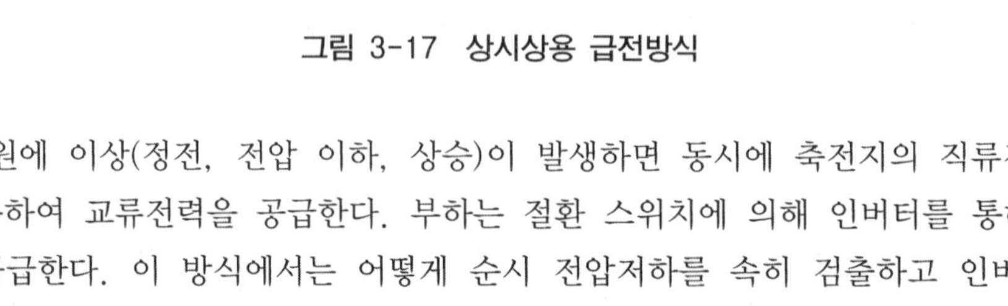

그림 3-17 상시상용 급전방식

상용전원에 이상(정전, 전압 이하, 상승)이 발생하면 동시에 축전지의 직류전력이 인버터를 통하여 교류전력을 공급한다. 부하는 절환 스위치에 의해 인버터를 통하여 교류전력을 공급한다. 이 방식에서는 어떻게 순시 전압저하를 속히 검출하고 인버터측으로 절환하는지가 중요하다.

상용전원이 안정되어 있는 지역에서는 유효한 방식이고 출력전압의 변동은 크지만 상시상용 급전으로 있기 때문에 돌입전류에 대하여 강하고 변환장치를 통하지 않기 때문에 종합적인 효율이 높고 경제적이다. 또한 단시간 정전대책에 이용되는 경우가 많고 그러한 경우(Inverter)는 단시간 정격으로도 충분하기 때문에 저가격, 소형화 제품에 많이 채용되고 있어 이후 점점 더 Mini UPS가 많이 이용되리라 생각된다. 이 방식은 인버터의 대기방식에 따라 두 가지로 나누어진다.

상시 인버터는 정지상태를 대기하는 콜드 스탠바이 방식과 상시 인버터가 무부하 운전상태로 대기하는 핫 스탠바이 방식이 있다.

3-4-4 무정전 전원공급장치의 동작특성

1. 정 상 시

상용전원의 정상시를 말하며, 상용전원이 정류기와 인버터를 거쳐 부하에 양질의 전원을 공급한다.

이때 정류기 출력의 일부는 축전지의 부동충전을 담당한다.

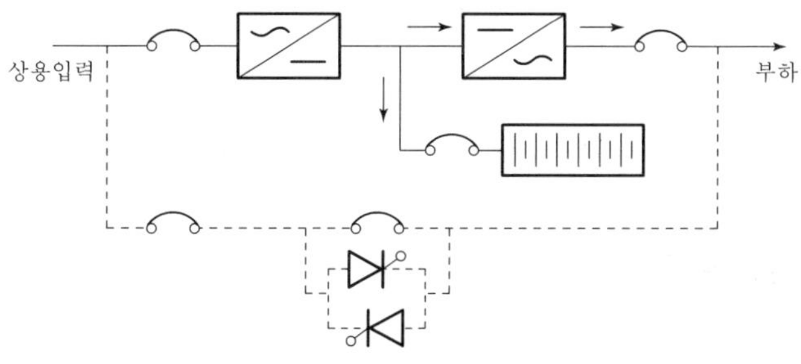

그림 3-18 정상 운전시

2. 상용전원 차단시

상용전원 정전시에는 정류기의 동작이 중단되며 축전지로부터 무순단으로 부하에 양질의 전원을 공급한다.

이때 축전지의 Back-Up 시간동안 전력을 공급한다.

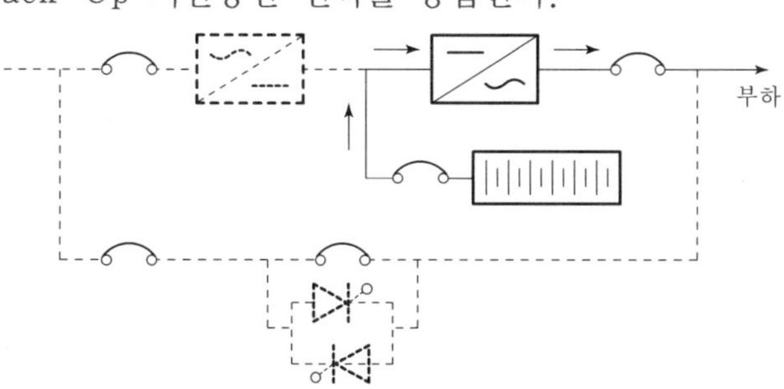

그림 3-19 상용전원 차단시

3. UPS의 내부고장시

UPS 내부(정류부, 인버터부) 고장시 즉시 Static Switch가 동작(150 [μ sec] 이내)하고 2~3 [cycle] 이내에 CB를 투입하여 상용전원을 그대로 By-Pass 회로를 통해 전력을 공급한다.

이때 UPS가 정상복귀되면 By-Pass 회로가 자동차단되어 정상운전회로로 복귀한다.

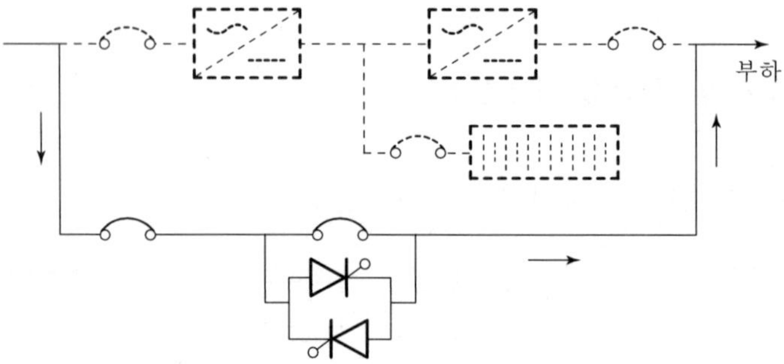

그림 3-20 UPS의 내부고장시

3-4-5 정격 및 특성

① 입력전압 및 정격주파수
- 전압허용변동범위(±10 [%])
- 주파수허용범위(±10 [%])

② 출력전압 및 정격주파수
- 교류출력전압 안정도(±2 [%] 이내)
- 출력주파수 안정도(±0.3 [Hz] 이내)

③ 사용정격
- 연속 동작형 : 100 [%] 정격으로 연속사용 가능
- 대기 동작형 : 정해진 축전지의 Back-Up 시간 내에 연속사용 가능

④ 교류출력파형의 왜율
- 5 [%] 이내

⑤ 과부하내량
- 120 [%] 부하에서 10분간 견딜 것

3-4-6 각종 전원장치의 비교

전원장치는 목적에 따라 다음의 3종류로 분류된다.

1. 자동전압조정장치(AVR : Automatic Voltage Regulator)

전압을 일정하게 유지하는 장치

표 3-16 각종 전원장치의 특성비교

전원장치		기능	특징
자동전압 조정장치 (AVR)	유도전압조정기 (IVR)	저전압, 약간의 과전압제어가 가능하나 순간정전, 주파수 변동은 물론 정전 등에는 대책이 필요하다.	1. 가격이 싸다. 2. 대용량기(1,000 [kVA])까지 제작 3. 다빈도 사용시 수명이 짧아진다. 4. 대형이다. 5. 보수가 필요하다.
	정지형 자동전압조정기		1. 응답속도가 빠르다(0.1~0.5 [sec]). 2. 소형이다. 3. IVR에 비해 고가이다.
CVCF		입력전압의 변동이나 주파수 변동에도 출력전압이나 주파수가 항상 일정하다. 순시정전이나 정전에 대한 대책이 필요하다.	(정지형의 경우) 1. 효율이 높다. 2. 응답속도가 빠르다. 3. 주파수 정밀도가 높다. 4. 진동, 소음이 낮다. 5. 서지에 약하다(서지내량이 작다). 6. 고조파전류를 발생한다.
무정전 전원장치 (UPS)		입력전원(전압, 주파수)의 어떠한 영향(정전, 순간정전, 주파수변동, 과전압, 저전압, 노이즈, 서지)에 대해서도 항상 양질의 전원을 부하에 공급한다.	(정지형의 경우) 1. 효율이 높다. 2. 응답속도가 빠르다. 3. 진동, 소음이 낮다. 4. 전압이나 주파수 정밀도가 높다. 5. 과부하내량이 적다. 6. 고조파전류를 발생한다. 7. 서지에 약하다. 8. 고전압, 대용량화에 어렵다.

[참고] : 정보/통신용 UPS의 조건

1. 부하변동에 대한 순시응답이 되어야 할 것. 즉, 부하측 변동에 따른 UPS 출력전압이 순시추적제어가 가능할 것(완전한 정현파)
2. 정전시와 순시전압저하시 배터리 Back-Up 시간을 정확히 판단할 수 있어야 함은 물론 배터리 수명을 연장시키기 위한 충전전류에 리플(ripple)이 없는 연속전류로 충전(SMPS 방식 충전기)
3. 소규모 방송설비인 경우 UPS가 설비와 같은 장소에 설치되기 때문에 운전·조작의 잠금장치가 필요함 → 운전중인 UPS를 한 번의 오동작으로 중지되지 않게 하는 잠금장치
4. 부하량에 따른 팬의 통풍량이 조절되므로(부하 50~100 [%] 범위) UPS 소음레벨을 저감하여 쾌적한 환경조성 → 대부분의 소음은 팬의 소음임
5. 리액터, 변압기의 자기잡음을 흡수하기 위한 장치부착
6. 소형, 경량화를 위해서 Power Module부의 배선을 PCB화하고, 출력 AC 필터 중 리액터를 출력변압기에 내장하였음
7. 통신시스템의 전원부가 콘덴서 입력형 정류부이므로 높은 파고율(3 : 1)에 견디는 제품이어야 한다.
8. UPS Power Factor의 역률은 R, L, C로 구성되는 부하로 인하여 0.67이 가장 이상적이다.

2. 정전압 정주파수전원장치 (CVCF : Constant Voltage Constant Frequency)

전압 및 주파수를 일정하게 유지하는 장치로서 주파수변환장치(FC : Frequency Changer)도 포함된다.

3. 무정전 전원공급장치(UPS : Uninterruptable Power Supply)

CVCF 장치에 Back-Up 전원인 축전지를 결합한 장치로서 상용전원 정전시에도 전력을 무순단으로 공급할 수 있는 기능을 가진 전원장치이다.

그림 3-25 UPS의 외형

연 습 문 제

3-1 축전지설비는 네 가지로 구성되어 있다. 이 네 가지란 무엇을 말하는가?

3-2 연축전지의 정격용량 200 [AH], 상시부하 10 [kW], 표준전압 100 [V]인 부동충전방식의 충전기의 2차 충전전류값은?

3-3 발전기용량 1,000 [kVA], 효율 95 [%], 역률 85 [%]일 때 기관출력 [PS]를 구하여라.

3-4 기동용량이 큰 유도전동기 부하에서 기동용량이 1,800 [kVA], 기동시 전압강하 23 [%]이며, 발전기 과도리액턴스는 25 [%]일 때 이 자가발전기의 출력 [kVA]은?

3-5 발전기의 병렬운전조건은?

3-6 엔진출력이 500 [PS]인 자가발전설비의 발전기실의 넓이 [m^2]는?

3-7 예비전원에 시설하는 고압발전기에서 부하에 이르는 전로에는 발전기에 가깝고 쉽게 개폐 및 점검할 수 있는 곳에 ( ), ( ), ( ), ( )를 설치하여야 하는가?

3-8 축전지의 충전방식 중 부동충전방식에 대하여 기술하여라.

3-9 연축전지와 알칼리축전지의 공칭전압은 몇 [V]인가?

3-10 빌딩에서 비상용 자가발전용량은 수전설비용량의 약 몇 [%] 정도가 적당한가?

3-11 1,000 [kVA]의 자가발전기용 차단기의 정격차단용량 [MVA]은 얼마인가?
(단, 발전기 과도리액턴스는 25 [%]이다)

3-12 연축전지와 알칼리축전지의 특성에 대하여 비교 설명하여라.

3-13 디젤발전기와 가스터빈발전기의 특성에 대하여 상세하게 비교 설명하여라.

3-14 UPS System의 구성도를 그리고 설명하여라.

3-15 디젤발전장치의 기관 시동방법을 설명하여라.

3-16 다음 그림과 같은 방전전류-시간특성을 갖는 부하에 필요한 축전지용량은 몇[AH]인가?

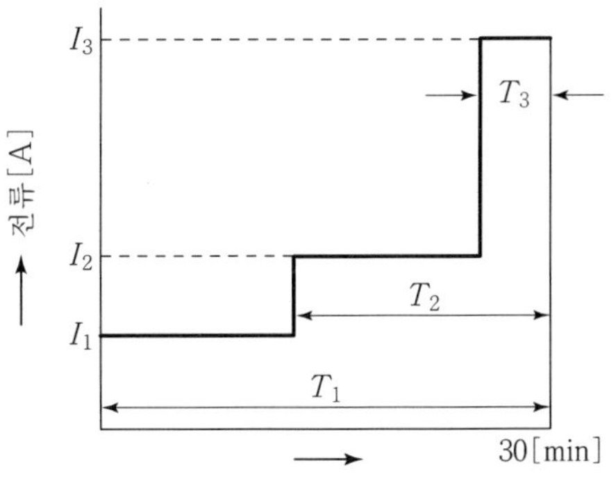

단, 방전전류 I_1:100[A], I_2:200[A], I_3:500[A]
방전시간 T_1:30[min], T_2:20[min], T_3:10[min]
용량환산계수 K_1:1.38, K_2:0.67, K_3:0.25,
보수율:0.8이다

3-17 소방용 비상부하에 해당하는 발전기용량의 산정방법에 대하여 상세히 기술하여라.

3-18 부하의 허용최저전압이 95[V], 축전지와 부하 사이 접속선의 전압강하가 3[V]일 때 직렬로 접속한 축전지의 개수가 50개라면 축전지 1개의 허용최저전압은 몇 [V]인가?

배전설비 4

4-1 배전설비란

전기사업법 시행규칙에서 발·변전소 또는 송전선로와 전기수용설비 사이 또는 전기수용설비 상호간의 전선로 및 부속설비 등을 총괄하여 배전설비라 정의하고 있으며, 일반적으로 건축물 내의 배전설비란 여러 장소에 분산 설치된 전력수요설비(부하설비)에 효율적으로 전력을 분배하기 위해 설치되는 전기설비를 말한다. 이처럼 배전설비는 광범위하게 분포해 있는 것이 특징이다.

4-2 배 전 방 식

4-2-1 전압, 설비불평형률

1. 전압의 종별

전압은 다음과 같이 저압, 고압, 특고압의 3종으로 구분한다.

① 저압 : 직류 1,500 [V] 이하, 교류 1,000 [V] 이하

② 고압 : 직류 1,500 [V] 초과 ~ 교류 7,000 [V] 이하

교류 1,000 [V] 초과 ~ 교류 7,000 [V] 이하

③ 특고압 : 7,000 [V] 초과

특별저압 Extra Low Voltage (ELV)	AC 50V 미만, DC 120V 미만
저압 Low Voltage (LV)	AC 50V 이상 1 kV 이하, DC 120V 이상 1.5 kV 이하
고압 High Voltage (HV)	AC 1 kV 초과 7kV 이하, DC 1.5 kV 초과 7kV 이하
특고압 Extra High Voltage (HV)	7kV 초과

특별 저압의 구분

1) Separated or safety extra-low voltage (SELV)

정상 상태에서와 지락을 포함한 단일 고장 상태에서도 전압이 ELV를 초과하지 않는 전기 시스템

2) Protected extra-low voltage (PELV)

정상상태에서와 지락을 제외한 단일 고장 상태에서도 전압이 ELV를 초과하지 않는 전기 시스템으로 Power Supply 를 가진 컴퓨터가 그 대표적인 예이다.

3) Functional extra-low voltage (FELV)

① 회로의 일부에서 ELV를 사용하고 있지만 회로의 다른 부분에서 더 높은 전압을 사용하고 있어서 고장시 ELV 를 사용하는 부분이 이들 고압 부분과 접촉하는데 대한 적절한 보호조치가 없는 경우를 말한다.

② FELV의 예로는 반도체를 통해서 ELV를 만드는 경우와 Potentiometer를 통해서 ELV를 얻는 경우를 들 수 있다.

2. 설비의 불평형률

전기설비에서 부하의 불평형이 발생하면 ① 변압기 내부순환전류에 의해 온도상승 및 열화 ② 전력손실의 증가 ③ 설비의 이용률 저하 등의 문제를 야기하게 된다. 따라서 부하를 평형시키도록 하여야 한다. 이러한 설비불평형은 단상3선식, 3상3선식 또는 3상4선식의 전기방식에서 발생한다.

(1) 단상3선식

단상3선식에서 중성선과 각 전압선간의 부하는 평형시키도록 하여야 하는데 부득이한 경우 설비불평형률을 40 [%]까지는 허용하고 있다. 즉, 단상3선식의 경우 설비불평형률을 40 [%] 이하로 하도록 전기설비기술기준에서 규정하고 있으며 설비불평형률 산출식은 다음과 같다.

$$\text{설비불평형률} = \frac{\begin{array}{c}\text{중성선과 각 전압측 전선간에 접촉되는}\\ \text{부하설비용량 [kVA]의 차}\end{array}}{\text{총부하설비용량 [kVA]의 1/2}} \times 100\ [\%]$$

그러나 5 [kW] 이하 정도의 수용가에 있어서 소수의 전열기구를 사용하는 경우 등, 완전히 평형시키기 어려운 경우는 위의 제한범위를 넘을 수 있다.

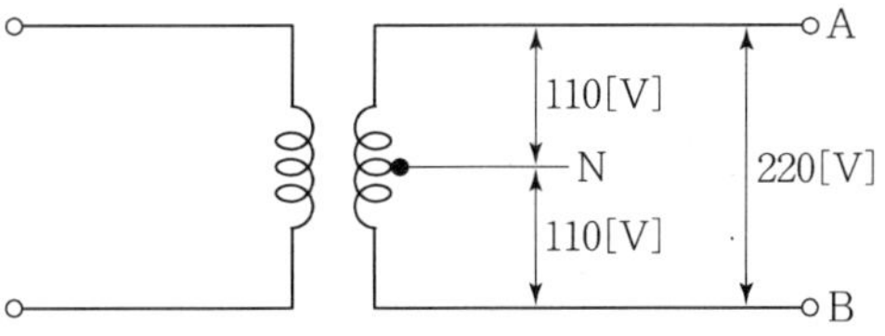

그림 4-1 단상3선식

(2) 3상3선식 또는 3상4선식

저압, 고압 및 특고압의 3상3선식 또는 3산4선식에서 불평형부하의 한도는 단상부하로 계산하여 설비불평형률을 30 [%] 이하로 하도록 전기설비기술기준에서 규정하고 있으며 산출식은 다음과 같다.

$$\text{설비불평형률} = \frac{\begin{array}{c}\text{각 선간에 접속되는 단상부하}\\ \text{총설비용량 [kVA]의 최대와 최소의 차}\end{array}}{\text{총부하설비용량 [kVA]의 } 1/3} \times 100\ [\%]$$

단, 다음과 같은 경우에는 이 제한에 따르지 않을 수 있다.

① 저압수전에서 전용변압기 등으로 수전하는 경우
② 고압 및 특고압수전에서 100 [kVA] 이하의 단상부하인 경우
③ 고압 및 특고압수전에서 단상부하용량의 최대와 최소의 차가 100 [kVA] 이하인 경우
④ 특고압수전에서 100 [kVA] 이하의 단상변압기 2대로 역 V 결선하는 경우

예제 4-1 그림과 같은 3상3선식 배전선로에서 설비불평형률을 구하고, 기준에 따른 적정 여부를 판단하여라.

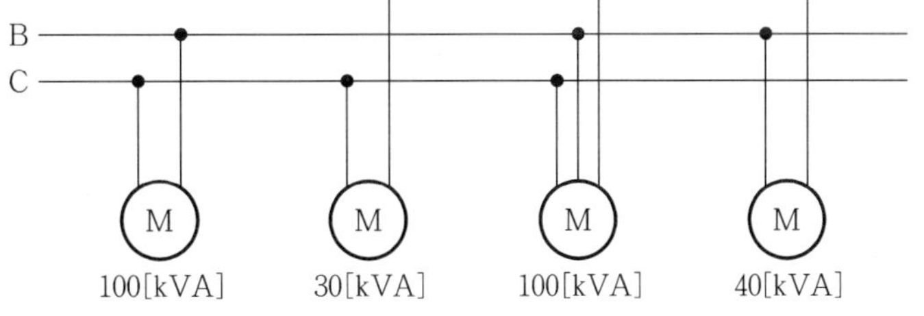

풀이 그림에서 단상 최대부하가 100 [kVA], 최소부하가 30 [kVA]이므로

$$\text{설비불평형률} = \frac{\text{각 선간에 접속되는 단상부하 총설비용량[kVA]의 최대와 최소의 차}}{\text{총부하설비용량[kVA]의 } 1/3} \times 100\,[\%]$$

$$\text{설비불평형률} = \frac{100-30}{1/3(100+30+100+40)} \times 100[\%] = 77.8[\%]$$

따라서 내선규정에 설비불평형률 30 [%] 이하로 하는 것을 원칙으로 하므로 위의 설비는 적당하지 않다.

4-2-2 배전방식의 분류

배전설비란 발·변전소 또는 송전선로와 수용설비 사이 또는 수용설비 상호간의 전선로 및 이것에 부속하는 개폐소, 그밖의 전기공작물을 총칭하는데, 일반적으로 배전이란 넓게 분산된 전력수용장소에 이 전력을 적절하게 분배하는 것으로 송전설비에 비하여 설비는 소규모이지만 많은 수용가가 분기하여 있고 광범위하게 분포해 있는 것이 특징이다.

배전방식을 결정하는 요소에는 여러 가지가 있으나 그 중에서도 부하용량의 규모와 사용전압, 신뢰성 및 경제성 등을 고려하여 결정하도록 하여야 한다.

1. 단상2선식(220 [V])

전압선과 접지선, 즉 두 가닥으로 배전하는 방식이 1 Φ2W식 배전방식이다.

(1) 계통구성도

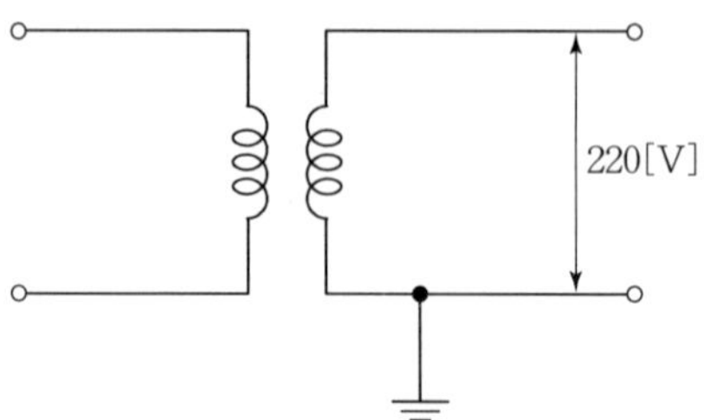

그림 4-2

(2) 특 징

① 구성이 간단하다.

② 부하불평형이 발생하지 않는다.

③ 소요동량이 크다.
④ 전력손실이 크다.
⑤ 전등부하, 소용량·단거리 부하에 적합하다.

2. 단상3선식(220/110〔V〕)

전압선 두 가닥과 접지선 한 가닥인 총 세 가닥으로 배전하는 방식이 1ϕ3W식 배전방식이다.

(1) 계통구성도

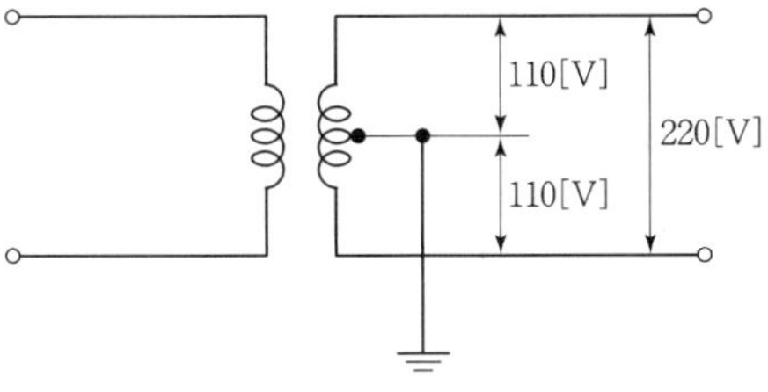

그림 4-3

(2) 특 징

① 220 [V]와 110 [V] 부하를 동시 사용할 수 있다.
② 소요동량(단상2선식의 3/8배) 및 전력손실이 작다.
③ 부하불평형 문제가 발생한다.
④ 중성선 단선시 이상전압 유입으로 기기손상 우려가 있다.

3. 3상3선식(220〔V〕, 380〔V〕, 3,300〔V〕, 6,600〔V〕, 22〔KV〕)

변압기 2차측을 Δ결선하고 전압선 세 가닥으로 배전하는 방식이 3ϕ3W식 배전방식이다.

(1) 계통구성도

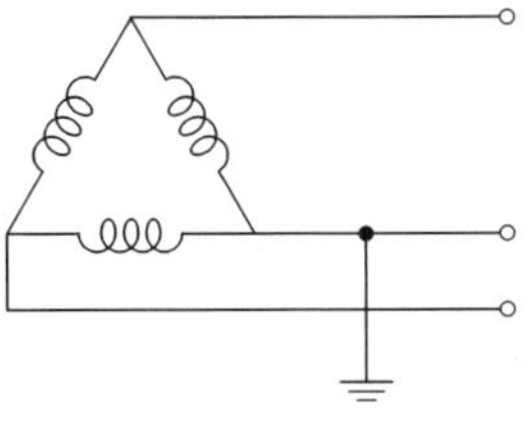

그림 4-4

(2) 특 징

① 단상2선식에 비하여 전력손실이나 전선의 소요동량 및 전압강하 등이 개선된다.
② 동력부하에 적합하다.

4. 3상4선식(380/220 〔V〕, 22,900/13,200 〔V〕)

변압기 2차측을 Y결선하고 전압선 세 가닥과 접지선 한 가닥, 즉 네 가닥으로 배전하는 방식이 3 ϕ4W식 배전방식이다.

(1) 계통구성도

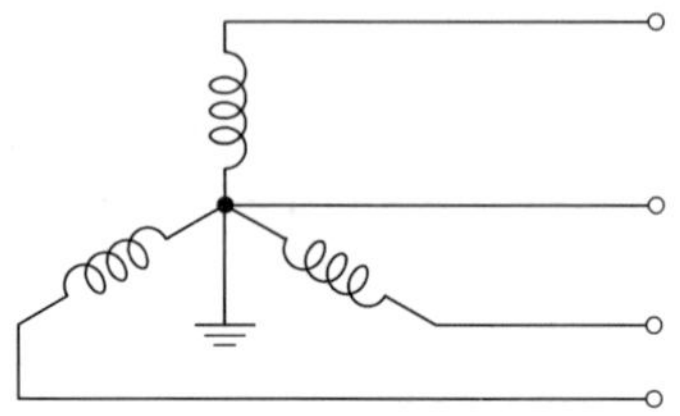

그림 4-5

(2) 특 징

① 경제적인 배전방식이다.
② 중성선 단선시 이상전압이 유입된다.
③ 대용량 동력부하 기동시 플리커 발생 우려가 있다.
④ 3상동력과 단상전등부하를 동시에 사용 가능한 방식이다.
⑤ 부하불평형 발생 우려가 있다.

표 4-1 동일한 전력전송에 요하는 동량 및 전력손실

전기방식	일정전압강하에 대하여		안전전류에 대하여	
	동량 [%]	전력손 [%]	동량 [%]	전력손 [%]
단상2선식	100	100	100	100
단상3선식	37.8(3/8)	100	53	71
3상3선식	75(3/4)	100	66	114
3상4선식	33.3(1/3)	100	38	87

주) 1. 회로리액턴스에 의한 전압강하는 무시한다.
2. 전선의 허용전류는 도체 단면적의 2/3제곱에 비례하는 것으로 한다.
3. 다선식 방식에서는 모두 부하가 평형하고, 중성선의 굵기는 전압선과 같은 굵기로 한다.

4-3 간 선

건축물 내의 전력계통 중 인입점, 발전기 또는 축전지 등의 전원에서 변압기나 배전반 사이를 접속하는 배전선로 또는 배전반으로부터 동력제어반이나 전등분전반에 이르는 배전선로를 전력간선 또는 간선이라 한다.

이 간선은 여러 개의 분기회로를 포함하므로 간선 사고시 분기회로 사고보다 그 피해가 상당히 넓은 범위로 파급되고 사고 후의 복구에도 많은 시간을 요하게 되므로 간선 설계시 높은 공급신뢰도를 갖도록 고려하여야 한다.

4-3-1 간선의 종류

간선은 전기방식별, 배선방식별, 사용목적별 등으로 분류할 수 있는데 그 내용은 다음과 같다.

1. 전기방식에 의한 분류

표 4-2 전기방식에 의한 분류

간선의 종류		적 용 장 소	간선도체
전압별	전기방식별		
저압 간선	1. 단상2선식(220 [V]) : 전등간선 2. 단상3선식(110/220 [V]) : 전등간선 3. 3상3선식(220/380 [V]) : 동력간선 4. 3상4선식(220/380 [V]) : 전등 및 동력용 간선 5. 직류식(110 [V]) : 비상등간선	일반적으로 모든 건축물의 전등 및 동력용 간선	나도체 비닐전선 케이블 버스덕트
고압 간선	3 φ 3W(3,300, 6,600 [V])	1. 한 건물 내에 2개소 이상의 변전소를 접속하는 1차측 간선 2. 대용량 전동기용	케이블 버스덕트
특고압 간선	3 φ 3W(22 [kV] 비접지식) 3 φ 4W(22.9 [kV]급 다중접지식)	초고층빌딩 등 빌딩 내 2개소 이상의 특고압변전소를 상호 접속하는 1차측 간선	케이블 버스덕트

2. 배선방식에 의한 분류

일반적으로 간선의 배선방식은 그 간선의 시설장소, 간선용량, 사용전압, 부하분포 등에 의해 결정되며 공급신뢰성, 경제성 등을 고려하여 결정하는 것이 좋다.

(1) 나뭇가지식

하나의 간선이 각각의 분전반을 거치도록 한 방식으로 부하가 감소됨에 따라 간선의 굵기 또한 감소되는데 반드시 굵기가 변경되는 접속점에는 보안장치가 필요하다.

이 방식은 간선구성이 간단하고 경제성이 가장 우수하나 공급신뢰도가 낮은 단점을 가지고 있어 소규모 건물에 적당하다.

(2) 평 행 식

부하가 분산 설치되거나 큰 용량의 부하에 대하여 단독회선으로 배선하는 방식으로, 각 분전반마다 단독으로 배선함으로써 전압강하가 평균화되고 사고시 사고회선만으로 국한되어 공급신뢰성이 우수하나 간선계통구성이 복잡하여 유지·보수 측면이나 경제적인 측면에서는 열세이므로 대규모 건물에 적합하다.

(3) 나뭇가지식과 평행식의 병용식

부하가 집중되어 있는 중심부근에 분전반을 설치하고, 이 분전반에서 각 부하에 배선하는 것으로 일반적으로 가장 많이 사용되고 있다.

(4) 루 프 식

공급신뢰도가 매우 높아 중요 부하에 적용되며, 경제적인 측면에서는 가장 고가이다.

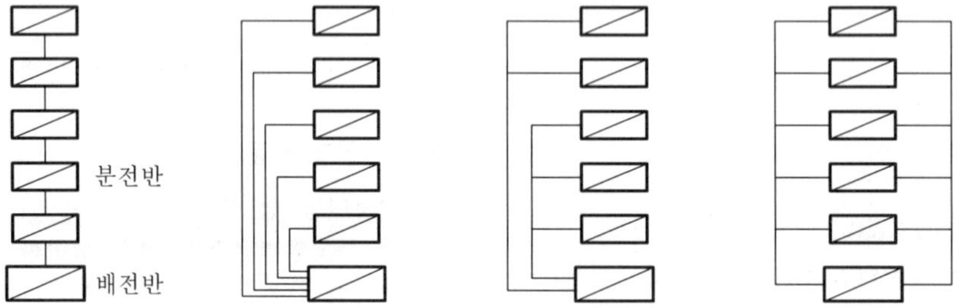

(a) 나뭇가지식 (b) 평 행 식 (c) 병 용 식 (d) 루프식

그림 4-6 간선의 배선방식

3. 사용목적에 따른 분류

간 선	전등간선	상용 전등간선
		비상용 전등간선(정전시나 화재시)
	동력간선	상용 동력간선
		비상용 동력간선(정전시나 화재시)
	특수용 간선	전산기기용, 기타

4-3-2 간선도체

배선에 사용되는 도체의 종류에는 절연전선, 전력케이블, 버스덕트, 나도체 등이 있다.

1. 절연전선

절연전선이라 함은 나전선 위에 절연물을 피복한 것으로 주로 교류 1,000 [V] 이하의 옥내배선용으로 사용된다. 기존의 600 [V] 비닐절연전선(IV) 규격은 폐지되었으며, KS C IEC 60227(정격전압 450/750 [V] 염화비닐 절연케이블)에서 규격을 규정하고 있다.

표 4-3 배선용 비닐절연전선(KS C IEC 60227-3)

종 류	기 호
450/750 [V] 일반용 단심 비닐절연전선	60227 KS IEC 01
450/750 [V] 일반용 유연성 단심 비닐절연전선	60227 KS IEC 02
300/500 [V] 기기 배선용 단심 비닐절연전선(70℃)	60227 KS IEC 05
300/500 [V] 기기 배선용 유연성 단심 비닐절연전선(70℃)	60227 KS IEC 06
300/500 [V] 기기 배선용 단심 비닐절연전선반용(90℃)	60227 KS IEC 07
300/500 [V] 기기 배선용 유연성 단심 비닐절연전선(90℃)	60227 KS IEC 08

2. 전력케이블

전력케이블은 사용전압과 사용장소에 따라 여러 가지 종류가 있으며 전력케이블의 종류는 표 4-4 및 표 4-5와 같다.

표 4-4 저압케이블(KS C IEC 60502-1)

정격전압	호칭	기호
0.6/1 [KV]	• 비닐절연 비닐시스 케이블 • 비닐절연 비닐시스 제어케이블 • 제어용 가교폴리에틸렌절연 비닐시스 케이블 • 제어용 가교폴리에틸렌절연 폴리에틸렌시스 케이블 • 비닐절연 비닐캡타이어시스 케이블 • 가교폴리에틸렌절연 비닐시스 케이블 • 가교폴리에틸렌절연 폴리에틸렌시스 케이블 • 가교폴리에틸렌절연 저독성 난연 폴리올레핀시스 케이블 • 가교폴리에틸렌절연 저독성 난연 폴리올레핀시스 제어케이블 • 고무절연 클로로프렌 캡타이어 케이블 • EP 고무절연 비닐시스 케이블 • 고무절연 클로로프렌시스 케이블	• VV(단심, 다심) • CVV(단심, 다심) • CCV(2~30심) • CCE(2~30심) • VCT(단심, 다심) • CV(단심, 다심) • CE(단심, 다심) • HFCO(단심, 다심) • HFCCO(2~30심) • PNCT(단심, 다심) • PV(단심, 다심) • PN(단심, 다심)

표 4-5 고압케이블(KS C IEC 60502-2 6~30[KV])

정격전압	호칭	기호
6/10 [KV]	• 가교폴리에틸렌절연 비닐시스 케이블 • 가교폴리에틸렌절연 폴리에틸렌시스 케이블 • 트리플랙스형 가교폴리에틸렌절연 비닐시스 케이블 • 트리플랙스형 가교폴리에틸렌절연 폴리에틸렌시스 케이블 • 가교폴리에틸렌절연 저독성 난연 폴리올레핀시스 케이블 • 고압인하용 가교폴리에틸렌 절연전선 • 고압인하용 가교 EP 고무절연전선	• 6/10 [KV] CV • 6/10 [KV] CE • 6/10 [KV] CVT • 6/10 [KV] CET • 6/10 [KV] HFCO • 6/10 [KV] PDC • 6/10 [KV] PDP

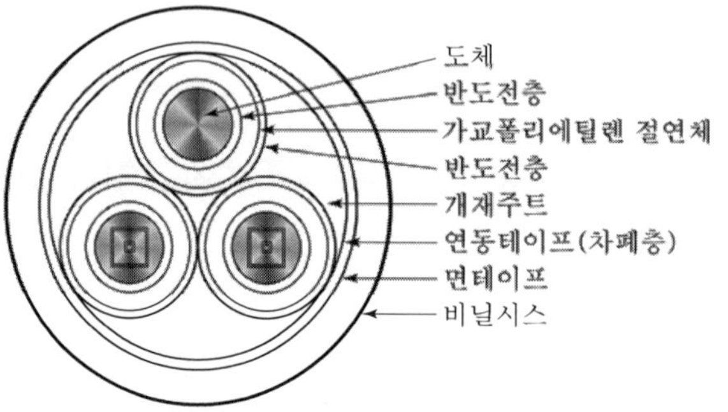

그림 4-7 CV 케이블의 구조

[참고 1] CN-CV 케이블

22.9 [kV-Y]계통의 CN-CV 케이블 사용에 대한 검사기준심의위원회가 1996년 11월 3일에 열렸으며 그 결과 전기설비기술기준 제50조의 적용을 받아 22.9 [kV-Y]계통에서의 케이블 배선은 CN-CV 케이블의 사용을 의무화하고 있다.

즉, CN-CV 케이블은 22.9 [kV-Y] 중성점 직접접지 또는 다중접지계통에 사용되며 압축도체 위에 XLPE로 절연하고 동심의 중성선으로 차폐를 하고 그 위에 부풀음테이프로 감고 또다시 PVC로 피복한 차수형 케이블이다.

명칭 : Concentric-Neutral type Cross-linked polyethylene insulated PVC sheathed power cable

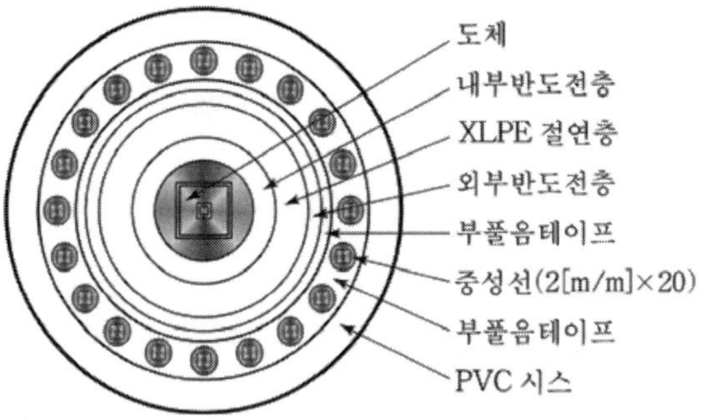

그림 4-8 CN-CV 케이블의 구조

[참고 2] 케이블 차폐층의 기능

① 정전차폐는 물론 절연체의 내전압을 향상
② 고장전류의 통로기능
③ 절연체 내의 전계의 균등화
④ 기계적인 충격으로부터 도체와 절연체의 보호기능
⑤ 라디오 장해 방지기능

3. 제어케이블

제어용 케이블은 일반적으로 빌딩, 공장, 발·변전소 기타 1,000 [V] 이하 제어회로에 사용되는 케이블이다.

4. 버스덕트(Bus-Duct)

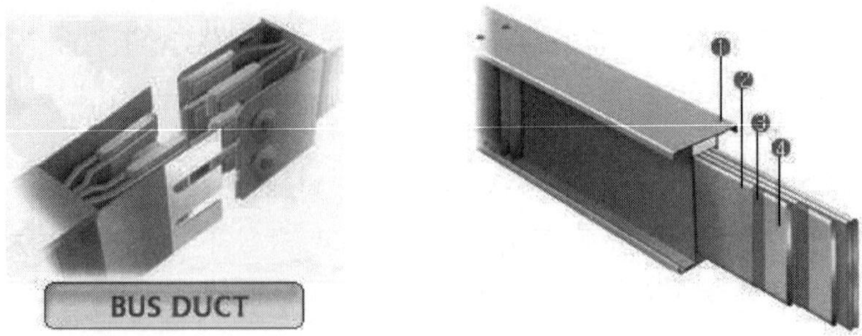

① steel duct with coating
② polyester film(class B)
③ mica film(heat resistance 1,200 [℃])
④ copper(purity 99.9 [%])

그림 4-9 버스덕트의 형태

버스덕트는 금속제의 덕트 중에 적당한 간격으로 절연물에 지지된 나도체를 수납하는 구조의 덕트로 전력을 전송하는 배선공사 방법으로 대전류의 전송에 적합하며, 적용시는 경제성을 검토하여야 하며, 일반적으로 1,000 [A] 이상일 경우 경제성이 있으며, 도체와 덕트(Hausing)의 재료에 따라 네 종류로 나누어진다.

표 4-6 버스덕트의 종류

도체	Housing	비고
Cu	Al	
Cu	Fe	
Al	Al	
Al	Fe	

표 4-7 버스덕트의 종류(형태에 따른)

<table>
<tr><th>명 칭</th><th colspan="2">형 식</th><th>특 징</th></tr>
<tr><td rowspan="2">Feeder Bus-Duct</td><td>옥내용</td><td>환기형, 비환기형</td><td rowspan="2">도중에 분기점이 없는 전선로에 사용한다(변압기와 배전반간, 배전반과 분전반)</td></tr>
<tr><td>옥외용</td><td>비환기형</td></tr>
<tr><td>Plug-in Bus-Duct</td><td>옥내용</td><td>비환기형</td><td>도중에 적당한 간격으로 부하접속용 플러그를 시설한 것</td></tr>
<tr><td>Trolly Bus-Duct</td><td colspan="2">옥내, 옥외용</td><td>도중에 이동부하를 접속할 수 있도록 트롤리 접속식 구조로 된 것</td></tr>
</table>

4-4 간선설계

건축물 내에서 사용하고 있는 전력선은 전력회사의 배전선로를 통하여 수전하는 전력, 자가발전기에 의한 전력, 축전지에서의 직류전력 등을 들 수 있으나, 전력회사로부터 수전하는 전력이 대부분이다. 이러한 전력은 변압기, 배전반 등을 경유하여 건물 내의 각 수용장소에 설치한 전등분전반, 동력제어반 등으로 배전되어 그곳으로부터 조명기구, 콘센트, 전동기 등의 전력부하로 공급된다. 이와 같이 건물 내의 전력계통 중 인입점, 발전기 또는 축전지 등의 전원에서 변압기 또는 배전반 사이를 접속하는 배전선로 및 배전반에서 각 전등분전반, 동력제어반에 이르는 배전선로를 전력간선 또는 간선이라 한다.

4-4-1 설계순서

간선설계시 순서는 그림 4-10과 같이 하면 큰 무리는 없다.

4-4-2 설계시 고려사항

간선의 설계시 여러 가지 요소가 있으므로 사전에 충분한 협의가 필요하다.

(1) 시공주와의 협의사항

① 전기방식, 배선방식
② 공장 등일 때에는 부하의 사용상태나 수용률
③ 장래의 증축계획의 유무와 이것에 대한 배려의 필요성

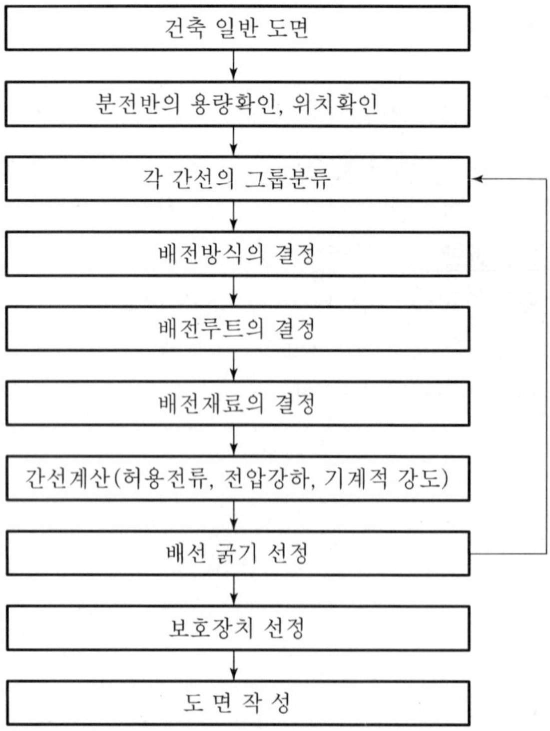

그림 4-10 간선설계 Flow

(2) 건축설계자와의 협의사항

① 간선경로에 대한 위치와 넓이(파이프, 샤프트 등 …)
② 점검구에 대한 사항

(3) 설비설계자와의 사전협의

① 설비동력의 전기방식, 용량, 운전시간
② 동력제어방식, 제어반의 위치
③ 전기간선이 설비의 배관 및 덕트와 동일한 샤프트 내에 함께 설치되는 경우에 위치 및 점검구에 대한 사항

4-5 간선의 굵기와 부하용량 산정

4-5-1 간선의 굵기

간선의 굵기 결정시 전선의 허용전류, 전선의 허용전압강하, 전선의 기계적 강도, 고조파전류에 따른 고조파분전류 등은 물론 장래 부하증설 등을 고려하여야 한다.

1. 전선의 허용전류

전선에 전류가 흐르면 줄의 법칙(Joule's Low)에 의한 열이 발생(I^2Rt)하게 되는데, 이로 인하여 도체온도가 상승하여 절연체가 손상되고 때로는 화재의 원인이 되기도 한다. 즉, 전선의 허용전류란 절연물의 손상 없이 안전하게 흘릴 수 있는 최대전류값을 말한다.

허용전류는 각종 절연물에 허용온도와 사용장소에 따른 주위조건, 주위온도 등을 고려한 계산식에 의하여 구할 수 있지만 실제로는 허용전류표 등을 사용하여 사용조건에 따른 전류감소계수, 온도보정계수 등을 고려하여 계산한다.

전선의 굵기에 영향을 미치는 허용전류의 종류에는 ① 상시허용전류 ② 단시간(순시) 허용전류 ③ 단락시 허용전류 ④ 변동부하의 허용전류 ⑤ 전압강하에 의한 허용전류 등이 있다.

(1) 상시허용전류

정격부하한도 내에서 전선에 상시 흐르는 허용전류로서 통상 전선의 허용전류는 이 상시허용전류를 말한다.

절연전선을 금속관 공사나 합성수지관 공사에 사용할 경우에는 애자사용 공사에 비하여 열발산이 불량하고 동일관 내에 수용하는 전선수가 많을수록 전선관 내의 온도가 높아진다.

따라서 전선의 허용전류 결정시 전류감소계수를 고려하도록 하여야 한다. 또한 주위온도의 영향을 받게 되므로 허용온도 보정계수를 고려하도록 해야 한다.

(2) 단시간 허용전류

기동전류가 큰 전동기 등의 전기기기 동작시 0.5 [sec] 이내에 최대로 허용할 수 있는 순시전류로서 이 전류에 의하여 절연물의 손상이 없어야 한다.

(3) 단락시 허용전류

단락, 지락 등의 고장전류가 흐르는 2 [sec] 이하로 매우 짧은 시간동안 흐르는 전류에 견딜 수 있는 전선을 선정하도록 하여야 한다.

즉, 2 [sec] 이하 짧은 시간에 통전 가능한 허용전류를 말한다.

(4) 변동부하인 경우 허용전류

부하가 On-Off의 반복으로 도체가 발열을 하여도 전선의 허용온도까지 도달하지 않는 전류를 말한다.

표 4-8 가교 폴리에틸렌 케이블의 단락시 허용전류 호환표

IEC에서 규정하는 가교폴리에틸렌 절연 비닐시스 케이블(XLPE 절연케이블)		KS C 3611에서 규정하는 가교폴리에틸렌 절연 비닐시스 케이블(CV 케이블)의 상응도체 공칭단면적	
도체 공칭단면적 [mm2]	단락시 허용전류 I [A] (k=143) * 단락전류지속시간 : 1초 * 단락보호기 동작시간이 1초 이하인 경우 계산식에 의함	도체 공칭단면적 [mm2]	단락시 허용전류 I [A] (k=134)
1.5	214.5	2	
2.5	357.5	3.5	
4	572.0	5.5	
6	858.0	8	
10	1,430.0	14	
16	2,288.0	22	
25	3,575.0	38	
35	5,005.0	38	
50	7,150.0	60	
70	10,010.0	100	
95	13,585.0	100	
120	17,160.0	150	
※ 150	21,450.0	150	20,100.0
185	26,455.0	200	
240	34,320.0	250	
300	42,900.0	325	
※ 400	57,200.0	400	53,600.0
※ 500	71,500.0	500	67,000.0
630	90,090.0	800	

주) 단락시 허용전류 계산 간략식은 다음에 의할 것

단락시 허용전류 계산 간략식 $I = \dfrac{kA}{\sqrt{t}}$ [A]

I : 단락시 허용전류 [A]

k : 도체재료 저항률, 온도계수와 열용량에 따라 당해 초기온도와 최종온도를 고려한 계수

- IEC 규격에 의한 XLPE 절연케이블 $k=143$(초기온도 90 [℃], 최종온도 250 [℃])
- KS C 3611에 의한 CV케이블 $k=134$(초기온도 90 [℃], 최종온도 230 [℃])

A : 도체의 단면적 [mm^2]

t : 단락전류 지속시간 [초](여기서는 단락전류 지속시간을 1초로 하여 계산하였음)

표 4-9 절연전선·케이블의 허용온도

절연물의 종류	허용온도[℃]	비 고
1. 염화비닐(PVC)	70	도체
2. 가교폴리에틸렌(XLPE)과 에틸렌프로필렌고무혼합물(EPR)	90	
3. 무기물(PVC 피복 또는 나도체가 인체에 접촉할 우려가 있는 것)	70	시스
4. 무기물(접촉하지 않고 가연성 물질과 접촉할 우려가 없는 나도체)	105	

주) 1. 이 표는 KS C IEC 60364-5-52의 표 52-4(52-A) "절연형태에 대한 최대 운전 온도"에서 발췌한 것이다.
2. VV, CVV, IV 전선(난연성 전선 포함)은 도체의 허용온도가 70[℃]이며, CV, HIV, FR-3, FR-8 전선(난연성 전선 포함)은 도체의 허용온도가 90[℃]이다.

표 4-10 전선의 허용전류에 적용하는 주위온도에 대한 보정계수

주위온도[℃]	기중 포설				지중 포설	
	PVC	XLPE 또는 EPR	무기: PVC 피복 또는 노출로 접촉할 우려가 있는 것 (70[℃])	무기: 접촉할 우려가 없는 것 (105[℃])	PVC	XLPE 또는 EPR
10	1.22	1.15	1.26	1.14	1.10	1.07
15	1.17	1.12	1.20	1.11	1.05	1.04
20	1.12	1.08	1.14	1.07	1.00	1.00
25	1.06	1.04	1.07	1.04	0.95	0.96
30	1.00	1.00	1.00	1.00	0.89	0.93
35	0.94	0.96	0.93	0.96	0.84	0.89
40	0.87	0.91	0.85	0.92	0.77	0.85
45	0.79	0.87	0.87	0.88	0.71	0.80
50	0.71	0.82	0.67	0.84	0.63	0.76
55	0.61	0.76	0.57	0.80	0.55	0.71
60	0.50	0.71	0.45	0.75	0.45	0.65
65	–	0.65	–	0.70	–	0.60
70	–	0.58	–	0.65	–	0.53
75	–	0.50	–	0.60	–	0.46
80	–	0.41	–	0.54	–	0.38
85	–	–	–	0.47	–	–
90	–	–	–	0.40	–	–
95	–	–	–	0.32	–	–

주) HIV의 경우 XLPE의 보정계수 적용

표 4-11 기중포설시 복수회로 또는 다심 케이블 복수의 집합에 대한 보정계수

배 치 (케이블 밀착)	회로 또는 다심 케이블의 수											
	1	2	3	4	5	6	7	8	9	12	16	20
기중이나 벽면에 묶거나 매설 또는 수납	1.00	0.80	0.70	0.65	0.60	0.57	0.54	0.52	0.50	0.45	0.41	0.38
벽 또는 막힘형 트레이의 단일층	1.00	0.85	0.79	0.75	0.73	0.72	0.72	0.71	0.70	※ 9개 이상의 회로나 다심 케이블인 경우 이 이상의 보정계수는 없음		
목재 천정면 아래에 직접 고정한 단일층	0.95	0.81	0.72	0.68	0.66	0.64	0.63	0.62	0.61			
환기형 수평 또는 수직 트레이의 단일층	1.00	0.88	0.82	0.77	0.75	0.73	0.73	0.72	0.72			
사다리 지지대 또는 클리트의 단일층	1.00	0.87	0.82	0.80	0.80	0.79	0.79	0.78	0.78			

주) 1. 이 계수는 같은 부하의 동일 집합에 속한 케이블에 적용할 수 있다.

2. 인접 케이블간의 수평간격이 그 외경의 2배를 초과할 경우, 감소계수를 적용할 필요는 없다.

3. 다음에 같은 계수가 적용된다.
   - 단심케이블 2개 또는 3개
   - 다심케이블

4. 하나의 계통이 2심과 3심 케이블로 구성된 경우, 전체 케이블 수는 회로 수와 같은 것으로 간주하고, 그 보정계수는 2심 케이블에는 2개 부하도체의 표를, 3심 케이블에는 3개 부하도체의 표를 적용한다.

5. 집합이 n개 단심 케이블로 구성된 경우, 2개 부하도체의 $n/2$ 회로 또는 3개 부하도체의 $n/3$ 회로로 간주해도 좋다.

6. 이 표에 나타낸 값은 전선의 굵기와 공사형태 범위에 대한 평균값이다. 보정계수의 정확도는 ±5 [%] 오차 범위 내에 있다.

7. 특수 공사와 이 표에 나타내지 않은 다른 공사방법인 경우, 특수한 경우에 대비해 계산한 계수를 사용하는 것이 바람직하며 표 4-21, 4-22를 참조한다.

표 4-12 지중에 직접 시설한 복수의 케이블(단심 또는 다심 케이블)에 대한 보정계수

회로수	케이블간 간격(a)*				
	0 (케이블 밀착)	1 (케이블의 지름)	0.125 [m]	0.25 [m]	0.5 [m]
2	0.75	0.80	0.85	0.90	0.90
3	0.65	0.70	0.75	0.80	0.85
4	0.60	0.60	0.70	0.75	0.80
5	0.55	0.55	0.65	0.70	0.80
6	0.50	0.55	0.60	0.70	0.80

* 다심 케이블

* 단심 케이블

주) 이 값은 매설깊이가 0.7 [m], 토양의 열 저항률이 2.5 [k·m/W]인 경우에 적용한다.
이 값은 표에 제시된 값은 케이블의 굵기와 공사 형태 범위에 대한 평균값이다. 평균을 구해 그 값을 반올림하여 대부분의 경우 ±10 [%] 이하의 오차 결과를 얻을 수 있다(좀 더 정확한 값이 필요한 경우 IEC 60287-2-1에서 규정하는 계산방법으로 계산한다).

표 4-13 지중 덕트 내에 시설한 복수의 케이블에 대한 보정계수

(a) 1통로 덕트 내의 다심 케이블

케이블 수	덕트의 간격(a)(1)			
	0(덕트 밀착)	0.25 [m]	0.5 [m]	1.0 [m]
2	0.85	0.90	0.95	0.95
3	0.75	0.85	0.90	0.95
4	0.70	0.80	0.85	0.90
5	0.65	0.80	0.85	0.90
6	0.60	0.80	0.80	0.90

주) 1. (1) 다심 케이블

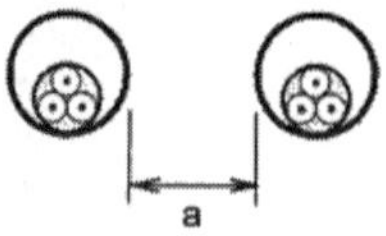

2. 이 값은 매설깊이가 0.7 [m], 토양의 열저항률이 2.5 [k · m/W]인 경우에 적용한다.
이 값은 표에 제시된 값은 케이블의 굵기와 공사형태범위에 대한 평균값이다. 평균을 구해 그 값을 반올림하여 대부분의 경우 ±10 [%] 이하의 오차 결과를 얻을 수 있다. 좀 더 정확한 값이 필요한 경우 IEC 60287에서 규정하는 계산방법으로 계산한다.

(b) 1통로 덕트 내의 단심 케이블

단심 케이블 2개 또는 3개로 구성된 회로의 수	덕트의 간격(a)			
	0(덕트 밀착)	0.25 [m]	0.5 [m]	1.0 [m]
2	0.80	0.90	0.90	0.95
3	0.70	0.80	0.85	0.90
4	0.65	0.75	0.80	0.90
5	0.60	0.70	0.80	0.90
6	0.60	0.70	0.80	0.90

주) 1. 단심 케이블

2. 이 값은 매설깊이가 0.7 [m], 토양의 열저항률이 2.5 [k · m/W]인 경우에 적용한다.
이 값은 표에 제시된 값은 케이블의 굵기와 공사형태범위에 대한 평균값이다. 평균을 구해 그 값을 반올림하여 대부분의 경우 ±10 [%] 이하의 오차결과를 얻을 수 있다. 좀더 정확한 값이 필요한 경우 IEC 60287에서 규정하는 계산방법으로 계산한다.

표 4-14 복수의 다심 케이블의 집합에 대한 보정계수(비고 2)
(기중 개방의 다심 케이블의 해당 정격에 적용)

<table>
<tr><th colspan="2" rowspan="2">공 사 방 법</th><th colspan="7">케이블의 수</th></tr>
<tr><th>트레이수</th><th>1</th><th>2</th><th>3</th><th>4</th><th>6</th><th>9</th></tr>
<tr><td rowspan="2">환기형 트레이 (주 3)</td><td>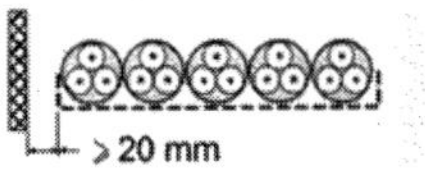</td><td>1
2
3</td><td>1.00
1.00
1.00</td><td>0.88
0.87
0.86</td><td>0.82
0.80
0.79</td><td>0.79
0.77
0.76</td><td>0.76
0.73
0.71</td><td>0.73
0.68
0.66</td></tr>
<tr><td>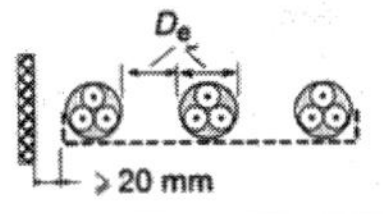</td><td>1
2
3</td><td>1.00
1.00
1.00</td><td>1.00
0.99
0.98</td><td>0.98
0.96
0.95</td><td>0.95
0.92
0.91</td><td>0.91
0.87
0.85</td><td>-
-
-</td></tr>
<tr><td rowspan="2">수직 환기형 트레이 (주 4)</td><td>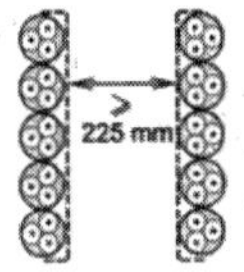</td><td>1
2</td><td>1.00
1.00</td><td>0.88
0.88</td><td>0.82
0.81</td><td>0.78
0.76</td><td>0.73
0.71</td><td>0.72
0.70</td></tr>
<tr><td>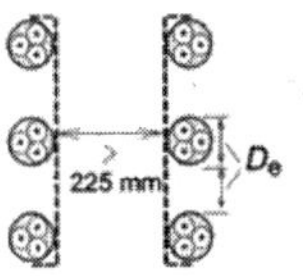</td><td>1
2</td><td>1.00
1.00</td><td>0.91
0.91</td><td>0.89
0.88</td><td>0.88
0.87</td><td>0.87
0.85</td><td>-
-</td></tr>
<tr><td rowspan="2">사다리 지지대, 클리트 기타 (주 3)</td><td>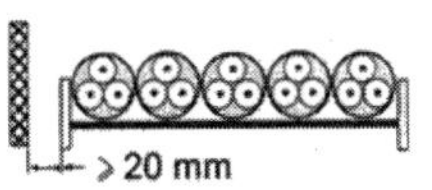</td><td>1
2
3</td><td>1.00
1.00
1.00</td><td>0.87
0.86
0.85</td><td>0.82
0.80
0.79</td><td>0.80
0.78
0.76</td><td>0.79
0.76
0.73</td><td>0.78
0.73
0.70</td></tr>
<tr><td>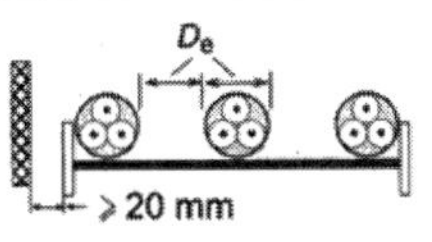</td><td>1
2
3</td><td>1.00
1.00
1.00</td><td>1.00
0.99
0.98</td><td>1.00
0.98
0.97</td><td>1.00
0.97
0.96</td><td>1.00
0.96
0.93</td><td>-
-
-</td></tr>
</table>

주) 1. 이 표의 값은 케이블 형태와 도체크기 범위에 대한 평균값이다. 이 값의 폭은 일반적으로 5 [%] 이하이다.
2. 이 계수는 상기와 같이 단일 층에 공사한 케이블 집합에 적용하고, 상호 접속한 2층 이상의 케이블에는 적용하지 않는다. 이러한 공사방법에 대한 계수는 상당히 작으며, 적절한 방법을 통해 결정해야 한다.
3. 이 값은 트레이간의 수직간격이 300 [mm]인 경우이다. 이 보다 좁은 수직간격인 경우 계수를 감소시키는 것이 바람직하다.
4. 이 값은 배면방향으로 부착한 트레이 사이의 수평간격이 225 [mm]인 경우이다. 이보다 좁은 간격인 경우 계수를 감소시키는 것이 바람직하다.

표 4-15 복수의 단심 케이블의 집합에 대한 보정계수(비고 2)
(기중 개방의 단심 케이블의 해당 정격에 적용)

공 사 방 법		케이블의 수				해당 정격에 대한 승수로 사용
		트레이수	1	2	3	
환기형 트레이 (주 3)	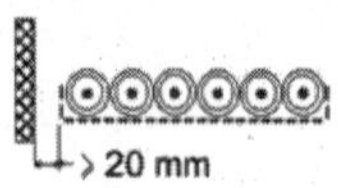	1 2 3	0.98 0.96 0.95	0.91 0.87 0.85	0.87 0.81 0.78	수평 배치한 3개 케이블
수직 환기형 트레이 (주 4)	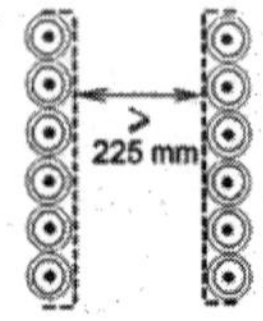	1 2	0.96 0.95	0.86 0.84	– –	수직 배치한 3개 케이블
사다리 지지대, 클리트, 기타 (주 3)	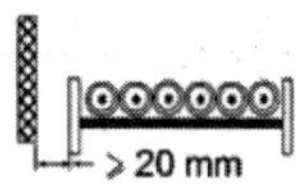	1 2 3	1.00 0.98 0.97	0.97 0.93 0.90	0.96 0.89 0.86	수평 배치한 3개 케이블
환기형 트레이 (주 3)	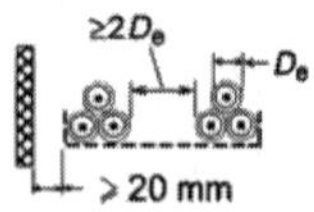	1 2 3	1.00 0.97 0.96	0.98 0.93 0.92	0.96 0.89 0.86	개연형상의 3개 케이블
수직 환기형 트레이 (주 4)	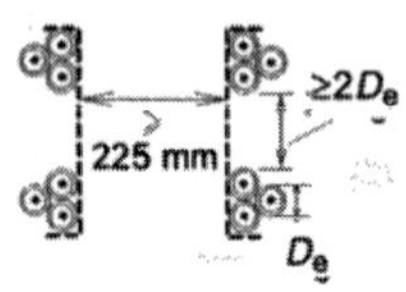	1 2	1.00 1.00	0.91 0.90	0.89 0.86	
사다리 지지대, 클리트, 기타 (주 3)	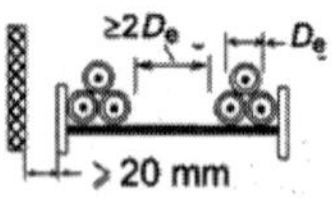	1 2 3	1.00 0.97 0.96	1.00 0.95 0.94	1.00 0.93 0.90	

주) 1. 이 표의 값은 케이블 형태와 도체크기 범위에 대한 평균값이다. 이 값의 폭은 일반적으로 5 [%] 이하이다.
2. 이 계수는 상기와 같이 단일층에 공사한 케이블 집합(개연형상의 집합)에 적용하고, 상호 접속한 2층 이상의 케이블에는 적용하지 않는다. 이러한 공사 방법에 대한 계수는 상당히 작으며, 적절한 방법을 통해 결정해야 한다.
3. 이 값은 트레이간의 수직간격이 300 [mm]인 경우이다. 이 보다 좁은 수직간격인 경우 계수를 감소시키는 것이 바람직하다.
4. 이 값은 배면방향으로 부착한 트레이 사이의 수평간격이 225 [mm]인 경우이다. 이보다 좁은 간격인 경우 계수를 감소시키는 것이 바람직하다.
5. 상마다 복수의 케이블이 병렬로 있는 회로인 경우, 이 표의 적용을 위해 도체의 삼상 도체 세트를 하나의 회로로 간주한다.

■ KS C IEC 60364-5-52의 배선방식

1) 배선설비의 선정(IEC 60364-5-52의 521.1)

배선설비의 선정은 사용하는 전선(나전선, 절연전선) 및 케이블 종류에 따라 표 4-16(배선의 선정)에 적합한 것으로 함

표 4-16 배선설비의 선정

<table>
<tr><th colspan="2" rowspan="2">전선과 케이블</th><th colspan="8">공 사 방 법</th></tr>
<tr><th>고정하지 않는다.</th><th>직접 고정</th><th>전선관</th><th>케이블 트렁킹 (몰드형, 바닥면 매입형을 포함)</th><th>케이블 덕트</th><th>케이블 트레이 브래킷</th><th>애자 사용</th><th>지지 용선</th></tr>
<tr><td colspan="2">나 전 선</td><td>−</td><td>−</td><td>−</td><td>−</td><td>−</td><td>−</td><td>+</td><td>−</td></tr>
<tr><td colspan="2">절연전선</td><td>−</td><td>−</td><td>+</td><td>+</td><td>+</td><td>−</td><td>+</td><td>−</td></tr>
<tr><td rowspan="2">외장 케이블(금속 외장 및 무기 절연을 포함)</td><td>다심</td><td>+</td><td>+</td><td>+</td><td>+</td><td>+</td><td>+</td><td>0</td><td>+</td></tr>
<tr><td>단심</td><td>0</td><td>+</td><td>+</td><td>+</td><td>+</td><td>+</td><td>0</td><td>+</td></tr>
</table>

주) + : 사용할 수 있다.

− : 사용할 수 없다.

0 : 적용할 수 없다 또는 실용상 일반적으로 사용하지 않는다.

2) 고정 전기설비에 일반적으로 사용하는 배선공사방식의 종류

표 4-17 배선방식의 종류

기호	설 치 방 법			
A1	단열벽 안의 전선관에 시공한 절연전선 또는 단심 케이블		단열벽 안에 직접 매입한 다심 케이블	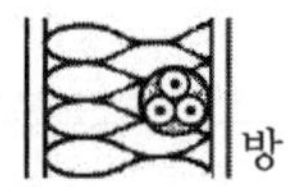
	몰딩 내부의 절연전선 또는 단심 케이블	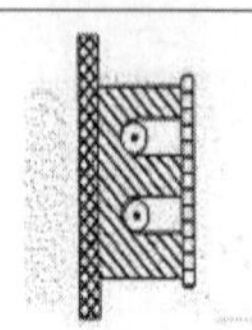	처마 및 창틀 내부의 전선관 안의 단심 케이블 및 다심 케이블	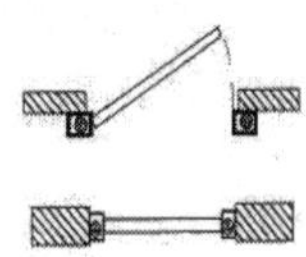
A2	단열벽 안의 전선관에 시공한 다심 케이블	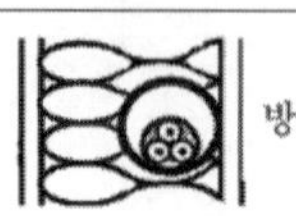		
B1	목재 또는 석재 벽면의 전선관에 시공한 절연전선 또는 단심 케이블	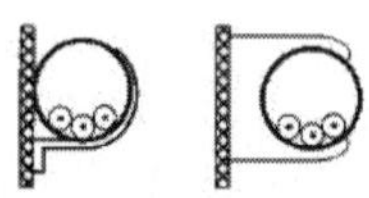	목재 벽면의 케이블 트렁킹에 시공한 절연전선 또는 단심 케이블	
	빌딩 빈틈에 시공한 단심, 다심 케이블(틈새의 치수와 케이블 외경에 따라 B2로도 계산됨)	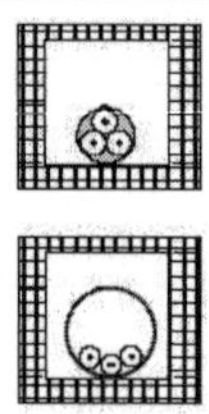	석재벽안 전선관의 절연전선 또는 단심 케이블	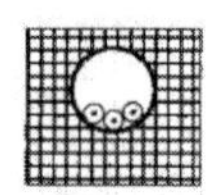

표 4-17 (계 속)

기호	설 치 방 법	
B2	목재 또는 석재 벽면의 전선관에 시공한 다심 케이블 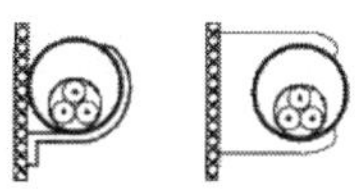	빌딩 빈틈에 시공한 단심, 다심 케이블(틈새의 치수와 케이블 외경에 따라 B1로도 계산됨) 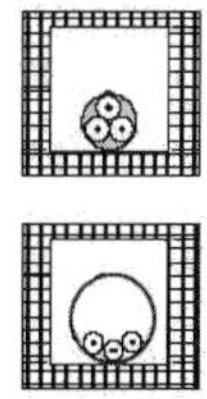
	석재벽안 전선관의 다심 케이블 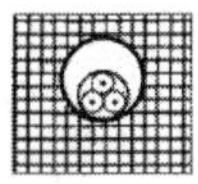	
C	목재 벽면의 단심, 다심 케이블 (고정 또는 목재 벽면으로부터 케이블 지름의 0.3배 이하로 이격) 	막힘형 트레이에 포설한 단심, 다심 케이블 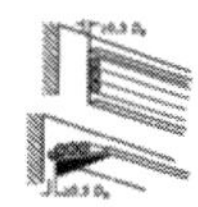
	석재벽에 직접 시공한 단심 또는 다심 케이블 	
D	지중안의 전선관이나 덕트 안에 시공한 단심 또는 다심 케이블 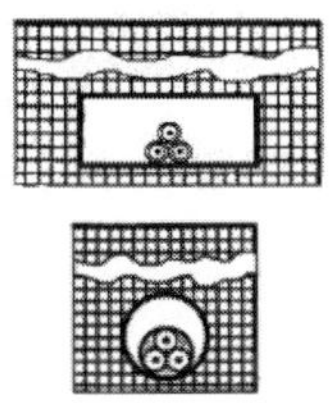	지중 안에 직접 매설한 단심, 다심 케이블 (기계적 추가보호가 있는 경우 포함) 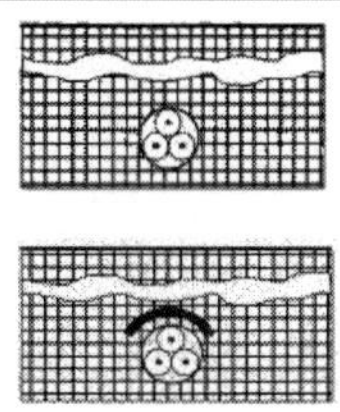
E	기중의 다심 케이블 (벽과의 이격거리는 케이블 지름의 0.3배 이상) 	환기형 트레이, 브래킷, 금속망에 포설된 다심 케이블 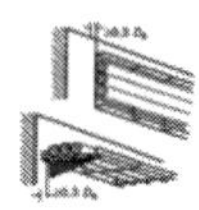
	사다리에 포설된 다심 케이블 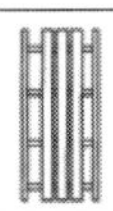	
F	단심 케이블로 자유공기와 접촉 (벽과의 이격 거리는 케이블 지름의 0.3배 이상) 	환기형 트레이, 브래킷, 금속망에 포설된 단심 케이블 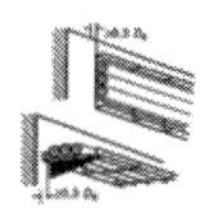
	사다리에 포설된 단심 케이블 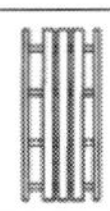	

표 4-17 (계 속)

기호	설 치 방 법			
G	기중 개방의 단심 케이블 이격	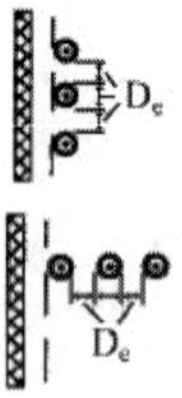	애자 위의 나선 또는 절연전선	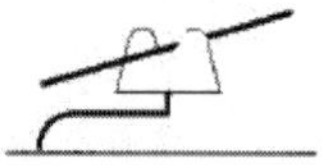

주) 1. **A의 단열벽** : 외벽이 내후성이고 내벽은 목재나 목재성 재질로 구성된 것을 말한다.

2. **B, C의 석재(또는 석조)** : 벽돌, 콘크리트, 석도 및 이와 유사한 것(단열벽은 제외)을 포함한다.

3. **막힘형 트레이** : 구멍이 차지하는 비율이 표면적의 30 [%] 미만

4. **환기형(또는 통풍형) 트레이** : 구멍이 차지하는 비율이 표면적의 30 [%] 미만

5. **사다리지지** : 케이블을 지지하는 금속부분이 설계면적의 10 [%] 미만

6. **클리트와 행거** : 케이블 주위의 공기 흐름이 충분히 자유롭고 전체길이를 따라 간격을 두어 케이블을 지지하기 위한 케이블 지지재

■ KS C IEC60364-5-52에 의한 배선공사 방법에 따른 전선의 종류별 허용전류

표 4-18 CV(0.6/1 [kV]), HIV(450/700 [V]) 허용전류

[도체허용온도 : 90 [℃], 주위온도(기중 : 30 [℃], 지중 : 20 [℃]), 단위 : A]

구리 도체의 공칭 단면적 [mm2]	공 사 방 법											
	A1 단열벽 안 전선관의 절연전선		A2 단열벽 안 전선관의 다심 케이블		B1 석재 벽면/안 전선관의 절연전선		B2 석재 벽면/안 전선관의 다심 케이블		C 벽면에 공사한 단심/다심 케이블		D 지중 덕트 안의 단심/다심 케이블	
	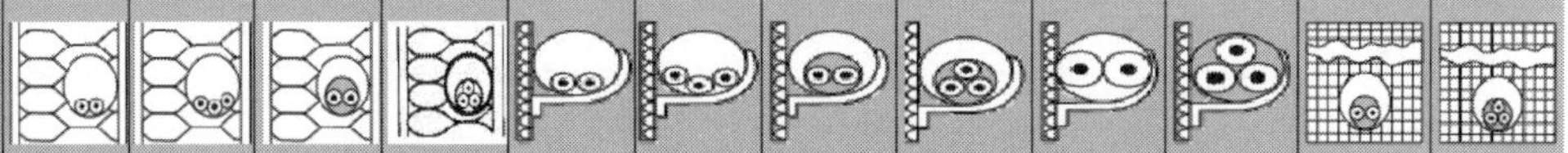											
	단상	3상	단상	3상	단상	3상	단상	3상	단상	3상	단상	3상
1.5	19	17	18.5	16.5	23	20	22	19.5	24	22	26	22
2.5	26	23	25	22	31	28	30	26	33	30	34	29
4	35	31	33	30	42	37	40	35	45	40	44	37
6	45	40	42	38	54	48	51	44	58	52	56	46
10	61	54	57	51	75	66	69	60	80	71	73	61
16	81	73	76	68	100	88	91	80	107	96	95	79
25	106	95	99	89	133	117	119	105	138	119	121	101
35	131	117	121	109	164	144	146	128	171	147	146	122
50	158	141	145	130	198	175	175	154	209	179	173	144
70	200	179	183	164	253	222	221	194	269	229	213	178
95	241	216	220	197	306	269	265	233	328	278	252	211
120	278	249	253	227	354	312	305	268	382	322	287	240
150	318	285	290	259	-	-	-	-	441	371	324	271
185	362	324	329	295	-	-	-	-	506	424	363	304
240	424	380	386	346	-	-	-	-	599	500	419	351
300	486	435	442	396	-	-	-	-	693	576	474	396

구리 도체의 공칭 단면적 [mm2]	공사방법, 도체수와 배치						
	다심 케이블		단심 케이블				
	E(기중)	E(기중)	F(기중)	F(기증)	F(기중)	G(기중개방)	G(기중개방)
		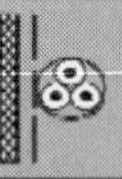	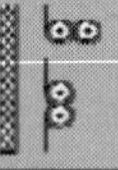	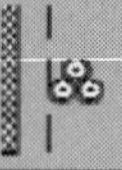	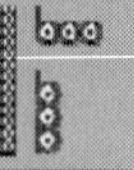		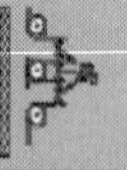
	단상	3상	단상 밀착	3상 개연형상	3상 밀착	3상 수평이격	3상 수직이격
1.5	26	23	-	-	-	-	-
2.5	36	32	-	-	-	-	-
4	49	42	-	-	-	-	-
6	63	54	-	-	-	-	-
10	86	75	-	-	-	-	-
16	115	100	-	-	-	-	-
25	149	127	161	135	141	182	161
35	185	158	200	169	176	226	201
50	225	192	242	207	216	275	246
70	289	246	310	268	279	353	318
95	352	298	377	328	342	430	389
120	410	346	437	383	400	500	454
150	473	399	504	444	464	577	527
185	542	456	575	510	533	661	605
240	641	538	679	607	634	781	719
300	741	621	783	703	736	902	833
400	-	-	940	823	868	1,085	1,008
500	-	-	1,083	946	998	1,253	1,169
630	-	-	1,254	1,088	1,151	1,454	1,362

표 4-19 IV·VV·CVV(0.6/1 [kV]) 허용전류

[도체허용온도 : 70 [℃], 주위온도(기중 : 30 [℃], 지중 : 20 [℃]), 단위 : A]

구리 도체의 공칭 단면적 [mm2]	공사 방법											
	A1 단열벽 안 전선관의 절연전선		A2 단열벽 안 전선관의 다심 케이블		B1 석재 벽면/안 전선관의 절연전선		B2 석재 벽면/안 전선관의 다심 케이블		C 벽면에 공사한 단심/다심 케이블		D 지중 덕트 안의 단심/다심 케이블	

	단상	3상	단상	3상	단상	3상	단상	3상	단상	3상	단상	3상
1.5	14.5	13.5	14	13	17.5	15.5	16.5	15	19.5	17.5	22	18
2.5	19.5	18	18.5	17.5	24	21	23	20	27	24	29	24
4	26	24	25	23	32	28	30	27	36	32	38	31
6	34	31	32	29	41	36	38	34	46	41	47	39
10	46	42	43	39	57	50	52	46	63	57	63	52
16	61	56	57	52	76	68	69	62	85	76	81	67
25	80	73	75	68	101	89	90	80	112	96	104	86
35	99	89	92	83	125	110	111	99	138	119	125	103
50	119	108	110	99	151	134	133	118	168	144	148	122
70	151	136	139	125	192	171	168	149	213	184	183	151
95	182	164	167	150	232	207	201	179	258	223	216	179
120	210	188	192	172	269	239	232	206	299	259	246	203
150	240	216	219	196	-	-	-	-	344	299	278	230
185	273	245	248	223	-	-	-	-	392	341	312	258
240	321	286	291	261	-	-	-	-	461	403	361	297
300	367	328	334	298	-	-	-	-	530	464	408	336

구리 도체의 공칭 단면적 [mm2]	공사방법, 도체수와 배치						
	다심 케이블		단심 케이블				
	E(기중)	E(기중)	F(기중)	F(기증)	F(기중)	G(기중개방)	G(기중개방)
			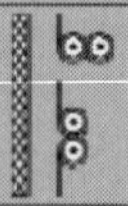	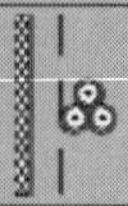	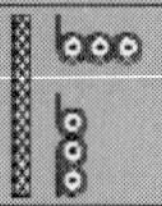	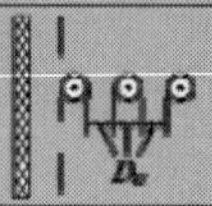	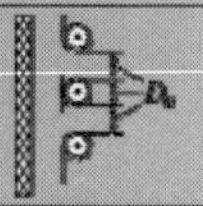
	단상	3상	단상 밀착	3상 개연형상	3상 밀착	3상 수평이격	3상 수직이격
1.5	22	18.5	-	-	-	-	-
2.5	30	25	-	-	-	-	-
4	40	34	-	-	-	-	-
6	51	43	-	-	-	-	-
10	70	60	-	-	-	-	-
16	94	80	-	-	-	-	-
25	119	101	131	110	114	146	130
35	148	126	162	137	143	181	162
50	180	153	196	167	174	219	197
70	232	196	251	216	225	281	254
95	282	238	304	264	275	341	311
120	328	276	352	308	321	396	362
150	379	319	406	356	372	456	419
185	434	364	463	409	427	521	480
240	514	430	546	485	507	615	459
300	593	497	629	561	587	709	659
400	-	-	754	656	689	852	795
500	-	-	868	749	789	982	920
630	-	-	1,005	855	905	1,138	1,070

■ 복수회로의 보정계수를 고려한 허용전류

① 전선을 단열벽안 전선관에 넣은 공사방법(A) 적용시 허용전류

표 4-20 IV·VV·CVV(0.6/1 [kV]) 허용전류[A1]

[도체허용온도 : 70 [℃], 주위온도(기중) : 30 [℃], 단위 : A]

공칭 단면적 [mm2]	전 선 수									
	2본(2본회로는 단상을 의미)					3본(3본회로는 삼상을 의미)				
	1회로	2회로	3회로	4회로	5회로	1회로	2회로	3회로	4회로	5회로
1.5	14.5	11.5	8	9	7	13.5	10.5	9.5	8.5	8
2.5	19.5	15.5	13.5	12.5	11.5	18	14	12.5	11.5	10.5
4	26	20	18	16	15.5	24	19	16.5	15.5	14
6	34	27	23	22	20	31	24	21	20	18.5
10	46	36	32	29	27	42	33	29	27	25
16	61	48	42	39	36	56	44	39	36	33
25	80	64	56	52	48	73	58	51	47	43
35	99	79	69	64	59	89	71	62	57	53
50	119	95	83	77	71	108	86	75	70	64
70	151	120	105	98	90	136	108	95	88	81
95	182	145	127	118	109	164	131	114	106	98
120	210	168	147	136	126	188	150	131	122	112
150	240	192	168	156	144	216	172	151	140	129
185	273	218	191	177	163	245	196	171	159	147
240	321	256	224	208	192	286	228	200	185	171
300	367	293	256	238	220	328	262	229	213	196

표 4-21 CV(0.6/1 [kV]), HIV(450/700 [V]) 허용전류[A1]

[도체허용온도 : 90 [℃], 주위온도(기중) : 30 [℃], 단위 : A]

공칭 단면적 [mm2]	전 선 수									
	2본(2본회로는 단상을 의미)					3본(3본회로는 삼상을 의미)				
	1회로	2회로	3회로	4회로	5회로	1회로	2회로	3회로	4회로	5회로
1.5	19	15	13	12	11	17	13.5	11.5	11	10
2.5	26	20.5	18	16.5	15.5	23	18	16	15	13.5
4	35	28	24	22	21	31	24	21	20	18.5
6	45	36	31	29	27	40	32	28	26	24
10	61	48	42	39	36	54	43	30	35	32
16	81	64	56	52	48	73	58	51	47	43
25	106	84	74	68	63	95	76	66	61	57
35	131	104	91	85	78	117	93	81	76	70
50	158	126	110	102	94	141	112	98	91	84
70	200	160	140	130	120	179	143	125	116	107
95	241	192	168	156	144	216	172	151	140	129
120	278	222	194	180	166	249	199	174	161	149
150	318	254	222	206	190	285	228	199	185	171
185	362	289	253	235	217	324	259	226	210	194
240	424	339	296	275	254	380	304	266	247	228
300	486	388	340	315	291	435	348	304	282	261

주) 내열성 PVC 절연전선은 도체온도가 90 [℃]이므로 XLPE와 동일하게 본다.

표 4-22 CV(0.6/1 [kV]) 허용전류[A2]

[도체허용온도 : 90 [℃], 주위온도(기중) : 30 [℃], 단위 : A]

공칭 단면적 [mm2]	전선수(다심의 경우 회로수) [※ 4C의 경우라도 심선 1개가 중성선인 경우 3상회로는 3C로 본다]									
	2C×1	2C×2	2C×3	2C×4	3C×1	3C×2	3C×3	3C×4	3C×5	-
1.5	18.5	14.5	13	12	16.5	13	11.5	10.5	9	
2.5	25	20	17.5	16	22	17.5	15	14	13	
4	33	26	23	21	30	24	21	19.5	18	
6	42	33	29	27	38	30	26	24	22	
10	57	45	39	37	51	40	35	33	30	
16	76	60	53	49	68	54	47	44	40	
25	99	79	69	64	89	71	62	57	53	
35	121	96	84	78	109	87	76	70	65	-
50	145	116	101	94	130	104	91	84	78	
70	183	146	128	119	164	131	114	106	98	
95	220	176	154	143	197	157	137	128	118	
120	253	202	177	164	227	181	158	147	136	
150	290	232	203	188	259	207	181	168	155	
185	329	263	230	213	295	235	206	191	177	
240	386	308	270	250	346	276	242	224	207	
300	442	353	309	287	396	316	277	257	237	

② 전선을 전선관에 넣어 벽면 노출공사 또는 석재(콘크리트 포함) 내에 매입하는 공사방법(B) 적용시 허용전류

표 4-23 IV·VV·CVV(0.6/1 [kV]) 허용전류[B1]

[도체허용온도 : 70 [℃], 주위온도(기준) : 30 [℃], 단위 : A]

공칭 단면적 [mm2]	전 선 수									
	2본(2본회로는 단상을 의미)					3본(3본회로는 삼상을 의미)				
	1회로	2회로	3회로	4회로	5회로	1회로	2회로	3회로	4회로	5회로
1.5	17.5	14	12	11	10.5	15.5	12	10.5	10	9
2.5	24	19	16.5	15.5	14	21	16.5	14.5	13.5	12.5
4	32	25	22	20	19	28	22	19.5	18	16.5
6	41	32	28	26	24	36	28	25	23	21
10	57	45	39	37	34	50	40	35	32	30
16	76	60	53	49	45	68	54	47	44	40
25	101	80	70	65	60	89	71	62	57	53
35	125	100	87	81	75	110	88	77	71	66
50	151	120	105	98	90	134	107	93	87	80
70	192	153	134	124	115	171	136	119	111	102
95	232	185	162	150	139	207	165	144	134	124
120	269	215	188	174	161	239	191	167	155	143

표 4-24 CV(0.6/1 [kV]), HIV(450/700 [V]) 허용전류[B1]

[도체허용온도 : 90 [℃], 주위온도(기중) : 30 [℃], 단위 : A]

공칭 단면적 [mm2]	전 선 수									
	2본(2본회로는 단상을 의미)					3본(3본회로는 삼상을 의미)				
	1회로	2회로	3회로	4회로	5회로	1회로	2회로	3회로	4회로	5회로
1.5	23	18	16	15	13.5	20	16	14	13	12
2.5	31	24	21.5	20	18.5	28	22	19.5	18	16.5
4	42	33	29	27	25	37	29	25	24	22
6	54	43	37	39	32	48	38	33	31	28
10	75	60	52	48	45	66	52	46	42	39
16	100	80	70	65	60	88	70	61	57	52
25	133	106	93	86	79	117	93	81	76	70
35	164	131	114	106	98	144	115	100	93	86
50	198	158	138	128	118	175	140	122	113	105
70	253	202	177	164	151	222	177	155	144	133
95	306	244	214	198	183	269	215	188	174	161
120	354	283	247	230	212	312	249	218	202	187

주) 내열성 PVC 절연전선은 도체온도가 90 [℃]이므로 XLPE와 동일하게 본다.

표 4-25 CV(0.6/1 [kV]) 허용전류[B2]

[도체허용온도 : 90 [℃], 주위온도(기중) : 30 [℃], 단위 : A]

공칭 단면적 [mm2]	전선수(다심의 경우 회로수) [※ 4C의 경우라도 심선 1개가 중성선인 경우 3상회로는 3C로 본다]									
	2C×1	2C×2	2C×3	2C×4	3C×1	3C×2	3C×3	3C×4	3C×5	-
1.5	22	17.5	15	14	19.5	15.5	13.5	12.5	11.5	-
2.5	30	24	21	19.5	26	20	18	16.5	15.5	
4	40	32	28	26	35	28	24	22	21	
6	51	40	35	33	44	35	30	28	26	
10	69	55	48	44	60	48	42	39	36	
16	91	72	63	59	80	64	56	52	48	
25	119	95	83	77	105	84	73	68	63	
35	146	116	102	94	128	102	89	83	76	
50	175	140	122	113	154	123	107	100	92	
70	221	176	154	143	194	155	135	126	116	
95	265	212	185	172	233	186	163	151	139	
120	305	244	213	198	268	214	187	174	160	

③ 통풍형(환기형) 트레이 공사(E, F)시 허용전류

표 4-26 다심형 CV(0.6/1 [kV]) 허용전류[E]

[도체허용온도 : 90[℃], 주위온도(기중) : 30[℃], 단위 : A]

공칭 단면적 [mm2]	전선수(다심의 경우 회로수) [※ 4C의 경우라도 심선 1개가 중성선인 경우 3상회로는 3C로 본다]									
	2C×1	2C×2	2C×3	2C×4	2C×5	3C×1	3C×2	3C×3	3C×4	3C×5
1.5	26	22	21	20	19.5	23	20	18.5	17.5	17
2.5	36	28	29	27	27	32	28	26	24	24
4	49	43	40	37	36	42	37	34	32	31
6	63	55	51	48	47	54	47	44	41	40
10	86	75	70	66	64	75	66	61	57	56
16	115	101	94	88	86	100	88	82	77	75
25	149	131	122	114	111	127	111	104	97	95
35	185	162	151	142	138	158	139	129	121	118
50	225	198	184	173	168	192	169	157	147	144
70	289	254	237	222	216	246	216	201	189	184
95	352	309	288	271	264	298	262	244	229	223
120	410	360	336	315	307	346	304	283	266	259
150	473	416	387	364	354	399	351	327	307	299
185	542	477	444	417	406	456	401	373	351	342
240	641	564	525	493	480	538	473	441	414	403
300	741	652	607	570	555	621	551	509	478	465

표 4-27 단심형 CV(0.6/1 [kV]) 허용전류[F]

[도체허용온도 : 90 [℃], 주위온도(기중) : 30 [℃], 단위 : A]

공칭 단면적 [mm2]	전선수(평형밀착시공) [※ 1회로가 2본(단상)인 것과 3본(삼상)인 것의 예이다]									
	2C×1	2C×2	2C×3	2C×4	2C×5	3C×1	3C×2	3C×3	3C×4	3C×5
25	161	141	132	124	120	141	124	115	108	105
35	200	176	164	154	150	176	154	144	135	132
50	242	212	198	186	181	216	190	177	166	162
70	310	273	254	238	232	279	245	228	214	209
95	377	331	309	290	282	342	301	280	263	256
120	437	384	358	336	327	400	352	328	308	300
150	504	443	413	388	378	464	408	380	357	348
185	575	506	471	442	431	533	469	437	410	399
240	679	594	556	522	509	634	557	519	488	475
300	783	689	642	602	587	736	647	603	566	552
400	940	827	770	723	705	868	763	711	668	651
500	1,083	953	888	833	812	998	878	818	768	748
630	1,254	1,103	1,028	965	940	1,151	1,012	943	886	863

표 4-28 단심형 CV(0.6/1 [kV]) 허용전류[F]

[도체허용온도 : 9 [℃], 주위온도(기중) : 30 [℃], 단위 : A]

공칭 단면적 [mm2]	전선수(삼각배열시공) [※ 1회로가 3본(삼상)인 것으로 삼각 배열한 것의 예이다]									
	3C×1	3C×2	3C×3	3C×4	3C×5	3C×6	3C×7	3C×8	3C×9	3C×10
25	135	118	110	104	101	98	98	97	97	97
35	169	148	138	130	126	123	123	121	121	121
50	207	182	169	159	155	151	151	149	149	149
70	268	235	219	206	201	195	195	193	193	193
95	328	288	269	252	246	239	239	236	236	236
120	383	337	314	294	287	279	279	275	275	275
150	444	390	364	341	333	324	324	319	319	319
185	510	448	418	392	382	372	372	367	367	367
240	607	534	497	467	459	443	443	437	437	437
300	703	618	576	541	527	513	513	506	506	506
400	823	724	674	633	617	600	600	592	592	592
500	946	832	775	728	709	690	690	681	681	681
630	1,088	957	892	837	816	794	794	783	783	783

④ 사다리형 트레이 공사(E, F)시 허용전류

표 4-29 다심형 CV(0.6/1 [kV]) 허용전류[E]

[도체허용온도 : 90 [℃], 주위온도(기중) : 30 [℃], 단위 : A]

공칭 단면적 [mm2]	전선수(다심의 경우 회로수) [※ 4C의 경우라도 심선 1개가 중성선인 경우 3상회로는 3C로 본다]									
	2C×1	2C×2	2C×3	2C×4	2C×5	3C×1	3C×2	3C×3	3C×4	3C×5
1.5	26	22	21	20	20	23	20	18.5	18	18
2.5	36	31	29	28	28	32	27	26	25	25
4	49	42	40	39	39	42	36	34	33	33
6	63	54	51	50	50	54	47	44	43	43
10	86	74	70	68	68	75	65	61	60	60
16	115	100	94	92	92	100	87	82	80	80
25	149	129	122	119	119	127	110	104	101	101
35	185	161	151	148	148	158	137	129	126	126
50	225	196	184	180	180	192	167	157	153	153
70	289	251	237	231	231	246	214	201	196	196
95	352	306	288	281	281	298	259	244	238	238
120	410	356	336	328	328	346	301	283	276	276
150	473	411	387	378	378	399	347	327	319	319
185	542	471	444	433	433	456	396	373	364	364
240	641	557	525	512	512	538	468	441	430	430
300	741	644	607	592	592	621	540	509	496	496

표 4-30 단심형 CV(0.6/1 [kV]) 허용전류[F]

[도체허용온도 : 90 [℃], 주위온도(기중) : 30 [℃], 단위 : A]

공칭 단면적 [mm2]	전선수(평형밀착시공) [※ 1회로가 2본(단상)인 것과 3본(삼상)인 것의 예이다]									
	2C×1	2C×2	2C×3	2C×4	2C×5	3C×1	3C×2	3C×3	3C×4	3C×5
25	161	140	132	128	128	141	122	115	112	112
35	200	174	164	160	160	176	153	144	140	140
50	242	210	198	193	193	216	187	177	172	172
70	310	269	254	248	248	279	242	228	223	223
95	377	328	309	301	301	342	297	280	273	273
120	437	380	358	349	349	400	348	328	320	320
150	504	438	413	403	403	464	403	380	371	371
185	575	500	471	460	460	533	463	437	426	426
240	679	590	556	543	543	634	551	519	507	507
300	783	681	642	626	626	736	640	603	588	588
400	940	817	770	752	752	868	755	711	694	694
500	1,083	942	888	866	866	998	868	818	798	798
630	1,254	1,091	1,028	1,003	1,003	1,151	1,001	943	920	920

표 4-31 단심형 CV(0.6/1 [kV]) 허용전류[F]

[도체허용온도 : 90 [℃], 주위온도(기중) : 30 [℃], 단위 : A]

공칭 단면적 [mm2]	전선수(삼각배열시공) [※ 1회로가 3본(삼상)인 것으로 삼각 배열한 것의 예이다]									
	3C×1	3C×2	3C×3	3C×4	3C×5	3C×6	3C×7	3C×8	3C×9	3C×10
25	135	117	110	108	108	106	106	105	105	105
35	169	147	138	135	135	133	133	131	131	131
50	207	180	169	165	165	163	163	161	161	161
70	268	233	219	214	214	211	211	209	209	209
95	328	285	269	262	262	259	259	255	255	255
120	383	333	314	306	306	302	302	298	298	298
150	444	386	364	355	355	350	350	346	346	346
185	510	443	418	408	408	402	402	397	397	397
240	607	528	497	485	485	479	479	473	473	473
300	703	611	576	562	562	555	555	548	548	548
400	823	716	674	658	658	650	650	641	641	641
500	946	823	775	756	756	747	747	737	737	737
630	1,088	946	892	870	870	859	859	848	848	848

■ 허용전류 간략화

KS C IEC60364-5-52에 의한 배선공사 방법에 따른 전선의 종류별 허용전류의 선정이 간편하도록 간략화하면 표 4-32와 같으며, 간략화 이외의 적절한 방법의 사용을 제외한 것은 아님

표 4-32 허용전류 간략화(구리도체)

공사방법	절연체의 종류와 부하도체의 수																
A1	PVC 2본	PVC 3본	XLPE 2본	XLPE 3본													
A2					XLPE 2본	XLPE 3본											
B1							PVC 2본	PVC 3본	XLPE 2본	XLPE 3본							
B2											XLPE 2본	XLPE 3본					
E													XLPE 2C	XLPE 3C			
F															XLPE 2본	XLPE 3본 (3각형)	XLPE 3본 (밀착)
단면적																	
1.5	14.5	13.5	19	17	18.5	16.5	17.5	15.5	23	20	22	19.5	26	23	–	24	–
2.5	19.5	18	26	23	25	22	24	21	31	28	30	26	36	32	–	33	–
4	26	24	35	31	33	30	32	28	42	37	40	35	49	42	–	45	–
6	34	31	45	40	42	38	41	36	54	48	51	44	63	54	–	58	–
10	46	42	61	54	57	51	57	50	75	66	69	60	86	75	–	80	–
16	61	56	81	73	76	68	76	68	100	88	91	80	115	100	–	107	–
25	80	73	106	95	99	89	101	89	133	117	119	105	149	127	161	135	141
35	99	89	131	117	121	109	125	110	164	144	146	128	185	158	200	169	176
50	119	108	158	141	145	130	151	134	198	175	175	154	225	192	242	207	216
70	151	136	200	179	183	164	192	171	253	222	221	194	289	246	310	268	279
95	182	164	241	216	220	197	232	207	306	269	265	233	352	298	377	328	342
120	210	188	278	249	253	227	269	239	354	312	305	268	410	346	437	382	400
150	240	216	318	285	290	259	–	–	–	–	–	–	473	399	504	441	464
185	273	245	362	324	329	295	–	–	–	–	–	–	542	456	575	506	533
240	321	286	424	380	386	346	–	–	–	–	–	–	641	538	679	599	634
300	367	328	486	435	442	396	–	–	–	–	–	–	741	621	783	703	736
400	–	–	–	–	–	–	–	–	–	–	–	–	–	–	940	823	868
500	–	–	–	–	–	–	–	–	–	–	–	–	–	–	1,083	946	998
630	–	–	–	–	–	–	–	–	–	–	–	–	–	–	1,254	1,088	1,151

【비고】1. 이 표의 도체허용온도는 PVC는 70℃, XLPE는 90℃이고, 주위온도는 기중 30℃임.

2. 상기의 도체허용온도에 따라 IV·VV·CVV(0.6/1[kV])는 PVC에 준하고, CV(0.6/1[kV]), HIV(450/700 [V])는 XLPE에 준함.

3. 전선이 3C의 경우라도 심선 1개가 중성선인 경우 단상회로는 2C로 보며, 전선이 4C의 경우라도 심선 1개가 중성선인 경우 3상회로는 3C로 봄.

4. 단심케이블과 다심케이블의 구분은 공사방법 종류에 의하여 선정하며, 본 표에 의하여 성정이 곤란한 경우는 표 20~32에 의하거나 KS C IEC 60364-5-52(2004) 등에 의할 것.

표 4-33 IV전선 VV케이블의 허용전류

규격[㎟]	허용전류[A]	
IEC	2C	4C
2.5	30	25
4	40	34
6	51	43
10	70	60
16	94	80
25	119	101
35	148	126
50	180	153
70	232	196
95	282	238
120	328	276
150	379	319
185	434	364
240	514	430
300	593	497

표 4-34 CV케이블의 허용전류(가공용)

규격[㎟]	허용전류[A]	
IEC	2C	4C
2.5	36	32
4	49	42
6	63	54
10	86	75
16	115	100
25	149	127
35	185	158
50	225	192
70	289	246
95	352	298
120	410	346
150	473	399
185	542	456
240	641	538
300	741	621

표 4-35 전선관 내 수납 전선수에 따른 전류감소계수

<table>
<tr><th rowspan="3">일 관내의
전선 본 수</th><th colspan="3">전류감소계수</th><th rowspan="3">비고</th></tr>
<tr><th rowspan="2">기술기준</th><th colspan="2">제조업체</th></tr>
<tr><th>금속관</th><th>결질비닐</th></tr>
<tr><td>3본 이하</td><td>0.70</td><td>0.70</td><td>0.60</td><td rowspan="4">경질비날관의
경우는 인접하는
전력선에 의한
전자적인 불평형을
고려하여
산정한 것임</td></tr>
<tr><td>4본</td><td>0.63</td><td>0.63</td><td>0.53</td></tr>
<tr><td>5~6본</td><td>0.56</td><td>0.56</td><td>0.46</td></tr>
<tr><td>7본 이상</td><td>0.49</td><td>0.49</td><td>0.38</td></tr>
</table>

표 4-36 절연체 종류별 허용온도 보정계수

<table>
<tr><th rowspan="2">절연체의 종류</th><th rowspan="2">주위온도 30[℃]
이하일 때
보정계수</th><th rowspan="2">전류감소계수</th><th colspan="2">절연물의 최고 허용온도[℃]</th></tr>
<tr><th>연속시</th><th>단락시</th></tr>
<tr><td>가교폴리에틸렌</td><td>1.14</td><td>$R=\sqrt{\frac{90-\Theta}{30}}$</td><td>90</td><td rowspan="3">230</td></tr>
<tr><td>부틸고무</td><td>1.29</td><td>$R=\sqrt{\frac{80-\Theta}{30}}$</td><td>80</td></tr>
<tr><td>에틸렌
프로필렌고무</td><td>1.29</td><td>$R=\sqrt{\frac{80-\Theta}{30}}$</td><td>80</td></tr>
<tr><td>폴리에틸렌
내열비닐</td><td>1.22</td><td>$R=\sqrt{\frac{75-\Theta}{30}}$</td><td>75</td><td>140</td></tr>
<tr><td>일반용비닐(IV)</td><td>1.0</td><td>$R=\sqrt{\frac{60-\Theta}{30}}$</td><td>60</td><td>120</td></tr>
<tr><td>내열비닐(HIV)</td><td>1.22</td><td>$R=\sqrt{\frac{75-\Theta}{30}}$</td><td>75</td><td>120</td></tr>
<tr><td>천연고무</td><td>1.0</td><td>$R=\sqrt{\frac{60-\Theta}{30}}$</td><td>60</td><td>150</td></tr>
<tr><td rowspan="2">규소고무절연
유리편조</td><td>1.41</td><td>$R=\sqrt{\frac{90-\Theta}{30}}$</td><td>90</td><td rowspan="2">높은온도 :
전선의
온도상승이
주위에 유해한
영향을 미칠
위험이 없고</td></tr>
<tr><td>2.24</td><td>$R=\sqrt{\frac{180-\Theta}{30}}$</td><td>180</td></tr>
</table>

600[V] 불소수지절연	1.27	$R=\sqrt{\frac{90-\Theta}{30}}$	90	사람이 접촉할 우려가 없는 장소에는 각각 높은 절연체의 허용온도
	2.15	$R=\sqrt{\frac{200-\Theta}{30}}$	200	

2. 전압강하와 허용전압강하율

전선에 전류가 흐르면 전선의 임피던스와 이 전류에 의하여 전원측(송전단) 전압보다 부하측(수전단) 전압이 낮아지는데, 이 전원단 전압과 부하단 전압과의 차를 전압강하라 하며, 이 전압강하와 수전단 전압과의 백분율의 비 [%]를 전압강하율이라 한다. 이러한 전압강하에 의하여 부하의 공급전압이 정격전압보다 1 [%] 낮아지는 경우 다음과 같은 출력저하현상이 발생하므로 영향을 적게 하기 위해서는 전압강하를 낮추도록 도체의 굵기를 크게 하여야 하나 이는 경제적 부담을 크게 하므로 이 두 조건을 만족하는 조건(분기회로 2 [%] 이내)이 되도록 하는 것이 바람직하다.

① 형광등의 광속이 1~2 [%] 감소
② 유도전동기의 출력이 2 [%] 감소
③ 전열기의 열량이 2 [%] 감소

$$
\begin{aligned}
e &= V_s - V_r \\
&= kw\{(IR\cos\Phi + IX\sin\Phi) + j(IX\cos\Phi - IR\sin\Phi)\} \\
&= kw(IR\cos\Phi + IX\sin\Phi) \\
&\quad \because\ (IR\cos\Phi + IX\sin\Phi) \gg (IX\cos\Phi - IR\sin\Phi) \\
&= kwI(R\cos\Phi + X\sin\Phi)\,[\mathrm{V}]
\end{aligned}
$$

여기서 e : 전압강하 [V]
L : 전선의 길이 [m]
I : 부하전류 [A]
A : 사용전선의 단면적 [㎟]
R : 단위 길이당 선로 저항 [Ω /m]
X : 단위 길이당 선로 리액턴스 [Ω /m]
kw : 전기방식에 따른 전압강하계수

[참고] 단상2선식에서 선로저항과 전압강하의 관계식

$$전압강하(e) = 2IR$$

$$= 2I \times \frac{1}{58} \times \frac{100}{C} \times \frac{L}{A} = \frac{35.6LI}{1,000A} \text{ [V]}$$

여기서 R : 전선 1가닥의 단위길이당 저항 [Ω /m]

L : 전선 1가닥의 길이 [m]

표 4-37 전기방식에 따른 전압강하계수

전기방식	kw
교류 단상2선식, 직류2선식	2
교류 단상3선식 또는 3상4선식, 직류3선식	1
3상3선식	$\sqrt{3}$

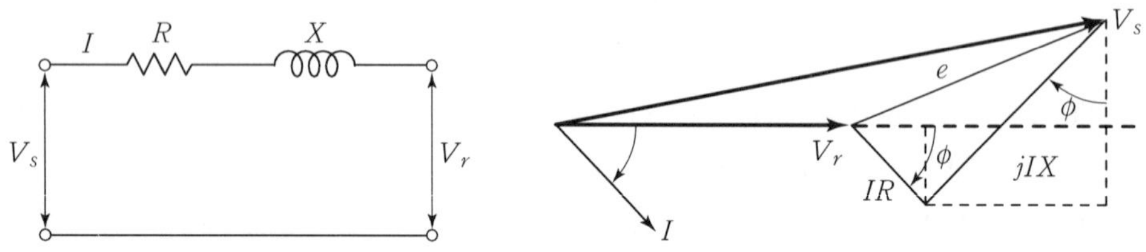

(a) 기본회로 (b) 벡터도(ϕ: 역률각)

그림 4-11 전압강하

(1) 전압강하

전선에 전류가 흐르면 전선의 임피던스와 이 전류에 의하여 전원측 전압보다 부하측 전압이 낮아지는데, 이 전원단 전압과 부하단 전압과의 차를 전압강하라 한다.

부하기기에 대한 영향을 작게 하기 위해서는 전압강하를 낮추도록 전선의 굵기를 크게 하여야 한다. 그러나 경제적인 부담이 매우 크므로 일반적으로 간선 및 분기회로의 전압강하를 2 [%] 이내로 하는 것을 원칙으로 하고 있다.

표 4-38 전압강하 및 전선단면적을 구하는 공식

전기방식	전압강하	전선단면적
단상2선식 및 직류2선식	$e=\dfrac{35.6LI}{1,000A}$	$A=\dfrac{35.6LI}{1,000e}$
단상3선식, 3상4선식 직류3선식	$e'=\dfrac{17.8LI}{1,000A}$	$A=\dfrac{17.8LI}{1,000e'}$
3상3선식	$e=\dfrac{30.8LI}{1,000A}$	$A=\dfrac{30.8LI}{1,000e}$

주) 1. 3상4선식 및 3상3선식의 경우 평형부하인 것으로 본다.
2. 전선의 도전율을 97 [%]로 본다.
3. e : 각 선간의 전압강하 [V]
e' : 각상의 전압선과 중성선 사이의 전압강하 [V]
L : 부하의 중심거리 [m], $L=\sum l\cdot i/I$ [m] (l : 각 부하까지의 거리, i : 각 부하의 전류)
A : 전선의 단면적 [mm^2]
I : 전부하전류 [A]

(2) 허용전압강하율

전압강하와 수전단 전압과의 백분율의 비 [%]를 전압강하율이라 한다.

$$\epsilon=\frac{V_s-V_r}{V_r}\times 100$$

여기서, ε : 전압강하율 [%]
Vs : 송전단전압 [V]
Vr : 수전단전압 [V]

한국전기설비규정(KEC 232-3-9) 수용가 설비에서는 수용가설비의 인입구로부터 기기까지의 전압강하는 아래의 표 4-39 값 이하이여야 한다.

표 4-39 수용가설비의 전압강하

설비의 유형	조명[%]	기타[%]
A - 저압으로 수전하는 경우	3	5
B - 고압 이상으로 수전하는 경우(α)	6	8

(α) 가능한 한 최종회로 내의 전압강하가 A 유형의 값을 넘지 않도록 하는 것이 바람직하다. 사용자의 배전설비가 100 [m]를 넘는 부분의 전압강하는 미터 당 0.005 [%]를 증가할 수 있으나 이러한 증가분은 0.5 [%]를 넘지 않아야 한다.

표 4-40 길이 60 [m]를 초과하는 경우의 전압강하

공급변압기의 2차측 단자 또는 인입선 접속점에서 최원단의 부하까지의 전선길이[m]	전압강하[%]	
	사용장소 안에 시설된 전원변압기에서 공급하는 경우	전기사업자로부터 저압으로 전기를 공급받는 경우
60 [m] 이하	3 [%] 이하	2 [%] 이하
120 [m] 이하	5 [%] 이하	4 [%] 이하
200 [m] 이하	6 [%] 이하	5 [%] 이하
200 [m] 초과	7 [%] 이하	6 [%] 이하

예제 4-2 분전반에서 50 [m] 거리에 4 [kW]의 교류단상 200 [V] 전열기를 설치하여 전압강하를 2 [%] 이내가 되도록 하기 위한 전선의 굵기를 계산하여라.

풀이 $e = 200 \times 0.02 = 4[\text{V}]$, $P = VI\cos\theta$ 에서 전열기의 역률이 1이므로

$$I = \frac{4 \times 10^3}{200 \times 1} = 20[\text{A}]$$

$$A = \frac{35.6LI}{1,000e} = \frac{35.6 \times 50 \times 20}{1,000 \times 4} = 8.9[\text{mm}^2]$$

그러나 금속관에 배선하므로 전류감소계수 0.7(3본 이하)을 적용하여야 하므로

$\frac{8.9}{0.7} = 12.71[\text{mm}^2]$, 따라서 표준규격인 16 [$\text{mm}^2$]를 적용한다.

예제 4-3 공급점에서 30 [m]의 지점에 80 [A], 45 [m] 지점에 50 [A], 60 [m] 지점에 30 [A]의 부하가 있을 때 부하중심까지의 거리를 산출하여 전압강하를 고려한 전선의 굵기를 결정하고자 할 때 부하중심까지의 거리 [m]는?

풀이 식 $L = \frac{\sum li}{I}$ 에서 $L = \frac{30 \times 80 + 45 \times 50 + 60 \times 30}{80 + 50 + 30} = 40.35$

따라서 부하중심까지의 거리는 40.35 [m]이다.

3. 기계적 강도

케이블이나 버스덕트에는 통전시의 열신축, 지진이나 단락시의 기계적인 응력이 가해지게 되므로 이 값이 어느 정도 되는가를 예측하여 케이블의 종류, 부설방법, 고정방법 등을 결정해야 한다.

(1) 열 적 용 량

일반적인 부하전류에 의한 줄열은 도체의 온도를 상승시키지만 외기의 온도차에 의하여 절연물을 통해 외부로 발산하게 된다.

그러나 수 [sec] 이하의 매우 큰 단락전류가 통전될 때는 도체에 발생한 열이 도체의 온도를 상승시키는데, 이로 인하여 도체가 용단될 우려가 있다.

(2) 단락전류에 의한 전자력

평행 두 도체에 전류가 흐르면 전자력이 발생하게 되는데 전류가 같은 방향인 경우 흡인력이, 반대방향인 경우 반발력이 작용한다.

$$F = k \times 2.04 \times 10^{-8} \times \frac{I_m^2}{D} \text{ [kg/m]}$$

여기서 I_m : 전류파고값 [A]

D : 케이블 중심간격 [m]

k : 케이블 배열에 따른 상수(0.866~0.809)

(3) 신 축

부하전류의 변동에 의해 케이블의 온도가 변화하여 도체나 절연체의 신축이 생기고 이로 인하여 케이블 피복의 마모와 접속부의 이완 등을 초래할 수 있게 된다. 이러한 신축에 대비하여 버스덕트에 적당한 개소에 익스팬션(Expansion) 부분을 만들어야 한다.

[참고] **옥내배선의 최소굵기(전기설비기술기준)**

① 저압간선 : 2.5 [mm^2] 이상의 연동선

② 고압간선 : 6 [mm^2] 이상의 연동선

4-5-2 간선의 부하용량 산정(KEC 부록 230-3)

간선 설계시 우선적으로 부하용량의 산정이 선행되어야 한다. 부하용량 산정방법으로는 표준부하밀도법과 실부하 집계법 등이 있다.

1. 표준부하밀도법(W/㎡법 = VA/㎡법)

건축물의 용도 및 별도 계산할 부분에 해당하는 표준부하밀도를 구하고, 여기에 건물 각 부분의 면적을 곱하여 부하를 산정하는 방법이다.

$$부하설비용량[VA] = 부하밀도[VA/m^2] \times 연면적[m^2]$$

(1) 건물의 종류에 의한 표준부하

표 4-41 건물종류별 표준부하

건물의 종류	표준부하[VA/㎡]	비고
공장, 공회당, 사원, 교회, 극장, 영화관, 연회장	10	내선규정
기숙사, 여관, 호텔, 병원, 음식점, 다방, 목욕탕, 학교	20	
주택, 아파트, 사무실, 은행, 상점, 백화점, 이·미용실	30	
빌딩	15~40	기술계산핸드북

(2) 건물(주택, 아파트는 제외) 중 별도 계산할 부분의 표준부하

표 4-42 건축물의 부분 부하표

건물의 부분	표준부하[VA/㎡]
복도, 계단, 세면장, 창고, 다락	5
강당, 관람석	10

(3) 표준부하로 산출한 수치 외에 별도 가산하여야 할 [VA] 수

① 주택, 아파트(1세대당)에 대해서는 500~1,000 [VA]

② 상점의 쇼우윈도우에 대해서는 길이 1 [m]당 300 [VA]

③ 옥외의 광고등, 전광사인, 네온사인 등의 [VA] 수

④ 극장, 댄스홀 등의 무대조명, 영화관 등 특수 전등부하의 [VA] 수

(4) 표준부하로 산출할 때 예상이 곤란한 전등 수구, 콘센트 등이 있는 경우 다음의 부하를 가산(단, [㎡]를 [VA/평]으로 하려면 3.3을 곱한다)한다.

표 4-43 예상이 곤란한 전등 수구, 콘센트 등이 있는 경우 가산 값

수구의 종류	예상부하[VA/㎡]
소형 전등수구, 콘센트	150
대형 전등수구	300

[비고] 전등수구의 종류는 다음과 같다.

소형 : 공칭지름이 26mm의 베이스인 것

대형 : 공칭지름이 39mm의 베이스인 것

(5) 옥내배선에 대한 간선 서례를 할 때에 전등 및 소형 전기기계기구의 용량 합계가 10 [KVA]를 넘으면 10 [KVA]를 넘는 부분에 대해서는 다음의 수용률을 적용한다.

표 4-44 등부하 수용률

건물의 종류	수용률[%]	
	10[KVA] 이하	10[KVA] 초과
주택, 아파트, 여관, 호텔, 병원	100	50
사무실, 학교, 은행	100	70

예제 4-4 전등 및 소형 전기기계기구의 설비용량이 30 [kVA], 대형 전기기계기구 5 [kVA]를 설치한 숙박시설(기숙사)인 경우 최대사용부하를 계산하여라.

풀이 건물의 종류가 기숙사이므로 적용 수용률은 50 [%]이다.

따라서 최대사용부하 P = 10 + (30 [kVA] − 10) × 0.5 + 5 [kVA] = 25 [kVA]

즉, 설비용량은 35 [kVA]이지만 최대사용부하(최대수요전력)는 25 [kVA]로 할 수 있다.

4-6 간선보호

4-6-1 보호원칙

전선의 과부하 및 단락고장이 발생하였을 때 전원을 자동으로 차단하는 하나 이상의 보호장치에 의해 보호해야 한다. 그림 4-12는 과전류에 의한 전선의 전류용량 특성과 배선용차단기 및 퓨즈의 시간/전류 동작특성은 나타냈으며 또한 보호협조의 조건을 나타낸 것이다.

1. 과부하보호

① 전선의 과부하 보호점(1.45 Iz)에 근거한 보호장치의 정격전류(In) 선정

② 기동전류를 고려한 규약동작전류의 특성 검토

2. 단락보호

① 단기 허용온도 도달시간, 전동기 돌입전류, 회로 최대고장전류 등 단락보호장치 선정 근거 제시

과부하에 대해 간선이나 분기회로(케이블, 절연전선)를 보호하는 과전류 차단기의 동작 특성은 아래 2가지 조건을 충족해야 한다.

1조건 : $I_B \leq I_n \leq I_Z$

2조건 : $I_2 \leq 1.45 \times I_Z$

여기서,

I_B : 회로의 설계전류

I_Z : 케이블의 허용전류

I_n : 보호장치의 정격전류

I_2 : 보호장치가 규약시간 이내에 유효하게 동작하는 것을 보장하는 전류

출처 : 감전 및 과전류 보호 설계방법에 대한 기술지침

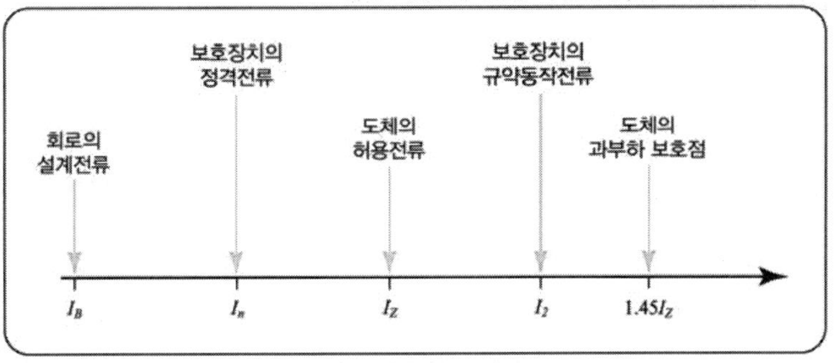

과부하 보호협조 조건

3. 지락보호

전력계통회로에서 지락사고로 인하여 발생할 수 있는 감전사고, 폭발 및 화재 또는 전기기기의 손상 등을 방지하기 위해 사용전압이 50 [V]를 넘는 저압의 기계기구를 사람이 쉽게 접촉할 우려가 있는 장소에 시설하는 경우에는 이 기계기구에 전기를 공급하는 전로에 지락사고시 자동차단하는 장치를 설치하도록 전기설비기술기준에서 규정하고 있다. 또한 특고압전로 또는 고압전로에 변압기에 의해 결합되는 사용전압 400 [V] 이상의 저압전로에는 발·변전소와 이와 준하는 장소에 설치하는 것을 제외하고는 지락시에 전로를 자동차단하는 지락보호장치를 설치하도록 규정하고 있다.

저압회로의 지락보호에는 다음과 같은 것이 있다.

① ELB
② GPT+OVGR(영상전압 검출방식)
③ 접지형 콘덴서(GSC)+GR(영상전류 검출방식)
④ GPT+ZCT+DGR+OVGR(영상전압과 영상전류의 방향성[위상]에 의해 동작)

4-6-2 과전류보호장치의 종류 및 특성

1. 과전류보호장치

① 배선차단기[MCCB] ② 퓨즈[Fuse] ③ 누전차단기[ELB]

2. 배선차단기〔MCCB〕

배선용 차단기는 전로보호에 사용하는 과전류 차단기이며, 개폐기 차단장치를 몰드함 내에 일체로 결합한 것이며, 전로를 수동 또는 외부 전기조작에 의해 개폐할 수 있는 동시에 과전류, 단락시 자동으로 전로를 차단하는 기구로서 MCCB(Moulded Case Circuit Breake)라고 부르며, 개폐기구, 과전류 트립장치, 소호장치, 접점, 단자, 몰드 케이스로 구성되어 있다.

표 4-45 과전류트립 동작시간 및 특성

정격전류의 구분	시간	정격전류의 배수(모든 극에 통전)	
		부동작 전류	동작 전류
63[A] 이하	60분	1.05배	1.3배
63[A] 초과	120분	1.05배	1.3배

표 4-46 과전류차단기의 정격

산업용 배선차단기의 정격전류[A]
16
20
25
32
40
50
63
80
100

(2) 주택용 배선차단기

주택용 배선차단기는 표 4-47 및 그림 4-12에 적합한 것이어야 한다. 일반인이 접촉할 우려가 있는 장소(세대내 분전반 및 유사한 장소)에는 주택용 배선차단기를 시설하여야 한다.

표 4-47 과전류트립 동작시간 및 특성(주택용)

정격전류의 구분	시간	정격전류의 배수(모든 극에 통전)	
		부동작 전류	동작 전류
63[A] 이하	60분	1.13배	1.45배
63[A] 초과	120분	1.13배	1.45배

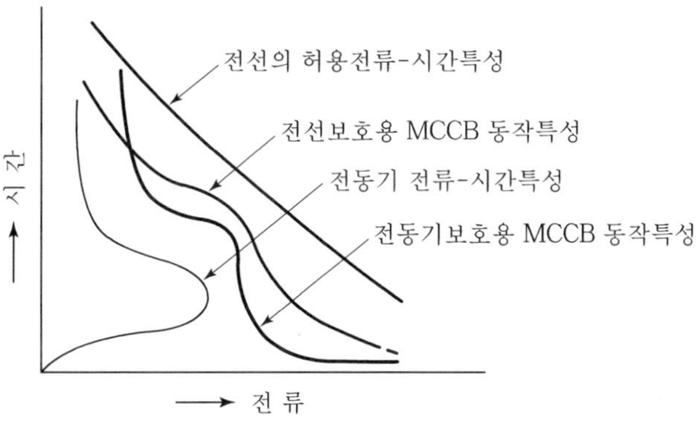

그림 4-12 배선용 차단기의 동작특성

주) 정격전류의 1배의 전류로 자동적으로 동작하지 않을 것

3. 퓨즈〔Fuse〕

과전류차단기로 저압전로에 사용하는 범용의 퓨즈(「전기용품 및 생활용품 안전관리법」에서 규정하는 것을 제외한다)는 표 4-48 에 적합한 것이어야 한다.

표 4-48 퓨즈(gG)의 용단특성

정격전류의 구분	시 간	정격전류의 배수	
		불용단전류	용단전류
4 [A] 이하	60분	1.5배	2.1배
4 [A] 초과 16 [A] 미만	60분	1.5배	1.9배
16 [A] 이상 63 [A] 이하	60분	1.25배	1.6배
63 [A] 초과 160 [A] 이하	120분	1.25배	1.6배
160 [A] 초과 400 [A] 이하	180분	1.25배	1.6배
400 [A] 초과	240분	1.25배	1.6배

(1) 퓨즈의 특징

① 대전류를 고속도로 한류차단한다.
② 가격이 저렴하다.
③ 결상의 우려가 있다.
④ 전류-시간특성을 조정할 수 없다.
⑤ 재투입할 수 없다.
⑥ 주위온도 영향을 받는다.
⑦ 용단시 과전압 발생의 위험이 있다.

4. 누전차단기(ELB : Earth Leakage Breaker)

누전차단기는 전로에 지락이나 누전이 일어났을 경우 이를 감지하여 사고점을 전로로부터 신속·정확하게 차단하므로 감전이나 전기화재를 예방할 목적으로 사용되는 기기이다.

(1) 누전차단기의 동작기능

표 4-49 누전차단기의 동작원리

동작의 종류	동작원리
지락시	• 지락 → ZCT검출 → 증폭 → 구동 → 트립(전자식)
과부하시	• 내장된 Mechanism을 이용하여 검출
테스트버튼	• 지락회로를 구성하여 고의로 영상전류 발생
Surge시	• 서지흡수회로가 내장되어 서지전압이 인가되지 않는다.

(2) 구성

표 4-50 누전차단기의 구성

장 치	내 용
소호장치	전류차단시 발생하는 아크를 소호하는 장치
과전류 트립장치	과전류 발생시 이를 검출 차단하는 장치
개폐기구	투입과 차단을 행하는 장치
테스트버튼	누전차단기의 차단특성을 확인 점검하는 장치
누전 트립장치	ZCT로 누전을 검출 차단하는 장치

(3) 누전차단기 설치장소

① 금속제 외함을 가지는 사용전압이 50 [V]를 넘는 저압의 기계기구를 사람이 쉽게 접촉할 우려가 있는 곳에 시설하는 것에 전기를 공급하는 전로에는 이 전로에 지기가 발생한 경우에 자동적으로 전로를 차단하는 장치를 설치하여야 한다.

② 다음 각 호의 전로에는 자동복구 기능을 갖는 누전차단기를 설치할 수 있다.

㉮ 독립된 무인 통신중계소·기지국

㉯ 관련 법령에 의해 일반인의 출입을 금지 또는 제한하는 곳

㉰ 옥외의 장소에 무인으로 운전하는 통신중계기 또는 단위기기 전용회로. 단, 일반인이 특정한 목적을 위해 지체하는(머물러 있는) 장소로서 버스정류장, 횡단보도 등에는 시설할 수 없다.

③ IEC 표준을 도입한 누전차단기로 저압전로에 사용하는 경우 일반인이 접촉할 우려가 있는 장소(세대내 분전반 및 이와 유사한 장소)에는 주택용 누전차단기를 시설하여야 한다.

④ TN-C 계통에는 누전차단기를 사용해서는 안 된다.

⑤ TT 계통은 누전차단기를 사용하여 고장보호를 하여야 한다.

[참고] 계통접지에서 사용되는 문자의 정의

① 제1문자 : 전원계통과 대지 관계

㉮ T[Terre] : 한점을 대지에 직접접지

㉯ I [Insulated] : 모든 충전부를 대지와 절연 또는 높은 임피던스를 통하여 한점을 대지에 직접접속

② 제2문자 : 전기설비의 노출도전부와 대지 관계

㉮ T[Terre] : 노출 도전부를 대지로 직접 접속 또는 전원계통으 접지와는 무관

㉯ N[Neutral] : 노출 도전부를 전원계통의 접지점(교류 계통에서는 통상적으로 중성점, 중성점이 없는 경우는 선도체)에 접속

③ 제3문자 : 중성점과 보호도체의 배치

㉮ S[Seperated] : 중성선 또는 접지된 선도체 외에 별도의 도체에 의해 제공되는 보호기능

㉯ C[Combined] : 중성선과 보호기능을 한 개의 도체로 겸용(PENehcp)

(4) 설치의 필요성

그림 4-13에서처럼 전동기 절연물의 절연열화로 지락사고가 발생하였다고 가정하고 인체저항을 1,000 [Ω], 인체 허용감전전류를 30 [mA]라 하면 허용접촉전압 V_g는 $1,000 \times 30 \times 10^{-3} = 30$ [V]가 되는데, 인체접촉전압이 30 [V]를 넘으면 안 된다.

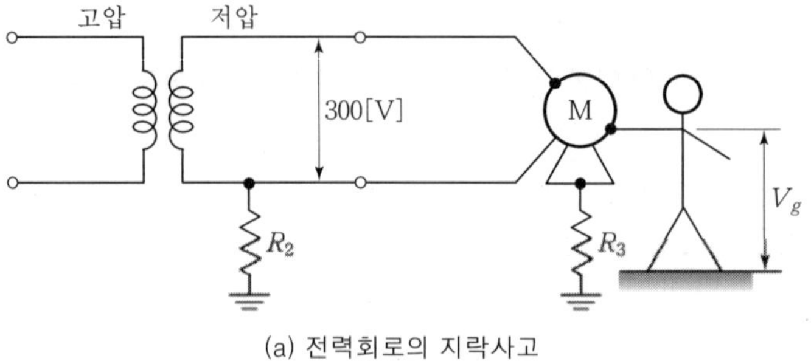

(a) 전력회로의 지락사고

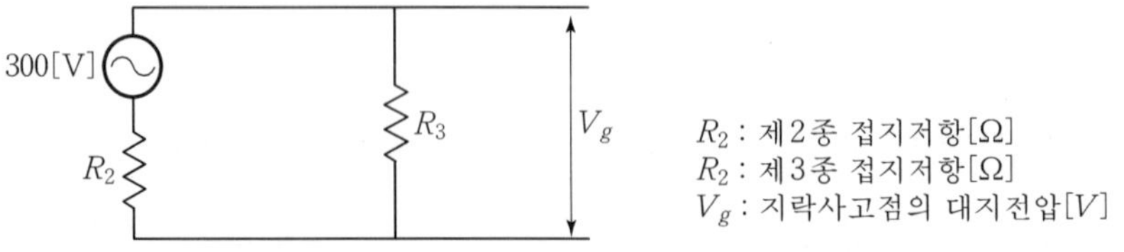

(b) 등가회로

그림 4-13 전력회로의 지락사고 상정도

$$V_g = \frac{300}{R_2 + R_3} \times R_3$$

$$R_3 = \frac{R_2}{9}\ [\Omega]$$

따라서, 이와 같이 제 3 종 접지저항을 매우 낮게 하도록 하여야 한다. 그러나 이렇게 낮은 저항을 얻기 위해서는 많은 접지공사비가 소요되고, 유지·보수 또한 어렵게 된다. 따라서 감전재해 및 전기화재 방지를 목적으로 누전차단기를 설치할 필요가 있다.

(5) 누전차단기의 구조 및 동작특성

① 구 성

ⓐ 소호장치 : 전류를 차단할 때 발생하는 아크를 소호하는 장치

ⓑ 과전류 트립장치 : 회로에 과전류가 흐를 경우 검출하여 차단하는 장치

ⓒ 누전 트립장치 : 회로에 지락이 발생한 경우 ZCT가 불평형전류(영상전류)를 검출하여 트립 코일을 여자시켜 차단하는 장치

ⓓ 개폐기구 : 개폐를 행하는 기계장치(레버)

ⓔ 시험버튼 : 누전차단기의 성능을 확인, 점검할 수 있는 시험장치

② 구 조

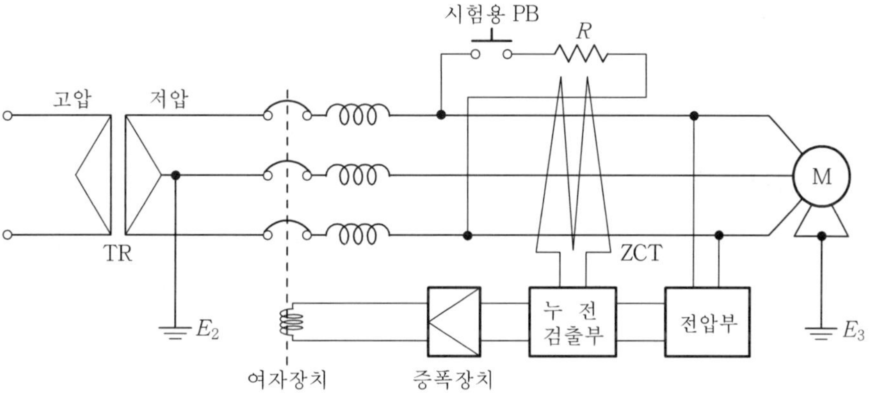

그림 4-14 누전차단기의 구조

③ 동작특성

ⓐ 지락시

- 지락이 발생하면 ZCT의 2차측에 전압유기한다.
- 이때 유기된 전압이 미소하므로 전압을 증폭한다.
- 증폭된 전압이 사이리스터를 구동한다.

• 전자장치를 여자하여 누전차단기를 차단한다.

ⓑ 과부하 및 단락시 : 내장된 기계장치를 이용하여 과부하 및 단락사고를 검출하여 차단한다.

4-6-3 지락보호방식

저압회로의 지락사고로 인하여 감전사고와 누전재해가 발생하는데 이를 방지하기 위해서 전기설비기술기준 제45조에서 저압회로의 지락보호장치 설치를 의무화하고 있다.

지락보호의 목적은 감전방지, 폭발방지 및 전기기기의 손상방지에 있는데 그 어느 것도 기술적으로 충분히 만족시키지는 못한다.

한편 지락전류의 크기는 회로의 영상임피던스가 접지방식의 구성에 따라 상이하고 사고점의 임피던스 크기와 함께 수 [mA]에서 수 [kA] 범위로 분포되어 있으나 감전방지는 수 [mA] 이상으로 하고 화재방지는 100 [mA] 이상의 기준을 설정하고 있다.

저압회로의 지락보호방식의 종류는 다음과 같다.

① 보호접지방식

② 과전류차단방식

③ 누전검출방식

④ 누전경보방식

⑤ 절연변압기방식 등

(1) 보호접지방식

감전방지를 주목적으로 한 것으로 기계기구의 금속제 외함이나 배선용 금속관, 금속덕트 등을 저저항값으로 접지함으로써 전로에 지락이 생겼을 때 이것들에 발생하는 접촉전압을 허용값 이하로 억제하는 방식이다.

$$r = \frac{V_g R_2}{E - V_g} \ [\Omega]$$

여기서 r : 보호접지저항 [Ω]

V_g : 접지점의 대지전압 [V]

R_2 : 제 2 종 접지저항 [Ω]

E : 저압전로의 대지전압 [V]

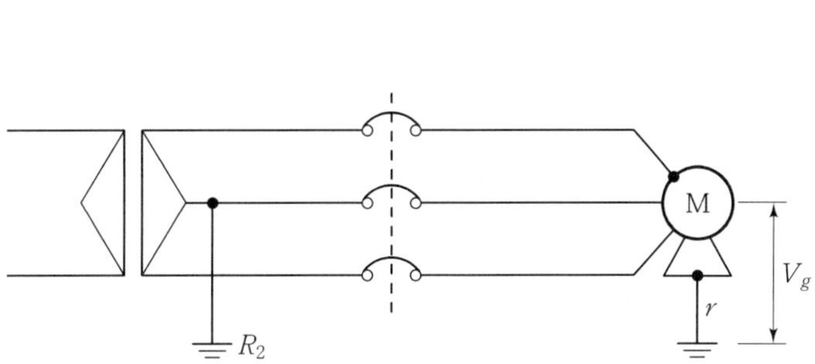

그림 4-15 지락사고의 상정도

표 4-51 허용접촉전압에 따른 보호접지의 종류와 저항값

종 류	허용접촉전압 [V]	접지저항 [Ω]
제 1 종 보호접지	2.5 이하	$r \leqq \frac{2.5}{E-2.5} R_2$
제 2 종 보호접지	25 이하	$r \leqq \frac{25}{E-25} R_2$
제 3 종 보호접지	50 이하	$r \leqq \frac{50}{E-50} R_2$
제 4 종 보호접지	제한 없음	$r \leqq 100$

(2) 과전류 차단방식

전로의 손상방지를 주목적으로 단락 및 과전류보호기에 의해 지락보호를 하는 것으로서 저압간선 및 발전소, 변전소 등의 소내회로에 채용된다. 이 방식의 필요조건으로 보호기가 고속도로 동작하기 위한 충분한 지락전류를 얻어야 하기 때문에 전로와 병행된 접지전용선을 설치하거나 금속관이나 금속덕트를 전기적으로 완전하게 접속하여 접지전용선을 대신하도록 하고 있다.

(3) 누전검출방식

전로에 지락이 생겼을 때 발생하는 영상전류 또는 영상전압을 검출하여 차단하는 방식으로서 일반적으로 감전보호로 이 방식을 지칭하며, 검출방법에 따라 전류동작형, 전압동작형 및 전압·전류동작형이 있다.

① 전류동작형 : 영상변류기(ZCT)와 지락과전류계전기(OCGR)를 사용해서 지락사고를 검출하는 방식으로 가장 많이 사용하고 있다(누전차단방식).

② 전압동작형 : 지락사고시 기기의 외함 등 전로에 속하지 않는 도전부와 기존 대지 간에 발생하는 고장전압을 검출하는 방식이다.

③ 전압·전류동작형 : PT와 CT 또는 GPT와 ZCT 등으로 과전압계전기(OVR)와 과전류계전기(OCR) 및 지락과전압계전기(OVGR)와 지락방향계전기(DGR) 등을 사용하여 지락고장을 검출하는 방식이다.

(4) 누전경보방식

비상등회로와 같이 지락사고시 회로를 차단하는 경우 안전확보가 어려운 설비에 많이 사용되며, 지락시 회로를 차단하지 않고 경보를 발하여 운전자에게 통보하는 방식이다.

(5) 절연변압기방식

절연변압기를 사용하여 보호대상 전로를 비접지식 또는 단독의 중성점 접지식 전로로 함으로써 접촉전압을 억제하는 방식이다.

4-7 간선의 고조파전류

고조파란 기본주파수의 정수배 주파수를 갖는 전압, 전류를 말하며 제 n 고조파라 하는 것은 기본파의 n배 주파수라고 정의할 수 있다.

왜형파는 하나의 기본파와 그 정수배의 주파수를 갖는 고조파의 합성파로서 고조파는 다음과 같은 식으로 표현할 수 있다.

$$F(t) = a_0 + \sum_{n=1}^{\infty} a_n \sin wt + \sum_{n=1}^{\infty} b_n \cos wt$$

여기서 a_0는 왜형파교류의 직류분, $a_1 \sin wt$ 및 $b_1 \cos wt$항은 왜형파 $F(t)$의 기본파라 한다.

왜형파의 질을 나타내는 수치로는 종합전압왜형률(THD : Total Harmonic Distortion) 및 고조파함유율(HF : Harmonic Factor) 등이 있고 계산식은 다음과 같다.

$$\text{THD} = \frac{\sqrt{V_2^2 + V_3^2 + \cdots + V_n^2}}{V_1}$$

$$\text{HF} = \frac{V_n}{V_1} \times 100\,[\%]$$

여기서 V_1 : 기본파전압의 실효값, V_n : 제 n 차 고조파전압의 실효값

4-7-1 고조파의 발생과정과 형태

전력변환장치 중 가장 일반적으로 사용되는 3상 브리지정류기에서의 고조파 발생과정과 고조파의 형태에 대하여 살펴보도록 하자.

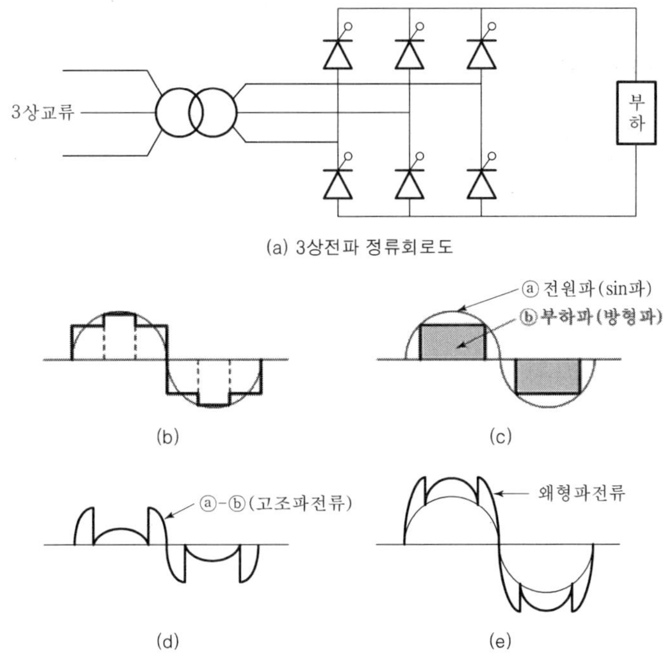

그림 4-16 3상 브리지정류기 부하전류파형의 예

4-7-2 고조파전류의 계산

전력변환장치에 의하여 발생하는 고조파전류의 차수는

$$n = mP \pm 1 (m = 1, 2, 3, 4, \cdots\cdots)$$

여기서 n : 발생 고조파전류의 차수, P : 펄스수

이고, 발생하는 고조파전류의 크기 I_n은 다음과 같다.

$$I_n = K_n \frac{I_1}{n} \text{ [A]}$$

여기서 I_n : n차 고조파전류, I_1 : 기본파전류

n : 고조파 차수, K_n : 고조파 저감계수

4-7-3 고조파전류의 발생원인

① 변환장치에 의한 고조파

변환장치[정류기, 인버터, VVVF 등] 내의 Power Electronics에 의한 고조파는 2차 부하측의 DC, AC변환시 구형파가 전원으로 유입되어 발생한다.

② 아크로에 의한 고조파

3상단락 혹은 2상단락, 아크 끊김과 같은 극단적인 변동의 ARC로 사용이 반복될 때 발생, 제3고조파가 현저하며 변압기 델타결선해도 흡수 안 된다.

③ 회전기에의한 고조파

회전기 내의 Slot에 의한 Slot하모닉스로서, 고차수 고조파로 발생량이 미소하여 문제시 안 된다.

④ 변압기에의한 고조파

변압기의 자화특성(히스테리시스 현상)으로 변환전류의 위상차로 인한 여자전류내 고조파가 함유됨, 특히 제3고조파가 주성분임.

⑤ 과도현상(전압의 순시 동요, 계통서지, 개폐기의 개폐등 일시적인 현상)

⑥ 전력용콘덴서와 전원측 유도성 리액턴스의 공진

고조파의 직접 발생원인은 아니나 전원측 유도성 리액턴스와 콘덴서의 용량성 리액턴스가 직, 병렬 공진시 전력용 콘덴서로 유입된 고조파의 확대현상을 초래함.

⑦ 송전선로의 코로나

코로나 방전은 전위경도 30 [kv/cm] 초과시 교류전압의 반파마다 전압의 최대치 부근에서 발생하여 고조파 전압, 전류 발생됨.

4-7-4 고조파전류의 영향

1. 유도장해

(1) 정전유도

정전유도(Electro Static Induction)전압은 전력선로의 영상전압과 통신선간의 상호정전용량의 불평형으로 통신선에 유도되는 전압을 말하며, 이 정전유도장해는 평상시에도 발생한다.

여기서 전력선의 전위를 E_a, E_b, E_c, 통신선의 유도전압을 E_s, 전력선과 통신선간의 정전용량을 C_a, C_b, C_c, 통신선의 대지정전용량을 C_s라 하고 각각의 전류를 I_a, I_b, I_c, I_s라고 하면

$$I_a + I_b + I_c = I_s$$

즉,

$$\omega C_a(E_a - E_s) + \omega C_b(E_b - E_s) + \omega C_c(E_c - E_s) = \omega C_s E_s$$

$$E_s = \frac{C_a E_a + C_b E_b + C_c E_c}{C_a + C_b + C_c + C_s}$$

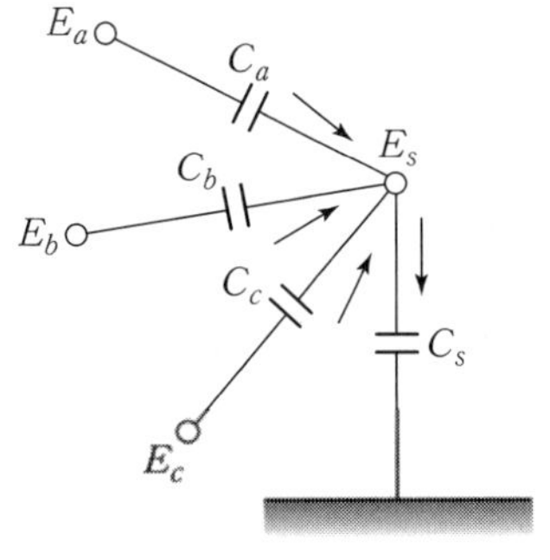

그림 4-17 정전유도관계

(2) 전자유도

전력선의 영상전류와 통신선 사이의 전자적인 결합에 의하여 통신선에 유도되는 전압을 전자유도(Electro Magnetic Induction)전압이라 하며, 이 전압에 의해 통신종사자의 위해를 끼치거나 통신유도장해를 야기한다.

$$\begin{aligned} E_m &= -j\omega M(I_a + I_b + I_c)L \\ &= -j\omega M(3I_0)L \end{aligned}$$

여기서 L : 전력선과 통신선의 병행길이 [m], M : 상호인덕턴스 [H/m]

2. 고조파공진 유발

전력계통 내에서 발생한 고조파전류는 계통 또는 부하의 고조파 임피던스에 따라서 분류하여 유입되므로 일반적으로 발생한 고조파보다 작아지나 전력선에 대지정전용량, 전력용 콘덴서 등의 용량성 리액턴스와 송전선, 변압기, 전동기 등의 유도성 리액턴스가 고조파전류의 차수에 대해 병렬공진 현상을 일으킬 경우 공진주파수의 고조파성분의 전압왜곡이 확대될 수 있다.

3. 계통기기에 영향

표 4-52 고조파 장해의 피해 내용

기 기 명	영 향
Power Fuse	과대한 고조파전류에 의한 용단
변 압 기	철심의 자기왜곡현상에 의한 소음이 발생하고, 동손 및 철손의 증가에 따라 용량이 감소
발 전 기	역상전류에 의한 회전자 표면의 과열, 손상
콘덴서 및 리액터	고조파전류에 의한 임피던스의 공진현상 발생에 따른 과대전류가 흘러 과열, 소손 및 진동, 이상음 발생
유도전동기	고조파전류에 의해 토크의 진동이 발생, 회전수의 주기적 변동 및 철손, 동손의 증가
케 이 블	3상4선식의 중성선이 고조파전류에 의해 과열(표피효과)
형 광 등	고조파전류에 의하여 과대전류가 역률개선용 콘덴서 및 초크 코일에 흘러 과열 손상
보조계전기	위상변화에 따른 오동작, 전류코일의 소손
계기용 변성기	정밀도 저하
전자계산기	계산기의 오동작
적산전력계	전압, 전류의 유효자속이 비선형 특성에 따라 측정오차 발생, 고조파전류의 과대한 유입에 따른 전류코일 소손
라디오, TV	잡음
Pocket Bell	오급(誤扱)
각종 제어장치	제어신호의 엇갈림으로 인한 오동작(위상 흔들림)

4-7-5 고조파전류의 저감대책

1. 변환기의 다(多)펄스화(수용가측)

고조파전류 억제방법 중 가장 이상적인 방법이다.

그러나 변압기 대수 증가, 사이리스터(Thyristor) 소자수의 증가로 공간이나 설비비가 증가한다.

2. 계통의 단락용량 증대(계통측)

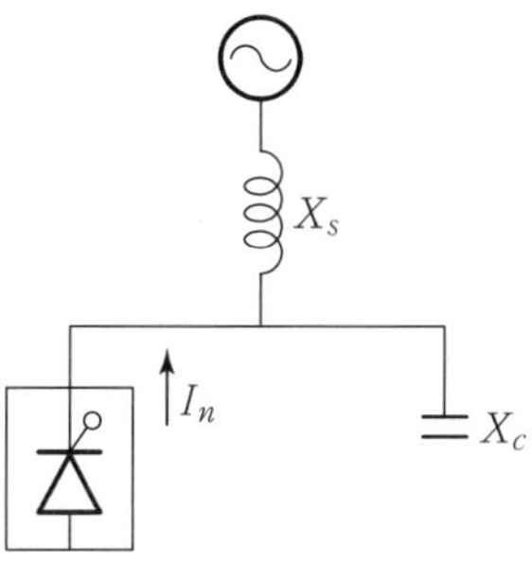

그림 4-18

계통에 공진차수 n은 다음과 같다.

$$n = \sqrt{\frac{1}{\omega^2 LC}} = \sqrt{\frac{1}{\omega L \cdot \omega C}}, \qquad n = \sqrt{\frac{P_S}{Q_C}}$$

여기서 n : 공진차수, P_S : 단락용량, Q_S : 콘덴서용량

즉, 단락용량이 클수록 공진차수가 커지므로 고조파 억제효과를 얻게 된다.

3. 계통 분리(수용가측, 계통측)

고조파부하용 변압기나 배전선을 일반부하용과 분리하여 전용화함으로써 일반부하에 대한 고조파의 영향을 줄인다.

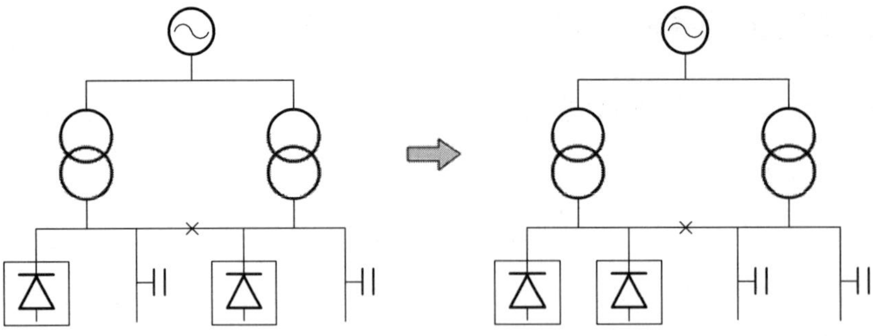

그림 4-19 계통의 분리

4. 변압기의 델타결선(수용가측)

△결선 된 변압기에 제3고조파(영상성분)전류가 유입되면, 이 제3고조파 전류는 위상과 크기가 같기 때문에 이 변압기에서 빠져나가는 선전류에는 영상성분인 제3고조파 전류가 ZERO가 되어 고조파전류 억제 효과를 얻게 된다.

5. 필터 설치(수용가측)

부하단 근처에 저임피던스회로(L-C 동조필터, 고차수필터)를 설치하여 고조파전류를 그 회로에 흡수하도록 하거나 Active 필터를 설치하여 고조파를 상쇄시켜 제거한다.

① 교류필터

콘덴서와 리액터로 고조파전류를 흡수하는 장치.
구성이 간단하고, 취급 및 보수가 용이한 설비.
특정 주파수에는 큰 효과가 있는 반면 분로를 만들지 않는 주파수의 개선효과는 낮고, 역률 개선효과가 있다.
경제적이다

② 액티브필터

인버터기술을 응용해서 부하와 역위상의 고조파를 발생시켜 고조파를 제거하는 장치.
변동하는 고조파에 대응할 수 있고, 전압변동, 전압플리커의 저감에도 효과적이다.
모든 조파에 대해 효과가 있지만 비교적 고차고조파의 개선효과는 낮다.

③ 하이브리드파워필터

교류필터와 액티브필터 각각의 특성 모두 가진 장치.

교류필터가 흡수하는 고조파전류를 인버터로 제어하기 때문에 높은 필터효과 얻음.

설치비 교류필터와 액티브필터 중간 정도.

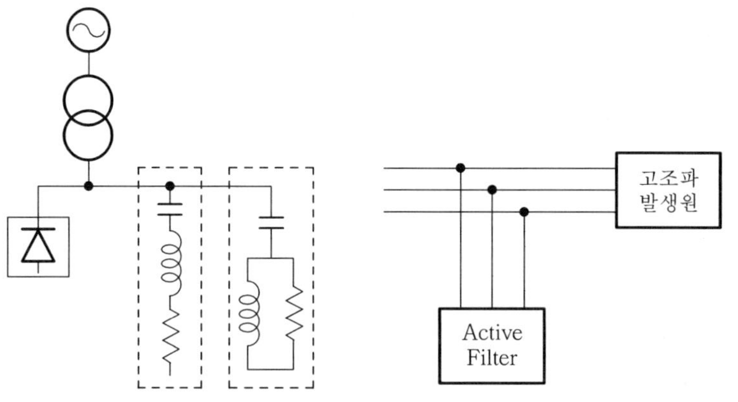

그림 4-20

4-8 분 전 반

분전반(Pannel Board)은 배전반(Switch Board)으로부터 각 간선에서 배선을 분기하는 개소에 설치하는데, 분기회로용 개폐기와 자동차단기로 구성되어 있다.

분전반을 설치할 경우 고려할 사항은 다음과 같다.

① 분전반은 부하의 중심에 위치하는 것이 바람직하며 미관을 고려하여 복도 또는 EPS실 등에 설치한다.

② 분전반 1개가 담당하는 전력공급면적은 1,000 [m^2]가 적당하며, 공급반지름은 20~30 [m] 정도로 하여 전압강하나 유지·관리면에서 용이하도록 한다.

③ 1개의 분전반 내에 분기회로수는 예비회로를 포함하여 40회로(단, 2P의 것은 20회로) 이하로 하여 예비회로는 당초 사용회로의 30 [%] 정도로 한다.

④ 매입형 분전반일 때는 분전반이 벽 속에 충분히 매입되도록 벽두께를 충분히 고려하여 벽면에 갈라짐이 발생하지 않도록 한다.

⑤ 분전반은 보수·점검이 용이하도록 부근에 가구나 기타 물건 등이 놓이지 않는 장소에 설치하여야 한다.

⑥ 분전반의 간격은 벽의 마무리 공사상 60 [mm] 이상 이격시키도록 한다.

⑦ 하나의 분전반 내에 사용전압이 각각 다른 개폐기를 시설할 경우 중간에 격벽을 설치하거나 주개폐기의 색깔을 다르게 하여 오접속에 의한 사고를 미연에 방지한다.
⑧ 분전반에는 전기설비기술기준에 따라 적절한 접지공사를 하여야 한다.

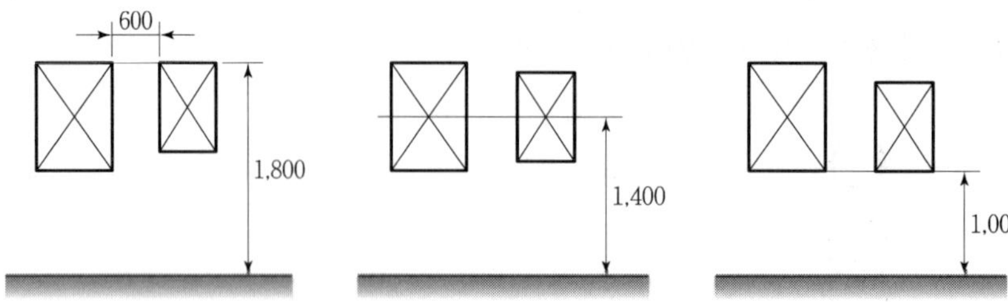

그림 4-21 분전반의 설치높이

[참고] EPS(Electric Pipe Shaft)실

① 연면적 1,000 [m^2], 3층 이상되는 건물에 샤프트(Shaft)를 설치하도록 한다.
② 되도록 부하중심 부근에 설치한다.
③ 간선 및 분기회로의 배선의 출입이 자유로운 곳이 좋다.
④ 점검 또는 작업공간을 확보하여야 한다(60 [cm] 이상).
⑤ Int.B S. 빌딩에서는 충분한 크기의 샤프트를 확보하도록 하는 것이 좋다.
⑥ 점검구는 점검자와 장비의 출입이 충분한 크기를 확보하고 을종방화문 이상으로 하며 벽, 바닥 등은 내화구조로 구획한다.

예제 4-5 내선규정에서 정한 배전반 및 분전반의 설치장소는?

풀이 ① 전기회로를 쉽게 조작할 수 있는 장소
② 개폐기를 쉽게 개폐할 수 있는 장소
③ 노출된 장소
④ 안정된 장소

4-9 분기회로

분기회로란 저압옥내간선으로부터 분기하여 분기과전류차단기를 거쳐 각 부하에 전력을 공급하는 배선을 말한다.

즉, 모든 부하는 분기회로에 의하여 전력을 공급받는데, 이 분기회로의 사용목적을 보면 다음과 같다.

① 전기기기를 안전하게 사용하기 위하여

② 고장 발생시 파급되는 범위를 최소화하기 위하여

③ 신속한 복귀를 위하여

1. 분기회로의 종류

표 4-53 분기회로의 종류

<table>
<tr><th>분기회로의 종류</th><th>분기과전류차단기의 정격전류</th></tr>
<tr><td>15 [A] 이하</td><td>정격전류가 15 [A] 이하인 과전류차단기</td></tr>
<tr><td rowspan="2">20 [A]</td><td>정격전류가 15 [A]를 초과하고 20 [A] 이하인 배선용차단기</td></tr>
<tr><td>정격전류가 15 [A]를 초과하고 20 [A] 이하인 과전류차단기(배선용차단기 제외)</td></tr>
<tr><td>30 [A]</td><td>정격전류가 20 [A]를 초과하고 30 [A] 이하인 과전류차단기</td></tr>
<tr><td>40 [A]</td><td>정격전류가 30 [A]를 초과하고 40 [A] 이하인 과전류차단기</td></tr>
<tr><td>50 [A]</td><td>정격전류가 40 [A]를 초과하고 50 [A] 이하인 과전류차단기</td></tr>
<tr><td>50 [A] 초과</td><td>배선의 허용전류 이하인 과전류차단기</td></tr>
</table>

2. 분기회로의 전선 굵기

표 4-54 분기회로의 전선 굵기

<table>
<tr><th>분기회로의 종류</th><th>저압 옥내배선의 굵기</th><th>하나의 나사 접속기, 하나의 소켓 또는 하나의 콘센트에서 그 분기점에 이르는 부분의 전선의 굵기</th></tr>
<tr><td>정격전류가 15 [A] 이하인 과전류차단기</td><td rowspan="2">단면적 2.5 [㎟] (미네럴인슈레이션 케이블은 단면적 1 [㎟])</td><td rowspan="2"></td></tr>
<tr><td>정격전류가 15 [A]를 초과하고 20 [A] 이하인 배선용차단기</td></tr>
<tr><td>정격전류가 15 [A]를 초과하고 20 [A] 이하인 과전류차단기 (배선용차단기 제외)</td><td>단면적 4[㎟] (미네럴인슈레이션 케이블은 단면적 1.5 [㎟])</td><td rowspan="2">단면적 2.5 [㎟] (미네럴인슈레이션 케이블은 단면적 1 [㎟])</td></tr>
<tr><td>정격전류가 20 [A]를 초과하고 30 [A] 이하인 과전류차단기</td><td>단면적 6 [㎟] (미네럴인슈레이션 케이블은 단면적 2.5 [㎟])</td></tr>
</table>

분기회로의 종류	저압 옥내배선의 굵기	하나의 나사 접속기, 하나의 소켓 또는 하나의 콘센트에서 그 분기점에 이르는 부분의 전선의 굵기
정격전류가 30 [A]를 초과하고 40 [A] 이하인 과전류차단기	단면적 10 [㎟] (미네럴인슈레이션 케이블은 단면적 6 [㎟])	단면적 4 [㎟] (미네럴인슈레이션 케이블은 단면적 1.5 [㎟])
정격전류가 40 [A]를 초과하고 50 [A] 이하인 과전류차단기	단면적 16 [㎟] (미네럴인슈레이션 케이블은 단면적 10 [㎟])	

3. 분기회로 수 선정

분기회로의 수는 사용전압 220 [V]의 15 [A], 20 [A](배선용 차단기에 한함)의 경우 부하설비용량을 3,300 [VA]로 나눈 것을 원칙으로 한다.

이때 계산상의 결과가 소수점 이하값을 갖는 경우는 절상하는 것으로 한다.

예제 4-6 부하의 사용전압이 220 [V]이고, 부하설비용량이 7,200 [VA]인 경우의 15 [A] 분기회로수는?

풀이 분기회로수 = 부하설비용량/3,300 [V] = 7,200/3,300 = 2.18

즉, 분기회로수를 3회로로 한다(단, 대형 전기기계기구는 전용 분기회로로 구성).

■ 부하설비용량의 산출 및 분기회로수의 계산 예

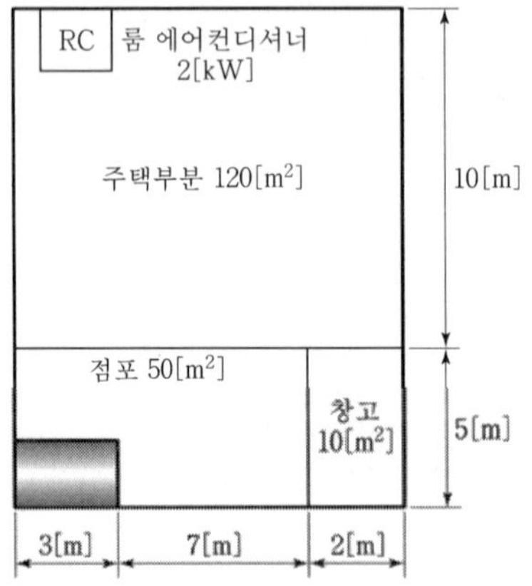

그림 4-22

P_1 : 주택부분의 바닥면적 120 [m^2]

P_2 : 점포부분의 바닥면적 50 [m^2]

A_1 : 30 [VA/m^2](주택), A_2 : 30 [VA/m^2](점포)

B : 5 [VA/m^2](창고), Q : 창고의 바닥면적 10 [m^2]

C_1 : 1,000 [VA](주택의 가산), C_2 : 900 [VA](진열장의 가산)

따라서 부하설비용량 합계는

$$\begin{aligned} & P_1A_1 + P_2A_2 + QB + C_1 + C_2 \\ & = 120\times30 + 50\times30 + 10\times50 + 1,000 + 900 \\ & = 7,050[\mathrm{VA}] \end{aligned}$$

설비부하 7,050 [VA]을 3,300 [VA]로 나누어 회로수를 구한다(단, 110 [V] 회로인 경우는 1,650 [VA]로 나누어 분기회로수를 산출한다).

$$7,050 \div 3,300 = 2.14$$ (소수점을 절상하여 3회로로 한다)

또한 2 [kW]의 룸 에어컨디셔너가 설치되어 있으므로 1회로를 추가하여 4회로가 된다.

예제 4-7 연면적이 150 [m^2]의 주택이 있다. 이때 전등전열용 부하는 25 [VA/m^2]이고 에어컨용의 20 [A] 콘센트 1개를 설치하려고 한다. 사용하는 전압이 단상 220 [V]이면 분전반의 분기회로수는?
단, 전등전열용 분기회로는 15 [A] 분기회로로 한다.

풀이 전등전열용 부하 = 연면적 × 부하밀도 = 150 × 25 = 3,750 [VA]

전등전열용 분기회로수 $= \dfrac{3,750}{220\times15} = 1.136$회로, 소수점 이하는 절상해야 하므로 2회로로 적용하고, 에어컨용을 별도로 1회로 적용하여

① 15A 분기회로 : 2회로

② 20A 분기회로 : 1회로

4. 분기회로 과전류보호장치의 설치 규정

(1) 설치위치

과부하보호장치 설치 위치는 전로 중 도체의 단면적, 특성, 설치방법, 구성의 변경으로 도체의 허용전류 값이 줄어드는 곳(이하 분기점이라 함)에 설치해야 한다. 과전류 보호장치는 전로 중 도체의 허용전류 값이 줄어드는 분기점에 설치해야 한다.

(2) 설치위치의 예외

① 과부하 보호장치는 분기점(O)에 설치해야 하나, 분기점(O)과 분기회로의 과부하보호장치의 설치점 사이의 배선 부분에 다른 분기회로나 콘센트회로가 접속되지 않고, 다음 중 하나를 충족하는 경우에는 변경이 있는 배선에 접속할 수 있다.

-. 분기회로(S2)의 과부하보호장치(P2)의 전원측에 다른 분기회로 또는 콘센트의 접속이 없고, 분기회로에 대한 **단락보호가 이루어지고 있는 경우** 과부하보호장치(P2)는 분기회로의 분기점(O)으로부터 부하측으로 거리에 구애받지 않고 이동하여 설치할 수 있다.

-. 분기회로(S2)의 보호장치(P2)는 보호장치(P2)의 전원측에서 분기점(O) 사이에 다른 분기회로 또는 콘센트의 접속이 없고, **단락위험과 화재 및 인체에 대한 위험성이 최소화** 되도록 시설된 경우 분기회로의 보호장치(P2)는 분기회로의 **분기점(O)으로부터** 3 [m]까지 이동하여 설치할 수 있다.

4-10 전로의 절연

전로의 전선 상호간 및 전로와 대지간에 충분히 절연하지 않으면 누설전류로 인하여 감전사고, 화재사고 등이 일어날 위험이 있고 전력손실이 발생한다. 따라서 전로는 대지로부터 절연하여 사용하도록 전기설비기술기준에서 규정하고 있으며 전로의 절연유지를 위하여 절연저항측정과 절연내력시험 등을 행하고 있다(전기공작물의 절연성 판정법).

1. 저압전로의 절연저항

전기사용 장소의 사용전압이 저압인 전로의 전선 상호간 및 전로와 대지 사이의 절연저항은 개폐기 또는 과전류차단기로 구분할 수 있는 전로마다 표 4-55에서 정한 값 이상이여야 한다. 다만, 전선 상호간의 절연저항은 기계기구를 쉽게 분리가 곤란한 분기회로의 경우 기기 접속 전에 측정할 수 있다. 또한, 측정시 영향을 주거나 손상을 받을 수 있는 SPD 또는 기타 기기 등 측정 전에 분리시켜야 한고, 부득이하게 분리가 어려운 경우에는 시험전압을 DC 250 [V]로 낮추어 측정할 수 있지만 절연저항 값은 1 [MΩ] 이상이여야 한다.

[참고] SPD(surge protector) : 서지 보호기

표 4-55 저압전로의 사용전압별 절연저항 값

전로의 사용전압[V]	DC 시험전압[V]	절연저항[MΩ]
SEL V 및 PEL V	250	0.5
FELV. 500 [V] 이하	500	1.0
500 [V] 초과	1,000	1.0

[주] 특별저압(extra low voltage : 2ck 전압이 AC 50V, DC 120V 이하)으로 SELV(비접지회로 구성) 및 PELV(접지회로 구성)은 1차와 2차가 전기적으로 절연된 회로, FELV는 1차와 2차가 전기적으로 절연되지 않은 회로

또한 저압전로 중 절연부분의 전선관과 대지간 및 전선의 심선 상호간의 절연저항은 사용전압에 대한 누설전류가 최대 공급전류의 1/2,000을 넘지 않도록 하여야 한다. 이와 같이 저압전로의 누설전류로서 절연의 정도를 규정하였으므로 주상변압기의 용량으로부터 최대공급전류를 구하고, 이것을 2,000으로 나누어 최대누설전류를 계산한 다음에 사용전압을 누설전류로 나누면 절연저항이 된다.

2. 절연내력

절연을 절연내력 시험에 의하여 확인하는 것은 실험할 곳에 최대사용전압에 의하여 결정되는 시험전압을 계속 10분간 인가하여 이에 견디어야 한다.

(1) 고압 및 특고압의 전로

고압 및 특고압의 전로는 표 4-56에서 정한 시험전압을 대지간(다심케이블은 심선 상호간 및 심선과 대지간)에 연속하여 10분간 인가하여 절연내력을 시험하였을 때에 이에 견디어야 한다. 또한 케이블을 사용하는 교류전로는 표에서 정한 시험전압의 2배의 직류전압을 전로와 대지간에 연속하여 10분간 가하여 절연내력을 시험할 수 있다. 장거리 송전선의 케이블은 정전용량이 크기 때문에 교류시험하는 경우 대용량의 전원설비가 필요하게 되므로 정전용량의 영향을 받지 않는 직류시험이 유리하다.

표 4-56 고압 및 특고압 전로의 절연내력

전로의 종류	시험전압
1. 최대사용전압이 7,000 [V] 이하인 전로	최대사용전압의 1.5배의 전압
2. 최대사용전압이 7,000 [V] 초과 25,000 [V] 이하인 중성점 접지식 전로(중성선을 가지는 것으로서 그 중성점을 다중접지하는 것에 한한다)	최대사용전압의 0.92배의 전압
3. 최대사용전압이 7,000 [V] 초과 60,000 [V] 이하인 전로(2란을 제외한다)	최대사용전압의 1.25배의 전압 (10,500 [V] 미만으로 되는 경우는 10,500 [V]
4. 최대사용전압이 60,000 [V]를 초과하는 중성점 비접지식 전로(전위변성기를 사용하여 접지하는 것을 포함한다)	최대사용전압의 1.25배의 전압
5. 최대사용전압이 60,000 [V]를 초과하는 중성점 접지식 전로(전위변성기를 사용하여 접지하는 것 및 6란과 7란의 것을 제외한다)	최대사용전압의 1.5배의 전압 (75,000 [V] 미만으로 되는 경우는 75,000 [V]
6. 최대사용전압이 60,000 [V]를 조과하는 중성점 직접접지식 전로(7란의 것을 제외한다)	최대사용전압의 0.72배의 전압
7. 최대사용전압이 170,000 [V]를 초과하는 중성점 접지식 전로로서 중성점이 직접 접지되어 있는 발전소 또는 변전소 혹은 이에 준하는 장소에 시설한 것)	최대사용전압의 0.64배의 전압
8. 최대사용전압이 60,000[V]를 초과하는 정류기에 접속되고 전로	교류측 및 직류 고전압측에 접속되고 있는 전로는 교류측의 최대사용전압의 1.1배의 직류전압
	직류측 중성선 또는 귀선이 되는 전로(이하 이장에서 "직류 저압측 전로"라 한다)는 아래에 규정하는 계산식에 의하여 구한 값 E = 1/2×0.5×1.2×V

1. 최대사용전압이란 보통의 운전상태에서 그 회로에 가해지는 선간전압의 최대값을 말한다.
2. V : 역변환기의 전류 실패 시 중성선 또는 귀선이 되는 전로에 나타나는 교류성 이상전압의 파고값

(2) 회전기 및 정류기의 절연내력

회전기 및 정류기는 표 4-57에서 정한 시험전압을 연속하여 10분간 가하여 절연내력을 시험하였을 때에 이에 견디어야 한다. 다만, 회전변류기 이외의 교류 회전기로 표에서 정한 시험전압의 1.6배의 직류전압으로도 시험할 수 있다.

표 4-57 회전기 및 정류기의 절연내력

<table>
<tr><th colspan="3">종 류</th><th>시험전압</th><th>시험방법</th></tr>
<tr><td rowspan="3">회전기</td><td rowspan="2">발전기·전동기·조상기·기타 회전기(회전변류기를 제외한다)</td><td>최대사용전압 17 [KV] 이하</td><td>최대사용전압의 1.5배의 전압(500 [V] 미만으로 되는 경우에는 500 [V])</td><td rowspan="3">권선과 대지 사이에 연속하여 10분간 가한다.</td></tr>
<tr><td>최대사용전압 17 [KV] 초과</td><td>최대사용전압의 1.25배의 전압(10,500 [V] 미만으로 되는 경우에는 10,500 [V])</td></tr>
<tr><td colspan="2">회전변류기</td><td>직류측의 최대사용전압의 1배의 교류전압(500 [V] 미만으로 되는 경우에는 500 [V])</td></tr>
<tr><td rowspan="2">정류기</td><td colspan="2">최대사용전압의 60 [KV] 이하</td><td>직류측의 최대사용전압의 1배의 교류전압(500 [V] 미만으로 되는 경우에는 500 [V])</td><td>충전부분과 외함 간에 연속하여 10분간 가한다.</td></tr>
<tr><td colspan="2">최대사용전압의 60 [KV] 초과</td><td>교류측의 최대사용전압의 1.1배의 교류전압 또는 직류측의 최대사용전압의 1.1배의 직류전압</td><td>교류측 및 직류고전압측 단자와 대지 사이에 연속하여 10분간 가한다.</td></tr>
</table>

4-11 간선의 부설방법

간선의 부설방법은 건물의 형태 및 간선용 배선재료에 따라 달라진다. 일반적으로 간선 1계통에서는 수평부설부분과 수직부설부분이 있다.

전선이나 케이블은 수평부설부분으로 바닥에 설치된 배선용 피트, 천장에서 내려온 금속덕트, 케이블 래크 또는 전선관 등을 이용하여 부설한다. 버스덕트는 그 자체가 금속덕트와 조합되어 있으므로 천장에서 수직으로 사용한다. 수직부설부분은 일반적으로 배선용 샤프트 내에 포설하지만 소규모 간선일 때는 벽 내부에 매입한 금속관을 통해서 배선한다.

4-11-1 전선관 사용방식

전선관에는 합성수지관, 금속관, 가요전선관 등이 있는데, 모두 전기설비기술기준에 따라 시설하여야 한다.

1. 합성수지관 공사

합성수지계인 경질비닐관은 대형 아파트 등의 주거용 건물에 적용하여 시공하고 있다.

(1) 합성수지관 공사의 특징

① 절연성이 좋아 누전의 위험성이 없다.
② 가공이 용이하고 가볍다.
③ 가격이 저렴하고 전체공사비가 적게 든다.
④ 습기나 물기에 대한 절연성이 뛰어나고 화학적으로 안정하여 부식의 우려가 없다.
⑤ 금속관에 비하여 기계적 강도가 작다.
⑥ 온도에 의한 열팽창계수가 크다.
⑦ 배관 내 전선의 허용전류가 금속관에 비해 작다.

(2) 시공상의 유의사항

① 합성수지관 내의 배선은 절연전선을 사용한다.
② 합성수지관 내에는 전선의 접속점을 만들어서는 안 된다.
③ 전선의 지름이 3.2 [mm]를 넘는 것은 반드시 연선으로 하여야 한다.
④ 합성수지관 공사배선은 중량물의 압력이나 심한 기계적 충격을 받을 우려가 있는 장소에는 시설하여서는 안 된다.
⑤ 콘크리트 속에 매입할 때는 건물의 강도를 감소시키지 않도록 집중배관을 피하도록 한다.
⑥ 온도변화에 따른 신축을 고려하여 옥외 노출공사는 피하도록 한다.

2. 금속관 공사

금속관의 두께는 콘크리트 내에 묻어서 사용하는 경우 두께 1.2 [mm] 이상, 그 외의 것은 두께 1.0 [mm] 이상이어야 한다.

(1) 금속관 공사의 특징

① 접지가 잘되어 누전 등에 의한 화재발생의 위험이 적고, 단락되어도 불꽃이 외부에 전달되지 않아 전기화재의 위험이 적다.
② 금속관으로 전선을 보호하고 있기 때문에 외부로부터 손상될 위험이 적다.
③ 증설 및 개수공사가 용이하다.
④ 방폭공사를 겸할 수 있으며 모든 전기공작물 시설장소에 적용할 수 있다.

(2) 시공시 유의사항

① 물기가 많은 장소에 적용할 경우에는 도금 및 방청도장 등의 부식에 대한 대책을 해야 한다.

② 철근콘크리트 구조물에 적용할 경우 배관이 콘크리트의 균열, 강도약화 등의 원인을 제공하지 않도록 하여야 한다.

③ 전선관을 구부려 시공할 경우 구배 반지름은 관안지름의 6배 이상 되어야 한다.

④ 금속관 각종 배관자재(Fitting류)등의 시공이 90° 를 넘는 각도를 4개소 이상 만들지 않도록 한다.

⑤ 금속관을 구부리는 개소가 많은 경우나 전선관의 길이가 30 [m]를 넘는 경우 Pull Box를 설치한다.

⑥ 금속관에 부설되는 전선의 크기와 가닥수 사이에는 전선의 절연피복을 포함한 총 단면적이 금속관 내 단면적의 1/3 이하가 되도록 한다.

⑦ 배관과 배관 사이에 접지를 확실히 한다.

[참고] 전선관의 굵기 선정

KS C IEC 61200-52(전기설비의 성정 및 설치-배선)의 521(배전설비의 종류의 521-6(전선관 시스템)에서 전선관 속에 시설된 회로의 설치 또는 교체(유지관리)를 위해 제시하고 있는 7가지 권고사항 중 d에 "케이블 또는 절연전선이 전선관의 전체 내부단면적의 1/3을 초과할 수 없다."라고 제시하고 있다. 본 규정을 제한하는 이유는 전선관 내 면적을 제한하지 않았을 때 전선의 허용전류를 적용하는데 근거가 없어지기 때문이다.

(3) 금속관 공사의 부속품

① 후강전선관

후강전선관은 강도를 필요로 하는 경우 또는 폭발성 가스나 부식성 가스가 있는 공장 등의 장소에 배관하고, 관의 호칭은 안지름으로 짝수로 표시하며 16, 22, 28, 36, 42, 54, 70, 82, 92, 104 [mm]의 각종 크기가 있다.

② 박강전선관

박강전선관은 일반적인 장소에 사용되며 관의 호칭을 바깥지름의 근사값으로 홀수로 표시하고 15, 19, 25, 31, 39, 51, 63, 75 [mm] 등 각종 크기가 있다.

③ 부 싱

전선관 끝부분에 고정하여 전선피복을 보호해주는 것이다.

④ 로크너트

전선관을 각종 배관함에 고정시켜주는 것이다.

⑤ 노멀벤드

전선관 배관설치시에 굴곡부분에 연결배관용으로 사용한다.

⑥ 콘크리트 박스

콘크리트 내의 매입배선용으로 아웃트렛 박스와 같은 목적으로 사용되나 밑판을 뗄 수 있으므로 슬래브배관의 경우 천장면에 박스나 관을 취부하기가 용이하다. 주형 4각, 8각 등 사용목적에 맞출 수 있는 여러 종류가 있다.

⑦ 아웃트렛 박스

전선 접속, 조명기구, 콘센트 등의 취부에 사용되고 중형 4각, 대형 4각 등 사용목적에 따라 여러 종류가 있다.

⑧ 유니버설 엘보(C형 엘보)

노출 배관공사에서 관을 직각으로 굽히는 곳에 사용하고 분기할 수 있는 T형과 4방향으로 분기할 수 있는 크로스형이 있다.

⑨ 터미널 캡, 엔트런스 캡

저압가공 인입선에서 금속관 공사로 옮겨지는 곳이나 금속관으로부터 전선을 인출하여 전동기 단자부분에 접속할 때 전선을 보호하기 위하여 관 끝에 취부한다.

⑩ 픽스처 하키

기구를 파이프로 매달 때 스탠드와 기구파이프 사이에 취부하고 옆 구멍으로 전선을 파이프 속에 넣을 수 있게 되어 있다.

⑪ 접지클램프

금속관과 접지선 사이의 접속에 사용한다.

⑫ 커플링(유니언 커플링)

금속관 사이를 접속할 때 사용하며, 전선관에 나사를 내고 접속하는 것과 나사를 내지 않고 접속하는 커플링이 있다.

⑬ 플로어 박스

바닥 밑으로 매입배선을 할 때, 콘센트 기타 바닥에 취부하는 기구를 취부할 때 또는 배선을 인출할 때 사용한다.

⑭ 패널 박스

패널을 벽에 고정할 때 사용한다.

⑮ 새 들

전선과 바깥지름에 맞추어 반원형으로 굽혀져 있어 관 고정작업에 사용된다.

⑯ 링 리듀서

금속관을 아웃트렛 박스 등의 녹아웃(Knock-Out)에 취부할 때 녹아웃의 지름이 관의 지름보다 큰 관계로 로크너트만으로 고정할 수 없을 때 보조적으로 사용한다.

부 싱

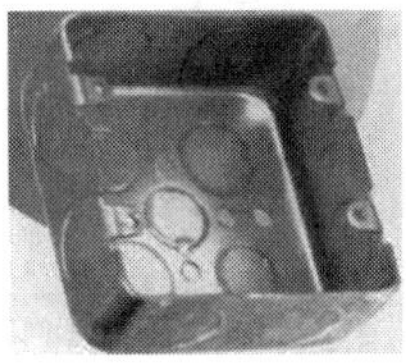
스위치 박스

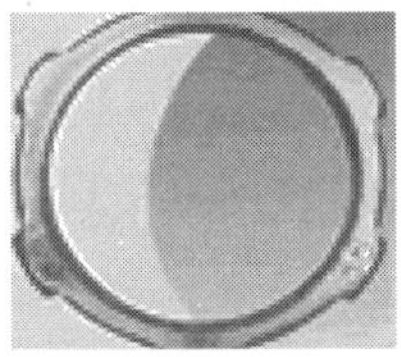
로크너트

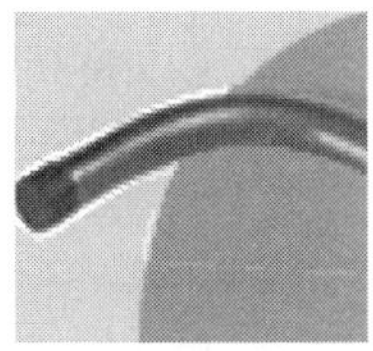
노멀벤드

커넥터

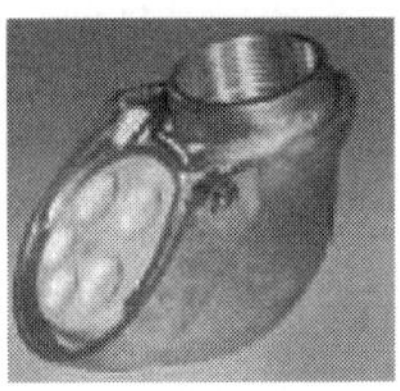
위셔 캡

유니언 커플링

커플링

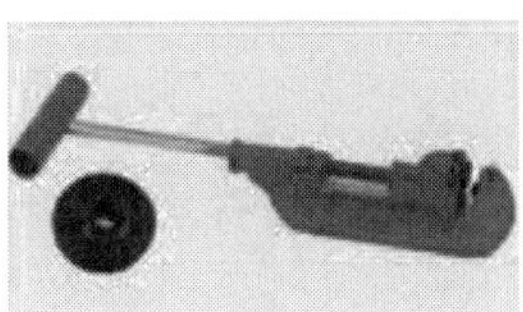
스틸파이프용 커터

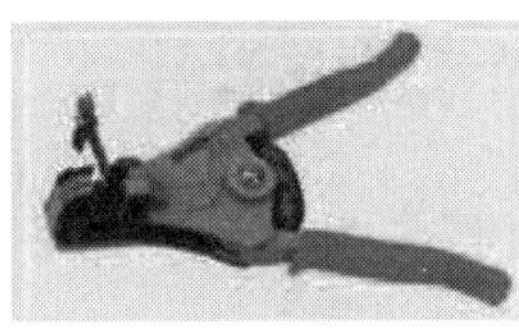
자동 스트리퍼

그림 4-23 금속관 공사의 부속품

[참고 1] 저압옥내배선의 시설장소별 공사의 종류

제218조 내지(제219조, 제220조) 제221조에 규정하는 장소 이외의 장소에 시설하는 저압옥내배선은 제222조에 규정하는 경우 이외에는 합성수지관 공사·금속관 공사·가요전선관 공사나 케이블 공사 또는 다음 표에서 정하는 시설장소 및 사용전압의 구분에 따른 공사에 의하여 시설하여야 한다.

단, 특별한 이유에 의하여 시·도지사의 인가를 받은 경우에는 제외한다.

시설장소의 구분 \ 사용전압의 구분		400 [V] 미만인 것	400 [V] 이상인 것
전개된 장소	건조한 장소	애자사용공사, 합성수지몰드공사, 금속몰드공사, 금속덕트공사, 버스덕트공사, 라이팅덕트공사	애자사용공사, 금속덕트공사, 버스덕트공사
	기타의 장소	애자사용공사, 버스덕트공사	애자사용공사
점검할 수 있는 은폐된 장소	건조한 장소	애자사용공사, 합성수지몰드공사, 금속몰드공사, 금속덕트공사, 버스덕트공사, 셀룰러덕트공사, 평형보호층공사 또는 라이팅덕트공사	애자사용공사, 금속덕트공사, 버스덕트공사
	기타의 장소	애자사용공사	애자사용공사
점검할 수 없는 은폐된 장소	건조한 장소	플로어덕트공사 또는 셀룰러덕트공사	

[참고 2] 풀 박스(Pull Box)

금속관 배관시 경간이 너무 길거나 구부러지는 개소가 많아 절연전선을 배관 내 입선이 용이하지 않을 경우 또는 길이 30 [m] 이상의 경우 전선의 접속 목적이 아닌 단순한 입선 목적에만 사용되는 중간박스를 풀 박스라 한다.

[참고 3] 접속함(Junction Box)

풀 박스와 같이 금속관 배관시 경간이 너무 길거나 구부러지는 개소가 많은 경우 중간에 접속점을 만들어도 관계가 없는 경우에 접속함을 사용한다.

즉, 접속함은 풀 박스와 달리 박스 내 접속점을 만들어도 상관없는 경우에 사용된다.

4-11-2 배선용 피트방식

실내바닥에 소정의 폭으로 홈을 파고 내부는 모르타르로 마감한 형태로 홈의 덮개는 무늬가 있는 강판을 사용한다.

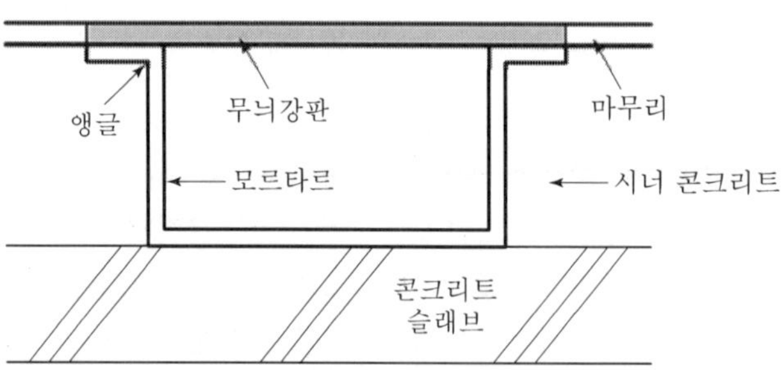

그림 4-24 배선용 피트의 단면도

이때 피트의 폭과 깊이는 그 속에 부설되는 케이블의 크기와 수량에 의해 결정된다. 이 방식은 일반인의 출입이 적은 전기실, 발전기실, 기계실 등의 실내에 적용된다.

4-11-3 금속덕트방식

금속덕트는 공장이나 빌딩 등의 전기실에서 다수의 옥내배선을 인출할 경우 등에 절연전선이나 케이블을 넣기 위해서 사용하는 철판재 덕트를 말한다.

1. 금속덕트 공사에 의한 저압옥내배선은 다음 각호에 의하여 시설하여야 한다(전기설비기술기준 제207조).
   ① 전선은 절연전선(옥외용 비닐절연전선을 제외한다)일 것
   ② 금속덕트에 넣는 전선의 단면적(절연피복의 단면적을 포함한다)의 합계는 덕트의 내부 단면적의 20 [%] 이하일 것
   ③ 금속덕트 안에는 전선에 접촉점이 없도록 할 것(단, 전선을 분기하는 경우에 그 접속점을 쉽게 점검할 수 있는 때에는 제외한다)
   ④ 금속덕트 안의 전선을 외부로 인출하는 부분은 금속덕트의 관통부분에서 전선이 손상될 우려가 없도록 시설할 것
   ⑤ 금속덕트 안에는 전선의 피복을 손상할 우려가 있는 것을 넣지 아니할 것
2. 금속덕트 공사에 사용하는 금속덕트는 다음 각호에 적합한 것이어야 한다.
   ① 폭이 5 [cm]를 넘고 두께가 1.2 [mm] 이상인 철판 또는 동등 이상의 세기를 가지는 금속재로 견고하게 제작한 것일 것
   ② 내면은 전선의 피복을 손상시키는 돌기가 없는 것일 것
   ③ 내면 및 외면에는 산화방지를 위하여 아연도금 또는 이와 동등 이상의 효과를 가지는 도장을 한 것일 것
3. 제 2 항의 금속덕트는 다음 각호에 의하여 시설하여야 한다.
   ① 덕트 상호간은 견고하고 전기적으로 완전하게 접속할 것
   ② 덕트를 조영재에 붙이는 경우에는 덕트의 지지점간의 거리를 3 [m](취급자 이외의 자가 출입을 할 수 없도록 설비한 곳에서 수직으로 붙이는 경우에는 6 [m]) 이하로 하고 견고하게 붙일 것
   ③ 덕트의 뚜껑은 쉽게 열리지 않도록 시설할 것
   ④ 덕트의 끝부분은 막을 것
   ⑤ 덕트의 내부에 먼지가 침입하지 않도록 할 것
   ⑥ 덕트는 물이 고이는 낮은 부분을 만들지 않도록 시설할 것

⑦ 저압옥내배선의 사용전압이 400 [V] 미만인 경우에는 덕트에 제 3 종 접지공사를 할 것

⑧ 저압옥내배선의 사용전압이 400 [V] 이상인 경우에는 덕트에 특별 제 3 종 접지공사를 할 것(단, 사람이 접촉할 우려가 없도록 시설하는 경우에는 제 3 종 접지공사에 의할 수 있다)

⑨ 금속덕트에 의하여 저압옥내배선이 건축물의 방화구역을 관통하거나 인접 조영물로 연장되는 경우에는 그 방화벽 또는 조영물 벽면의 덕트 내부는 불연성의 물질로 차폐하여야 한다.

4-11-4 케이블 트레이방식

케이블 트레이(Cable Tray)는 금속제 사다리식 전선로로서 천장으로부터 볼트로 고정하거나 바닥으로부터 프레임을 사용하여 지지한다. 케이블을 부설할 때는 케이블 래크 위에 부설하되 비닐밴드, 삼끈 등을 써서 케이블을 트레이에 고정한다.

케이블 트레이에 부설할 수 있는 것은 케이블에 한정되어 있고 절연선은 부설하지 않는 것으로 되어 있다.

특징을 보면 ① 증설이나 유지보수가 용이하고 ② 대량의 케이블을 수용할 수 있는 장점을 갖고 있으나 ③ 금속덕트와 달리 케이블이 노출되어 있기 때문에 외부의 손상우려가 있으므로 부설경로 선정시 충분히 고려하도록 하여야 한다.

■ 설치규정

① 수용된 모든 전선을 지지할 수 있는 적합한 강도를 가져야 하며 안전율은 1.5 이상으로 한다.

② 저압케이블과 고압 또는 특고압케이블은 동일케이블 트레이 내에 시설하여서는 안 된다. 단, 견고한 불연성의 격벽을 시설하는 경우 또는 금속외장케이블일 경우는 가능하다.

③ 케이블 트레이가 방화구역의 벽, 마루, 천장 등을 관통시 개구부에는 연소방지 시설이나 그 외 적합한 조치가 필요하다.

④ 케이블 트레이 내에 사용전선은 연피케이블, 알루미늄케이블 등 난연성 케이블, 기타 케이블(적당한 간격으로 연소방지조치 구비) 또는 합성수지관 등에 넣은 절연전선을 사용하여야 한다.

⑤ 금속제 케이블 트레이는 전기적, 기계적으로 완전하게 접속하여야 하며 400 [V] 미만은 제 3 종 접지, 400 [V] 이상은 특별 제 3 종 접지공사를 하여야 한다.

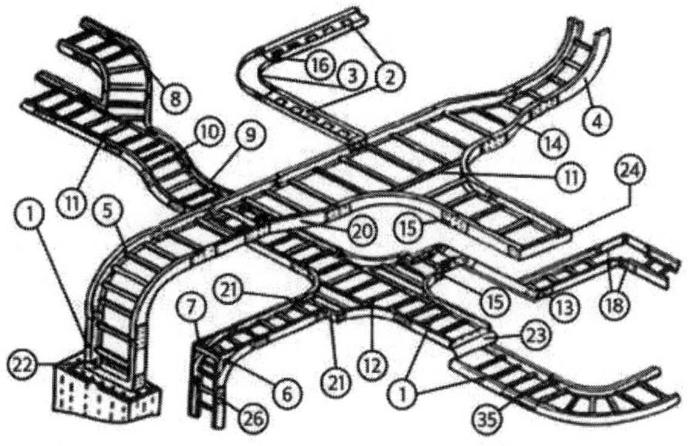

그림 4-25 케이블 트레이

4-11-5 버스덕트방식

(단원 4-3-2 참조)

연 습 문 제

4-1 변압기에서 1차측에 여러 개의 탭을 두는 이유는 무엇 때문인가?

4-2 배전방식을 분류하고 설명하여라.

4-3 간선에 대한 고조파전류의 발생원인, 영향 및 대책에 대하여 상세히 설명하여라.

4-4 단상2선식의 교류배전선에 있어서 전선 1가닥의 저항이 0.15 [Ω], 리액턴스는 0.25 [Ω]이다. 급전선의 전압을 계산하여라(단, 부하 200 [V], 3 [kW], 역률 1.0이다).

4-5 저압옥내배선에 사용하는 연동선의 최소굵기는 몇 [mm^2]인가?

4-6 고압기계기구 및 고압옥내배선의 절연저항값은 몇 [MΩ] 이상이어야 하는가?

4-7 전압강하는 간선 및 분기회로에서 각각 표준전압의 몇 [%] 이하를 원칙으로 하는가?

4-8 다음 그림에서 중성선의 X점에서 단선되었다면 부하 A와 부하 B의 단자전압은 각각 몇 [V]인가?

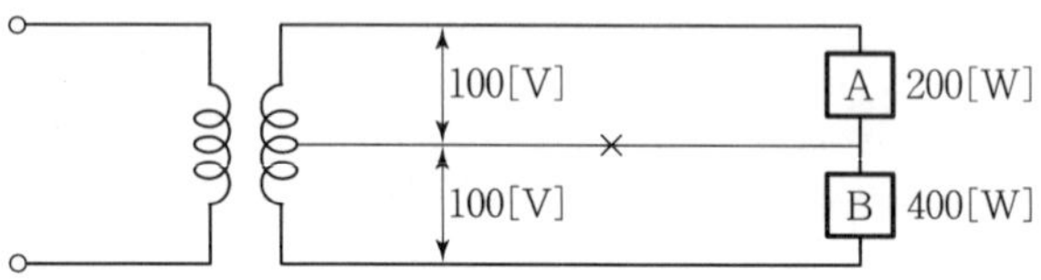

4-9 설비불평형에 대하여 설명하여라.

4-10 3상3선식 220 [V]로 수전하는 수용가의 부하전력이 100 [kW], 부하역률이 85 [%], 배선의 길이는 100 [m]일 때 배선에서의 전압강하를 4 [V]까지 허용하는 경우의 구내배선의 굵기를 구하여라.

4-11 분기회로의 종류를 과전류차단기에 따라 분류하여라.

4-12 저압옥내전로에 있어서 분기개폐기 및 과전류차단기의 시설개소는 간선분기점으로부터 몇 [m] 이내에 시설하는 것이 원칙으로 되어 있는가?

4-13 분전반에서 20 [m]의 거리에 200 [V] 2 [kW]의 단상교류부하용 전열기용 아웃트렛을 설치하여 그 전압강하를 2 [%] 이하가 되도록 하기 위한 전선의 굵기를 선정하여라. (단, 배선방식은 금속관 공사로 한다)

4-14 다음 ( )안에 적당한 답을 기입하라.
저압은 직류에 있어서 (①)[V] 이하, 교류에 있어서는 (②)[V] 이하인 것을 말하며, 고압은 직류에 있어서는 (③)[V], 교류에 있어서는 (④)[V] 초과, (⑤)[V] 이하인 것을 말한다. 또 특고압은 (⑥)[V]를 초과한 것을 말한다.

4-15 전선의 종류를 들고 설명하여라.

4-16 합성수지관 공사와 금속관 공사에 특징을 비교 설명하여라.

4-17 CV 케이블과 CN-CV 케이블의 특징을 비교 설명하여라.

부하설비 5

5-1 조명설비

5-1-1 개요

인간은 오랫동안 자연계에 적응되어 자연주광이 가장 자연스럽고 건강한 이상적인 조명이라 할 수 있다. 그러나 자연주광만으로는 인간생활에 많은 불편을 주기 때문에 인공조명이 개발되었고, 이러한 문명의 발달로 쾌적한 조명환경이 더욱 요구되어 인공광원의 개발에 촉진제가 되고 있다.

생활공간의 쾌적한 환경을 이루기 위해서는 적당한 온도(20~25 [℃]), 습도(50~70 [%]), 공기 중의 먼지가 1 [cc] 중에 1,000개 이하로 해야 하고 환기량은 20 [m^3/h]을 유지하여야 하는 것은 물론 조명환경 또한 쾌적하게 하도록 해야 한다.

따라서 광원의 진보는 물론 조명효과를 향상시키기 위하여 조명방법에서도 다양한 기술을 도입하여 건물조명에 적용하고 있다.

일반적으로 건물 내에 조명설비란 전등설비에 콘센트설비까지 합친 것을 말하고 있다.

5-1-2 조명의 기초

1. 빛(Light)

전자파에는 교류전력파, 방송파, 적외선, 가시광선, 자외선, X-Ray, γ선 등이 있고 이러한 전자파로서 전달되는 에너지를 방사라 한다.

빛의 감각을 일으키는 파장은 380~760 [nm]의 광선(가시광선)이며 자외선은 10~380 [nm]의 방사로서 화학, 살균 및 형광작용 등을 하고 적외선은 760~3,000 [nm]의 범위로 온열효과를 가지고 있다.

전자파의 파장 λ [m]와 주파수 f [Hz], 전파속도 V [m/sec] 사이의 관계는

$$V = \lambda f \text{ [m/sec]}$$

진공 중에서 전자파의 전파속도는 3×10^8 [m/sec]이다.

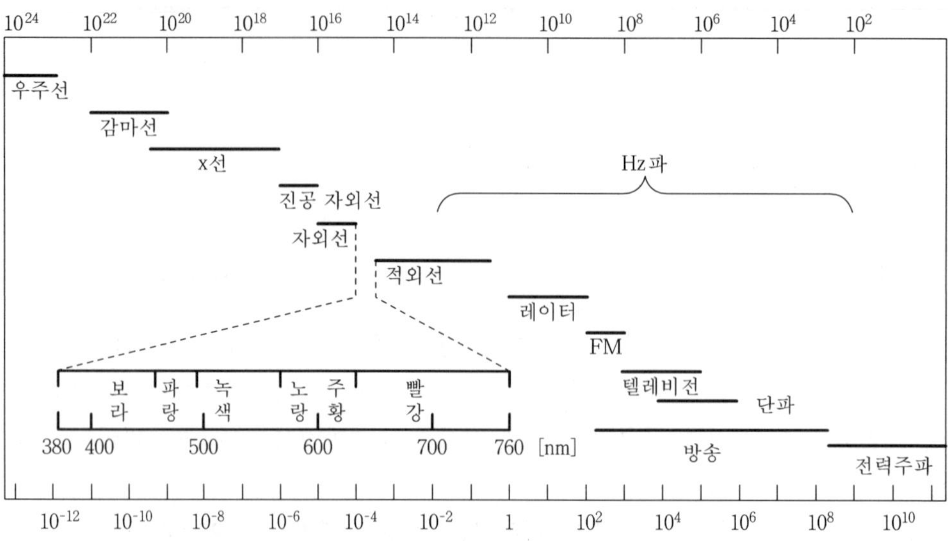

그림 5-1 전자파 방사의 스펙트럼

2. 측광량의 단위

(1) 방 사 속

전자파로서 전달되는 에너지를 방사라 하고 단위시간에 어떤 면을 통과하는 방사에너지의 양을 방사속(Radiant Flux)이라 한다. 즉, 에너지 방사의 시간적 비율을 말한다.

기호는 Φ로 표시하고 단위는 와트(Watt, [W])이다.

(2) 광 속

광속(Luminous Flux)은 방사속 중에서 가시범위 방사속을 눈의 감도를 기준으로 하여 측정한 것으로 방사속 중에서 광량이 어느 면을 단위시간에 통과하는 비율을 말한다.

기호는 F로 표시하고 단위는 루멘(Lumen, [lm])이다.

$$F = \frac{dQ}{dt}\ [\text{lm}]$$

(3) 광　량

광량(Quantity of Light)이란 광속의 시간적 적분이며 기호로는 Q, 단위는 루멘시(Lumen-hour, [lm·h])로 나타낸다.

$$Q = \int F dt\ [\text{lm}\cdot\text{h}]$$

여기서 F : 광속 [lm]

t : 시간 [h]

Q : t 시간동안 통과하는 광의 양 [lm·h]

이 광량은 전구가 전수명 중에 방사한 빛의 총량이다.

(4) 광　도

모든 광원은 어느 정도의 크기와 넓이를 가지고 있다. 어떤 방향으로든 광속이 발산되고 있는 점광원에서 단위입체각에 대한 광속밀도를 이 광원이 갖는 빛의 강도(세기), 즉 광도(Luminous Intensity)라 한다.

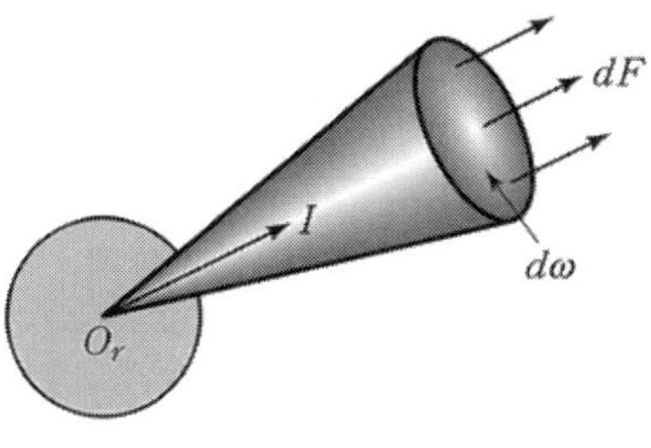

그림 5-2 입체각과 광속밀도

미소입체각 $d\omega$에 포함되는 광속 dF가 있다면 그 광원의 화살표로 표시된 방향의 광도 I는 다음과 같다.

$$I = \frac{dF}{d\omega}\ [\text{cd}], \qquad dF = Id\omega$$

태양과 같이 지름이 약 $1,392\times10^3$ [km]인 거대한 것도 태양으로부터 약 $1,495\times10^8$ [km] 떨어진 지구에서는 점으로 보이므로 일반적으로 광원의 크기의 10배 이상 거리에서는 이 광원을 점으로 보아도 무방하다.

점광원으로부터 광속 F가 모든 방향으로 균등하게 발산될 때 광도 I는 다음과 같이 구한다.

$$I = \frac{F}{\omega}\ [\text{cd}]$$

여기서 입체각 ω는 다음과 같이 구한다.

$$\omega = 2\pi(1 - \cos\alpha)\ [\text{rad}]$$

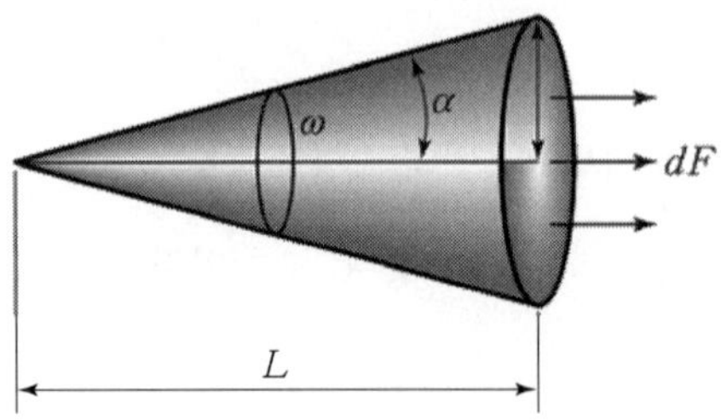

그림 5-3 입 체 각

(5) 조 도

어떤 물체에 광속이 투사되면 그 면은 어떤 밝기를 갖게 되는데 어떤 면의 단위면적당 광속밀도를 조도(Illumination)라 한다. 즉, 어느 면의 밝기의 정도를 말한다.

단위로는 럭스 [lx, lm/m^2], 포트 [phot, lm/cm^2]가 있다.

$$E = \frac{dF}{dA}[\text{lm/m}^2] = \frac{dF}{dA}\ [\text{lx}]$$

광도 I [cd]인 균등한 점광원을 반지름 R [m]의 구의 중심에 놓았을 때 구면위의 모든 점의 조도 E [lx]는 다음과 같다.

$$E = \frac{F}{A} = \frac{4\pi I}{4\pi R^2} = \frac{I}{R^2}\ [\text{lx}]$$

이와 같은 관계식을 거리의 역제곱의 법칙(Inverse Square Law)이라 하며, 조명에서의 기본법칙의 하나로 광원에서 멀어질수록 어두워진다.

그림에서 법선조도 E_n(Normal Illumination), 수평면조도 E_h(Horizontal Illumination), 수직조도 E_v(Vertical Illumination) 등의 관계식을 보면 다음과 같다.

표 5-1 조도표

장 소	조도[lx]	장 소	조도[lx]
직사광선의 지면위(여름)	100,000	맑은날의 북쪽의 창가	2,000
약간 흐린날 지면위	30,000~50,000	밝은 방(맑은날)	200~500
몹시 흐린날 지면위	10,000~20,000	독서에 적당한 밝음	200~500
청공광 지면위	10,000	1[cd] 점광원으로부터 1[m]	1.0
만월의 지면위	0.2	1[cd] 점광원으로부터 1[km]	1/1,000,000

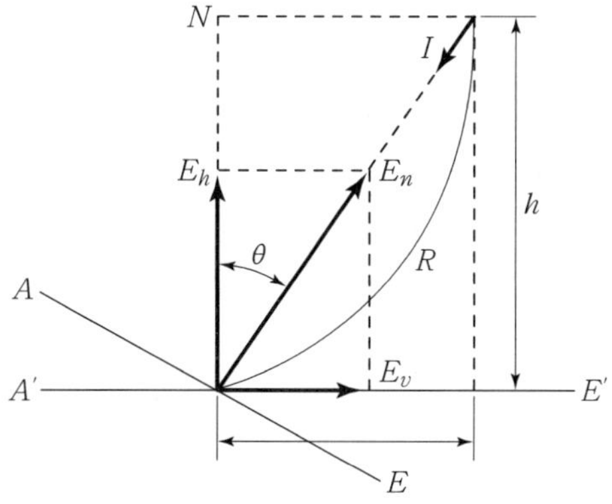

그림 5-4 점광원과 피조면의 관계

$$E_n = \frac{I}{R^2}$$

$$E_h = E_n \cos\Theta = \frac{I}{R^2}\cos\Theta$$

$$E_v = E_n \sin\Theta = \frac{I}{R^2}\sin\Theta$$

(6) 휘 도

광원을 볼 때 이 광원의 광도가 동일할지라도 큰 면적에서 나오는 경우가 작은 면적에서 나오는 경우보다 더 어둡게 보이는데, 이와 같이 광원의 빛나는 정도를 휘도라 한다. 즉, 휘도(Luminance)란 단위투영면적에 대한 광도밀도를 말한다.

$$L = \frac{I}{dA}\,[\mathrm{cd/cm^2}]$$

단위로는 스틸브(Stilb, [sb]) 및 니트(Nit, [nt])가 사용된다.

$$1\,[\mathrm{sb}] = 1\,[\mathrm{cd/cm^2}]$$

$$1\,[\mathrm{nt}] = 1\,[\mathrm{cd/m^2}]$$

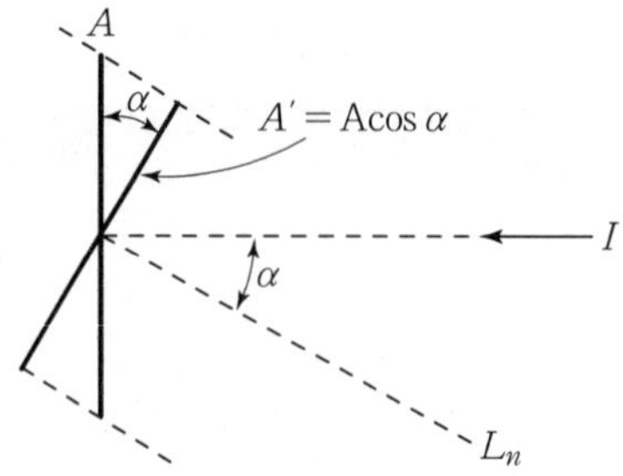

그림 5-5 휘도와 투영면적

표 5-2 각종 광원의 휘도

광 원	휘도 [cd/cm^2]	광 원	휘도 [cd/cm^2]
태 양	224,000	형광등(주광색)	0.35
청 공	0.4	양 초	0.5
전구 100 [W]	600	나트륨등 200 [W]	5~10
전구 1,000 [W]	1,200	고압수은등	50
고압수은등	50	달의 면	0.3
백열전구 10 [W]	120	눈부심을 느끼는 한계	0.5
백열전구 100 [W]	600		

$$L_n = \frac{I}{dA'} = \frac{I}{dA\cos\alpha}\ [\text{cd/m}^2]$$

(7) 광속발산도

물체가 보이는 것은 그 물체로부터 방사하는 광속이 눈에 들어오기 때문인데, 이와 같이 물체에서 발산하여 눈에 느끼는 밝기의 정도, 즉 어느 면의 광속발산도(Luminous Emittance)란 그 면의 발산광속의 단위면적당의 밀도를 말한다.

단위로는 래드럭스(Radlux, [rlx])와 아포스틸브(Apostilb, [asb])가 있다.

$$M = \frac{dF}{dA}\ [\text{lm/m}^2] = \frac{dF}{dA}\ [\text{rlx}]$$

$$1\,[\text{rlx}] = 1\,[\text{asb}] = 1\,[\text{lm/m}^2]$$

어느 방향에서 보아도 휘도가 같은 표면을 완전확산면(Perfect Diffusion Surface)이라 하며 맑은 청공, 산화마그네슘, 양질의 젖빛유리 등이 이에 속한다.

완전확산면에서 휘도 $L\,[\text{cd/m}^2]$와 광속발산도 $M\,[\text{lm/m}^2]$의 관계식은 다음과 같다.

$$M = \pi L$$

(8) 측광량 상호관계

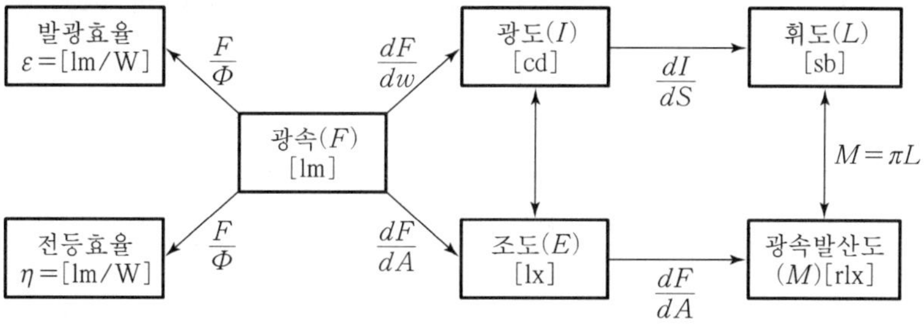

그림 5-6

(9) 발 광 효 율

광원으로부터 어느 방향의 방사속 Φ[W]가 발산되면 이 중에서 F[lm]의 광속만이 육안으로 느끼게 되는데, 이 방사속에 대한 광속의 비율을 발광효율(Luminous Efficiency)이라 한다.

$$\varepsilon = \frac{F}{\Phi}\ [\text{lm/W}]$$

최대시감도를 일으키는 파장 555 [nm]의 발광효율은 680 [lm/W]이다.

(10) 전 등 효 율

실제 광원에서 발산되는 전방사속보다 많은 에너지를 이 광원에 가해야 한다. 즉, 전체발산 방사속 외에 대류, 전도, 복사 등에 의한 손실을 포함한 전체소비전력을 생각하여야 한다.

즉, 전체소비전력 P[W]에 대한 전체발산광속 F[lm]의 비율을 전등효율이라 한다.

$$\eta = \frac{F}{P}\ [\text{lm/W}]$$

일반적으로 전등효율 η는 발광효율 ε보다 작다.

3. 연 색 성

빛의 분광특성이 색상을 보게 하는 데 미치는 효과를 연색성(Color Rendition)이라 한다. 예를 들어, 동일한 색상일지라도 태양빛 아래서 본 것과 형광등 밑에서 본 색상이 약간 다르게 보이는데 색의 보임이 멀어질수록 연색성이 떨어진다고 한다.

표 5-3 광원의 연색성과 용도와의 관계(CIE)

연색성 그 룹	연색평가지수 Ra의 범위	광원색의 느낌	사 용 의 예
1	$Ra \geqq 85$	서늘하다 중간 따뜻하다	직물공장, 도장공장, 인쇄공장 점포, 병원 주택, 호텔, 레스토랑
2	$70 \leqq Ra \leqq 85$	서늘하다 중간 따뜻하다	사무실, 학교, 백화점, 미세한 작업공간 상동(온난한 기후에서) 상동(추운 기후에서)
3	$Ra \leqq 70$		연색성이 별로 중요하지 않은 옥내
S(특별)	특별한 연색성		특별한 용도

4. 색 온 도

흑체의 어느 온도에서의 광색과 어떤 광원의 광색이 동일할 때 그 흑체의 온도를 그 광원의 색온도(Color Temperature)라 하며, T [K]로 표시하되 절대온도 [° K]와는 다르게 표시한다.

일반적으로 온도가 낮은 물체에서 방사하는 빛은 붉은색, 온도가 높아질수록 흰색을 띠고 더욱 온도가 높아질수록 푸른색을 띠게 된다.

표 5-4 각종 광원의 색온도

광 원	색온도 [K]	광 원	색온도 [K]
태 양	5,450	할로겐전구(500 [W])	3,060
푸른 하늘(오전 9시)	12,000	백열전구(60 [W])	2,830
만 월	4,125	촛 불	2,000
주광색형광등	6,500	형광수은등(400 [W])	4,600
백색형광등	4,500	고압수은등(400 [W])	5,600

5. 시 감 도

빛이 망막에 투사되면 광화학적 반응을 일으키면서 전기적 충격을 일으켜 신경이 흥분되고 신경섬유를 거쳐 뇌로 전달되어 시각이 일어난다.

일반적으로 사람에게 느끼는 가시광선의 파장은 380~760 [nm]이며 각 파장에서 동일한 방사속에 대한 방사가 눈에 느끼게 하는 밝음의 비율을 시감도(Luminous Efficiency)라 한다.

파장 555 [nm]에서 최대시감도 680 [lm/W]를 가지며 이때의 시감도를 1로 한 다른 파장에 대한 시감도의 비를 비시감도라고 하고, 이를 곡선으로 표시한 것을 비시감도곡선이라 한다.

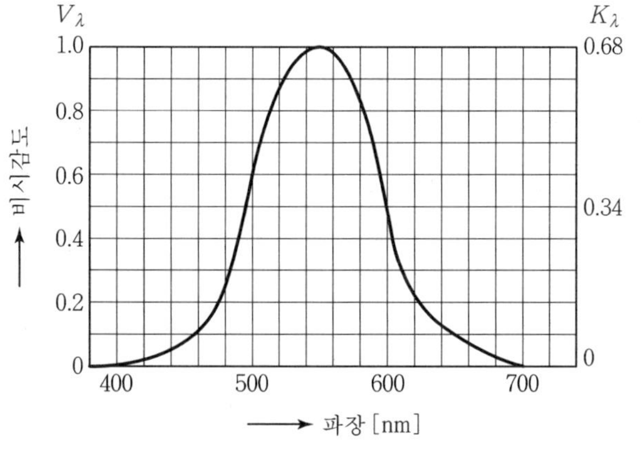

그림 5-7 비시감도곡선

6. 순 응

눈에 들어오는 빛이 극히 적은 경우 눈의 감광도는 대단히 높아지는 반면 눈에 들어오는 빛의 양이 대단히 많아지면 감광도는 떨어지게 된다.

밝은 장소에서 어두운 영화관에 들어가면 처음에는 컴컴해서 좌석이 보이지 않게 되는데, 이는 눈의 감광도가 떨어진 상태에서 눈에 들어오는 빛의 양이 적기 때문이다.

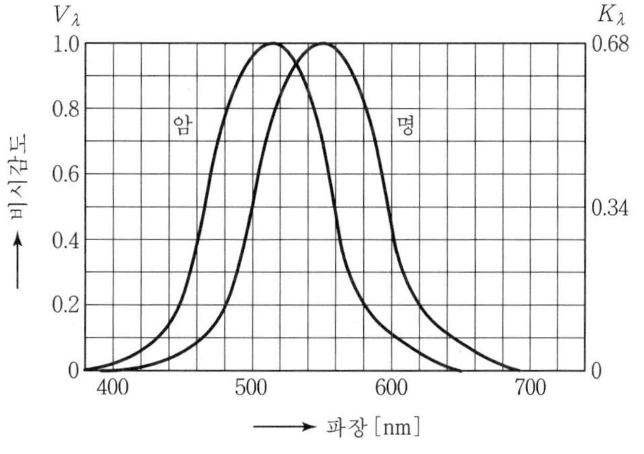

그림 5-8 퍼킨제효과

그러나 어느 정도의 시간이 경과하면 어둠에 익숙해지게 되는데, 이처럼 다른 밝기에서 물체가 보이도록 익숙해지는 것을 순응(Adaptation)이라 한다.

이러한 순응에는 암순응과 명순응이 있다.

① 암순응 : 밝은 상태에서 어두운 상태로 순응하는 것(30분 정도 소요)

② 명순응 : 어두운 상태에서 밝은 상태로 순응하는 것(1~2분 정도 소요)

③ 퍼킨제(Purkinje)효과 : 밝은 곳에서 같은 밝음으로 보이는 청색과 적색이 어두운 곳에서는 적색이 어둡게 보이고, 청색이 밝게 보이는 이러한 현상을 퍼킨제효과라 한다. 즉, 명순응된 눈의 최대시감도는 555 [nm]이고, 암순응된 눈의 최대시감도는 510 [nm]로서 짧은 파장쪽으로 이동한다.

5-1-3 명 시 론

실제적인 조명은 빛의 발생, 빛의 제어, 빛과 조명의 특성이 서로 연관되어 있다고 할 수 있다.

① 빛의 발생이란 광원을 말하며 이는 계속 발전 중에 있고 자연광과 아주 유사한 광원개발과 경제성 등에 주안을 두고 있다.

② 빛의 제어란 조명방식과 조명기구 등으로 용이하게 제어할 수 있다.

③ 빛과 조명은 가장 중요한 특성으로서 조명과 인간을 관련시키는 것으로 시각, 명시, 심리, 생리적인 특성을 이해하고 활용해야만 그 기능을 발휘할 수 있게 되는 명시과학 분야이다.

명시론은 물체의 보임, 눈부심, 밝음의 분포, 편한 시각의 평가라는 측면에서 고찰해야 한다.

1. 물체의 보임

물체의 보임에는 밝음, 물체의 크기, 대비, 시간(속도) 등의 네 가지 조건을 만족해야 하는데, 이것을 조명의 4요소라 한다.

(1) 제 1 조건(충분한 밝음)

빛이 없이는 물체를 볼 수 없고 빛이 있다하여도 충분한 양의 빛이 없으면 물체가 잘 보이지 않는다(예 : 암실).

(2) 제 2 조건(물체의 크기)

빛이 있다 하여도 시대상 물체의 크기가 매우 작은 경우 잘 보이지 않는다. 즉, 물체의 크기가 보임을 좌우한다(예 : 박테리아).

(3) 제 3 조건(대비)

배경의 밝음과 보려는 물체의 밝음의 비의 차가 강하지 않으면 잘 보이지 않는다(예 : 흰눈 위의 숯가루와 분필가루).

(4) 제 4 조건(시간, 속도)

시대상 물체의 속도가 매우 빠른 경우 제대로 볼 수 없게 된다. 즉, 총에서 발사되는 실탄의 속도가 매우 빨라서 볼 수 없는 것처럼 시대상물의 속도가 물체의 보임을 좌우한다. 즉, 카메라에서 셔터로 물체를 볼 경우 1/15 [sec] 정도의 노출시에는 물체를 잘 볼 수 있지만 1/55 [sec] 정도의 짧은 노출시간에는 명확히 볼 수 없다.

2. 눈 부 심

시야 내에 어떤 휘도로 인하여 불쾌, 고통, 일시적인 시력저하, 눈의 피로 등을 유발시키는 현상을 눈부심(Glare)이라 한다.

(1) 눈부심을 일으키는 원인

① 고휘도 광원
② 반사면 및 투과면
③ 순응의 결핍
④ 시선부근에 노출된 광원
⑤ 눈에 입사되는 광속의 과다
⑥ 물체와 그 주위 사이의 고휘도 대비
⑦ 눈부심을 주는 광원을 오랫동안 주시할 때

(2) 눈부심으로 인한 빛의 손실

어떠한 눈부심으로 인하여 작업능률의 저하, 재해발생, 시력감퇴 등의 원인이 되는 빛의 손실은 광원의 위치에 따라 달라진다.

표 5-5 눈부심으로 인한 빛의 손실(보려는 물체의 조도가 100 [lx]일 때)

시선과 광원과의 각도 [°]	빛의 손실 [%]	실제조도 [lx]
0	100	0
5	84	16
10	69	31
20	53	47
40	42	58

(3) 눈부심의 한계

눈부심을 일으키는 휘도의 한계는 주위의 밝음에 따라 다르나 대체로 시야 내에 있는 광원에 대해서는 0.2 [cd/cm^2] 이하이고, 때때로 시야 내에 들어오는 광원에 대해서는 0.5 [cd/cm^2] 이하이다.

형광등의 휘도는 0.35 [cd/cm^2]이므로 잠깐 보아서는 눈부심을 일으키지 않지만 오래 지속적으로 보면 눈부심을 일으킨다.

(4) 눈부심의 종류

① 감능글래어(Disalility Glare)

② 불쾌글래어(Discomfort Glare)

③ 직시글래어(Direct Glare)

④ 반사글래어(Reflected Glare)

3. 밝음의 분포(광속발산도)

시야 내에 밝음이 고를수록 시력이 좋아지고 전시야 내에 광속발산도가 거의 같을 때 가장 예민한 시각을 얻게 된다. 즉, 시야 내에 고르게 밝으면 눈부심을 일으키지 않으나 고르지 않을 경우 정도의 차이에 따라 눈부심을 일으키는데 시야 내의 광속발산도의 한계를 보면 다음과 같다.

표 5-6 시야 내 광속발산도의 한계

내 용	학교, 사무실	공 장
작업대상물과 그 주위와의 사이(책과 책상면)	3 : 1	5 : 1
작업대상물과 그것으로부터 떨어진 면(책과 바닥)	10 : 1	20 : 1
조명기구 또는 창과 그 부근면 사이(천장, 벽면)	20 : 1	40 : 1
통로 내 각부의 밝은 부분과 어두운 부분	40 : 1	80 : 1

4. 편한 시각의 평가

편안하고 안락한 시각에 대한 평가는 인간의 심리, 생리적인 측면에서 하게 된다.

① 시력 : 작은 물체를 볼 수 있는 능력을 말하며 조도증가에 따라서 시력이 증가한다.

② 대비감도 : 주위환경과의 휘도 차이를 분별할 수 있는 능력으로 조도증가에 따라서 대비감도도 증가한다.

③ 긴장 : 불필요한 노력으로 긴장과 피로가 밀접한 관계에 있으며, 조도증가에 따라 감소한다.

④ 눈의 깜박이는 도수 : 무의식적인 반사로 안구를 습하고 깨끗하게 하기 위한 노력으로서 순간적으로 긴장을 완화시키기 위한 반사작용이다. 조도증가에 따라 깜박이는 도수는 감소한다.

⑤ 심장 고동수 : 심장 고동수는 조도증가에 따라 증가한다.

⑥ 안구근육의 수축 : 안구근육의 세기의 측정으로 근육의 피로도를 알 수 있으며, 조도증가시 근육수축이 감소한다.

5-1-4 광 원(Light Sources)

1. 광원의 분류

광원은 크게 인공광원과 자연광원(주광)으로 대별할 수 있다.

(1) 자연광원(주광, 태양광)

태양에 의한 주광은 직사광뿐만 아니라 대기 중의 공기나 수증기 등에 의하여 산란된 빛, 즉 청공광이 더해진 것으로 그 양은 직사광의 25 [%] 정도이다.

주광은 적외선 45 [%], 자외선 5 [%], 광선 50 [%] 정도로 구성되어 있고 주광에 의한 조도는 지역, 계절, 기후, 시간에 따라 변한다.

- 광속(4.3×10^{28} [lm])
- 광도(3.4×10^{27} [cd])
- 휘도(2.24×10^{9} [nit]

(2) 인공광원

인공광원은 발광원리에 따라 다음과 같이 분류된다.

① 온도방사에 의한 백열발광

- 백열등, 특수등, 할로겐등

② 온도방사에 의한 연소발광
- 섬광전구

③ 루미네선스에 의한 방전발광
- 저압방전등(형광등, 저압나트륨등)
- 고압방전등
  고압수은등(수은등, 형광수은등, 메탈핼라이드등)
  고압나트륨등
- 초고압방전등(크세논등, 초고압수은등)

④ 일렉트로 루미네선스에 의한 전계발광(EL 램프, 발광다이오드)

⑤ 유도방사에 의한 레이저발광(레이저)

2. 온도방사에 관한 법칙

물체를 가열해서 고온이 되면 가시광선이 방사되는데, 이 현상을 온도방사라고 한다. 스펙트럼은 연속이며, 스펙트럼 에너지 분포의 모양은 온도에 의해 결정된다.

(1) 스테판-볼츠만의 법칙

온도 T [K]의 흑체의 단위표면적으로부터 단위시간에 방사되는 전방사에너지 W는 그 절대온도 T의 4제곱에 비례한다. 이것을 스테판-볼츠만의 법칙(Stefan-Boltzman's Law)이라 한다.

$$W = \alpha T^4 \, [\mathrm{W/m^2}]$$

여기서 $\alpha = 5.6696 \times 10^{-8} \, [\mathrm{W/m^2 \cdot K}]$ (스테판-볼츠만 상수)

(2) 윈의 변위법칙

흑체에서 최대분광방사가 일어나는 파장 λm은 온도에 반비례한다. 따라서 온도가 높아질수록 λm은 짧아지게 된다. 이것을 윈의 변위법칙(Wien's Displacement Law)이라 한다.

$$\lambda m T = 2.876 \times 10^6 \, [\mathrm{nm \cdot deg}]$$

최대시감도를 갖는 파장 $\lambda = 555$ [nm]에서 최대분광방사를 이루게 하려면 $T =$ 5,182 [K]가 필요하다.

(3) 플랑크의 방사법칙

흑체의 온도방사에서 분광방사와 온도가 다음과 같다. 변화함을 표시한 것으로 파장 λ 의 분광방사속의 발산도 $S\lambda$ 는 온도 T[K]에서

$$S\lambda = C_1\lambda^{-5}(e^{C_2/\lambda T}-1)^{-1}\ [\mathrm{Wm}^{-2}\cdot \mathrm{nm}^{-1}]$$

여기서 $C_1 = 3.714\times10^{20}\ [\mathrm{W/m}^{-2}\cdot \mathrm{nm}^4]$

$C_2 = 1.438\times10^{-2}\ [\mathrm{m}\cdot \mathrm{deg}]$

이것이 플랭크의 방사법칙(Planck's Radiation Low)이다.

(4) 흑체(Black Body)

표면에 입사하는 모든 파장의 방사를 모두 흡수하는 가상적 물체를 흑체라고 한다. 흑체는 또 동일 온도의 모든 물체들 중에서 가장 강한 방사를 하는 물체이고 완전방사체라고 한다. 흑체는 이것에 투과되는 방사를 전부 흡수하고 반사도 투과도 하지 않는다고 가정하는 가상적 물체로서 방사이론의 기준이 된다. 실제로 방사선을 통과시키지 않고 균등한 온도의 벽으로 쌓인 둥근벽의 일부에 작은 구멍을 뚫으면 이 구멍은 대체로 그 온도의 흑체로 볼 수 있다. 보통 실제로 존재하는 물체는 투사하는 방사를 모두 흡수하지 않는 회색체이다.

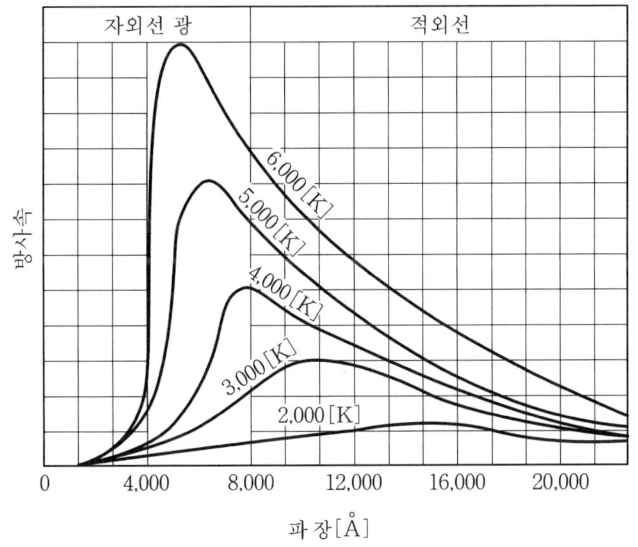

그림 5-9 흑체의 분광방사 곡선

5-1-5 할로겐전구

특수전구에는 투광용 전구, 사진전구(섬광전구), 적외선전구, 영사용 전구, 자동차용 전구 및 할로겐전구 등이 있다. 이들 중 일반적으로 많이 사용되고 있는 할로겐전구의 특성에 대하여 알아보도록 하자.

1. 할로겐전구의 원리

할로겐전구는 유리구 내에 불활성가스 이외에 할로겐화합물(CH_3Br, CH_2Br_2, I_2, Br_2, Cl_2)을 봉입한 것으로서 할로겐은 낮은 온도에서 텅스텐과 결합하고 높은 온도에서 분해하는 가스입 텅스텐전구이다.

백열전구는 점등중에 필라멘트 표면으로부터 텅스텐 원자가 증발하여 관벽에 부착하는 흑화현상을 일으켜서 투과광속을 감소시키게 되는데, 할로겐전구는 필라멘트로부터 증발한 텅스텐이 관벽부(250~850 [℃])에서 주위에 확산된 할로겐과 결합하여 할로겐화 텅스텐이 된다.

이것은 투명하고 증발하기 쉬운 것으로 고온부인 필라멘트에 가까이 가면 고온으로 인해 분해되어 텅스텐은 필라멘트로 되돌아가고 할로겐은 확산된다.

이러한 동작을 반복하는 것을 재생사이클이라 한다.

2. 특 징

① 흑화가 극히 적다.

② 흑화가 적으므로 유리구가 적어도 되어 초소형, 경량화할 수 있다(백열전구의 1/10 정도).

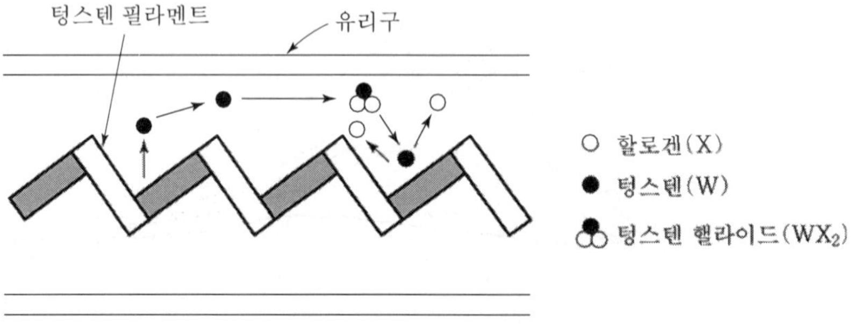

그림 5-10 할로겐 재생사이클

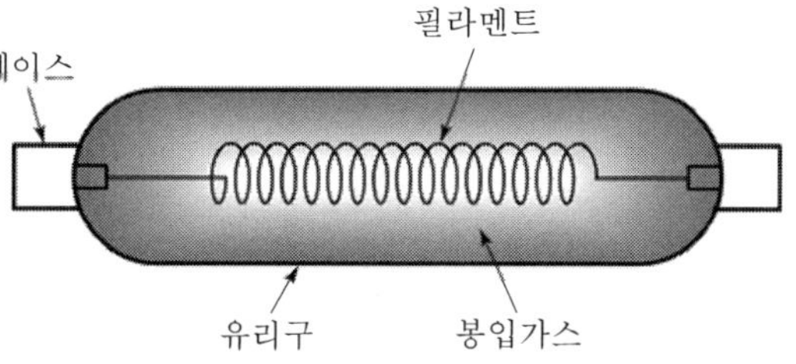

그림 5-11 할로겐전구의 구조

③ 동정곡선이 완만하여 수명이 길고, 광속변화가 작다(수명은 백열전구의 2배 정도로 2,000~3,000 [h]).
④ 별도의 점등장치가 필요 없다.
⑤ 효율이 좋다.
⑥ 배광제어가 용이하다.
⑦ 연색성이 좋다.
⑧ 휘도가 높다.

3. 용 도

① 옥외의 투광조명, 고천장 조명, 광학적, 비행장 활주로용, 복사기용, 자동차
② 상점이나 백화점 등의 Spot Light, 후두(後頭) Light
③ 색온도를 중요시하는 컬러 TV, Studio, Back Light 등에 적합하다.

표 5-7 할로겐전구의 특성

형 식	소비전력[W]	관의 길이×지름 [mm]	전광속 [lm]	효율 [lm/W]	수명 [h]
J 100V 300W	300±24	117.6×12 이하	5,900±850	19.7	2,000
J 100V 500W	500±40	117.6×12 이하	10,500±1,500	21	2,000
J 220V 1000W	1,000±80	208.4×12 이하	21,000±3,000	21	2,000
J 220V 1500W	1,500±120	248.4×12 이하	33,000±4,500	22	2,000
JP100V 500WB	500±40	117.6×10.2 이하	11,000±1,500	22	500
JP100V 500WC	500±40	117.6×10.2 이하	13,000±1,800	26	100
JP100V 750WB	750±60	117.6×10.2 이하	16,500±2,300	22	500
JP100V 750WC	750±60	117.6×10.2 이하	23,000±3,200	26	100
JP100V1000WB	1,000±80	117.6×14.0 이하	27,000±3,800	23	500
JP100V1000WC	1,000±80	117.6×14.0 이하		27	100

주) JP : 스튜디오용 할로겐전구, B : 3,050 [K](광원의 색온도), C : 3,200 [K]

5-1-6 방 전 등

1. 방전등의 기초

(1) 루미네선스

온도방사 이외의 발광을 루미네선스(Luminescence), 또는 냉광(Cold Light)이라고도 한다. 루미네선스 발광에는 어떠한 자극이 필요한데, 이러한 자극이 작용되는 사이에만 발광하는 것을 형광(fluorescence), 자극이 제거된 후에도 어느 정도 발광이 지속되는 경우를 인광(phosphorescence)이라 한다. 자극의 종류에 따라 여러 가지로 분류되는데 내용을 살펴보면 다음과 같다.

① 전기루미네선스

기체 또는 금속증기 내의 방전에 따르는 발광현상으로 대전입자 상호간 또는 원자나 분자 등의 충돌에 기인한다(네온관, 수은등).

② 방사루미네선스

어떤 화합물이 자외선, X-Ray, 광선 등의 방사를 받아 그 파장보다 긴 파장의 발광을 하는 현상으로서 스토크스의 법칙(Stoke's Law)을 이용한 발광현상이다(야광도료, 형광등).

③ 열루미네선스

물체를 가열할 때 같은 온도의 흑체보다 대단히 강한 방사를 하는 것을 말한다(가스맨틀).

④ 음극선루미네선스

음극선이 물체를 자극하여 발생하는 발광이다(브라운관, 음극선 오실로그래프).

⑤ 초루미네선스

알칼리금속이나 알칼리토금속 등 휘발하기 쉬운 원소를 가스의 불꽃 속에 넣을 경우 금속증기가 발광하는 것이다(발염아크등).

⑥ 화학루미네선스

황인이 산화할 때 발광하는 것, 즉 화학반응에 의해 발생하는 발광이다.

⑦ 생물루미네선스

개똥벌레, 발광어류, 야광충 등에 의해 발생하는 발광이다.

⑧ 기타 루미네선스

- 마찰루미네선스(석영유리의 마찰)

• 결정루미네선스(불화나트륨, 유산나트륨 등이 용액으로부터 결정되는 순간에 발생하는 발광)

(2) 방전등의 점등원리

① 음극전자방출

음극에서의 전자방출현상은 전계전자방출과 열전자방출로 구분할 수 있다. 전계전자방출이란 음극에 관전압을 가해주면 전자가 튀어나오는 것(쇼트키효과)을 말하며, 열전자방출이란 음극을 가열하면 그 표면에 있는 전자가 분자의 열운동에 의하여 튀어나오는 것을 말한다.

② 방 전 개 시

유리관에 저압기체를 봉입하고 직류전압을 가하면 봉입기체 중에 광전효과, 우주선, 방사선물질 등의 원인으로 이온이 포함되어 있어 전류가 흐른다. 전압을 높여가면 이에 비례하여 전류가 곡선 $O-A$와 같이 비례하여 증가한다. 더욱 전압을 높여가면 $A-B$와 같이 전류가 포화되는데, 이는 전자의 흐름은 존재하지만 전자가 원자와 충돌하여 원자를 여기나 전리를 시키지 못하기 때문에 일어난다. B점 이상의 전압을 높이면 전류는 $B-C$와 같이 급격히 증가하는데 이는 전자의 운동에너지가 원자를 전리하는 데에 충분한 에너지를 갖게 되었음을 뜻하며 이로써 방전이 개시된다.

이때 발산되는 빛의 성질은 봉입기체의 종류와 압력으로써 결정된다.

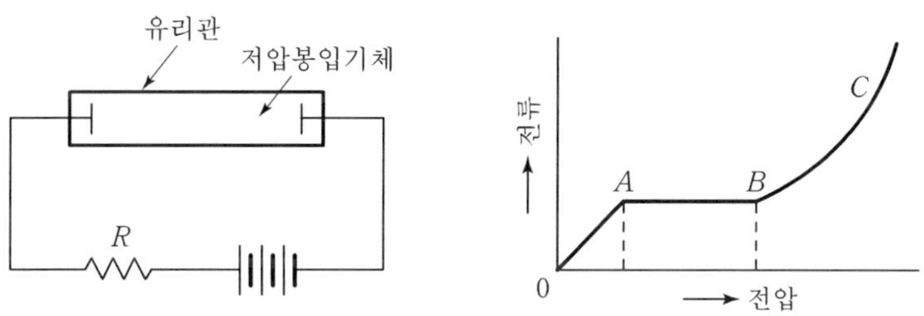

그림 5-12 전압과 방전전류

③ 자 속 방 전

외부자극에 의한 전자방출이 중지되어도 스스로 지속되는 방전을 자속방전(Self Main-taining Discharge)이라 한다.

음극에 자외선을 쬐여 매초 N_0개의 전자를 방출시키면 전자가 양극으로 향하여 진행하고, 이때 전계에 의하여 운동에너지가 점차 증가하여 기체의 전리전압 이상이 되면 기체원자와 충돌하고 전리하여 새로운 양이온과 자유전자 한 쌍을 만든다.

1개의 전자가 전계방향으로 1 [m] 진행하는 사이 α 개의 기체원자를 전리한다고 하면 음극으로부터 N개의 전자가 x [m] 거리의 평면을 통과하는 경우 이 x 지점의 전자수는 $\alpha N x$개가 된다.

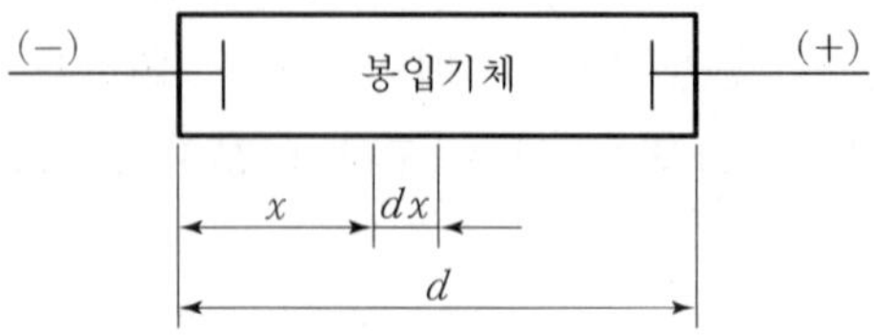

그림 5-13

따라서 거리 dx 사이의 전자 증가율 dN은 다음과 같다.

$$dN = \alpha N dx$$

$$\int \frac{dN}{N} = \int \alpha\, dx$$

$$\log_e N = \alpha x + A \quad (A : \text{적분상수})$$

$$N = e^{\alpha x + A} = e^A e^{\alpha x}$$

$$= N_0 e^{\alpha x}$$

따라서 양극에 도달하는 전자수 $N_d = N_0 e^{\alpha d}$이고, 1개의 전자가 양극에 도달할 때는 N_d / N_0 개가 되어 결국 전자의 증가수는 $(e^{\alpha d} - 1)$개가 된다.

1개의 양이온이 음극으로 이동하여 이 음극과 충돌하여 γ개의 전자를 튀어나오게 한다면, 이때의 전체전자수는 $\gamma(e^{\alpha d} - 1)$개가 된다. 이때 전자의 수가 1개 이상이면 방전이 지속되므로 자속방전의 개시조건은 다음과 같다.

$$\gamma(e^{\alpha d} - 1) \geq 1$$

④ 글로방전과 아크방전

ⓐ 글로방전(Glow Discharge)

두 전극 사이에 전압을 가하면 음극부분에 전위차가 급속히 낮아지는데 이것을 음극강하(Cathode Fall)라 한다. 이 강한 전계에 의해 양이온이 가속을 받아 음극에 충돌하여 전자를 방출하고 이때의 전자는 전계에 의해 가속되어 기체원자와 충돌하여 전리를 시키는데, 이때 발생한 양이온이 음극으로부터 전자방출의 원인이 된다. 이러한 전계전자방출에 의한 방전을 글로우방전이라 한다.

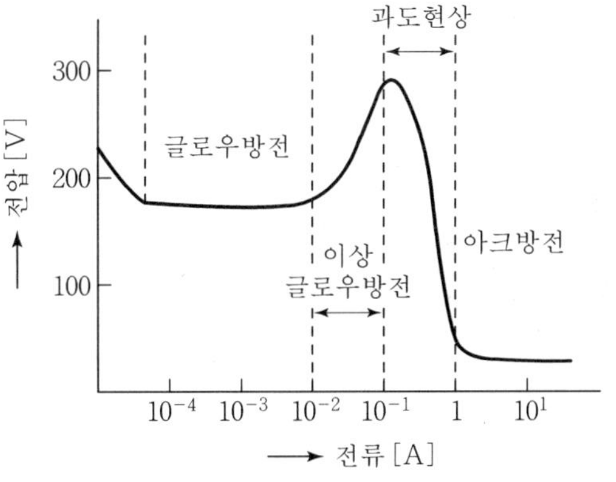

그림 5-14 자속방전의 전압-전류 특성곡선

ⓑ 아크방전(Arc Discharge)

글로우방전 중 방전전류가 증가하여 양이온의 충격에 의해 음극이 가열되면 음극으로부터 열전자가 이루어져서 음극강하가 급속히 감소하여 기체의 전리전압 정도로 된다. 이와 같은 방전을 아크방전이라 한다.

⑤ 파센의 법칙

기동전압을 V_s[V]라 하고 전극간의 거리를 d[m]라 하면 전계의 세기 E[V/m]는 다음과 같다.

$$E = \frac{V_s}{d} \text{ [V/m]}$$

한편, 전자의 충돌전리계수 α 와 전계의 세기 E[V/m], 압력 p[mmHg]의 사이에는

$$\frac{\alpha}{p} = Ae^{\frac{-B}{E/p}}$$

여기서 A, B는 가스의 종류에 따라 정해지는 상수이다. 따라서 윗식에서 다음 식으로 표시된다.

$$Ape^{-\frac{Bpd}{Vs}} = \frac{1}{d}\log\left(1+\frac{1}{\gamma}\right)$$

$$V_s = B\frac{pd}{\log\left[\dfrac{Apd}{\log\left(1+\dfrac{1}{\gamma}\right)}\right]}\ [\text{V}]$$

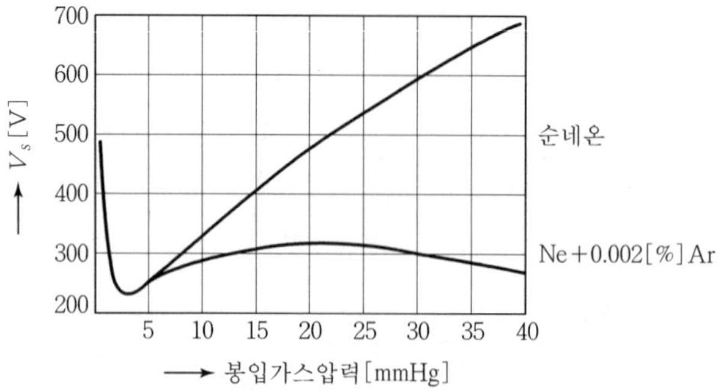

그림 5-15 네온과 아르곤 혼합기체의 방전개시전압

즉, 방전개시전압 V_s는 기압 p[mmHg]와 전극간격 d[m]와의 곱의 함수가 되는데 이것을 파센의 법칙(Paschen's Law)이라 한다.

⑥ 페닝효과

수은이나 불활성기체와 같이 준안정상태를 형성하는 기체에 소량의 아르곤(Ar)을 혼합하면 이 혼합기체의 전리전압이 원기체의 준안정상태의 여기전압보다 낮아져 기동이 용이하게 되는데, 이러한 현상을 페닝효과(Penning Effect)라 한다.

2. 방전등의 종류

방전등은 가스나 증기 중의 방전에 의한 발광을 이용한 광원으로 수은등, 나트륨등, 메탈핼라이드등, 크세논등, 지르코늄등, 네온관등, 네온전구 등이 있고, 특히 고압수은등, 고압나트륨등, 메탈핼라이드등 등을 고휘도방전등(HID : High Intensity Discharge Lamp)이라고 한다.

(1) 수 은 등

수은등(Mercury Lamp)은 수은증기 중의 방전을 이용한 것으로 상온의 수은증기압은 대단히 낮으므로 고전압이 필요하게 되는데 미량의 아르곤가스를 봉입하고 페닝효과를 이용하여 기동을 용이하게 하고 있다.

방전개시 후 수은이 서서히 증발하여 완전히 증발되면 정상상태에 도달한다. 이는 전원전압의 변동에 따른 영향을 작게 하기 위해서이다.

① **저압수은등**(Low Pressure Mercury Lamp)

ⓐ 수은증기압 : 10^{-3}~10^{-1} [mmHg]

ⓑ 공진선 : 253.7 [nm](전방사의 90 [%] 이상)

ⓒ 발광효율 : 5 [lm/W]

ⓓ 광색 : 청색

ⓔ 용도 : 형광등, 살균등

② **살 균 등**

저압수은등의 특징을 이용한 것으로 253.7 [nm]의 자외선이 풍부하여 대단히 유효한 살균작용특성을 이용한 광원으로서 보통 유리는 253.7 [nm]이 자외선을 흡수하므로 살균등으로 이용하려면 석영관이나 특수한 자외선 투과유리를 사용하여야 한다.

자외선은 사람의 눈에 유해하므로 직사광 방지를 위한 조명방식을 고려해야 한다.

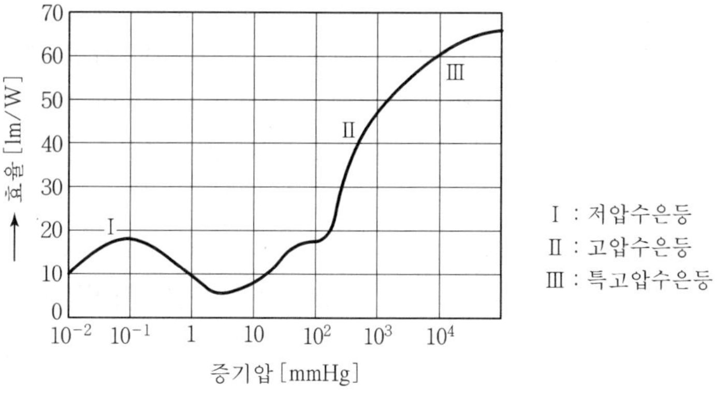

그림 5-16 수은등의 증기압과 효율

③ **고압수은등(High Pressure Mercury Lamp)**

ⓐ 구 조

- 주전극과 보조전극 : 텅스텐에 전자방출이 용이하도록 산화물을 피박한 구조
- 발광관 : 내열성과 내압성이 우수한 석영유리
- 외관 : 발광관 내의 고온고압(400 [℃])을 유지하기 위해 외관을 가지며 적당한 가스 또는 진공으로 하여 열의 전도를 막는다(경질유리).
- 봉입기체 : 수은과 페닝효과에 의한 기동을 용이하게 하기 위하여 소량의 아르곤가스를 봉입한다.

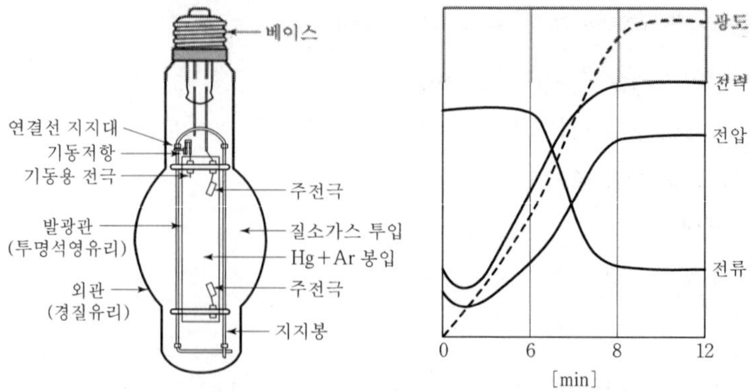

(a) 구조 (b) 시동특성곡선

그림 5-17 고압수은등의 구조 및 시동특성

ⓑ 점등원리

상온에서 수은증기압은 10^{-3} [mmHg]로 낮아 점등하기에는 고전압이 필요하므로 미량의 페닝가스를 봉입하고 이 램프에 전압을 인가하면 주전극과 보조전극 사이에 글로우방전과 동시에 아크방전이 형성된다. 이 아크방전에 의해 발광관의 온도가 상승하여 수은이 증발하여 정상상태(0.2~1 [MPa])가 된다.

ⓒ 시동 및 재시동 특성

점등원리에서 언급한 바와 같이 시동시 수 [min]이 소요되며, 소등 직후의 재시동시 발광관 내의 수은증기압이 높으므로 시동이 곤란하여 재시동시간이 약 10 [min] 정도 소요된다(파센의 법칙).

ⓓ 에너지 특성

수은증기압이 높아짐에 따라 전자와 원자의 충돌이 증가하여 발광스펙트럼의 폭이 넓어진다. 즉, 연속스펙트럼 방사로 저압방전등의 경우와 매우 달라진다.

ⓔ 고압수은등의 특징

- 주위온도의 영향이 적다.
- 수명이 길다(12,000 [h]).
- 고휘도광원이다(1,000~10,000 [sb]).
- 효율이 30~55 [lm/W]이다.
- 등당 전력 및 광속이 크다.
- 연색성이 나쁘다(광색 : 청백색).
- 시동 및 재시동시간이 길다.
- 안정기 등 기동부속장치가 필요하다.

ⓕ 적용장소

도로조명, 고천장조명, 공장조명, 투광조명에 이용된다.

표 5-8 고압수은등의 특성

형 식		정격 입력전압 [V]	초 특 성			안정시간 [min]	수명 [h]
			램프전압 [V]	램프전류 [A]	전광속 [lm]		
H	40	220	90±15	0.53±0.12	1,200	8 이하	12,000
HF	40X				1,300		
H	100	220	130±15	0.85±0.17	3,700	8 이하	12,000
HF	100X				3,900		
HRF	100X				3,100		
H	175	220	130±15	1.50±0.27	7,200	8 이하	12,000
HF	175X				7,900		
HRF	175X				5,700		
H	200	220	130±15	1.70±0.36	8,200	8 이하	12,000
HF	200X				9,000		
HRF	200X				6,500		
H	250	220	130±15	2.15±0.39	10,500	8 이하	12,000
HF	250X				11,800		
HRF	250X				8,400		
H	300	220	130±15	2.50±0.46	14,200	8 이하	12,000
HF	300X				15,200		
HRF	300X				10,700		
H	400	220	130±15	3.25±0.60	20,000	8 이하	12,000
HF	400X				21,000		
HRF	400X				14,600		
H	700	220	140±15	5.45±1.07	36,000	8 이하	12,000
HF	700X				38,500		
HRF	700X				28,000		
H	1000	220	130±15	8.00±1.50	52,000	8 이하	12,000
HF	1000X				56,000		
HRF	1000X				41,000		

주) H : 투명형 수은등, HF : 형광수은등, HRF : 반사형 형광수은등

④ 초고압수은등

구 분	특 징
수은증기압	10~200기압 정도
전기적 특징	• 연속스펙트럼 방사로서 연색성이 좋다. • 휘도가 대단히 높다(10^9 [sb]). • 효율이 40~70 [lm/W]이다. • 재점등이 곤란하므로 냉각장치가 필요하다.
용 도	가로등조명, 공장조명, 사진제판용

(2) 나트륨등

① 저압나트륨등(Low Pressure Sodium Lamp)

나트륨증기(4×10^2 [mmHg]) 중의 방전에 의한 발광으로, 이때의 발광은 나트륨 D선(589.0~589.6 [nm])이 발생하고 순수한 등황색의 단일광색이다.

시동시 나트륨이 서서히 증발하여 충분히 증발하면 정상상태에 도달 점등이 완료된다.

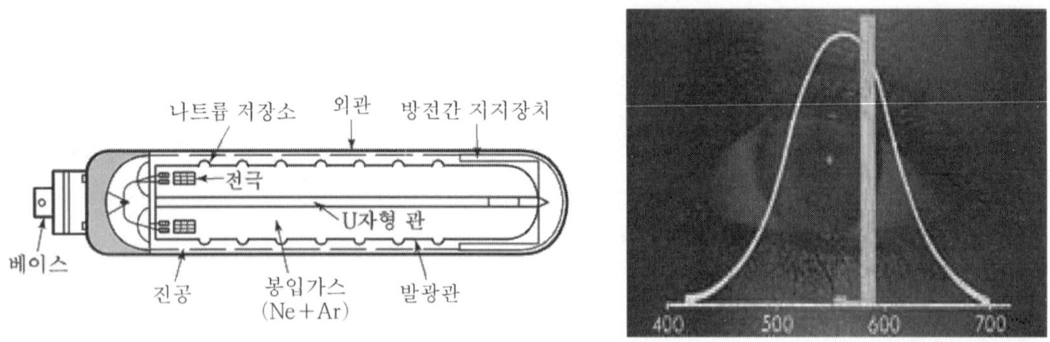

그림 5-18 저압나트륨등의 구조 및 분광분포곡선

즉, 시동시간이 약 10 [min] 정도 소요된다.

휘도는 11~13 [cd/cm^2]이므로 이를 낮추기 위하여 U자형 발광관을 사용하고 나트륨증기가 균등하게 분산될 수 있도록 관내에 수개의 돌기부가 있으며 소등시 돌기부에 나트륨이 되돌아올 수 있도록 램프점등방향에 제한이 있다.

발광관 온도는 250 [℃]일 때 최고효율을 유지하므로 외관을 사용하여 효율을 향상시키고 있다.

ⓐ 특 징

- 효율이 105~150 [lm/W]이다.
- 광색은 등황색, 즉 단색광으로 연색성이 좋지 않다.
- 점등부속장치가 필요하다.
- 수명이 길다(12,000 [h]).
- 수평점등이 원칙이다.
- 점등 및 재점등시간이 길다.
- 주위온도나 전압변동에 영향을 받는다.

② 고압나트륨등(High Pressure Sodium Lamp)

ⓐ 구 조

고압나트륨등은 고압수은등의 구조와 거의 비슷하고 발광관, 외구, 전극(주전극, 보조전극), 봉입가스 등으로 구성되며, 다른 점은 다음과 같다.

- 봉입기체 : 나트륨+페닝가스(Ar)
- 발광관 : 700~800 [℃]의 고온에서도 나트륨증기에 침식되지 않는 투광성 산화알루미늄 세라믹이나 다결정 산화알루미늄으로 제한한 발광관으로 사용한다.
- 발광관과 외구 사이는 게터를 발라 진공도를 더욱 향상시켜 열전도손실을 적게 한다.
- 정상상태의 나트륨증기압은 4~25 [KPa] 정도이다.

ⓑ 점등원리

나트륨증기 중의 방전에 의한 발광광원으로서 전압을 인가하면 고압수은등과 같이 나트륨이 서서히 증발하여 충분히 증발하면 정상상태에 달하여 점등이 완료된다. 이때 발광은 나트륨 D선(589.0~589.6 [nm])이 주이다.

ⓒ 점등 및 재점등

수분이 소요되며 재점등시 더욱더 긴 시간이 소요된다(약 10 [min]).

ⓓ 특 징

- 발광효율이 좋다(80~105 [lm/W]).
- 발광색은 황백색으로 연색성이 좋지 않다.
- 안정기 등 점등장치가 필요하다.
- 점등 및 제점등시 시간이 많이 소요된다.
- 수평점등이 원칙이다.
- 주위온도나 전압 등의 영향을 받는다.
- 수명이 길다(12,000 [h]).

ⓔ 적용장소

가로등, 터널조명, 항만조명, 안개다발지역의 옥외조명, 건물 광고조명 등에 사용된다.

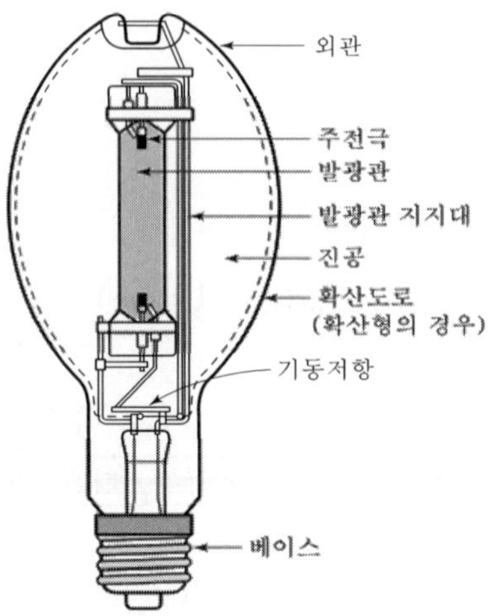

그림 5-19 고압나트륨등의 구조

표 5-9 저압나트륨등의 특성

형 식	정격 입력전압 [V]	초 특 성			안정시간 [min]	수명 [h]
		램프전압 [V]	램프전류 [A]	전광속 [lm]		
NXT 35	470	70±15	0.60±0.60	4,600	10 이하	12,000
XT 55		105±20	0.59±0.06	7,600		
NXT 90	500	115±20	0.92±0.10	12,500		
NXT 135	700	160±20		21,500		
NXT 180		245±20	0.88±0.10	31,500		
NX E18	300	57±15	0.35±0.04	1,800		
NX E26	480	84±15		3,900		
NX E36		120±15		5,900		
NX E66		123±20	0.62±0.06	11,000		
NX E91	650	173±20		17,000		
NX E131		250±20		26,000		

주) NX : 저압나트륨등, T : 관형

표 5-10 고압나트륨등의 특성

<table>
<tr><th rowspan="2">형 식</th><th rowspan="2">정격
입력전압 [V]</th><th colspan="3">초 특 성</th><th rowspan="2">안정시간
[min]</th><th rowspan="2">수명 [h]</th></tr>
<tr><th>램프전압 [V]</th><th>램프전류 [A]</th><th>전광속 [lm]</th></tr>
<tr><td>NH 100</td><td rowspan="8">220</td><td rowspan="8">100±15</td><td rowspan="4">1.2±0.2</td><td>9,000</td><td rowspan="28">10 이하</td><td rowspan="28">12,000</td></tr>
<tr><td>NH 100F</td><td>8,500</td></tr>
<tr><td>NHT 100</td><td>9,000</td></tr>
<tr><td>NHR 100</td><td>-</td></tr>
<tr><td>NH 150</td><td rowspan="4">1.8±0.3</td><td>14,000</td></tr>
<tr><td>NH 150F</td><td>13,000</td></tr>
<tr><td>NHT 150</td><td>14,000</td></tr>
<tr><td>NHR 150</td><td>-</td></tr>
<tr><td>NH 200</td><td rowspan="4">220</td><td rowspan="4">100±15</td><td rowspan="4">2.3±0.40</td><td>20,000</td></tr>
<tr><td>NH 200F</td><td>19,000</td></tr>
<tr><td>NHT 200</td><td>20,000</td></tr>
<tr><td>NHR 200</td><td>-</td></tr>
<tr><td>NH 250</td><td rowspan="4">220</td><td rowspan="4">100±15</td><td rowspan="4">3.0±0.50</td><td>25,000</td></tr>
<tr><td>NH 250F</td><td>23,000</td></tr>
<tr><td>NHT 250</td><td>25,000</td></tr>
<tr><td>NHR 250</td><td>-</td></tr>
<tr><td>NH 400</td><td rowspan="4">220</td><td rowspan="4">100±15</td><td rowspan="4">4.6±0.7</td><td>46,000</td></tr>
<tr><td>NH 400F</td><td>43,000</td></tr>
<tr><td>NHT 400</td><td>46,000</td></tr>
<tr><td>NHR 400</td><td>-</td></tr>
<tr><td>NH 1000(A)</td><td rowspan="4">220</td><td rowspan="4">110±20</td><td rowspan="4">10.5±1.58</td><td>101,000</td></tr>
<tr><td>NH1000F(A)</td><td>95,000</td></tr>
<tr><td>NHT1000(A)</td><td>101,000</td></tr>
<tr><td>NHR1000(A)</td><td>101,000</td></tr>
<tr><td>NH 1000(B)</td><td rowspan="4">380</td><td rowspan="4">200±30</td><td rowspan="4">5.8±0.7</td><td>101,000</td></tr>
<tr><td>NH1000F(B)</td><td>98,000</td></tr>
<tr><td>NHT1000(B)</td><td>101,000</td></tr>
<tr><td>NHR1000(B)</td><td>101,000</td></tr>
</table>

표 5-10 (계 속)

형 식	정격 입력전압 [V]	초 특 성			안정시간 [min]	수명 [h]
		램프전압 [V]	램프전류 [A]	전광속 [lm]		
NH 1000(C)	480	250±35	4.7±0.7	101,000	10 이하	12,000
NH1000F(C)				98,000		
NHT1000(C)				104,000		
NHR1000(C)				104,000		

주) NH : 고압나트륨등, T : 관형, F : 형광물질이 도포된 것

(3) 메탈핼라이드등

① 구 조

발광관, 전극(주전극, 보조전극), 외관, 시동저항 등을 갖고 있어 수은등과 거의 동일하나 고압수은등의 발광관 내에 금속할로겐화합물을 봉입한 것이 메탈핼라이드등(Metal Halide Lamp)이다.

② 점등원리

보통 금속할로겐화합물은 수은보다 증발하기 힘들고 램프동작중의 분압도 수은증기압보다 낮고 원자밀도도 낮지만 수은증기보다 낮은 여기레벨을 갖는 금속할로겐화합물(Na, Tl, In, Se, Th, Dy)이 봉입되어 있다. 램프에 전압을 인가하면 고압수은등과 같이 글로우 → 아크(Glow → Arc) 방전에 의해 발광관 내에 온도가 올라가 수은, 금속화합물이 증발하여 고온고압의 아크부에서 금속할로겐화합물이 분해되고 이 분해된 금속은 아크 내에서 여기되어 발광되며 관벽부(저온부)에서 금속과 할로겐이 또다시 결합하여 금속할로겐화합물이 되며 이러한 동작을 반복하여 발광한다.

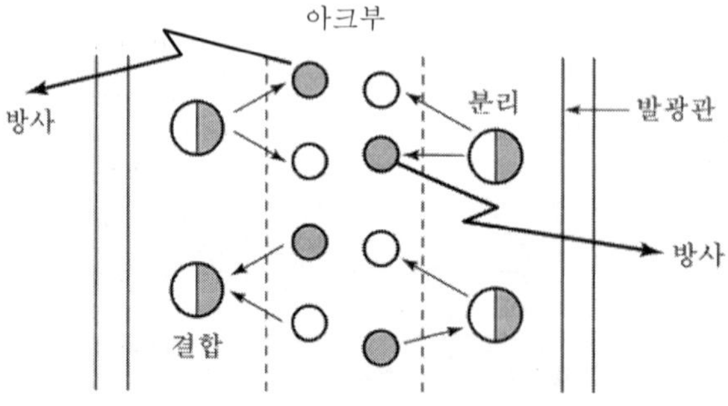

그림 5-20 메탈핼라이드등의 광방사 특성

이때 봉입금속의 방전에 의한 방사가 '주'이므로 고압수은등에 비하여 효율은 물론 연색성을 크게 개선시킨 광원이다.

이 광원은 방전방해성의 할로겐이 포함되므로 수은등(180~200 [V])에 비해 방전개시 전압이 높아진다(300 [V]).

③ 시동 및 재시동 특성

봉입가스에 미량의 페닝가스(Ne, Ar)를 봉입하여 시동성능을 개선한 것으로, 시동시나 재시동시간이 고압수은등보다 약간 길다(10 [min]).

④ 전 압 특 성

전압변동에 대하여 램프의 특성과 광색이 변화한다.

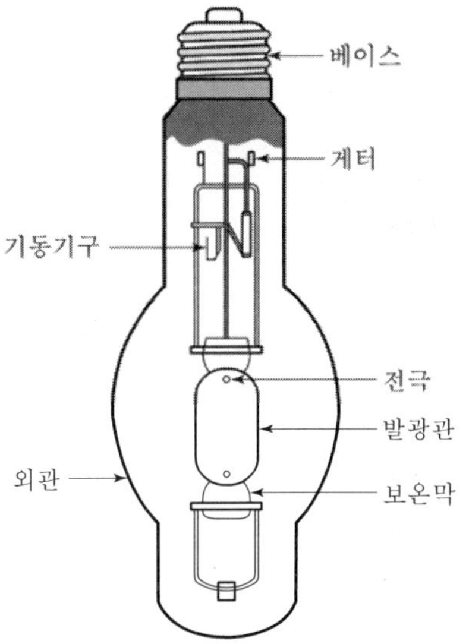

그림 5-21 메탈핼라이드등의 외형

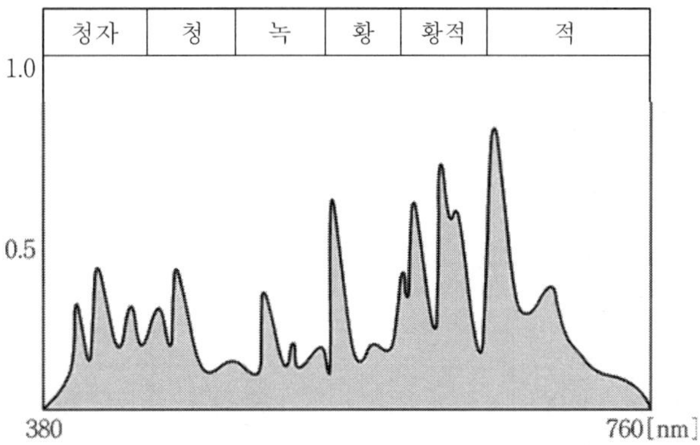

그림 5-22 메탈핼라이드등의 분광분포곡선

⑤ 특 징

- 수명이 9,000 [h]이다.
- 효율이 70~80 [lm/W]이다.
- 연속스펙트럼 방사로 연색성이 좋다.
- 등당 광속이나 전력이 크다.
- 고휘도광원이다.
- 안정기등 부속장치가 필요하다.
- 수평점등을 원칙으로 한다.

표 5-11 메탈핼라이드등의 특성

<table>
<tr><th rowspan="2">형 식</th><th rowspan="2">정격
입력전압 [V]</th><th colspan="3">초 특 성</th><th rowspan="2">안정시간
[min]</th><th rowspan="2">수명 [h]</th></tr>
<tr><th>램프전압 [V]</th><th>램프전류 [A]</th><th>전광속 [lm]</th></tr>
<tr><td>MH 70(A)</td><td rowspan="24">220</td><td rowspan="3">90±15</td><td rowspan="3">0.98</td><td>5,000</td><td rowspan="26">10 이하</td><td rowspan="26">9,000</td></tr>
<tr><td>MHF 70(A)</td><td>4,500</td></tr>
<tr><td>MHT 70(A)</td><td>5,000</td></tr>
<tr><td>MH 100(A)</td><td rowspan="3">100±15</td><td rowspan="3">1.00</td><td>6,500</td></tr>
<tr><td>MHF 100(A)</td><td>5,900</td></tr>
<tr><td>MHT 100(A)</td><td>6,500</td></tr>
<tr><td>MH 100(B)</td><td rowspan="3">100±15</td><td rowspan="3">1.10</td><td>6,500</td></tr>
<tr><td>MHF 100(B)</td><td>5,900</td></tr>
<tr><td>MHT 100(B)</td><td>6,500</td></tr>
<tr><td>MH 175(B)</td><td rowspan="3">130±15</td><td rowspan="3">1.50</td><td>14,000</td></tr>
<tr><td>MHF 175(B)</td><td>12,000</td></tr>
<tr><td>MHT 175(B)</td><td>14,000</td></tr>
<tr><td>MH 250(A)</td><td rowspan="3">100±15</td><td rowspan="3">3.00</td><td>17,000</td></tr>
<tr><td>MHF 250(A)</td><td>15,000</td></tr>
<tr><td>MHT 250(A)</td><td>17,000</td></tr>
<tr><td>MH 250(B)</td><td rowspan="3">130±15</td><td rowspan="3">2.10</td><td>20,500</td></tr>
<tr><td>MHF 250(B)</td><td>18,000</td></tr>
<tr><td>MHT 250(B)</td><td>20,500</td></tr>
<tr><td>MH 400(A)</td><td rowspan="3">125±15</td><td rowspan="3">3.65</td><td>28,800</td></tr>
<tr><td>MHF 400(A)</td><td>25,000</td></tr>
<tr><td>MHT 400(A)</td><td>28,800</td></tr>
<tr><td>MH 400(B)</td><td rowspan="3">135±15</td><td rowspan="3">3.25</td><td>34,000</td></tr>
<tr><td>MHF 400(B)</td><td>30,000</td></tr>
<tr><td>MHT 400(B)</td><td>34,000</td></tr>
<tr><td>MH 1,000(A)</td><td rowspan="3">130±15</td><td rowspan="3">8.30</td><td>80,000</td></tr>
<tr><td>MHF 1,000(A)</td><td>72,000</td></tr>
<tr><td>MHT 1,000(A)</td><td>80,000</td></tr>
<tr><td>MH 1,000(B)</td><td rowspan="2">380</td><td rowspan="2">263±25</td><td rowspan="2">4.00</td><td>88,000</td></tr>
<tr><td>MHF 1,000(B)</td><td>79,000</td></tr>
</table>

주) MH : 메탈핼라이드등, MHT : 관형, MHF : 형광물질을 도포한 것
A : 회로전압 220 [V], B : 회로전압 380 [V]

⑥ 적용장소

복사용, 광학조명, 연색성이 중요시되는 고천장, 옥외조명(체육관, 경기장 등)에 사용된다.

(4) 크세논등

① 초고압수은등과 동일한 구조이며 발광관은 더 가늘고 길다.

② 높은 압력(1~10 [atm])으로 봉입한 크세논(Xenon)가스 중의 방전을 이용한 램프로서 고압수은등과 같이 방전열에 의하여 저압의 상태로부터 서서히 고압의 상태로 증발해 가지 않고 최초로부터 고압(1~10 [atm])으로 봉입되어 순시점등 및 순시재점등의 특성을 가진다. 단, 파센의 법칙에 의해 기동시 고전압이 요구된다.

③ 분광곡선을 보면 연속적인 스펙트럼의 특성을 가지고 있어 자연주광의 분포와 비슷하여 연색성이 우수하다(광색이 천연주광색이다.).

④ 발광효율이 16~17 [lm/W]이다.

⑤ 램프전압이 낮은 반면 램프전류는 초고압수은등의 약 3배 정도이다.

⑥ 수명이 6,000시간 정도이다.

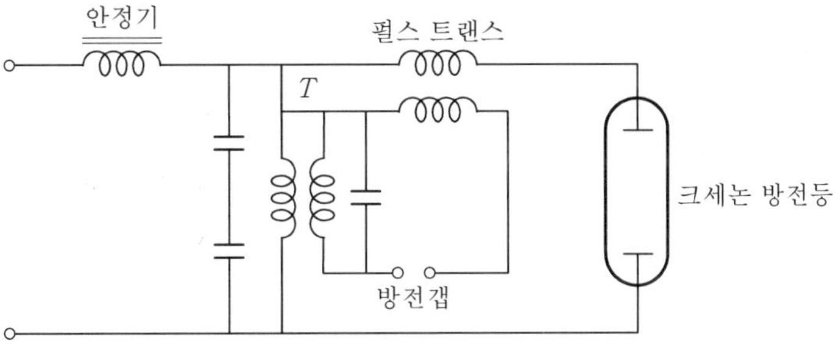

그림 5-23 크세논방전등의 점등회로

(5) EL 램프

투명전극과 금속전극 사이에 교류전압을 가하면 형광물질에 강한 교번자계가 가해짐에 따라 형광물질이 발광하게 된다. 이 빛은 투명전극을 도포한 유리판을 통하여 외부로 방출되는데, 이를 EL 램프(Electro luminescent lamp)라 한다. 일종의 콘덴서와 같은 것으로 이것에 교번전압을 걸면 충전 또는 방전할 때 발광한다.

발광효율이 10 [lm/W] 정도로 낮은 것이 단점이며, 면광원등이다.

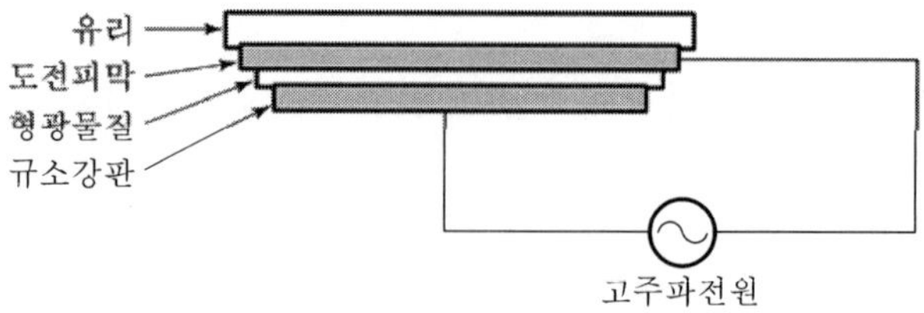

그림 5-24 EL 램프의 구조

(6) 형 광 등

형광등(Fluorescent Lamp)은 열음극으로 된 저압수은등의 일종으로 방전에 의한 파장 253.7 [nm]의 강력한 자외선이 관벽의 형광물질을 자극하여 강한 형광을 발생한다. 열음극의 필라멘트는 이중코일로 하고 열전자의 방출을 용이하게 하기 위하여 산화물(Ba, Sr, Ca 등)이 피복되어 있다.

형광등의 구조 및 발광원리를 보면 그림 5-25와 5-26의 Flow Diagram과 같다.

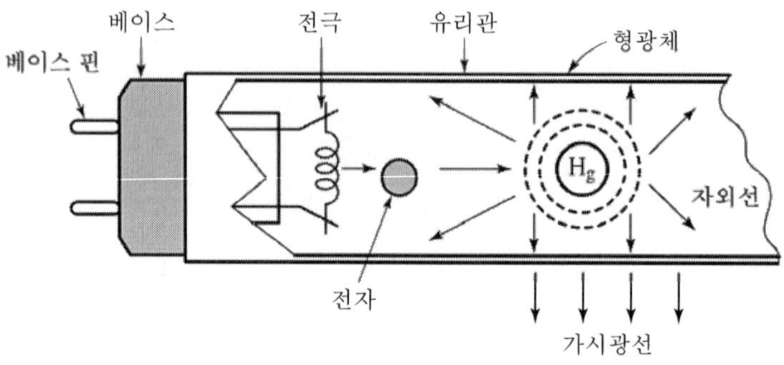

그림 5-25 형광등의 구조

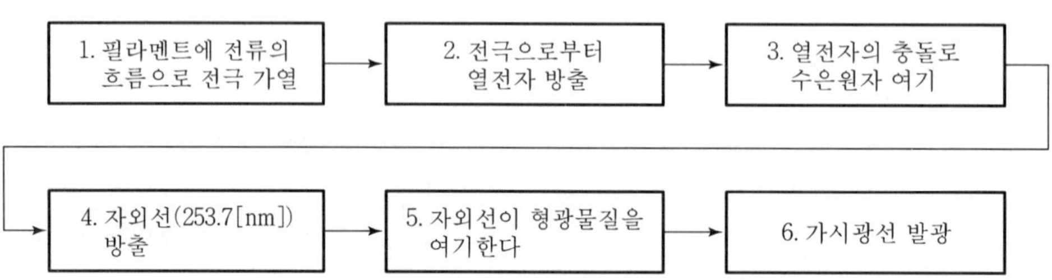

그림 5-26 Flow Diagram

① 형광등의 점등회로

ⓐ 예열기동형 점등회로(Glow Starter Circuit)

- 동작원리 : 형광등에 전원전압을 인가하면 필라멘트 F_1, F_2를 통하여 점등관 양단에 이 전원전압이 가해진다. → 점등관이 글로우방전으로 발열된다. → 이 열에 의해 1~2 [sec]간에 바이메탈이 팽창되어 점등관의 가동전극이 고정극에 접촉한다. → F_1, F_2에 많은 기동전류가 흐른다. → 이 기동전류에 의해 F_1, F_2가 가열되어 열전자가 방출되기 쉬운 상태가 된다. → 바이메탈이 냉각수축하여 원형으로 되돌아가 접점이 열린다. → 이 순간 안정기(L) 양단에 인덕션킥전압이 발생한다. → 주방전이 시작된다. → 과전류가 흘러 관의 단자전압이 60~70 [V] 정도로 낮아져 점등관은 재점등되지 않는다.
- 열음극의 텅스텐 필라멘트는 이중코일이고 열전자방출을 쉽게 하기 위하여 필라멘트에 산화물(Ba)을 칠한다.
- 점등시간이 길며, 전원전압이 낮아지거나 주위온도가 낮을 때 기동되지 않는다.

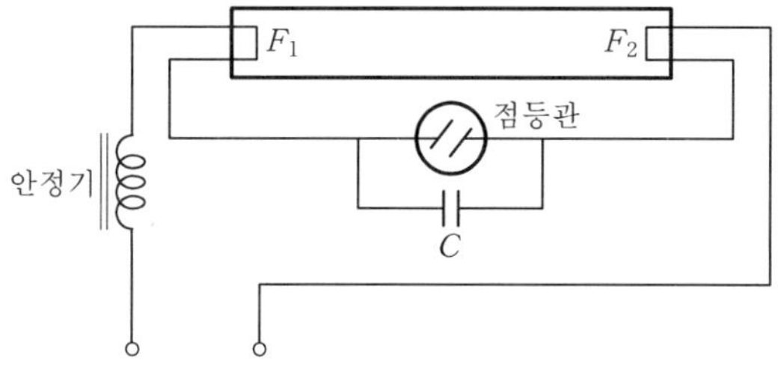

그림 5-27 예열기동회로

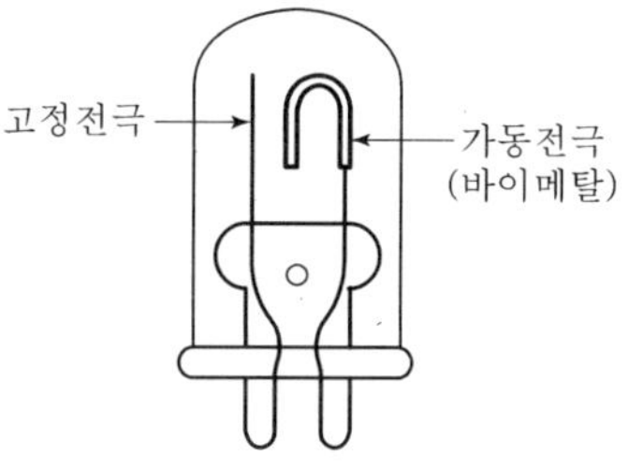

그림 5-28 점등관의 구조

ⓑ 속시기동형 점등회로(Rapid Starting Circuit)

- 특징 : 형광등의 전극을 가열하면 비교적 낮은 전압에서도 기동할 수 있는 특성을 이용한 점등회로로, 음극은 삼중 필라멘트로 되어 있으며 형광등 전길

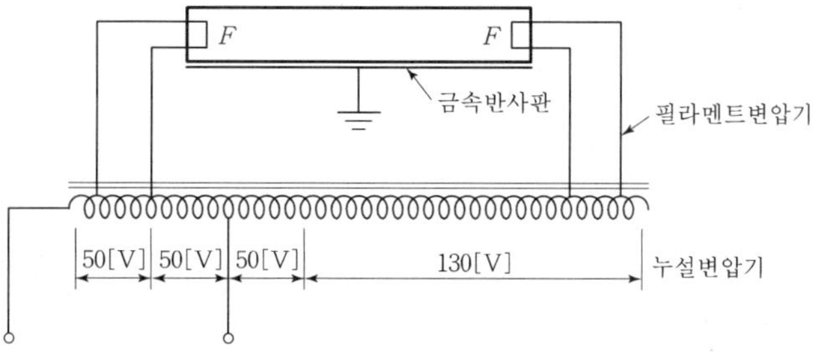

그림 5-29 속시기동회로

이에 밀착시킨 금속반사판이 있다. 회로를 닫음과 거의 동시에 형광등이 점등될 뿐만 아니라 저전압에서도 기동되며, 전원전압이 낮아져도 소등되지 않는 특징이 있다.

[참고] 금속반사판

방전등은 기동 후 공간전하(음극강하)로 인하여 기동 전보다 α, γ 효과가 커져 전자발생이 용이해져서 관전압은 기동전압보다 낮아진다. 그러나 관전압이 기동전압보다 너무 낮아지면 효율 및 역률이 낮아지므로 금속반사판이라는 보조수단을 써서 기동전압을 낮추고 있다.

ⓒ 순시기동형 점등회로(Instant Starting Circuit)

- 형광방전등에 600 [V]의 높은 전압을 인가하면 필라멘트를 예열시키지 않고 순간적으로 기동시킬 수 있다. 이때 사용되는 형광방전등을 슬림 라인(Slim Line)이라 하며 램프의 지름은 25~28 [mm], 길이 100~240 [cm]의 가늘고 긴 모양으로 되어 있고 1개의 베이스 핀(Base Pin)으로 구성되어 있다.

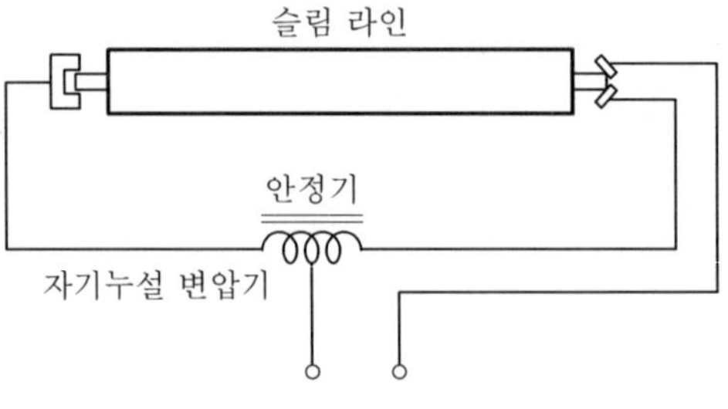

그림 5-30 순시기동회로

- 특징 : 전원전압을 인가하는 동시에 순간적으로 점등되지만 고전압이 형광방전등의 전극에 걸리므로 수명이 짧아지게 되어 막대모양의 전극을 갖는다. 2차전압이 높으므로 점등장치가 비싸고 전력손실이 크다.

ⓓ 전자식 안정기형 점등회로

- 구성 : 전자식 안정기의 구성회로는 그림 5-31과 같다.
- 동작원리 : 인버터(TR, IC, FET) 구동에 의한 전자회로를 채용하여 AC 전원(60 [Hz])을 전파정류하여 얻은 직류를 약 30 [kHz]의 고주파로 발진하여 LC 직렬공진회로에 인가하면 콘덴서 양단에 고전압이 유기되어 형광등이 방전된다. 그 후 콘덴서전압은 형광등의 관전압으로 급속히 떨어져 계속적인 정상점등이 이루어진다.

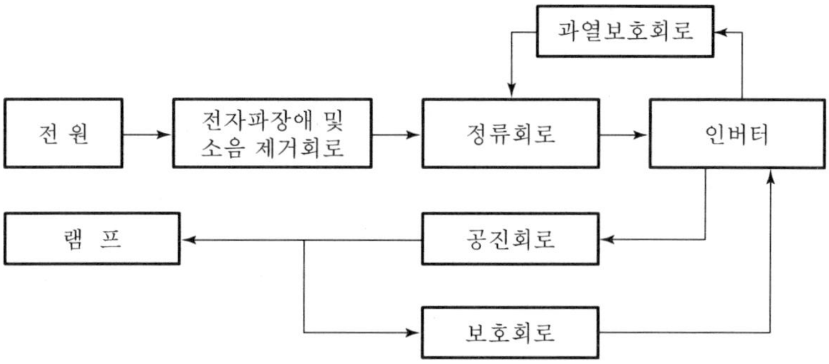

그림 5-31 전자식 안정기의 구성

• 전자식 안정기의 특징

a. 소음이 없고 즉시 점등된다.

b. 소비전력이 절감된다(기존의 형광등보다 30 [%] 절감).

c. 저온(−20 [℃])에서도 점등이 가능하다.

d. 열발생 및 열손실이 없다.

e. 빛의 어른거림이 없다(Flicker).

f. 소형 경량이다.

g. 전압변동 및 서지에 약하다.

h. 선로의 소음 및 전자파장애 등에 대한 대책이 필요하다.

i. 고조파를 발생시킨다.

j. 신뢰도가 낮고 가격이 고가이다.

② 형광등의 특성

ⓐ 효 율

형광등의 효율(75 [lm/W])은 백열전구에 비하여 상당히 높은데, 형광등 효율에 미치는 요인으로는 입력을 파장 253.7 [nm]의 자외선으로 변화하는 효율을 높이는 것과 파장 253.7 [nm]의 방사가 관벽의 형광체를 자극하여 가시광선으로 변화시키는 효율을 높이는 것이 있다.

ⓑ 동정특성

점등시간에 따라 전류, 전력, 광속 및 효율 등의 관계를 나타내는 곡선을 동정곡선이라 하며, 형광등에서 광속은 점등시간에 따라 점차 감소되는데 최초 100시간까지 광속이 급속히 감소하여 약 5~10 [%] 어두워지고 그 후로는 안정되어 서서히 어두워진다. 이러한 광속저하는 형광체가 열화하여 이 층이 자외선(253.7 [nm])방사를 흡수하기 때문이다.

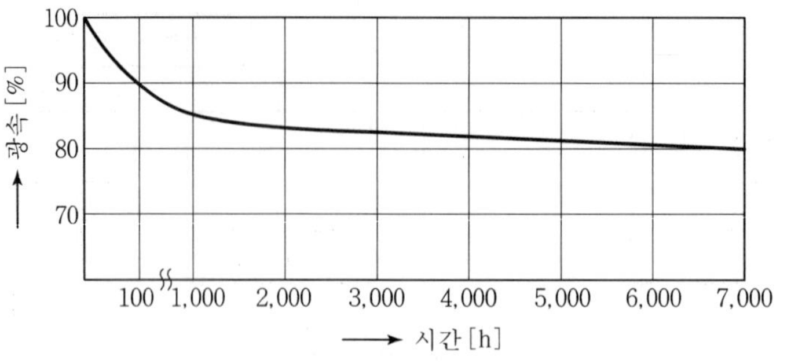

그림 5-32 동정곡선

ⓒ 수 명

형광등의 수명에 미치는 요인은 열음극의 소모와 형광체의 변질에 있다. 일반적으로 형광등의 수명이란 점등을 시작하여 전광속이 80 [%]로 저하될 때까지의 시간을 말한다.

여기서 열음극의 소모란 방전중에 발생한 양이온이 높은 에너지로 음극면에 충돌하여 전자방출물질인 Ba, Ca 등이 점차 튀어나가서 음극이 소모되고 전자방출이 활발하지 않아 광속이 저하하게 되는 현상을 말한다.

ⓓ 전압특성

정격전압의 ±6 [%]의 범위를 벗어나게 되면 형광등의 수명이 짧아진다. 전압이 너무 높으면 램프전압이 내려가서 전류는 증가되어 전극이 과열되며 수명이 짧아지고, 전압이 너무 낮아지면 기동시간이 길어지므로 전극물질의 Sputtering(튀기는 현상)이 일어나고 수은증기압이 너무 낮아 전극이 과열되어 수명이 짧아진다.

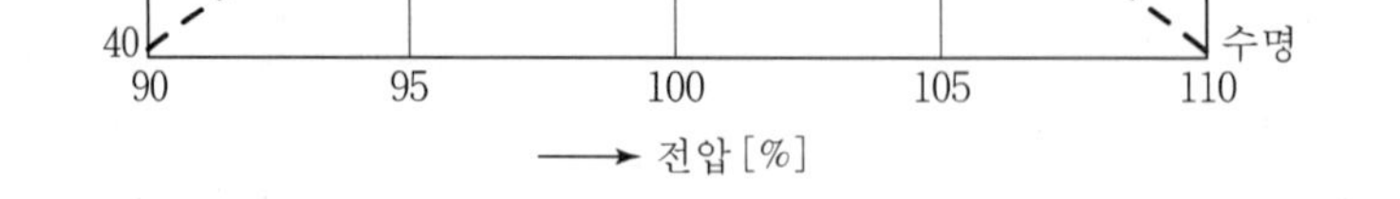

그림 5-33 형광등의 전압특성

ⓔ 온도특성

형광등은 주위온도에 따라 광속 및 효율에 영향을 주게 되는데 주위온도 20~25 [℃]일 때, 즉 관벽온도가 40~45 [℃]일 때 253.7 [nm]의 자외선의 방사효율이 최대가 된다. 관벽온도가 너무 높으면 수은증기압이 높아져 여기파장 253.7 [nm]이 수은원자에 흡수되어 광속이 적어지고, 관벽온도가 너무 낮으면 전자방출이 어렵게 되어 방전개시전압이 높아져 점등이 어렵게 되며 관내 수은증기압이 낮아져 광속이 적어진다.

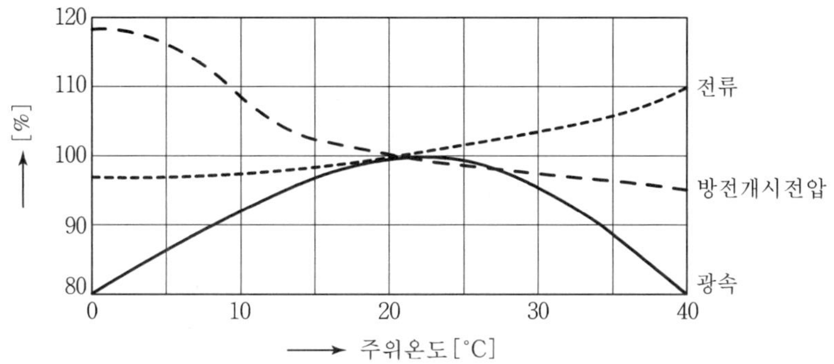

그림 5-34 형광등의 온도특성

③ 형광등의 특징

ⓐ 수명이 길다(7,500 [h]).

ⓑ 효율이 높다(75 [lm/W]).

ⓒ 형광체의 종류에 따라 여러 가지 광색을 얻을 수 있다.

ⓓ 휘도가 낮다(0.5~1.0 [cd/cm^2] 정도)

ⓔ 열을 거의 동반하지 않는다. 백열전구의 경우 입력의 약 90 [%]가 열로 방사되나 형광등의 경우 약 50 [%] 정도이다.

ⓕ 전원전압의 변동에 대하여 광속변동이 적은데, 전압 1 [%] 변동에 대하여 광속변화는 1~2 [%] 정도이다.

표 5-12 형광체의 광색

형 광 체	분 자 식	광 색
텅스텐산 칼슘	$CaWO_4$-Sb	청색
텅스텐산 마그네슘	$MgWO_4$	청백색
할로인산 칼슘	$3Ca_3(PO_4)_4 \cdot Ca_2(Cl_2F_2) \cdot Sb$ Mn	황백색
붕산 카드뮴	CdB_2O5	핑크색
규산 아연	$ZnSiO_3$-Mn	녹색
규산 카드뮴	$CdSiO_2$-Mn	등색

ⓖ 전원주파수의 변동이 광속이나 수명에 영향을 미친다. 즉, 안정기(초크 코일)나 콘덴서를 사용하므로 이것들이 전원주파수의 영향을 받아서 형광등의 광속이나 수명에 영향을 미친다. 보통 1 [%] 주파수 저하로 램프전류는 지상(Lag)측에서 1 [%] 증가, 진상(Lead)측에서 2 [%] 정도 감소한다.

ⓗ 예열기동형의 경우 스위치를 넣고 형광등이 점등될 때 까지 약 3 [sec] 정도 걸리며, 주위온도가 낮아지면 더욱 긴 시간이 걸린다.

ⓘ 주위온도의 영향을 받는데, 주위온도가 20~25 [℃]일 경우 효율이 높고 이보다 온도가 낮거나 높으면 효율이 떨어진다.

ⓙ 안정기로 초크 코일을 사용하므로 역률이 55~65 [%] 정도로 낮다.

ⓚ 형광등을 교류로 점등하는 경우 전류의 주기적인 변화로 광속이 변화하여 전원주파수의 2배의 흔들림(Flicker)이 발생한다.

ⓛ 형광등으로부터 방해전파가 나와 라디오 장해를 준다.

- 형광등에서 방사되는 전파가 라디오수신기에 들어온다.
- 전원으로부터 전파로서 수신기의 안테나회로에 들어온다.
- 기구로부터 전선을 통해서 라디오에 들어온다.

(7) 3파장 형광등

할로인산칼슘 형광체는 적색빛의 발광이 적기 때문에 연색성이 나쁘다. 이를 보완하기 위해 히토류 형광체인 So(Soandium), Y(Yttrium)을 사용하여 녹색, 청백색의 발광은 물론 적색광선까지도 발광하도록 하여 연색성과 효율을 개선시킨 형광등을 3파장 형광등이라 한다.

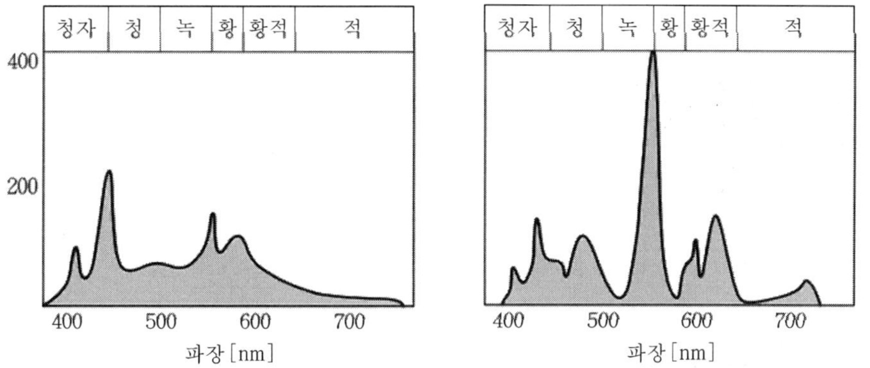

(a) 일반 형광등(주광색)　　(b) 3파장 형광등(주백색)

그림 5-35 일반형광등과 3파장 형광등의 분광분포도 비교

① 분 광 분 포

3파장 형광등의 분광분포도를 보면 그림 5-35와 같이 사람의 눈으로 가장 밝게 느껴지는 녹색파장대와 적색파장대가 높게 나타난다. 이와 같이 연속스펙트럼 방사로 연색성을 크게 개선시킨 형광등이다.

② 특 징

ⓐ 연색성이 우수하다.
ⓑ 밝은 느낌이 뛰어나다(30 [%] 정도 더 밝게 보인다).
ⓒ 소비전력이 적다(10 [%] 정도 절감).
ⓓ 가격이 고가이다(수배).
ⓔ 사용시간에 대한 광속저하가 적다.
ⓕ 광색이 보다 자연적이고 아름답고 선명하게 보인다.

③ 일반형광등과의 비교

표 5-13 일반형광등과의 특성비교

구 분	일반형광등	3파장 형광등
광속[lm]	1,150	1,350
효율[lm/W]	57.2	67.1
연색성(Ra)	70	84

표 5-14 형광등의 특성

<table>
<tr><th rowspan="3">종 별</th><th rowspan="3">정격
램프
전력
[W]</th><th rowspan="3">정격
입력
전압
[V]</th><th colspan="5">초 특 성</th><th rowspan="3">광속
유지율
[%]</th><th rowspan="3">정격
수명
[h]</th></tr>
<tr><th rowspan="2">램프전류
[A]</th><th rowspan="2">D
[lm]</th><th colspan="3">전광속 [lm]</th></tr>
<tr><th>N</th><th>W.
WW.
L.</th><th>EX-N</th></tr>
<tr><td>FL 10</td><td>10</td><td rowspan="2">100
(94)</td><td>0.23±0.03</td><td>390</td><td>420</td><td>440</td><td>480</td><td rowspan="2">80</td><td rowspan="2">4,000
이상</td></tr>
<tr><td>FL 15</td><td>15</td><td>0.30±0.03</td><td>680</td><td>740</td><td>780</td><td>860</td></tr>
<tr><td>FL 20</td><td>20</td><td rowspan="4">100
(94)</td><td rowspan="2">0.36±0.04</td><td rowspan="4">1,010</td><td rowspan="4">1,100</td><td rowspan="4">1,160</td><td rowspan="4">1,280</td><td rowspan="4">90</td><td rowspan="5">6,000
이상</td></tr>
<tr><td>FL 20S</td><td>20</td></tr>
<tr><td>FL 20S/18</td><td>18</td><td rowspan="2">0.35±0.04</td></tr>
<tr><td>FL 20SS/18</td><td>18</td></tr>
<tr><td>FL 30</td><td>30</td><td>100
(94)</td><td>0.61±0.05</td><td>1,480</td><td>1,620</td><td>1,700</td><td>1,870</td><td>80</td></tr>
<tr><td>FL 40</td><td>40</td><td rowspan="4">200
(180)</td><td rowspan="2">0.42±0.04</td><td rowspan="4">2,610</td><td rowspan="4">2,850</td><td rowspan="4">3,000</td><td rowspan="4">3,250</td><td rowspan="4">90</td><td rowspan="4">8,000
이상</td></tr>
<tr><td>FL 40S</td><td>40</td></tr>
<tr><td>FL 40S/37</td><td>37</td><td>0.41±0.04</td></tr>
<tr><td>FL 40SS/36</td><td>36</td><td>0.43±0.04</td></tr>
</table>

주) 1. D : 주광색, N : 주백색, W : 흰색, WW : 온백색, L : 전구색
2. 정격전압의 ( )안의 값은 방전개시전압이다.

(8) 발광다이오드

발광다이오드(LED : Light Emitting Diode)는 다이오드의 P-N접합부에 전계가 가해지면 전류가 흐르면서 발광하는 것으로서 이는 전계에 의해서 고체가 발광하는 전계루미네센스의 일종이다. 즉, 전기에너지를 직접 광에너지로 변환시키는 고체 발광 소자로 여러 가지 전기제품의 표시등이나 일반 광원으로 사용되고 있다.

① 발광원리

LED의 발광원리는 그림에서와 같이 P형 반도체와 N형 반도체를 접합시킨 것으로 이 LED칩에 순방향 전압을 가하면 LED칩 안의 전자와 정공이 P-N 접합면으로 이동하여 서로 재결합하게 된다. 재결합된 상태의 에너지는 원래 전자와 정공이 가지고 있는 각각의 에너지 합보다 적은데 이때 발생한 여분의 에너지가 광에너지로 변환되어 발광하게 된다.

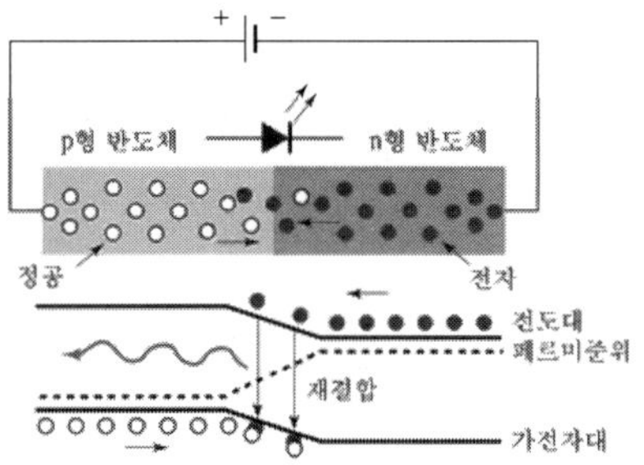

그림 5-36

그림 5-37

이 때 방사되는 광의 파장 λ는

$$\lambda = 1239.8 / Eg\,[nm]$$

여기서 Eg[eV]는 밴드갭(band gap)으로 반도체 고유상수이며 LED가 다양한 색을 방사하는 것은 이 Eg[eV]값이 반도체 구성물질에 따라 다르기 때문이다.

② LED의 분류

ⓐ 형상에 의한 분류

LED를 형상에 따라 분류하면 리드프레임형과 표면실장(SMD : Surface Mount Device)형으로 나누어지며 리드프레임형은 특수수지부분이 렌즈 역할도 하여 광을 집광시킬 수 있도록 되어 있고 2개의 전극이 외부로 길게 나와 있다. 표면 실장형은 일반적으로 렌즈가 없는 것이 많으며 발광은 확산광이다.

ⓑ 광색에 의한 분류

LED를 광색에 의해 분류하면 종래부터 표시용으로 사용되어 온 적색, 주황색, 황색, 녹색, 청색 등의 단색 LED와 복수의 색을 혼색한 백색 LED가 있다.

• 단색 LED

LED는 반도체칩의 구성요소의 배합에 따라 파장이 다르고 색도 달라진다. 이전에 사용되던 GaAsP(Gallium Arsenide Phosphide), GaP(Gallium Phosphide), GaAlAs(Gallium Aluminum Arsenide)를 대신하여 근래에 GaAlInP(Gallium Aluminum Indium Phosphide)를 이용한 칩에서는 적색부터 황색 LED를, GaInN(Gallium Indium Nitride)칩에서는 청색과 녹색 LED를 제조하고 있다.

다음 표 5-15에 각종 LED의 대표적 재료와 발광광의 우세파장(dominant wavelength)을 표시하였다.

표 5-15 구성원소에 따른 광색과 우세파장

GaInN	파장[nm]	GaAlInP	파장[nm]
청색	450	황색	590
청록색	498	주황색	605
청록색	505	적황색	615
녹색	525	적색	626

[참고] 백색 LED

백색 LED의 구조는 단색 LED와 같으나 백색 LED에는 P-N반도체와 렌즈 사이에 형광체가 있어 P-N반도체에서 방사된 단색광이 이 형광체를 여기하여 청색광과 황색광을 방사하도록 하므로 연색성을 크게 개선시킨 구조의 LED이다.

③ LED 광원의 조명특성

21세기 빛의 혁명이라 불리는 LED는 현재 사용되는 백열전구류와 방전등류와는 발광원리 및 구조가 근본적으로 다른 고체형태(Solid State)의 반도체광원으로 광학적, 전기적, 열적 동작특성이 매우 독특한 성질을 지니고 있다. 따라서 LED를 조명용 광원으로 사용하기 위해서는 LED의 독특한 동특성을 이해하고, 조명기구 설계시 적절히 반영하는 것이 요구된다.

ⓐ 구동전압-전류 특성(IF-VF 특성)

LED에 인가되는 전압[VF, VDC]에 대한 전류[IF, mA]의 변화특성으로, 저항소자와는 달리 LED는 일정전압이 인가될 때까지 전류가 흐르지 않다가 임계전압 이상에서는 작은 전압변화에 대해 급격히 전류가 변화하는 특성을 가지고 있다. 이때 임계전압은 발광 파장대를 결정하는 에너지 밴드에 의해 좌우되고, 발광색도 임계전압이 변화하게 된다.

ⓑ 구동전류-광 출력 특성(IV-IF 특성)

LED에 흐르는 순방향 전류[IF, mA]에 대한 광도[IV, mcd]의 변화특성으로 정격 허용전류 내에서는 전류와 광도는 서로 비례한다. 그러나 허용 전류보다 큰 전류가 흐를 경우 열 손실로 직선성이 없어지며, 이는 발광효율의 저하 및 소손 등 수명단축의 원인이 될 수 있어 각별한 주의를 요한다.

ⓒ 조광제어 특성

LED의 광 출력은 정상동작 범위 내에서 순방향 전류의 크기에 비례하여 넓은 범위에서 조광이 가능하며, 이는 정전압 상태에서 펄스폭 변조(PWM) 방법으로 구현할 수 있다. 즉, 입력 정전압을 일정 주파수 이상으로 펄스폭을 조절함으로써 깜박거림 없이 시각적인 조광효과를 얻을 수 있으며, 디지털 기술과 접목하여 전기적으로 쉽게 구현할 수 있어 널리 사용되고 있다.

ⓓ LED 드라이버(Ballast)

LED 드라이버는 LED에 흐르는 전류의 흐름을 조절하는 것으로 방전램프의 안정기(Ballast)와 유사한 기능을 수행한다. LED 드라이버는 LED 조명기기의 조명성능과 수명을 좌우할 수 있는 중요 장치로써 LED 어레이의 배열구조, 동작조건 및 조명환경 등을 고려하여 설계해야 한다. 예로써 옥외에 설치하는 LED 교통신호등의 경우 동작온도 범위인 -30~+70[%]에서 광도 변화율 20[%] 이내를 유지하기 위해서는 단순히 정전류 제어에 의해 구현할 수 없으며, 온도에 따른 광도변화를 지속적으로 감지하여 전류를 제어하는 방식의 드라이버가 요구된다.

ⓔ 열적 동특성과 방열기(Heat Sink)

LED는 반도체 소자의 특성상 주위온도 상승에 따라 동특성이 변화하고 조명성능이 급격히 저하하는 민감한 특성을 지니고 있다. LED 램프에 전원이 공급되면 투입 에너지의 약 20[%]만 빛으로 변환되고 80[%]는 열로써 방출되어 점등과 동시에 온도가 상승하며, 이로 인해 허용전류 감소, 중심파장의 이동, 광변환 효율 저하, 수명단축 등에 결정적인 영향을 준다. 따라서 LED의 열적 동특성을 잘 이해하고 가능한 한 동작온도를 낮출 수 있도록 방열기를 설계해야 한다.

④ LED 주요 특징

- 구조적으로 기존의 광원과는 달리 작은 점광원으로서 유리전극, 필라멘트 및 수은(Hg)을 사용하지 않아 매우 견고하고, 수명(6만~10만 시간)이 길며, 환경 친화적이다.
- 광학적으로 선명한 단색광을 발광하여 연색성이 나쁜 반면 색을 필요로 하는 조명기구에 적용시 빛 손실이 매우 적고 시인성이 향상되며, 지향성 광원으로써 등기구 손실을 줄일 수 있다.
- 전기적으로 특정전압 이상에서 점등을 시작하고 점등 후에는 작은 전압변화에도 민감하게 전류와 광도가 변화한다.
- 온도 상승시 허용 전류와 광 출력이 감소하고 많은 열이 발생하는 등 주위온도 및 동작온도 변화에 대해 매우 민감하게 독특성이 변화한다. 만약 허용치 이상의 전류가 흐를 경우 수명이 대폭 감소하고 성능이 크게 저하되므로 적절한 열처리 장치(Heat Sink)와 전류를 제어하는 구동장치(Ballast)를 필요로 한다.

- 리드프레임형은 투명수지를 렌즈로 사용하고 있어 빔 형태의 좁은 배광부터 넓은 배광까지 배광제어가 가능하다.
- 구동전류를 제어하여 10 [%]까지 조광이 가능하고 점등 및 소등 시간이 매우 빠르다.
- 봉입기체나 필라멘트가 없어 충격에 강하고 내구성이 좋다.
- 저온에서 사용할 수 있고 수은을 포함하지 않으므로 친환경적이다.
- 전력소비량 [W]이 적고 발광효율(16~53 [lm/W])이 높다.

표 5-16 형광등과 LED의 밝기

형광등	LED
36 [W]	13 [W]
55 [W]	18 [W]

표 5-17 각종 광원의 특성과 용도

항목	형광램프(일반형)	3파장 형광램프	LED 램프	무전극 램프
발광원리	저압의 수은증기를 넣고서, 전극간의 방전을 일으키며 2537A의 자외선을 발생한다. 이 자외선이 관내면에 칠한 형광체를 여가하여 가시광선을 발생한다(루미네선스에 의한 방전발광).	희토류 발광체로서, 희토류 원소 활성체의 전자천이에 의해 발광하는 물질이다. 즉 청(450mm), 녹(540mm), 적(610mm)의 3개 파장에 방사 에너지를 집중시킴	전계루미네선스를 이용한 광원으로 반도체 발광소자에 직류전원을 가하면 PN 접합부에서 전도대의 전자와 가전대의 정공이 결합하며 빛을 발광	유도권선에 고주파를 인가하면 전자유도작용에 의해 내부가스가 여기되며 이때 자외선이 발생하고 형광물질을 투과하며 발광
전광속 lm	3,100	3,200~3,400	3,500~12,000	3,500~12,000
램프효율 lm/W	78	90~100	90 이상	70~80
색온도 K	4,200	3,200	3,000~6,000	3,000~7,000
평균연색지수 Ra	64	85	70~80	80~90
수명 h	8,000	8,000	50,000	60,000
점등 부속장치	안정기 필요	안정기 필요	컨버터 필요	안정기 필요
특징	-저휘도 -열방사가 적다. -점등시간이 소요 (래피드스타트식 제외)	-형광램프의 관경을 세관화(26mm, 32W) -조도 향상 (약 40%)	-친환경 광원(무수은) -시인성이 높다. -에너지효율 높다. -저전압으로 안전	-고연색성, 고효율 -연속 조광 가능 → 10%~100%
전압과 주위온도의 영향	-전원전압 변동에 따른 광속 변화 다소 있다. -주위온도 20~27℃일 때 가장 좋다.	-전원전압 변동에 따른 광속 변화 다소 있다. -주위온도 20 형광등온도 40℃일 때 가장 좋다.	-주위온도 상승에 따른 전압변동은 없으나 저항증가에 따른 전류량 감소로 빛의 밝기가 떨어짐(방열설비 필요)	-저온 특성 우수 → 옥외사용 가능
용도	사무실, 상점, 주택, 공장	사무실, 상점, 주택, 공장	주택, 상점, 사무실, 도로, 터널 등 다양	고천장 조명, 산업시설, 터널, 옥외, 주유소

표 5-18 각종 광원의 특성과 용도

항목	수은램프(고압)	메탈할라이드램프 (수은등 안정기 적합형)	저압나트륨램프 (SOX-E형)	고압나트륨램프
발광원리	-수은 증기중의 방전을 이용한 것 -봉입가스 : 수은, 아르곤	-고압수은램프에 금속과 금속할로겐화합물을 혼입한 것 -금속원자에 의한 발광스펙트럼이 중첩되어 연색성과 효율을 개선한 것	-0.04기압의 낮은 나트륨증기중의 방전을 이용한 것 -파장이 589~589.6 nm인 D선이 발생 -등황색의 단일광	-약 0.1 기압의 높은 나트륨 증기중의 방전을 이용한 것 -등백색
전광속 lm	20,500	40,000	17,000	14,000~46,000
램프효율 lm/W	40~51	90~100(고효율)	186(고효율)	100~140
색온도 K	5,800	4,000~5,600	2,100	2,100
평균연색지수 Ra	23~45	65~90	28	60
수명 h	10,000	9,000	9,000	24,000 (수명 길다)
점등 부속장치	안정기	안정기	안정기	안정기
특징	-고휘도 -배광제어 용이 -시동에 수분간 소요 (재시동에 더 걸림) -연색성이 불량 (청백색)	-고휘도 -배광제어 용이 -연색성이 우수 -효율이 높다 -재점등이 곤란 (광속 40% 도달시까지 할로겐램프가 점등)	-고휘도 -연색성 불량 -효율이 높다(가장) -순시 재점등이 가능 -매연투과율이 높다 -눈부심이 적다 -주위온도 변화에 안전하다	-고휘도 -효율이 높다 -순시 재점등하기 힘들다 -배광제어가 용이
용도	도로조명, 고천장 공장조명, 투광용	천장이 높은 공장, 체육관, 경기장	도로터널조명, 안개지역, 주유소	도로터널조명, 천장이 높은 공장, 주유소

5-1-7 조명기구 및 조명방식

1. 조명기구

조명기구(Lighting Fixture)는 광원으로부터 나오는 빛을 제어하여 효과적인 배광과 램프의 휘도, 눈부심의 감소 등 조명에 도움을 주며 또한 램프를 보호하는 등의 목적으로 사용되는 기구이다.

(1) 조명기구의 구조

조명기구의 구조는 광학적 기능을 충분히 행사하고 사용하기 쉬우며 만들기 쉽고, 모양이 좋으며 조립, 가설, 운반, 청소, 광원의 교환 등이 용이해야 한다.

구조는 그 기능으로부터 광학적, 전기적, 기계적 부분으로 나뉘어진다.

① 광학적 부분

조명기구의 기능상 가장 중요한 부분으로 배광을 제어하는 부분이다. 재료로는 유리, 플라스틱, 금속 등이 사용되며 확산성은 물론 반사율, 투과율, 기계적 강도, 내구성, 물, 습기, 내약품성, 빛을 비롯하여 방사선에 의해서도 변화되지 않고 청소가 용이해야 되는 등의 조건을 고려하여 선택하여야 한다.

② 전기적 부분

소켓, 스위치, 전선, 기타 램프에 전기를 공급하는 부분으로서 방전등에서 필요로 하는 안정기와 기동장치 등의 부속품까지도 포함된다.

③ 기계적 부분

광학적 및 전기적 부분을 지지 보호하고 모양을 유지하며 기능을 완전하게 하는 부분이다. 대체로 금속재료가 사용되며 가볍고 연한 금속판을 가압하여 사용하는 경우가 많다. 견고함이 필요한 경우에는 주물이 사용되며 적은 부품은 플라스틱의 몰드나 압축된 제품이 사용된다.

(2) 조명기구의 기능

① 배 광

조명기구의 첫째 기능으로서 조명기구의 형태, 구조, 광원의 종류 등에 의하여 배광특성이 달라진다. 조명기구를 배광특성에 의해 분류를 해보면 직접, 반직접, 전반확산, 반간접, 간접형 등이 있다.

구 분	백열등 배광	형광등 배광	적용장소
직접 조명기구	상방 0~10[%] 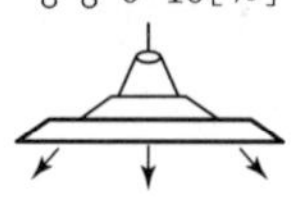 하방 100~90[%]	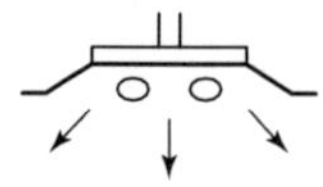	공장 다운조명 천장매입
반직접 조명기구	상방 10~40[%] 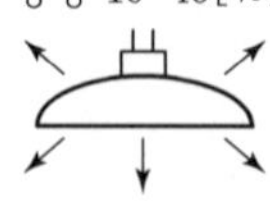 하방 90~60[%]	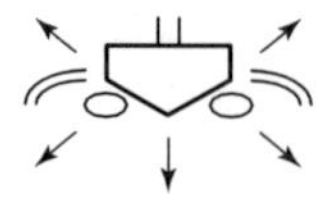	사무실 학교 상점
전반확산 조명기구	40~60[%] 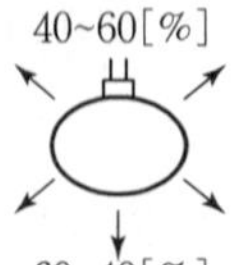 60~40[%]	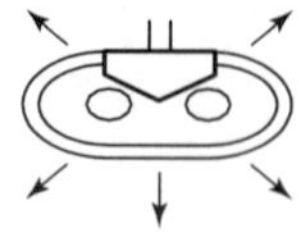	사무실 학교 상점
반간접 조명기구	60~90[%] 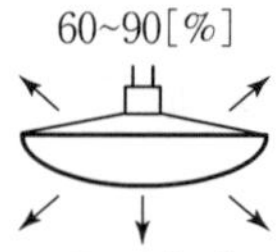 40~10[%]	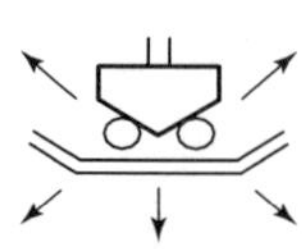	병실 침실 다방
간접 조명기구	90~100[%] 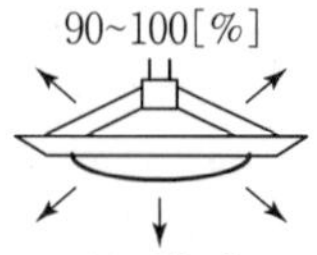 10~0[%]		병실 침실 다방

그림 5-38 조명기구의 배광상태

② 보호각

보호각이란 갓, 반사갓 등으로 광원으로부터 방사되는 직사광이 차단되는 수평방향의 부각을 말한다. 이 보호각은 보통 15~25° 정도이며 직사광을 막아 눈부심 방지목적으로 사용된다. 루버 또한 직사광을 막는 목적으로 사용된다.

③ 효 율

조명기구의 효율은 광원으로부터 입사되는 전광속 F_0에 대한 기구에서 나오는 광속 F의 비율을 말한다.

$$\eta = \frac{F}{F_0}$$

④ 휘 도

조명기구를 사용하는 목적은 광원의 직사광에 의한 눈부심을 방지하기 위한 것인데, 이 눈부심에는 직사광이 나오는 범위(보호각)의 대소는 물론 기구 자체의 휘도가 영향을 준다.

(3) 조명기구의 분류

① 용도에 따른 분류

- 방폭형 : 폭발의 위험이 있는 곳
- 방수형, 방습형 : 물의 침입에 대하여 기능보호
- 방진형, 내습형
- 내산형, 내알칼리형 : 약품에 견딜 수 있는 기구

② 배광에 따른 분류

조명기구를 배광특성에 따라 분류하면 직접조명형, 반직접조명형, 전반확산조명형, 반간접조명형, 간접조명형 등이 있다.

표 5-19 조명기구의 배광특성에 따른 분류

분 류	내 용	특 징	적용장소
직접조명	발산광속 중 90~100 [%]가 작업면을 직접조명하는 방식이다.	• 작업면의 고조도를 얻을 수 있으나 진한 그림자와 눈부심으로 인하여 작업능률이 저하된다. • 조도비가 적게 든다.	공장 스포트라이트 매입형 기구
반직접조명	발산광속 중 상향광속은 10~40 [%], 하향광속이 60~90 [%] 정도가 되며 상향광속이 천장, 벽면 등을 반사하여 작업면의 조도를 증가시킨다.	• 직접조명방식에 비하여 밝음의 분포가 크게 개선된 방식이다.	일반사무실 학교 상점
전반확산조명	하향광속으로 직접 작업면에 직사하고 윗방향으로 향한 빛이 천장과 윗벽부분에서 반사하여 작업면에 조도를 증가시킨다.	• 대부분 젖빛유리나 플라스틱 및 아크릴의 외구형이다.	고급사무실 상점 주택 공장

표 5-19 (계 속)

분 류	내 용	특 징	적용장소
반간접조명	방사광속 중 상향광속이 60~90 [%], 하향광속은 10~40 [%] 정도로 천장을 주광원으로 이용한다.	• 천장을 주광원으로 이용하므로 천장의 색과 유지율에 대해 고려하여야 한다. • 기구의 휘도가 0.5 [sb]를 초과하지 않도록 하여야 한다.	세밀한 작업을 오랫동안 하는 장소 분위기조명
간 접 조 명	모든 광속(90~100 [%])을 윗방향으로 발산하고 천장과 윗벽부분에서 반사되어 방의 각 부분으로 확산시키는 방식이다.	• 천장과 윗벽이 광원의 역할을 하므로 빛이 잘 확산되도록 광택이 없이 마감하여야 한다. • 우수한 확산성, 낮은 휘도로 인해 위생적이며 깨끗한 시각환경을 만든다(차분한 분위기). • 설비비가 많이 든다.	대합실 회의실 입원실

③ 기구의 배치에 따른 분류

표 5-20 조명기구의 배치에 따른 분류

분 류	특 징
전 반 조 명	• 작업면 전반에 걸쳐서 조명기구를 일정한 간격, 높이로 배치하여 방 전체의 조도를 균일하게 조명하는 방식이다. • 일반적으로 명시조명이 요구되는 장소에 적합하다. • 작업대의 위치가 변동하여도 등기구의 배치를 변경할 필요가 없다. • 조도가 균일하고 그림자가 부드럽다. • 일반적으로 학교, 사무실조명에 많이 쓰인다.
국 부 조 명	• 작업면의 필요한 개소만을 부분조명하는 방식이다. • 원하는 장소만을 조명하여 불필요한 장소는 소등할 수 있어 소요조도를 경제적으로 얻을 수 있다. • 밝고 어둠의 차가 크기 때문에 눈부심을 일으키고 눈이 피로하기 쉬운 결점이 있다.
전반·국부 병용조명	• 적당한 전반·국부병용 조명방식을 채택하면 필요한 조도를 경제적으로 얻을 수 있고 에너지 절약측면에서 유리하다.

2. 건축화조명

건축화조명은 건축구조나 표면마감이 조명기구 일부의 역할을 하는 것으로, 건축디자인과 조명과의 협조, 조화를 도모하는 조명방식이다. 건축화 조명방식에는 매입방법에 따라 광천장조명, 루버조명, 다운조명, 코퍼조명, 밸런스조명, 코브조명, 코너조명, 코니스조명, 광량조명 등이 있다.

(1) 광천장조명

천장면에 확산투과재인 메탈아크릴 수지판을 붙이고 천장 내부에 광원을 배치하여 조명하는 방식이다.

광천장조명의 특징을 보면 천장면이 낮은 휘도의 광천장이 되므로 부드럽고 깨끗한 조명이 되며 고조도(1,000~1,500 [lx])가 필요로 하는 장소인 1층 홀, 쇼룸 등에 적용된다.

설계시 발광면의 휘도의 얼룩짐이 발생하면 보기 싫어지므로 램프의 배열을 고려하여 설계하여야 한다.

① 그림 5-39와 같이 램프의 간격 S는 램프와 확산투과재의 간격 D의 1.5배 이하가 되도록 하여야 한다.

② 작은 보 등으로 인하여 밝기의 얼룩짐이 발생하지 않도록 보조조명이 필요하다.

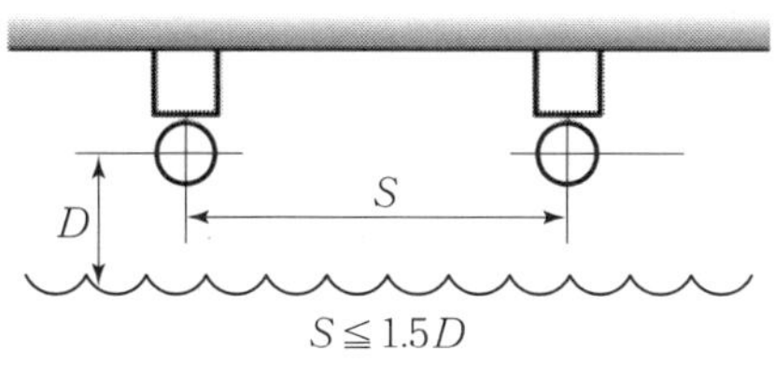

그림 5-39 광천장조명의 램프배열

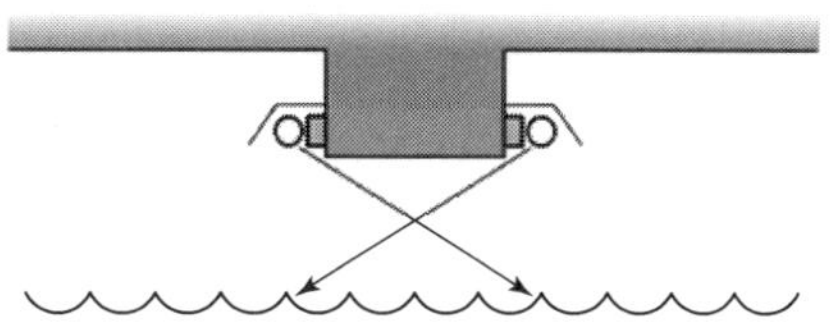

그림 5-40 보가 있는 경우의 광천장

(2) 루 버 조 명

천장면에 루버판을 부착하고 천장 내부에 광원을 배치하여 조명하는 방식이다. 루버조명(Louver Light)은 직사현휘가 없으며 직사광에 의한 높은 조도를 얻을 수 있어 쾌적한 낮과 근사한 조명환경이 된다.

조명방식 설계시 루버면에 휘도의 얼룩짐이나 직사광이 직접 눈에 들어오지 않도록 루버면과 램프와의 거리, 보호각을 고려해야 한다.

- 보호각 30° 의 경우에는 $S \leq 1.5D$로, 보호각 45° 의 경우에는 $S \leq D$ 정도로 설계하는 것이 좋다.

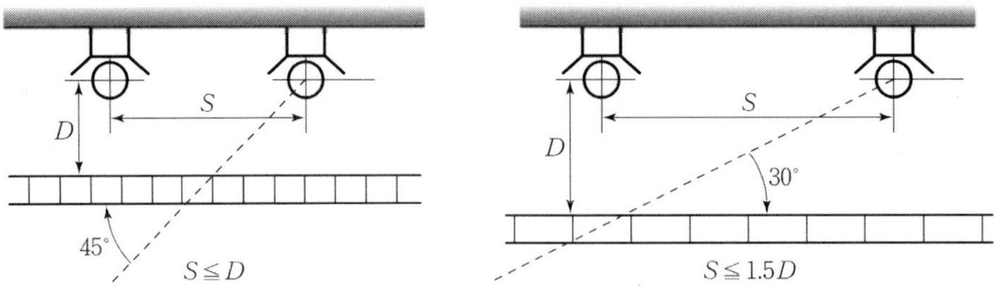

그림 5-41 루버조명의 보호각

(3) 다운조명

다운조명(Down Light)은 천장에 작은 구멍을 뚫어 그 속에 기구를 매입시킨 것으로 매입기구의 형태로는 하면개방형, 하면루버형, 하면확산형, 반사형 등이 있다.

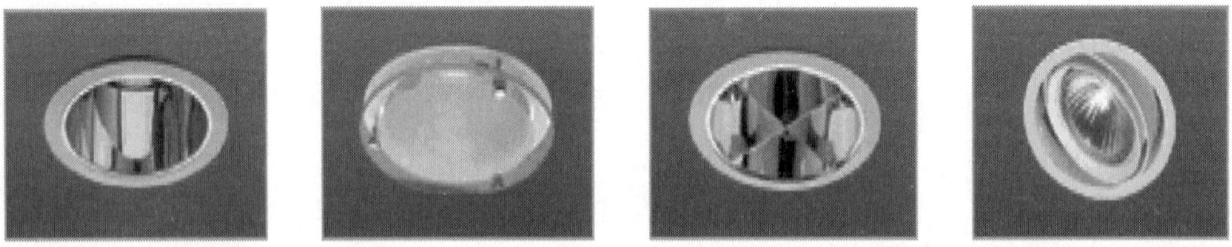

그림 5-42 다운조명

이 조명방식은 구멍지름의 대소, 재료마감 및 의장, 전체구멍수, 배치 등에 따라 분위기를 변화시킬 수 있고 천장면을 볼 때 눈에 거슬리지 않으나 천장면이 어두워지는 특징이 있다.

일반적인 등간격배치보다는 랜덤한 배치가 필요하다.

(4) 코퍼조명

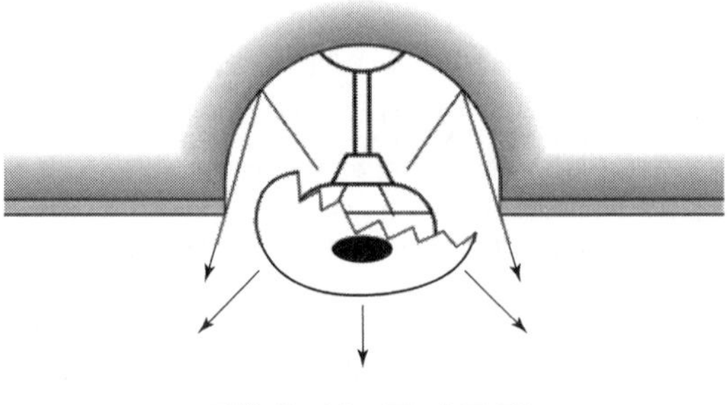

그림 5-43 코퍼조명

코퍼조명(Coffer Light)은 천장면에 환형, 사각형, 기타의 형상의 기구를 취부하여 실내의 단조로움을 피하는 조명방식이다.

반간접조명방식의 일종으로 등기구의 하부는 주로 플라스틱판을 부착한다. 적용장소로는 고천장의 은행 영업실, 1층 홀, 백화점 1층 등이다.

(5) 밸런스조명

밸런스조명(Balance Light)은 벽면조명으로 벽면에 투과율이 낮은 나무나 금속판을 시설하고 그 내부에 램프를 설치하여 광원의 직접광이 위쪽의 천장, 아래쪽의 벽이나 커튼에 쬐이도록 한 조명방식이다.

일반적으로 분위기 조성에 효과적인 방식이며 광원으로는 형광등이 적당하다.

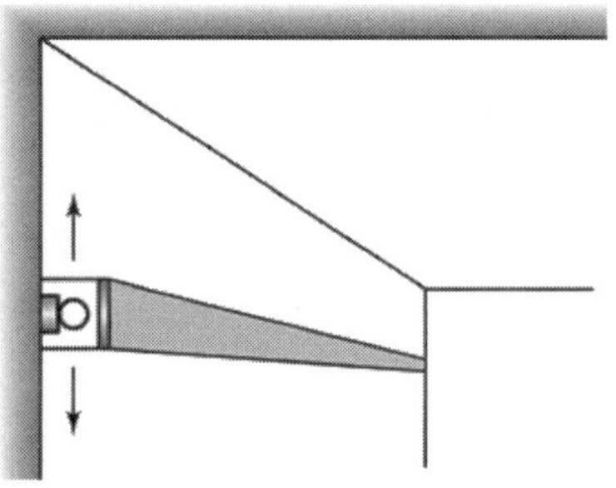

그림 5-44 밸런스조명

(6) 코브조명

코브조명(Cove Light)은 간접조명으로 코브의 벽이나 천장면에 플라스틱이나 목재를 이용하여 램프를 감추어 그 반사광으로 채광하는 조명방식으로, 천장이나 벽이 제 2 차 광원이 되므로 반사율과 확산성이 좋아야 한다.

간접조명방식으로 효율면에서 뒤떨어지나 방 전체가 부드럽고 차분한 분위기를 연출할 수 있다.

설계시 고려사항은 다음과 같다.

① 코브의 치수는 방의 크기 및 천장의 높이에 따라 결정된다.

② 천장면에 휘도의 얼룩짐이 발생하지 않게 하기 위해서는 코브가 한쪽 면에만 있는 경우 기구의 발광면을 천장의 마주보이는 구석을 향하도록 하고, 코브가 양쪽에 있는 경우에는 각 기구 발광면을 천장 중앙면을 향하게 한다.

③ 광원이 노출되지 않도록 하여야 한다(방구석에서도 광원이 보이지 않도록 한다).

④ 코브가 천장에 너무 근접된 경우 천장의 중심부분이 너무 컴컴해지고 양쪽 벽에

대단히 밝은 선이 생기게 되므로 천장으로부터 램프의 거리 1에 대하여 천장 쬐임의 거리는 5 정도가 될 수 있도록 설계한다.

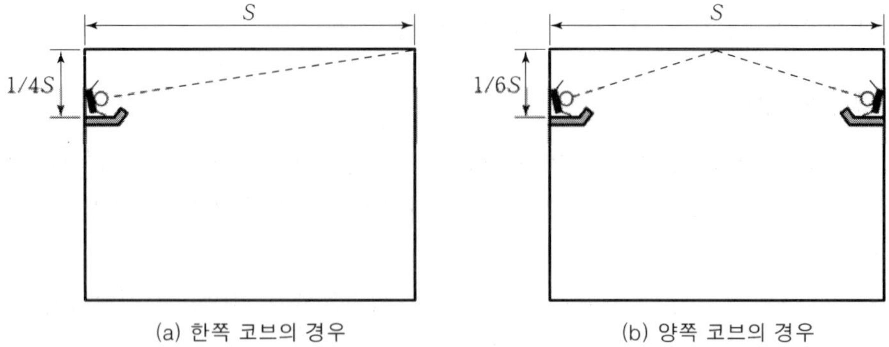

그림 5-45 코브조명

(7) 코너조명

코너조명(Corner Light)은 천장과 벽면의 경계구석에 기구를 설치하여 천장과 벽면을 동시에 쬐이면서 실내를 조명하는 방식으로 지하도 조명에 이용된다.

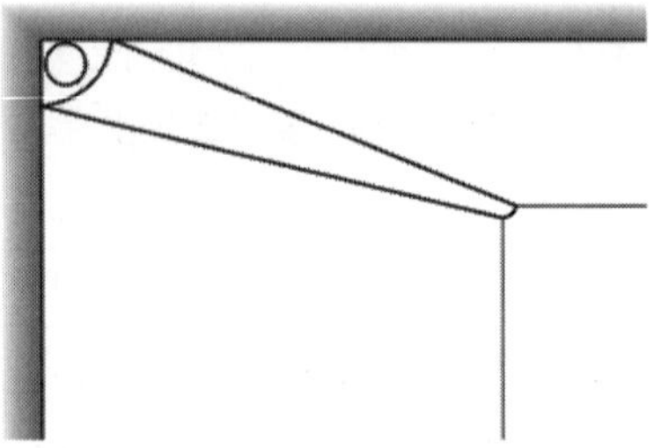

그림 5-46 코너조명

(8) 코니스조명

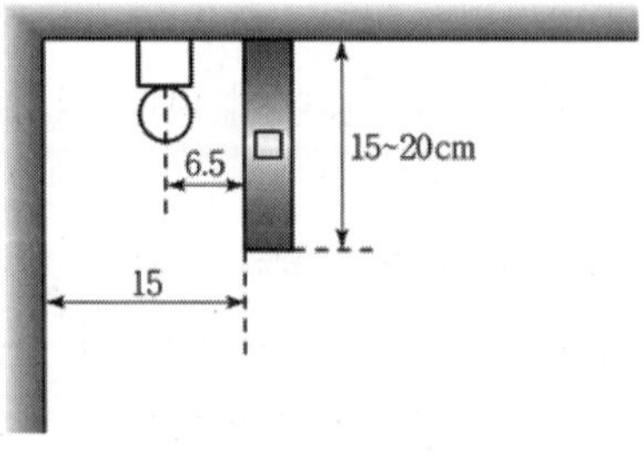

그림 5-47 코니스조명

코니스조명(Cornice Light)은 천장과 벽면의 경계구석에 건축적으로 둘레턱을 만들고 그 내부에 기구를 배치하여 아랫방향의 벽면을 조명하는 방식으로 형광등을 사용한다.

(9) 광량조명(반매입 라인라이트)

연속열 등기구를 천장에 반매입하여 조명하는 방식으로 확산성 플라스틱을 사용하여 천장도 밝게 할 수 있는 건축화조명의 간단한 방법이다.

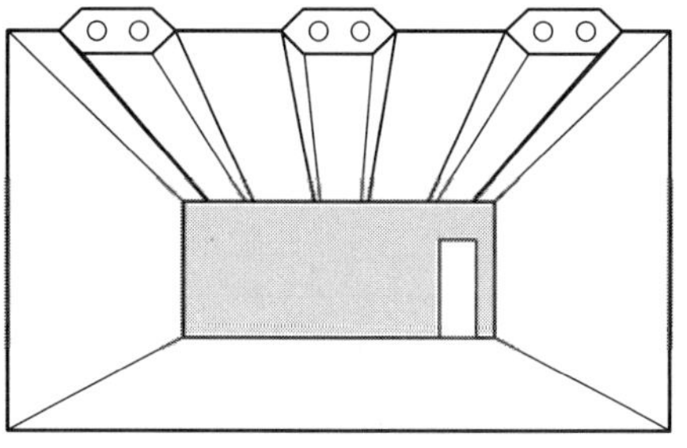

그림 5-48 광량조명

3. 조 명 설 계

조명설계는 크게 옥내조명설계와 옥외조명설계로 구분할 수 있고 양자 어느 것이나 조명 목적에 적합하도록 설계를 하여야 한다.

조명의 목적은 크게 명시적인 조명과 분위기적인 조명으로 나누어지는데 그 내용은 다음과 같다.

(1) 명시적이고 실리적인 조명의 조건

물건의 보임이 명확하고 장시간의 작업에 대해서도 눈의 피로가 적게 하는 데 목적을 두고 있다. 명시조명을 만족하는 조건, 즉 좋은 조명의 조건을 살펴보면 다음과 같다.

① 적절한 조도(Illumination)

밝을수록 시력이 좋아져 잘 보이게 되는데 조도를 높이게 되면 설비비와 경비가 높아져서 경제적인 부담이 가중되어 좋은 조명을 만족시키지 못하게 된다.

따라서 조도에 작업단계별 경제상의 한도값을 두고 있다. (KSA 301/[조도기준])

표 5-21 사무실의 조도기준

<table>
<tr><th>조도 lx</th><th colspan="3">장소</th><th>작업</th></tr>
<tr><td>2000</td><td colspan="3">–</td><td rowspan="3">* 설계도
* 제도
* 타이프
* 계산</td></tr>
<tr><td>1500</td><td colspan="3" rowspan="2">사무실(a), 영업실, 설계실, 제도실, 현관홀(주간)</td></tr>
<tr><td>1000</td></tr>
<tr><td>750</td><td>–</td><td colspan="2" rowspan="3">사무실(b), 종업원실, 회의실, 인쇄실, 전화교환실, 전자계산실, 제어실, 진찰실, 접수실</td><td rowspan="3">–</td></tr>
<tr><td>500</td><td rowspan="3">집회실, 응접실, 대합실, 식당, 주방, 오락실, 휴게실, 수위실, 현관홀(야간), 승강기홀</td></tr>
<tr><td>300</td></tr>
<tr><td>200</td><td rowspan="2">서고, 금고실, 전기실, 기계실, 엘리베이터, 강당, 잡종 작업실</td><td>–</td><td rowspan="6">–</td></tr>
<tr><td>150</td><td>–</td><td rowspan="2">세면장, 욕실, 복도, 계단, 화장실, 세탁실, 보일러실</td></tr>
<tr><td>100</td><td colspan="2" rowspan="2">다실, 휴게실, 숙직실, 탈의실, 창고, 현관(주차장)</td></tr>
<tr><td>75</td><td></td></tr>
<tr><td>50</td><td colspan="2" rowspan="2">옥내 비상계단</td><td rowspan="2"></td></tr>
<tr><td>30</td></tr>
</table>

[주] 1) 사무실은 세밀한 시작업을 동반할 경우 및 주광의 영향에 따라 창밖이 밝고, 실내가 어두운 느낌이 들 경우에는 (a)를 택하는 것이 좋다.

2) 현관홀은 주간에 옥외의 자연광에 따른 수만 lx의 조도에 눈이 순응하고 있으면, 홀 내부가 어둡게 보이므로 조도를 높게 하는 것이 바람직하다. 또한 현관 홀(야간)과 (주간)은 단계적으로 조절해도 좋다.

표 5-22 공장의 조도기준

<table>
<tr><th>조도 lx</th><th>장소</th><th>작업</th></tr>
<tr><td rowspan="2">3000</td><td rowspan="5">제어실 등의 계기반 및 제어반</td><td rowspan="5">정밀기계, 전자부품의 제조, 인쇄공장에서의 극히 세밀한 시작업, 예를 들면 *조립a *검사a *시험a *선별a *설계 *제도</td></tr>
<tr></tr>
<tr><td rowspan="2">2000</td></tr>
<tr></tr>
<tr><td rowspan="2">1500</td></tr>
<tr><td rowspan="5">설계실, 제도실</td><td rowspan="5">섬유공장에서의 선별, 검사, 인쇄공장에서의 식자, 교정, 화학공장에서의 분석과 같은 세밀한 시작업, 예를 들면 *조립b *검사b *시험b *선별b</td></tr>
<tr><td rowspan="2">1000</td></tr>
<tr></tr>
<tr><td rowspan="2">750</td></tr>
<tr></tr>
<tr><td rowspan="2">500</td><td rowspan="3">제어실</td><td rowspan="3">일반의 제조공장 등에서 보통의 시작업, 예를 들면 *조립c *검사c *시험c *선별c *포장a *창고 내의 사무</td></tr>
<tr></tr>
<tr><td rowspan="2">300</td></tr>
<tr><td rowspan="3">전기실, 기계실</td><td rowspan="3">거칠은 시작업, 예를 들면 *한정된 시작업 *포장b</td></tr>
<tr><td rowspan="2">200</td></tr>
<tr></tr>
<tr><td rowspan="2">150</td><td rowspan="4">출입구, 복도, 통로, 계단, 세면장, 화장실, 작업을 수반하는 창고</td><td rowspan="4">극히 거칠은 시작업, 예를 들면 *한정된 시작업 *포장c</td></tr>
<tr></tr>
<tr><td rowspan="2">100</td></tr>
<tr></tr>
<tr><td rowspan="2">75</td><td rowspan="4">옥내 비상계단, 창고, 옥외 동력설비</td><td rowspan="4">짐싣기, 짐내리기, 짐이동 등의 작업</td></tr>
<tr></tr>
<tr><td rowspan="2">50</td></tr>
<tr></tr>
<tr><td rowspan="2">30</td><td rowspan="6">옥외(통로, 구내 경비용)</td><td rowspan="6"></td></tr>
<tr></tr>
<tr><td rowspan="2">20</td></tr>
<tr></tr>
<tr><td rowspan="2">10</td></tr>
<tr></tr>
</table>

[주] 1) 같은 종류의 작업 명칭에 대하여 보는 대상물 및 작업의 성질에 따라 세 가지로 나눈다.

① 표 중의 a는 세밀한 것, 어두운 색인 것, 비교의 구별이 분명하지 않은 것, 정밀도가 높은 것이 요구되는 경우, 작업시간이 긴 경우 등을 나타낸다.

② 표 중의 b는 ①과 ③의 중간인 것을 나타낸다.

③ 표 중의 c는 거칠은 것, 밝은 색인 것, 비교의 구별이 분명한 것 등을 나타낸다.

2) 위험한 작업일 때는 2배의 조도로 한다.

② 광속발산도 분포(Distribution of Luminous Emittance)

시야 내에 밝음의 얼룩짐이 심하게 되면 물체의 보임이 나빠지고, 시작업에 의하여 눈에 피로가 빨라지게 된다. 그러므로 시야 내에 균일한 밝음이 되도록 하여야 하는데 실제로는 균일한 밝음을 확보하기란 어려우므로 다음의 한도를 허용하고 있다.

표 5-23 주택의 조도기준

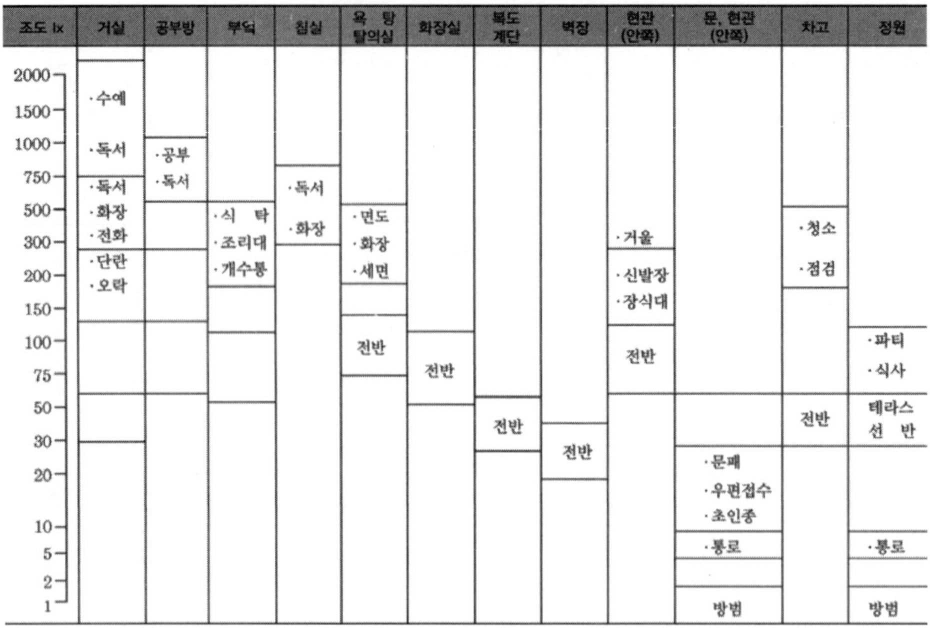

표 5-24 시야 내의 허용휘도분포의 한계

구 분	학교, 사무실	공장
작업대상물과 그 주위와의 사이(책과 책상면)	3 : 1	5 : 1
작업대상물과 그것으로부터 떨어진 면(책과 바닥면)	10 : 1	20 : 1
조명기구, 창과 그 부근 면과의 사이(천장, 벽면)	20 : 1	40 : 1
보통 통로 내의 각부	40 : 1	80 : 1

③ 눈부심(Glare)

눈부심(Glare)은 불쾌감, 고통, 눈의 피로 또는 시력의 일시적 감퇴를 초래하게 되므로 설계시 눈부심을 초래하는 원인을 발취하여 눈부심이 생기지 않도록 제거하여야 한다. 눈부심의 원인은 ① 눈에 입사되는 광속의 과다 ② 반사면과 투과면 ③ 물체와 그 주위 사이의 고휘도대비 ④ 시선부근에 노출된 광원 ⑤ 고휘도광원 ⑥ 눈부심을 주는 광원을 오랫동안 주시할 때 등이다.

이러한 눈부심을 없애기 위해서는 광원의 직사광이 눈에 직접 들어오지 않도록 충분한 보호각(30°)을 갖는 반사갓을 둔다거나 루버나 젖빛외구를 사용하기도 한다.

형광방전등의 보호각은 사무실조명인 경우 등축방향은 30° , 등축의 수직방향은 45° 이고, 상점조명인 경우 등축방향은 15° , 등축의 수직방향은 25° 정도이다.

④ 그 림 자

그림자는 작업자와 광원, 작업면과 물체의 위치가 나쁘면 작업면에 발생하는데 이는 작업을 하는데 영향을 주므로 그림자가 생기지 않아야 한다. 그러나 형체를 갖는 물체의 보임에 입체감이 떨어져 나쁜 조명환경이 되므로 적당한 어두운 부분이 생기는 것이 바람직하다.

ⓐ 작업면에 10 [%] 이상 어두운 부분이 발생하지 않도록 하는 것이 좋다(광원수를 늘리든지 발광면적이 넓은 형광등을 사용한다).

ⓑ 입체감을 위하여 밝은 부분과 어두운 부분의 밝음의 비를 3 : 1 정도가 되도록 한다.

⑤ 분 광 분 포

인간은 오랫동안 주광에 적응되었기 때문에 주광색이 쾌적함을 주는 이상적인 광색이다. 광원이 갖는 분광분포는 보임에 직접 관계가 되므로 적극적으로 고려하여 가급적이면 자연주광의 광색에 가깝도록 하고, 열이나 자외선을 포함하지 않는 것이 바람직하다. 백열전구의 경우 장파장이 풍부하여 따스한 감각을 주고, 형광등인 경우 장파장이 적고 단파장이 풍부하여 시원한 감각을 준다.

⑥ 심리적 효과(분위기)

조명의 연출에서는 분위기가 중요한 위치를 차지하게 되는데 맑은날의 옥외 분위기가 가장 이상적인 조명환경이라 한다.

실제적인 조명설계의 예를 들면, 천장이나 벽을 밝게 한 후 부드러운 불빛아래 있을 때는 안락한 분위기를 느낄 수 있고, 간접조명으로 천장을 매우 밝게 하고 벽을 어둡게 할 경우에는 침착성을 잃는 분위기가 되며(흐린 날 천둥번개), 벽을 밝게 하고 다운조명을 병행 사용하면 좋은 분위기를 연출할 수 있다.

⑦ 미 적 효 과

조명기구의 의장(Disign) 및 건축물의 디자인과 조화를 이룰 수 있도록 하여야 하며, 명시조명에서는 조명기구의 구조가 불필요한 장식이 없는 단순한 것이 좋고 기구의 배치도 기하학적으로 간단한 것이 좋다.

⑧ 경 제 성

단위 [W]당 광속이 많은 기구인 동시에 청소나 점검, 램프교환 등이 용이하여야 한다. 즉, 우수한 조명은 경제적인 면에서도 합리적이어야 한다.

ⓐ 조명기구나 광원의 효율이 좋아야 한다.

ⓑ 유지관리 및 보수가 용이해야 한다.

ⓒ 생산조명에서는 생산능률향상 및 안전사고의 감소효과를 얻을 수 있어야 한다. 실리적이고 명시적인 조명설계는 사무실, 학교, 도서관, 제도실, 공장, 상점 및 주택의 주방, 작업실 등에서 많이 요구된다.

(2) 분위기적인 조명의 조건

분위기적인 조명이란 사람의 심리를 움직이게 하는 기분이나 분위기를 그때의 생활행동에 알맞도록 하는 데 목적을 갖는 조명방식으로 이 분위기적인 조명을 만족시키는 조건을 살펴보면 다음과 같다.

① 적당한 조도

필요한 밝음과 계획된 어두움의 배분이 있으므로 사용목적에 적당한 밝기나 밝음의 배분이 되도록 하여야 한다.

② 광속발산도 분포

계획에 따라 명암의 조도배분을 고려한다.

③ 눈 부 심

눈부심(Glare)이 때에 따라서는 사람의 시선을 끌 수 있으므로 적당한 눈부심이 때에 따라서 필요하게 된다.

④ 그 림 자

물체의 입체감이나 원근감을 살리기 위해서는 밝은 부분과 어두운 부분의 밝음의 비를 2 : 1이나 7 : 1, 그 이상도 필요하다.

⑤ 분 광 분 포

건축물 마감의 색채와 조화를 잘 이룰 수 있는 광원의 색을 고려하여 그 장소에서 알맞은 심리적 효과를 누릴 수 있도록 하여야 한다.

⑥ 심리적효과

목적에 따라 다른 감각이 필요하다.

⑦ 미 적 효 과

계획된 미의 배치 및 조합이 필요하다.

⑧ 경 제 성

광속이나 조도의 수치의 대소보다는 조명효과에 대한 달성도를 더 고려한다.

4. 조명설계순서

조명계산법에는 광속법(Lumen Method)과 축점법(Point By Point Method)이 있는데 실내 전체의 균일한 조도를 얻기 위한 전반조명의 경우 광속법을, 국부조명의 경우 축점법을 사용한다.

일반적으로 사무실이나 공장 등은 대부분 전반조명방식이 사용되므로 광속법을 이용하는 전반조명에 대한 설계방법에 대하여 살펴보도록 한다.

표 5-25 전반조명설계 Flow

1. 조명 대상물의 파악
2. 광원의 선택
3. 조명기구의 선택
4. 조명기구의 간격 및 배치
5. 적정조도 결정
6. 방지수(실지수) 결정
7. 조명률 결정
8. 유지율(감광보상률)
9. 램프의 크기 계산
10. 실내 각부의 광속발산도 계산

(1) 조명대상물의 파악

① 방의 크기(가로, 세로 및 천장높이) 및 채광창의 유무
② 방의 마감상태(천장, 벽, 방바닥 등의 반사율)
③ 기둥간 거리, 보, 공기조화용 덕트, 천장 내부의 상황
④ 방의 사용목적(명시적, 분위기 조명)과 작업내용 등 파악

(2) 광원의 선택

광원선택의 일반적인 기준은 연색성과 눈부심을 고려하는 경우에는 광색, 광질과 밝음에 유지·보수성을 고려하는 경우에는 수명에, 경제적인 측면을 고려하는 경우에는 효율에 중점을 두고 있다.

실제 조명에서 양품점, 양장점 등과 같이 많은 색채를 위주로 하는 곳에서는 광색에 중점을 두어야 하고, 높은 천장이나 투광조명 등에는 수명과 효율에 우선을 두어 광원을 선택하도록 하고 있다.

① 옥내조명 : 형광등, LED, 메탈핼라이드등

② 옥외조명 : 수은등, 나트륨등, 크세논등, LED, 메탈핼라이드등

(3) 조명기구의 선택

조명기구의 조명방식, 광원, 특성 등을 고려하여 작업목적에 적합한 조명기구를 선택하여야 하며, 다음 사항을 검토하여야 한다.

① 작업장의 특색

② 사용재료의 특징

③ 직사현휘, 반사현휘가 적어야 한다.

④ 수직면과 사면 위의 조도

⑤ 그림자

⑥ 조명기구의 효율(점등비를 좌우)

⑦ 유지관리의 용이성

(4) 조명기구의 배치와 간격

균등한 조도분포를 얻기 위해서는 광원의 간격을 근접시키는 것이 좋으나 설비비, 점등비가 많아지고 광속이 큰 전등을 설치하는 경우 배치간격이 넓어져 전등수가 감소하여 경제적이지만 균등한 조도를 얻을 수가 없다.

이와 같이 서로 상반된 요소를 만족시키는 전등의 간격과 크기를 잘 결정하여야 한다.

① 직접조명방식의 경우

직접조명방식의 경우 전등의 높이와 간격은 일반적으로 그림 5-49와 같다.

$$S \leqq 1.5H$$

$$S_0 \leqq \frac{1}{2}H$$

$$S_0 \leqq \frac{1}{3}H \text{ (벽면을 이용할 경우)}$$

여기서 S : 등기구간의 간격

S_0 : 등기구와 벽과의 간격

H : 작업면에서 등기구까지의 높이

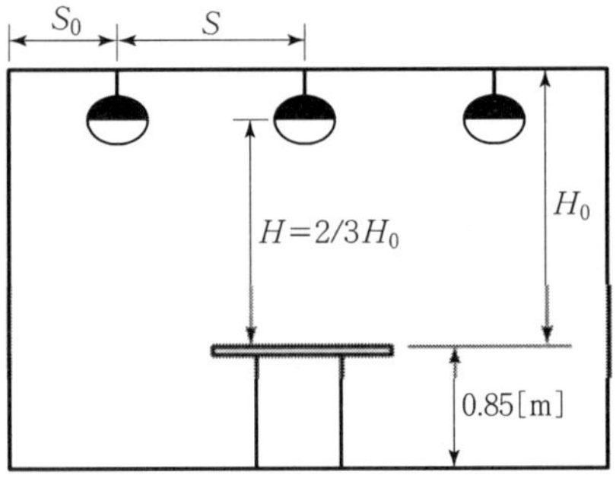

그림 5-49 직접조명방식에서의 전등의 높이와 간격

② 간접 및 반간접조명방식의 경우

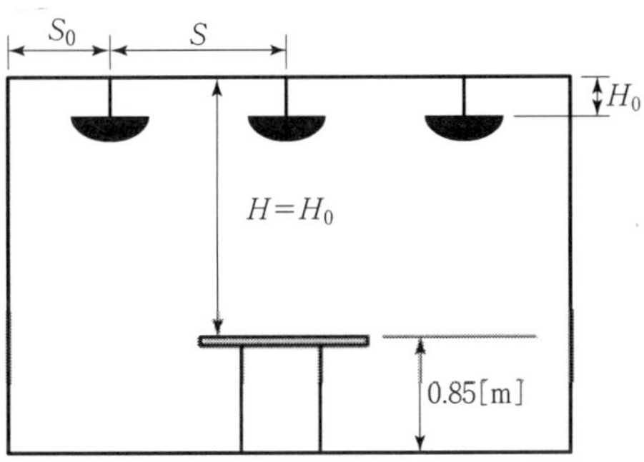

그림 5-50 간접 및 반간접조명에서 전등의 높이와 간격

$$H_0' = \frac{1}{5}S$$

(5) 적정조도의 결정

작업의 종류에 따라서 적당한 조도는 표 5-21, 22, 23으로부터 결정한다.

(6) 실지수의 결정

실지수는 방의 크기 및 형태를 나타내는 척도로서 방의 폭, 길이, 작업면 위 광원의 높이의 관계를 나타낸 것이다.

$$실지수(방지수) = \frac{XY}{H(X+Y)}$$

여기서 X, Y : 방의 폭, 길이 [m]

H : 작업면으로부터 광원의 높이 [m]

(간접 및 반간접조명의 경우는 천장까지의 높이)

위 식으로부터 구한 실지수는 표 5-26에 적용하여 실지수의 기호를 결정한다. 방지수는 조명률에 영향을 주는데 일반적으로 천장의 높이가 높을수록 방지수가 감소하고 조명률 또한 낮아진다. 이는 빛을 흡수하는 면의 면적이 넓기 때문이다.

표 5-26 실지수의 분류 기호표

구분	A	B	C	D	E
실지수	5	4	3	2.5	2
범위	4.5이상	4.5~3.5	3.5~2.75	2.75~2.25	2.25~1.75
구분	F	G	H	I	J
실지수	1.5	1.25	1	0.8	0.6
범위	1.75~1.38	1.38~1.12	1.12~1.09	0.9~0.7	0.7 이하

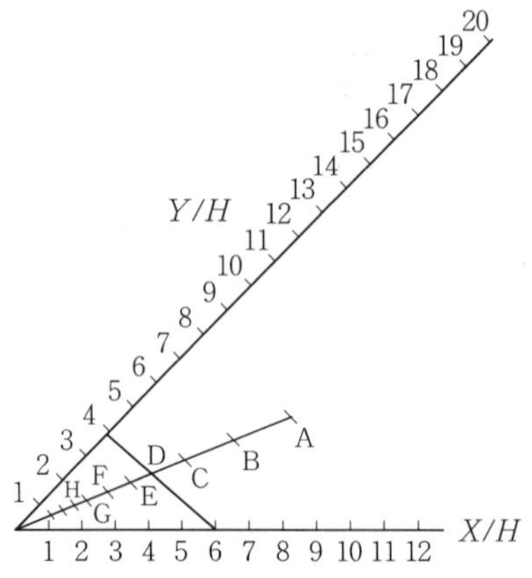

그림 5-51 실지수 도표

(7) 조명률의 결정

조명률(Effisiency Of Illumination)은 광원에서 방사되는 총광속 중 실제로 작업면에 도달하는 광속의 비율[%]을 말하며, 방의 크기, 모양, 천장·벽·바닥 등의 반사율과 방지수나 조명기구의 배광 등에 따라 달라진다. 실내면의 반사율은 일반적으로 천장의 반사율 80 [%] 이상, 벽면의 반사율 50~60 [%], 바닥의 반사율 15~30 [%]로 하는 것이 좋은 광환경을 이룰 수 있다.

표 5-27 실내면의 반사율

재료	반사율(%)	재료	반사율(%)
백지	78~80	흰색 페인트	60~80
신문지	45~55	회색 페인트	35~55
하얀석회, 플라스타(Plaster)	60~80	황색 페인트	10~35
백벽, 백색 텍스	60~80	흑색 페인트	5
엷은 크림색벽	50~60	빨간 벽돌	15
진한 황색벽	10~30	장자지	40~50
콘크리트	25~40	뿔재료	40~50
하얀 타일	60	티노티움	15
목재(흰색)	40~60	회색 섬유판	40
목재(황색)	30~50	아스팔트	20
목면(백)	50~75	투명 유리	8~10
목면(흑)	2~3	불투명 유리	10~15
흑비로드	1~2	농유백	40~50
염색 텍스	30~50	거울	80~90
스레이트	30~40	은	90~95
벽돌	10~30	알루미늄(전해연마)	80~85
화강석	20~30	알루미늄(마)	65~75
양철	20~30	알루미늄	55~65
토	10~20	크롬	60~70
멜라민(백)	80~85	스텐레스	55~65
락카(백)	75~80	동	50~60
알루미늄 페인트	60~75	강철	55~65

(8) 유지율(보수율)의 결정

조명설비를 사용함에 따라서 작업면 위의 조도가 점차 감소하여 소요평균조도를 유지하지 못하게 된다. 이러한 경우 부적절한 설계가 되므로 조도감소를 예상하여 소요전광속의 여유를 취해주는데, 이와 같이 설계시 여유를 취하는 정도를 유지율(Maintenance Factor)이라 한다.

① 형광등을 사용할 때

- 1.3~2.4

표 5-28 보수율

조명기구의 형식	형광 램프			수은 램프			메탈할라이드			고압나트륨램프		
	양호	불량	보통	양호	불량	보통	양호	불량	보통	양호	불량	보통
노출, 직부형	0.74	0.7	0.62	0.81	0.78	0.74	0.72	0.69	0.66	0.86	0.83	0.79
하면 개방형 루바형	0.74	0.7	0.62	0.74	0.7	0.62	0.66	0.62	0.55	0.79	0.75	0.66
간이밀폐형 하면 카바형	0.7	0.66	0.62	0.7	0.66	0.62	0.62	0.58	0.55	0.75	0.7	0.66

표 5-29 일반조명기구의 조명률, 감광보상률 및 등의 가설간격

조명기구	절연체													
	배광 가구효율	보수율 기구간격 최대한도	반사율 천장(%)	80(%)			70(%)			50(%)			30(%)	
			벽(%)	50	30	10	50	30	10	50	30	10	30	10
			바닥(%)	10(%)										
			실지수	조명률										
노출형 	31% 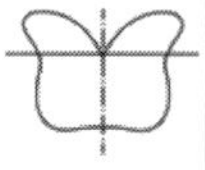 61% 기구효율 92%	보수율 良 0.80 中 0.75 否 0.70 기구간격 최대한도 1.4H	0.60(J)	24	18	13	24	18	13	23	17	13	17	13
			0.80(I)	32	24	19	31	24	19	30	23	18	22	18
			1.00(H)	38	30	24	39	29	23	35	28	23	27	22
			1.25(G)	45	36	30	43	35	29	39	33	28	31	27
			1.50(F)	50	41	34	48	40	33	44	37	32	35	30
			2.00(E)	56	48	41	54	40	46	50	44	38	40	36
			2.50(D)	62	54	47	59	52	46	54	48	43	45	41
			3.00(C)	66	58	52	63	56	50	57	52	47	47	44
			4.00(B)	71	65	59	68	57	57	62	57	53	52	49
			5.00(A)	75	70	65	72	62	62	65	61	58	56	53
노출형 	37 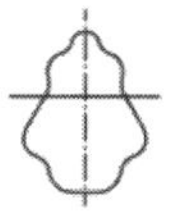 56% 기구효율 93%	보수율 良 0.80 中 0.75 否 0.70 기구간격 최대한도 1.4H	0.60(J)	30	24	20	29	22	18	25	20	16	18	15
			0.80(I)	39	32	27	37	31	26	33	28	23	25	21
			1.00(H)	47	39	33	44	37	32	39	33	29	29	26
			1.25(G)	54	46	40	51	44	39	45	39	35	34	31
			1.50(F)	59	54	46	55	49	43	49	43	39	38	34
			2.00(E)	66	59	54	62	56	51	54	50	46	43	39
			2.50(D)	71	64	59	66	61	56	58	54	50	46	43
			3.00(C)	73	68	63	69	64	60	61	57	53	49	46
			4.00(B)	78	74	69	73	69	65	64	61	58	52	50
			5.00(A)	80	77	73	77	73	70	67	64	62	56	54
매입형 하면개방 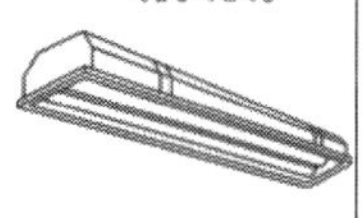	0%  87% 기구효율 87%	보수율 良 0.75 中 0.70 否 0.65 기구간격 최대한도 1.4H	0.60(J)	33	27	22	33	27	22	32	27	22	26	22
			0.80(I)	43	36	31	42	38	31	41	35	31	35	31
			1.00(H)	50	43	38	49	42	37	48	42	37	41	37
			1.25(G)	57	50	45	57	50	45	55	49	45	48	44
			1.50(F)	63	56	51	62	55	50	60	50	53	53	49
			2.00(E)	69	63	58	68	62	58	66	61	57	60	56
			2.50(D)	73	68	63	72	67	63	70	66	63	65	62
			3.00(C)	77	72	69	76	71	67	73	69	66	68	65
			4.00(B)	81	76	73	79	76	72	77	74	71	72	70
			5.00(A)	84	80	77	82	79	76	80	78	75	76	74
하면 플라스틱 	2% 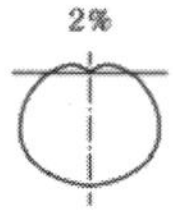 45% 기구효율 47%	보수율 良 0.70 中 0.65 否 0.55 기구간격 최대한도	0.60(J)	18	15	13	18	15	13	18	15	13	15	13
			0.80(I)	24	20	18	23	20	18	22	20	17	19	17
			1.00(H)	27	24	21	27	24	21	26	23	21	23	21
			1.25(G)	31	27	25	30	27	25	26	27	25	26	24
			1.50(F)	33	30	27	33	30	27	32	29	27	29	27
			2.00(E)	35	32	29	35	32	28	33	31	29	30	29

조명기구	배광 가구효율	보수율 기구간격 최대한도	반사율 천장(%)	절연체 80(%)			70(%)			50(%)			30(%)	
			벽(%)	50	30	10	50	30	10	50	30	10	30	10
			바닥(%)	10(%)										
			실지수	조명률										
		1.2H	2.50(D)	37	35	32	37	34	32	36	33	32	33	31
			3.00(C)	40	38	36	40	37	35	38	36	35	36	35
			4.00(B)	42	40	38	41	40	38	40	39	37	38	37
			5.00(A)	43	42	40	43	41	39	42	40	39	40	39
반매입 노출형 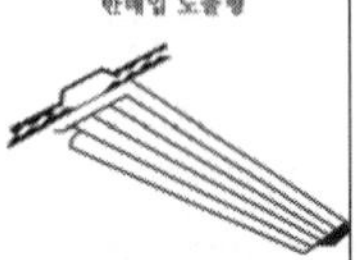	9% 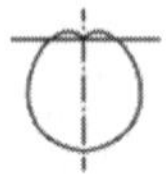 82% 기구효율 91%	보수율 良 0.75 中 0.67 否 0.60 기구간격 1.4H	0.60(J)	29	23	18	29	22	18	27	22	18	22	18
			0.80(I)	37	30	25	36	30	25	36	30	25	29	25
			1.00(H)	44	36	31	43	36	31	42	35	31	35	31
			1.25(G)	50	43	37	49	42	37	48	42	37	41	37
			1.50(F)	54	48	42	54	47	42	52	45	42	45	41
			2.00(E)	61	54	49	60	54	49	59	52	48	51	48
			2.50(D)	65	59	54	64	59	54	62	57	53	56	53
			3.00(C)	68	62	57	66	61	56	64	59	56	58	55
			4.00(B)	73	68	63	72	67	63	69	65	62	64	61
			5.00(A)	76	72	68	75	71	68	72	69	67	68	66
매입 밀면 루버 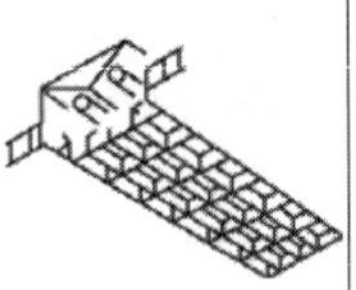	0% 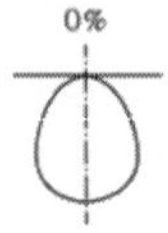 64% 기구효율 64%	보수율 良 0.71 中 0.67 否 0.64 기구간격 0.8H	0.60(J)	31	27	24	30	26	24	30	26	23	25	22
			0.80(I)	38	34	31	38	34	30	37	33	30	32	29
			1.00(H)	43	39	35	43	38	35	42	38	35	37	34
			1.25(G)	48	44	40	47	43	40	46	43	40	42	39
			1.50(F)	51	47	44	50	47	44	49	46	44	45	42
			2.00(E)	55	52	49	55	51	48	53	50	48	49	47
			2.50(D)	58	55	52	57	54	52	56	54	53	51	49
			3.00(C)	60	57	55	59	56	54	58	55	53	53	51
			4.00(B)	62	60	58	61	59	57	60	58	57	56	55
			5.00(A)	64	62	60	63	61	59	61	60	58	58	56
루버 천장 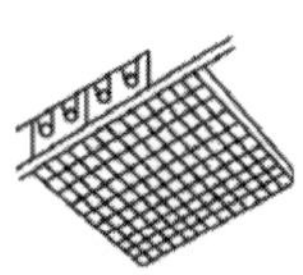		보수율 良 0.71 中 0.63 否 0.56	0.60(J)	19	16	15	19	16	15					
			0.80(I)	23	20	19	23	20	19					
			1.00(H)	25	22	21	25	22	21					
			1.25(G)	27	25	24	26	25	24					
			1.50(F)	30	26	25	29	26	25					
			2.00(E)	32	30	29	31	30	29					
			2.50(D)	33	31	30	32	31	30					
			3.00(C)	34	35	31	33	32	31					
			4.00(B)	35	34	32	34	33	32					
			5.00(A)	36	35	34	35	34	33					

(9) 광속 및 광원의 크기 결정

광속법에 의해서 전등 1개가 발산하여야 할 소요광속 F [lm]을 계산한다.

$$\text{소요광속}\ (N \times F) = \frac{E \times A}{U \times M}\ [\text{lm}]$$

$$\text{소요램프수}\ (N) = \frac{E \times A}{F \times U \times M}\ [\text{등}]$$

$$\text{소요평균조도}\ (E) = \frac{N \times F \times U \times M}{A}\ [\text{lx}]$$

단, N : 램프의 개수(2등용은 등기구 수량 $= \frac{N}{2}$)

여기서 E : 평균 수평면조도 [lx], A : 방의 면적 [m^2]

D : 감광보상률 $\left(\frac{1}{M(\text{유지율})}\right)$, F : 램프 1개당 광속 [lm]

U : 조명률, N : 광원의 수(등기구의 수)

(10) 광속발산도의 계산

표 5-30 실내 각부의 조도비

(a) 천장 E_C/E_0, 천장의 반사율 0.5~0.8

조명방식		직 접		간 접			전 반 확 산		
벽의 반사율		0.1~0.3		0.5	0.3	0.1	0.5	0.3	0.1
방바닥의 반사율		0.3	0.1	0.1~0.3			0.1~0.3		
방계수	J	0.26	0.24	3.58	4.35	5.18	1.52	1.71	2.12
	I	0.28	0.23	2.60	2.98	3.38	1.29	1.38	1.63
	H	0.26	0.18	2.11	2.32	2.54	1.14	1.18	1.35
	G	0.25	0.16	1.89	2.05	2.20	1.07	1.09	1.21
	F	0.26	0.14	1.70	1.81	1.91	0.99	1.00	1.09
	E	0.26	0.13	1.61	1.70	1.79	0.75	0.96	1.00
	D	0.27	0.13	1.53	1.60	1.66	0.92	0.92	0.92
	C	0.28	0.12	1.48	1.53	1.59	0.89	0.89	0.89
	B	0.28	0.12	1.41	1.45	1.49	0.86	0.86	0.86
	A	0.19	0.09	1.11	1.38	1.41	0.84	0.84	0.84

(b) 벽 E_W/E_0, 천장의 반사율 0.5~0.8
벽의 반사율 0.1~0.5

조명방식		직접 및 간접		전반확산	
방바닥의 반사율		0.3	0.1	0.3	0.1
방계수	J	0.85	0.83	1.33	1.30
	I	0.76	0.73	1.19	1.15
	H	0.71	0.67	1.10	1.05
	G	0.69	0.64	1.05	1.00
	F	0.68	0.62	1.01	0.96
	E	0.67	0.60	0.99	0.93
	D	0.66	0.59	0.97	0.91
	C	0.66	0.58	0.95	0.89
	B	0.65	0.57	0.93	0.88
	A	0.65	0.57	0.92	0.87

(c) 방바닥 E_f/E_0,
천장의 반사율 0.5~0.8
바닥의 반사율 0.1~0.3
벽의 반사율 0.1~0.5

조명방식		직접 및 간접	전반확산
방계수	J	0.66	0.91
	I	0.75	0.92
	H	0.81	0.04
	G	0.85	0.95
	F	0.88	0.96
	E	0.90	0.97
	D	0.92	0.98
	C	0.93	0.98
	B	0.95	0.99
	A	0.96	0.99

광속발산도의 분포가 허용한계값을 초과하는 경우 눈부심 등으로 인하여 나쁜 광환경이나 시환경을 초래하게 되어 좋은 조명이 되지 못하게 된다. 따라서 작업대상물의 광속발산도와 그 주위의 광속발산도의 비가 허용한계값을 초과하는지 여부를 검토하고 초과하는 경우 재검토를 하도록 하여야 한다.

$$\text{방계수} = \frac{Z(X+Y)}{2XY}$$

여기서 X, Y : 방의 폭, 길이

Z : 방바닥에서 천장까지의 높이

① 방계수와 조명방식에 따라 조도비를 구한다.

② 방바닥, 벽, 천장의 조도비에 작업면의 평균조도를 곱하여 각 부분의 조도를 계산한다.

③ 각 부분의 조도에 반사율을 곱하여 광속발산도를 계산한다.

④ 작업대상물과 각 부분의 광속발산도의 비를 계산한다.

⑤ 광속발산도의 비가 표 5-24에 표시하는 한계값의 범위 내에 있도록 하여 좋은 조명이 되도록 한다.

5. 도로조명

도로조명은 도로와 그 부근의 물체에 충분한 빛을 주어
① 차량 운전자나 보행자의 보임을 확실하게 하고,
② 사고와 범죄로부터 위험을 제거하여 완전하고 쾌적한 통행을 확보하며
③ 도로의 미관 향상 등을 꾀하고자 하는 데 목적이 있다.

(1) 소요조도의 선정

일반적으로 KS A-3701의 도로조명기준에 따라 도로의 종류, 규정속도, 도로폭 등에 의하여 조도가 결정되며 규정속도가 빠른 도로일수록 조도가 높아야 한다. 각 도로별 소요조도는 표 5-30과 같다.

표 5-31 도로의 평균조도

구 분	적용조도 [lx]
주택가 도로	20~30
교통량이 적은 일반도로	50
교통량이 많은 일반도로	75
고속도로	150

(2) 광원의 선정

도로조명의 광원으로 선정하기 위해서는 광원의 종류, 크기, 효율, 광색, 휘도 및 수명 등을 고려하여야 한다.

일반적으로 도로조명에 사용되는 광원으로는 고압수은등, 메탈핼라이드등, 나트륨등 등이 있다.

표 5-32 각 광원의 특징

구 분	고압수은등	메탈핼라이드등	나트륨등
연색성	광색이 청백색으로 연색성이 좋지 않다.	연색성이 좋아 연색성이 필요로 하는 곳에 많이 채용된다.	광색이 황백색으로 연색성이 나쁘다.
효율 [lm/W]	30~55	70~80	80~150
적용장소	도로조명, 투광조명	연색성이 요구되는 옥외조명, 고천장조명, 체육관	먼지, 안개 등에 대한 투과율이 좋아 공항조명, 터널조명, 악센트조명 등에 적합하다.

(3) 조명기구의 선정

도로는 그 특성상 좁고 긴 면적을 조명하므로 조명기구의 선정시 기구의 배광특성, 효율특성, 기계적 강도, 미적 사항 등을 고려하여야 한다.

① 주두형(Pole Head)

등주의 상단에 조명기구를 직접 설치하는 것으로 외구는 눈부심을 방지하기 위하여 젖빛유리나 플라스틱 재질을 사용한다. 도로상으로 향하는 빛이 전체의 1/2 정도에 지나지 않아 조명률이 나쁘므로 일반적으로 상점가, 빌딩가, 녹지대, 공원 등에 적용된다.

② 현수형(Bracket)

등주에 암(Arm)을 내어 기구를 매달리게 하는 것으로 외구는 젖빛유리나 플라스틱을 사용하며 기구 바로 아래가 가장 밝다.

③ 하이웨이형(Highway)

등주에 암(Arm)을 내어 기구를 직접 설치하는 것으로 글러브로는 유리재를 사용하며, 배광은 가늘고 긴 도로조명에 적합하도록 설계되어 있는 효율이 가장 높은 기구이다.

(4) 조명기구의 배치

① 직선도로

ⓐ 편측식 : 간이도로나 폭이 좁은 도로(6~8 [m] 이하)에 적합하다.

ⓑ 지그재그식 : 시가지 도로로 폭이 8~20 [m] 정도에 적합하다.

ⓒ 대칭식(마주보기식) : 중요한 도로, 차량의 통행이 많거나 속도가 빠른 도로에 적합하다.

ⓓ 중앙배열식 : 중앙분리대가 있는 중요한 도로, 차량통행이 많고 속도가 빠른 도로에 적합하다.

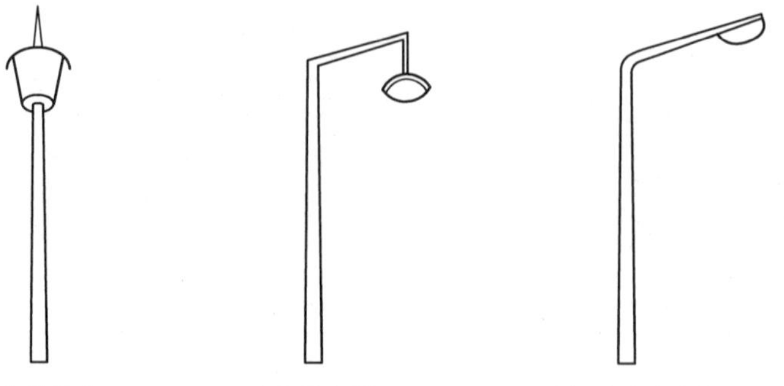

(a) 주두형 (b) 현수형 (c) 하이웨이형

그림 5-52 도로 조명기구의 종류

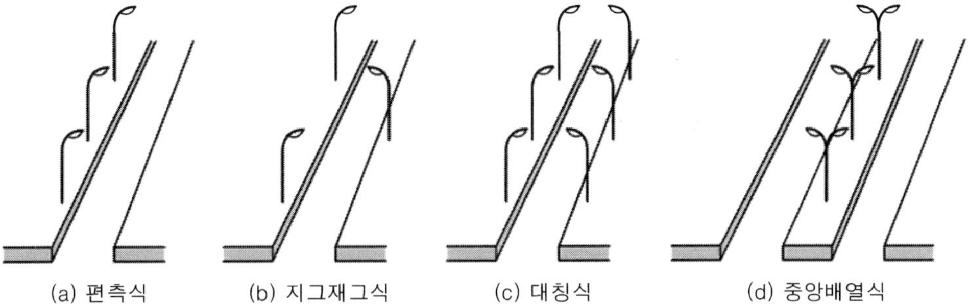

그림 5-53 등주의 배열방식

② 곡선도로

도로의 곡선모양을 멀리서도 알 수 있도록 하기 위하여 양측배치의 경우 대칭식으로 하고, 편측배치의 경우 곡선의 바깥쪽으로만 배치하도록 한다.

곡선의 곡률반지름이 작을수록 조명기구의 간격을 좁게 한다.

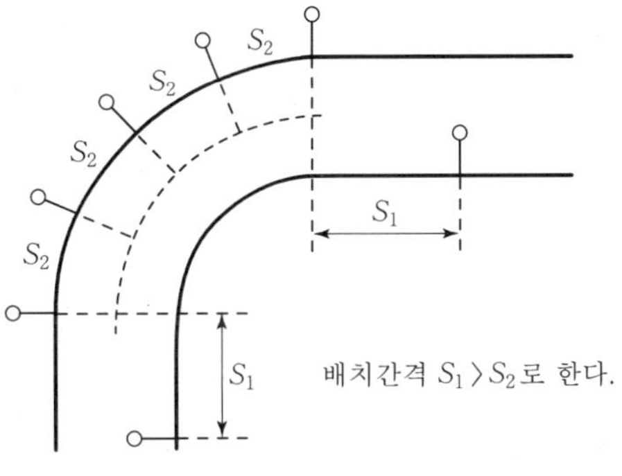

그림 5-54 곡선도로의 기구배치

③ 교 차 로

교차로는 사고위험이 많은 장소이므로 십자로에서는 끝낸 왼쪽에 배치하고, 3방향 교차로에서는 맞부딪치는 곳에 배치한다.

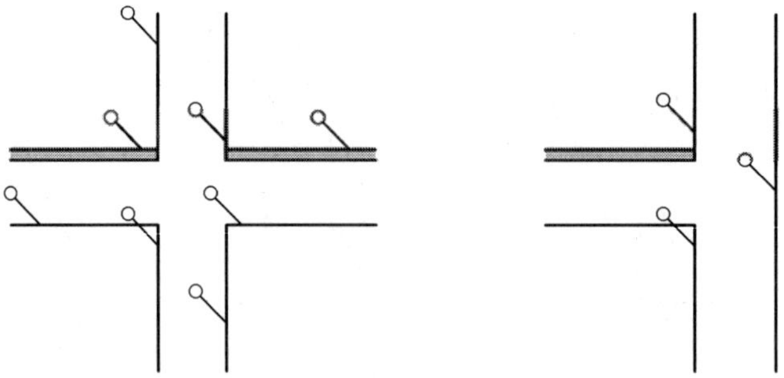

그림 5-55 교차로의 기구배치

(5) 조도계산

광속법을 사용하여 계산한다.

$$F = \frac{EBSD}{NU}$$

여기서 F : 광원 1개당의 광속[lm], E : 로면의 평균조도[lx]
S : 기구의 간격, B : 도로의 폭[m]
N : 광원의 열수, U : 조명률
D : 감광보상률

위 식에서 광원 F를 크게 하면 설치간격 S가 커져서 기구의 수와 건설비가 감소하지만 도로면의 조도의 얼룩짐이 커져 균제도가 나빠진다.

도로에서 추천하는 조도균제도값은 표 5-33과 같다.

표 5-33 도로에서의 조도균제도

구 분	최소조도/평균조도	최소조도/최대조도
고속도로	1/5 이상	1/10 이상
교통량이 많은 도로	1/7 이상	1/14 이상
교통량이 적은 도로	1/10 이상	1/20 이상

주) 대체로 가설높이는 8~12[m], 설치간격은 25~30[m] 정도가 많이 적용된다.

6. 터널조명

일반적으로 길이 25 [m] 이하의 터널은 조명시설을 하지 않으며 25~50 [m]의 터널은 야간조명을, 길이 50 [m] 이상인 터널은 종일조명을 실시한다.

(1) 시각적인 문제점

① 주간에 발생하는 문제점

ⓐ 진입 전의 상황 : 조명이 충분하지 않은 터널의 입구는 Black Hole 현상이 발생한다.

ⓑ 진입 직후의 상황 : 밝은 도로에서 어두운 터널에 진입하면 운전자의 눈의 순응결핍으로 터널 내부상태를 파악하지 못한다.

ⓒ 내부에서의 상황 : 터널 내부에는 자동차의 배기가스, 먼지 등으로 인하여 전조등이나 내부조명의 빛이 산란 또는 흡수되어 일시적인 시력장애를 초래한다.

ⓓ 출구에서의 상황 : 긴 터널의 출구부분은 개구부에서 보는 외부가 고휘도체이므로 White Hole 현상이 발생하여 불쾌감이나 거리착각현상이 나타날 수 있다.

② 야간에 발생하는 문제점

ⓐ 내부에서의 상황 : 주간과 동일한 빛의 산란이나 흡수로 인해 일시적인 시력장애를 일으킨다.

ⓑ 출구에서의 상황 : 출구 개구부는 주간과는 반대로 Black Hole 현상이 발생하여 연결도로의 장애물의 식별이 어렵게 된다.

(2) 터널조명의 구성

① 입구부 조명

주간(25,000 [rlx])에 밝은 순응에서 어두운 터널 내로의 급격한 변화로 인하여 내부는 암흑으로 보인다. 이러한 장애를 극복하기 위해 실시하는 조명으로서 터널입구의 밝음을 250 [rlx] 정도로 하여 운전자의 시력을 0.7 이상 확보하기 위한 조명이다.

입구부 조명은 터널길이가 50 [m] 이상일 경우 경계부-이행부-완화부로 나누어 설계한다.

ⓐ 경계부 : 터널진입 직후에 있는 장애물을 설계속도에 대응하는 시거리로부터 보고 대응하는 데 필요한 최소한의 밝기를 주는 부분이다.

ⓑ 이행부 : 경계부의 시거리로부터 터널에 진입하는 직전까지의 사이에 시거리만큼의 전방에 있는 장애물을 식별하여 대응할 수 있도록 밝기를 주는 부분으로 운전자의 순응휘도가 점차 감소되면서 배경의 소요조도 또한 점차 감소하는 부분이다.

ⓒ 완화부 : 이행부 조명과 기본부 조명을 연결시켜 주는 부분으로 설계조도 하에서 시거리 만큼 떨어진 장애물에 필요한 배경휘도를 주는 부분이다.

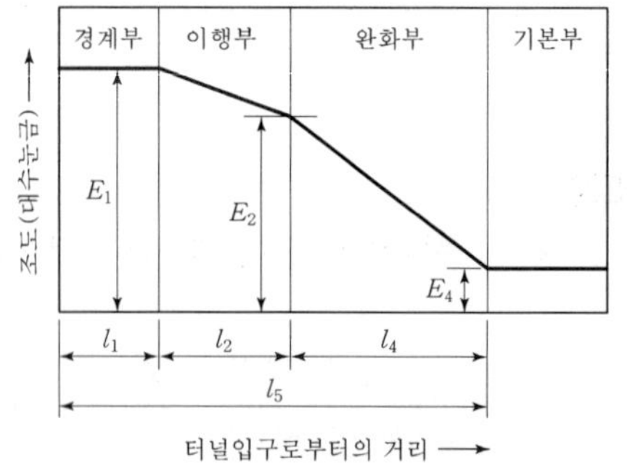

그림 5-56 터널입구부 조명

② 기본부 조명

터널 바깥으로부터 진입한 운전자가 인입부의 완화부분을 통과하여 암순응상태에 도달한 후에 전방에 있는 장애물을 확인하고 대처하는 데 필요한 조도를 확보해주기 위한 조명구간으로 조명기구를 일정한 간격으로 배치한다.

③ 출구부 조명

주간에 출구 개구부는 주간 야외의 휘도가 대단히 높아 눈부심에 의한 불쾌감이나 시력의 일시적인 저하현상이 생기게 되는데 이에 대비하기 위해 기본부 조명에 추가하여 출구부 조명을 배치한다. 일반적으로 50~70 [m]에 걸쳐서 야외 휘도값의 1/10 이상의 값으로 연직면 조도를 주는 것을 원칙으로 하고 있다.

④ 접속도로 조명

야간에 터널에만 조명이 있고 접속도로에 조명시설이 없는 경우 운전자가 도로의 제원을 알 수 없어 매우 위험하게 된다. 따라서 터널출구에 접속되는 도로연장선에 접속도로의 모양과 도로의 식별이 용이하도록 접속도로 조명을 실시한다. 단, 터널길이가 200 [m] 미만이고 출구접속도로의 선형이 급격히 변하지 않을 경우에는 접속도로의 조명을 생략할 수 있다.

⑤ 정전시 조명

터널 내부주행중 갑자기 정전이 되었을 경우는 매우 위험하므로 수전설비를 고신뢰성으로 구성하거나 비상전원을 확보하여 정전시에도 소등되지 않도록 한다. 일반적으로 비상전원으로 일부의 기본부 조명에 전력을 공급하도록 한다.

표 5-34 터널입구 조명의 조도와 조명구간

설계속도 [km/h]	터널길이 [m]	소요조도 [lx]					조명구간 [m]					
		E1	E2	E3	E4	E5	l1	l2	l3	l4	l5	l6
100	300~	1,250	600	350	–	–	55	150	45	–	250	
	400 이상	1,250	600	–	120	30	55	150	–	135	340	180
80	300~	1,100	600	150	–		40	100	100	–	240	
	400 이상	1,100	600	–	60	15	40	100	–	155	295	130
60	200~	750	450	150	–		25	65	55	–	145	
	300 이상	750	450	–	30	15	25	65	–	135	225	95
40	200~	400	250	25	–		15	30	80	–	125	
	250 이상	400	250	–	20	7	15	30	–	85	130	60

주) E_5 : 출구부 조도, l_6 : 출구부의 길이

(3) 조명기구의 배치 및 선정

① 등기구의 배열방식과 간격

등기구의 간격을 결정할 때 노면의 휘도균일도와 어른거림에 주의하고 등기구의 배광특성을 고려하여 결정하도록 하는 것이 좋다.

ⓐ 대칭식 배열 : 터널의 양측 천장 또는 벽에 대칭되게 배치하는 방식

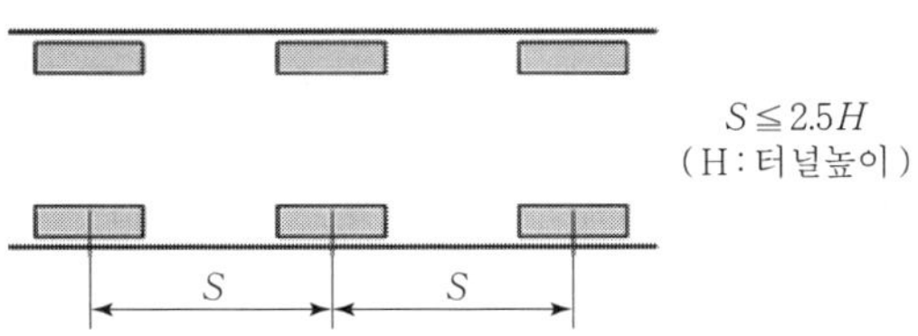

ⓑ 지그재그배열(엇갈리기배열) : 터널의 양측 천장 또는 벽에 서로 엇갈리게 배치하는 방식

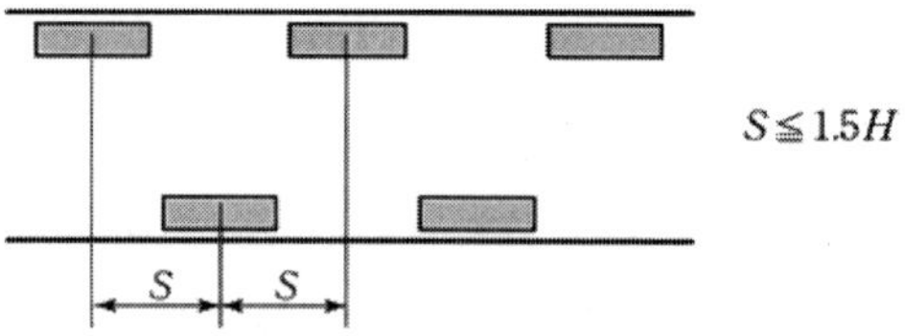

ⓒ 중앙배열(센터식) : 터널의 중앙에 조명기구를 배치하는 방식으로 소형터널 등에 적용

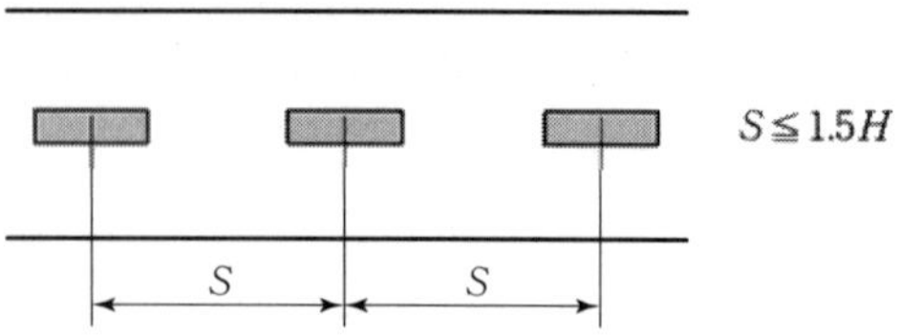

② 조명기구

ⓐ 성 능

- 눈부심을 일으키지 않도록 발광면적이 큰 것을 선정한다.
- 긴 도로에 적합한 배광특성을 갖는 것을 선정한다.
- 기구의 효율이 높아야 하고 습기가 많으므로 절연성 및 방수특성이 우수한 기구로 선정한다.
- 내식성이 우수한 것을 선정한다.
- 진동에 충분히 견디는 기계적 강도를 가져야 한다.

ⓑ 재 료

기구의 재료로는 위의 성능이 만족하는 다음의 재료가 좋다.

- 반사판 : 일반적으로 알루미늄 전해연마제품을 사용한다.
- 본체 : 철판, 스테인리스, 알루미늄재를 사용한다.
- 글러브 : 내열성 합성수지, 유리 등을 사용하고 투과율이 좋아야 한다.

(4) 광원의 선정

광원으로는 먼지나 매연 등에 대한 투과력이 좋고 터널 벽면, 천장, 도로 등에 대한 표식성이나 효율이 우수하며 수명이 긴 광원을 사용하는 것이 좋다.

이러한 조건을 만족하는 광원인 나트륨등(저압 또는 고압)을 사용한다.

5-2 콘센트설비

콘센트는 일반사무실의 보조조명용 스텐드, OA 사무용, 전동계산기, 전동타이프용 전원을 공급하는 데 많이 쓰이며 일반용과 비상용으로 나누어진다. 콘센트는 취부용도가 다목적이므로 취부개수가 많을수록 편리하지만 설치비, 보수비가 많이 든다. 콘센트의 소요수는 그 방의 용도, 규모 등에 따라서 달라지며, 취부위치에 대해서는 사용자측의 의향을 들어 적정위치를 결정해야 한다.

표 5-35 콘센트의 선정

용도 \ 분기회로		15[A], 20[A] 배선용차단기	20[A]	30[A] 50[A]	비 고
단상 100[V]	일반	125V 15A	250V 20A	250V 30A50A	① 의 꽂을 구멍은 2개 공동 1치수이므로 접지전극과 구별할 때는 주의할 것
	접지극부	125V 15A	250V 20A	250V 30A50A	
단상 200[V]	일반	250V 15A	250V 20A	250V 30A50A	② 표 중 굵은선으로 표시한 기호는 접지전극 또는 접지전극으로 쓰이는 것을 나타낸다.
	접지극부	250V 15A	250V 20A	250V 30A50A	③ 구조의 플러그에서는 그림에 나타낸 아랫부분의 ∩ 또는 I 의 날은 다른 날보다도 길다.
3상 200[V]	일반	250V 15A	250V 20A	250V 30A50A	
	접지극부	250V 15A	250V 20A	250V 30A50A	

콘센트설비에서 유의할 사항은 다음과 같다.

① 콘센트의 취부높이는 보통 0.3 [m] 전후로 한다. 단, 일반사무실은 벽의 바닥과 접하는 부분에 걸레받이가 있으므로 취부높이를 결정할 때는 걸레받이의 높이 10~15 [cm] 정도를 고려하여야 한다.

② 콘센트의 위치는 입구의 문, 가구, 계기 등의 후면에 오지 않도록 한다.

③ 콘센트는 1구용, 2구용, 3구용 또는 방수형, 접지단자가 있는 것 등이 있고 용량도 10 [A], 15 [A], 20 [A] 이상 등 여러 종류가 있으므로 사용목적에 적합한 것을 골라야 한다.

④ 동일 구내일지라도 전기방식(AC, DC, V, 상수, Hz)이 다른 분기회로일 경우 각 콘센트는 용도를 달리하는 플러그를 꽂아 사고가 나지 않도록 한다.

⑤ 엘리베이터 홀, 복도 등에는 청소용 콘센트로 20~30 [m]마다 1개를 설치한다.

⑥ 욕실에는 바닥면 위 80 [cm] 이상으로 하고 욕조에서 가급적 충분히 이격하여 시설한다.

⑦ 기둥에 시설할 때는 칸막이를 할 때 지장이 없도록 위치를 선정한다.

⑧ 간이주방(탕비실) 등에 전기곤로용으로 20 [A] 콘센트를 시설하는 경우에는 접지전극이 달린 콘센트를 시설한다.

⑨ 일반사무실인 경우는 사무용 기기를 사용할 때 편리하도록 플로어 콘센트를 1스팬(6 [m]×6 [m])당 4개 이상 시설하는 것이 바람직하다. 또한 벽에 취부하는 콘센트는 1스팬(6 [m]×6 [m])당 2~4개로 해야 한다.

5-3 동력설비

빌딩, 사무실, 공장 등의 건물에 설치되는 공기조화용 팬, 선풍기, 냉동기, 급배수용 펌프, 엘리베이터, 에스컬레이터 등에 필요로 하는 전동기와 이에 전력을 공급하는 배선, 감시설비, 제어설비 등을 총괄해서 동력설비라 한다.

동력설비의 종류와 용량은 건물의 크기, 용도, 기능에 적합하도록 선정하고 경제성을 고려하여 결정하도록 하여야 한다.

표 5-36 동력부하의 종류

분 류	항 목	부하의 종류
용 도 별	급배수용 동력	급배수펌프, 양수펌프
	방재용 동력	소화펌프, 스프링클러 펌프, 배연팬 등
	공기조화용 동력	냉동기, 냉수펌프, 냉각수펌프, 쿨링타워팬, 공조기팬, 급배기팬, 배열팬
	건축부대 동력	엘리베이터, 에스컬레이터, 셔터, 덤웨어터, 리프트 등
	기 타	공장동력(크레인 등), 의료용 동력(X-Ray, 전기연료기 등), 사무기계용 동력(컴퓨터 등)
운전기간별	상시부하	급배수동력, 방재용 동력, 건축부대 동력, 기타 동력 등과 공기조화용 동력의 일부
	하절기동력부하	냉동기, 냉수펌프, 냉각수펌프, 쿨링타워팬 등
비상시부하	상시부하	비상시부하 이외의 부하
	비상시부하	소화펌프, 배기팬, 비상용 급배수펌프, 비상엘리베이터 등

5-3-1 전동기의 종류

전동기는 산업동력원의 중추를 이루는 것으로서 다방면에 널리 동력원으로 사용되고 있다. 전동기의 종류를 크게 분류하면 표 5-36과 같다.

표 5-37 전동기의 종류

<table>
<tr><td rowspan="11">전 동 기</td><td rowspan="5">직류전동기</td><td colspan="4">타여자전동기</td></tr>
<tr><td colspan="2" rowspan="4">자여자전동기</td><td colspan="2">직권전동기</td></tr>
<tr><td colspan="2">분권전동기</td></tr>
<tr><td rowspan="2">복권전동기</td><td>화동복권전동기</td></tr>
<tr><td>차동복권전동기</td></tr>
<tr><td rowspan="6">교류전동기</td><td rowspan="4">유도
전동기</td><td rowspan="3">농형</td><td colspan="2">보통농형</td></tr>
<tr><td rowspan="2">특수농형</td><td>이중농형</td></tr>
<tr><td>심구형</td></tr>
<tr><td colspan="3">권선형</td></tr>
<tr><td colspan="4">동기전동기</td></tr>
<tr><td colspan="4">교류정류자전동기</td></tr>
</table>

1. 직류전동기

(1) 구조와 원리

직류전동기는 전기자, 계자, 브러시 등으로 구성되어 있다.

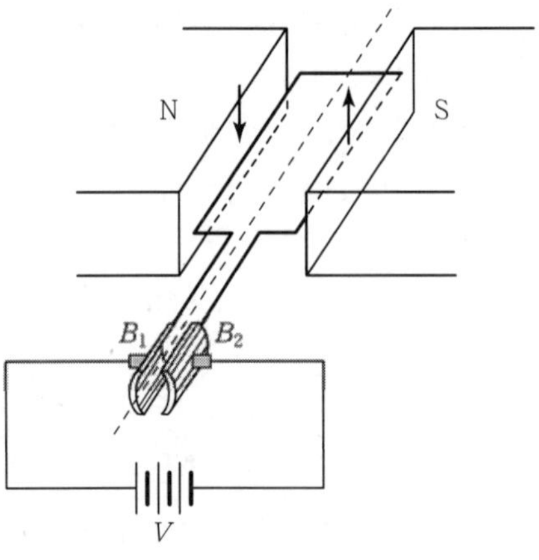

그림 5-57 직류전동기의 원리

전기자에 그림 5-57과 같이 직류전압 V[V]를 가하면 전기자도체에 전류가 흐르게 되고, 이 전류와 계자자극에 의해 발생한 가속과의 사이에 플레밍의 왼손법칙에 따라 화살표방향에 전자력이 발생하여 회전하게 된다. 이때의 회전으로 전기자도체가 자속을 자르게 되어 플레밍의 오른손법칙에 의한 기전력이 발생하게 되는데, 이는 공급전압과는 역방향이므로 이것을 역기전력(E[V])이라 한다.

역기전력의 크기 E[V], 자극의 자속 ϕ[Wb], 회전수 N[rpm], 도체수에 의해 결정되는 정수 k라 하면

$$E = k\Phi N[\mathrm{V}]$$

이고, 전기자저항 $R_a[\Omega]$, 단자전압 V[V], 전기자전류 I_a[A]라 하면 전압평형방정식에 의한 이들의 관계식은 다음과 같다.

$$V = E + I_a R_a[\mathrm{V}]$$

$$I_a = \frac{V - E}{R_a}[\mathrm{A}]$$

회전속도 N[rpm]이

$$N = k_1 \frac{V - I_a R_a}{\phi} \ (E = V - I_a R_a)$$

$$\fallingdotseq k_1 \frac{V}{\phi} \ [\text{rpm}] \ (V \gg I_a R_a)$$

이고, 토크 T[N·m], 정수를 k_2라 하면 다음과 같다.

$$T = k_2 \phi I_a [\text{N·m}]$$

여기서 $K_1 = \dfrac{PZ}{60a}$, $K_2 = \dfrac{PZ}{2\pi a}$

a : 전기자 병렬회로수

P : 극수

Z : 전기자의 직렬도체수

(2) 특 성

전동기부하의 변화에 대한 회전수나 토크가 어떻게 변화되는가를 나타내는 것으로 전동기 이용시 매우 중요한 것이다.

① 속도특성(Speed Characterister)

전동기 단자전압과 계자저항 R_f[Ω]를 일정하게 유지하였을 때 부하전류와 회전수와의 관계를 나타낸 것이다.

② 토크특성

전동기 단자전압 V[V]와 계자저항 R_f[Ω]를 일정하게 유지하였을 때 부하전류와 토크의 관계를 나타낸 것이다.

(3) 직류전동기의 종류와 특성

① 타여자전동기

- 세밀하고 광범위한 속도제어 가능
- 고급승강기나 대형 압연기에 사용

② 직권전동기

- 토크가 증가하면 속도가 저하되므로, 큰 기동토크를 요구하는 기기에 사용
- 전차, 기중기에 사용

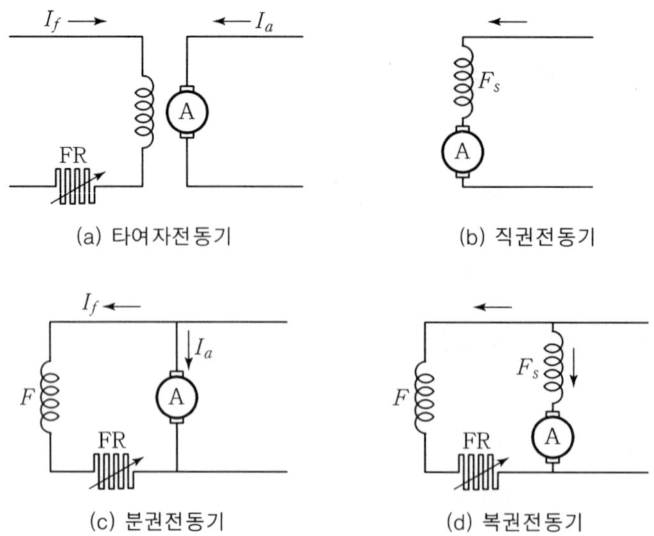

그림 5-58 직류전동기

③ 분권전동기

- 속도가 거의 일정하여 정속도전동기
- 공작기계, 컨베이어, 제지기에 사용

④ 복권전동기

ⓐ 가동복권전동기

- 직권과 분권전동기 특성과 거의 비슷
- 공작기계, 권상기에 사용

ⓑ 차동복권전동기

- 기동토크가 적기 때문에 많이 사용되지 않음

(4) 직류전동기의 기동법

$$I_a = \frac{V - kN}{R_a}\,[\mathrm{A}]$$

$$T = k_T \Phi I_a\,[\mathrm{N \cdot m}]$$

직류전동기의 기동전류 및 기동토크는 정격값의 10~40배에 달하므로 기동전류를 정격전류의 1~2배로 억제하기 위해서는 전기자에 직렬로 가변저항을 삽입하거나 단자전압을 변화시키는 방법을 이용하고 있다.

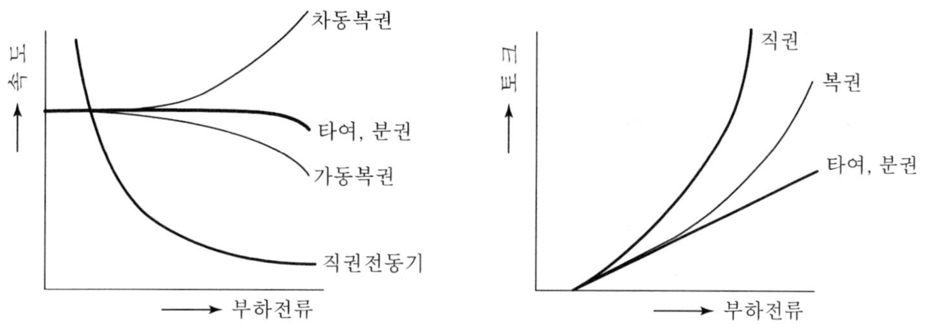

그림 5-59 특성곡선

① 저항기동법

전기자회로에 기동저항 R_s를 접속하여 순차적으로 전환하여 기동전류를 억제 기동하는 방식이다.

② 감전압기동법

전동기의 단자전압을 변화시키기 위하여 전동기 2대 이상을 직·병렬 접속하거나 가변 저항을 갖는 전원을 채택하는 기동방법이다.

가변전압전원으로는 다음과 같은 것이 있다.

- 직류전동발전기
- 사이리스터 위상제어 정류회로
- 직류사이리스터 초퍼회로

(5) 직류전동기의 역전

직류전동기는 계자회로와 전기자회로를 갖고 있는데 계자 또는 전기자회로 중 한쪽의 극성을 반대로 접속하면 역전하게 된다. 단, 전기자회로의 극성을 바꿀 때는 보극, 보상권선을, 복권전동기에서 계자회로의 극성을 바꾸려면 분로권선 및 직렬권선을 모두 바꾸도록 해야 한다.

(6) 속도제어방법

전동기의 속도제어란 전동기의 속도-토크특성을 변화시켜 부하의 속도-토크특성과 평형점을 찾아 속도를 조정하는 것을 말한다. 속도제어방식을 선택할 때의 고려사항을 보면 다음과 같다.

- 부하의 성질(정속도부하, 단계적 변동부하, 연속적인 속도변화부하)
- 작업의 정밀도

- 속도제어에 따른 손실
- 경제성

① 타여자전동기 및 분권전동기의 속도제어

속도-토크특성은 다음과 같다.

$$N = \frac{V - I_a R_a}{k\Phi} = \frac{V}{k\Phi} - \frac{R_a}{(k\Phi)^2} T \text{ [rpm]}$$

- 계자제어법
- 저항제어법
- 전압제어법(워드-레오나드방식, 일그너방식, 승압기방식, 직류초퍼제어방식)

② 직권전동기의 속도제어

직권전동기의 속도-토크특성은 다음과 같다.

$$N = \frac{V - I_a(R_a + R_f)}{k\Phi} = \frac{V}{k\Phi} - \frac{R_a + R_f}{(k\Phi)^2} T \text{ [rpm]}$$

- 계자제어법
- 저항제어법
- 전압제어법(사이리스터 위상제어방식, 직류초퍼제어방식)

2. 유도전동기

유도전동기(Induction Motor)는 구조와 취급이 간단하며, 가격이 저렴하여 산업용 전동기로 널리 사용되고 있다.

(1) 구조 및 원리

유도전동기는 회전자계를 만드는 고정자권선과 도체에 유도전류가 흘러서 회전토크가 생기는 회전자로 구성되어 있다.

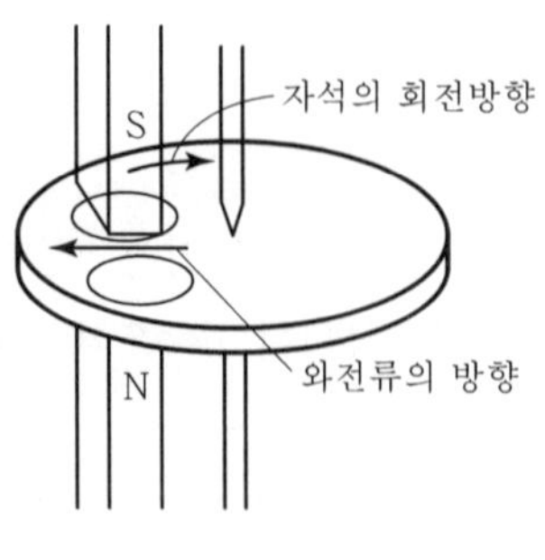

그림 5-60 아라고 원판과 와전류

자극을 어느 한 방향으로 회전시키면 이 자극 사이에 끼어 있는 원판에는 플레밍의 오른손법칙에 의하여 유도전류가 흐르고 이 유도전류와 자극(자계) 사이에서 플레밍의 왼손법칙에 의하여 토크가 발생한다. 이때 이 원판은 자극과 같은 방향으로 회전하게 되는데 이를 아라고(O.F. Arago) 원판이라 하며, 유도전동기의 일반적인 원리이다. 고정자권선을 1차권선이라 하고 회전자도체를 2차권선이라 한다.

(2) 특 징

① 정류자나 브러시가 없어 구조가 간단하고 튼튼하다.
② 취급이 간단하고 운전이 쉽다.
③ 가격이 저렴하다.
④ 회전자계를 만드는 여자전류가 전원측으로부터 흐르는 관계로 역률이 나쁘다.

(3) 동기속도와 슬립

회전자계의 속도는

$$N_s = \frac{120f}{P} \text{ [rpm]}$$

여기서 P : 자극수, f : 전원주파수

로 표시되고, 이 속도를 동기속도라 하며 자극수와 주파수에 의해 결정된다. 유도전동기의 회전자도체는 회전자계를 자르고 기전력을 발생시키게 되는데, 회전자의 속도가 동기속도이면 회전자도체가 자극을 자르지 않게 되어 유도전류가 영(0)이 되어 토크를 발생하지 못하게 되므로 항상 회전자속도는 동기속도보다 늦어진다. 이 속도의 차, 즉 동기속도와 회전자속도의 차를 상대속도라 하며, 이 상대속도와 동기속도의 비를 슬립(Slip)이라 한다.

$$S = \frac{N_s - N}{N_s}$$

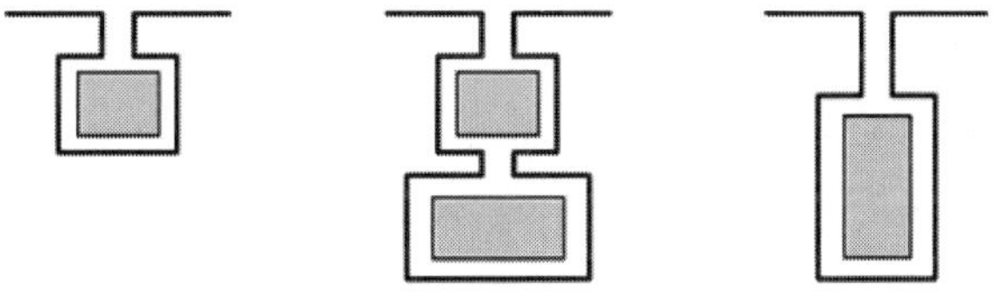

(a) 보통농형　(b) 이중농형　(c) 심구형

그림 5-61

(4) 종 류

유도전동기는 회전자에 바구니 도체를 사용한 농형 유도전동기와 회전자에 3상권선을 실시한 권선형 유도전동기가 있다.

농형 유도전동기는 회전자의 형상에 따라 보통농형과 특수농형(심구형, 이중농형, 고저항농형)으로 분류된다.

① 농형 유도전동기

농형 유도전동기는 회전자의 형상에 따라 특성이 달라진다. 회전자도체의 형상과 토크특성을 비교해보면 그림 5-62와 같다.

그림 5-62와 같이 심구형-이중농형-고저항농형으로 갈수록 토크의 크기가 상승하는 것을 알 수 있다.

$$T = \frac{mPV^2}{4\pi f_1} \frac{r_2'/S}{(r_1 + r_2'/S)^2 + (x_1 + x_2')^2} \ [\text{N}\cdot\text{m}]$$

여기서 f_1 : 전원주파수 P : 자극수 S : 슬립

V : 단자전압 r_2', x_2' : 2차를 1차로 환산한 값

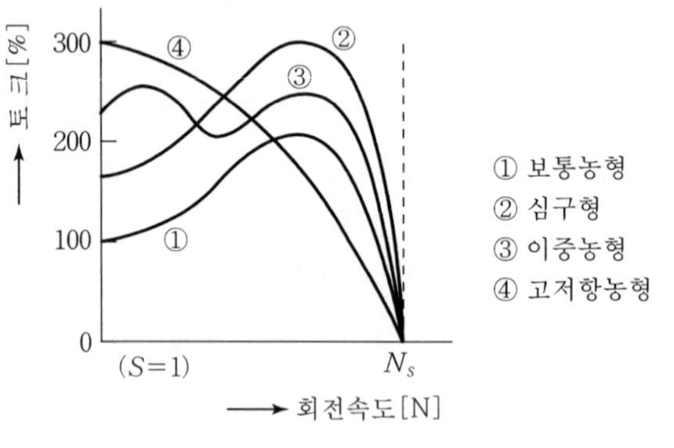

그림 5-62 농형 유도전동기의 속도-토크특성

ⓐ 3상농형 유도전동기의 기동방식

- 전전압 기동방식(직입기동방식)

  전동기단자에 정격전압을 직접 가하여 시동하는 방식으로 장·단점은 다음과 같다.

  a. 기동장치가 간단하고 설치비가 저렴하다.

  b. 기동전류가 매우 크다(전부하전류의 5~8배).

  c. 전원용량이 작은 경우 전압강하가 크다.

d. 5 [kW] 이하에 사용된다.

• Y-Δ 기동법

1차권선을 Y 접속으로 시동하고 정격속도에 가까워지면 Δ 접속으로 바꾸어 운전하는 방식으로 장·단점은 다음과 같다.

a. 시동전류가 직입기동에 비하여 1/3로 감소한다.

b. 비교적 기동장치가 간단하다.

c. 별도의 기동장치가 필요하다.

d. 3.5 [kW]~37 [kW] 정도의 중규모 전동기에 사용된다.

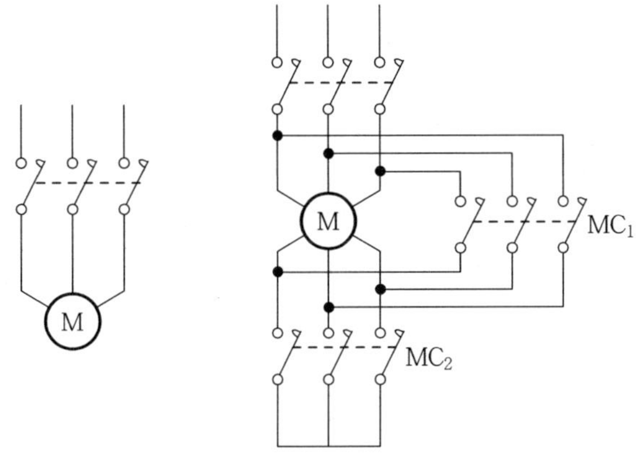

(a) 직입기동법 (b) Y-Δ 기동법

그림 5-63 직입기동법과 Y-Δ 기동법

• 기동보상기법

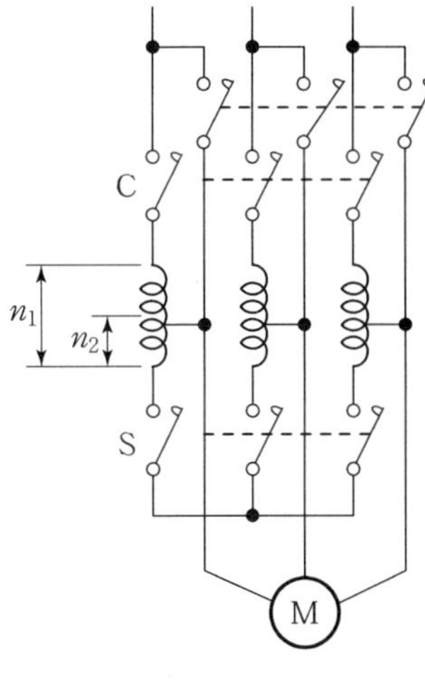

구 분	C	S	M
기동보상기	ON	ON	OFF
리 액 터	ON	OFF	OFF
운 전	OFF	OFF	ON

그림 5-64 기동보상기법

먼저 유도전동기를 단권변압기(단상 단권변압기×3) 2차측에 접속하여 기동하고, 기동 후 단권변압기를 리액터로 작용하도록 하여 전동기를 충분히 가속한 후 전원에 전동기를 직접 접속하여 기동을 완료시킨다.
이러한 기동보상기법의 장·단점은 다음과 같다.

a. 기동전류와 기동토크를 $1/a^2$배로 줄일 수 있다.
b. 원활한 기동이 가능하다.
c. 탭전환으로 기동전류, 기동토크를 설정할 수 있다.
d. 기동장치의 구조가 복잡하고 설치비가 고가이며 유지·보수가 어렵다.
e. 용량 30 [kW] 이상의 중·대용량에 적합하다.

• 리액터기동법

기동보상기가 고가이고 조작이 복잡하므로 유도전동기의 1차권선과 직렬로 리액터를 접속하여 시동전류를 억제하여 기동하고 충분히 가속한 후 리액터를 단락하여 전원에 전동기를 직접 접속하여 기동하는 방식이다.
적용장소로는 Y-Δ 기동이 곤란한 장소이거나 기동시 충격을 경감시키고자 하는 곳에 사용된다.

• 쿠샤기동법

3상중 1상에 저항 또는 리액터를 삽입하여 기동하는 방식으로 기동전류 억제 효과는 작으나 부드러운 기동이 요구되는 장소에 적합하다.

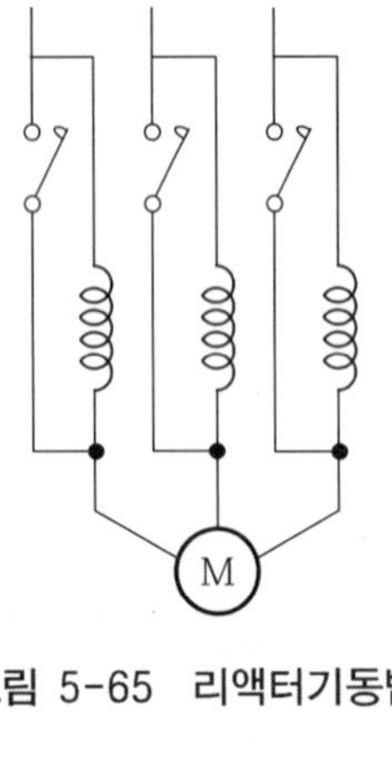

그림 5-65 리액터기동법

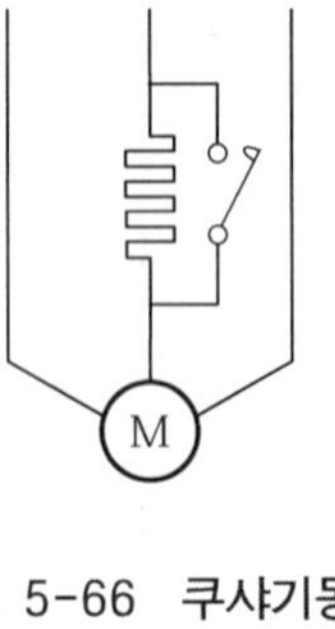

그림 5-66 쿠샤기동선

[참고 1] 이중농형 유도전동기

유도전동기를 기동할 때 기동토크를 크게 하고 기동전류를 적게 하려면 회전자의 저항을 크게 하면 되지만 2차 저항손이 커진다. 따라서 농형전동기의 회전자를 개조하여 기동할 때는 회전자의 실효저항이 자동적으로 크게 되고 운전할 때는 적게 되도록 한다. 이러한 농형전동기에는 이중농형 유도전동기와 심구형 농형 유도전동기가 있다.

이중농형 유도전동기의 고정자는 보통 농형 유도전동기와 같으나 회전자는 회전자철심에 이중의 홈을 만들어 바깥의 홈에는 저항이 큰 농형권선으로 하고 안쪽에는 저항이 작은 농형권선을 감는다. 바깥쪽 권선은 누설자속의 통로가 좁으므로 누설인덕턴스가 작고 저항이 큰 권선이, 안쪽 권선은 누설자속의 통로가 넓어 누설인덕턴스가 크고 저항이 작은 권선이 된다. 이로 인하여 기동시 2차 주파수는 1차 주파수와 같으므로 누설인덕턴스가 큰 안쪽 권선에는 흐르지 않고 대부분의 전류가 저항이 큰 바깥쪽 권선에 흘러 기동전류를 억제할 수 있고 큰 기동토크를 얻을 수 있다. 속도가 점차 상승하면 2차 주파수 (Sf_1)와 누설인덕턴스가 매우 작아져 2차전류는 저항에 의해 제한되어 대부분의 2차전류는 저항이 작은 안쪽 권선에 흐르게 되므로 저저항농형 유도전동기와 같은 우수한 특성을 얻을 수 있다.

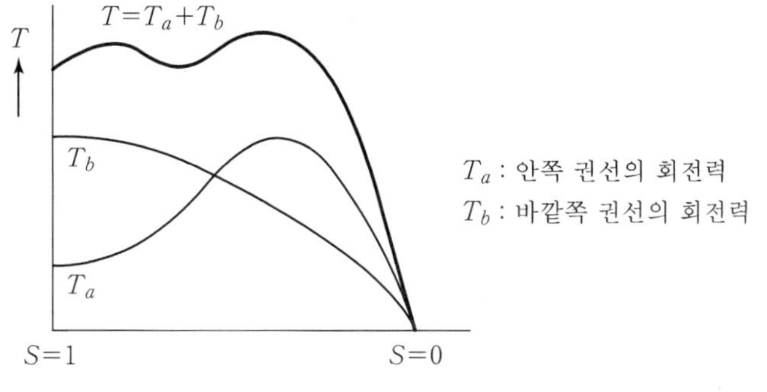

그림 5-67 이중농형 유도전동기의 토크-속도특성

[참고 2] 심구형 유도전동기

심구형으로 홈을 깊이 만들어 권선을 하면 바깥부분의 도체의 인덕턴스는 작아지고 홈 안으로 들어갈수록 인덕턴스가 커진다. 회전자권선을 단면의 폭이 좁고 길이가 긴 도체를 써서 농형권선으로 하면 기동시 Sf_1(회전자주파수)이 큰 값이므로 2차전류는 대부분 리액턴스가 작은 바깥부분에 흐르고 표피효과로 인하여 실효저항이 커져 큰 기동토크를 얻을 수 있고, 전동기속도가 상승됨에 따라 Sf_1이 작아져 전류는 도체전류에 거의 균일하게 흐르게 되고 실효저항이 감소하여 2차저항이 작고 효율이 좋은 보통농형 유도전동기로 작용한다.

심구형은 이중농형에 비해 보통농형에 가깝고 효율 및 역률이 좋으며, 구조가 간단하나 기동특성은 2중농형보다 떨어진다.

[참고 3] 토크효율이란(토크효율이 클수록 기동특성이 좋다)

$$\text{토크효율} = \frac{\text{정격전압에서의 기동토크}[\%]}{\text{정격전압에서의 기동전류}[\%]}$$

ⓑ 단상 유도전동기의 기동방식

단상 유도전동기의 기동방식에는 분상기동형, 콘덴서기동형, 반발기동형, 셰이딩코일형 등이 있다.

표 5-38 단상 유도전동기의 특성과 용도

종 류	전부하토크에 대한 기동토크의 비율[%]	전부하전류에 대한 기동전류의 비율[%]	운전특성	정격출력 [kW]	용 도
분상 기동형	125 이상	500 전후	역률, 효율이 다른 전동기보다 작다.	0.1~0.4	팬,세탁기
콘덴서 기동형	250 이상	400~500	운전중 콘덴서가 계속 접속되는 것은 역률이 양호하다.	0.4	냉장고용 컴프레서, 선풍기
반발 기동형	300 이상	300 전후	기동토크가 크다.	0.1~0.75	컴프레서, 펌프

② 권선형 유도전동기

회전자철심에 3상권선을 감아 슬립링을 각상 권선의 선단에 마련하여 브러시를 통해 2차전류를 외부회로에 인출할 수 있도록 하여 2차 저항기 R을 접속하고 2차 저항기의 크기를 변화시켜 토크와 속도를 제어할 수 있다.

권선형 유도전동기는 고정자철심, 고정자권선, 회전자철심, 회전자권선, 프레임, 축, 슬립링, 브러시, 단자함, 냉각장치 등으로 구성되어 있다.

ⓐ 권선형 유도전동기의 특성

비례추이를 이용한 전동기로서 권선형 유도전동기의 2차권선의 저항이 r_2에서 토크 T로 운전하고 있을 때의 슬립이 S였다고 한다면 2차저항기의 저항값을 k배 하면 2차저항 kr_2가 되었을 때 토크 T에 대하여 슬립은 kS가 된다.

$$\frac{r_2}{S} = \frac{r_2 + R}{S'}$$

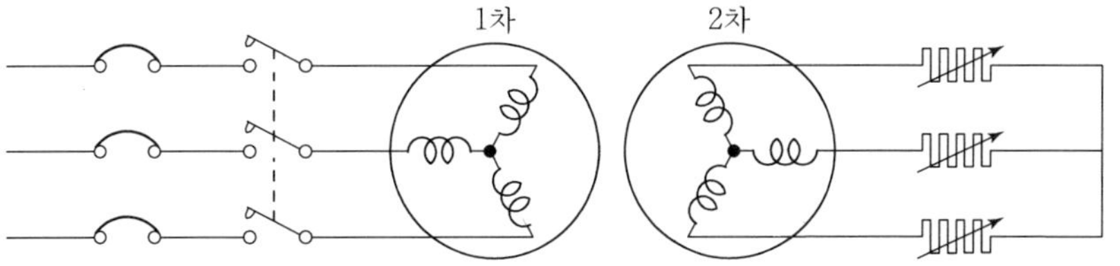

그림 5-68 권선형 유도전동기의 구조

ⓑ 기동방식

• 2차저항 기동법

비례추이를 이용하여 기동하는데 회전자회로에 슬립링을 통하여 가변저항을 접속, 속도 상승과 함께 저항값을 점차 작게 하고, 충분히 가속 후 저항을 단락하여 정상운전을 한다. 기동전류와 기동토크를 정격값의 100~150 [%]로 억제하여 기동한다. 저항기로는 금속저항기와 액체저항기가 있는데 대용량 전동기에서는 액체저항기를 사용한다.

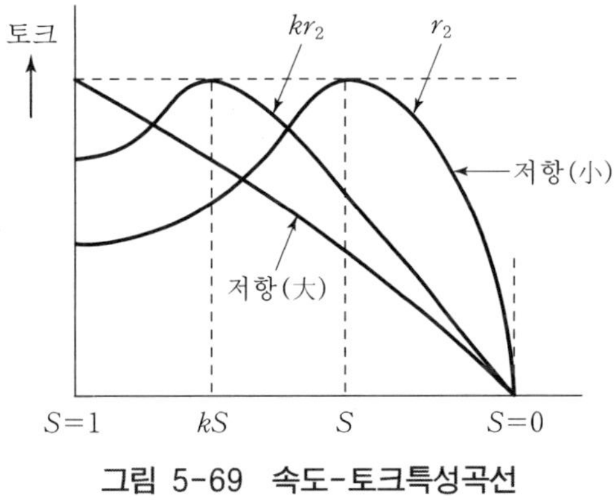

그림 5-69 속도-토크특성곡선

• 2차 임피던스 기동법

2차 권선회로에 저항 R_2와 리액터 L_2 또는 가포화리액터를 병렬로 삽입하여 기동초기슬립이 큰 범위에서는 회전자회로의 주파수가 높기 때문에 리액터의 리액턴스값이 크며 이로 인하여 2차전류는 저항에 흘러 2차저항 기동상태로 기동하고 속도가 상승됨에 따라 슬립이 감소하여 2차회로의 주파수가 낮아지기 때문에 리액턴스가 작게 되어 2차전류가 리액턴스쪽으로 많이 흐르게 되며 동기속도 근처에서 단락상태로 되어 정상운전을 하게 된다.

기동초기에 저전류, 대토크로 기동하고 서서히 2차회로를 단락상태로 이행하므로 비교적 양호한 기동이 된다.

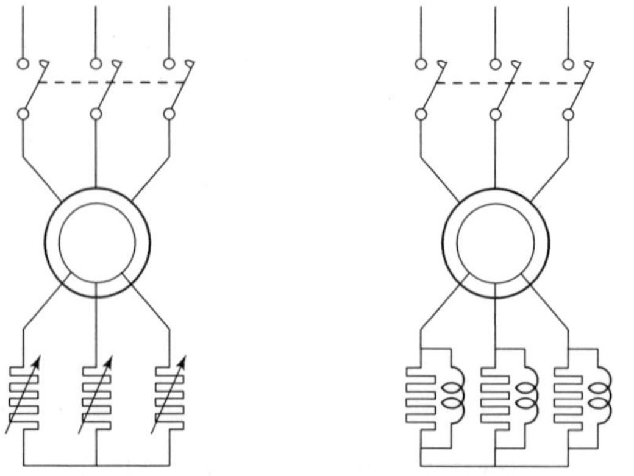

(a) 2차저항 기동법 (b) 2차 임피던스 기동법

그림 5-70 권선형 유도전동기의 기동법

3. 동기전동기

동기전동기(Synchronous Motor)는 회전자속도가 항상 동기속도로 일정하고 역률이 좋으나 자극을 여자하기 위한 직류전원이 필요하며 구조가 복잡하여 보수, 점검이 불편하고 고가이다. 또한 자기기동능력이 없으므로 반드시 기동대책을 강구해주어야 한다.

동기전동기는 회전자의 구조에 따라서 원통형과 돌극형이 있으며, 이들의 토크특성을 보면 다음과 같다.

$$T = \frac{mPVE_0}{4\pi f_1 x_s} \sin\delta \ [\mathrm{N \cdot m}] \ (\text{원통형})$$

$$T = \frac{mP}{4\pi f_1}\left(\frac{VE_0}{xd}\sin\delta + V^2\frac{x_d - x_q}{2x_d x_q}\sin^2\delta\right)[\mathrm{N \cdot m}] \ (\text{돌극형})$$

여기서 V : 1상의 입력전압, E_0 : 내부유도기전력

x_s : 동기리액턴스, x_d, x_q : 직축 및 횡축 동기리액턴스

δ : 회전자계의 자극의 중심과 회전자 자극의 중심차각(부하각)

(1) 원리 및 구조

고정자에 대해서는 유도전동기와 다름없으나 회전자는 대부분 돌극형을 많이 사용하고, 자극을 여자하기 위하여 여자코일이 감겨져 있다. 또한 코일에 직류(여자전류)를 공급하기 위하여 (+), (−) 2개의 슬립링을 갖고 있다.

고정코일에 3상 교류전류가 흐르면 회전자계가 생기는데, 회전자의 자극 N, S는 이 회전자계에 흡인되어 회전자계를 따라서 돌게 된다. 이것이 동기전동기의 원리이다. 만약 전원을 끊고 다른 전동기에 의하여 이 회전자를 회전시킬 경우 고정자의 3상코일은 회전자 N, S의 자속을 자르고 기전력을 발생하는 교류동기발전기가 된다.

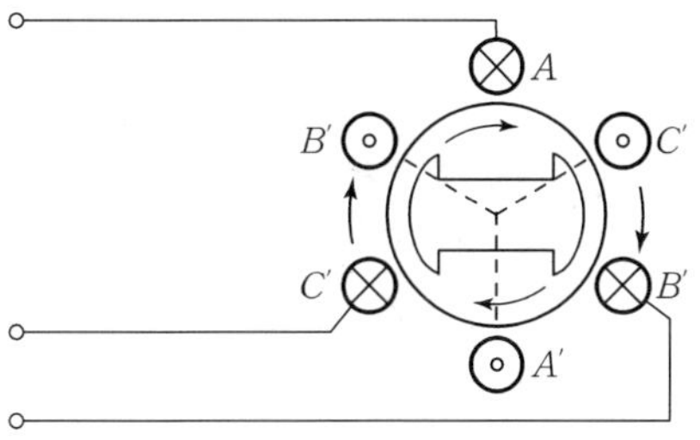

그림 5-71 동기전동기의 원리

(2) 특 성

① 탈출토크

고정자권선으로 만들어진 회전자계에 회전자의 자극 N, S극을 끌어서 동기속도로 회전하고 부하를 걸어도 회전속도는 변하지 않는데, 이때 회전자계와 회전자극과의 상차각 θ 는 달라진다. 즉, 무부하시 상차각은 영(0)이나 부하증가와 함께 상차각이 증가하여 60~90° 를 넘으면 동기가 어긋나 정지해 버린다. 이 토크를 탈출토크라 하며, 정격토크의 150 [%] 정도이다.

② 난 조

부하토크의 급격한 증가시 회전자는 관성 때문에 늦게 따르지만 부하토크의 평형점을 통과한 후 또다시 평형점을 되돌아가는데, 이와 같이 평형점을 중심으로 주기적인 속도변동을 하고 평형점으로 낙착하게 되는 과도적인 속도진동현상을 난조라 한다. 이러한 난조가 심할 경우 회전자 자극과 회전자계의 중심각 사이의 각인 부하각이 영(0)이 되면 동기기는 정지하고 만다.

이러한 난조를 방지하기 위해 ⓐ 제동권선을 설치 ⓑ 조속기의 감도조정 ⓒ Fly-wheel 설치 ⓓ 급격한 부하변동의 금지 ⓔ 단락비를 크게 하도록 하여야 한다.

③ V곡선

단자전압 V [V]와 부하를 일정하게 하고 여자전류 I_f와 전기자전류 I_a의 관계를 구하면 그림 5-72와 같이 I_f의 값에 따라서 I_a가 최소값을 갖는 V형의 곡선으로 되는데, 이 곡선을 V곡선이라 한다.

이 곡선의 I_a가 최소로 되는 점을 그림 5-72의 접선으로 연결하면 이 선상이 역률 1.0이 되고 이 선으로부터 오른쪽에는 앞선역률이, 왼쪽에는 뒤진역률이 된다. 이러한 성질을 이용하여 고역률로 운전할 수 있으므로 운전효율을 개선할 수 있게 된다.

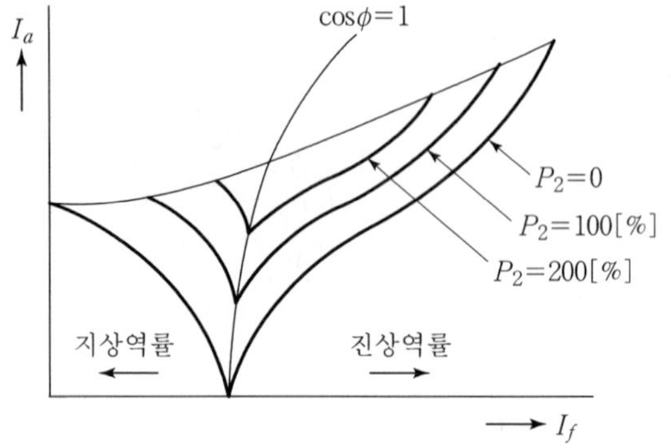

그림 5-72 V 특성곡선

(3) 특징 및 용도

① 일정한 동기속도로 운전한다.

② 전부하에서 효율이 좋다.

③ 고역률운전을 할 수 있다.

④ 구조가 복잡하고 취급이 어렵다.

⑤ 시동 및 정지가 빈번한 부하에 부적합하다.

⑥ 중·대용량의 공기압축기, 송풍기, 제철공업의 압연기 등의 동력으로 사용된다.

(4) 동기전동기의 기동방법

동기전동기는 스스로 기동할 수 없으므로 어떤 방법으로든 동기속도 근처까지 가속을 하고, 자극을 여자하여 동기속도로 진입시켜야 하는데 동기속도 부근까지 가속하는 방법에 따라 다음과 같이 구분된다.

① 자기기동법(Self Starting Method)

- 전동기의 계자회로를 개방한다.
- 기동보상기에 의하여 낮은 전압을 전기자에 공급하면 계자석의 홈에 감겨 있는 제동권선으로 인하여 농형 유도전동기의 역할을 하면서 기동된다.
- 속도가 상승하여 동기속도 부근까지 도달했을 때 계자회로를 닫아 여자하면 회전자는 동기속도로 인입하여 정상운전상태로 된다.
- 기동시 동기전동기에 전원전압을 그대로 인가하는 경우 일반적으로 계자권선의 코일권수가 많으므로 높은 전압이 유기되어 절연파괴의 위험이 생기므로 기동시 계자권선회로에 적당한 저항을 삽입하여 단락하거나 권선을 적당히 여러 개로 분할하여 고전압 발생을 방지하도록 해야 한다.

② 3상 기동권선을 갖는 방법

돌극형 동기전동기의 자극에 농형의 제동권선 대신에 3상권선을 설치하고 슬립링과 브러시를 통하여 외부저항회로에 접속하여 권선형 유도전동기와 같이 기동하는 방법으로서 매우 큰 기동토크를 얻을 수 있다.

③ 기동전동기를 사용하는 방법

동기전동기와 기계적으로 결합한 직류전동기나 유도전동기에 의하여 기동을 하고 동기속도 근처까지 가속하는 방법이다. 유도전동기 사용시 동기전동기의 극수보다 2극 정도 작게 하면 동기전동기의 동기속도 이상으로 가속할 수 있어 동기속도로 쉽게 진입시킬 수 있게 된다.

4. 교류정류자전동기

교류정류자전동기(AC Commutator Motor)는 정류자 브러시의 간단한 이동으로 광범위하고 연속적으로 속도를 제어할 수 있고 역률과 효율을 개선할 수 있으며 기동시에도 기동기가 필요없는 전동기이다. 또한 브러시 이동에 의하여 큰 기동토크로 기동할 수 있다. 그러나 유도전동기에 비하여 구조가 복잡하고 설비비가 고가이다.

<table>
<tr><td rowspan="4">교류정류자전동기</td><td rowspan="2">단상식</td><td>단상 직권전동기</td></tr>
<tr><td>반발전동기</td></tr>
<tr><td rowspan="2">3상식</td><td>3상 직권전동기</td></tr>
<tr><td>3상 분권전동기</td></tr>
</table>

5-3-2 유도전동기의 속도제어

유도전동기의 토크와 슬립의 관계식은 다음과 같다.

$$T=\frac{mPV^2}{4\pi f_1}\frac{r_2'/s}{(r_1+r_2'/s)^2+(x_1+x_2')^2}\ [\mathrm{N\cdot m}]$$

여기서 m : 상수

$r_1,\ x_1$: 1차저항과 리액턴스

$r_2',\ x_2'$: 2차를 1차로 환산한 저항과 리액턴스

즉, 농형 유도전동기는 극수 P, 전원주파수 f, 전원전압 V를 바꾸어 주면 되고, 권선형 유도전동기는 이 세 가지 이외에 2차회로에 외부저항을 삽입하여 r_2'를 바꾸어 속도를 제어할 수 있다.

(1) 극수변환법

동기속도는 극수에 반비례하여 변화하므로 전선접속을 전환하여 극수를 바꾸어 속도 제어를 한다.

$$N_s=\frac{120f_1}{P}\ [\mathrm{rpm}]$$

여기서 N_s : 동기속도

f_1 : 전원주파수

P : 극수

(2) 주파수제어

유도전동기의 회전속도 N, 동기속도를 N_s, 슬립을 S라 하면 이들의 관계식은 다음 식과 같으므로 전원주파수 f_1에 비례하고 극수 P에 반비례한다.

$$N=(1-S)N_s=(1-S)\frac{120f_1}{P}$$

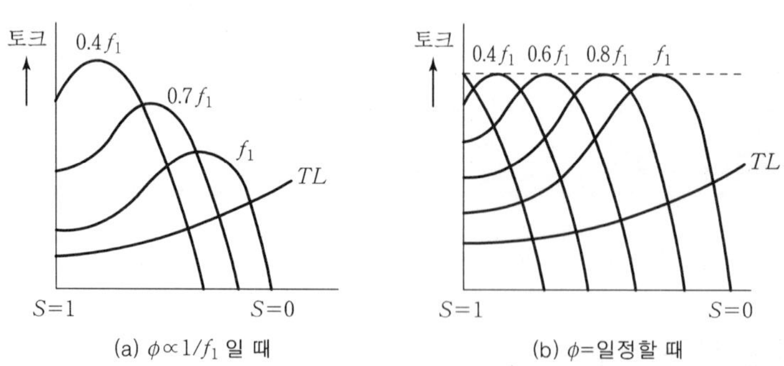

그림 5-73 주파수제어에 의한 토크의 특성곡선

(3) 전압제어법

유도전동기의 회전력(Torque)은 전압의 제곱에 비례하므로 단자전압을 조정하여 전동기속도를 제어할 수 있다.

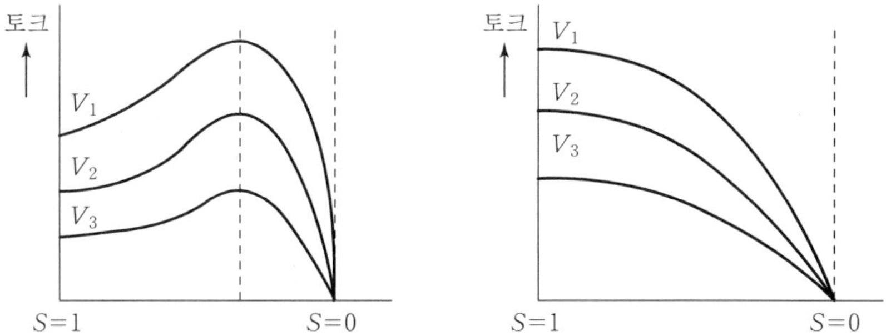

(a) 보통농형 유도전동기 (b) 고저항농형 유도전동기

그림 5-74 전압제어에 의한 유도전동기의 토크-속도 특성곡선

단자전압을 조정하는 방법으로는 사이클로회로의 교류스위치, 1차 가변저항기, 탭전환 변압기 등이 있다($V_1 > V_2 > V_3$일 때).

(4) 2차저항제어법

권선형 유도전동기의 2차회로에 가변저항을 삽입하여 비례추이특성을 이용하여 속도를 제어하는 방법이다.

2차저항을 크게 하면 토크-속도특성은 오른쪽에서 왼쪽방향으로 비례추이하고 부하의 토크-속도특성 T_L와의 평형점 속도에서 안정운전을 하게 된다.

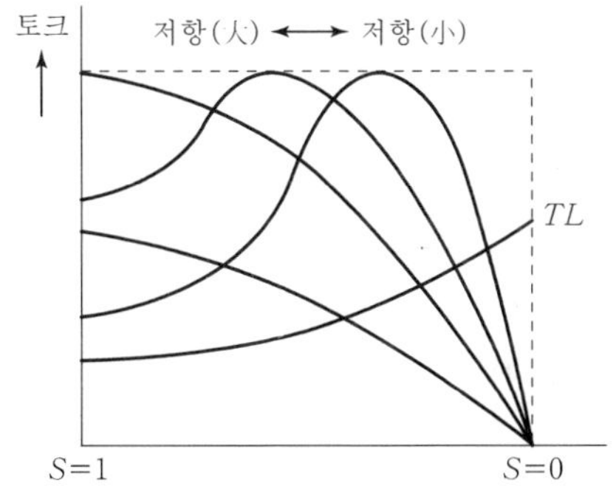

그림 5-75 2차저항제어 특성곡선

(5) VVVF 속도제어방식

VVVF(Variable Voltage Variable Frequence) 속도제어란 상용전원으로부터 공급된 전압과 주파수를 변화시켜 유도전동기에 공급함으로써 회전수를 제어하는 방식이다. 이 방식은 80 [%] 이하의 가변속에 적당하며 효율면에서 매우 우수하다.

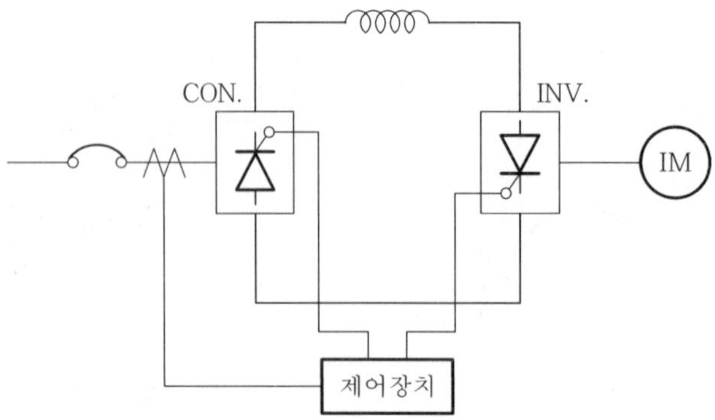

그림 5-76 VVVF 방식의 구성도

부하의 토크-속도특성에 따라서 정토크부하, 제곱토크부하, 정출력부하 등으로 분류되는데, 제곱토크부하에 VVVF 방식을 적용하게 되면 높은 에너지 절감효과를 얻을 수 있으며 팬, 블로어, 펌프 등이 있다.

여기서 풍량 $Q\,[\mathrm{m^3/sec}]$, 풍압 $H\,[\mathrm{mmHg}]$, 회전수 $N\,[\mathrm{rpm}]$, 축동력 $P\,[\mathrm{kW}]$간의 관계식을 살펴보면 다음과 같다.

$$Q = k_1 N$$

$$H = k_2 N^2$$

$$P = \frac{TN}{974} = \frac{k_3 N^2 N}{974} = \frac{k_3 N^3}{974} = k_3' N^3$$

즉, 속도가 감소될 경우 축동력이 회전수의 3제곱에 비례해서 감소하게 되므로 에너지 절감이 크게 됨을 알 수 있다.

유도전동기의 VVVF 속도제어의 전원장치로는 전압형 인버터와 전류형 인버터가 있으며 전압형 인버터를 많이 사용한다.

5-3-3 전동기의 제동

전동기의 접속전원을 제거하여도 전동기나 부하의 관성 때문에 바로 정지나 감속을 하지 않는다. 따라서 소정의 시간 내에 감속이나 정지를 시키기 위해서는 운동부에 축적된 운동에너지를 빨리 흡수하여야 하는데, 이 에너지 흡수방법에는 기계적인 마찰에 의한 제동방법과 전기적인 제동방법이 있으며 여기서는 전기적인 제동방법에 대하여 알아보도록 한다.

1. 발전제동

발전제동(Dynamic Breaking)은 일명 저항제동으로서 전동기를 발전기로 작용시켜 그 출력을 저항에서 축적된 운동에너지를 소비하도록 하여 제동하는 방법이다.

(1) 직류전동기의 경우

전기자권선만 전원에서 분리하여 발전제동용 저항에 접속한다.

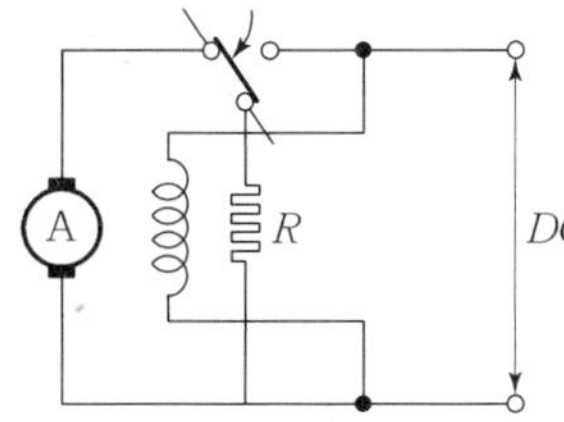

그림 5-77

(2) 유도전동기의 경우

1차측을 교류전원에서 분리하여 직류전원에 접속하여 직류여자를 하고 2차측을 발전제동용 저항기에 접속하여 전력을 흡수하도록 한다.

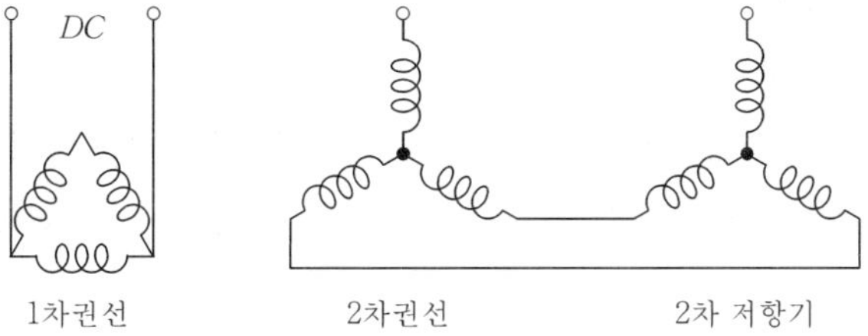

그림 5-78

2. 회생제동

감속을 하는 운전제동에서 직류전동기의 경우 전기자전압을 급히 낮추거나 계자전류를 급히 상승시킬 때, 중력부하를 하강시키는 경우 전동기속도가 동기속도보다 빠를 때 또는 전동기에서 발생하는 유기기전력이 전원전압보다 높을 때 회생제동(Regenerative Breaking)을 한다. 단, 직권 및 복권전동기의 경우 직권권선의 접속을 서로 반대로 바꾸어 접속해야 한다.

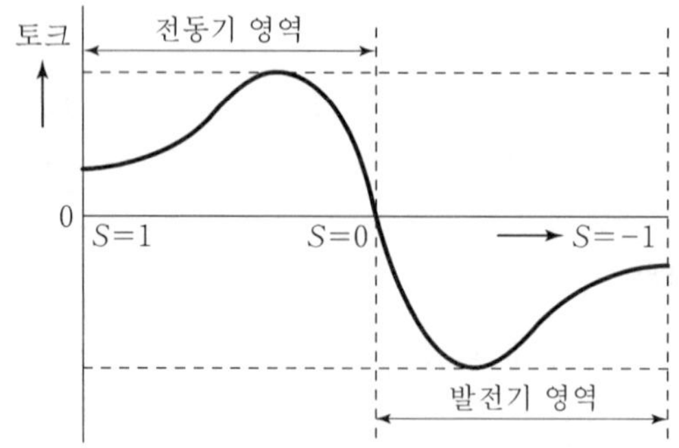

그림 5-79 토크-속도 특성곡선

유도전동기의 경우 극수변환시 극수를 많은 쪽으로 전환하거나 전원주파수를 낮은 쪽으로 전환할 때 또는 중력부하를 하강시키는 경우 전동기속도가 동기속도보다 빠를 때 전동기가 유도발전기로 작용하여 회생제동을 한다.

3. 역상제동

전동기운전중에 급히 정지시키기 위하여 전동기가 역전하도록 권선의 접속을 바꾸어 감속시키고 정지되기 직전에 전동기를 전원으로부터 분리한 다음 기계적 제동기(마찰저항)에 의하여 정지시키는 방식이다.

이때 전기적 제동에서 기계적 제동으로의 전환은 속도검출장치를 이용하고 있다. 직류전동기에서는 전기자회로의 접속을 반대로 함으로써, 유도전동기의 경우는 3상3선 중 2선의 접속을 바꿈으로써 행해진다.

역상제동(Plugging)시 과전류가 발생하는데 이를 막기 위하여 직류전동기에서는 직렬저항을, 권선형 유도전동기에서는 2차저항을 삽입하고 농형 유도전동기에서는 1차저항을 삽입한다.

5-3-4 전동기용량의 산정

전동기에 대한 과전류보호장치, 배선설계를 하려면 전동기용량[kW]을 알아야 하는데 부하종류에 따른 산정식은 다음과 같다.

1. 펌프용 전동기

$$P = \frac{0.163 \times Q \times H \times r(1+\alpha)}{\eta} \text{ [kW]}$$

여기서 P : 전동기용량[kW], Q : 양수량[m^3/min]

H : 전양정[m], r : 물의 비중(상온에서 1)

α : 여유도(0.05~0.2), η : 펌프효율(0.3~0.8)

2. 송풍기용 전동기

$$P = \frac{Q \times H \times (1+\alpha)}{6,120 \times \eta} \text{ [kW]}$$

여기서 Q : 풍량[m3/min], H : 풍압[mmAq]

α : 여유도(0.1~0.5), η : 송풍기효율(0.3~0.7)

3. 엘리베이터용 전동기

$$P = \frac{L \times V \times \beta}{6,120 \times \eta}$$

여기서 L : 적재하중[kg], V : 엘리베이터의 정격속도[m/min]

β : 균형추의 계수(0.4~0.6), η : 권상기효율(0.3~0.6)

4. 권상기용 전동기

$$P = \frac{0.163 \times W \times V}{\eta} \text{ [kW]}$$

여기서 W : 권상하중[ton]

V : 권상속도[m/min]

η : 권상기효율(0.3~0.6)

5-3-5 전동기의 보호

과전류차단기는 단락보호장치이므로 기동전류에서는 동작하지 않는 여유를 가지고 있기 때문에 전동기의 과부하, 결상 등의 보호는 할 수 없다.

전동기 보호에 관해서는 전기설비기술기준 제194조와 내선규정 305-5에 다음과 같이 규정되어 있다. 전동기는 소손을 방지하기 위하여 다음의 경우를 제외하고는 전동기용 퓨즈, 유도형 계전기, 정지형 계전기 등의 전동기용 과부하 보호장치를 사용하여 자동적으로 회로를 차단하거나 경보를 내는 장치를 사용해야 한다.

1. 과부하보호

과전류차단기는 단락사고에 대한 배선을 보호할 목적으로 사용되므로 전동기의 기동전류에는 동작하지 않는 여유를 가지고 있기 때문에 전동기의 과부하나 결상사고에 대한 보호는 할 수 없다.

전동기보호를 위하여 전력용 퓨즈, 유도형 계전기, 정지형 계전기, 열동계전기, 전동기보호용 배선용차단기 등의 과부하 보호장치를 사용하여 자동적으로 회로를 차단하거나 경보를 발하는 장치를 설치하도록 전기설비기술기준에서 규정하고 있다.

단, 다음 각호에 해당하는 경우는 예외로 한다.

① 전동기 자체에 유효한 과부하 손상방지장치가 있는 경우

② 전동기권선의 임피던스가 높고, 기동 불능시에도 전동기가 손상될 우려가 없는 경우(일반적으로 35 [W] 정도 이하의 교류전동기가 이에 속함)

③ 전동기의 출력이 4 [kW] 이하이고, 그 운전상태를 취급자가 전류계 등으로 항상 감시할 수 있는 경우

④ 일반 공작기계용 전동기 또는 호이스터(Hoister) 등과 같이 취급자가 상주하여 운전할 경우

⑤ 부하의 성질상 전동기가 과부하될 우려가 없을 경우

⑥ 단상전동기로서 15 [A] 분기회로(배선용 차단기는 20 [A])에서 사용할 경우

⑦ 전동기의 출력이 0.2 [kW] 이하인 경우

3상4선식 저압전로에 연결되어 사용하는 3상 전동기의 과부하보호용으로는 전자계폐기의 전압측 단자 각극에 과부하보호용 열동계전기가 설치되어 있는 것을 사용하는 것이 바람직하다.

2. 전동기보호장치

(1) 과전류계전기(OC : Over Current, OLR : Over Load Relay)

수·변전설비의 보호계전기 참조

(2) 열동계전기(Thermal Relay)

일반적으로 전자접촉기와 조합시켜서 전자개폐기(MS : Magnetic Switch)라 하며 과전류에 의해 발생하는 줄열을 바이메탈에 이용하여 회로를 차단하고 전동기를 과부하로부터 보호하는 역할을 한다(동작전류의 조정이 가능하다).

(3) 2E 계전기(2Element)

3상 전동기의 경우 운전중 3상전원의 1상이 결상(1상의 퓨즈의 용단 또는 전동기권선의 1상 단선사고)되는 사고가 발생했을 때의 결상사고 및 과부하로부터 전동기를 보호하는 기능을 갖는 계전기이다.

(4) 3E 계전기(3Element)

과부하 및 결상보호기능은 물론 역상사고로부터의 보호기능을 추가시킨 보호계전기이다.

(5) 4E 계전기(4Element)

과부하, 결상, 역상사고는 물론 접지사고로부터 전동기를 보호하는 기능을 갖는 계전기이다.

표 5-38 전동기 보호의 종류 및 적용보호기기

보호의 종류	내 용	적용보호기기
과부하	전동기 권선의 과열에 의한 절연열화→소손→단락사고로 진행	각종 과전류계전기, EOCR
구속	전동기 회전자의 구속으로 정격전류의 6~7배의 전류가 흘러 전동기 권선이 과열소손 된다.	전자형 2E·3E 바이메탈, PCT측온 저항체, EOCR
단락	전동기의 주회로 또는 권선이 단락하면 큰 단락전류가 흐르기 때문에 사고 확대를 방지하는 것은 물론 계통으로 사고가 파급된다.	유도형 배선차단기, 모터 브레이커, Fuse, EOCR
결상	운전 중에 결상이 되면 1.5~2배의 전류가 흐르게 되며, 시동전에 결상인 경우 구속전류의 6~7배의 전류가 흐르므로 권선이 과열되어 소손에 이른다.	열동형, 2E·3E 온도검출식, EOCR

보호의 종류	내 용	적용보호기기
불평형	전동기에 3상 불평형 전압이 가해지면 큰 불평형 전류가 흘러 정격출력의 운전을 할 수 없게 된다.	열동형, 2E·3E 온도검출식, EOCR
역상	상대기기의 역전에 의한 피해	3E Relay, EVR, NPR
부족전압	전원전압이 저하하면 전동기 전류가 증가하게 되고 권선이 소손에 이른다.	온도검출방식, 부족전압계전기(EUVR), N-type EOCR
지락	전동기의 주회로 또는 권선이 지락하면 지락전류가 흐른다. 따라서 전동기 권선의 사고 확대 및 전원장치에 악영향을 미치게 된다.	누전차단기, 3E 브레이커, 지락계전기(EGR), EOCR-4E

3. 동력간선 및 동력분기회로

과부하에 대해 간선이나 분기회로(케이블, 절연전선)를 보호하는 과전류 차단기의 동작 특성은 아래 2가지 조건을 충족해야 한다.

1조건 : $I_B \leq I_n \leq I_Z$

2조건 : $I_2 \leq 1.45 \times I_Z$

여기서,

I_B : 회로의 설계전류

I_Z : 케이블의 허용전류

I_n : 보호장치의 정격전류

I_2 : 보호장치가 규약시간 이내에 유효하게 동작하는 것을 보장하는 전류

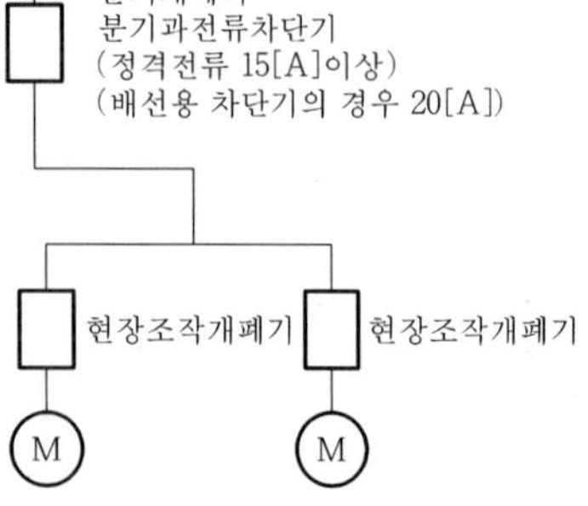

그림 5-80 과전류차단기의 정격전류가 15 [A](배선용

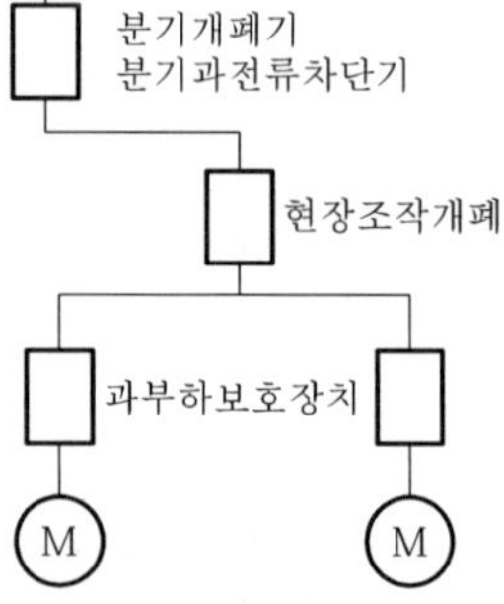

그림 5-81 2대 이상의 전동기에 각각

차단기의 경우 20 [A])인 분기회로의 예 과부하보호장치를 하였을 경우의 예

(2) 동력분기회로

전동기에 전기를 공급하는 분기회로에는 분기회로의 개폐기 및 과전류차단기를 시설하여야 한다. 이 내선규정에서 규정하는 개폐기 및 과전류차단기의 용량산정은 다음과 같이 정하고 있다.

① 전동기에 공급하는 분기회로의 전선은 과전류차단기의 정격전류의 1/2.5배(40 [%]) 이상의 허용전류를 가져야 한다.

② 단시간사용, 계속사용, 주기적 사용 또는 변동부하에 사용하는 전동기에 대한 전선의 굵기는 전동기의 정격전류에 따르지 않고 전선의 온도상승의 허용값 이하로 하는 열적으로 등가한 전류값으로 결정할 수 있다.

③ 분기회로에 붙이는 분기개폐기의 정격전류는 과전류차단기의 정격전류 이상이어야 한다.

5-3-6 전동기 접지

전동기의 금속제 외함 및 철대는 접지를 하여야 하는데 사용전압이 400 [V] 이하의 전동기의 경우 제 3 종 접지공사를, 사용전압이 400 [V]를 넘는 저압전동기의 경우 특별 제 3 종 접지공사를, 고압 및 특고압용 전동기의 경우 제 1 종 접지공사를 하도록 전기설비기술기준에 규정되어 있다.

1. 접지선의 굵기

표 5-39 보호도체 선정표 (접지도체)

상도체 굵기	보호도체 굵기	예시
16 [mm^2] 이하	상도체와 같은 굵기	상도체가 10 [mm^2]라면 보호도체는 10 [mm^2]
16 [mm^2]~ 35 [mm^2] 이하	16 [mm^2]	상도체가 25 [mm^2]라면 보호도체는 16 [mm^2]
35 [mm^2] 초과	상도체 절반의 굵기	상도체가 50 [mm^2]라면 보호도체는 25 [mm^2]

[참고] 보호도체가 상도체와 별도의 케이블로 시설하는 경우는 기계적 보호가 될 때는 2.5 [mm^2] 이상, 기계적 보호가 되지 않을 때는 4 [mm^2] 이상, 알루미늄의 경우에는 16 [mm^2] 이상으로 한다.

5-4 운반·운송설비

운반·운송설비는 일반적으로 엘리베이터, 에스컬레이터, 덤웨이터, 리프트, 곤돌라, 이동 보행기 등 여러 가지가 있으나, 여기에서는 널리 이용되는 엘리베이터와 에스컬레이터에 대하여 알아보기로 한다.

5-4-1 엘리베이터

엘리베이터는 용도에 따라 표 5-40와 같이 분류할 수 있으며, 동력설비에서 볼 때 권상전동기의 전원에 따라서는 교류 엘리베이터와 직류 엘리베이터로 구분할 수 있다.

또한 속도에 따라서 저속도용·중속도용·고속도용·초고속도용 엘리베이터가 있는데 저·중속도용 엘리베이터는 교류전동기가 고속도용 엘리베이터는 직류전동기가 많이 채용되었으나, 근래에는 인버터(VVVF 제어방식)의 발전으로 거의 교류전동기가 채용되기 시작하였는데, 인버터의 채용으로 종전방식에 비하여 소비전력의 절감은 물론 여러 가지 제어장치와 특수기기를 사용하므로 경제적인 효과까지도 얻을 수 있게 됐다.

표 5-40 엘리베이터의 속도별 분류

<table>
<tr><th>구분</th><th>저속도</th><th>중속도</th><th colspan="3">고속도</th><th>초고속도</th></tr>
<tr><td>정격속도[m/분]</td><td>30, 45</td><td>60, 90, 105</td><td>120, 150, 180</td><td>210, 240</td><td>240, 300</td><td>360, 540, 600</td></tr>
<tr><td>건물 층수</td><td>2~5</td><td>5~10</td><td>10~15</td><td>15~25</td><td>25~40</td><td>40층 이상</td></tr>
<tr><td>전동기 종류</td><td colspan="2">• 농형 3상 유도전동기
• 권선형 3상 유도전동기</td><td colspan="4">• 직류 타여자 전동기
• 농형 3상 유도전동기</td></tr>
<tr><td>속도 제어방식</td><td>• 교류 1단
• 교류 2단
VVVF</td><td>• 교류귀환
• 교류 2단
VVVF</td><td colspan="4">• 직류 가변전압(워드-레오너드 방식)
• 정지형 레오너드 방식
• VVVF 제어방식</td></tr>
</table>

1. 교류 엘리베이터

3상 유도전동기에 의해서 운전하는 것으로 승강속도가 60 [m/분] 이하인 것에 사용된다. 전동기의 특성을 엘리베이터 운전에 적합하도록 설계한 농형 유도전동기는 권선형에 비해서 구조가 간단하고 신뢰성이 높아 많이 사용되고 있다.

2. 직류 가변전압 엘리베이터

엘리베이터 한 대마다 전동-발전기 세트를 시설하고 권상용 전동기로서 직류전동기를 사용하며, 직류전동기의 제어는 발전기의 직류전압을 가감하여 가변전압을 공급하므로써 제어를 할 수 있다. 직류 가변전압에 의한 엘리베이터의 속도제어는 워드-레오너드(ward-leonard) 방식이 응용되며, 권상용 전동기 이외에 전동-발전기가 필요하다.

최근에는 워드-레오너드 방식이 가지는 기계적인 결함으로 인한 손실증가 등 종합효율이 떨어지는 점을 개선하기 위해 사이리스터-레어너드 방식을 채용하고 있으며 이 방식은 전동-발전기를 생략하고 사이리스터를 사용하여 직접 교류전원을 직류전원으로 변환하여 권상기 직류전동기에 공급하므로써 속도를 제어하고 종합효율을 높일 수 있어 초고층 빌딩에 채택되고 있다.

5-4-2 에스컬레이터

에스컬레이터는 경사를 갖는 계단식으로 된 컨베이터이며, 30° 이하의 기울기를 갖는 트레스에 끝없는 체인에 수십 개의 발판을 붙여서 레일로 지지하고 있다. 정격속도는 30 [m/min] 이하가 적용되며, 연속정격인 유도전동기가 사용되고 기동·정지는 엘리베이터처럼 빈번하지 않으므로 기동토크는 별문제가 없으나 배선이나 전동기 용량 선정에 대해서는 특별한 고려가 필요하며, 에스컬레이터가 설치되고 있는 장소로는 백화점, 슈퍼마켓, 호텔, 사무실 등이다.

현재 표준 전동기의 용량은 밟는 계단 넓이 1.2 [m] 층계 높이 4.7 [m] 이하인 경우는 7.5 [KW], 4.7 [m]를 초과하고 7.0 [m]까지는 11 [KW]로 되어 있다.

연 습 문 제

5-1 명시론에 대하여 설명하여라.

5-2 방지수(실지수)에 대하여 설명하여라.

5-3 조명률이란?

5-4 완전확산면 광원에서 광속발산도와 휘도와의 관계에 대하여 기술하여라.

5-5 형광등의 점등회로에 대하여 나열하고 기술하여라.

5-6 페닝효과란?

5-7 파센의 법칙에 대하여 설명하여라.

5-8 할로겐전구의 특징은?

5-9 형광등의 특색은?

5-10 메탈핼라이드등의 점등원리 및 특성에 대하여 기술하여라.

5-11 광원의 선택시 고려사항은?

5-12 조도계산법에서 광속법과 역제곱의 법칙에 대하여 설명하여라.

5-13 기체방전과 자속방전에 대하여 설명하라.

5-14 방의 폭이 14 [m], 방의 깊이 7 [m]인 방바닥에서 천장까지의 높이가 3.85 [m]인 방에 조명기구를 천장에 직접 설치하고자 한다. 이때 방의 실지수를 구하여라.

5-15 속시형 형광등의 특징에 대해 설명하여라.

5-16 방의 길이 20 [m], 폭 10 [m], 천장높이 5 [m], 조명률 50 [%]인 교실에서 전광속 2,400 [lm]의 형광등을 사용하면 평균조도 200 [lx]를 얻기 위해서는 형광등 몇 등이 필요한가? (단, 조명률 80 [%], 감광보상률 1.3이다)

5-17 작업대로부터 높이가 2.4 [m]인 조명기구를 배치할 때 조명기구간의 거리 [m]는? 또한 조명기구와 벽면과의 거리 [m]는? (단, 벽면은 사용하지 않는다)

5-18 가로 50 [m], 세로 25 [m], 높이 3.85 [m]의 사무실을 형광등 40 [W]로 전반조명을 하고 작업면의 평균조도를 250 [lx]로 하고자 한다. 이때 아래 물음에 대해 답하여라.
단, · 소요조도 : 250 [lx]
· 형광등 40 [W]의 광속 : 2,500 [lm]
· 조명률 : 0.6

· 감광보상률 : 1.3
· 등기구는 ○표로 표시

① 형광등 등기구의 수량은?
② 각 등기구간, 등기구와 벽면간의 이격거리는?

5-19 폭 15 [m]의 도로 양쪽의 간격 $S=20$[m]를 두고 대칭배열로 가로등이 점등되어 있다. 한 등당의 전광속은 4,000 [lm]이다. 도로의 평균조도는 얼마인가? (단, 조명률은 45 [%], 감광보상률은 1.4이다.)

5-20 3상농형 유도전동기의 기동법을 들어 설명하여라.

5-21 직류전동기의 역전법에 대하여 설명하여라.

5-22 권선형 유도전동기의 특징 및 기동방식에 대해 나열하고 설명하여라.

5-23 동기전동기의 특징인 탈출토크, 난조, V 특성곡선에 대하여 설명하여라.

5-24 유도전동기(농형 및 권선형)의 속도제어법을 나열하고 설명하여라.

5-25 Plugging이란?

5-26 전동기 과부하 보호장치에 쓰이는 보호장치는?

5-27 펌프용 전동기에 있어서 양수량 Q는 100 [m^3/min], 전양전 H는 10 [m], 펌프효율 η 는 85 [%]인 경우 전동기의 용량[kW]은 얼마로 하여야 하는가?

5-28 전동기보호용 4 E계전기의 기능에 대하여 설명하여라.

5-29 정격전류가 각각 10 [A], 20 [A], 30 [A]인 전동기 3대가 접속되어 있다. 이때 이 간선의 보호를 위한 자동차단기의 정격용량[A]은?

5-30 정격전류가 60 [A]인 전동기 1대와 정격전류가 10 [A]인 전동기 5대에 전력을 공급하기 위한 간선의 굵기[mm^2]는? (단, 4C VV케이블)

5-31 다음 그림과 같이 전열기(H) 1대와 전동기(M) 2대가 접속된 단상2선식의 저압옥내간선이 있다. 이 간선의 최소허용전류 I_w와 이 간선에 설치하여야 하는 과전류차단기의 정격전류[A]는 각각 얼마인가?

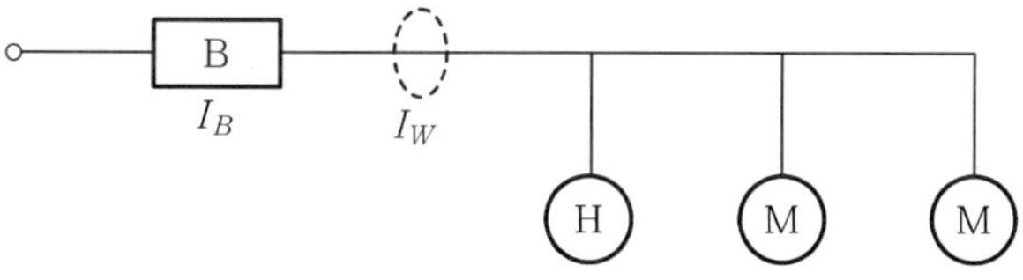

CHAPTER 6

접지설비 6

접지란 기본적으로 대지에 전기적 단자(접지 전극)를 접속하는 것. 즉, 전기 성질을 이용하는 모든 회로 및 시스템의 기준 전위를 대지와 전기적으로 접속하는 것으로, 그 전위를 대지와 같은 전위로 만들거나 또는 전위차를 최소화시켜 사람에 대해 안전을 확보하고, 또한 전기, 전자, 통신기기의 설비 상호간에 안전한 동작을 확보하기 위한 수단을 강구하는 것이다.

접지에 대한 일반적인 표현으로는 유럽에서는 Eathing, 북미는 Grounding이라 한다.

6-1 접지시스템의 종류 및 접지 목적

6-1-1 접지시스템의 종류 (KEC : 한국전기설비규정)

1. 계통접지

전력계통의 한 전선로를 의도적으로 접지시켜 전선로의 과전압을 억제하는 목적을 가지는 접지 방법이다.

2. 보호접지

금속제 외함접지 또는 가접지를 통하여 감전사고를 예방할 목적을 가지는 접지 방법이다.

3. 피뢰시스템 접지

뇌전류를 안전하게 보내기 위한 목적을 가지는 접지 방법이다.

6-1-2 접지의 목적

접지란 전기기계기구와 대지를 전기적으로 연결하는 것으로서, 접지에는 접지전극과 접지선(접지도체)이 이용되고 있다. 접지(earth)한다는 것은 전력설비, 통신설비, 전기기계기구 등을 대지와 전기적으로 결합시켜 대지의 전위와 동일하게 하는 것이다. 우리가 살고 있는 지구도 하나의 도체이며, 매우 커서 전류가 흐르더라도 지구 자체의 전위는 변하는 일이 없어 상시 전위는 ZERO(0)를 유지하게 된다. 따라서 지구는 거대한 전기의 수용소라고 말할 수 있으며, 접지의 목적은 다음과 같다.

(1) 감전의 방지 (보호접지)

전기기기 내에서 절연파괴가 생기면 전기의 금속제 외함에 전하가 충전되어 대지전압을 가진다. 여기에 사람이 접촉하게 되면 인체를 통하여 대지로 전하가 흘러 감전되므로 금속제 외함을 접지하여 대지전압을 가지지 않도록 하여 인체에 흐르는 전류를 최소화하거나 ZERO로 하기 위하여 접지한다. 그림 6-1은 누설전류에 의한 감염경로를 나타낸 것이다.

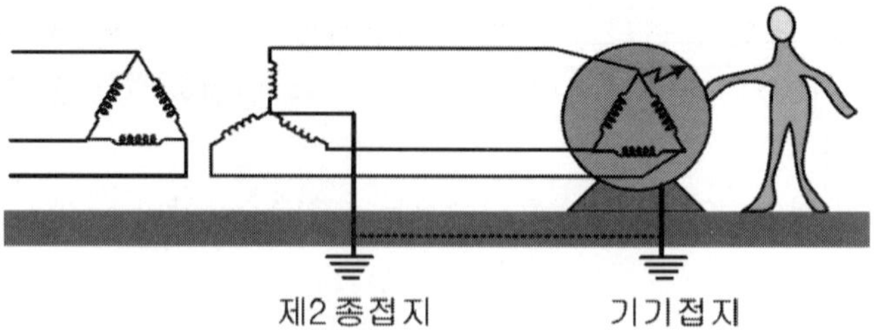

그림 6-1 누전에 의한 감전경로

(2) 전로의 대지전압 저하 (계통접지)

3상4선식 전로의 중성점을 접지하면 각 상의 대지전압은 선간전압의 $1/\sqrt{3}$로 낮아진다. 이로 인해 안전상의 정도가 좋아지며, 특고압 기기에서의 절연저감설계가 가능하여 경제적으로 유리하게 된다.

(3) 보호계전기의 정확한 동작 확보 (계통접지)

전로의 중성점(또는 1선)을 접지하면 전로의 어느 지점에서 지락사고가 발생한 경우 대지를 통해 전력계통에 귀로하는 폐회로가 생겨서 지락보호계전기를 동작시키는데 필요한 전류를 충분히 확보할 수 있게 되는데, 이로 인하여 사고구간의 전원을 차단하여 전로의 보호는 물론 계통으로 파급되는 것을 막을 수 있게 된다.

(4) 이상전압의 억제 (피뢰시스템 접지)

피뢰기 접지나 가공지선의 접지는 낙뢰로 인한 뇌전류를 낮은 저항의 접지를 통하여 대지로 방류하여 전압의 이상 상승을 억제한다. 또한, 고압이나 특고압 전로에서 1선 지락사고시 중성점의 대지전위가 크게 상승하여 기기나 전로의 절연내력을 넘는 대지전압이 발생하는 경우가 있는데 중성점을 접지하므로써 방지할 수 있다. 또한 저·고전압 권선의 혼촉사고가 있는데 저압측의 임의의 한 단자 또는 중성점을 접지하면 저압측의 대지전압이 고전압이 되는 것을 방지할 수 있다.

6-2 보안용 접지

보안용 접지란 사람, 전기기기, 전기설비, 통신설비 등의 안전확보를 목적으로 하는 접지를 말한다.

(1) 계 통 접 지

계통접지에는 제 2 종 접지공사와 중성접지가 있는데 제 2 종 접지공사는 고·저압혼촉에 의한 재해예방책으로서 변압기 2차측에 중성점 또는 임의의 한 단자에 접지를 하고 전력계통의 중성점 접지를 통해 전로의 지락시 확실한 지락전류 검출효과를 기대하기 위한 접지이다.

(2) 기 기 접 지

전기기기의 절연물의 열화손상에 의해 기계기구의 금속제 외함 등에 전기가 누설되는 사고가 발생하였을 때 대지전위를 허용접촉전압 이하로 억제하여 감전사고 및 전기화재를 방지하기 위하여 전기기기의 외함에 접지하는 것을 말하며 제 1 종 접지공사, 제 3 종 접지공사, 특 3 종 접지공사, 의료용 접지 등이 이에 속한다.

(3) 뇌해방지용 접지

낙뢰로 인한 전류가 유입될 때 이를 안전하게 대지로 흘려보냄으로써 전기설비 및 전기기기, 건축물들을 보호하기 위한 접지이다. 대표적인 설비로서는 피뢰기, 가공지선, 피뢰침 등이 있다.

(4) 정전기장해방지용 접지

마찰에 의한 정전기가 축적되면 엄청난 장해를 불러일으킨다. 컴퓨터 등 각종 전자제품의 장해는 물론이고 가스폭발사고까지 불러일으킨다. 이러한 장해를 방지하기 위하여 탱크롤리, 출입문 Floor, 등에 접지를 행하여 정전기를 대지로 신속하게 방전하기 위한 접지이다.

(5) 등전위화접지

병원에서 시설하는 것으로 대표적인 예로 수술실에서 수술대에 누워 있는 환자가 정전기 또는 전위차로 인한 쇼크가 발생하지 않도록 모든 금속부분 또는 수술실 도전바닥에도 상호 접지센터에 접지를 하여 이른바 전위를 같게 하기 위한 등전위화접지를 실시한다.

(6) 노이즈방지용 접지

노이즈방지용 접지란 전자·정전 노이즈 에너지를 대지로 방출하기 위한 접지로서 일명 Shielding 접지라고 하며 능동차폐와 수동차폐 접지가 있다(전자장치의 오동작, 통신장애, 기타 다른 기기의 장해방지용 접지).

(7) 기능용 접지

기능용 접지에는 방식용 접지, 전기기기(통신기기) 접지 등이 있으며 전자기기, 통신기기 접지는 전산기기 및 통신기기의 정상적 동작확보를 목적으로 전위의 안정된 기준점을 대지에 두고 동체와 대지를 접속함으로써 공통전위기준점을 유지하기 위한 접지이다.

방식용 접지는 지중에 매설된 POF, 금속파이프에 전류의 출입이 있는 경우 전류의 유출부분에서 금속이 이온화하여 대지로 유출됨으로써 발생하는 부식현상을 방지하기 위한 접지를 말한다.

6-3 접지시스템의 구성

① 접지전극 ② 접지도체 ③ 보호도체

6-3-1 접지극의 시설 및 접지저항

1. 접지전극의 시설 및 접지저항

(1) 토양 또는 콘크리트에 매입되는 접지전극의 재료 및 최소 굵기 등은 KS C EC 60364-5-54(저압전기설비 제5-54부 : 전기기기의 선정 및 설치-접지설비 및

보호도체)의 표 54-1(토양 또는 콘크리트에 매설되는 접지극으로 부식방지 및 기계적 강도를 대비하여 일반적으로 사용되는 재질의 최소 굵기)에 따라야 한다.

(2) 피뢰시스템의 접지는 KEC 152-1-3을 우선 적용하여야 한다.

(3) 접지극은 다음의 방법 중 하나 또는 복합하여 시설한다.

① 콘크리트에 매입된 기초 접지극

② 토양에 매입된 기초 접지극

③ 토양에 수직 또는 수평으로 직접 매설된 금속전극(봉, 전선, 테이프, 배관, 판 등)

④ 케이블의 금속 외장 및 그 밖에 금속피복

⑤ 지중 금속구조물(배관 등)

⑥ 대지에 매설된 철근콘크리트의 용접된 금속 보강재, 다만, 강화콘크리트는 제외한다.

(4) 접지극의 매설

① 접지극은 매설하는 토양을 오염시키지 않아야 하며, 가능한 다습한 부분에 설치한다.

② 접지극은 지표면으로부터 지하 0.75 [m] 이상으로 하되 동결 깊이를 감안하여 매설 깊이를 정해야 한다.

③ 접지도체를 철주 기타의 금속제를 따라서 설치하는 경우에는 접지극을 철주 밑면으로부터 0.3 [m] 이상의 깊이에 매설하는 경우 이외에는 접지극을 지중에서 그 금속체로부터 1 [m] 이상 떼어 매설하여야 한다.

(5) 접지극의 접속

발열성 용접, 압착접속, 클램프 또는 그밖의 적절한 기계적 접속장치로 접속하여야 한다.

(6) 수도관 등의 접지극

① 지중에 매설되어 있고 대지와의 전기저항 값이 3 [Ω] 이하의 값을 유지하고 있는 금속제 수도관로는 접지극으로 사용이 가능하다.

② 건축물·구조물의 철골 기타의 금속제는 이를 비접지식 고압전로에 시설하는 기계기구의 철대 또는 금속제 외함에 접지공사 또는 비접지식 고압전로와 저압전로를 결합하는 변압기의 저압전로의 접지공사의 접지극으로 사용할 수 있다. 다만, 대지와의 사이에 전기저항 값이 2[Ω] 이하인 값을 유지하는 경우에 한한다.

6-3-2 접지도체와 보호도체의 시설

1. 접지도체

(1) 접지도체의 선정

① 접지도체의 단면적은 큰 고장전류가 접지도체를 통하여 흐르지 않을 경우 접지도체의 단면적은 다음과 같다.

-. 구리 : 6 [㎟] 이상

-. 철제 : 50 [㎟] 이상

② 접지도체에 피뢰시스템이 접속되는 경우 접지도체의 단면적은 다음과 같다.

-. 구리 : 16 [㎟] 이상

-. 철제 : 50 [㎟] 이상

(2) 접지도체와 접지극의 접속

① 접속은 견고하고 전기적인 연속성이 보장되도록 접속부는 발열성용접, 압착접속, 클램프 또는 그 밖에 적절한 기계적 접속장치에 의해야 한다. 다만, 기계적인 접속장치는 제작자의 지침에 따라 설치하여야 한다.

② 클램프를 사용하는 경우 접지극 또는 접지도체를 손상시키지 않아야 한다. 납땜만 의존하는 접속방식은 사용해서는 안 된다.

(3) 접지도체는 지하 0.75 [m]부터 지상 2 [m]까지 부분은 합성수지관(두께 2 [mm] 미만의 합성수지제 전선관 및 가연성 콤바인덕트관은 제외한다) 또는 이와 동등 이상의 절연효과와 강도를 가지는 몰드로 덮어야 한다.

(4) 접지도체의 굵기

① 특고압·고압 전기설비용 접지도체는 단면적 6 [㎟] 이상의 연동선 또는 동등 이상의 단면적 및 강도를 가져야 한다.

② 중성점 접지용 접지도체는 공칭단면적 16 [㎟] 이상의 연동선 또는 단면적 및 강도를 가져야 한다.

2. 보호도체

(1) 보호도체의 단면적

① 보호도체의 최소 단면적

표 6-1 보호도체의 최소단면적

상도체의 단면적 S (㎟, 구리)	보호도체의 최소 단면적 ([㎟], 구리)	
	재질이 상도체와 같은 경우	재질이 상도체와 다른 경우
16 [㎟] 이하	S	(k1/k2) × S
16 초과 35 [㎟] 이하	16 [㎟]	(k1/k2) × 16
35 [㎟] 초과	S / 2	(k1/k2) × (S/2)

여기서,

-. k1 : 도체 및 절연의 재질에 따라 KS C IEC 60364-5-54(저압전기설비-제5-54부 : 전기기기의 선정 및 설치-접지설비 및 보호도체)의 표A.54-1 또는 KS C IEC 60364-4-43의 표 43A에서 선정된 선도체에 대한 k값

-. k2 : KS C IEC 60364-5-54(저압전기설비-제5-54부 : 전기기기의 선정 및 설

-. 접지설비 및 보호도체)의 표A.54-2~A.54-6에서 선정된 보호도체에 대한 k값

② 보호도체의 단면적은 다음의 계산 값 이상이여야 한다.

㉮ 차단시간이 5 [sec] 이하인 경우에만 다음 계산식을 적용한다.

$$S = \frac{\sqrt{I^2 t}}{K}[mm^2]$$

여기서,

S : 보호도체 굵기(㎟)

I : 보호장치를 통해 흐를 수 있는 예상 고장전류실효값(A)

t : 고장계속시간 및 보호장치의 동작시간(초)

k : 보호도체, 절연 등 계수(T15)(Cu : 143. Al : 95. Fe : 52)

(KS C IEC 60364-4-41(저압전기설비-제4-41부 : 안전을 위한 보호-감전에 대한 보호)의 부속서 A(기본보호에 관한 규정)에 의한다.

③ 보호도체가 케이블의 일부가 아니거나 상도체와 동일 외함에 설치되지 않으면 단면적은 다음의 굵기 이상으로 하여야 한다.

-. 기계적 손상에 대해 보호가 되는 경우는 구리 2.5 [㎟], 알루미늄 16 [㎟] 이상

-. 기계적 손상에 대해 보호가 되지 않는 경우는 구리 4 [㎟], 알루미늄 16 [㎟] 이상

(2) 보호도체의 종류

① 다심케이블의 도체

② 충전도체와 같은 트렁킹에 수납된 절연도체 또는 나도체

③ 고정된 절연도체 또는 나도체

④ 다음과 같은 금속부분은 보호도체 또는 보호본딩도체로 사용해서는 안 된다.

-. 금속 수도관

-. 가스·액체·분말과 같은 잠재적인 인화성 물질을 포함하는 금속관

-. 상시 기계적 응력을 받는 지지 구조물 일부

-. 가요성 금속배관 다만, 보호도체의 목적으로 설계된 경우는 예외로 한다.

-. 가요성 금속전선관

-. 지지선, 케이블트레이 및 이와 비슷한 것

⑤ 보호도체는 어떠한 개폐장치를 연결해서는 안 된다.

⑥ 보호도체의 단면적 보강

-. 전기설비의 정상 운전상태에서 보호도체에 10 [mA]를 초과하는 전류가 흐르는 경우, 다음과 같이 보호도체를 증강하여야 한다.
보호도체가 하나인 경우 보호도체의 단면적은 전 구간에 구리 10 [㎟] 이상 또는 알루미늄 16 [㎟] 이상으로 하여야 한다.

⑦ 보호도체와 계통도체 겸용

보호도체와 계통도체를 겸용하는 겸용도체(중성선과 겸용, 상도체와 겸용, 중간도체와 겸용 등)는 해당하는 계통의 기능에 대한 조건을 만족하여야 한다.
겸용도체는 고정된 전기설비에서만 사용할 수 있으며 다음에 의한다.

-. 단면적 구리 10 [㎟] 또는 알루미늄 16 [㎟] 이상이여야 한다.

-. 중성선과 보호도체의 겸용도체는 전기설비의 부하측으로 시설하여서는 안 된다.

-. 폭발성 분위기 장소는 보호도체를 전용으로 하여야 한다.

3. 주접지단자

접지시스템은 주접지단자를 설치하고, 다음의 도체를 접속하여야 한다.

① 등전위본딩도체

② 접지도체

③ 보호도체

④ 기능성 접지도체

4. 전기수용가 접지

(1) 저압수용가 인입구 접지

수용장소 인입구 부근에서 다음의 것을 접지극으로 사용하여 변압기 중성점 접지를 한 저압전선로의 중성선 또는 접지측 전선에 추가로 접지공사를 할 수 있다.

① 지중에 매설되어 있고 대지와의 전기저항 값이 3 [Ω] 이하의 값을 유지하고 있는 금속제 수도관로

② 대지 사이의 전기저항 값이 3 [Ω] 이하의 값을 유지하는 건물의 철골

(2) 위의 사항에 따른 접지도체는 공칭단면적 6 [㎟] 이상의 연동선 또는 이와 동등 이상의 세기 및 굵기의 쉽게 부식하지 않는 금속선으로서 고장시 흐르는 전류를 안전하게 통할 수 있는 것이어야 한다.

5. 주택 등 저압수용장소 접지

(1) 저압수용장소에서 계통접지 TN-C-S 방식인 경우에 보호도체는 다음에 따라 시설하여야 한다.

① 보호도체 최소 단면적은 KEC 142-3-2의 1에 의한 값 이상으로 한다.

② 중성선 겸용 보호도체(PEN)는 고정 전기설비에서만 사용할 수 있고, 그 도체의 단면적이 구리는 10 [㎟] 이상, 알루미늄은 16 [㎟] 이상이어야 하며, 그 계통의 최고 전압에 대하여 절연되어야 한다.

(2) 위의 사항에 따른 접지의 경우에는 감전보호용 등전위본딩을 하여야 한다.

6-4 전력계통접지

1. 직접접지방식

직접접지방식(Direct Grounding System)은 계통에 접속된 변압기의 중성점을 저항이 영(0)에 가까운 도체를 통해 접지시키는 방식으로, 지락사고시 지락전류가 크므로 보호계전기의 동작이 확실하고 건전상의 전위상승이 거의 없어 저감절연이 용이하나 지락전류에 의한 계통의 기기나 설비에 영향을 초래하여 운전에 불안전하게 될 가능성이 있다.

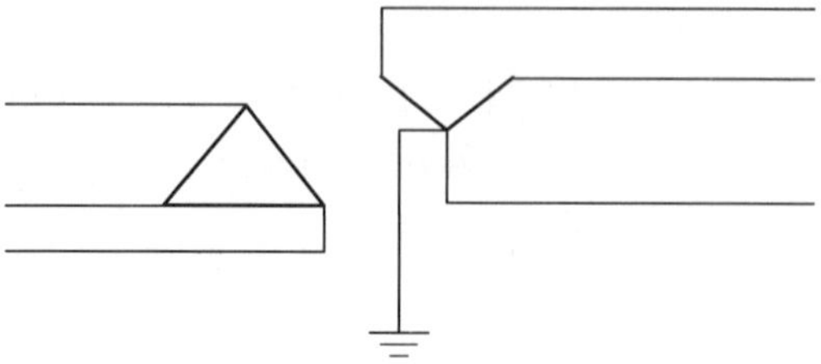

그림 6-2 직접접지방식

2. 중성점 다중접지방식

중성점 다중접지방식(Neutral Grounding System)은 중성점을 다중접지하는 송전계통에 있어 각상의 대지전위를 낮추어 사용기기 및 선로의 절연레벨(Level)과 사용기기, 절연 자재비의 경감을 기하고, 고장시에는 보호계전기를 확실하게 동작시켜 고장전로를 선택 차단하며 지락시 아크전류를 신속히 소멸시키는 목적의 접지방식이다(단, 과대한 지락전류가 유도장해원인이 된다).

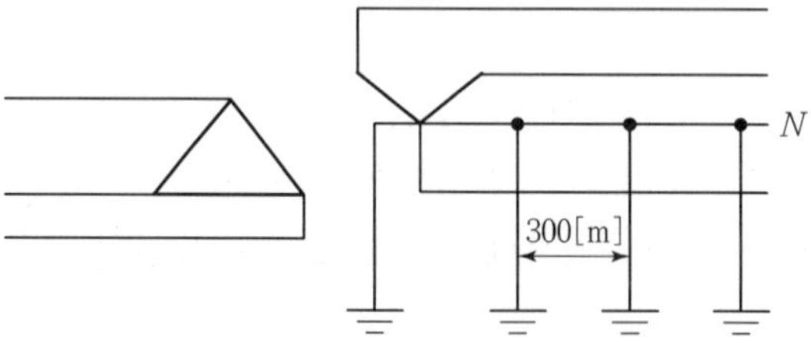

그림 6-3 중성점 다중접지방식(예 : 22.9 [kV-Y] 3Φ4 W)

3. 비접지방식

비접지방식(Non-Grounding System)은 중성점을 접지하지 않는 방식이다.

1선 지락사고시에 다른 전로(건전) 두상의 대지전압이 상전압(Δ)에서 선간전압까지 상승하고 대지충전전류가 일반적으로 아크로 되어 지락점을 통한다(전압이 낮고 길이가 짧은 송전선로에 유리, 대지충전전압이 높고 선로계통의 요동이 적으며 고장시 V결선 사용가능, 초고전압·장거리 송전선로에는 부적당하며 국내 66 [kV]까지 송전계통에 비접지방식을 채용한다).

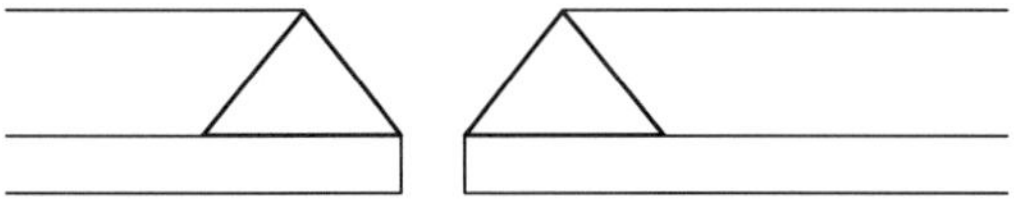

그림 6-4 비접지방식(예 : 22 [kV] 3Φ3W)

4. 저항접지방식

저항접지방식(Resistance Grounding System)은 중성점을 저항으로 접지하는 방식인데 이때의 저항값에 따라 다음 두 가지로 나누어진다.

① 저저항접지방식 : $R = 30\,[\Omega]$ 정도

② 고저항접지방식 : $R = 100 \sim 1,000\,[\Omega]$

중성점을 적당한 저항값으로 접지시켜 접지사고시 흐르는 접지전류를 제한하면서 Arcing 접지현상을 방지하고 접지계전기를 동작시켜 고장회선을 선택 차단하는 방식이다.

중성점 접지저항이 너무 크면 비접지현상이 발생하고, 접지저항이 너무 낮으면 직접접지현상이 발생하므로 주의해야 한다.

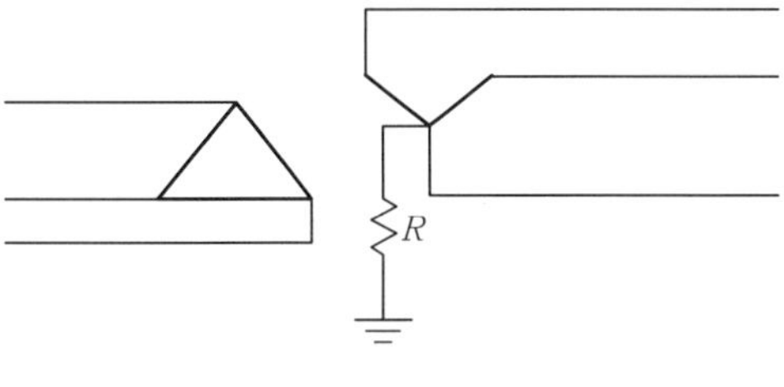

그림 6-5 저항접지방식

5. 리액터접지방식

리액터접지방식(Reacter Grounding System)은 중성점에 저항기 대신 리액터를 사용하는 방식으로서 한류 리액터 접지방식 또는 보상리액터 접지방식이라고도 한다. 저항접지방식과 마찬가지로 고장전류를 제한시켜 과도안정도를 향상시킬 목적으로 채용되며, 지락전류 때문에 단상전력이 많이 소비되는 것을 방지하고 뇌로 인한 이상전압 등을 대지로 유도시키는 목적에서 사용된다.

6. 소호 리액터접지방식

소호 리액터접지방식(Arc-Suppressing Reactor Grounding System)은 중성점을 송전선로의 대지정전용량과 공진하는 리액터(Reactor)를 통하여 접지하는 방식으로, 발명자인 독일의 퍼터센(Petersen)의 이름을 붙여 퍼터센 코일(Petersen coil) 또는 소호 리액터라고 부르고 있다.

장점으로는 1선지락시 고장이 발생해도 고장점에는 극히 적은 손실전류만 흐르고 고장점 회복전압의 상승률이 작기 때문에 지락아크를 자연 소멸시키고 정전없이 송전을 계속할 수 있다.

단점으로는 선택접지계전기의 동작이 약간 곤란하며 탭의 변경 등 조작 및 보수가 까다롭고 단락사고시 이상전압이 발생할 우려가 있다.

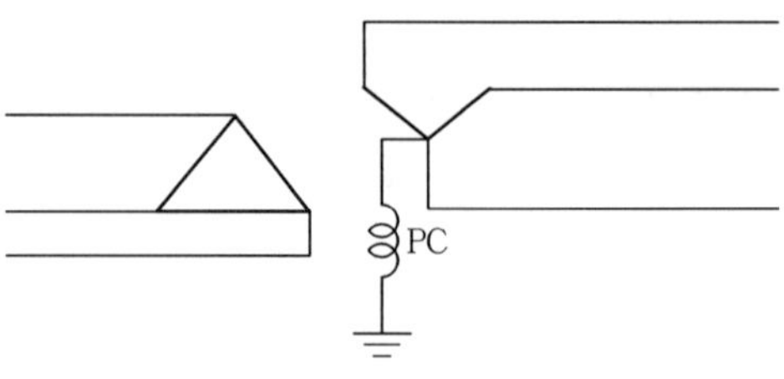

그림 6-6 소호 리액터접지방식

[참고] 중성점 접지저항 값

(1) 일반적으로 변압기의 고압·특고압측 전로 1선 지락전류(실측값임)로 150을 나눈 값과 같은 저항 값 이하

(2) 변압기의 고압·특고압측 전로 또는 사용전압이 35 [kv] 이하의 특고압전로가 저압측 전로와 혼촉하고 저압전로의 대지전압이 150 [V]를 초과하는 경우는 저항 값은 다음에 의한다.

① 1초 초과 2초 이내에 고압·특고압측 전로를 자동으로 차단하는 장치를 설치

할 때는 300을 나눈 값 이하

② 1초 이내에 고압·특고압측 전로를 자동으로 차단하는 장치를 설치할 때는 600을 나눈 값 이하

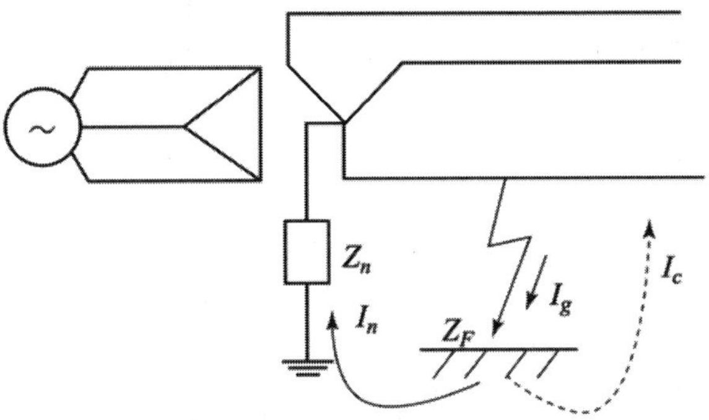

· $E = \frac{V}{\sqrt{3}}$: 상전압
· I_g : 1선 지락전류
· I_c : 선로 충전전류
· I_n : 유효접지전류
· Z_n : 중성점 접지임피던스
· Z_F : 고장점 임피던스

(3) 중성점 접지방식 종류

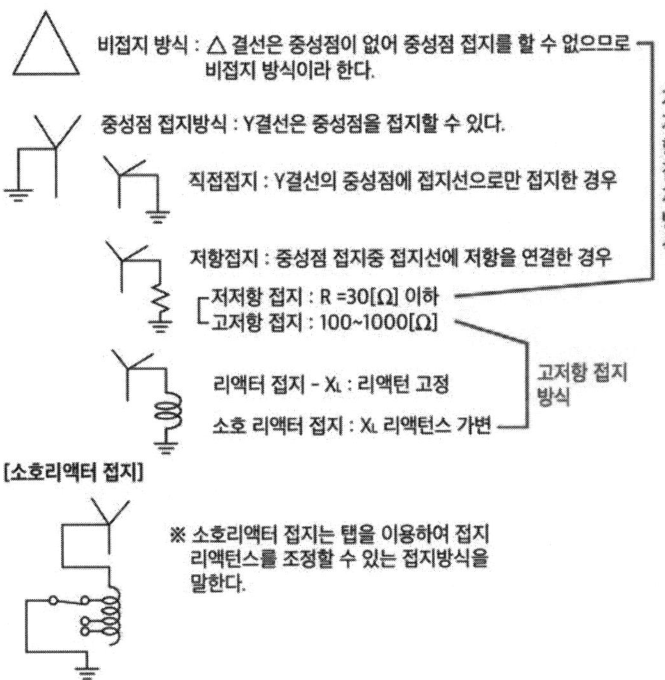

6-5 공통접지와 통합접지 방식

6-5-1 한국전기설비기술기준(KEC)

1. 고압 및 특고압과 저압전기설비의 접지극이 서로 근접하여 시설되어 있는 변전소 또는 이와 유사한 곳에서는 다음 각 호에 적합하게 공통접지공사를 할 수 있다.
   (1) 저압 접지극이 고압 및 특고압 접지극의 접지저항 형성영역에 완전히 포함되어 있다면 위험전압이 발생하지 않도록 이들 접지극을 상호 접속하여야 한다.
   (2) 제1호에 따라 접지공사를 하는 경우 고압 및 특고압계통의 지락사고로 인해 저압계통에 가해지는 상용주파 과전압은 아래의 표에서 정한 값을 초과해서는 안 된다.

고압계통에서 지락고장시간[sec]	저압설비의 허용 상용주파 과전압[v]
〉5	U + 250
≤5	U + 1,200

중성선 도체가 없는 계통에서 U는 선간전압을 말한다.

비고 1. 이 표의 1행은 중성점 비접지나 소호리액터 접지된 고압계통 같은 긴 차단시간을 갖는 고압계통에 관한 것이다. 2행은 저저항 접지된 고압계통 같은 짧은 차단시간을 갖는 고압계통에 관한 것이다. 두 행 모두 순시 사용주파 과전압에 대한 저압기기의 절연설계기준과 관련된다.

비고 2. 중성선이 변전소의 접지계에 접속된 계통에서 기기가 건물 외부에 위치한 경우, 이러한 일시적 상용주파 과전압이 비접지 외함과의 절연사이에 나타날 수 있다.

(3) 상기의 (1), (2)항에 따라 접지공사를 하는 경우에는 KS C IEC 60364-4-41(안전을 위한 보호-감전에 대한 보호)에 적합하도록 시설하여야 한다.

2. 전기설비의 접지계통과 건축물의 피뢰설비 및 통신설비 등의 접지극을 공용하는 통합 접지공사를 할 수 있다. 이 경우 다음에 따르며, 낙뢰 등에 의한 과전압으로부터 전기설비 등을 보호하기 위해 KS C 60364-5-53(534, 과전압보호장치) 또는 한국전기위원회 기술지침 KECG 9102-2015에 따라 서지보호장치(SPD)를 설치하여야 한다.

6-5-2 공용접지와 통합접지의 개념

접지를 필요로 하는 많은 설비를 어떻게 접속하여 사용하느냐에 따라 개별접지, 공통접지, 통합접지로 구분한다. 공통접지는 기능상 목적이 같은 접지들끼리 전기적으로 연결한 접지이고, 통합접지는 기능상 목적이 서로 다르거나 동일한 목적의 개별접지들을 전기적으로 서로 연결하여 구현한 접지시스템이다.
최근의 접지시스템은 기준접지, 등전위접지, 전위차, 대지전위 상승, 전자파 장애(ENI), 전자파 적합성 접지를 개별적으로 고려하는 것이 아니고 하나의 시스템으로 파악하여 유기적인 기능을 발휘하도록 하는 접지시스템을 검토 적용하고 있다.

1. 전위차와 통합접지방식

독립접지계통의 경우 A에서 지락이 발생하여 B전극으로 지락전류가 흐르는 경우 A전극의 전위가 상승하고 전위분포곡선에 나타나는 바와 같이 B접지계에 $\triangle V$ 만큼의 전위가 나타나게 된다. 이렇게 인근 전극에 발생하는 전위를 ZERO로 하려면 20 [m] 이상의 이격거리를 확보하여야 한다. 그러나 한정된 공간에서 충분한 이격거리를 확보하기란 불가능하기에 전위차로 인한 문제가 발생한다.

2. 공통접지

공통접지란 기능상 목적이 같은 접지들끼리 등전위가 되도록 공통으로 접지하는 방식이다.
(1) 장·단점

① 독립접지에 비해 비용이 적게 든다.
② 낙뢰시 접지선에서의 직접적인 서지로 인한 피해가 적다.
③ 통신기기에 낙뢰의 직접적인 피해가 적다.
④ 낙뢰시 전위차에 대한 감전의 우려가 있다.
⑤ 통신기기에 서지로 의한 전위차가 발생하여 오동작이나 손상의 우려가 있다.
⑥ 건물 내부가 등전위가 되어있지 않다.

3. 통합접지

통합접지는 전기설비 접지계통, 건축물 피뢰설비 및 통신설비 등의 접지극을 공용하는 방식으로 건물 내부 모든 도전부가 등전위 되어 감전에 대한 피해를 최소화할 수 있을 뿐만 아니라 통신설비의 안정적인 동작을 확보할 수 있게 된다. 그러나 낙뢰 등에 의한 과전압으로부터 전기설비를 보호하기 위하여 SPD 설치를 의무화해야 하고 있다.

(1) 장·단점

① 접지선이 짧아지고 접지배선 구조가 단순하여 보수·점검이 쉽다.

② 각 접지극이 병렬로 연결되므로 합성저항을 낮추기가 쉽고, 건축의 철골 구조체를 연결하여 접지성능을 향상시키고 보호효과를 높일 수 있다.

③ 여러 설비가 공통의 접지극에 연결되므로 등전위가 구성되어 장비간의 전위차가 발생하지 않는다.

④ 전위상승시 파급효과가 크다.

⑤ 약전·통신용 기기는 지락이나 낙뢰시 영향을 받을 수 있다.

⑥ 서지에 의한 영향이 크다.

4. 통합접지시스템의 필요성

① 국내 빌딩의 접지형태를 보면 안전용(제1종, 제2종, 제3종, 특별 제3종), 기능용, 뇌보호용의 접지를 분리한 개별접지를 주체로 하고 있는 경우가 대부분이다.

② 최근 빌딩 지하공간 개발 활용으로 주차장, 각종 기계실, 전기실 등이 지하에 설치되고 있으며, 이로 인하여 하나의 구조체로 연결되는 현실에서 독립접지는 전위간섭과 같은 영향을 받기 쉽고 접지기능을 만족할 수 없는 경우가 많다.

③ 반면에 통합접지방식은 접지계통 전위가 같아져 전위간섭 등의 영향을 고려할 필요가 없어졌다. 그리고 신뢰성, 편리성, 경제성 면에서도 통합접지가 유리하기 때문이다.

6-5-3 접지선, 보호도체, 등전위본딩 도체의 시설

1. 차단시간이 5sec 이하인 경우 다음 계산식을 적용하여 단면적 산정

$$S=\frac{\sqrt{I^2t}}{K}[mm^2]$$

여기서,

S : 보호도체 굵기(㎟)

I : 보호장치를 통해 흐를 수 있는 예상 고장전류실효값(A)

t : 고장계속시간 및 보호장치의 동작시간(초)

k : 보호도체, 절연 등 계수(T15)(Cu : 143, Al : 95, Fe : 52)

(KS C IEC 60364-4-41(저압전기설비-제4-41부 : 안전을 위한 보호-감전에 대한 보호)의 부속서 A(기본보호에 관한 규정)에 의한다.

① 접지선(보호도체 포함)의 최소단면적

설비의 상도체 단면적 S[㎟]	보호도체 최소단면적 Sp[㎟]
S ≤16	S
16 〈 S ≤35	16
S 〉 35	S/2

② 지중에 매설하는 경우의 접지선 최소단면적

구분	기계적 보호 있음	기계적 보호 없음
부식에 대한 보호 있음	2.5 [㎟/Cu] 10 [㎟/Fe]	16 [㎟/Cu] 16 [㎟/Fe]
부식에 대한 보호 없음	25 [㎟/Cu] 50 [㎟/Fe]	

③ 접지선은 유지 및 보수관리를 위하여 접지극과 접지선 연결시 부식이 생기지 않게 시공한다.

1. 등전위본딩도체 단면적

사람이 동시에 접촉할 수 있는 범위(2.5 [m] 미만 이격거리)와 고층 건축물에는 고층의 노출 도전부와 계통 외 도전부에 보조 등전위본딩을 실시한다.

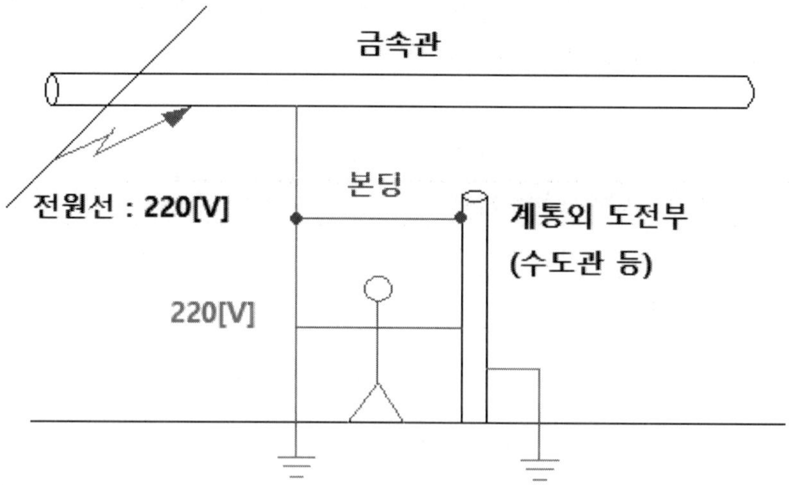

그림 6-7 등전위본딩 설치 사례

① 주 등전위본딩 도체 단면적

재질	단면적[㎟]	낙뢰보호계통을 포함하는 경우 단면적[㎟]
구리	6	16
알루미늄	16	25
강철	50	50

② 보조 등전위본딩 도체 단면적

구분	기계적 보호 있음	기계적 보호 없음
전원케이블의 일부 또는 케이블	2.5 [㎟/Cu]	4 [㎟/Cu]
외함으로 구성되어 있지 않은 경우	16 [㎟/Al]	16 [㎟/Fe]

③ 통합접지공사에서 등전위본딩을 실시해야 한다.

6-6 접지설계

6-6-1 접지설계 순서

접지설계에 필요한 기본적인 요소를 바탕으로 한 설계흐름도(Flow-Chart)를 보면 그림 6-8과 같다.

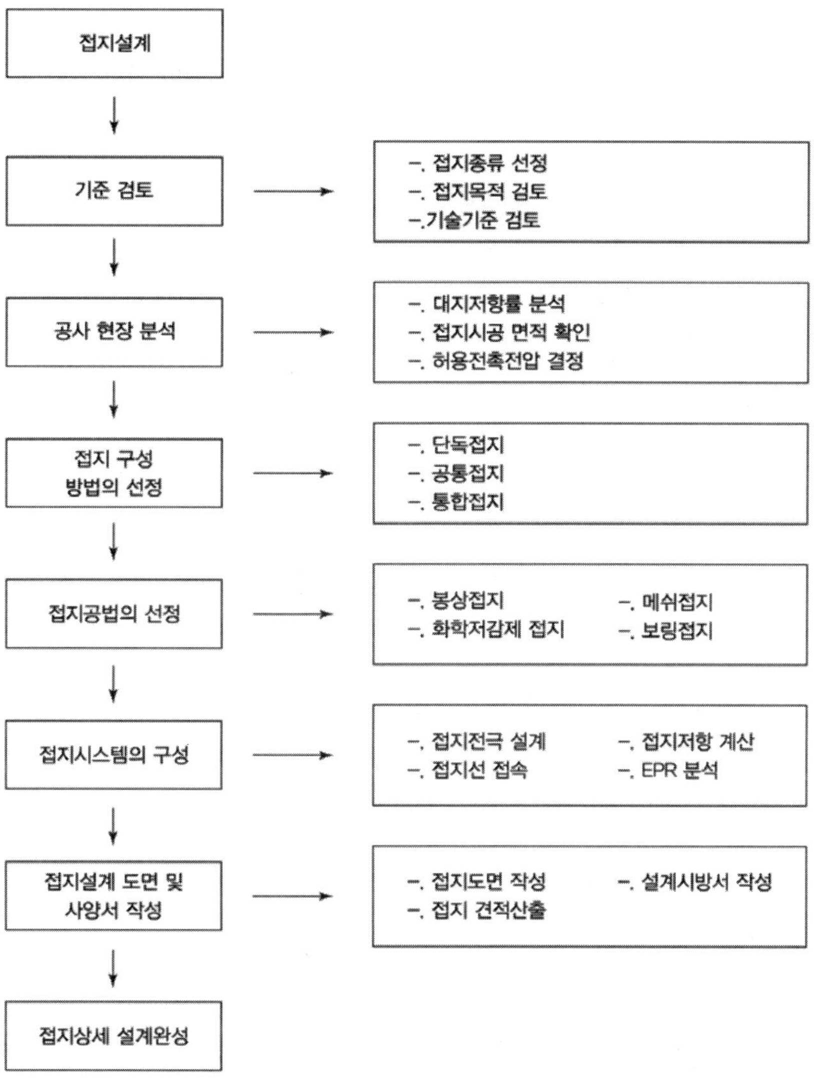

그림 6-8 접지설계 Flow-Chart

6-6-2 접지설계시 고려사항

1. 대지저항률

표 6-2 토양의 종류에 따른 저항률

대지의 성질	저항률[Ω·m]
습지	~30
층적층(매립층)	20~100
부식토	10~150
습한 이탄	5~100
무른 점토	50
이회토 및 조밀점토	100~200
쥐라기 이회토	30~40
점토질 모래(퇴적층)	50~500
실리카를 함유한 모래	200~3,000
나석이 많은 토양	1,500~3,000
잔디로 덮인 돌이 많은 토양	300~500
부드러운 석회암	100~300
조밀한 석회암	1,000~5,000
균열된 석회암	500~1,000
편암	50~300
운모편암	800
풍화작용을 받은 화강암과 사암(풍화암)	1,500~10,000
화강암과 특히 열화된 사암(풍화토)	100~600

2. 접지공법

전기설비기준에 준하는 접지의 목적과 접지저항값을 얻기 위해서는 대지 구조에 따라 경제적이고 신뢰성 있는 접지공법을 채택해야 한다. 접지공법에는 ① 봉상 접지공법 ② 망상 접지공법 ③ 건물 구조체 접지공법이 있다.

(1) 봉상 접지공법

봉상 접지공법에는 건축물의 부지 면적이 제한된 도시지역 등 평면적인 접지공법이 곤란한 지역에서 주로 시공되고 있는데 지층에 따른 대지저항률에 따라 깊이 박는 심타공법과 낮게 박는 병렬접지공법이 있다.

(2) 망상 접지공법(mesh 공법)

공장이나 빌딩, 발전소 등에서 주로 채택되고 있으며, 특히 서지임피던스 저감효과가 대단히 크고 공용접지방식으로 채택할 때 안정성이 뛰어나다. 그림 6-9의 병용메시 접지전극의 예에서 보는 바와 같이 메시전극 주위에 봉상 전극을 넣는 병용접지 전극을 설치하는 방법을 주로 채택하고 있다.

(3) 건축구조체 접지공법

건축물·구조물의 철골 기타의 금속제는 이를 비접지식 고압전로에 시설하는 기계기구의 철대 또는 금속제 외함의 접지공사 또는 비접지식 고압전로와 저압전로를 결합하는 변압기의 저압전로의 접지공사의 접지극으로 사용할 수 있다. 다만, 대지와의 사이에 전기저항 값이 2[Ω] 이하인 값을 유지하는 경우에 한한다.

최근 도심의 고층 건물들은 어느 정도 큰 지하 부분을 갖고 있으며, 이와 같은 철골조, 철골·철근콘크리트조의 건축물은 구조적으로 단단히 일체화되어 있으며, 건축물 시공시 철골, 철근끼리의 전기적 접속방법만 해결된다면 자연적인 케이지화된 접지방식으로서 가장 이상적인 접지방식이라 할 수 있다.

(1) 구조체 접지의 장점

건축물의 구조체를 접지전극으로 이용하게 되면 건축물 내에 시설되는 모든 전기, 전자, 통신기기의 접지를 구조체에 접속하게 되므로 공통접지를 이루게 되어 구조체의 전위상승 파급이 일어나질 않는다. 공통접지에서는 뇌격이 입사하는 경우 전위상승의 파급에 대한 우려가 있으나 낙뢰의 뇌격전류는 구조체를 통하여 대지로 흐르게 된다. 이때 무한 원점의 기준(영)전위에 대한 전위상승을 V라고 하고, 건축물 전체의 전위상승을 Vo라고 할 때, 대지의 전위상승 $\Delta V = V - V_o$ 만큼으로 외견상 대지표면 전위만 고려하면 된다. 결국은 구조체의 접지저항이 낮으면 전위상승이 낮아지므로써 전위상승 파급은 일어나지 않는다. 철골, 철근 콘크리트로 축조한 건축물의 구조체의 접지저항은 인공접지극에 비해 낮을 뿐 아니라 대지와의 접촉 면적이 넓으므로 접지 임피던스도 낮은 고주파 영역에서도 양호한 전기적 특성을 가지는 접지전극이 된다. 콘크리트의 구조물이 흡습률이 높아 인공 접지전극에 비해 온도, 습도에 대한 변화율이 적어 온도, 습도 변화에 따른 접지저항의 변화가 적어 항상 일정한 접지저항을 얻을 수 있어 시스템의 안정성이 높다.

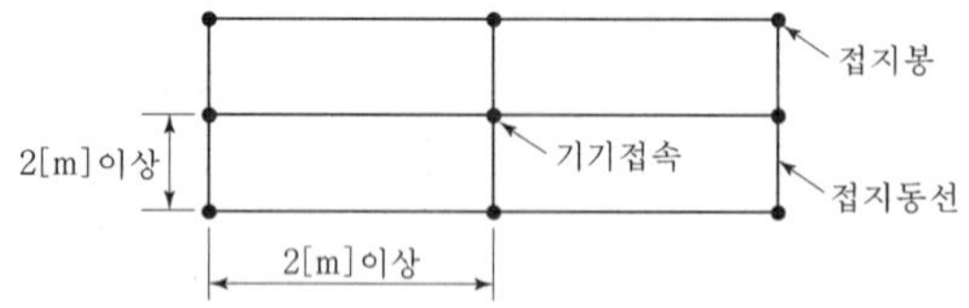

그림 6-9 망상메시 매설지선방식

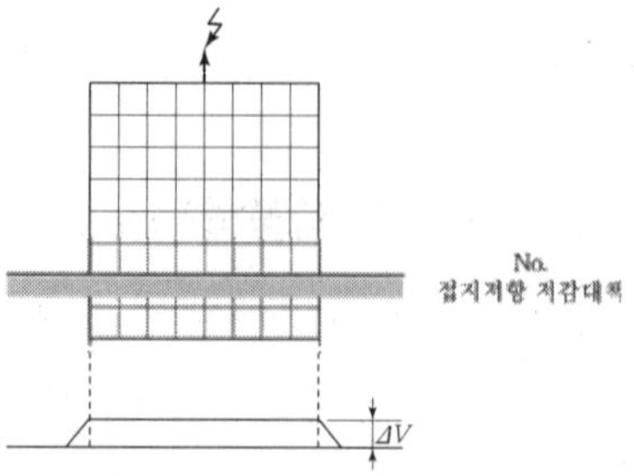

그림 6-10 건물구조체 접지방식 및 전위상승

3. 허용접촉전압과 보폭전압

(1) 접촉전압(E Touch)

접촉전압이란 접지한 구조물에 접지전류가 흘렀을 때 이 구조물에 전위가 상승하는데 이때 사람이 이 구조물을 접촉했을 때 인체에 가해지는 전압으로서 지표상 1[m] 이내의 전위차를 말한다.

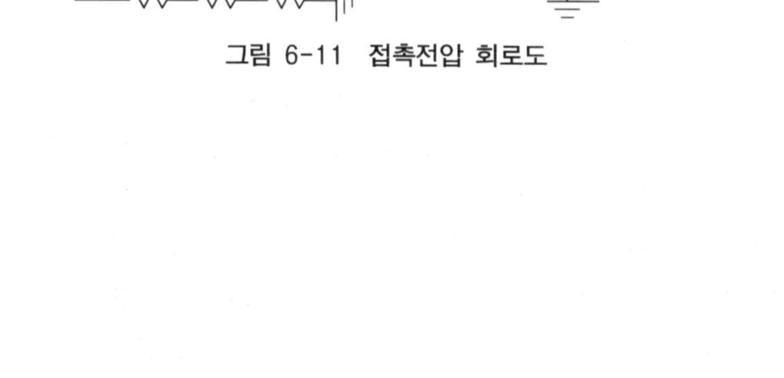

그림 6-11 접촉전압 회로도

그림에서 R_k : 인체저항(1,000 [Ω])

R_f : 대지와 다리 사이의 접촉저항 [Ω]

R_1 : 대지저항

$$E_{\text{Touch}} = I_k(R_k + \frac{1}{2}R_f)\ [\text{V}]$$

인체가 구조물에 접촉했을 때 인체에는 전류 I_k가 흐르는데 이때 사람의 감전은 통전전류의 크기, 통전경로, 통전시간에 따라 다르다.

모든 사람이 견딜 수 있는 전류-시간의 관계식(실험식)은

$$I_k^2 t = 0.027\ [\text{J}]$$

$$I_k = \frac{0.165}{\sqrt{t}}\ [\text{A}]$$

이고, 어떤 경우에도 보폭·접촉전압에 의해서 인체에 흐르는 전류값은 이 값을 초과해서는 안 되며 허용접촉전압은 다음과 같다.

$$E_{\text{Touch}} = \left(R_k + \frac{1}{2}R_f\right)\frac{0.165}{\sqrt{t}}\ [\text{V}]$$

(2) 보폭전압(E Step)

뇌격전류나 지락전류 등의 고장전류가 접지전극에 유입되었을 때 접지전극을 중심으로 주위에 전위차가 발생한다. 이때 접지전극 주위의 1 [m] 간격의 두 점간의 전위차(두 다리 사이의 전위차)를 보폭전압이라 한다.

이 보폭전압에 의해 인체에 감전전류 I_k가 흐른다.

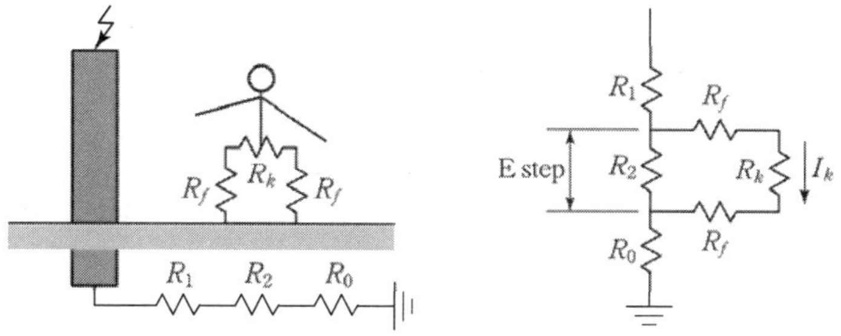

그림 6-12 보폭전압 회로도

$$E_{\text{Step}} = I_k(R_k + 2R_f)[\text{V}]$$

$$E_{\text{Step}} = (R_k + 2R_f)\frac{0.165}{\sqrt{t}}[\text{V}]$$

즉, 고장전류로 인해 인체에 가해지는 보폭전압이 위의 값 이내로 억제되어야 한다.

표 6-3 통전에 대한 인체의 생리반응

구 분	전류 크기	생 리 반 응
최소감지전류	1 [mA]	자극을 느낄 수 있는 감전전류의 최소한도전류
경련전류	5~30 [mA]	근육수축, 호흡곤란, 혈압상승, 경련발생, 수분까지 견딜 수 있는 전류
심실세동전류	30~50 [mA]	경련, 심장고동의 불규칙 수 [sec] 후 심장정지
	100 [mA] 이상	즉시 심장정지

[참고] 인체저항값

인체저항은 인체에 가해지는 전압, 즉 접촉전압에 의해 변화하고 또 접촉피부의 건조 정도에 따라 변화한다.

표 6-4 허용접촉전압

종별	접촉상태	허용접촉전압
제1종	인체의 대부분이 수중에 있는 상태	2.5 [v] 이하
제2종	• 인체가 많이 젖어 있는 상태 • 금속성의 전기기계 및 기구나 구조물에 인체의 일부가 상시 접촉되어 있는 상태	25 [v] 이하
제3종	1종, 2종 이외의 경우로서 통상의 인체 상태에 있어서 접촉전압이 가해지면 위험성이 높은 상태	50 [v] 이하
제4종	• 1종, 2종 이외의 경우로서 통상의 인체 상태에 있어서 접촉전압이 가해지더라도 위험성이 낮은 상태 • 접촉전압이 가해질 우려가 없는 경우	제한없음

4. 접지저항 계산

(1) 접지봉이 1개인 경우

$$R = \frac{\rho}{2\pi L}\left(\log_e \frac{4L}{a} - 1\right)[\Omega]$$

여기서 ρ : 대지고유저항률 [Ω · m]

a : 접지봉의 반지름 [cm]

L : 접지봉의 매입깊이 [cm]

(2) 접지봉이 다수인 경우

$$R_n = K\frac{1}{\Sigma \frac{1}{R}}[\Omega]$$

여기서 R_n : 접지봉이 n개의 접지저항

K : 집합계수

n : 집합전극 매설수

표 6-5 집합계수의 값(K)

깊이 [m] \ 이격거리 [m]	0	0.5	1	2	3	4
0.61	2.00	1.20	1.11	1.05	1.03	1.01
1.52	2.02	1.35	1.20	1.15	1.10	1.05
3.05	2.04	1.36	1.25	1.17	1.12	1.07

(3) 반구모양의 접지전극의 경우

$$R = \frac{\rho}{2\pi a}[\Omega]$$

여기서 a : 접지구의 반지름 [cm]

(4) 매설지선의 경우

$$R = \frac{\rho}{4\pi L}\left(\log_e \frac{4L}{a} + \log_e \frac{4L}{S} - 2 + \frac{S}{2L} - \frac{S^2}{16L^2} + \frac{S^4}{512L^4}\cdots\right)[\Omega]$$

여기서 a : 매설지선의 반지름 [m],

L : $2l$ [m]

l : 매설지선의 길이 [m]

S : $t/2$ [m]

ρ : [Ω · m]

(5) 망상지선의 경우

$$R = \frac{\rho}{4r} + \frac{\rho}{L} \ [\Omega]$$

여기서 ρ : 토양의 고유저항 [Ω · m]

R : 접지저항 [Ω]

r : 등가반지름 [cm] $= \sqrt{\frac{ab}{\pi}}$

L : 망상의 전체길이 [cm] $= b(n+1) + a(m+1)$ [cm]

(6) 접지판의 경우

$$R = \frac{\rho}{2\pi t} \log_e \frac{r+t}{r} \ [\Omega]$$

여기서 t : 매설깊이 [cm]

r : 등가반지름 [cm] $= \sqrt{\frac{ab}{2\pi}}$

ρ : 토양의 고유저항 [Ω · m]

6-6-3 접지선의 설치기준

1. 접지선

① 주접지반과 지중도체간을 연결하는 주접지선과 지상에 노출된 모든 접지선은 피복동선(KS C 3302)을 사용하여야 하며, 접지봉의 리드선과 동봉간에 연결한 접지선은 50 [㎟]의 연동선을 사용하여야 한다.

② 모든 접지선은 최단거리로 접속하여야 한다.

③ 필요에 의해 접지선을 구부릴 경우 곡률반경은 20[cm] 이상이여야 하며 내각은 90° 이상이어야 한다.

④ 접지선은 통신용 케이블과 분리시켜 포설포박하여야 한다.

⑤ 접지선이 벽, 바닥, 천장 등을 통과할 때는 반드시 절연도관을 통하여 포설하여야 한다.

⑥ 접지선은 녹색표시를 해야 하며, 또는 접지선(F-GV)을 사용한다.

⑦ 접지선에 흐르는 고장전류는 전원측 과전류차단기 정격전류의 20배로 한다.

⑧ 3극 콘센트·플러그

㉮ 종래의 2극용에 접지단자가 추가되어 있으며 플러그의 접지핀은 전극핀보다 길기 때문에 콘센트에 꽂을 때 먼저 접촉되며 뺄 때는 나중에 떨어져 접지가 된 상태를 유지하므로 안전하다.

㉯ 접지배선 개념

2극용 콘센트는 전원공급이 분전반으로부터 부하측에 사용된다. 분전반에는 제3종 접지공사를 시행하고 있기 때문에 그 접지를 기기접지에 이용할 수 있다. 일반적으로는 분전반으로부터 전용 접지선을 포설하여 3극 콘센트의 접지단자에 접속하는 방법이 채택된다.

2. 접지극

① 각 접지극의 매설 간격은 접지극 길이의 2배를 기준으로 하되 부득이한 경우는 직소 접지극 길이 이상으로 할 수 있다.

② 접지선(연동연선)과 지표와의 간격이 75 [cm] 이상이 되도록 지하에 매설하여 야 한다.

③ 본딩 및 접지선을 최단거리로 연결하여 접지 임피던스를 최소로 한다.

④ 통신용 접지시설과 피뢰접지의 지중매설도체는 최소 5 [m] 이상 이격되어야 한다.

⑤ 통신용 접지시설과 수배전 시설용 지중매설도체는 최소 10 [m] 이상 이격되어야 한다.

3. 접속

① 접지선과 접지전극의 접속은 부식에 주의한다(황동땜 용접).

② 리드선과 접지선 접속

접지선 리드선과 접지선간 그리고 접지선 상호간의 접속은 C형 접지선 연결 슬러브를 사용하여 유압식 압축기로 완전 일체가 되도록 압착시켜야 한다.

③ 피복동선의 분기

피복동선의 분기는 클램프를 사용하여 접촉저항을 줄이고 외형을 미려하게 접속한다.

4. 접지선 종단처리

① 접지선의 종단처리는 2개의 구멍이 있는 러그를 사용하여 접촉부위를 최대로 넓게하여 접촉저항을 최소로 하여야 한다.

② 러그 부착시 동심선과 러그가 충분히 접착되도록 유압식 압축기로 압착시켜야 한다.

③ 러그가 부착된 접지선의 종단은 인청동의 볼트, 너트를 사용하여 접지반에 수직으로 접지하여야 한다.

④ 각종 기기의 외함접지는 코팅을 제거한 후 러그를 외함과 안전하게 접속시켜야 한다.

6-7 저압배선의 계통접지방식

6-7-1 계통접지의 문자 해설

저압배선계통의 접지방식은 TN 방식(TN-S, TN-C, TN-C-S), TT 방식, IT 방식의 3종류로 분류하고 있다.

(1) 첫 번째 문자 : 전원과 대지와의 관계를 표시

-. T(Terre : 프랑스어로 대지의 의미, 접지) : 대지에 일점에서 직접 연결하여 접지하며, 이것을 계통접지라 한다.

-. I(Insulation : 절연) : 대지로부터 완전히 절연하거나 임피던스를 통해서 대지로 일점에서 접지한다.

(2) 두 번째 문자 : 설비기기의 노출 도전부분과 대지와의 관계를 표시
  -. T(Terre : 프랑스어로 대지의 의미, 접지) : 노출 도전부를 대지에 접속하며, 이러한 접지를 기기접지라 한다.
  -. N(Neutral : 중성점) : 노출 도전부를 전원접지에 직접접속하는데, 일반적으로 중성선을 이용한다.

(3) 세 번째 문자 : 중성선 및 보호도체의 포설관계를 표시
  -. S(Separated : 분리) : 중성선과 보호도체가 분리된 상태로 도체를 포설
  -. C(Combined : 조합) : 중성선과 보호도체가 조합된 상태로 보호도체(PEN)를 포설한다.

6-7-2 계통접지방식

1. TN 계통

전원공급측을 1개소 이상에서 직접접지(계통접지)하고 설비기기의 노출 도전성 부분을 보호접지(Ptotective Conductors)를 통하여 전원의 접지점으로 연결시킨다.

따라서, 접지전류가 기기측에서 전원접지점으로 흐를 수 있는 경로가 형성된다. TN 계통은 중성선(N)과 보호도체(PE)의 관계에 따라 다음의 3종류로 나눈다.

(1) TN-C 계통

계통 전체에 걸쳐 중선과 보호도체가 단일도선으로 연결되어 있다. TN 계통에서 지락은 과전류차단기에 의해 보호된다. 따라서, 사고가 발생한 경우 고장점 임피던스를 고려하여 일정시간 내에 전원의 과전류차단기가 작동하도록 차단기의 특성 및 도체의 굵기를 정한다.

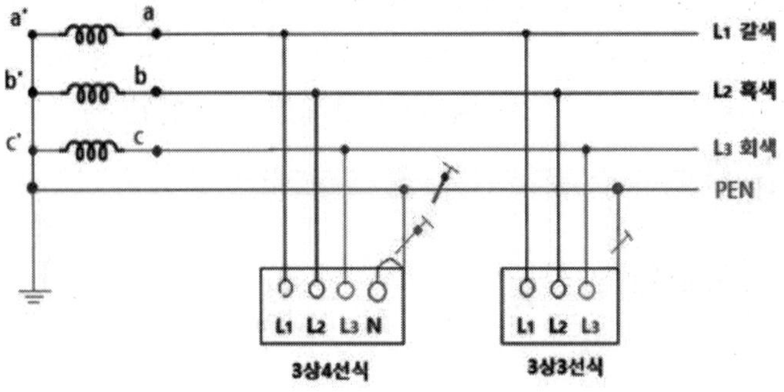

TN-C 접지계통

(2) TN-S 계통

계통 전체에 걸쳐 중성선과 보호도체가 분리되어 있고 전원측의 접지 전극을 공유한다.

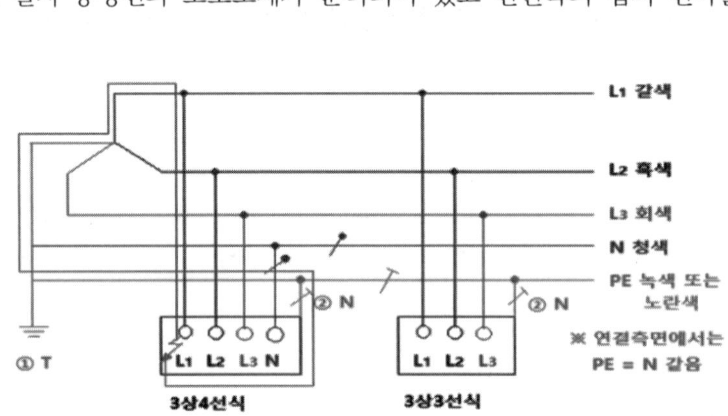

TN - S 접지계통

(3) TN-C-S 계통

계통 일부분에서 중성선과 보호도체가 단일도선으로 연결되어 있다. 전원 공급측은 TN-C 방식이고 기기설비측은 TN-S 방식이다.

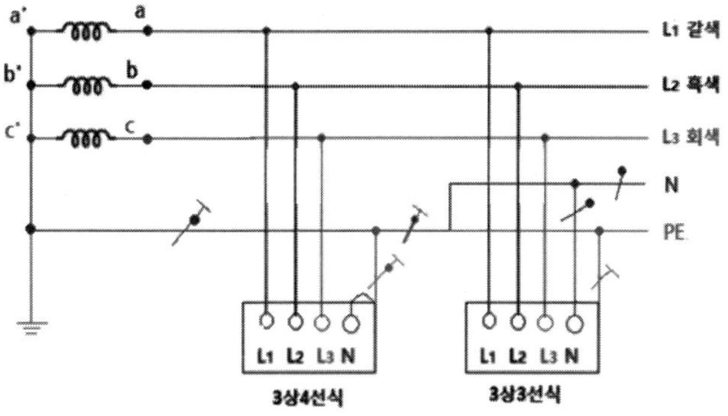

TN-C-S 접지계통

2. TT 계통

전원 공급측을 1개소 이상에서 직접접지(계통접지)하고 설비의 노출 도전부는 계통접지와는 전기적으로 독립된 접지전극에 접지(기기접지)한다. 즉, 계통접지와 기기접지는 완전히 분리된다. 이 계통에서 지락은 과전류 차단기 또는 누전차단기로 보호하며 이 경우 기기 프레임의 대지전위 상승을 제한하기 위한 조건이 고려되어야 한다.

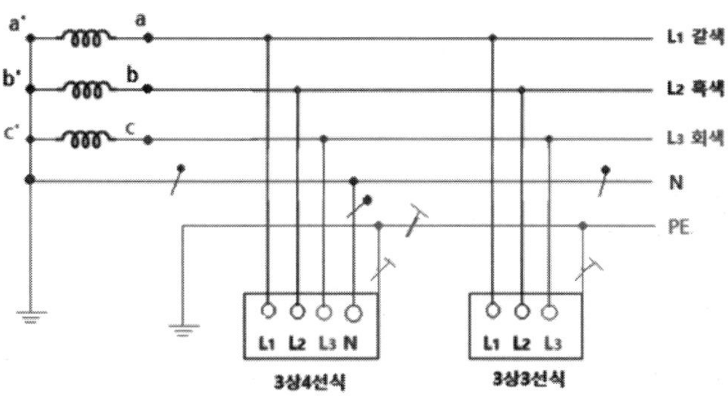

TT 접지 계통

3. IT 계통

전원 공급측은 비접지 또는 높은 임피던스 접지를 하고 설비의 노출 도전부는 전기적으로 독립된 접지전극에 기기를 접지한다. 지락사고가 발생할 때는 별도의 대책을 고려해야 한다. 따라서, 대규모 전력계통에서는 채택이 곤란한 방식이다. 대부분 전기설비계통은 TN-S, TN-C-S, 또는 TT 방식을 채택하고 있다.

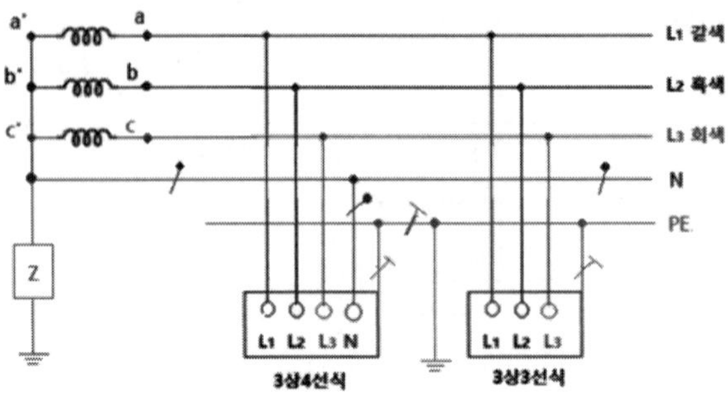

IT 접지 계통

6-7-3 접지설비와 보호도체에 관한 규정(IEC 60364-5-54)

① 여기에서는 전기설비의 안전과 계통에 대한 사항이 규정되어 있다.

② 대지와의 연결 부분에서는 접지설비의 재료에 대한 사항으로서 다음과 같다.

㉮ 접지극의 종류로는 봉상, 판상, 선상 전극과 건물 기초전극, 콘크리트 매입 철근, 지하 구조물 등을 접지극으로 인정하는 사항

㉯ 접지선의 종류내, 부식성능에 따른 크기 결정사항

㉰ 주접지단자와 접지바는 접지선, 접지도체, 등전위본딩도체, 기능용접지선을 접속하는 것 등에 대하여 규정하고 있다.

③ 보호도체 부분에서는 보호도체의 종류(절연전선, 나도체, 다조 케이블의 1심 사용)에 따른 도체의 단면적에 대해 규정하고 있다.

④ 보호접지설비 부분에서는 과전류 보호장치, 고장전압보호동작형 보호장치에서 사용하는 보호도체가 규정되어 있다.

⑤ 기능목적 접지설비 부분에서는 전기설비의 정상동작을 보장하기 위한 기능용 접지에 관한 것이 규정되어 있다.

⑥ 보호와 기능겸용 접지설비 부분에서는 TN 계통에서 누전보호장치로 보호하지

않는 경우 도체를 보호도체와 중성선으로 겸용할 수 있는 사항을 규정한다.

⑦ 등전위 본딩 도체 부분에서는 주등전위 본딩도체, 보조등전위 도체에 대한 사항을 규정하고 있다.

6-8 접지와 본딩

6-8-1 개념

접지는 이상전류를 대지로 방류하기 위한 의도적인 설비로 항상 전압이 인가되거나 발생할 수 있는 설비를 대상으로 하고 전기적 접속(본딩)은 평상시 전압이 인가되지 않는 단순 금속체를 낮은 저항으로 서로 연결함을 원칙으로 한다.

본딩과 접지의 예를 그림 6-13에서 설명한다. 이 그림은 금속제의 파이프라인으로 대지로부터 절연된 상태이고, 스위치박스에 연결된 좌, 우. 아래의 각 스틸파이프를 접지도체로 전기적으로 접속시킨 것을 본딩이라 하고, 각 스틸파이프를 대지와 등전위로 하기 위해 대지와 접지도체로 접속시킨 것을 접지라 한다.

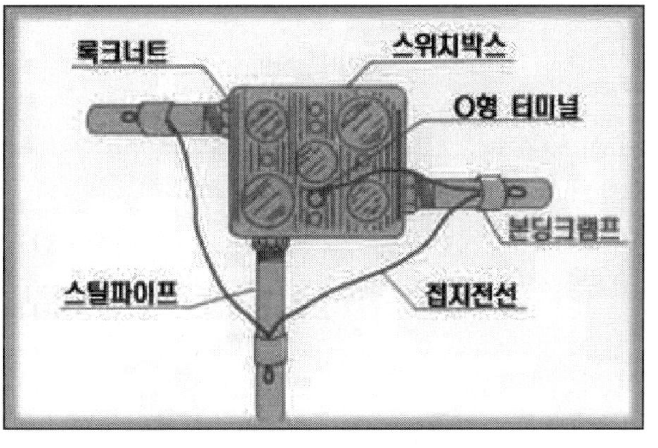

그림 6-13 파이프라인의 본딩

6-8-2 본딩의 목적

본딩은 시스템 간에 전위차를 억제하기 위한 것으로 서지를 억제하는 데 매우 중요한 역할을 한다. 서지 억제 관점에서 본딩의 목적을 두 가지로 구분하면

첫째, 시스템 간을 등전위화 하기 위한 것으로 다수의 설비간의 금속 외함간을 도체로 접속하여 설비간의 전위차를 없애는 것으로 이를 위해 본딩바나 환상의 도체를 이용하여 상호 접속하는 것이다. 이때 기본적인 본딩 방법은 가능하면 접지설비에 가까운 거리에 설치된 본딩도체를 이용하여 낙뢰와 같은 서지전류를 대지로 분류한다.

둘째, 본딩도체로서 서지전류의 유입 경로를 다수화하여 전체적인 설비의 외함과 도체 간에 나타나는 전위차를 줄이는 것이다.

본딩도체는 도체의 인덕턴스 때문에 유도전압강하가 발생하므로 가능하면 길이가 짧고 단면적이 큰 것 즉, 낮은 인덕턴스를 가진 도체가 요구된다.

6-9 접지저항 저감 방법

1. 물리적인 저감법

① 접지극의 길이를 길게 한다 (심타공법)

 -. 직렬 접지시공

 -. 매설지선 시설

 -. 평판 접지극 시설

② 접지극의 병렬 접속(병렬접지공법)

③ 접지봉의 매설깊이를 깊게한다 (지표면하 75[cm] 이하에 시설)

④ 접지극과 대지와의 접촉저항을 향상시키기 위하여 심타공법으로 시공한다.

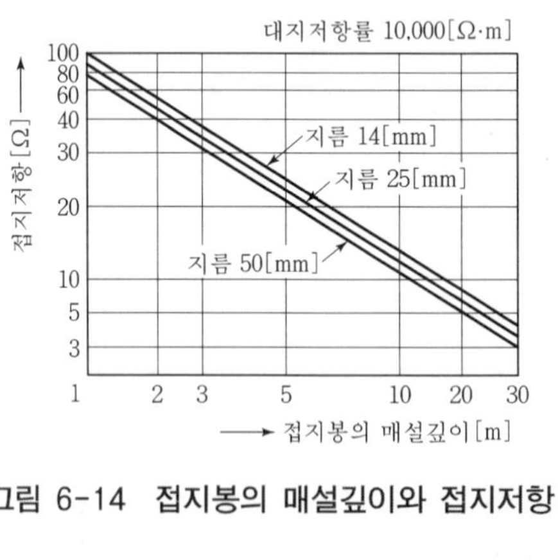

그림 6-14 접지봉의 매설깊이와 접지저항

2. 화학적 저감법

① 접지극 주변 토양의 개량(염, 유산, 암모니아, 탄산소다, 카본분말, 밴드라이트 등 화학약품을 사용하는 데 따른 환경오염 문제로 사용이 제한되고 있음)
② 접지저항 저감제 사용(주로 아스론 사용)

3. 접지 저감제 시공법

① 수반법
접지전극 부근의 대지에 저감제를 뿌리는 방법
② 구법
접지전극 주위에 고리모양으로 홈을 파서 그 속에 저감제를 유입시키는 방법
③ 보링법
막대 모양의 전극 대신에 선모양, 띠모양 전극을 포설하여 그 속에 저감제를 유입시키는 방법
④ 타입법
막대 모양의 전극에 타입할 구멍에 저감제를 유입하는 방법
⑤ 체류조법
저감제를 접지전극 위에 얇게 도포하는 방법

4. 접지저감제의 구비조건

① 안전할 것(토양을 오염시키지 않으며 인체에 유해하지 않을 것)
② 전기적으로 양도체일 것
③ 지속성이 있을 것
④ 전극을 부식시키지 않을 것
⑤ 작업성이 좋을 것

6-10 접지저항 측정 방법

1. 전위강하법

이 측정방법은 그림 6-15의 회로처럼 측정접지체(E)에서 전류보조극(C)을 멀리 설치하고, E와 C를 잇는 직선상에서 전압보조극(P)를 이동시키면서 그림 6-16의 거리별 저항분포곡선을 그린다. 저항(전압)분포곡선상에서 수평부분을 이루는 부분에서의 측정결

과가 접지저항 값으로 결정된다. 만일 수평부분이 없다면 전류보조극을 좀더 멀리 설치하고 측정을 다시 하여야 한다. 이 측정방법을 사용할 때의 주의할 사항으로는 전류보조극을 접지체로부터 멀리 설치해야 한다는 것과 측정방향으로 도전성 매설물이 있을 경우에는 오차가 크게 발생할 수 있으므로 측정방향을 선정하는데 있어 신중해야 할 것이다. 이때 측정접지체는 관련 접지대상(즉, 접지체가 사용되는 시스템 및 본딩된 타 접지시설과)과는 반드시 분리해야 한다.

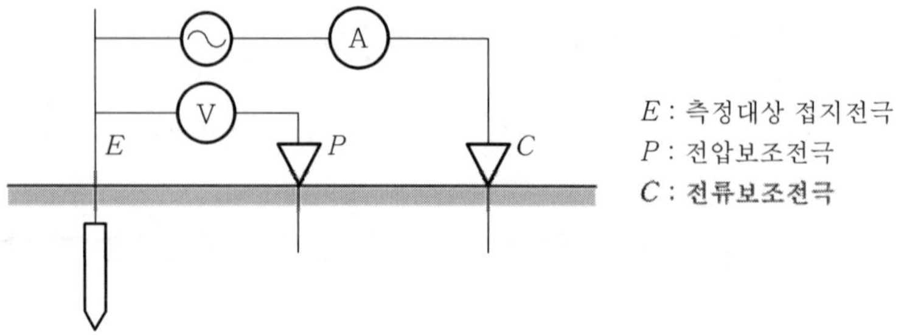

그림 6-15 전위강하법의 구성

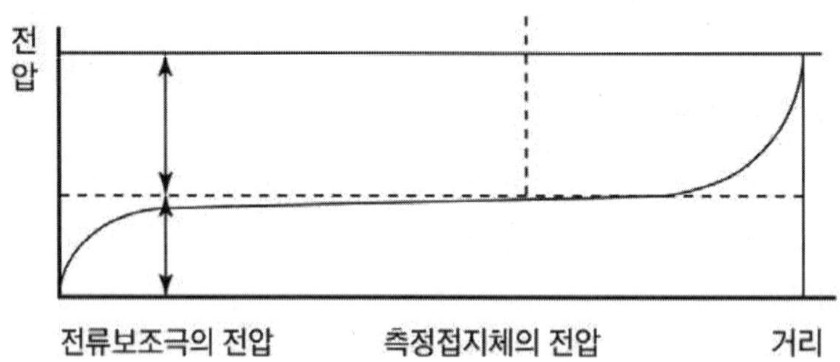

그림 6-16 전위분포곡선

2. 클램프-온 미터법

(1) 측정기의 원리

MGN(Multi Grounding Neutral) 전력시스템이나 통신케이블의 경우처럼 다중 접지된 시스템의 경우 그림 6-17과 같은 회로로 모델링 될 수 있다. 이때 특수한 변류기를 사용하여 회로에 전압 E를 공급해 주면 전류 I[A]가 흐르게 된다. 다시 변류기를 사용하여 흐르는 전류를 측정할 때 전류와 전압과의 관계는 다음과 같이 나타난다.

$$\frac{E}{I} = Rx + \frac{1}{\sum_{x=1}^{m} \frac{1}{Rx}}$$

$$R_x \gg \frac{1}{\sum_{x=1}^{m} \frac{1}{Rx}}$$

따라서, E/I=Rx라는 식이 성립된다.

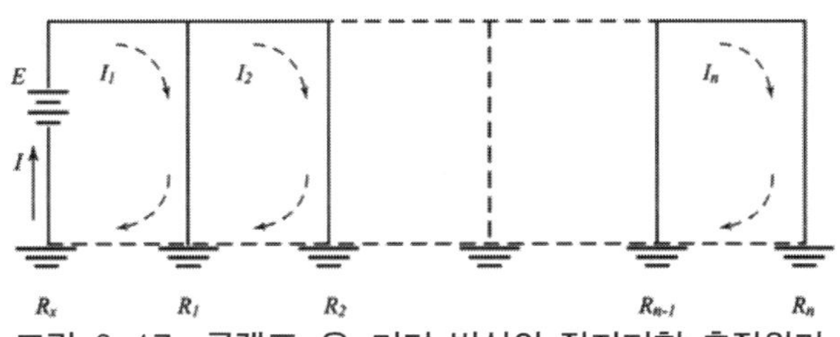

그림 6-17 클램프-온-미터 방식의 접지저항 측정원리

(2) 클램프-온-미터 측정법의 특징

-. 다중접지된 통신설로에서만 적용할 수 있다.

-. 접지체와 접지대상을 분리하지 않을뿐더러 보조접지극을 사용하지 않기 때문에 보다 빠르고 간편한 측정이 가능하다.

-. 접지선을 연결해야 측정이 가능하므로 자동적인 유지보수가 이루어진다.

-. 도로에서 사용할 경우 각 휘다 케이블의 본딩상태를 대략 점검할 수도 있다. 즉, 선로의 본딩이나 접지상태가 불량할 경우 측정결과가 모국접지저항보다

훨씬 크게 나타난다.

(3) 시사점

-. 접지저항측정방법의 이론적 접근과 국제기술규정을 적용하고 도입하는 계기
-. 접지설비의 품질을 높일 수 있어서 고가장비의 보호와 안정적인 첨단설비운용
-. 정확한 측정방법에 따른 부실접지공사의 방지 및 접지공사비 원가가 높아짐
-. 정확한 접지저항측정 기술규정의 도입으로 국내 접지기술의 발전에 기여

6-11 접지전극 및 케이블의 부식방지법

6-11-1 전식이란

화학작용이나 금속이온의 유출로 인해 물질 자체가 변질 또는 물질의 특성이 변화되는 것을 부식이라 한다.

접지전극이나 케이블의 부식방지라 하면 CV 케이블과 같은 절연성 시스(Sheath)를 가진 것은 문제가 되지 않고 주로 POF 케이블의 파이프 부식문제로서 산화에 의한 부식보다는 유출전류에 의한 전식(Electrolytic Corrosion)이 문제가 된다(지중에 매설된 모든 금속도체).

이처럼 전식이란 지중에 매설된 접지전극파이프에 전류의 출입이 있는 경우 전류의 유출부분에서 금속이 이온화하여 대지로 유출됨으로써 부식되는 현상을 말한다.

6-11-2 일반적인 부식방지법

1. 환경적 요건

지표 가까이에는 각종 부식성 물질이 많으므로 매설관을 1.2 [m] 이상 깊게 매설하고 습기가 많은 곳을 피하되, 특히 지하철이나 전철레일 부근을 피한다.

2. 코팅방법

파이프의 표면을 폴리에틸렌 또는 모르타르 등으로 코팅하거나 테이프 등으로 감거나 하여 파이프(전극) 표면대지 사이에 이온통로를 차단한다(단, 코팅상태가 완벽하지 않은 경우 또는 기계적 손상으로 코팅 일부가 벗겨지면 그 부분에 전류가 집중해서 흘러 급속히 전식을 일으키기 쉽다).

6-11-3 전식방지법

1. 희생양극법

① 그림 6-18과 같이 희생양극(Anode)으로 자연전위가 −1,500~−1,750 [mV]인 마그네슘(Mg) 양극을 사용해서 피보호관(피방식물)과 도체로 연결해 놓으면 철의 자연전위는 −450~−650 [mV]로 도체를 통해서 희생양극으로 흐르므로(지하이온통로에서는 희생양극에서 피보호관쪽으로 전류가 흐른다) 관의 부식을 방지하게 된다.

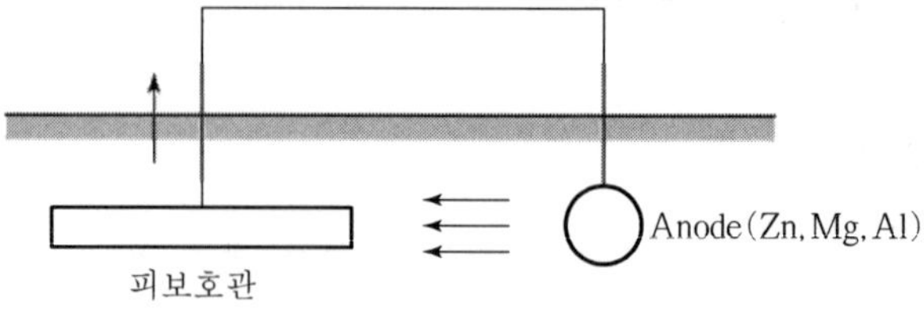

그림 6-18 희생양극법

② 전위로 보면 마그네슘 전극이 피보호관보다 낮으므로 희생음극이라 해야 하나 지하이온경로에서 보면 전류가 마그네슘에서 피보호관쪽으로 흐르므로 희생양극이라 한다.

③ 마그네슘(Anode)이 희생되어가기 때문에 피보호관의 수명만큼 지탱할 수 있는 정도의 크기이어야 한다.

2. 외부전원법

그림 6-19와 같이 정류기를 써서 강제로 전위를 가하여 지하이온통로에서 희생양극으로부터 피보호관쪽으로 전류를 흘려주는 방법으로 전극에는 (+)극, 피방식 구조물에는 (−)극을 접속한 후 전압을 가하여 방식전류를 얻는데, 전원을 외부에서 얻기 때문에 큰 전류를 흘릴 수 있어 대형의 피방식물에 적합한 방법이다. 그러나 다른 매설물에 영향을 주므로 매설물이 많은 지역에서는 적용에 주의해야 한다.

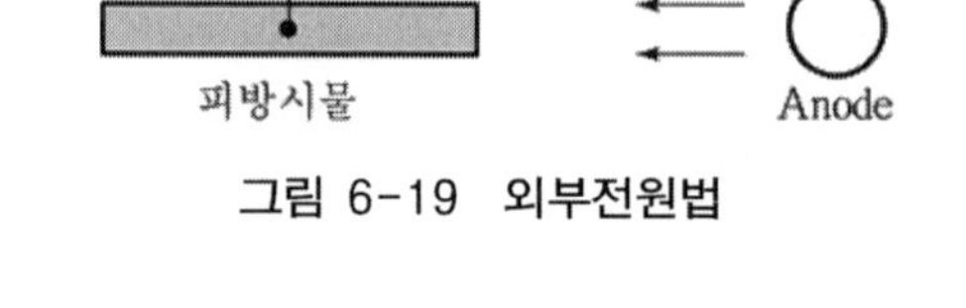

그림 6-19 외부전원법

3. 직접배류법

레일에 흐르는 전류의 일부가 대지로 누출되어 지하매설관에 유입되고 이것이 변전소

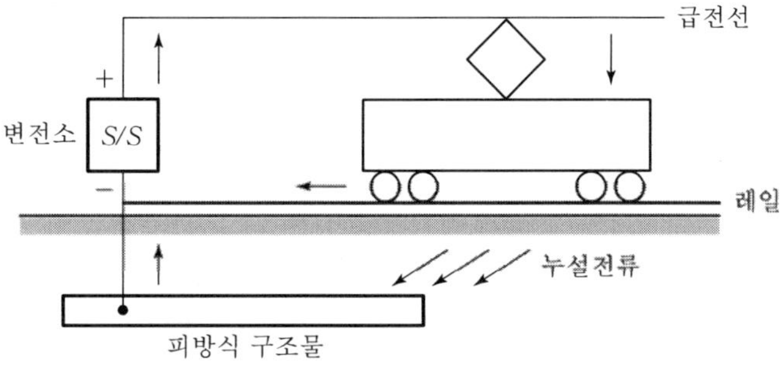

그림 6-20 직접배류법

부근에서 유출하여 변전소의 (−)극으로 들어가므로 변전소 부근 전류의 유출부위에서 전식이 일어나게 된다. 이를 방지하기 위해서 변전소 부근의 지하매설관에 도체를 접속하여 변전소 (−)극 사이를 연결시켜주는 방법을 직접배류법이라 한다.

4. 선택배류법

전동차의 회생제동 등으로 인해 전류의 방향이 그림 6-21의 방향과 반대로 되는 경우도 때때로 있게 된다. 이 경우 피보호관으로부터 레일에 전류의 유출이 발생하여 부식을 더욱 촉진시키게 되는데 이를 방지하기 위해 변전소의 (−)극과 피방식물체를 연결한 도체 사이에 다이오드를 연결하여 반대방향으로 전류가 흐르지 못하게 하는 방법이다.

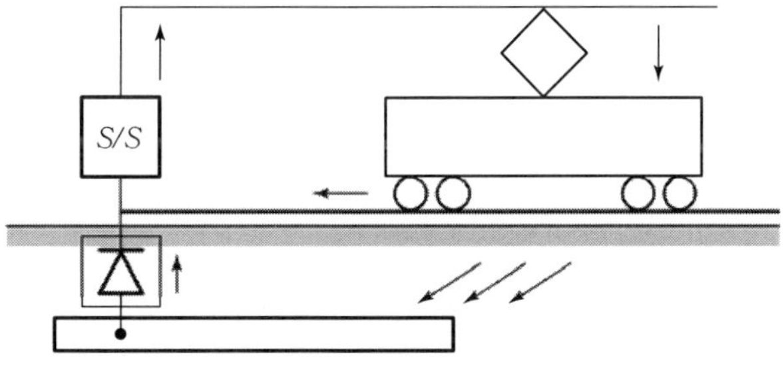

그림 6-21 선택배류법

5. 강제배류법

외부전원법과 직접배류법이 조합된 방법으로,
외부전원법과 다른점은 전철의 레일을 Anode로 사용한다는 점이다.

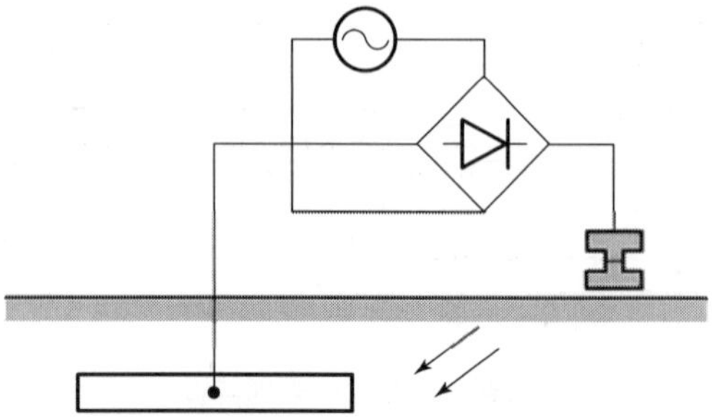

그림 6-22 강제배류법

6-12 감전방지대책

감전을 방지하는 방법으로는 보호접지방식, 누전차단방식, 이중절연방식, 전용접지선방식 등이 있다.

이들 감전방지방법 중 보호신뢰성이 우수한 누전차단방식을 가장 많이 사용한다.

1. 보호접지방식

전기기기의 금속제 외함이나 철대 및 금속제 전선관 등을 접지해서 누설전류를 신속하게 대지로 방출시킴으로써 금속제 외함 및 철대와 대지간에 발생하는 대지전압을 인체 허용접촉전압 이하로 억제시키는 감전보호방식이다.

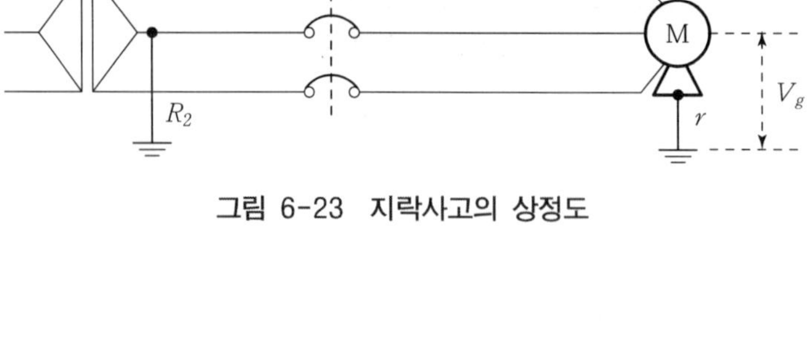

그림 6-23 지락사고의 상정도

$$r = \frac{V_g R_2}{E - V_g} \, [\Omega]$$

여기서 r : 보호접지저항 [Ω]

R_2 : 제 2 종 접지저항 [Ω]

V_g : 접지점의 대지전압 [V]

V : 저압전로의 대지전압 [V]

그림 6-23은 부하기기(전동기)의 절연물의 열화 등의 사고가 발생하면 지락점과 전동기의 금속제 외함 그리고 전동기 외함 접지선을 통해 대지로 흐르게 되는데, 이로 인하여 고장점에 고장전압 V_g가 발생한다.

$$V_g = I_g r \, [\mathrm{V}]$$

따라서 이 고장전압이 인체 허용접촉전압 이하가 되도록 전기기기의 금속제 외함 등을 상당히 낮은 접지저항이 되도록 접지공사를 하여야 한다.

2. 누전차단방식

누전차단기를 전로에 설치하여 감전보호를 하는 방법으로서 보호신뢰성이 높아 일반적으로 가장 많이 채용되는 방식이다.

이 방식은 전로에 지락사고가 발생했을 때 ZCT(영상변류기)에 의해 영상전류를 검출하여 누전차단기의 여자회로를 여자하여 전로를 신속하게 자동차단하는 감전보호방식이다.

표 6-6 허용접촉전압에 따른 보호접지의 종류와 저항값

종 류	허용접촉전압 [V]	접지저항 [Ω]
제 1 종 보호접지	2.5 이하	$r \leq \frac{2.5}{E-2.5} R_2$
제 2 종 보호접지	25 이하	$r \leq \frac{25}{E-25} R_2$
제 3 종 보호접지	50 이하	$r \leq \frac{50}{E-50} R_2$
제 4 종 보호접지	제한없음	$r \leq 100$

표 6-7 보호접지의 종류와 접촉상태

종 류	접 촉 상 태
제 1 종 보호접지	• 인체의 대부분이 수중에 있는 상태
제 2 종 보호접지	• 인체가 심하게 젖은 상태 • 전기기계기구의 금속제 외함 및 철대와 인체의 일부 또는 전부가 항상 닿아 있는 상태
제 3 종 보호접지	• 제 1 종, 제 2 종 이외의 경우로서 접촉전압이 50 [V] 이상이 가해지면 위험한 상태
제 4 종 보호접지	• 제 1 종, 제 2 종 이외의 경우로서 접촉전압이 가해질 우려가 없는 상태

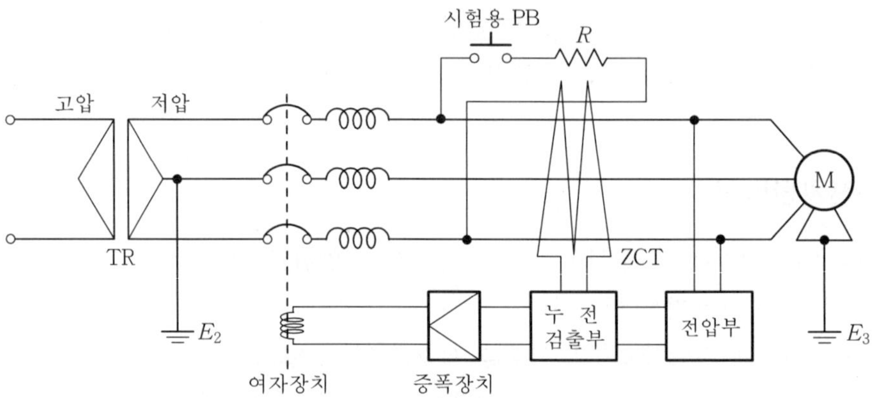

그림 6-24 누전차단기의 구조

표 6-8 누전차단기의 감도전류와 기기접지의 접지저항값(최대값)과의 관계

누전차단기의 감도전류 [mA]	접지저항 [Ω]
30	500
50	300
100	150
200	75
500	30

3. 이중절연방식

지락보호가 필요한 것은 전기기기의 절연물이 열화하여 지락이 생기기 때문이다. 이중절연이란 전기기기의 절연을 강화해서 안전을 도모하는 것으로, 보통의 전기기기에 있어서 전기기기의 전류가 통하는 부분과 금속제 외함 사이에는 반드시 절연이 되는데 전류가 외함으로 누설되는 경우 인체감전의 위험을 초래하는 것은 물론 기기의 본래의 기능이 저하하므로 이러한 장애를 방지하기 위해 실시하는 절연을 기능절연이라 하며, 이중절연기기는 금속제 외함 위에 다시 한 층의 절연을 더한 것으로서 이를 보호절연이라 한다.

이중절연방식은 기기와 금속제 외함간에 절연(기능절연)이 나빠져도 기기의 외부에 전압이 인가되지 않는 특징을 갖고 있다.

4. 전용 접지선방식

외국에서 많이 사용하고 있으며 과전류보호기를 고속도로 동작시키기 위해 충분한 지락전류를 얻기 위한 방식으로서, 보호기가 고속도로 동작하기 위한 충분한 지락전류를 얻어야 하기 때문에 전로와 병행된 접지전용선을 설치하거나 금속관이나 금속덕트를 전기적으로 완전하게 접속하여 접지전용선을 대신하도록 하고 있다. 또한 전기기기의 금속제 외함을 통하는 누설전류를 이 접지선에 흐르게 하기 위해서는 반드시 접지형 콘센트와 플러그가 구성되어야 한다.

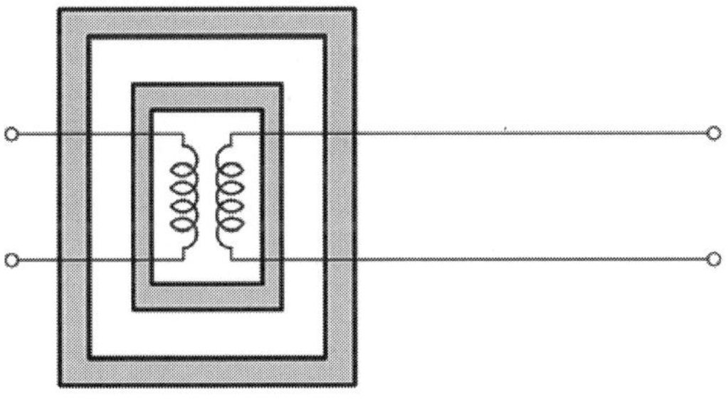

그림 6-25 이중절연방식

연 습 문 제

6-1 접지의 목적에 따라 분류하고 설명하여라.

6-2 접지선의 굵기 산정방법 중 법규에 의한 접지선의 굵기 산정방법에 대하여 상세히 설명하여라.

6-3 공통접지의 개요 및 장·단점과 시공법에 대하여 설명하여라.

6-4 대지고유저항 측정법 중 전위강화법에 대하여 기술하여라.

6-5 접지저항저감법에 대해 기술하여라.

6-6 접촉전압과 보폭전압에 대하여 회로해석법으로 설명하고 저감대책에 대해 기술하여라.

6-7 접지저항 저감제의 구비조건을 나열하여라.

6-8 접지전극의 시설기준에 대해 설명하여라.

6-9 고압기계기구 및 옥내배선은 절연내력시험을 하기 전에 절연저항을 측정한다. 이때 절연저항값은 최소 몇 [MΩ]인가?

6-10 배전용 변전소에서의 접지목적 세 가지를 들고 중요 접지개소 5개소를 나열하여라.

6-11 송배전선로의 중성점 접지방식의 종류를 분류하고 접지목적을 기술하여라.

6-12 전기회로에서 감전방지대책에 대하여 기술하여라.

6-13 전력 케이블의 차폐층을 접지하는 목적을 기술하여라.

방재설비 7

방재설비는 재해(지진, 화재, 기타 예기치 않았던 재해)로부터 인명과 재산을 보호하기 위한 설비로서 방재설비에는 화재탐지설비, 피뢰설비, 비상콘센트설비, 누전경보설비, 항공장애등설비, 비상용 엘리베이터설비, 방범설비 등이 있다.

재 해	천 재	수 해
		지 진
		뇌 해
		풍 해
	인 재	도 난
		화 재

7-1 자동화재탐지설비

건축물 내에 발생한 화재의 초기 단계에서 발생되는 열 또는 연기를 자동적으로 감지하여 건축물 관계자에게 통보하고 건축물 내의 거주자에게 벨 또는 사이렌 등의 음향으로 화재 발생을 알리는 설비의 일체를 자동화재탐지설비라 하며, 수신기, 중계기, 감지기, 발신기, 표시등, 경종, 사이렌 등으로 구성되어 있다.

7-1-1 경계구역

경계구역이란 자동화재 탐지설비 1회선이 유효하게 화재의 발생을 탐지할 수 있는 구역을 말한다.

1. 경계구역의 설정

(1) 층수에 의한 경계구역

1-1-1) 2개 층을 하나의 경계구역으로 할 수 있는 경우

경계구역 합계 면적이 500 [㎡] 이하인 경우 가능하나 그 경계구역마다 감지기 등의 변동사항을 용이하게 확인할 수 있는 계단이 있는 것이 바람직하다.

1-1-2) 옥상층의 옥탑 또는 그 외의 것으로서 층으로 간주되지 않는 경우.

승강기탑, 계단탑, 장식탑, 망루, 옥탑 기타 이와 유사한 건축물의 옥상 부분으로 그 수평 투영면적의 합계가 당해 건축물 건축면적의 1/8 이하인 것과 지하층은 건축물의 층수에 삽입하지 않는다.

따라서 옥탑의 건축면적이 1/8 이하이면 각각 600 [㎡] 이하마다 하나의 경계구역으로 할 수 있다.

그러나 가급적 별개의 경계구역으로 하는 것이 바람직하다.

1-1-3) 계단, 경사로, E.V 권상기실, 린넨슈트, 파이프덕트 등의 경우

층의 수가 2 이하인 경우의 계단부분에 설치하는 연기감지기의 경계구역은 2층의 거실 등을 포함하여 600 [㎡] 이하의 범위에서 한 개의 경계구역으로 할 수 있다.

(2) 면적에 의한 경계구역의 범위(화재안전기준 NFSC 203-4)

① 수평 경계구역의 기준

㉮ 하나의 경계구역이 2개 이상의 건축물에 미치지 아니하도록 할 것

㉯ 하나의 경계구역이 2개 이상의 층에 미치지 아니하도록 할 것. 다만 500 [㎡] 이하의 범위 안에서는 2개의 층을 하나의 경계구역으로 할 수 있다.

㉰ 하나의 경계구역의 면적은 600 [㎡] 이하로 하고 한 변의 길이는 50 [m] 이하로 할 것. 다만 해당 특정 소방대상물의 주된 출입구에서 그 내부 전체가 보이는 것에 있어서는 한 변의 길이가 50 [m]의 범위에서 1,000 [㎡] 이하로 할 수 있다.

(학교의 강당, 옥내 경기장, 체육관, 집회장, 관람장, 극장의 객석 등)

단, 사무실, 창고 등 한눈에 볼 수 있는 것으로 생각되는 경우라도 실제로는 물건을 쌓았거나 큰 기계, 샤프트 등이 설치되어 있어 내부를 볼 수 없다면 해당되지 않는다.

② 수직 경계구역의 기준

계단(직통계단 외의 것에 있어서는 떨어져 있는 상하계단의 상호간 수평거리가 5 [m] 이하로서 서로 간에 구획되지 아니한 것에 한한다.)·경사로(에스컬레이터 경사로 포함)·엘리베이터 승강로(권상기실이 있는 경우 권상기실)·린넨슈트·파이프 피트 및 덕트 기타 이와 유사한 부분에 대하여는 별도로 경계구역을 설정하되, 하나의 경계구역은 높이 45 [m] 이하(계단 및 경사로에 한한다)로 하고, 지하층의 계단 및 경사로(지하층의 층수가 1일 경우는 제외한다)는 별도로 하나의 경계구역으로 하여야 한다.

③ 외기에 면하여 상시 개방된 부분이 있는 차고·주차장·창고 등에 있어서는 외기에 면하는 각 부분으로부터 5 [m] 미만의 범위 안에 있는 부분은 경계구역의 면적에 산입하지 아니한다.

7-1-2 자동화재탐지설비의 구성

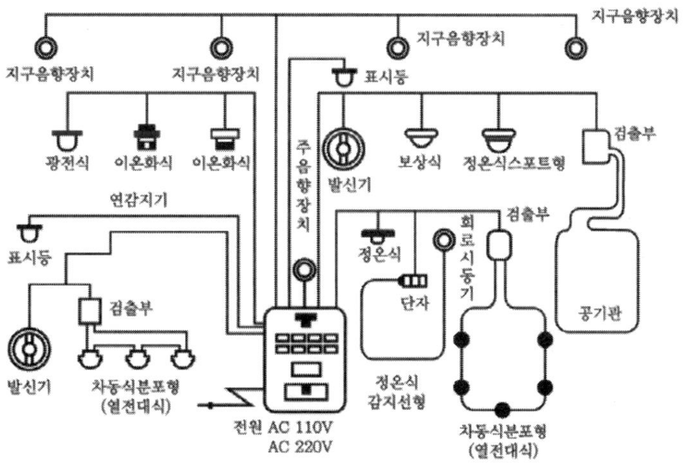

수신기, 중계기, 감지기, 발신기, 경종, 사이렌 등 소방용 기기는 소방용기계기구 등의 규격 및 검정에 관한 규칙에 적합하고 또한 소방법에 의한 검정 합격품이어야 한다.

수신기는 감지기나 발신기 등과 전선에 의해 직접 연결되거나 중계기를 사이에 두고 연결되며 감지기, 중계기 또는 발신기가 작동했을 때 그 장소(아날로그 감지기의 경우 해당 감지기 표시 가능)를 표시하는 것으로서, 수신기는 P(proprietary type)형(1급, 2급)과 R(record type)형, M(municipal type)형, GP형, GR형으로 분류된다(GP, GR : G형가스화재탐지설비와 P형 또는 R형 수신기의 기능을 겸하는 수신기이다).

또한 필요에 따라서는 소화펌프 기동장치와 부수신기, 비상경보장치, 방화댐퍼, 방재통보 수신장치 등의 소방에 필요한 각종 감시기능과 연결하여 사용할 수 있다.

7-1-3 수신기

수신기는 감지기나 발신기에서 발산된 화재신호를 수신하여 화재의 발생을 해당 건물의 관계자에게 램프, 음향장치 등을 통해서 통보하는 장치로, 수위실, 방재센터 등 항상 사람이 있는 장소에 설치하여야 한다.

1. 수신기 설치기준〔설치기준자동화재탐지설비의 화재안전기준(NFSC 203)〕

(1) 수위실 등 상시 사람이 근무하는 장소에 설치할 것. 다만, 사람이 상시 근무하는 장소가 없는 경우에는 관계인이 쉽게 접근할 수 있고 관리가 용이한 장소에 설치할 수 있다.

(2) 수신기가 설치된 장소에는 경계구역 일람도를 비치할 것. 다만, 모든 수신기와 연결되어 각 수신기의 상황을 감시하고 제어할 수 있는 수신기(이하 "주수신기"라 한다)를 설치하는 경우에는 주수신기를 제외한 기타 수신기는 그러하지 아니하다.

(3) 수신기의 음향기구는 그 음량 및 음색이 다른 기기의 소음 등과 명확히 구별될 수 있는 것으로 할 것

(4) 수신기는 감지기·중계기 또는 발신기가 작동하는 경계구역을 표시할 수 있는 것으로 할 것

(5) 화재·가스 전기등에 대한 종합방재반을 설치한 경우에는 해당 조작반에 수신기의 작동과 연동하여 감지기·중계기 또는 발신기가 작동하는 경계구역을 표시할 수 있는 것으로 할 것

(6) 하나의 경계구역은 하나의 표시등 또는 하나의 문자로 표시되도록 할 것

(7) 수신기의 조작 스위치는 바닥으로부터의 높이가 0.8 [m] 이상 1.5 [m] 이하인 장소에 설치할 것
(8) 하나의 특정소방대상물에 2 이상의 수신기를 설치하는 경우에는 수신기를 상호간 연동하여 화재발생 상황을 각 수신기마다 확인할 수 있도록 할 것

2. 수신기의 종류

(1) P(proprietary type)형 1급 수신기

모든 건축물에 적용이 가능하나 대형 건축물(선로가 길어질 경우 선로저항에 의해 전압강하의 영향을 받아 신뢰성이 떨어진다)의 경우 R형이 유리하다.

- 화재표시작동 시험장치
- 도통시험장치
- 예비전원 전환장치
- 예비전원 시험장치
- 전화연락장치
- 전압계

(2) P(proprietary type)형2급 수신기

연면적 350 [㎡] 이하의 경우만 적용(경계구역 5 이하)

- 화재표시작동 시험장치
- 도통시험장치
- 예비전원 전환장치
- 예비전원 시험장치
- 전압계

(3) R(record type)형 수신기

모든 건축물에 적용 가능하나 특히 대형 건축물의 경우 R형이 유리하다. 배선수가 적어지나 P형의 회선수 만큼 중계기가 필요하다.

(4) M(municipal type)형 수신기

M형 발신기로부터 발하여진 신호를 수신하여 화재의 발생을 소방기관이 감지하는 수신기이다.

(5) GP형 수신기

G형 가스화재 탐지설비와 P형 1급 수신기의 기능을 겸하는 수신기이다.

(6) GR형 수신기

G형 가스화재 탐지설비와 R형 수신기의 기능을 겸하는 수신기이다.

(7) 2신호식 수신기

복합식 또는 다신호 감지기의 특성을 살리기 위한 수신기이나, 일반형의 감지기라도 감지기의 제1보, 제2보에 의해 동일한 역할을 할 수 있다.

먼저 1개의 감지기 신호를 받거나 다신호 감지기의 제1보를 수신했을 때는 주 음향장치 또는 부음향장치만을 명동한다. 그러므로 이 단계에서는 전 건물의 지구음향장치는 명동하지 않으며, 이 사이에 방재요원이 화재여부를 확인하고 다른 감지기가 동작하거나 다신호 감지기의 제2보를 수신했을 때 지구 음향장치를 명동하는 구조의 것으로 비화재보를 경감시켜 시스템의 신뢰도를 향상시킬 수 있다.

(8) 인텔리젼트 수신기

컴퓨터 프로그램에 의한 자동정보전달체계 및 단말기기를 제어할 수 있는 시스템으로 중계기와 아날로그 감지기에서 발신한 신호와 단말기기의 기동을 제어하는데, 전송방식은 각 중계기 및 아날로그 감지기를 차례로 호출하고 정보의 송수신을 반복하는 다중전송에 의한 addressing 방식을 채용한다.

인텔리젼트 시스템의 전송방식은 polling addressing 방식으로 기존의 R형 시스템보다 배선이 적게 소요되므로 기존의 배관, 배선을 그대로 이용할 수 있다. 따라서 인텔리젼트 수신기는 R형 수신기와 교체가 가능하다.

- 단선감지기능 : 전송로의 이상을 알려주는 기능
- 축적기능 : 비화재보를 방지하는 기능
- 자기진단기능 : 정기적으로 시스템을 진단하는 기능
- 집중감시기능 : 모든 이상상태를 한눈에 볼 수 있는 기능

(9) P형 수신기와 R형 수신기의 비교

표 7-1 P형 수신기와 R형 수신기의 비교

구분	P(proprietary type)형	R(record type)형
신뢰성	• 회로선로의 선로의 단락 등으로 인하여 수신반에 고장발생시 시스템 마비	• 외부선로의 단락시 단락회로에 접속된 중계기 외의 중계기는 정상 작동 • 로컬의 고장에 의한 전체시스템의 마비는 없다.
유지 관리	• 간선의 배선수가 많으므로 보수 및 유지관리가 난이하다.	• 간선수가 적어 유지관리가 용이하다.
회로의 증설, 변경	• 회로 증설시 간선, 배관, 배선 및 수신반의 수신창 부족시 수신기를 추가하여야 한다.	• 회로증설시 중계기의 예비회로를 사용하거나 별도의 중계기를 설치하고 기존 설치된 중계기에서 신호선만 분기하면 된다.
공사비	• 간선수가 많아 공사비가 크다.	• P형에 비해 대폭 절감된다
수신반 가격	• 저렴하다.	• 고가이다.
신호 전달방식	• 감지구역별 개별 신호선	• 다중통신방식
회로방식	• 릴레이 또는 반도체	• 컴퓨터
중계기	• 불필요	• 필요
표시방식	• 점등식 지구창 표시	• 디지털 액정
신호의 종류	• 전회선 공통	• 회선마다 고유
점검대상	• 수신기	• 수신기 및 중계기
적용	• 규모가 작은 아파트에 유리	• 초고층 대단위 아파트에 유리

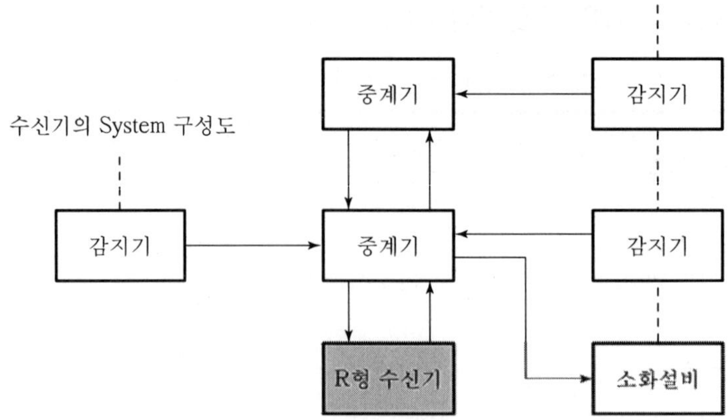

그림 7-1 R형 수신기의 구성도

(10) R(record type)형 시스템의 집합형과 분산형 비교

표 7-2 R(record type)형 시스템의 집합형과 분산형 비교

구분	집합형	분산형
통신방식	Pulse Cord Modulation	Pulse Position Modulation 방식
형식승인	R형	GR형
중계기의 전원장치	교류 11/220 [v]를 입력전원으로 사용하며 내부에 정류기 및 비상 축전지를 내장하고 있다.	방재실에 설치된 R형 수신기의 전원장치로부터 DC24 [v]를 공급하므로 중계기에는 전원장치가 없다.
중계기 통신계통 사고시 backup 기능	중계기 독립제어기능으로 자동절환되어 정상적인 방재업무 수행	2중 포설에 의한 loop back 기능을 보유하며 isolater를 추가 설치함.
중계기 전원 공급선로	거리에 따른 전압강하율은 중계기와 local 기기장치간의 거리가 짧아 문제가 되지 않는다.	부하전류가 크거나 거리가 멀어질수록 전선의 굵기가 비례적으로 굵어진다.
수신기 수	1채널	4~16채널
아날로그 감지기에 의한 농도, 온도검출 기능 및 예비정보기능	없음	있음
설치공사방법	2~3개 층의 방재설비용 기기장치를 전기 pit 내부에 설치된 중계기에 연결하는 방식	각 local 기기장치 내부에 중계기를 설치하거나 별도의 격납함에 중계기를 내장하는 방식으로 설치 개소가 많아진다.
유지보수	수리 및 유지관리가 편리하다.	중계기 이상 발생시에는 새로운 중계기로 교체하여야한다.
적용대상	-. 대단위 공장 -. 학교, 연구단지, 공항, 병원 등 -. 초고층 건축물	-. 호텔 -. 대단위 아파트단지 -. 전기샤프트가 비좁은 건축물

(11) 수신기와 연동되는 각종 설비

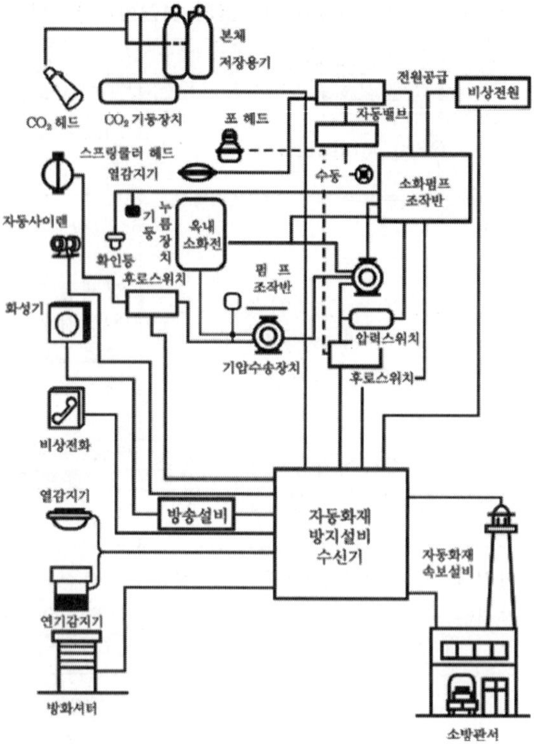

7-1-4 중계기

중계기는 감지기 또는 발신기로부터 신호를 받아 수신기로 발신하고 방재를 위한 설비의 제어신호를 수신하며 중계하는 것으로서 R형 수신기, 연기감지기, 방재설비에 제어신호를 수신하며 중계하는 것으로 구분된다.

1. 중계기의 구조 및 기능

1. 수신기에서 전력이 공급되는 방식의 경우에는 외부부하에 전력을 공급하는 회로에 이상이 발생시에는 자동적으로 수신기에 신호를 발한다.
2. 수신기에서 전력이 공급되지 않는 방식의 중계기는 주전원의 이상 상태를 즉시 수신기에 발하고, 즉시 예비전원으로 전환되어야 한다.
3. 중계기에서 지구음향장치를 가동시키는 경우 수신기에서 조작하지 않는 한 계속하여 벨이 울리는 것이어야 한다.

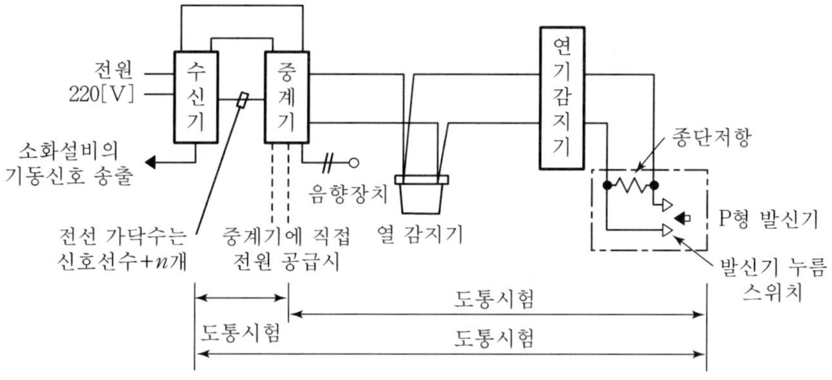

그림 7-2 연기 감지기와 중계기의 결선 예

2. 중계기 설치기준

1. 수신기에서 직접 감지기회로의 도통시험을 행하지 아니하는 것에 있어서는 수신기와 감지기 사이에 설치할 것
2. 조작 및 점검에 편리하고 화재 및 침수 등의 재해로 인한 피해를 받을 우려가 없는 장소에 설치할 것
3. 수신기에 따라 감시되지 아니하는 배선을 통하여 전력을 공급받는 것에 있어서는 전원입력측의 배선에 과전류 차단기를 설치하고 해당 전원의 정전이 즉시 수신기에 표시되는 것으로 하며, 상용전원 및 예비전원의 시험을 할 수 있도록 할 것

7-1-5 감지기

감지기는 화재로 발생되는 열 또는 연기를 이용하여 자동적으로 화재발생을 감지 후 수신기에 그 신호를 발하는 화재신호 송출장치이다.

1. 감지기 설치기준

(1) 감지기(차동식분포형의 것을 제외한다)는 실내로의 공기유입구로부터 1.5[m] 이상 떨어진 위치에 설치할 것

(2) 보상식스포트형감지기는 정온점이 감지기 주위의 평상시 최고온도보다 20[℃] 이상 높은 것으로 설치할 것

(3) 스포트형감지기는 45° 이상 경사가 되지 아니하도록 부착할 것

(4) 공기관의 노출부분은 감지구역마다 20 [m] 이상이 되도록 할 것
(5) 공기관은 도중에서 분기하지 아니하도록 할 것
(6) 하나의 검출부분에 접속하는 공기관의 길이는 100 [m] 이하로 할 것
(7) 감지기는 복도 및 통로에 있어서는 보행거리 30 [m](3종에 있어서는 20 [m])마다, 계단 및 경사로에 있어서는 수직거리 15 [m](3종에 있어서는 10 [m])마다 1개 이상으로 할 것

2. 부착높이에 따른 설치기준

자동화재탐지설비의 감지기는 부착 높이에 따라 다음 표에 따른 감지기를 설치하여야 한다. 다만, 지하층·무창층 등으로서 환기가 잘되지 아니하거나 실내면적이 40 [m²] 미만인 장소, 감지기의 부착면과 실내바닥과의 거리가 2.3[m] 이하인 곳으로서 일시적으로 발생한 열·연기 또는 먼지 등으로 인하여 화재신호를 발신할 우려가 있는 장소(제5조 제2항 본문에 따른 수신기를 설치한 장소를 제외한다)에는 다음 각 호에서 정한 감지기 중 적응성 있는 감지기를 설치하여야 한다.

1. 불꽃감지기
2. 정온식감지선형감지기
3. 분포형감지기
4. 복합형감지기
5. 광전식분리형감지기
6. 아날로그방식의 감지기
7. 다신호방식의 감지기
8. 축적방식의 감지기

표 7-3 설치높이 따른 적용 감지기

부착높이	감지기 종류
4 [m] 미만	차동식(스포트형, 분포형) 보상식 스포트형 정온식(스포트형, 감지선형) 이온화식 또는 광전식(스포트형, 분리형, 공기흡입형) 열복합형 연기복합형 열연기복합형 불꽃감지기

부착높이	감지기 종류
4[m] 이상 8[m] 미만	차동식(스포트형, 분포형) 보상식 스포트형 정온식(스포트형, 감지선형) 특종 또는 1종 이온화식 1종 또는 2종 관전식(스포트형, 분리형, 공기흡입형) 1종 또는 2종 열복합형 연기복합형 열연기복합형 불꽃감지기
8[m] 이상 15[m] 미만	차동식 분포형 이온화식 1종 또는 2종 광전식(스포트형, 분리형, 공기흡입형) 1종 또는 2종 연기복합형 불꽃감지기
15[m] 이상 20[m] 미만	이온화식 1종 광전식(스포트형, 분리형, 공기흡입형) 1종 연기복합형 불꽃감지기
20[m] 이상	불꽃감지기 광전식(분리형, 공기흡입형) 중 아날로그방식

(비고) ① 감지기별 부착높이 등에 대하여 별도로 형식승인을 받은 경우에는 그 성능 인정범위 내에서 사용할 수 있다.

② 부착높이 20 [m] 이상에서 설치되는 광전식 중 아날로그방식의 감지기는 공칭감지농도 하한값이 감광률 5 [%/m] 미만인 것으로 한다.

3. 소방대상물에 따라 다음 표에 따른 바닥면적마다 1개 이상을 설치할 것

표 7-4 감지기 1개가 담당하는 최대 바닥면적(단위 : [㎡])

부착높이 및 특정소방대상물의 구분		감지기의 종류						
		차동식 스포트형		보상식 스포트형		정온식 스포트형		
		1종	2종	1종	2종	특종	1종	2종
4 [m] 미만	주요 구조부를 내화구조로 한 특정소방대상물 또는 그 부분	90	70	90	70	70	60	20
	기타 구조의 특정소방대상물 또는 그 부분	50	40	50	40	40	30	15
4 [m] 이상 8 [m] 미만	주요 구조부를 내화구조로 한 특정소방대상물 또는 그 부분	45	35	45	35	35	30	
	기타 구조의 특정소방대상물 또는 그 부분	30	25	30	25	25	15	

4. 감지기 동작원리 및 특성

(1) 열감지기

(1) 차동식 스폿형 감지기

감지기가 설치된 한 국소의 주변온도가 일정한 온도상승률 이상일 경우에 작동하는 것으로 작동되는 에너지가 무엇이냐에 따라 공기팽창식, 열기전력식 등이 있다.

ⓐ 공기팽창을 이용한 것

- 구성 : 감열실, 다이어프램, 리크(Leak) 구멍
- 동작원리 : 감지기가 급격한 온도상승을 받으면 감열실 내의 공기가 팽창하여 다이어프램을 들어올려 접점을 폐로하여 화재신호를 송출한다. 그러나 일반적인 난방 등에 의한 완만한 온도변화에 의하여 팽창된 공기는 리크구멍으로 빠져나가 접점을 닫지 못해 화재신호를 송출하지 못한다.

ⓑ 열기전력을 이용한 것

- 구성 : 감열실, 반도체열전대, 고감도릴레이

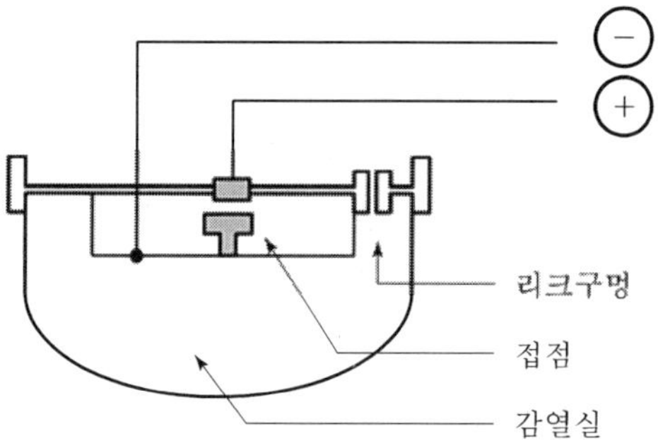

그림 7-3 차동식 스폿형(공기팽창식)의 구조

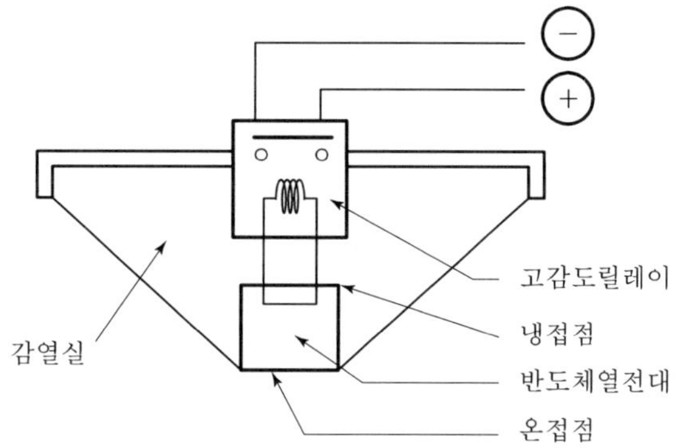

그림 7-4 열기전력형의 구조

- 동작원리 : 감열실 내에 냉접점과 온접점으로 구성되어 고정된 반도체열전대에 열이 가해지면 기전력이 발생하여 고감도릴레이가 작동되므로 화재신호를 송출하게 되며, 실내온도가 완만하게 상승하는 평상시에는 냉접점의 열기전력에 의해 온접점의 열기전력이 상쇄되어 릴레이를 작동시키지 못하게 된다.

(2) 차동식 분포형 감지기

설치된 감지기의 주위온도가 일정한 온도상승률 이상이 되었을 때 작동하는 것으로서 광범위한 열효과의 누적으로 작동하는 것을 말한다.

ⓐ 공기관식

- 구성 : 공기관, 검출부, 다이어프램, 리크구멍
- 동작원리 : 차동식 스폿형과 같은 원리
- 설치규정
  - 공기관의 노출부분은 감지구역마다 20 [m] 이상이 되도록 하여야 한다.
  - 공기관과 감지구역의 각변과의 이격거리는 1.5 [m] 이상, 공기관 상호간의 이

격거리는 6 [m] 이하로 한다(단, 내화구조인 경우 9 [m] 이하).

- 공기관 도중에 분기하지 않도록 한다.
- 하나의 검출부에 접속하는 공기관의 길이는 100 [m] 이하가 되도록 한다.
- 검출부는 5° 이상 경사되지 않도록 부착한다.

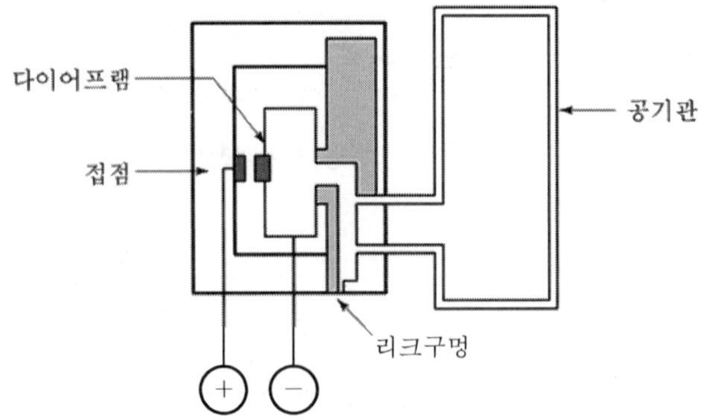

그림 7-5 공기관식

ⓑ 열전대식

제어백효과를 이용한 것으로 서로 다른 두 금속을 접합한 후 두 접합점의 열(온도)차를 주면 열기전력이 발생하여 작동되는 것이다.

• 구성 : 열전대부, 릴레이, 검출부 등

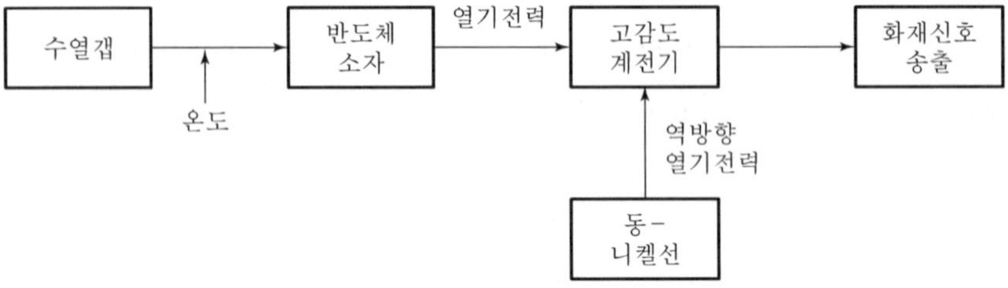

그림 7-6

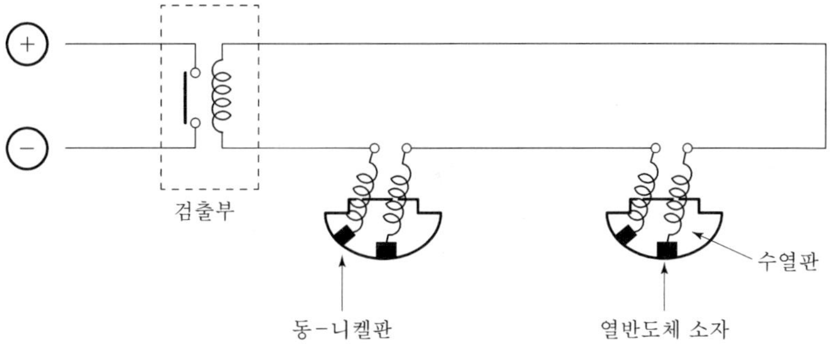

그림 7-7 열반도체식

- 동작원리 : 두 종류의 금속선을 접합하여 폐회로를 만들고 이 접점에 다른 온도를 유지하면 기전력이 발생하여 열전류가 흐른다는 Seeback 효과를 응용한 것으로 열기전력이 발생하면 고감도릴레이에 전류가 흘러 작동하게 되는 것이다.

ⓒ 열반도체식

열반도체 소자는 (Bi-Sb-Te)계 화합물로서 열기전력을 발생하고 열반도체 소자와 접속하는 동-니켈선은 열반도체 소자와 역방향의 열기전력을 발생시키며 수열갭은 감열부에 열을 유효하게 받게 하기 위한 것이다.

평상시 합성기전력이 영(0)이 되어 동작하지 않으나 화재시 수열갭의 온도가 상승하여 반도체 소자에 의한 열기전력이 동-니켈선에 의한 열기전력보다 큰 값을 갖게 되어 고감도계전기가 작동, 접점을 폐로하여 화재신호를 송출하게 된다.

(3) 정온식 열감지기

정온식 열감지기는 감지기가 설치된 주위온도가 일정한 온도 이상이 되면 동작하도록 된 감지기로서 차동식과 달리 온도상승률에 의해 동작하지 않는다.

ⓐ 정온식 스폿형 감지기

금속의 열팽창계수를 이용한 것으로 열팽창계수가 서로 다른 두 종의 금속을 접합한 것이 바이메탈인데 이 원리를 이용하여 화재를 검출하는 감지기이다.

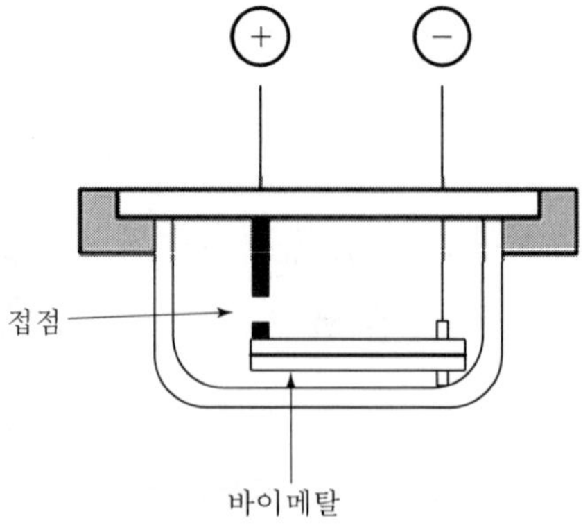

그림 7-8 정온식 스폿형 감지기

표 7-5 바이메탈의 종류와 사용온도

바이메탈의 종류	사용온도 [℃]
황동-니켈	100
황동-인비르	150
모넬메탈-니켈강	250

ⓑ 정온식 감지선형 감지기

일 국소의 주위온도가 일정한 온도 이상이 되었을 때 가용절연물이 녹아 평행하게 꼬은 두 도체가 서로 접촉하여 화재신호를 송출하는 감지기이다.

이 감지기는 재사용이 불가능하며 보통 기름탱크실, 공동구 내의 케이블 위에 설치하여 사용한다.

(4) 보상식 열감지기

차동식과 정온식의 기능을 동시에 가지고 있는 감지기로서 두 기능 중 어느 한 가지의 기능만의 작동에도 화재신호를 송출하는 부동작방지용 감지기이다.

(2) 연기감지기

연기란 가연물의 연소시 발생하는 고체 및 액체미립자로서 공기 중에 떠돌아 다니고 있는 상태로 연기미립자의 크기는 0.1~10 [μm]이다.

연기감지기는 화재시 발생하는 연기를 검출하여 화재신호를 송출하는 감지기이다.

설치장소

- 계단 및 경사로(단, 15 [m] 미만인 경우 제외)
- 복도(단, 30 [m] 미만인 경우 제외)

- 엘리베이터 권상기실, 린넨슈트, 파이프 덕트 기타 이와 유사한 장소
- 천장 또는 반자의 높이가 15 [m] 이상, 20 [m] 미만인 장소

설치 제외장소

- 높이가 20 [m] 이상인 장소
- 헛간 등 외부와 기류가 통하는 장소로 화재발생을 유효하게 감지할 수 없는 장소
- 부식성 가스가 체류하고 있는 장소
- 고온도 및 저온도로서 감지기의 기능이 정지되기 쉽거나 유지관리가 어려운 장소
- 목욕실, 화장실 기타 이와 유사한 장소
- 파이프 덕트 등 그밖의 이와 유사한 것으로서 2개층마다 방화구획된 것이나 5 [m^2] 이하인 장소
- 주방 등 평시에 연기가 발생하는 장소(열감지기 설치)
- 실내용적이 20 [m^3] 이하인 장소

설치기준

- 복도 및 통로에 있어서는 보행거리 30 [m], 수직거리 15 [m]마다 1개 이상 설치
- 낮고 좁은 실내에 있어서는 출입구의 가까운 부분에 설치
- 천장 또는 반자 부근에 배기구가 있는 경우에는 그 부근에 설치
- 감지기는 벽 또는 보로부터 0.6 [m] 이상 떨어진 곳에 설치

① 이온화식 감지기

이온화식 감지기는 외부와 통하는 외부이온실과 외기와 차폐된 내부이온실이 직렬로 접속되어 연기의 유입으로 외부이온실에 이온전류가 변화하여 동작하는 감지기이다.

ⓐ 비축적형

그림 7-9와 같이 전극 P_1, P_2간에 방사전원을 주면 두 전극간 공기가 (+) 이온과 (−)이온으로 전리되며 전압을 가하면 전극을 향해 이동한다. 이러한 원리를

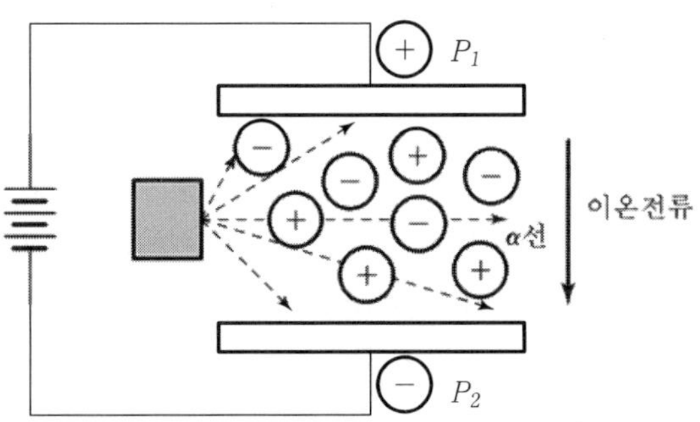

그림 7-9 이온화식 감지기

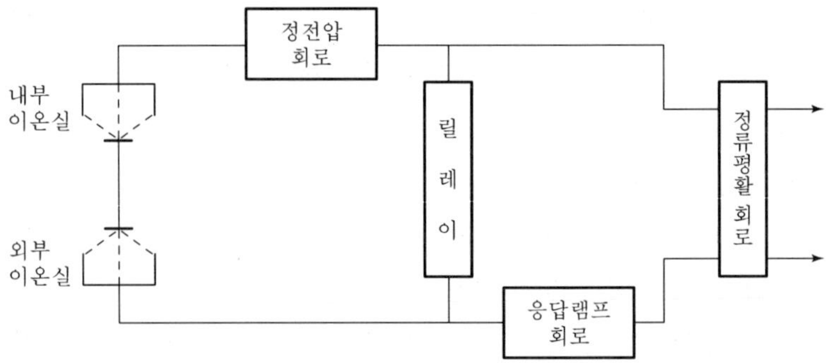

그림 7-10 이온화식 감지기 내부회로도

이용한 것으로서 이온실에 α선을 조사하면 전극간에 이온이 전리되어 P_1, P_2간에 가한 방사전원에 의해 이온전류가 흐르게 된다. 그러나 외부이온실에 연기가 들어가면 저항값이 증가하여 이온전류가 감소하게 되고 전압이 상승하므로 규정값 이상이 되면 화재신호를 전송하게 된다.

ⓑ 축적형

비축적형의 경우 비화재보 우려가 있으므로 일정농도 이상의 연기를 감지하였다 하여도 일정시간 이상을 계속 지속하여야만 화재신호를 송출하는 감지기이다. 일반적으로 축적시간은 5 [sec] 이상, 60 [sec] 이내이다.

② **광전식 감지기**

주위의 빛을 완전히 차단시키고 연기만 유입되도록 한 암상자 내의 한쪽에서 발광소자 다이오드의 광속을 한 방향으로 조사시키고, 이 광속이 유입된 연기에 의해 산란된 산란광이 수광소자에 입사되는 경우 화재신호를 전송하게 된다. 즉, 수광소자는 산란광이 받는 방향에 설치되어 있다.

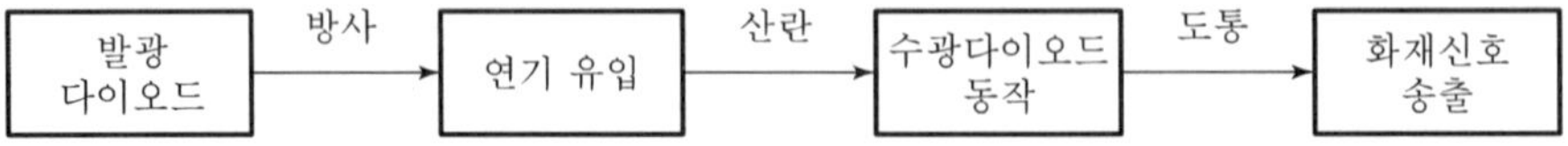

(3) 복합형 감지기

특성이 서로 다른 2개의 기능을 동시에 보유한 것으로서 두 가지의 특성이 같이 동작했을 때만 화재신호를 송출하는 감지기로 비화재보 방지에 효과적이다.

복합형 감지기에는 다음과 같은 종류가 있다.

- 열복합형(차동식 스폿형+정온식 스폿형)

- 연복합형(광전식+이온화식)
- 열·연복합형(차동식 열감지기+이온화식 연기감지기)

(4) 다신호식 감지기

감도가 다른 2개 이상의 신호를 발하는 감지기로서 정온식의 경우 60[℃]와 70[℃]의 동작신호를 수신기로 송출하고, 이온화식의 경우 축적신호와 비축적신호를 송출한다.

보통의 수신기로는 되지 않으므로 신호식 수신기를 사용하여야 한다.

(5) 불꽃감지기

화재로 인해 발생하는 불꽃으로부터 방사되는 자외선이나 적외선을 검출하여 화재신호를 송출하는 감지기이다. 일반적으로 연소시 발생하는 불꽃의 파장은 2,000~4,400[nm] 부근에서 최대분광분포에너지를 방사하므로 일반조명이나 태양광선에서 반응하지 않는다.

불꽃감지기에는 자외선 불꽃감지기, 적외선 불꽃감지기가 있다.

① 자외선 불꽃감지기(Ultraviolet Flame Detector〔UV〕)

불꽃에서 방사되는 자외선의 변화가 일정량 이상으로 되었을 때 동작하는 감지기로서 감지하는 영역은 180~260[nm] 정도로 일반조명이나 태양광선에는 반응하지 않는다.

② 적외선 불꽃감지기(Infrared Flame Detector〔IR〕)

불꽃에서 방사되는 적외선이 일정량 이상이 되었을 때 작동하는 감지기이다. 일반적으로 온도가 높을수록 파장이 짧은 적외선을 방사한다.

(6) 아날로그식 감지기

감지기 주위의 조건(온도, 연기농도) 변화에 따라 정보를 출력하는 방식으로서 종래의 감지기는 정상상태와 화재신호의 두 가지 상태의 정보만 주지만 아날로그식은 열 또는 연기의 변화되는 정보를 발신하는 감지기이다.

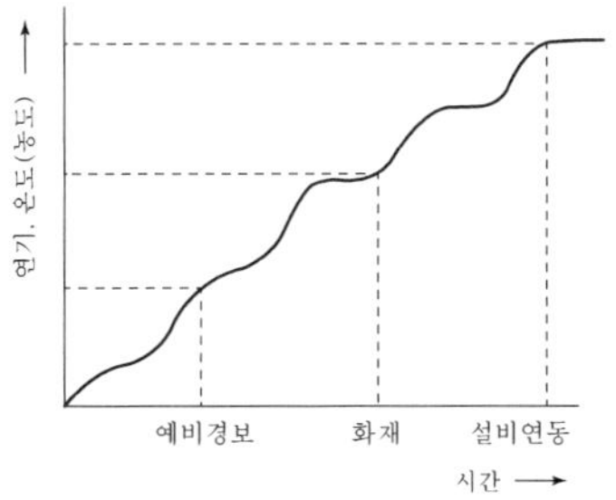

그림 7-11 아날로그감지기의 단계별 출력

그림 7-11처럼 감지기의 단계별 경보출력으로 예비경보, 화재경보, 소화설비연동 등을 수행하게 되는데, 이는 미리 수신기에 입력된 프로그램에 의해 수행하게 된다. 따라서 아날로그식 수신반에서만 적용할 수 있다.

특징으로는 P형 수신기 등 다른 감지기와는 호환성이 없으나 시스템의 신뢰성이 대단히 높다.

(a) 정온식 스폿형 감지기

(b) 차동식 스폿형 감지기

(c) 정온식 감지선형 감지기

(d) 차동식 스폿형 감지기

(e) 광전식 연기감지기

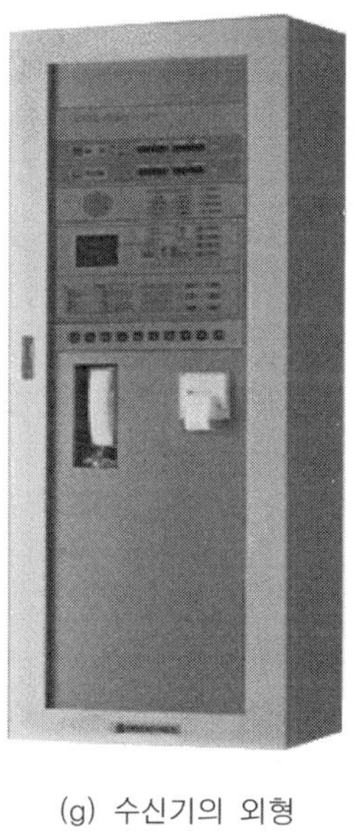

(g) 수신기의 외형

(f) 발 신 기

그림 7-12

7-1-6 발신기

화재 발견자가 수동으로 화재신호를 발하는 것이다.

1. 발신기 설치기준

(1) 조작이 쉬운 장소에 설치하고, 스위치는 바닥으로부터 0.8 [m] 이상 1.5 [m] 이하의 높이에 설치할 것.

(2) 특정소방대상물의 층마다 설치하되, 해당 특정소방대상물의 각 부분으로부터 하나의 발신기까지의 수평거리가 25 [m] 이하가 되도록 할 것. 다만, 복도 또는 별도로 구획된 실로서 보행거리가 40 [m] 이상일 경우에는 추가로 설치하여야 한다.

(3) 발신기의 위치를 표시하는 표시등은 함의 상부에 설치하되, 그 불빛은 부착면으로부터 15° 이상의 범위 안에서 부착지점으로부터 10 [m] 이내의 어느 곳에서도 쉽게 식별할 수 있는 적색등으로 하여야 한다.

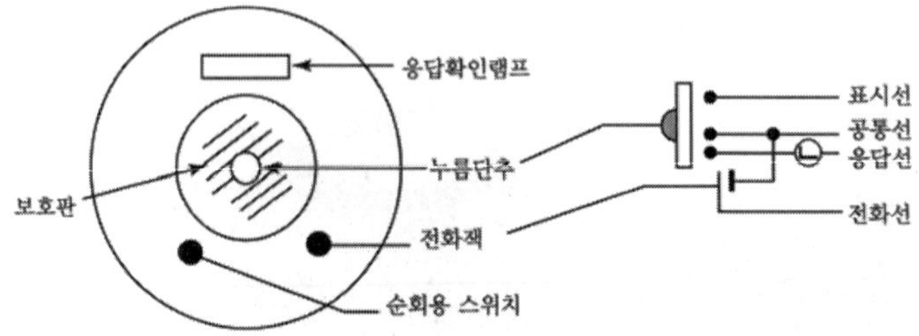

그림 7-13 P형 1급 발신기의 구조

P형 1급 수신기 또는 R형 수신기에 접속하여 사용하는 것으로 발신자가 발신한 것을 확인할 수 있는 확인 램프가 있고 수신기와 발신자가 상호간 연락할 수 있는 전화장치, 순회용 스위치(선택)를 가지고 있다.

2. 발신기의 종류

(1) P형 2급 발신기의 구조와 기능

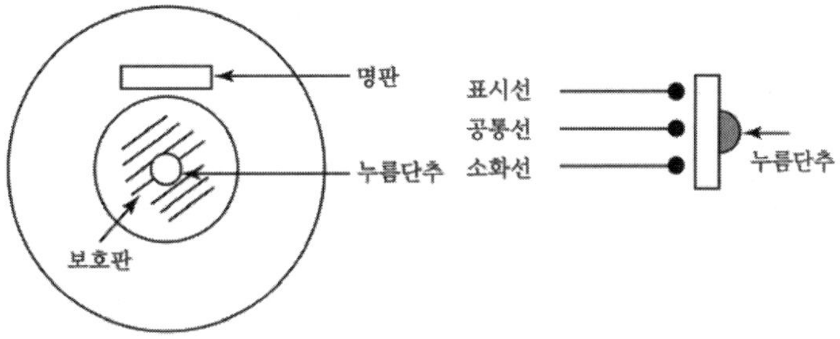

그림 7-14 P형 2급 발신기의 구조와 기능

P형 2급 수신기에 연결하여 사용하는 것으로서 누름단추 기능만을 가지고 있다.

(2) T형 발신기

T형 발신기는 수동으로 공통의 신호를 수신기로 발하는 것으로서 발신과 동시에 통화가 가능하다.

송수화기를 들면 수신기로 화재신호가 발신되면서 수신기와 서로 동시에 통화가 가능하도록 되어있다.

(3) M형 발신기의 구조와 기능

누름단추 작동시 발신기 고유의 신호가 소방서에 설치된 수신기(M형)에 전달되는 것으로서 모든 발신기는 하나의 배선에 의해 직렬로 접속되며 접속할 수 있는 발신기의 수량은 100개 이하이다.

발신기에서 수신 완료까지의 소요시간은 10~20 [초]이다.

7-1-7 전원의 설치기준

1. 상용전원

(1) 상용전원은 전기가 정상적으로 공급되는 축전지, 전기저장장치, 교류전압의 옥내간선으로 하고 전원까지의 배선은 전용으로 한다.

(2) 개폐기에는 자동화재탐지설비용이라고 표시를 한 표지를 할 것

2. 비상전원

(1) 자동화재탐지설비에서 그 설비에 대한 감시상태를 60분간 지속한 후 유효하게 10분 이상 경보할 수 있는 축전지 설비나 전기저장장치를 설치할 것
(2) 층수가 30층 이상에서 30분 이상 경보를 발할 수 있어야 한다.

3. 각 설비별 비상전원

설비 종류	비상전원
유도등	축전지설비
자동화재탐지설비, 비상경보설비, 비상방송설비	축전지설비, 전기저장장치
비상콘센트설비	자가발전설비, 비상전원수전설비 전기저장장치
비상조명등, 예비전원을 내장하지 않은 비상조명등	자가발전설비, 축전지설비, 전기저장장치

4. 각 설비별 비상전원의 용량

(1) 자동화재탐지설비 자동화재속보설비 비상경보설비 비상방송설비 - 10분 이상
무선통신보조설비의 증폭기 - 30분 이상
(2) 유도등, 비상조명등으로서 11층 이상, 지하층 또는 무창층으로서 도, 소매시장, 지하상가, 지하역사, 여객터미널 - 60분 이상

5. 배선의 설치기준

(1) 전원회로의 배선은 내화전선으로 하며 그 밖의 배선은 내화전선이나 내열전선으로 할 것
(2) 자동화재탐지설비, 감지기 사이의 회로의 배선은 송·배전식으로 한다(보내기식이라고 하기도 함)
(3) 자동화재탐지설비의 하나의 경계구역마다 직류 250 [V]의 절연저항계로 측정해서 절연저항이 0.1 [MΩ] 이상이 측정되어야 한다.
(4) P형수신기 및 GP형수신기의 감지기 회로의 배선에 있어서 하나의 공통선에 접속할 수 있는 경계구역은 7개 이하이다.
(5) 자동화재탐지설비의 감지기 회로의 전로저항은 50 [Ω] 이하이다.

(6) 수신기의 각 회로별 종단에 설치되는 감지기의 접속되는 배선의 전압은 감지기 정격전압의 80 [%] 이상이다.

6. 감지기회로의 도통시험을 위한 종단저항의 설치기준

(1) 점검 및 관리가 쉬운 장소에 설치할 것
(2) 전용함를 설치하는 경우 바닥으로부터 1.5 [m] 이내에 설치할 것
(3) 감지기회로의 끝부분에 설치하며 종단감지기에 설치할 경우에는 구별이 쉽도록 해당 감지기 기판 및 감지기 외부에 별도의 표시를 할 것

7-2 피난유도등설비

유도등이라 함은 비상시(화재 등) 긴급대피를 안내하기 위하여 사용되는 피난설비로서 정상상태에서는 상용전원에 의하여 점등되고 사용전원이 정전인 경우에는 비상전원으로 자동 전환되어 점등되는 조명장치를 말한다.

7-2-1 유도등의 구조 및 기능

1. 일반사항

(1) 사용전압의 110% 안에서는 유도등 내부의 온도상승이 그 기능에 지장을 주거나 위해를 발생시킬 염려가 없어야 한다.
(2) 비를 맞을 수 있는 장소나 습기가 많은 장소에 설치하는 것은 방수 구조이어야 한다.
(3) 비상전원을 단락사고 등으로부터 보호할 수 있도록 조치하여야 한다.
(4) 외함은 기기 내부의 온도 상승에 의하여 변형, 변질 또는 변색되지 아니하여야 한다.
(5) 사용전압은 2 [V] 이상 300 [V] 이하 이어야 한다. 단 충전부가 노출되지 아니한 것은 300 [V]를 초과할 수 있다.
(6) 사용전원과 접속되는 전선은 KSC3309(전기기기용 고무절연 인출선) 또는 KSC3304(기구용 비닐코드)에 적합하거나 이와 동등 이상의 절연성, 도전성 및 기계적 강도가 있어야 한다.
(7) 전선의 굵기는 인축선인 경우에는 단면적이 0.75 [㎟] 이상, 인출선 외의 경우

에는 0.5 [㎟] 이상이어야 한다.

(8) 유도등에는 섬광(조광을 포함한다)을 연속하여 발생시키는 장치를 설치할 수 있다.

7-2-2 유도등의 종류 및 설치기준

1. 피난구 유도등 설치기준

① 옥내로부터 직접 지상으로 통하는 출입구 및 그 부속실의 출입구
② 직통계단·직통계단의 계단실 및 그 부속실의 출입구
③ 제1호와 제2호에 따른 출입구에 이르는 복도 또는 통로로 통하는 출입구
④ 안전 구획된 거실로 통하는 출입구
⑤ 피난구유도등은 피난구의 바닥으로부터 높이 1.5m 이상으로서 출입구에 인접하도록 설치하여야 한다.
⑥ 피난층으로 향하는 피난구의 위치를 안내할 수 있도록 제1항 제1호 또는 제2호의 출입구 인근 천장에 제1항 제1호 또는 제2호에 따라 설치된 피난구유도등의 면과 수직이 되도록 피난구유도등을 추가로 설치하여야 한다. 다만, 제1항 제1호 또는 제2호에 따라 설치된 피난구유도등이 입체형인 경우에는 그러하지 아니하다(설 2021. 7. 8).

그림 7-15 피난구유도등

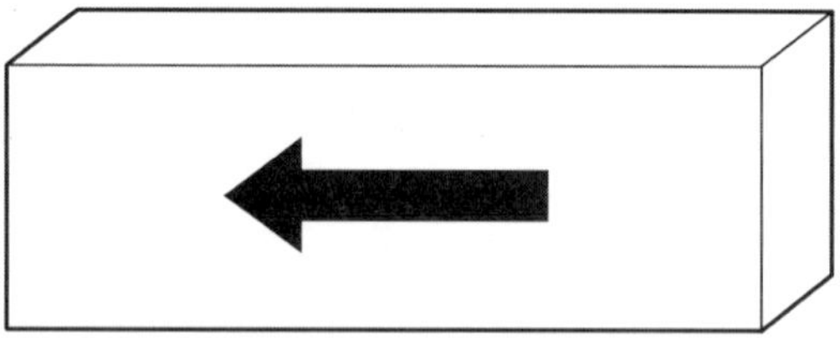
그림 7-16 통로유도등

2. 통로유도등 설치기준

(1) 통로유도등은 특정소방대상물의 각 거실과 그로부터 지상에 이르는 복도 또는 계단의 통로에 다음 각 호의 기준에 따라 설치하여야 한다.

(2) 복도통로유도등은 다음 각 목의 기준에 따라 설치할 것
　① 복도에 설치하되 제5조 제1항 제1호 또는 제2호에 따라 피난구유도등이 설치된 출입구의 맞은편 복도에는 입체형으로 설치하거나, 바닥에 설치할 것.

② 구부러진 모퉁이 및 가목에 따라 설치된 통로유도등을 기점으로 보행거리 20 [m]마다 설치할 것.

③ 바닥으로부터 높이 1 [m] 이하의 위치에 설치할 것. 다만, 지하층 또는 무창층의 용도가 도매시장·소매시장·여객자동차터미널·지하역사 또는 지하상가인 경우에는 복도·통로 중앙 부분이 바닥에 설치하여야 한다.

④ 바닥에 설치하는 통로유도등은 하중에 따라 파괴되지 아니하는 강도의 것으로 할 것.

(3) 거실통로유도등은 다음 각 목의 기준에 따라 설치할 것.

① 거실의 통로에 설치할 것. 다만, 거실의 통로가 벽체 등으로 구획된 경우에는 복도통로유도등을 설치하여야 한다.

② 구부러진 모퉁이 및 보행거리 10m마다 설치할 것.

③ 바닥으로부터 높이 1.5 [m] 이상의 위치에 설치할 것. 다만, 거실통로에 기둥이 설치된 경우에는 기둥 부분의 바닥으로부터 높이 1.5 [m] 이하의 위치에 설치할 수 있다.

(4) 계단통로유도등은 다음 각 목의 기준에 따라 설치할 것.

① 각 층의 경사로 참 또는 계단참마다 (1개 층에 경사로 참 또는 계단참이 2 이상 있는 경우에는 2개의 계단참마다) 설치할 것.

② 바닥으로부터 높이 1 [m] 이하의 위치에 설치할 것.

③ 통행에 지장이 없도록 설치할 것.

(5) 객석유도등 설치 기준

① 객석유도등은 객석의 통로, 바닥 또는 벽에 설치하여야 한다.

② 객석의 통로, 바닥 또는 벽에 설치하는 유도등으로서 객석 내 통로가 계단으로 되어 있을 때는 객석 통로의 전장에 걸쳐서 조명할 수 있게 설치하고, 경사로 또는 수평로인 경우는 4 [m] 이하마다 설치한다.

③ 객석 내의 통로가 경사로 또는 수평로로 되어 있는 부분은 다음의 식에 따라 산출한 수(소수점 이하의 수는 1로 본다.)의 유도등을 설치하여야 한다.

○ 설치개수 = 객석의통로의 직선부분의 길이(m)/4－1

④ 객석 내의 통로가 옥외 또는 이와 유사한 부분에 있는 경우에는 해당 통로 전체에 미칠 수 있는 수의 유도등을 설치하여야 한다.

(6) 유도표지 설치 기준

① 유도표지는 다음 각 호의 기준에 따라 설치하여야 한다.

㉮ 계단에 설치하는 것을 제외하고는 각 층마다 복도 및 통로의 각 부분으로부터 하나의 유도표지까지의 보행거리가 15 [m] 이하가 되는 곳과 구부러진 모퉁이의 벽에 설치할 것.

㉯ 피난구유도표지는 출입구 상단에 설치하고, 통로유도표지는 바닥으로부터 높이 1 [m] 이하의 위치에 설치할 것.

㉰ 주위에는 이와 유사한 등화·광고물·게시물 등을 설치하지 아니할 것.

㉱ 유도표지는 부착판 등을 사용하여 쉽게 떨어지지 아니하도록 설치할 것.

㉲ 축광방식의 유도표지는 외광 또는 조명장치에 의하여 상시 조명이 제공되거나 비상조명등에 의한 조명이 제공되도록 설치할 것.

7-2-3 유도등의 전원 및 배선방식

1. 배선방식

유도등의 인입선과 옥내배선은 직접 연결할 것.

유도등의 전기회로에는 점멸기(유도등에 축전지설비를 내장한 것 또는 3선식 배선에 의하여 상시 충전되는 것 제외)를 설치하지 아니한다.

3선식 배선시 점멸기에 의해 소등하게 되면 유도등은 소등되지만 예비전원에의 충전은 계속되어 만 충전상태가 되고, 정전 또는 단선, 화재 수신기의 연동, 수동신호에 의해 자동적으로 점등한 후 20[분] 이상 점등을 지속하게 된다(전력절감 효과).

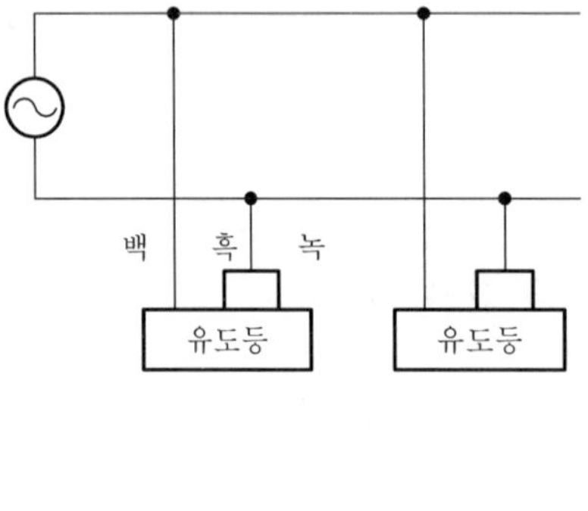

(a) 2선식 배선

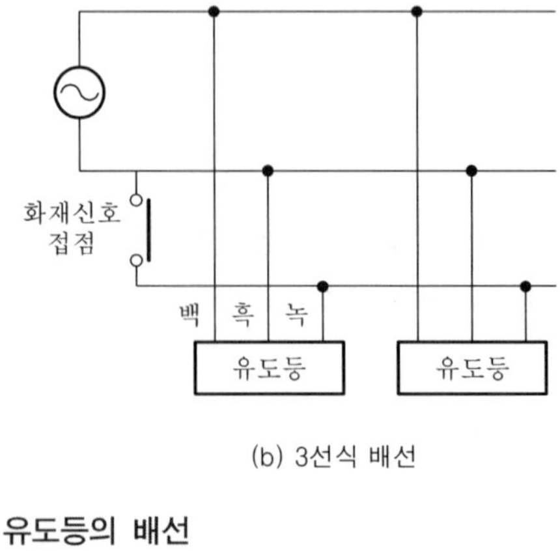

(b) 3선식 배선

그림 7-17 유도등의 배선

2. 유도등의 전원

① 유도등의 전원은 축전지, 전기저장장치(외부 전기에너지를 저장해두었다가 필요한 때 전기를 공급하는 장치) 또는 교류전압의 옥내간선으로 하고, 전원까지의 배선은 전용으로 하여야 한다.

② 비상전원은 다음 각 호의 기준에 적합하게 설치하여야 한다.

㉮ 축전지로 할 것.

㉯ 유도등을 20[분] 이상 유효하게 작동시킬 수 있는 용량으로 할 것. 다만, 다음 각 목의 특정소방대상물의 경우에는 그 부분에서 피난층에 이르는 부분의 유도등을 60분 이상 유효하게 작동시킬 수 있는 용량으로 하여야 한다.

7-3 비상경보설비

비상경보설비는 화재 발생 시 경보를 발하여 피난 또는 화재의 초기진압을 용이하게 하는 설비로서, 비상벨설비, 자동식사이렌설비 또는 단독경보형감지기가 있다.

비상벨설비는 화재발생을 경보하는 장치로 경종이라 한다.

자동식사이렌설비는 화재발생을 사이렌으로 경보하는 장치이다.

단독경보형 감지기는 화재발생 상황을 단독으로 감지한 뒤 자체에 내장된 음향장치로 경보하는 감지기이다. 특히 화재감지부와 경보부, 전원부가 일체형으로 이루어져 있어 수신기와 별도로 화재상황을 단독으로 경보하는 장치이다.

1. 비상경보설비의 설치대상

① 연면적 400 [㎡] (지하가 중 터널 또는 사람이 거주하지 않거나 벽이 없는 축사 등 동식물 관련 시설은 제외) 이상이거나 지하층 또는 무창층의 바닥면적이 150 [㎡] (공연장의 경우 100 [㎡]) 이상인 것

② 지하가 중 터널로서 길이가 500 [m] 이상인 것

③ 50[명] 이상의 근로자가 작업하는 옥내 작업장

2. 비상경보설비의 설치기준

부식성 가스 혹은 습기등으로 인해 부식의 우려가 없는 장소에 설치하여야 한다.

지구음향장치는 층마다 설치하되, 각 부분으로부터 하나의 음향장치까지의 수평거리가 25 [m] 이하가 되도록 하고, 당해 층 각 부분에 유효하게 경보를 발할 수 있도록 설치

하여야 한다. 다만 비상방송설비에 적합한 방송설비와 연동하여 작동하도록 설치한 경우에는 지구 음향장치를 설치하지 아니할 수 있다.

(1) 발신기

- 조작이 쉬운 장소에 설치하고, 조작 스위치는 바닥으로부터 0.8 [m] 이상 1.5 [m] 이하의 높이에 설치할 것
- 층마다 설치하되, 각 부분으로부터 하나의 발신기까지의 수평거리가 25 [m] 이하가 되도록 할 것. 다만 복도 또는 별도로 구획된 실로서 보행거리가 40[m] 이상일 경우에는 추가로 설치하여야 한다.

(2) 음향장치

- 정격전압의 80 [%] 전압에서 음향을 발할 수 있어야 한다. 다만 건전지를 주전원으로 사용하는 음향장치는 그러하지 아니하다.
- 음량은 장치의 중심으로부터 1 [m] 떨어진 위치에서 90 [dB] 이상이 되는 것으로 하여야 한다.

(3) 전원

- 상용전원은 축전지, 전기저장장치, 또는 교류전압의 옥내 간선으로 하고, 전원까지의 배선은 전용으로 한다.
- 예비전원은 비상경보설비에 대한 감시상태를 60[분]간 지속하고 유효하게 10분 이상 경보할 수 있어야 한다. 다만, 상용전원이 축전지 설비인 경우 혹은 건전지가 주전원인 무선식 설비의 경우 그러하지 아니하다.

(4) 배선

- 전원회로는 내화배선, 그 밖의 배선은 내화 혹은 내열 배선으로 할 것
- 부속회로의 전로와 대지 사이 및 배선 상호간의 절연저항은 1경계구역마다 직류 250 [v]의 절연저항측정기로 측정한 값이 0.1 [MΩ] 이상일 것
- 다른 전선과 별도의 관 덕트 몰드 또는 풀박스 등에 설치할 것. 다만 60 [v] 미만의 약전류회로에 사용하는 전선으로서 각각의 전압이 같을 때에는 그러하지 아니하다.

3. 단독경보형감지기 설치대상 및 설치기준

(1) 설치대상

① 연면적 1000 [㎡] 미만의 아파트, 기숙사 등
② 교육연구시설 또는 수련시설 내에 있는 합숙소 혹은 기숙사로서 연면적 2,000 [㎡] 미만인 것
③ 연면적 600 [㎡] 미만의 숙박시설
④ 수용인원 100인 미만 수련시설(숙박시설이 있는것만 해당)
⑤ 연면적 400 [㎡] 미만의 유치원

(2) 설치기준

① 각 실마다 설치하되 바닥면적이 150 [㎡]를 초과하는 경우에는 150 [㎡] 마다 1개 이상 설치할 것. 이때 각 실은 이웃하는 실내의 바닥면적이 각각 30 [㎡] 미만이고, 벽체의 상부의 전부 또는 일부가 개방되어 이웃하는 실내와 공기가 상호유통되는 경우에는 이를 1개의 실로 본다.
② 최상층 계단실의 천장에 설치할 것(외기가 상통하는 계단실은 제외)
③ 건전지를 주전원으로 사용하는 경우 정상적인 작동상태를 유지할 수 있도록 건전지를 교환할 것
④ 상용전원을 주전원으로 사용하는 2차전지는 성능시험에 합격한 것일 것
화재경보음 : 1 [m] 떨어진 위치에서 85 [dB] 이상으로 10분 이상 경보
건전지교체음 : 1 [m] 떨어진 위치에서 70 [dB](음성 60 [dB]) 이상으로 72시간 이상 경보

7-4 비상방송설비

비상방송설비는 화재탐지설비 등에 의해 감지된 화재를 신속하게 방송으로 알려, 피난 또는 조기 소화활동을 용이하게 하여 재해재난을 극복하기 위한 설비이며, 기동장치, 증폭기, 조작부, 확성기, 음향조절기 등으로 구성되어 있다.

1. 비상방송설비의 설치대상(소방시설 설치유지 및 안전관리에 관한 법률)

① 연면적 3,500㎡ 이상인 것
② 지하층을 제외한 층수가 11층 이상인 것
③ 지하층의 층수가 3층 이상인 것

2. 비상방송설비의 구성요소

① 확성기 ② 음량조정기 ③ 증폭기 ④ 조작부 ⑤ 기동장치

3. 경보방식

(1) 일제경보방식
화재로 인한 경보발령시 전 층에 경보를 발하는 방식

(2) 우선 경보방식
층수가 5층 이상이고 연면적 3,000 [㎡]를 초과하는 특정 소방대상물에 적용 (두 조건을 만족할 것)

4. 비상방송설비의 설치기준 (NFSC 202 제4조)

① 확성기의 음성입력은 3 [W], 실내에 설치하는 것에 있어서는 1 [W] 이상일 것
② 확성기는 각 층마다 설치하되, 그 층의 각 부분으로부터 하나의 확성기까지의 수평거리가 25 [m] 이하가 되도록 하고, 해당 층의 각 부분에 유효하게 경보를 발할 수 있도록 설치할 것
③ 음량조정기를 설치하는 경우 음량조정기의 배선은 3선식으로 할 것
④ 조작부의 조작스위치는 바닥으로 부터 0.8 [m] 이상 1.5 [m] 이하의 높이에 설치할 것
⑤ 조작부는 기동장치의 작동과 연동하여 해당 기동장치가 작동한 층 또는 구역을 표시할 수 있는 것으로 할 것

확성기 : 3 [W] 이상(실내 1 [W] 이상)

⑥ 증폭기 및 조작부는 수위실 등 상시 사람이 근무하는 장소로서 점검이 편리하고 방화상 유효한 곳에 설치할 것

⑦ 층수가 5층 이상으로서 연면적이 3,000 [㎡]를 초과하는 특정소방대상물은 2층 이상의 층에서 발화한 때에는 발화층 및 그 직상층에, 1층에서 발화한 때에는 발화층 및 그 직상층 및 지하층에, 지하층에서 발화한 때에는 발화층 및 그 직상층 및 기타의 지하층에 경보를 발할 것

⑧ 다른 방송설비와 공용하는 것에 있어서는 화재시 비상경보 외의 방송을 차단할 수 있는 구조로 할 것

⑨ 하나의 특정 소방대상물에 2 이상의 조작부가 설치되어있을 때에는 각각의 조작부가 있는 장소 상호간에 동시 통화가 가능한 설비를 설치하고, 어느 조작부에서도 해당 특정 소방대상물의 전 구역에 방송할 수 있도록 할 것

⑩ 기동장치에 따른 화재신고를 수신한 후 필요한 음량으로 화재발생 상황 및 피난에 유효한 방송이 자동으로 개시될 때까지의 소요시간은 10[초] 이하로 할 것

⑪ 음향장치의 구조 및 성능기준

㉠ 정격전압의 80 [%] 전압에서 음향을 발할 수 있는 것으로 할 것

㉡ 자동화재 탐지설비의 작동과 연동하여 작동할 수 있는 것으로 할 것
(3선식 배선 그림)

5. 전원의 설치기준 (NFSC 202 제6조)

① 전원은 전기가 정상적으로 공급되는 축전지, 전기저장장치(외부 전기에너지를 저장해 두었다가 필요한 때 전기를 공급하는 장치) 또는 교류전압의 옥내간선으로 하고 전원까지의 배선은 전용으로 할 것

② 개폐기는 "비상방송설비용"이라고 표시한 표지로 할 것

③ 비상방송설비에는 그 설비에 대한 감시상태를 60분간 지속한 후 유효하게 10분 이상, 층수가 30층 이상은 감시상태를 60분간 지속한 후 유효하게 30분간 경보할 수 있는 축전지 설비(수신기에 내장하는 경우를 포함) 또는 전기저장장치를 설치하여야 한다.

7-5 누전경보기

내화구조가 아닌 건축물로서 벽, 바닥 또는 천장의 전부나 일부를 불연재료 또는 준불연재료가 아닌 재료에 철망을 넣어 만든 건물의 전기설비로부터 누설전류를 탐지하여 경보를 발하며 변류기와 수신부로 구성된 것

1. 누전경보기의 구성요소

(1) 변류기 (영상변류기)

(2) 수신부

① 수신기 ② 음향장치 ③ 차단기구

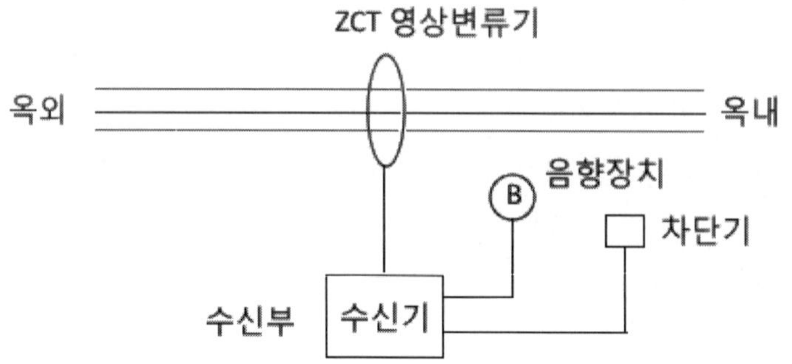

2. 누전경보기의 설치대상

계약전류용량(동일 건축물에 계약종별이 다른 전기가 공급되는 경우에는 그 중 최대계약 전류용량)이 100 [A]를 초과하는 특정소방대상물(내화구조가 아닌 건축물로서, 벽, 바닥 또는 반자의 전부나 일부를 불연재료 또는 준불연재료가 아닌 재료에 철망을 넣어 만든 것으로 한한다)에 설치하여야 한다(다만, 가스시설, 지하구 또는 터널의 경우에는 그러하지 아니하다).

사용전압이 600 [V] 이하인 경계전로의 누설전류를 검출하여 해당 특정소방대상물의 관계자에게 경보를 발하여 주는 설비이다.

3. 누전경보기의 구조 및 기능

① 현저한 잡음, 방해전파를 발하지 않을 것
② 단자 외의 부분은 견고한 상자에 넣을 것
③ 먼지, 습기, 곤충 등에 의하여 기능에 영향을 받지 않을 것
④ 외함은 불연성, 난연성 재질로 만들 것
⑤ 집합형 누전경보기는 2개의 경계전로에서 누설전류가 동시에 발생하는 경우 이상이 없을 것
⑥ 감도조정장치를 제외하고 감도조정부는 외함의 바깥쪽에 노출되지 않을 것
⑦ 음향장치의 음량은 1 [m] 떨어진 곳에서 70 [dB] 이상일 것(고장표시장치 : 60 [dB] 이상)
⑧ 경보기구에 내장하는 음향장치는 사용전압의 80 [%]인 전압에서 동작할 것

누전경보기의 구조에 따른 분류

㉠ 옥내형 : 비방수구조
㉡ 옥외형 : 방수구조

4. 누전경보기의 설치기준

① 경계전로의 정격전류가 60 [A]를 초과하는 전로에 있어서는 1급 누전경보기를, 60[A] 이하의 전로에 있어서는 1급 또는 2급 누전경보기를 설치할 것. 다만, 정격전류가 60 [A]를 초과하는 경계전로가 분기되어 각 분기회로의 정격전류가 60 [A] 이하로 되는 경우 당해 분기회로마다 2급 누전경보기를 설치한 때에는 당해 경계전로에 1급 누전경보기를 설치한 것으로 본다.
② 변류기는 특정소방대상물의 형태, 인입선의 시설방법 등에 따라 옥외인입선의 제1 지점의 부하측 또는 제2종 접지선측의 점검이 쉬운 위치에 설치할 것. 다만, 인입선의 형태 또는 특정소방대상물의 구조상 부득이한 경우에 있어서는 인입구에 근접한 옥내에 설치할 수 있다.
③ 변류기를 옥외의 전로에 설치하는 경우에는 옥외형으로 설치할 것

60 [A] 초과 : 1급 누전경보기

60 [A] 이하 : 1급 또는 2급 누전경보기

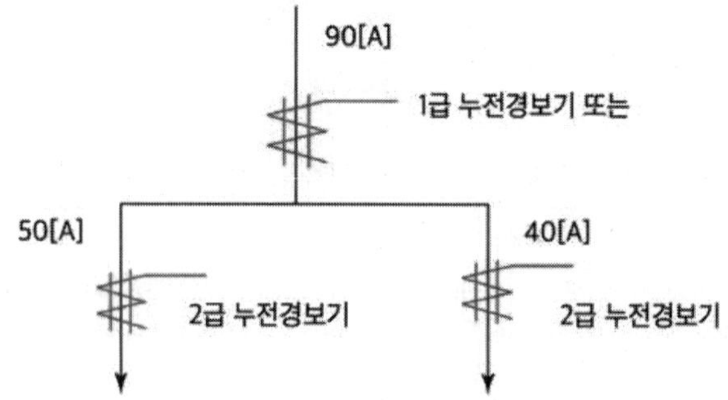

5. 변류기의 설치위치

① 옥외인입선의 제1지점의 부하측
② 제2종 접지선측 (변압기 2차측 접지선측)

6. 동작원리

평상시(정상상태)에는 3상 평형대칭전원에 3상 평형부하가 접속된 경우 각 선전류의 합성전류값은 $I_a+I_b+I_c=0$이 되어 ZCT 2차측 출력이 영(0)이 되므로 누전경보를 발하지 않는다.

그러나 그림 7-18에서와 같이 누설전류 I_g가 흐르게 되면 $I_a+I_b+(I_c+I_g)$의 값이 영(0)이 되지 않고 I_g의 누설전류가 ZCT에서 검출되어 그 신호의 양만큼 유기전압을 발생시켜 수신기에서 누전경보를 발하게 된다.

여기서 I_g(누설전류)에 의해 발생한 자속을 Φ_g라 하면 ZCT 2차에 유기되는 기전력 E_g는 다음과 같다.

$$E_g=4.44fn\Phi_g[\mathrm{V}]$$

여기서 f : 전원주파수[Hz]
n : 권회수
Φ_g : 누설전류에 의해 발생한 자속[Wb]

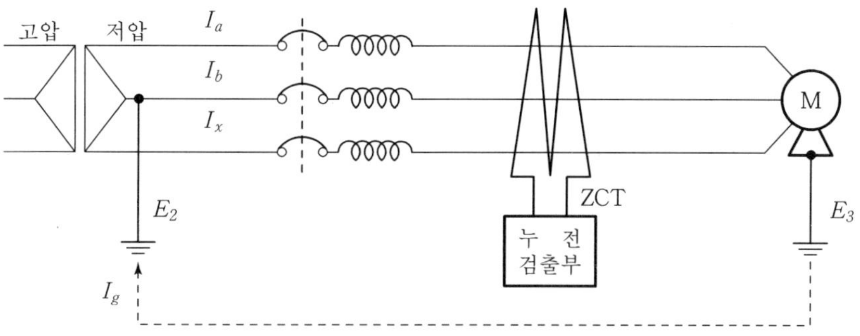

그림 7-18 3상 교류회로의 누설전류검출

7. 누전경보기의 설치방법

구 분	정격전류
1급 누전경보기	60 [A] 초과
1급 또는 2급 누전경보기	60 [A] 이하 (1급, 2급 모두를 설치할 수 있는 경계전로의 정격전류)

[참고] 누전경보기 변류기의 설치방법

단상 2선식(2선), 단상 3선식(3선), 3상3선식(3선), 3상4선식(4선)의 경우 모든 선을 변류기에 관통시켜 설치할 것

8. 수신부의 설치기준 (NFSC 205-5)

① 누전경보기의 수신부는 옥내의 점검에 편리한 장소에 설치하되, 가연성의 증기, 먼지 등이 체류할 우려가 있는 장소의 전기회로에는 해당 부분의 전기회로를 차단할 수 있는 차단기구를 가진 수신부를 설치할 것. 이 경우 차단기구의 부분은 해당 장소 외의 안전한 장소에 설치할 것

② 음향장치는 수위실 등 상시 사람이 근무하는 장소에 설치하여야 하며, 그 음향 및 음색은 다른 기기의 소음과 명확히 구별할 수 있는 것으로 할 것

③ 수신기의 설치 제외장소

㉮ 가연성의 증기, 먼지, 가스 등이나 부식성의 증기, 가스 등이 다량으로 체류하는 장소

㉯ 화약류를 제조하거나 저장 또는 취급하는 장소

㉰ 습도가 높은 장소

㉣ 온도의 변화가 급격한 장소
㉤ 대전류 회로, 고주파 발생회로 등에 따른 영향을 받을 우려가 있는 장소

9. 전원의 설치기준 (NFSC 205-6)

① 전원은 분전반으로부터 전용회로로 하고 각 극에 개폐기 및 15 [A] 이하의 과전류차단기(배선용 차단기에 있어서는 20 [A] 이하의 것으로 각 극에 개폐할 수 있는 것)를 설치할 것
② 전원을 분기할 때는 다른 차단기에 따라 전원이 차단되지 아니하도록 할 것
③ 전원의 개폐기는 누전경보기용임을 표시한 표지를 할 것

10. 공칭작동전류치 및 감도조정장치

① 공칭작동전류치 : 200 [mA] 이하
② 감도조정장치의 조정범위 : 1 [A] 이하 (1,000 [mA] 이하) - 최대치
(과전류 차단기) : 15 [A]
(배선용 차단기) : 20 [A]
(공칭작동전류치) : 200 [mA] 0.2 [A]
(감도조정장치) : 1,000 [mA] 1 [A]

7-6 비상콘센트설비

고층 건축물에서 화재가 발생하여 상용전원이 정전될 경우, 건물 내부가 어두워서 소화활동이 불가능하게 된다. 이를 해소하기 위해 지하층을 제외한 층수가 7층 이상에 비상콘센트(비상전원)를 설치하게 하여 유사시 필요한 전기기구(조명기, 배연기 등)를 사용하여 소방관의 소방활동을 원활하게 하도록 하는데 필요한 전원을 확보하기 위한 설비이다.

1. 설치대상

(1) 층수가 11층 이상인 특정소방대상물의 경우에는 11층 이상의 층부터 설치다.
(2) 지하층 층수가 3개 층 이상이고 지하층 바닥면적 합계가 1,000 [㎡] 이상인 것은 지하층의 모든 층에 설치한다.
(3) 지하가 중 터널로서 길이가 500 [m]인 것

2. 설치기준

(1) 바닥으로부터 높이 0.8 [m] 이상 1.5 [m] 이하의 위치에 설치한다.

(2) 비상콘센트의 배치는 아파트 또는 바닥면적이 1,000 [m²] 미만인 층에 있어서는 계단의 출입구로 부터 5 [m] 이내에, 바닥면적 1,000 [m²] 이상인 층(아파트를 제외한다)에 있어서는 각 계단의 출입구 또는 계단 부속실의 출입구로부터 5 [m] 이내에 설치한다.

(3) 비상콘센트로부터 그 층의 각 부분까지의 거리는 지하상가 또는 지하층의 바닥면적의 합계가 3,000 [m²] 이상인 것은 수평거리 25 [m], 그 외는 수평거리 50 [m]을 초과하는 경우에는 그 기준 이하가 되도록 비상 콘센트를 추가하여 설치한다.

3. 비상콘센트 전원회로 기준

(1) 비상콘센트설비의 전원회로는 단상교류 220 [V]인 것으로서, 그 공급용량은 1.5 [kVA] 이상인 것으로 하여야 한다.

(2) 전원회로는 각 층에 있어서 2 이상이 되도록 설치한다(단, 설치하여야 할 층의 비상콘센트가 1개일 때에는 하나의 회로로 할 수 있다).

(3) 전원회로는 주배전반에서 전용회로로 한다(단, 다른 설비의 회로의 사고에 따른 영향을 받지 아니하도록 되어 있는 것은 그러하지 아니하다).

(4) 전원으로부터 각 층의 비상콘센트에 분기되는 경우에는 분기배선용 차단기를 보호함 안에 설치한다.

(5) 콘센트마다 배선용 차단기를 설치하여야 하며, 충전부는 노출되지 아니하도록 한다.

(6) 개폐기에는 '비상콘센트'라고 표시한 표지를 한다.

(7) 비상콘센트용의 풀박스 등은 방청도장을 한 것으로서, 두께 1.6 [mm] 이상의 철판으로 한다.

(8) 하나의 전용회로에 설치하는 비상콘센트는 10개 이하로 하며, 이 경우 전선의 용량은 각 비상콘센트(비상 콘센트가 3개 이상인 경우에는 3개)의 공급용량을 합한 용량 이상의 것으로 하여야 한다.

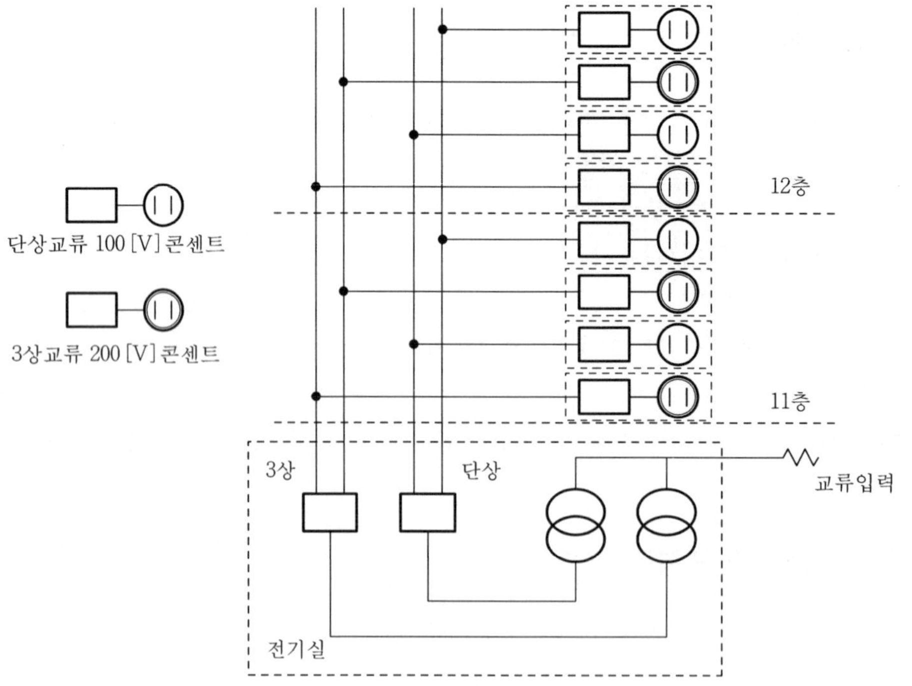

그림 7-19 비상콘센트 계통도의 예

7-7 비상용 엘리베이터

비상용 엘리베이터는 일정규모 이상의 건축물에 비상시 소방용으로 사용하기 위해 설치하는 승강기이며, 비상용승강기의 목적은 피난과 소화활동이 목적이지만, 일반승강기를 비상용승강기의 구조로 설치하는 경우에는 겸용이 가능하나, 일반, 비상겸용 승강기가 소방운전으로 전환하면 승강장의 호출에는 응하지 아니하므로 소화활동시 피난을 피난계단을 제일로 하도록 이용자에게 철저히 주지시켜 두어야 한다.

7-7-1 설치대상 건축물 (건축법 제57조 제2항 시행령 제90조)

① 높이 41m를 넘는 건축물 또는 11층 이상의 건축물.
건축물의 설비기준 등에 관한 규칙 [부령 제18-8]

② 제9조 (비상용승강기를 설치하지 아니할 수 있는 건축물)

-. 높이 41 [m]를 넘는 각층을 거실 외의 용도로 쓰는 건축물
-. 높이 41 [m]를 넘는 각층의 바닥면적의 합계가 500 [㎡] 이하인 건축물
-. 높이 41 [m]를 넘는 층수가 4개 층 이하로서 당해 각 층의 바닥면적의 합계 200 [㎡](벽 및 반자가 실내에 접하는 부분의 마감을 불연재료로 한 경우에는 500 [㎡]) 이내마다 방화구획으로 구획한 건축물

7-7-2 비상용 엘리베이터의 구조

1. 건축구조

① 내화구조의 바닥 및 벽으로 구획할 것(제2호의 출입구 및 3호의 창, 배연설비 제외)
② 피난층을 제외한 모든 층에 있어서 층내로 통할 수 있게 하되, 그 출입구(승강로 출입구 제외함)에는 갑종 방화문을 설치할 것
③ 직접 또는 간접으로 외기를 향하여 개방할 수 있는 창을 설치하거나 배연설비를 할 것
④ 반자 및 벽의 실내에 면하는 부분의 마감을 불연재료로 할 것
⑤ 예비전원을 갖는 조명설비를 할 것
⑥ 승강기의 승강장 바닥면적은 승강기 1대마다 6 [㎡] 이상으로 할 것(옥외설치의 경우 제외)
⑦ 피난층에 있는 승강장 출입구로부터 또는 공지(기타 이와 유사한 것)로서 건축이 금지되어 피난 및 소화를 위한 당해 대지에의 출입에 지장이 없을 것
⑧ 기계실을 일반용 엘리베이터와 겸용할 때에는 별도의 방화구획을 한다(일반용에서 비상용으로 출입은 가능하나, 비상용을 통해 일반용으로 출입하는 구조는 안 된다).

2. 부가 기능

① 비상용 피난층으로 강제복귀용 호출장치를 둔다(피난층, 방재센타) 또한 해당 장치의 작동은 피난층 또는 그 직상층, 직하층 승강로비 및 중앙 관리실에서 작동할 수 있어야 한다.
② 승강기와 방재센타 간의 비상연락장치를 둔다.
③ 비상용 승강기는 기체의 문을 열어놓고 승강시킬 수 있는 장치를 두어야 한다(정지층 이외의 층 도어 오픈상태 포함).

④ 전원은 비상용 예비전원을 두고, 주간선은 내화전선으로하고 변압기 2차측(주차단기 1차측)에서 직접 연결한다.

⑤ 비상용 승강기 카의 정격속도는 60 [m/분] 이상으로 한다.

⑥ 비상용 승강기는 AC(교류), 기어드 방식을 표준으로 한다.

⑦ 푸시버튼은 터치버튼을 사용하여서는 아니 된다(푸쉬버튼 사용).

7-7-3 설치대수산정 및 배치

1. 설치대수의 산출(건축법 제90조)

① 높이 41 [m]를 넘는 건축물에는 다음 각호의 기준에 의한 대수 이상의 비상용승강기(비상용승강기의 승강장 및 승강로를 포함한다. 이하 이 조에서 같다)를 설치하여야 한다. 다만, 법 제57-1의 규정에 의하여 설치되는 승강기를 비상용승강기의 구조로 하는 경우에는 그러하지 아니하다.

㉮ 높이 41 [m]를 넘는 각층의 바닥면적중 최대바닥면적이 1,500 [m²] 이하인 건축물에는 1대 이상

㉯ 높이 41 [m]를 넘는 각층의 바닥면적 중 최대바닥면적이 1,500 [m²]를 넘는 건축물에는 1대에 1,500 [m²]를 넘는 매 3,000 [m²] 이내마다 1대씩 가산한 대수 이상

② 제1항의 규정에 의하여 2대 이상의 비상용승강기를 설치하는 경우에는 화재시 소화에 지장이 없도록 일정한 간격을 두고 설치하여야 한다.

③ 건축물에 설치하는 비상용승강기의 구조 등에 관하여 필요한 사항은 건설교통부령으로 정한다.

2. 배치

① 피난층에 있어서는 비상용 승강기의 승강로 출입구에서 옥외에의 출입구에 이르는 보행거리를 30[m] 이내로 하여야 한다.

② 비상 승강기용 승강로는 비상승강기 2층 이하마다 승강로비를 통하는 출입구 및 기계실로 통하는 강재, 전선 기타의 것의 주위를 제외하고 내화구조의 바닥 및 벽으로 둘러야 한다.

(일반용과 나란히 설치된 비상용 엘리베이터의 승강로의 경우에도 서로 방화구획한다.)

3. 승강장로비(전실)

법 제57-2의 규정에 의한 비상용승강기의 승강장 및 승강로의 구조는 다음 각호의 기준에 적합하여야 한다.

(1) 비상용승강기 승강장의 구조

① 승강장의 창문·출입구 기타 개구부를 제외한 부분은 당해 건축물의 다른 부분과 내화구조의 바닥 및 벽으로 구획할 것. 다만, 공동주택의 경우에는 승강장과 특별피난계단(건축물의 피난·방화구조 등의 기준에 관한규칙 제9조의 규정에 의한 특별피난계단을 말한다. 이하 같다)의 부속실과의 겸용부분을 특별피난계단의 계단실과 별도로 구획하는 때에는 승강장을 특별피난계단의 부속실과 겸용할 수 있다.

② 승강장은 피난층을 제외한 각층의 내부와 연결될 수 있도록 하되, 그 출입구(승강로의 출입구를 제외한다)에는 갑종방화문을 설치할 것

③ 노대 또는 외부를 향하여 열 수 있는 창문이나 배연설비를 설치할 것

④ 벽 및 반자가 실내에 접하는 부분의 마감재료(마감을 위한 바탕을 포함한다)는 불연재료로 할 것

⑤ 채광이 되는 창문이 있거나 예비전원에 의한 조명설비를 할 것

⑥ 승강장의 바닥면적은 비상용승강기 1대에 대하여 6,000 [㎡] 이상으로 할 것 다만, 옥외에 승강장을 설치하는 경우에는 그러하지 아니하다.

⑦ 피난층이 있는 승강장의 출입구(승강장이 없는 경우에는 승강로의 출입구)로부터 도로 또는 공지(공원·광장 기타 이와 유사한 것으로서 피난 및 소화를 위한 당해 대지에의 출입에 지장이 없는 것을 말한다)에 이르는 거리가 30 [m] 이하일 것

⑧ 승강장 출입구 부근의 잘 보이는 곳에 당해 승강기가 비상용승강기임을 알 수 있는 표지를 할 것

(2) 비상용승강기의 승강로의 구조

① 승강로는 당해 건축물의 다른 부분과 내화구조로 구획할 것

② 승강로는 전층을 단일구조로서 연결하여 설치할 것

7-7-4 안전장치

① 일반용 승강기와 동일한 안전장치로 구성되나 비상 전환시에는 출입문이 열린상태에서도 가동되도록 하고 있다.
(엘리베이터 일반사항 주요기기 참조)

② 승강로내(內)는 침수에 대비하여 리미트 스위치 등 기기를 방수형으로 하거나 커버를 씌워 보호하여야 한다.

③ 승강로비에는 보기 쉬운 방법으로 적재하중 및 최대정원 외에 비상용 엘리베이터가 있는 피난층에서의 피난경로 기타 피난상 필요한 사항을 명시한 표식을 붙이고 비상용인 경우 그 뜻을 명시할 수 있는 표시등을 둘 것.

7-8 피뢰설비

피뢰설비는 보호하고자 하는 대상물에 근접하는 뇌격을 확실하게 흡인해서 뇌격전류를 안전하게 대지로 방류함으로써 인축의 상해 예방은 물론, 건축물 등의 화재·파손을 방지할 목적으로 보호대상물에 설치하는 설비이다.

뇌운은 여름의 강한 상승기류나 한·난 양기단이 접하는 곳에서 생기는 상승기류에 의하여 발생하는 것으로, 구름 상호간 또는 구름과 대지 간에 대단히 큰 전위차가 생긴다. 이 때문에 이들 사이에는 큰 방전전류가 흐르게 되며 뇌가 발생한다. 낙뢰전류의 한 예를 들면, 100 [μs]라는 짧은 순간에 20,000~40,000 [A]의 큰 전류가 흘러서 인명이나 재산상의 피해를 입힌다.

7-8-1 피뢰시스템의 적용범위와 구성

1. 적용범위

① 전기전자가 설치된 건축물·구조물로서 낙뢰로부터 보호가 필요한 곳 또는 지상으로부터 높이 20 [m] 이상인 것

② 저압전기전자설비

③ 고압 및 특고압 전기설비

2. 구성

① 외부피뢰시스템 : 직격뢰로부터 대상물을 보호

② 내부피뢰시스템 : 간접뢰 및 유도뢰로부터 대상물을 보호

3. 피뢰시스템 등급 선정

표 7-6 피뢰시스템의 등급

등급	대상 시설물
Ⅰ	원자력 발전소, 화학물 취급소 등
Ⅱ	정유공장, 주유소 등
Ⅲ	통신사, 발전소 등
Ⅳ	주택, 농장 등

4. 설치규정

(1) 돌침은 건축물의 맨 윗부분으로부터 25 [cm] 이상 돌출시켜 설치하되, 건축물의 구조기준 등에 관한 규칙] 제9조에 따른 설계하중에 견딜 수 있는 구조일 것
(2) 피뢰설비의 재료는 최소 단면적이 피복이 없는 동선을 기준으로 수뢰부, 인하도선 및 접지극은 50 [㎟] 이상이거나 이와 동등 이상의 성능을 갖출 것.
(3) 피뢰설비의 인하도선을 대신하여 철골조의 철골구조물과 철근콘크리트조의 철근구조제 등을 사용하는 경우에는 전기적 연속성이 보장될 것. 이 경우 전기적 연속성이 있다고 판단되기 위하여는 건축물 금속 구조체의 최상단부와 지표레벨 사이의 전기저항이 0.2 [Ω] 이하이어야 한다.
(4) 측면 낙뢰를 방지하기 위하여 높이가 60 [m]를 초과하는 건축물 등에는 건축물 높이의 5분의 4가 되는 지점부터 최상단부분까지의 측면에 수뢰부를 설치하여야 하며, 지표레벨에서 최상단부의 높이가 150 [m]를 초과하는 건축물은 120 [m] 지점부터 최상단부분까지의 측면에 수뢰부를 설치할 것. 다만, 건축물의 외벽이 금속부재로 마감되고, 금속부재 상호간에 제4호 후단에 적합한 전기적 연속성이 보장되며 피뢰시스템 레벨 등급에 적합하게 설치하여 인하도선에 연결한 경우에는 측면 수뢰부가 설치된 것으로 본다.
(5) 접지는 환경오염을 일으킬 수 있는 시공방법이나 화학 첨가물 등을 사용하지 아니할 것.
(6) 급수, 급탕, 난방, 가스 등을 공급하기 위하여 건축물에 설치하는 금속배관 및 급속재 설비는 전위가 균등하게 이루어지도록 전기적으로 접속할 것.

(7) 전기설비의 접지계통과 건축물의 피뢰설비 및 통신설비 등의 접지극을 공용하는 통합접지공사를 하는 경우에는 낙뢰 등으로 과전압으로부터 전기설비 등을 보호하기 위하여 한국산업표준에 적합한 서지보호장치(SPD)를 설치할 것.

표 7-7 피뢰시스템의 등급별 인하도선 사이의 최적 간격

피뢰시스템의 등급	간격[m]
Ⅰ	10
Ⅱ	10
Ⅲ	15
Ⅳ	20

7-8-2 외부피뢰시스템

1. 수뢰부시스템

(1) 수뢰부시스템의 선정

① 돌침, 수평도체, 메시도체의 요소 중에 한가지 또는 이를 조합한 형식으로 시설하여야 한다.

② 수뢰부시스템 재료는 KS C IEC 62305-3(피뢰시스템-제3부 : 구조물의 물리적 손상 및 인명위험)의 표 6(수뢰도체, 피뢰침, 대지 인입 붕괴 인하도선의 재료, 형상과 최소단면적)에 따른다.

③ 구성요소로 자연적 구성부재를 이용할 수 있다.

(2) 수뢰부시스템의 배치

① 보호각법, 회전구체법, 메시법 중 하나 또는 조합된 방법으로 배치하여야 한다. 다만, 피뢰시스템의 보호각, 회전구체 반경, 메시 크기의 최대값은 KS C IEC 62305-3(피뢰시스템-제3부 : 구조물의 물리적 손상 및 인명위험)의 표 2(피뢰시스템의 등급별 회전구체 반지름, 메시 치수와 보호각의 최대값) 및 그림 1(피뢰시스템의 등급별 보호각)에 따른다.

② 건축물·구조물의 뾰족한 부분, 모서리 등에 우선하여 배치한다.

(3) 높이 60 [m]를 초과하는 건축물·구조물의 측격뢰 보호용 수뢰부시스템은 다음과 같이 시설하여야 한다.

① 상층부와 이 부분에 설치한 설비를 보호할 수 있도록 시설한다. 다만, 상층부의 높이가 60 [m]를 넘는 경우는 최상부로부터 전체높이의 20 [%] 부분에 한한다.

② 코너, 모서리, 중요한 돌출부 등에 우선 배치하고, 피뢰시스템 등급 Ⅳ 이상으로 하여야 한다. 자연적 구성부재를 사용하는 경우 KS C IEC 62305-3(피뢰시스템-제3부 : 구조물의 물리적 손상 및 인명위험)의 표 3(수뢰부시스템용 금속판 또는 금속배관의 최소 두께)의 최소 두께에 따른다.

③ 수뢰부는 구조물의 철골 프레임 또는 전기적으로 연결된 철골 콘크리트의 금속과 같은 자연부재 인하도선에 접속 또는 인하도선을 설치한다.

(4) 건축물·구조물과 분리되지 않은 수뢰부시스템의 시설은 다음에 따른다.

① 지붕 마감재가 불연성 재료로 된 경우 지붕표면에 시설할 수 있다.

② 지붕 마감재가 높은 가연성 재료로 된 경우 지붕재료와 다음과 같이 시설한다.

㉮ 초가지붕 또는 이와 유사한 경우 0.15 [m] 이상

㉯ 다른 재료의 가연성 재료인 경우 0.1 [m] 이상

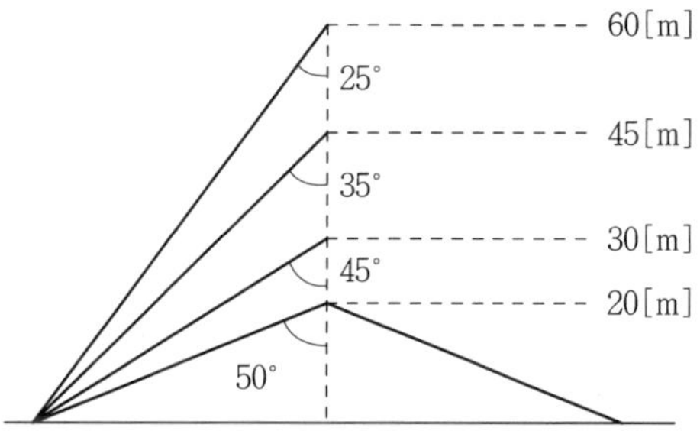

그림 7-20 높이에 따른 보호각의 변화

2. 인하도선시스템

(1) 수뢰부시스템과 접지시스템을 연결하는 것으로 다음에 의한다.

① 복수의 인하도선을 병렬로 구성해야 한다. 다만, 건축물·구조물과 분리된 피뢰시스템인 경우 예외로 한다.

② 경로의 길이가 최소가 되도록 한다.

③ 수뢰부시스템과 접지극시스템 사이에 전기적 연속성이 형성되도록 경로는 가능한 최단거리로 곧게 수직으로 시설한다.

④ 자연적 구성부재를 사용하는 경우에는 전기적 연속성이 보장되어야 하고, 다만, 전기적 연속성 적합성은 해당하는 금속부재의 최상단부와 지표레벨 사이의 직류 전에 저항을 0.2 [Ω] 이하로 한다.

3. 접지극시스템

(1) 뇌전류를 대지로 방류시키기 위한 접지극시스템은 다음에 의한다.

① 수평 또는 수직접지극(A형) 또는 환상도체접지극 또는 기초접지극(B형) 중 하나 또는 조합한 시설로 하여야 한다.

② 수평 또는 수직 접지극(A형)은 최소 2개 이상을 동일 간격으로 배치해야 하고, KS C IEC 62305-3(피뢰시스템-제3부 : 구조물의 물리적 손상 및 인명위험)의 그림 3(LPS 등급별 각 접지극의 최소길이)에 의한 피뢰시스템 등급별로 대지저항률에 따른 최소길이 이상으로 한다. 다만, 설치방향에 의한 환산율은 수평 1.0, 수직 0.5로 한다.

③ 지표면에서 0.75 [m] 이상 깊이로 매설하여야 한다. 다만, 필요시는 해당 지역의 동결심도를 고려한 깊이로 할 수 있다.

④ 접지극 재료는 대지에 환경오염 및 부식의 문제가 없어야 한다.

⑤ 철근콘크리트 기초 내부의 상호 접속된 철근 또는 금속제 지하구조물 등 자연적 구성부재는 접지극으로 사용할 수 있다.

4. 부품 및 접속

① 재료의 형상에 따른 최소단면적은 KS C IEC 62305-3에 따른다.

② 접속은 용접, 압착, 봉합, 나사 조임 또는 볼트 조임 등의 방법 중 현장여건에 적합한 방법으로 한다.

5. 고압 및 특고압 전기설비의 피뢰시스템

① 외부에 시설된 전기설비의 직격뢰에 대한 보호

-. 고압 및 특고압 전기설비에 대한 피뢰시스템은 KEC 152-1에 따른다.

-. 외부에 낙뢰차폐선이 있는 경우 이것을 접지하여야 한다.

-. 강철제 구조체 등을 자연적 구성부재 인하도선으로 사용할 수 있다.

[참고] 자연적 구성부재란?

주요 건축물 옥상의 스테인레스 난간, 조립식건물의 샌드위치판넬의 상판등이 해당되며, 이 경우 건축물 전체에 걸쳐 설치되어 있으므로 수평도체역할을 대신 할 수 있다.

7-8-3 내부피뢰시스템

1. 전기전자설비 보호용 피뢰시스템

(1) 전기전자설비의 낙뢰에 대한 보호

① 뇌서지에 대한 보호는 다음 중 하나 이상에 의한다.

-. 접지·본딩

-. 자기차폐와 서지유입경로 차폐

-. 서지보호장치 설치

-. 절연인터페이스 구성

② 피뢰구역 경계부분에는 KECG 9102(저압전기설비의 SPD 설치에 관한 기술지침)에 따른 서지보호장치를 설치하여야 한다.

(2) 전기적 절연

① 수뢰부 또는 인하도선과 건축물·구조물의 금속부분 사이의 전기적인 절연은 KS C IEC 62305-3(피뢰시스템-제3부 : 구조물의 물리적 손상 및 인명위험)의 부속서 A(수뢰부시스템의 배치)에 의한 이격거리로 한다.

(3) 전기전자설비의 접지 · 본딩으로 보호

① 뇌서지 전류를 대지로 방류시키기 위한 접지를 시설하여야 한다.

② 전위차를 해소하고 자계를 감소시키기 위한 본딩을 구성하여야 한다.

③ 접지극은 다음에 적합하여야 한다.

-. 전자·통신설비(또는 이와 유사한 것)의 접지는 환상도체접지극 또는 기초접지극으로 한다.

-. 접지를 환상도체접지극 또는 기초접지극으로 시설하는 경우, 메시접지망을 5 [m] 이내의 간격으로 시설하여야 한다. 다만, 기초철근콘크리트 바닥이 상호 잘 접속되어 철근 등이 메시망을 형성되거나, 접지극에 5 [m] 이내마다 연결되는 경우는 접지극으로 본다.

-. 복수의 건축물·구조물 등을 각각 접지를 구성하고, 각각의 부분을 연결하는 콘크리트덕트·금속제 배관의 내부에 케이블(또는 같은 경로로 배치된 복수의 케이블)이 있는 경우 각각의 접지 상호 간은 병행 설치된 도체로 연결하여야 한다. 다만, 차폐케이블인 경우는 차폐선을 양 끝에서 각각의 접지시스템에 등전위본딩 하는 것으로 한다.

④ 전자·통신설비(또는 이와 유사한 것)에서 위험한 전위차를 해소하고 자계를 감소시킬 필요가 있는 경우 다음에 의한 등전위본딩망을 시설하여야 한다.

-. 등전위본딩망은 건축물·구조물의 도전성 부분 또는 내부설비 일부분을 통합하여 시설한다.

-. 등전위본딩망은 메시 폭이 5 [m] 이내가 되도록 하여 시설하고 구조물과 구조물 내부의 금속부분은 다중으로 접속한다. 다만, 금속 부분이나 도전성 설비가 피뢰구역의 경계를 지나가는 경우에는 직접 또는 서지보호장치를 통하여 본딩한다.

-. 도전성 부분의 등전위본딩은 방사형, 메시형 또는 이들의 조합형으로 한다.

(4) 전기전자설비 보호를 위한 서지보호장치 시설

① 다음 장소에 설치되는 전기선, 통신선 등에는 서지보호장치를 시설하여야 한다.

-. 건축물·구조물은 하나 이상의 피뢰구역을 설정하고 각 피뢰구역의 인입선로에는 서지보호장치를 설치한다.

-. 기타 서지보호장치의 시설은 KECG 9102(저압전기설비의 SPD 설치에 관한 기술지침)의 Ⅴ. 1.(SPD 설치여부의 결정)에 의한다.

2. 피뢰시스템 등전위본딩

(1) 일반사항

① 외부피뢰시스템의 도체부분은 다음의 금속성 부분과 등전위본딩을 하여야 한다.

-. 금속제 설비(153.2.2에 의한다.)

-. 구조물에 접속된 외부 도전성 부분(153.2.3에 의한다.)

-. 내부피뢰시스템(153.1.3에 의한다.)

② 등전위본딩의 상호 접속은 다음에 의한다.

-. 자연적 구성부재로 인한 본딩으로 전기적 연속성을 확보할 수 없는 장소는 본딩도체로 연결한다.

-. 본딩도체로 직접 접속이 적합하지 않거나 허용되지 않는 장소는 서지보호장치로 연결한다.

(2) 금속제설비의 등전위본딩

① 외부피뢰시스템이 보호대상 건축물·구조물에서 분리된 독립형인 경우, 등전위본딩은 지표레벨 부근에서 시설하여야 한다.

② 외부피뢰시스템이 보호대상 건축물·구조물에 접속된 경우, 등전위본딩은 다음의 위치에서 접속하여야 한다.

-. 기초부분 또는 지표레벨 부근 위치에서 하여야하며, 등전위본딩도체는 등전위본딩 바에 접속하고, 등전위본딩 바는 접지시스템에 접속하여야 하며, 쉽게 점검할 수 있도록 하여야 한다.

-. 절연 요구조건에 따른 안전이격거리를 확보할 수 없는 경우에는 피뢰시스템과 건축물·구조물 또는 내부설비의 도전성 부분은 등전위본딩 하여야 하며, 직접 접속하거나 충전부인 경우는 서지보호장치를 경유하여 접속하여야 한다. 다만, 서지보호장치를 사용하는 경우 보호레벨은 보호구간 기기의 임펄스내전압보다 작아야 한다.

③ 건축물·구조물의 등전위본딩은 다음과 같이 하여야 한다.

-. 높이가 20 [m] 이상인 경우, 지표면 및 높이 20 [m] 부분에는 환상형 등전위본딩 바를 설치하거나 두 개 이상의 등전위본딩 바를 충분히 이격하여 설치하고 서로 접속한다.

-. 높이가 30 [m] 이상인 경우 지표면 및 높이 20[m]의 지점과 그 이상 20 [m] 높이마다 등전위본딩을 반복적으로 환상형 등전위본딩 바를 설치하거나 두 개 이상의 등전위본딩 바를 충분히 이격하여 설치하고 서로 접속한다.

④ 등전위본딩 연결은 가능한 한 직선으로 하여야 한다.

(3) 인입설비의 등전위본딩

① 건축물·구조물의 외부에서 내부로 인입되는 설비의 도전부에 대한 등전위본딩은 다음에 의한다.

-. 인입구 부근에서 143-1-1에 의한 등전위본딩 한다.

-. 전원선은 서지보호장치를 경유하여 등전위본딩 한다.

-. 통신 및 제어선은 내부와의 위험한 전위차 발생을 방지하기 위해 직접 또는 서지보호장치를 통해 등전위본딩 한다.

② 저압수전하는 경우 인입용 배전반 또는 분전함 가까운 지점에서 등전위본딩을 하여야 하며, 본딩 바는 짧은 경로의 본딩용 도체로 접지에 접속하여야 한다.

③ 가스관 또는 수도관의 연결부가 절연체인 경우, 해당설비 공급사업자의 동의를 받아 적절한 공법(절연방전갭 등 사용)으로 등전위본딩 하여야 한다.

④ 저압 접지계통이 TN계통인 경우, 보호도체(또는 중성선 겸용 보호도체)는 직접 또는 서지보호장치를 통하여 본딩 바에 접속하여야 한다. 다만, 전원선 또는 통신선이 차폐되었거나 금속관 내에 배선되어 있으면, 차폐층 또는 금속관을 본딩하여야 한다.

(4) 등전위본딩 바

① 설치위치는 짧은 경로로 접지시스템에 접속할 수 있는 위치로 하여야 하며, 저압 수전계통인 경우 주 배전반에 가까운 지표면 근방 내부 벽면에 설치한다.

② 접지시스템(환상접지전극, 기초접지전극, 구조물의 접지보강재 등)에 짧은 경로로 접속하여야 한다.

③ 외부 도전성 부분, 전원선과 통신선의 인입점이 다른 경우 여러 개의 등전위본딩 바를 설치할 수 있다.

④ 건축물·구조물이 낮은 레벨의 서지내전압이 요구되는 전자·통신설비(또는 유사한 것)용인 경우 시설하는 내부 환상도체는 5[m]마다 보강재에 접속하여야 한다.

7-8-4 피뢰방식

1. 돌침방식

건축물 상부에 돌침을 설치하여 근접 뇌격을 흡인하여 돌침과 대지 사이의 인하도체를 통해 외격전류를 안전하게 대지로 방류하는 방식이다. 수평투영면적이 적은 건물(굴뚝, 고가수조, 옥상의 옥탑부분 등), 위험물 저장소 등에 적용하며, 보호각을 규정치 이내로 수용하기 위해 돌침을 길게하는 경우 보호효과가 나빠지는 부분이 생기게 되므로 뇌의 차폐를 실폐할 가능성이 증가하고, 시공성 및 미관에 불리하게 된다. 따라서 이와 같은 경우에는 돌침과 수평도체방식을 병용하는 것이 적당하다.

2. 수평도체방식

철근 콘크리트조 건축물에서는 건물 모서리 부분에 낙뢰하여 콘크리트 파편에 의해 보행자 등의 2차적 재해가 발생할 우려가 있다. 따라서 옥상부분의 보호시 보호대상물은 수평도체(인접한 다른 수평도체)까지의 거리가 10[m] 이하가 되도록 설치하면 보호되는 것으로 본다. 단, 돌기물이 있는 경우에는 돌기물을 보호할 수 있는 수뢰부를 별도로 설치한다.

보호대상물의 건축물의 상부에 수평도체를 가설하고 이에 뇌격을 흡인한 후 인하도선을 통해 뇌격전류를 대지로 방류하는 방식으로 수평투영면적이 비교적 큰 건축물에 적용하며, 이 방식은 완전보호를 목적으로 하지 않고 비수뢰부의 뇌격확률을 최소화하여 2차적 재해를 방지한다는 개념에서 도입된 것이므로 위험물 저장소 등에는 적용하지 못한다.

난간, 펜스 등이 규정된 두께 이상의 단면적으로서 전기적으로 완전하게 접속되어 있고 경년열화 및 접촉불량의 우려가 없는 조건에서 반영구적으로 이용할 수 있는 설비는 수평도체로서 대용할 수 있다.

3. 케이지 방식(cage)

피 보호물을 적당한 간격(일반 : 2[m], 위험물 : 1.5[m])으로 그물눈을 가진 도체로 완전히 보호하는 방식이며, 산악지대의 레이더 기지, 천연기념물의 나무 등에 적용한다.

4. 회전구체법(Rolling Sphere Method)

낙뢰의 종류는 직격뢰와 유도뢰가 있으며, 회전구체법은 직격뢰뿐만 아니라 유도뢰를 고려한 것으로서 스트리머 리더선단에 의한 측면보호 대책을 고려한 것으로서 피뢰침 보호범위 평가에 회전구체법을 적용하는 추세이다.

표 7-8 등급에 따른 회전구체의 반지름[m]

등급	I	II	III	IV
회전구체 반지름[m]	20	30	45	60

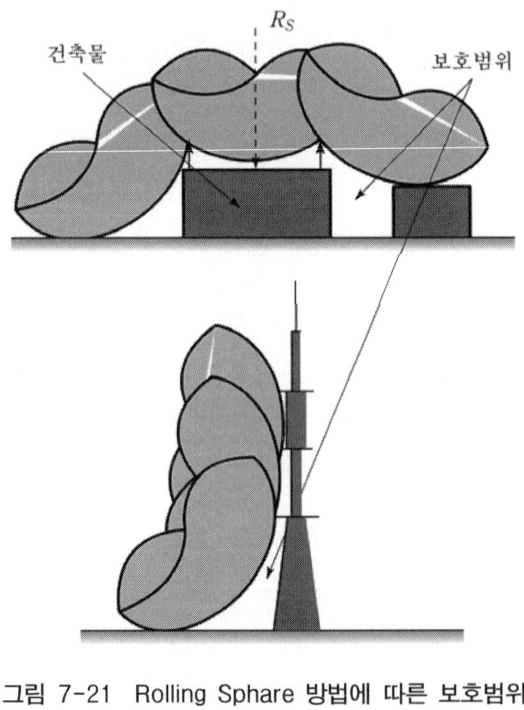

그림 7-21 Rolling Sphare 방법에 따른 보호범위

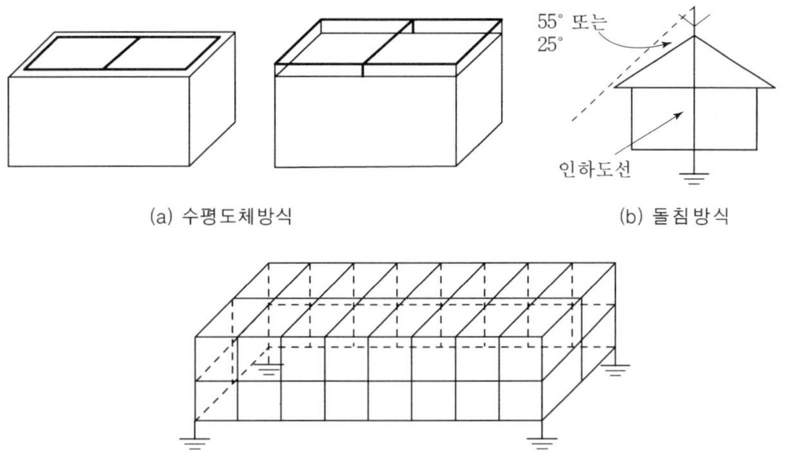

(a) 수평도체방식 (b) 돌침방식

(c) 케이지방식

그림 7-22 각종 피뢰방식

7-8-5 서지보호장치(SPD : Surge Protection Device)

(1) SPD 설치 기준

전기설비 기술기준의 판단기준 제18조 제7항은 통합접지공사는 제6항의 규정을 따르며 낙뢰 등에 의한 과전압으로부터 전기설비 등을 보호하기 위해 KS C IEC 60364-5-53(534 과전압 보호 장치) 또는 한국전기기술기준위원회 기술지침 KECG 9012-2015에 따라 KS C IEC 61643-11에 적합한 서지보호장치를 설치하여야 한다. 즉, 이는 전기설비의 접지계통과 건축물의 피뢰설비 및 통신설비 등의 접지극을 공용하는 통합접지 방식을 채용할 경우 뇌서지에 의한 전기설비의 손상을 방지하기 위하여 반드시 서지보호장치를 설치하여야 함을 명시고 있다.

(2) SPD의 분류

① SPD 형식별

SPD 형식	시험종류	비고
Class Ⅰ	등급 Ⅰ시험	고 피뢰장소, 직격뢰 보호
Class Ⅱ	등급 Ⅱ시험	저 피뢰장소, 유도뢰 보호
Class Ⅲ	등급 Ⅲ시험	저 피뢰장소, 유도뢰 보호

② SPD 기능별

구분	평상시	차단 시	사용 소자
전압스위치형	고임피던스	급격히 임피던스 저감	방전가스 갭, 에어갭
전압억제형	고임피던스	완만히 임피던스 저감	억제다이오드, 바리스터
복합형	스위치형, 억제형 기능 모두 포용		

(3) SPD 설치 장소

SPD는 보호하려는 설비에 최대한 가깝게 설치해야 한다.

번개의 영향 및 개폐 과전압으로부터 직접적인 보호를 위해서는 시험등급 II SPD 적용하고, 건물 외부에 이미 피뢰시스템이 장착되어 있거나 직접적인 번개에 대한 보호장치가 있는 경우 시험등급 I SPD 적용한다. 시험등급에 대한 제품의 마킹은 "test class I"이라 적혀 있거나 아니면 네모칸 안에 "T1"이라 적혀 있다.

SPD 결선 방법은 아래와 같이 두 가지 경우로 구분

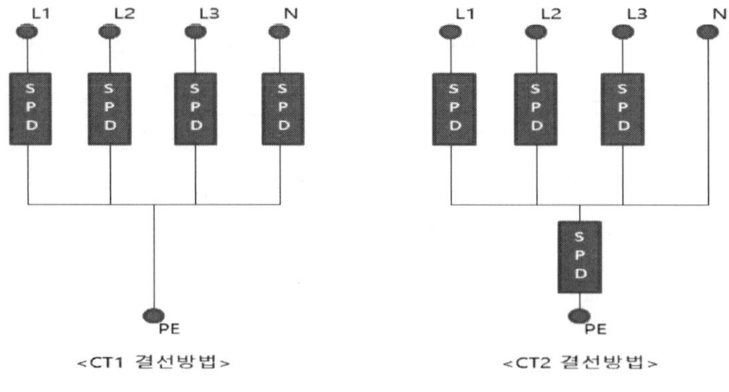

<CT1 결선방법> <CT2 결선방법>

- CT1 결선방법 : 충전선과 PE 사이 순간과전압 보호 시
- CT2 결선방법 : 충전선과 PE 사이 및 충전선과 충전선 사이 순간과전압 보호 시

참고로 IEC code나 기타 IEEE code의 접지쪽을 보다보면 가령 공통 접지를 하고 SPD를 설치하라 라고만 된 경우가 있는데 이는 충전선과 PE 사이의 일시적인 과전압 보호를 해라 라는 의미이며 상기와 같이 SPD를 사용하여 결선하면 된다.

(4) SPD 연결도체 길이 및 접지선 굵기

① SPD 연결도체 길이는 상전선에서 SPD와 SPD에서 주접지단자(또는 보호선)까지 50 [cm] 이하일 것

② 1등급 SPD의 접지선은 16 [㎟](구리) 이상, 기타 SPD는 접지선의 단면적 4 [㎟](구리) 이상의 것으로 시설할 것

7-9 내열전선과 내화전선 일반사항

소방법에 의한 설비의 배선은 내열배선 및 내화배선으로 하도록 규정되어 있다.
내열배선 및 내화배선이라 함은 소방기술기준에 관한 규칙 별표4의2에서 내열배선 및 내화배선으로 인정하는 사용전선별 공사방법을 정하고 있다.

1. 사용전선의 종류 및 공사방법

(1) 내열배선(HP : High Proof)FR-3

사용전선의 종류	공사 방법
1. 450/750 [V] 저독성 난연 가교 폴리올레핀 절연 전선 2. 0.6/1 [KV] 가교 폴리에틸렌 절연 저독성 난연 폴리올레핀 시스 전력 케이블 3. 6/10 [KV] 가교 폴리에틸렌 절연 저독성 난연 폴리올레핀 시스 전력용 케이블 4. 가교 폴리에틸렌 절연 비닐시스 트레이용 난연 전력 케이블 5. 0.6/1 [KV] EP 고무절연 클로로프렌 시스 케이블 6. 300/500 [V] 내열성 실리콘 고무 절연전선(180℃) 7. 내열성 에틸렌-비닐 아세테이트 고무 절연 케이블 8. 버스 덕트(Bus Duct) 9. 기타 「전기용품 및 생활용품 안전관리법」 및 「전기설비기술기준」에 따라 동등 이상의 내화성능이 있다고 산업통상자원부장관이 인정하는 것	금속관·금속제 가요전선관·금속덕트 또는 케이블(불연성 덕트에 설치하는 경우에 한한다) 공사방법에 따라야 한다. 다만, 다음 각목의 기준에 적합하게 설치하는 경우에는 그렇지 않다. 가. 배선을 내화성능을 갖는 배선전용실 또는 배선용 샤프트·피트·덕트 등에 설치하는 경우 나. 배선전용실 또는 배선용 샤프트·피트·덕트 등에 다른 설비의 배선이 있는 경우에는 이로부터 15 [cm] 이상 떨어지게 하거나 소화설비의 배선과 이웃하는 다른 설비의 배선 사이에 배선지름(배선의 지름이 다른 경우에는 지름이 가장 큰 것을 기준으로 한다)의 1.5배 이상의 높이의 불연성 격벽을 설치하는 경우
내화전선	케이블공사의 방법에 따라 설치하여야 한다.

[참고1] 내열전선의 내열성능은 온도가 816±10[℃]인 불꽃을 20분간 가한 후 불꽃을 재거하였을 때 10[sec] 이내에 자연 소화되고, 전선의 연소된 길이가 180[mm] 이하이거나 가열온도의 값을 한국산업표준(KS F 2257-1)에서 정한 건축 구조부분의 내화시험방법으로 15분 동안 380[℃]까지 가열한 후 전선의 연소된 길이가 가열로의 벽으로부터 150[mm] 이하일 것. 또는 국민안전처장관이 정하여 고시한 「내열전선의 성능인증 및 제품검사의 기술기준」에 적합할 것.

[참고2] 케이블을 금속관 내에 배선할 경우 금속관공사로 분류되며, 금속덕트 내에 배선할 경우에는 금속덕트공사가 된다. 따라서 케이블공사라 함은 케이블을 관로 내에 배선하지 아니한 것을 말한다.

(2) 내화배선(FP : Fire Proof)FR-8

사용전선의 종류	공사 방법
1. 450/750[V] 저독성 난연 가교 폴리올레핀 절연 전선 2. 0.6/1[KV] 가교 폴리에틸렌 절연 저독성 난연 폴리올레핀 시스 전력 케이블 3. 6/10[KV] 가교 폴리에틸렌 절연 저독성 난연 폴리올레핀 시스 전력용 케이블 4. 가교 폴리에틸렌 절연 비닐시스 트레이용 난연 전력 케이블 5. 0.6/1[KV] EP 고무절연 클로로프렌 시스 케이블 6. 300/500[V] 내열성 실리콘 고무 절연전선(180℃) 7. 내열성 에틸렌-비닐 아세테이트 고무 절연 케이블 8. 버스 덕트(Bus Duct) 9. 기타 「기용품 및 생활용품 안전관리법」 및 「전기설비기술기준」에 따라 동등 이상의 내화성능이 있다고 산업통상자원부장관이 인정하는 것	금속관·2종 금속제 가요전선관 또는 합성 수지관에 수납하여 내화구조로 된 벽 또는 바닥 등에 벽 또는 바닥의 표면으로부터 25[mm] 이상의 깊이로 매설하여야 한다. 다만 다음 각목의 기준에 적합하게 설치하는 경우에는 그렇지 않다. 가. 배선을 내화성능을 갖는 배선전용실 또는 배선용 샤프트·피트·덕트 등에 설치하는 경우 나. 배선전용실 또는 배선용 샤프트·피트·덕트 등에 다른 설비의 배선이 있는 경우에는 이로부터 15[cm] 이상 떨어지게 하거나 소화설비의 배선과 이웃하는 다른 설비의 배선 사이에 배선지름(배선의 지름이 다른 경우에는 가장 큰 것을 기준으로 한다)의 1.5배 이상의 높이의 불연성 격벽을 설치하는 경우
내화전선	케이블공사의 방법에 따라 설치하여야 한다.

[참고] 내화전선의 내화성능은 버너의 노즐에서 75[mm]의 거리에서 온도가 750±5[℃]인 불꽃으로 3시간 동안 가열한 다음 12시간 경과 후 전선 간에 허용전류용량 3[A]의 퓨즈를 연결하여 내화시험 전압을 가한 경우 퓨즈가 단선되지 아니하는 것. 또는 국민안전처장관이 정하여 고시한 "내화전선의 성능인증 및 제품검사의 기술기준"에 적합할 것.

2. 내열전선과 내화전선의 구조

(1) 내열전선(FR-3)의 구조

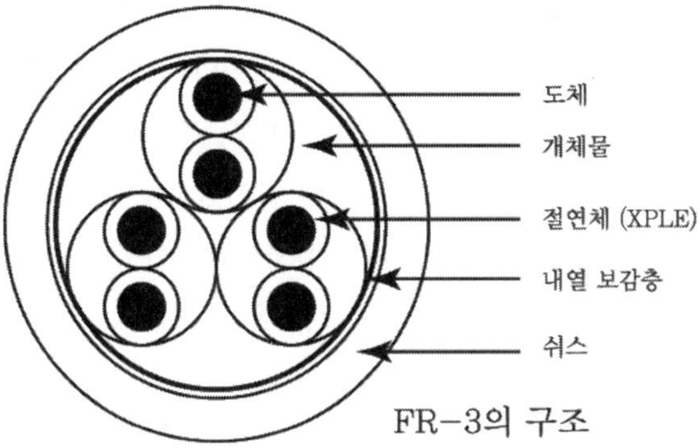

FR-3의 구조

(2) 내화전선(FR-8)의 구조

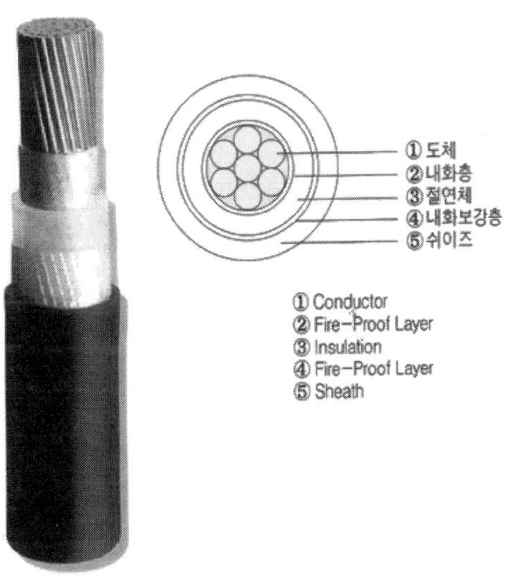

3. 배선의 시설

① 비상전원으로부터 비상부하에 이르는 배선은 전용회로로 하며, 비상부하설비의 전원회로에는 누전차단기를 설치하지 아니한다. 다만, 전기설비기술기준(제50조) 및 소방기술기준에 관한 규칙(제91조 내지 제94조)에 의해서 필요한 경우에는 전로에 지기가 발생하였을 때 이를 경보하는 장치를 설치한다.

② 소방회로용 개폐기 및 과전류차단기에는 소방시설임을 알 수 있도록 표시하고, 비상회로와 일반회로의 배선은 불연성 격벽으로 구획한다. 다만, 비상회로와 일반회로의 배선을 15 [cm] 이상 이격하여 설치한 경우에는 예외로 하며, 일반배선과 내열·내화배선은 별개의 배관으로 하는 것이 바람직하다.

③ 절연전선 및 케이블(내화 케이블, MI 케이블, 내열전선은 제외) 접속부분의 절연 및 내열·내화처리는 폴리아미드테이프(캡튼테이프 등), 마이카테이프, 4불화에틸렌테이프(테프론테이프) 또는 이와 동등 이상의 내열·내화성능이 있는 테이프로 처리한다.

④ 방화구획 등을 관통하는 부분(벽·마루)에는 화재가 확대되지 않도록 방연 및 연소방지 시설 등을 해야 한다.

7-10 방폭전기설비

전기설비의 방폭이란, 전기설비가 원인이 되어 가연성 가스나 증기 또는 분진이 인화되거나 착화되어, 폭발사고가 발생하는 것을 방지함을 말한다. 일반적으로 폭발현장은 공기 중에 적당한 농도의 가연성 가스나 증기 또는 분진이 존재하고 이들이 반응을 시작하는데 필요한 착화에너지가 존재할 때 일어나는 것이다. 따라서, 위의 세 가지 조건이 동시에 일어나지 않도록 하기 위한 개념으로 다음의 기본사항을 제시할 수 있다.

① 전기설비를 설치한 장소의 환경 또는 분위기를 가스, 증기 또는 분진이 폭발위험농도에 도달하지 않도록 환기나 배기시설을 강화하고, 분진에 대해서는 제거조치를 한다.

② 부득이하게 폭발 위험분위기가 조성되는 장소에서는 착화원이 될 수 있는 전기설비를 설치하지 않거나 완전 밀폐구조 등 방폭구조의 것을 사용한다.

1. 전기기기 자체의 방폭

(1) 점화원의 격리

기기자체의 점화원이나 사고발생시 점화원이 될 수 있는 개소를 폭발성가스와 격리하는 방법으로 압력방폭구조 및 유입방폭구조 등이 이에 속한다. 예를 들면, 수소가스 냉각방식의 터빈에서 수소가스의 압력을 대기압보다 높게 유지하여 대기가 혼합되지 않도록 하는 것이다.

(2) 전기기기의 안정도 증가

기기자체가 점화원이 되지 않도록 안정도를 증가시켜 고장자체가 발생하지 않게 하는 방법으로 안전증방폭구조가 있다.

(3) 점화능력의 본질적 억제

약전류회로의 전기기기에서 정상 및 사고시 발생하는 불꽃이나 고온부로 인하여 폭발성가스를 점화할 우려가 없다는 것을 시험 등으로 충분히 입증되는 경우 본질적 점화능력이 억제된 기구로 사용될 수 있다. 이러한 방법으로 제작된 것을 본질안전방폭구조의 기기라 한다.

2. 방폭구조의 종류

(1) 내압방폭구조(d)

가장 많이 사용되는 구조로서 점화원이 될 우려가 있는 부분을 전폐구조인 기구에 넣어 외부의 폭발성가스가 내부에 침입해서 폭발하였을 때 용기가 압력에 견디고, 내부에서 폭발한 고온의 가스가 용기의 접합부 틈으로부터 외부로 새는 일이 있어도 그 동안 냉각되어 점화원이 될 수 없도록 한 구조를 내압방폭구조(耐壓防爆構造)라 한다.

(2) 유입방폭구조(o)

전기기기가 불꽃 등을 발생하여 폭발성가스에 점화할 우려가 있는 부분을 기름 안에 넣어 유면상의 폭발가스에 인화될 우려가 없도록 한 것, 즉 전기기기의 점화원이 되는 부분(불꽃)을 유중에 넣어 폭발성가스와 격리시키는 것을 유입(油入)방폭구조라 한다.

대상기기로는 변압기, 개폐기류 등이 이에 속한다.

(3) 압력방폭구조(p)

점화원이 될 우려가 있는 부분을 용기내부에 넣고 용기 내에 신성한 공기 또는 불연성가스 등을 가압함으로써 내부의 압력을 외부의 압력보다 항상 높게 유지하여 외부의 폭발성가스가 내부로 침입하지 못하도록 한 것을 내압(內壓)방폭구조라 한다.

대상기기로는 아크가 발생할 우려가 있는 모든 전기기계기구 등이 이에 속한다.

(4) 안전증방폭구조(e)

상시운전중 불꽃, 아크, 과열이 생기면 안되는 부분에 이들이 발생하지 않도록 구성상 또는 온도상승에 대하여 안전도를 증가시킨 것을 안전증(安全增) 방폭구조라 하며, 만일 전기기계기구의 고장이나 파손이 생겨 점화원이 생긴 경우에는 폭발원이 되므로 특히 주의할 필요가 있다.

대상기기로는 전기기기의 권선, 에어갭, 접점, 단자 등이 이에 속한다.

(5) 본질안전방폭구조(i)

폭발을 일으키는 데는 최소한의 에너지가 필요하다는 개념을 기초로한 방폭구조로, 불꽃의 소세력화를 유지함으로써 전기불꽃이 발생하여도 폭발성 분위기에 점화되지 않도록 하는 것을 본질안전(本質安全) 방폭구조라 한다.

(6) 몰드방폭구조(m)

점화원이 될 우려가 있는 부분을 컴파운드로 밀폐시킨 구조를 몰드방폭구조라 한다.

(7) 충전방폭구조(q)

점화원이 될 수 있는 부분을 용기에 고정시키고 충전물질을 충전하여 폭발성 가스가 침입하여도 폭발하기 어렵게 하고 외부의 폭발성가스를 점화시키지 않는 구조의 것을 충전방폭구조라 한다.

(8) 비점화방폭구조(n)

정상작동 상태에서는 폭발성가스를 점화시키지 않는 구조의 것을 비점화방폭구조라 한다.

7-11 방재센터

고층 빌딩의 경우 외부창문이 대부분 밀폐창 또는 무창층(연면적의 1/20)으로 기계식 환기방식에 의한 중앙관리방식의 공조방식을 적용하므로 이를 감시 조정하는 방재센터의 기능이 중요하게 대두되고 있다.
특히, 배연설비는 화재나 비상시 인명을 구조하는데 가장 중요하며 중앙 방재센터는 상시 근무자들이 모든 방재설비를 감시 운영할 수 있는 조건을 갖추고 안전하고 용이하게 조정, 통제되어야 한다.

1. 설치대상

① 50층 이상 이거나 높이가 200 [m] 이상인 건축물
(초고층 및 지하연계 복합건축물 재난관리에 관한 특별법)

2. 방재센터의 기능

① 일반 방재설비의 관리와 방염 활동을 용이하게 할 수 있는 기능.
② 화재를 조기에 발견하고 일시에 많은 인원을 안전하고 신속하게 피난, 유도시킬 수 있는 기능 및 초기 소화작업이 용이하고 비상사태 발생시 사태 진압에 용이한 기능.
③ 소방기관에 신속한 연락 및 본격적인 소화 진압을 위한 지휘 및 통제가 용이한 기능.

3. 적합한 위치 및 구조

① 건물관리자가 상시 근무하는 곳으로서 해당 건축물 내의 한 건축물
② 방재센터는 화재시 마지막까지 남아 진화작업을 신속히 지휘 통제하고 소방 관계자의 출입이 용이한 장소가 되어야 하므로 피난층 또는 피난층의 직상, 직하층(별도의 외부출입구가 있는 경우에 한한다.)으로 한다.
③ 비상엘리베이터, 피난계단의 이용 등이 용이하여야 하며 옥외 외부 소방대와 연락 및 지휘통제가 용이하게 이루어질 수 있는 장소일 것.
④ 방재센터의 마감은 불연재료를 사용하여야 하며 외부와 통하는 출입문(갑종 방화문)이 2개 이상이 되도록 하고 빌딩 관리자 및 외부 소방대의 접근이 용이한 위치가 되어야 한다.

⑤ 다른 장소로부터 화염 및 연기의 영향을 받지 않는 장소로써 근무자나 소방 지휘자의 원활한 소방진화 작업을 위하여 방재센터 내에 숙직실, 휴게실 등이 구비되어야 하며 기기배치 및 24시간 감시가 용이하도록 해야 하고 판단, 조작 등이 용이하도록 설계되어야 한다.

4. 방재센터의 요건

① 자동화재탐지설비의 감시 및 조정
② 소방기관으로의 통보설비
③ 기계, 환기설비의 감시 및 조정
④ 공조 환기설비의 감시 및 통제 기능
⑤ 배연설비의 감시 및 통제기능
⑥ 비상용 엘리베이터의 감시 및 통제 기능, 비상연락기능, 기타 엘리베이터의 감시 기능
⑦ 각종 소화설비의 작동 표시기능(스프링클러, 옥내소화전, 하론 등)
⑧ 가스화재 감지설비의 조정 및 감시기능
⑨ 비상경보 및 비상방송설비의 조정기능
⑩ 항공장애등, 유도등, 비상전원의 작동표시 기능
⑪ 지진계, 지진경보계, 외부풍향풍속계, 온도표시장치 감시기능
⑫ 비상전원(발전기)의 운전상태 감시 및 조정
⑬ 화재발생장소, 작동배연구, 작동방화문 등의 그래픽 패널
⑭ 비상발전기의 기동표시
⑯ 비상전화장치
⑰ 연결송수관 등의 송수구와의 통화
⑱ 방화문의 원격조작장치

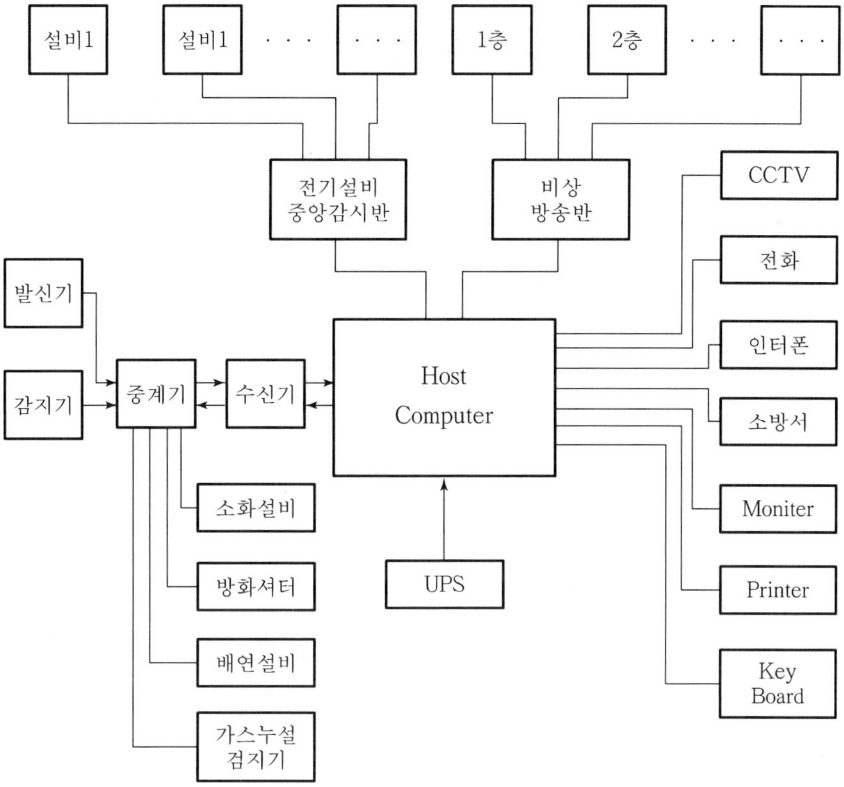

그림 7-23 방재센터의 기능 개념도

연 습 문 제

7-1 자동화재탐지설비의 구성요소에 대하여 나열하여라.

7-2 수신기의 종류를 나열하고, 각각의 기능에 대하여 설명하여라.

7-3 감지기의 종류와 각 종류별 동작원리를 설명하여라.

7-4 자동화재탐지설비의 경계구역의 결정에 대하여 설명하여라.

7-5 유도등의 종류와 설치기준에 대하여 설명하여라.

7-6 유도등의 배선방식 중 2선식과 3선식 배선회로의 특징을 비교 설명하여라.

7-7 누전경보설비의 동작원리에 대하여 설명하여라.

7-8 피뢰설비의 4등급을 분류하고 설명하여라.

7-9 피뢰설비의 인하도선 및 접지전극의 시공방법에 대하여 설명하여라.

7-10 비상콘센트설비의 설치대상물과 설치목적에 대하여 설명하여라.

7-11 방재센터가 구비해야 할 기능에 대하여 서술하여라.

CHAPTER 8

계측 및 시험 8

8-1 전기계측

8-1-1 전기계기의 기본사항

1. 전기계기의 분류

전기계기에는 전압계, 전류계, 전력계, 주파수계, 역률계 및 그 외에 여러 종류가 있으며, 동작원리에 따라 분류하면 다음과 같다.

① 직류용 계기
- 가동코일형 계기(전압계, 전류계, 저항계)

② 교류용 계기
- 유도형 계기(전압계, 전류계, 전력량계)
- 정류형 계기(전압계, 전류계, 저항계)
- 진동편형 계기(주파수계, 회전계)

③ 직류·교류 양용 계기
- 전류력계형 계기(전압계, 전류계, 전력계)
- 열전형 계기(전압계, 전류계, 전력계)
- 정전형 계기(전압계, 저항계)
- 가동철편형 계기(전압계, 전류계)

(1) 가동코일형 계기

① 영구자석에 의한 자계와 가동코일에 흐르는 전류와의 사이에 전자력을 이용한 계기이다.

② 균등눈금이다.

③ 측정범위의 확대에는 분류기 및 배율기를 사용한다.

(2) 유도형 계기

① 고정코일의 교번자계와 가동부에 와전류를 발생시켜 자계와의 사이에 전자력을 이용한다.

② 구조가 간단하고 튼튼하다.

③ 회전력이 크다(넓은 범위의 눈금으로 할 수 있다).

④ 직류에서는 사용하지 못한다.

(3) 정류형 계기

정류기를 이용하여 교류를 직류로 변환하여 가동코일형 계기로 측정한다.

(4) 진동편형 계기

① 진동편의 기계적 공진을 이용한다.

② 측정범위는 10~1,000 [Hz]이다.

(5) 전류력계형 계기

① 고정코일과 가동코일에 전류를 흘려 양 코일 사이에서 발생하는 전자력을 이용한다.

② 교류, 직류 양용이며 정밀급이다.

(6) 열전형 계기

① 열선과 열전대의 접점에 생긴 열기전력을 가동코일형 계기로 측정한다.

② 미소전류에 의해 동작한다(전력소모가 적다).

③ 고주파용으로 현재 가장 믿을 수 있는 유일한 계기이다.

(7) 정전형 계기

① 2개의 전극간에 작용 정전력을 이용한다.

② 전압계로 쓰이며, 정전형 전류계는 없다.

③ 눈금이 균일하다.

(8) 가동철편형 계기

① 고정코일 속의 고정철편과 가동철편 사이에 움직이는 전자력을 이용한다.
② 구조가 간단하고 값이 싸다.
③ 주파수의 영향이 크나 직류, 교류 양용으로 동일눈금을 사용할 수 있다.

2. 오차와 보정

어떤 측정에 있어서 정확한 값을 알 수 있는 것은 불가능하다. 전기계기의 경우도 반드시 오차가 포함되어 있는데, 계기에서 측정한 값을 M, 측정량의 참값을 T라 할 때 오차는 다음과 같이 정의된다.

$$\varepsilon = M - T$$

$$\%\varepsilon = \frac{M - T}{T} \times 100\,[\%]$$

여기서 ε : 오차, $\%\varepsilon$: %오차

여기서 참값이란 표준계기와 같은 오차가 극히 작은 계기로 측정한 값으로서 이를 기원으로 어떠한 계산을 하면 참값이 얻어지는가 하는 방법이 보정이다.

$$\alpha = T - M$$

$$\%\alpha = \frac{T - M}{T} \times 100\,[\%]$$

여기서 α : 보정, $\%\alpha$: %보정

표 8-1 계기의 등급별 용도

급 별	용 도	사용범위
0.2급	대형 부표준기	고도의 정밀측정 또는 부표준기를 사용한다.
0.5급	휴대용 계기	정밀측정에 사용한다.
1.0급	소형 휴대용 계기	보통측정에 사용한다.
1.5급	배전용 계기	공업용 보통측정에 사용한다.
2.5급	소형 배전반용 계기	정확도에 치중하지 않는 경우에 사용한다.

예제 8-1 %오차가 −3 [%]인 전압계로 측정한 값이 100 [V]라면 그 참값은 몇 [V]인가?

풀이 $\%\varepsilon = \frac{M-T}{T} \times 100[\%]$에서 $-3 = \frac{100-T}{T} \times 100[\%]$

$\therefore$ 참값 $= \frac{100}{0.97} = 103.09[\mathrm{V}]$

8-1-2 직류회로에서의 측정

직류회로의 측정에 이용되는 계기는 가동코일형으로, 측정범위의 확대를 위해서는 분류기 및 배율기를 사용한다.

1. 분 류 기

분류기(Shunt)란 전류계의 측정범위를 확대하기 위하여 전류계와 병렬로 접속하는 저항기를 말한다.

분류기를 사용하는 이유는 가동코일형 계기의 가동코일에 흐르는 전류가 보통 수십 [mA] 정도이므로 직류회로의 수[A] 또는 수십[A] 같은 전류를 측정하기 위해서이다.

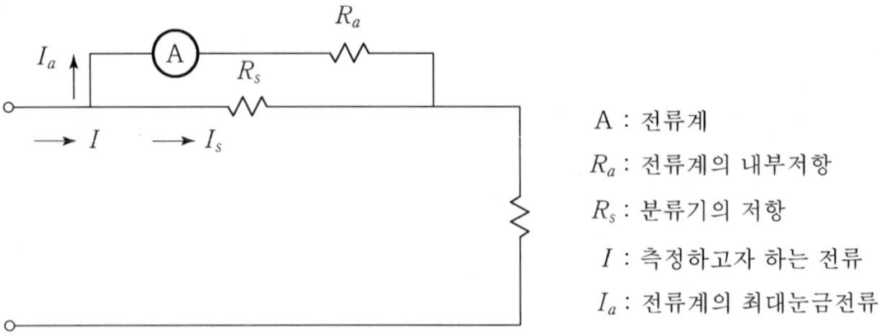

그림 8-1 분류기의 원리

$$I_a = I \times \frac{R_s}{R_a + R_s}$$

$$\frac{I}{I_a} = m(\text{배율}) = \frac{R_a + R_s}{R_s} = 1 + \frac{R_a}{R_s}, \qquad m = 1 + \frac{R_a}{R_s}$$

$$\therefore R_s = \frac{R_a}{m-1}$$

2. 배 율 기

배율기(Magnification)는 전압의 측정범위를 확대하기 위하여 전압계에 직렬로 접속한다.

$$V_m = \frac{R_m}{R_v} V_v, \qquad V = I_o(R_v + R_m) = \frac{V_v}{R_v}(R_v + R_m)$$

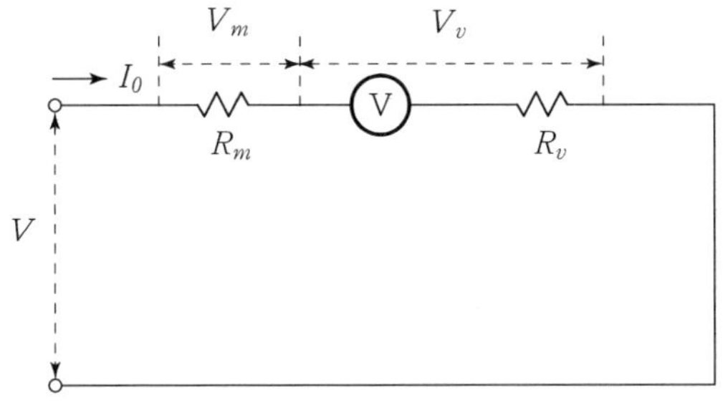

m : 배율(V/V_v)
V_m : 배율기의 단자전압
V_v : 전압계의 최대눈금전압
R_m : 배율기의 저항
R_v : 전압계의 내부저항
V : 측정하고자 하는 전전압

그림 8-2 배율기의 원리

$$\frac{V}{V_v} = \frac{1}{R_v}(R_v + R_m) = 1 + \frac{R_m}{R_v}, \qquad m = 1 + \frac{R_m}{R_v}$$

$\therefore$ 배율기의저항 $R_m = R_v(m-1)$

3. 정전형 전압계의 경우

비교적 고전압의 측정에는 정전형 전압계를 사용하는데, 일종의 콘덴서이므로 이들의 측정범위를 확대할 때는 콘덴서를 직렬로 접속한다.

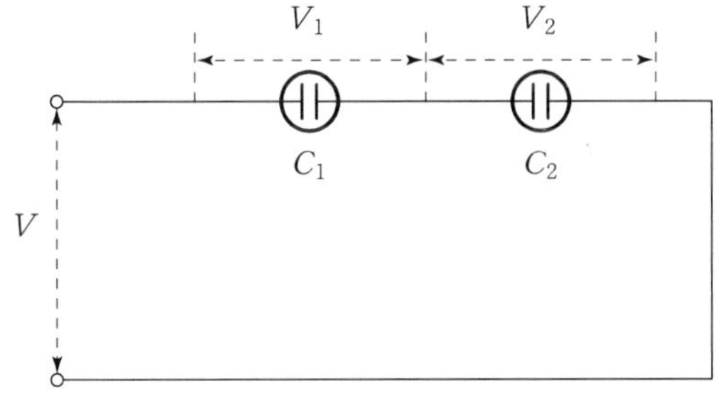

그림 8-3 정전전압계와 직렬콘덴서

그림 8-3과 같은 회로에서

$$C_1 V_1 = C_2 V_2, \qquad \therefore V_1 = \frac{C_2}{C_1} V_2$$

$$\text{전전압}\ V = V_1 + V_2 = \frac{C_2}{C_1}V_2 + V_2 = V_2\left(1 + \frac{C_2}{C_1}\right)$$

8-1-3 교류회로에서의 측정

교류회로에서 전압과 전류를 측정할 때 원칙적으로 직류회로와 같으나(전압계는 병렬접속, 전류계는 직렬접속) 높은 전압 또는 대전류 측정을 위해서는 계기를 직접접속하는 것이 적당하지 않으므로 교류회로에서는 계기용 변압기(PT) 및 계기용 변류기(CT)가 이용된다.

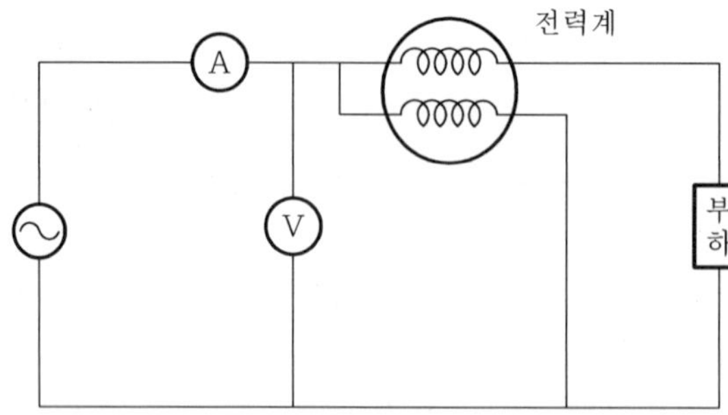

그림 8-4 교류회로에서의 전압, 전류, 전력측정

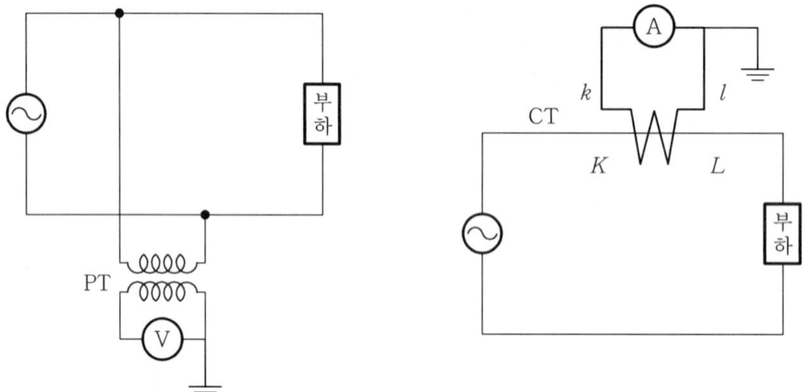

(a) 계기용 변압기 (b) 계기용 변류기

그림 8-5 PT 및 CT의 접속법

8-1-4 교류전력의 측정

교류의 고전압, 대전류의 경우 계기용 변압기(PT) 또는 계기용 변류기(CT)를 이용하여 전력계를 접속하고 전력계의 값에 계기용 변압기의 변압비 또는 계기용 변류기의 변류비를 곱하면 된다.

1. 1개의 단상전력계로 3상 교류전력을 측정하는 방법(평형 3상회로일 때)

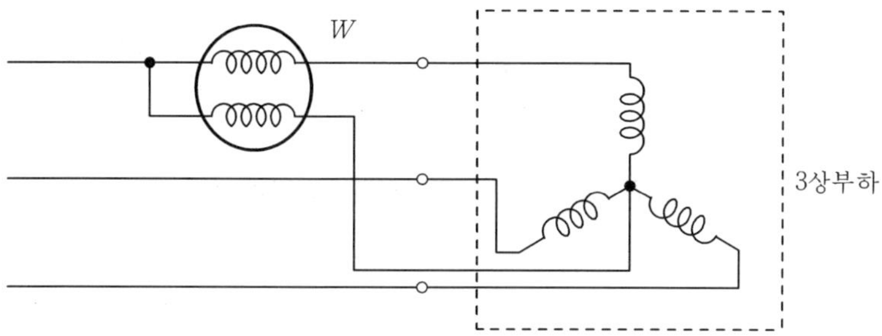

그림 8-6

그림 8-6에서 3상 교류전력 $P=3W$ 이다.

2. 2전력계법

3상전력을 측정하려면 단상전력계 2개를 사용하고 이때 접속은 그림 8-7과 같이 하면 된다(단, 3상 평형회로일 때).

$$E_{ab}=E_{bc}=E_{ca}=E$$

$$I_a=I_b=I_c=I$$

부하역률을 $\cos\Phi$ 라 하면 전력계 W_1의 전력 P_1은

$$P_1=EI\cos(\Phi+30°)\,[\mathrm{W}]$$

이고, 전력계 W_2의 전력 P_2는

$$P_2=EI\cos(\Phi-30°)\,[\mathrm{W}]$$

이므로, 2개의 전력계의 지시값을 합하면 다음과 같이 3상전력을 나타낸다.

$$P = P_1 + P_2 = \sqrt{3} EI \cos \Phi \,[\mathrm{W}]$$

또한 무효전력 P_r은 다음과 같다.

$$P_r = \sqrt{3}(W_2 - W_1)\,[\mathrm{var}]$$

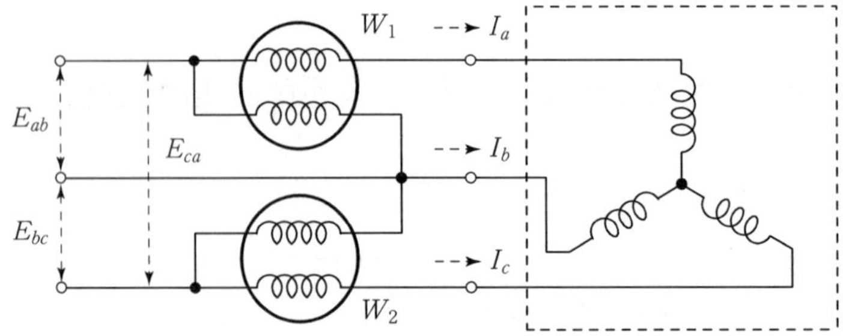

그림 8-7 2전력계법에 의한 3상전력 측정

예제 8-2 어떤 부하에 그림 8-7과 같이 접속된 전압계, 전류계 및 전력계의 지시가 각각 $V = 200[\mathrm{V}]$, $I = 30[\mathrm{A}]$, $W_1 = 5.96[\mathrm{kW}]$, $W_2 = 2.36[\mathrm{kW}]$이다. 이 부하에 대하여 다음 각 물음에 답하여라.

① 소비전력은 몇 [kW]인가?
② 피상전력은 몇 [kVA]인가?
③ 부하역률은 몇 [%]인가?

풀이 ① 소비전력 $P = W_1 + W_2 = 5.96 + 2.36 = 8.32[\mathrm{kW}]$

② 피상전력 $Pa = \sqrt{3}\, VI \times 10^{-3} = \sqrt{3} \times 200 \times 30 \times 10^{-3} = 10.39[\mathrm{kVA}]$

③ 역률 $\cos\Theta = \dfrac{W_1 + W_2}{2\sqrt{W_1^2 + W_2^2 - W_1 W_2}} \times 100 = 80.02[\%]$

3. 3전력계법

그림 8-8에서 3상 교류전력 $P = W_1 + W_2 + W_3\,[\mathrm{W}]$이다.

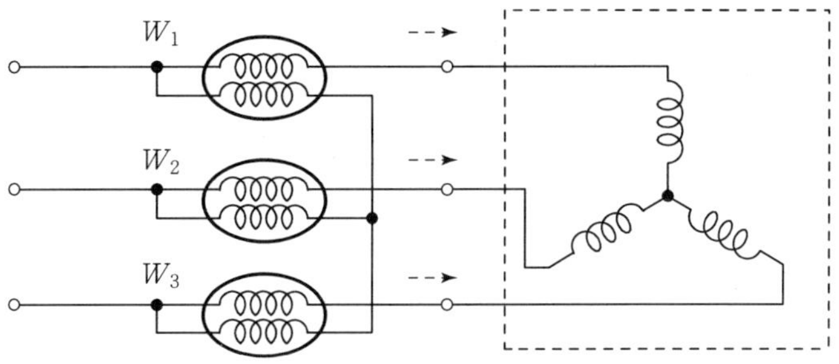

그림 8-8 3전력계법

8-1-5 전력량의 측정

전력량이란 전력과 시간과의 곱으로 1 [kW]의 전력으로 1시간 사용할 때의 전력량은 1 [kWh]이다. 전력량을 측정하는 계기로는 유도형의 전력량계가 대표적이며, 이것은 철심에 감은 전압코일과 전류코일 사이에 놓인 알루미늄 원판의 회전수가 부하전력량에 비례하는 것을 이용한 계기로 단상용과 3상용이 있다.

이 전력량계에서 계기상수는 알루미늄 원판의 회전수와 측정전력량과의 관계를 나타내는 상수이고, 전력량 1 [kWh]에 대한 원판의 회전수, 즉 [ReV/kWh]로서 표현된다.

계기상수가 K [ReV/kWh]라는 것은 1 [kW] 전력에서 1시간, 즉 3,600 [sec] 경과시 K회전한다는 의미이다. 그러므로 1 [sec]에 [K/3600] 회전하는 전력이 1 [kW]이다.

한편, 어느 전력을 합하였을 때 T [sec] 사이에 N회전한다면 1 [sec]간에는 N/T 회전하는 것으로 되어 이때 전력 P [kW]는 다음과 같다.

$$P = \frac{N}{T} \div \frac{K}{3,600} = \frac{3,600N}{KT} \text{ [kW]}$$

> **예제 8-3** 3상3선식 6.6 [kV] 고압자가용 수용가에 있는 전력량계의 계기상수가 1,000 [ReV/kWh]이고, 이 계기의 원판이 5회전하는데 40초가 걸렸다. 이때 부하의 평균전력은 몇 [kW]인가? 단, 계기용 변압기의 정격은 6,600/110 [V], 변류기의 정격은 20/5 [A]이다.

풀이 부하전력 = 적산전력계의 측정값×PT비×CT비 [kW]

여기서 적산전력계의 측정값(P_m)은 다음과 같다.

$$P_m = \frac{3,600\,n}{TK} = \frac{3,600 \times 5}{40 \times 1000} = 0.45[\text{kW}]$$

$$\therefore\ P = 0.45 \times \frac{6,600}{110} \times \frac{20}{5} = 108[\text{kW}]$$

8-2 저항측정

저항측정을 위한 계측기로는 휘트스톤(Weatstone Bridge)과 켈빈더블 브리지가 사용된다.

휘트스톤 브리지는 0.1~1,000,000 [Ω] 정도의 저항을 정밀하게 측정할 수 있으며 켈빈더블 브리지는 저저항, 고유저항, 도전율 등을 측정하는 데 사용된다.

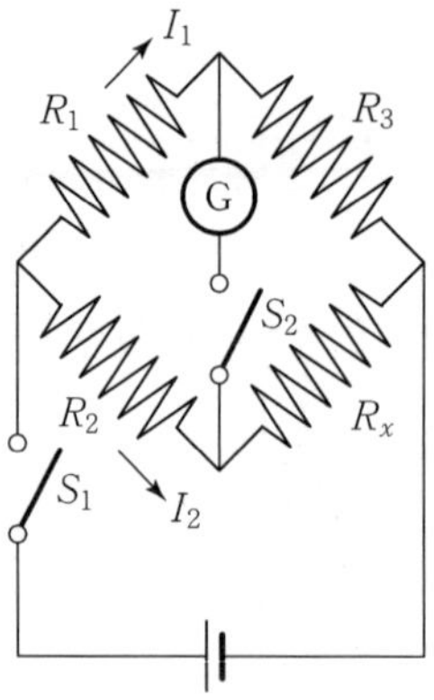

R_1, R_2, R_3 : 기지저항
R_x : 미지저항
S_1, S_2 : 스위치

그림 8-9 휘트스톤 브리지

(1) 휘트스톤 브리지의 원리

그림 8-9와 같이 스위치 S_1, S_2를 접속하여 화살표방향으로 전류가 흐르는 경우 저항 R_1, R_2, R_3를 임으로 가감하여 검류계가 '0'점을 지시하게 되면 다음과 같은 관계식이 성립한다.

$$R_1 I_1 = R_2 I_2$$

$$R_3 I_1 = R_x I_2$$

이 경우 검루계 양단이 등전위가 되므로 평형조건시에는 다음이 성립한다.

$$\frac{R_1}{R_2} = \frac{R_3}{R_x}$$

$$R_1 R_x = R_2 R_3$$

이와 같이 미지저항 R_x를 구할 수 있다.

$$\therefore R_x = \frac{R_2}{R_1} R_3$$

8-3 머리 루프법

휘트스톤 브리지를 이용하여 선로의 사고점(1선 지락사고)을 검출하는 머리 루프(Murray Loop)법은 측정대상선로는 사고도체와 귀로 건조도체가 동일한 굵기와 길이로 대응되어야 하며, 사고도체와 건조도체를 말단에서 접속한 후 측정해야 한다.

이 방법은 비교적 오차가 적고 취급이 간편한 특징을 갖고 있다.

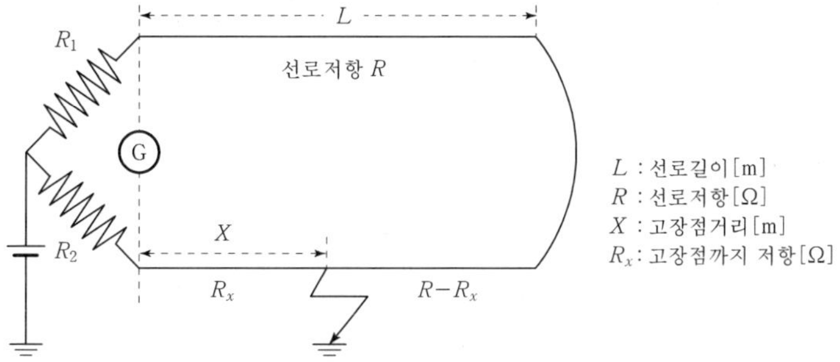

그림 8-10 머리 루프법

휘트스톤 브리지 원리에서 저항은 길이에 비례한다.

$$R_1 R_x = R_2 (R + R - Rx)$$

$$\therefore R_x = \frac{R_2}{R_1 + R_2} \times 2R$$

따라서 고장점까지의 거리는 다음과 같다.

$$X = \frac{R_2}{R_1 + R_2} \times 2L\,[\mathrm{m}]$$

선로사고점을 검출하는 이 방식은 도체저항을 이용한 브리지법으로 측정정밀도가 높으며(오차 ±1 [%]), 측정조작 및 운반 등이 용이하나 ① 단락사고, ② 지락점의 접지저항이 높고, ③ 사고점에서 방전되는 경우나 ④ 3상 동시지락사고와 같은 건전상이 없는 경우 측정하지 못하는 단점 등이 있다.

8-4 절연저항 및 절연내력의 측정

8-4-1 절연저항의 측정

저압전로의 전선상호간 및 전로와 대지간 또는 기기와 대지 사이, 변압기의 각 권선 사이, 변압기권선과 대지 사이를 충분히 절연하지 않으면 누설전류로 인하여 감전은 물론 전기화재사고 등이 일어날 위험이 있고 또한 전력손실이 발생한다.

이러한 사고를 미연에 방지하기 위하여 전기설비나 기기의 절연저항 측정과 절연내력 시험을 하여 전기설비나 기기의 안전한 사용이 되도록 하여야 한다.

측정값에 대한 판정기준은 단원 4-10-1항을 참조하기 바란다.

절연저항측정기는 절연저항계(Megger)를 사용하여 저압전로에서는 500 [V] 메가로, 고압전로에서는 1,000 [V] 메가로 측정한다.

(1) 구조와 원리

절연저항계는 교차코일형 계기로서 눈금은 대수(log)눈금으로 되어 있으며, 전류코일 (C)은 구동토크를 발생하며, 전압코일(P)은 제어토크를 발생하여 이 두 토크가 평형이 되는 위치에서 지침이 정지하게 되어 측정한다.

측정전압이 높이지면 누설전류 또한 증가하여 위와 동일한 평형점에 낙착하게 된다.

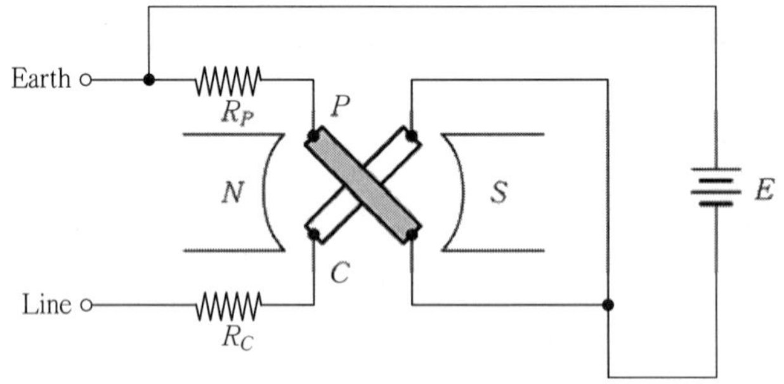

그림 8-11 절연저항계의 내부구조

8-4-2 절연내력시험

1. 측정계기류

① 내압시험기 2 [kVA], 100/12,000 [V] 또는 시험용 변압기 6 [kVA], 5 [kVA] 정도의 것 2대

② 전압계 150 [V]

③ 전류계(A_1) : 10/50 [A], 전류계(A_2) : 0.2/1 [A]

④ 물저항기 또는 슬라이닥스

⑤ 고압검전기

2. 시험방법

① 그림 8-12와 같이 결선한다.

② 전압 V_1을 읽는다. V_2가 피시험설비의 시험전압인 전압 V_1인가를 확인한다.

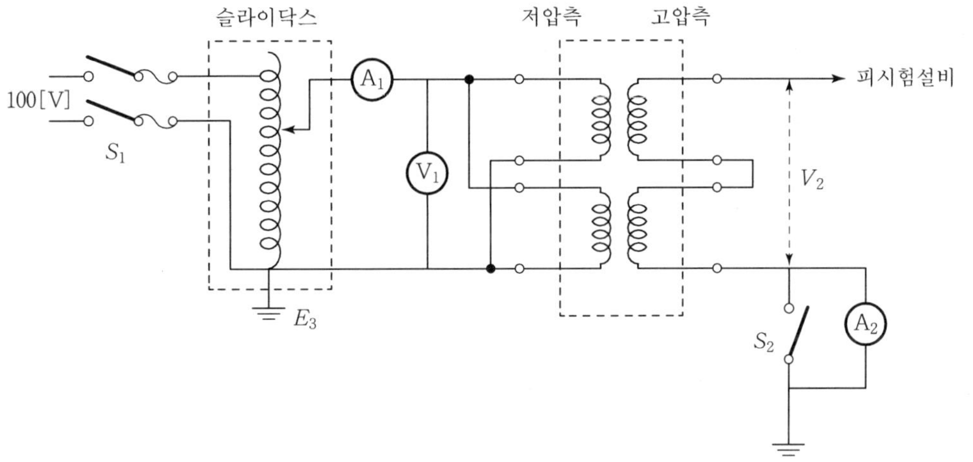

그림 8-12 절연내력시험 결선

③ 2차측 리드선을 모선 등에 접속한다(피시험 전기설비는 3선단락하여 놓는다).

④ 전원스위치 S_1을 투입한다.

⑤ 공급전압을 조정하면서 피시험설비에 대지전압(선간전압/ $\sqrt{3}$)에서 선로전압 정도로 될 때까지 서서히 전압을 올린다. 이상이 없음을 확인한 다음 규정값까지 신속하게 전압을 올리고 스톱 스위치를 누른다.

⑥ 여자전류 A_1을 읽고 스위치 S_2를 열어 누설전류 A_2를 읽는다.

⑦ 피시험 전기설비에 시험전압이 걸리고 있는지를 고압검전기로 확인한다.
⑧ 10분간 가해도 이상이 없으면 슬라이닥스를 '0'으로 한다.
⑨ 전원스위치 S_1을 개로한다.
⑩ 시험으로 충전된 잔류전하를 대지로 방전하고 내압시험 후의 절연저항을 측정하여 절연상태를 조사한다.

8-5 접지저항의 측정

접지저항 측정방법에는 전위강하법(Earth Tester)를 이용하여 측정하는 방법과 콜라우슈 브리지법이 있다.

접지저항 측정방법에 대해서는 단원 6-10절에서 상세하게 설명하였으니 참조하기 바란다.

8-6 보호계전기 시험

8-6-1 과전류계전기

과전류계전기(OCR : Over Current Relay)는 전력계통에서 단락사고 또는 과부하사고시 발생하는 고장전류를 검출하고 차단기와 동작협조를 취하여 즉시 사고회로를 차단하여 전력계통기기 및 선로를 보호하고, 다른 설비에 사고의 파급이 되지 않도록 하기 위하여 설치한다. 이러한 단락사고나 과부하사고가 발생하였을 때는 사고전류를 감지하여 차단기를 동작하게 하는 과전류계전기의 동작이 정확한지를 시험하여야 한다.

과전류계전기 시험에는 최소동작전류시험(동작최소전류를 구하는 시험)과 한시특성시험(설정전류값의 2배 및 5배의 전류를 흘리고 차단기를 포함한 연동시험의 동작시간을 구하는 시험)이 있다.

1. 최소동작전류 시험

① 그림 8-13과 같이 결선하되 개폐기는 전부 개로하여 놓는다.
② 계전기의 한시설정레벨을 10에 고정한다.

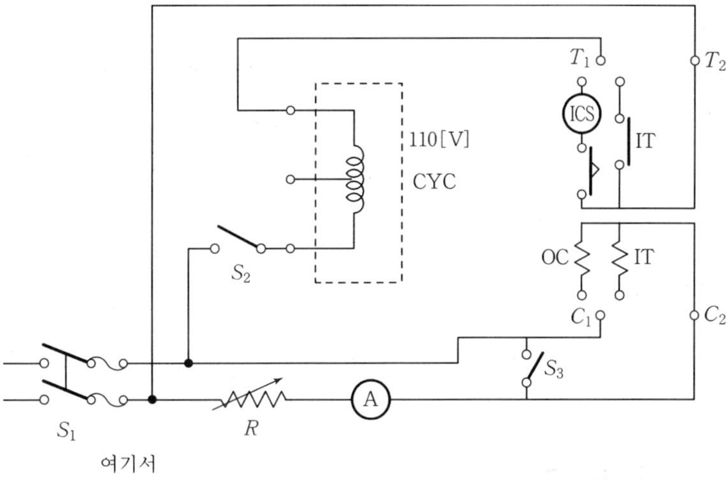

A : 전류계　　S_2 : 사이클 카운터용 스위치
CYC : 사이클 카운터　　S_3 : 조정용 스위치
R : 물저항기　　OC : 유도원판요소(한시요소)
S_1 : 전원스위치　　IT : 순시요소

그림 8-13 과전류계전기 시험회로

③ 전원스위치를 닫고 계전기의 원판이 회전할 때까지 서서히 슬라이닥스(물저항기)를 조정하여 전압을 올린다.

④ 계전기 원판이 회전하기 시작하면 슬라이닥스의 조정을 멈추고 전류계의 지시값을 읽는다. 이 값이 계전기의 최소동작전류값이 된다.

2. 한시특성시험

① 최소동작전류시험과 같이 결선을 그대로 두고, 계전기의 한시설정레벨을 10에 고정하고, 전류탭을 설정한다.

② 전원스위치 S_1을 닫고 계전기의 원판을 손으로 잡은 채로 전류계의 전류값을 정정탭값의 200 [%]가 되도록 슬라이닥스를 신속히 조정한다.

③ 이 상태에서 전원스위치 S_1을 열고, OCB를 투입한다(전원스위치 S_1을 열었으면 원판에서 손을 뗀다).

④ 개폐기 S_2, 전원스위치 S_1의 순서로 투입한다.

⑤ 계전기의 원판이 회전하여 접점이 폐로됨과 동시에 OCB가 개방되고, 사이클 카운터가 정지한다.

⑥ 즉시 전원스위치 S_1을 열고 사이클 카운터의 지시값을 읽는다(읽은 후 '0'으로 복

귀시킨다).

⑦ 개폐기 S_2를 열고, 슬라이닥스(물저항기)를 '0'으로 복귀시킨다.

⑧ 같은 순서에 의해 300 [%], 500 [%]에 대한 시험을 실시한다.

⑨ 시험 후 측정동작시간과 명판의 한시특성곡선과 비교하여 그 오차가 허용범위 내에 있는가를 검토하고, 허용오차(보통 5 [%]) 이상이면 정확한 것으로 바꾸어야 한다.

3. 한시레버의 설정

전력회사와 협의하여 설정한다(보통은 0.4 정도). (변압기 2차 단락시의 0.4~0.6 [sec] 이하)

4. 전류설정탭 구하는 법

① 탭설정값 $= \dfrac{\text{고압측 전류값}}{\text{수전측 CT의 변류비}}$

(탭설정은 탭설정값에서 가장 가까운 숫자를 취한다)

② 계약최대전력의 150~170 [%] 정도로 한다.

③ 단락보호를 위한 순시요소부의 탭값은 변압기 2차 단락전류의 150 [%](1차측으로 환산) 또는 고압측 최대부하전류(정격전류)의 500~1,500 [%] 정도로 한다(일반적으로 1,000 [%] 정도로 한다).

8-6-2 접지계전기 시험

접지계전기(GR : Ground Relay)는 수용가측에서 접지사고가 발생하면 그 즉시 수전용 차단기를 동작하게 할 목적으로 설치한다. 접지계전기의 탭설정은 전력회사와 협의하여 결정하는 것이 원칙이나 일반적인 경우 간단한 수전설비에서는 0.2 [A], 고압전동기에 케이블이 있는 경우에는 0.4 [A]로 한다(완전지락시 지락전류의 30 [%] 정도 이하로 하고 0.2 [sec] 이하에 동작하도록 한다).

1. 시험방법

① 그림 8-14와 같이 접속한다.

② 슬라이닥스는 '0'으로 하고 CB를 투입한다.

③ 전원스위치 S_1을 닫고 슬라이닥스를 서서히 조정하여 전류계의 지시가 설정전류값에 가깝도록 한다.

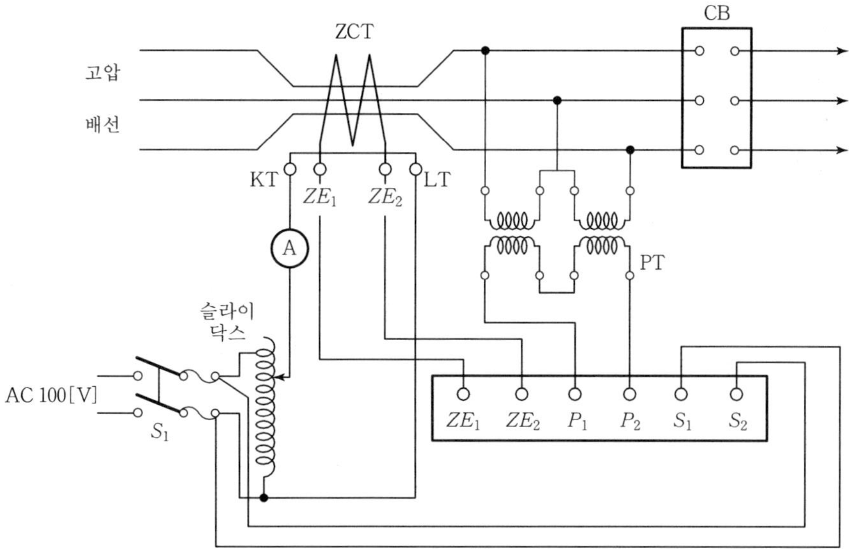

그림 8-14 접지계전기의 시험회로

④ 설정전류값에 이르면 접지계전기가 동작하여 CB가 동작한다. 이때의 전류값이 동작전류값이다.

⑤ 슬라이닥스를 '0'으로 복귀시키고 접지계전기의 복구용 버튼을 누른다.

⑥ 전원스위치 S_1을 연다.

2. 시험시 유의사항

① ZCT에 접속하는 경우에는 시험용 단자(KT, LT)를 반드시 사용한다(현재 배선하고 있는 ZE_1, ZE_2 단자에 접속하면 ZCT가 여자되어 사용할 수 없게 된다).

② 시험 전에 전원스위치 S_1을 닫고 시험용 버튼을 눌러 CB의 차단 여부를 조사한다.

8-6-3 과전압계전기 시험

역률을 개선하기 위하여 전력계통에 전력용 콘덴서를 접속하는데, 과보상되거나 무부하 또는 경부하시 계통에 전력용 콘덴서가 그대로 투입된 채로 있게 되는 경우 전압이 상승하여 기기에 손상을 주게 된다.

이때 과전압계전기(OVR : Over Voltage Relay)가 이상전압을 검출하여 콘덴서를 계통으로부터 개방하거나 경보를 발하기 위하여 사용된다.

1. 타임 레버의 설정

일반적으로 정격전압의 110 [%], 타임 레버(Time Lever)는 최대로 설정한다.

2. 시험순서

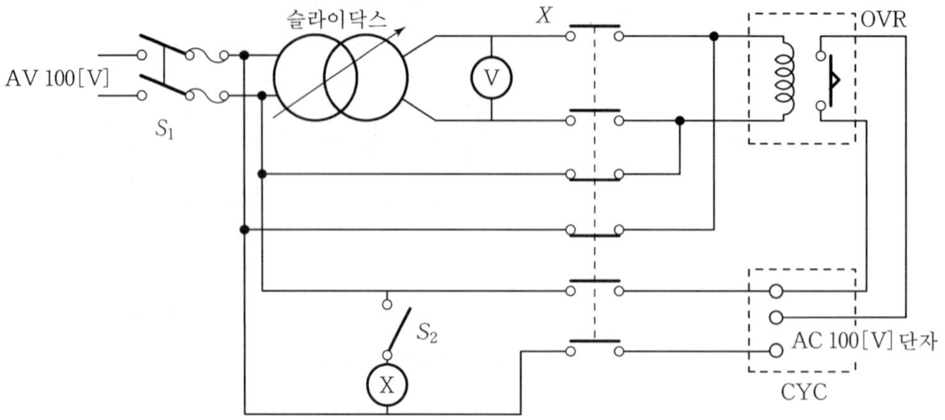

그림 8-15 과전압계전기 시험회로

① 그림 8-15와 같이 결선한다.

② 전원스위치 S_1을 투입하고, 전압조정기로 전압을 서서히 올려 원판이 회전하기 시작할 때의 전압을 측정한다.

③ 전압조정기를 조정하여 설정탭전압의 110 [%]로 조정하고 S_1을 OFF한다. 원판이 복귀한 다음 S_1, S_2를 투입하면 사이클 카운터가 동작해서 계전기동작으로 정지한다. 2회 측정한 후 평균값을 산출한다.

④ 동일한 요령으로 설정탭의 120 [%], 130 [%], 150 [%]에 대해서도 위와 같은 순서로 동작시간을 측정한다.

⑤ 이 측정값이 메이커가 보증하는 정확도를 갖고 있는가를 검토한다.

8-6-4 부족전압계전기

부족전압계전기(UVR : Under Voltage Relay)는 일반적으로 정전검출용으로 사용된다.

1. 탭, 타임 레버의 설정

탭 및 타임 레버의 설정값은 모두 최대로 선정하는 것이 보통이다.

2. 시험방법

① 그림 8-16과 같이 접속한다.

② 전원스위치 S_1과 측정용 스위치 S_2를 순차적으로 ON하고 슬라이닥스를 조정하여 정격전압으로 설정한 후 서서히 전압을 낮추어 원판이 동작하여 접점이 ON하는 전압을 측정한다.

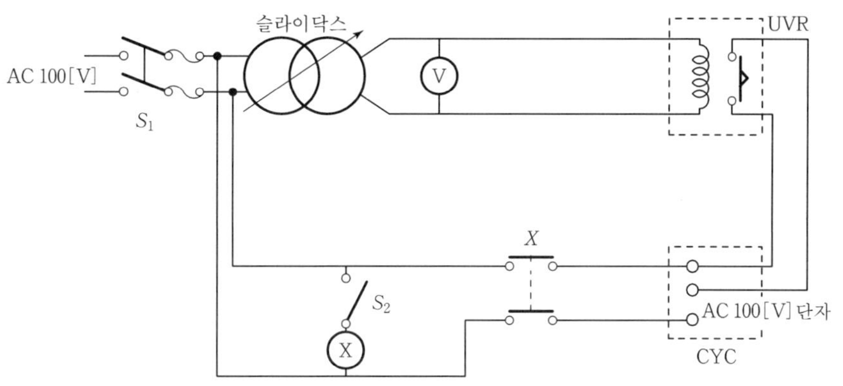

그림 8-16 부족전압계전기 시험회로

③ 동작시간특성 측정 : 그림 8-16에서 S_2를 ON하고, 탭전압이 80 [%]가 되도록 슬라이닥스를 조정한다. 이때 사이클 카운터가 동작을 시작하여 계전기의 접점동작으로 정지하게 된다. 이러한 동작을 2회 반복측정하여 평균값을 취한다. 같은 요령으로 탭값의 60 [%], 40 [%], 20 [%]에 대해서도 동작시간을 측정한다.

④ 판정 : 위와 같이 측정한 값이 메이커가 보증하는 정확도를 갖고 있는가를 검토한다.

⑤ 유의사항

- 전압계전기의 경우 PT의 2차전압이 전압단자에 가해지는 관계로 트랜스를 여자하는 일이 없도록 특히 유의하지 않으면 위험하다.
- 연 1회 정도 정기적으로 측정하고 기록한 데이터와 차이가 없는가를 점검한다.

8-7 전기설비에 대한 점검 및 검사

1. 안전관리규정(자체검사)

(전기안전관리자의 직무 제2장 전기설비 안전관리 제3-4조)

전기안전관리자는 시행규칙 제44조제2항제7호에 따라 전기설비의 일상점검·정기점검·정밀점검의 절차, 방법 및 기준에 대한 안전관리규정을 작성하여야 한다.

전기안전관리자는 점검의 종류에 따른 측정 주기 및 시험항목 예시를 참고하여 제1항의 안전관리규정을 매년 작성하고 점검 계획을 수립하여 점검을 실시하여야 한다.

[표] 점검 종류별 측정 및 시험항목

<table>
<tr><th colspan="2" rowspan="2">측정·시험항목</th><th colspan="6">주 기</th><th rowspan="2">기록서식</th></tr>
<tr><th>월차</th><th>분기</th><th>반기</th><th>연차</th><th>공사중</th><th>감리</th></tr>
<tr><td colspan="2">외관 점검 및 부하측정</td><td>○</td><td>○</td><td>○</td><td>○</td><td>○</td><td>○</td><td>별지 제1호</td></tr>
<tr><td colspan="2">저압 전기설비 점검</td><td></td><td></td><td></td><td></td><td></td><td></td><td rowspan="4">별지 제2호</td></tr>
<tr><td colspan="2">- 절연저항 측정</td><td>－</td><td>－</td><td>△</td><td>○</td><td>－</td><td>－</td></tr>
<tr><td colspan="2">- 누설전류 측정</td><td>－</td><td>△</td><td>△</td><td>－</td><td>－</td><td>－</td></tr>
<tr><td colspan="2">- 접지저항 측정</td><td>－</td><td>－</td><td>○</td><td>○</td><td>－</td><td>－</td></tr>
<tr><td colspan="2">고압 전기설비 점검</td><td></td><td></td><td></td><td></td><td></td><td></td><td>별지 제3호</td></tr>
<tr><td colspan="2">- 절연저항 측정</td><td>－</td><td>－</td><td>－</td><td>○</td><td>－</td><td>－</td><td></td></tr>
<tr><td colspan="2">- 접지저항 측정</td><td>－</td><td>－</td><td>－</td><td>○</td><td>－</td><td>－</td><td></td></tr>
<tr><td colspan="2">- 절연내력 측정</td><td>－</td><td>－</td><td>－</td><td>○</td><td>－</td><td>－</td><td></td></tr>
<tr><td colspan="2">변압기 점검</td><td>－</td><td>－</td><td>－</td><td>○</td><td>－</td><td>－</td><td>별지 제4호</td></tr>
<tr><td colspan="2">- 절연저항</td><td>－</td><td>－</td><td>－</td><td>○</td><td>－</td><td>－</td><td></td></tr>
<tr><td colspan="2">- 절연내력, 산가도 측정(절연유)</td><td>－</td><td>－</td><td>－</td><td>△</td><td>－</td><td>－</td><td></td></tr>
<tr><td colspan="2">계전기 및 차단기 동작시험</td><td>－</td><td>－</td><td>－</td><td>○</td><td>－</td><td>－</td><td>별지 제5호</td></tr>
<tr><td rowspan="3">예비
발전
설비</td><td>절연 및 접지저항 측정</td><td>－</td><td>－</td><td>○</td><td>○</td><td>－</td><td>－</td><td>별지 제6호</td></tr>
<tr><td>축전지 및 충전장치 점검</td><td>－</td><td>－</td><td>○</td><td>○</td><td>－</td><td>－</td><td></td></tr>
<tr><td>발전기 무부하 또는 부하시험</td><td>－</td><td>○</td><td>○</td><td>○</td><td>－</td><td>－</td><td></td></tr>
<tr><td colspan="2">적외선 열화상 측정</td><td>－</td><td>○</td><td>○</td><td>○</td><td>－</td><td>－</td><td>별지 제7호</td></tr>
<tr><td colspan="2">전원품질분석</td><td>－</td><td>－</td><td>－</td><td>○</td><td>－</td><td>－</td><td>별지 제8호</td></tr>
</table>

[비고] ○ : 필수, △ : 필요시

2. 수 · 변전설비의 관청업무처리

수·변전설비의 관청업무에는 공사시공 전 관청업무로 공사계획인가 및 신고와 사용전 검사 등이 있고, 그리고 사용 중 관청업무로는 정기검사가 있다.

(1) 공사계획인가 및 신고

(가) 인가 및 신고를 요하는 공사대상

① 발전소(전기사업법 시행규칙 [별표5])

② 전기수요설비(변전소 및 송전선로 포함)

㉮ 설치(증설)공사

-. 수전전압 20만[V] 이상(인가)

-. 수전전압 20만[V] 미만(신고)

㉯ 변경공사(차단기, 변압기, 전선로)

-. 전압 20만[V] 이상(인가)

-. 전압 20만[V] 미만(신고)

(나) 공사계획 인가 · 신고 시기

-. 공사 시작하기 전

(다) 공사계획 인가 · 신고 기관

① 공사계획 인가 : 산업통상자원부장관

② 공사계획신고 : 한국전기안전공사 지역본부 및 지사

(라) 공사계획 인가 · 신고 필요서류

① 공사계획서

② 설계도서

③ 기술시방서

④ 전기공사공정율

⑤ 감리원 배치 확인서(전기안전관리자가 자체 감리를 하는 경우 자체 감리를 확인할 수 있는 자료

⑥ 기타 전기안전공사에서 요구하는 서류

(마) 공사계획 인가 · 신고 수리업무

① 공사계획 업무내용 및 서류

(자가용 전기설비의 설치공사 또는 변경공사의 신고내용이 기술기준에 적합한지를 확인하여 수리하는 업무)

③ 공사계획 신고 대상설비

㉮ 발전소

-. 용량 1만 [KW] 미만의 발전소의 설치 및 변경

(다만, 용량 75 [KW] 미만의 비상용 예비발전설비는 제외)

㉯ 수용설비

-. 설치공사 : 수전전압 20만 [V] 미만의 수용설비의 설치

(다만, 설비용량 1,000 [KW] 미만의 수용설비의 구내배전설비는 제외)

-. 변경공사

○ 차단기 : 고압 이상의 수전용차단기와 특고압 이상 20만 [V] 미만의 차단기의 설치 또는 대체

○ 변압기 : 특고압 이상 20만 [V] 미만의 변압기 설치 또는 대체

○ 전선로 : 고압 이상 20만 [V] 미만의 전선로 설치·연장 또는 대체

(바) 전기사용신청 기관 : 한국전력공사 관할사업소

○ 가공인입선의 경우 : 수전 6개월 이전

○ 지중 인입인 경우 : 수전 1년 전 신청

(사) 공사계획 신고 : 착공 전

현장착공신고 이후 ~ 전기공사 착공 전까지

(통상 현장착공신고 이후 3개월 이내)

(아) 전기사용계약신청 : 최소 수전 2주 전(담당기관 : 한국전력공사 관할사업소)

(2) 사용전검사

사용전검사는 자가용 전기설비(아파트, 공장, 상가, 대형빌딩, 대형마트, 병원 등)의 설치공사 또는 변경공사에 대해 그 설비가 공사계획 인가 또는 신고내용 및 전기설비 기술기준에 적합하게 시공되었는지 여부를 검사하는 것이다.

(가) 대상 설비규모

75 [kW] 이상 자가용 전기수용설비 상용 발전설비(자가용 전기수용설비와 병렬운전용 포함) 비상용 발전설비(75kW 이상 비상용 예비발전기 포함)

(나) 사용전검사 업무흐름도

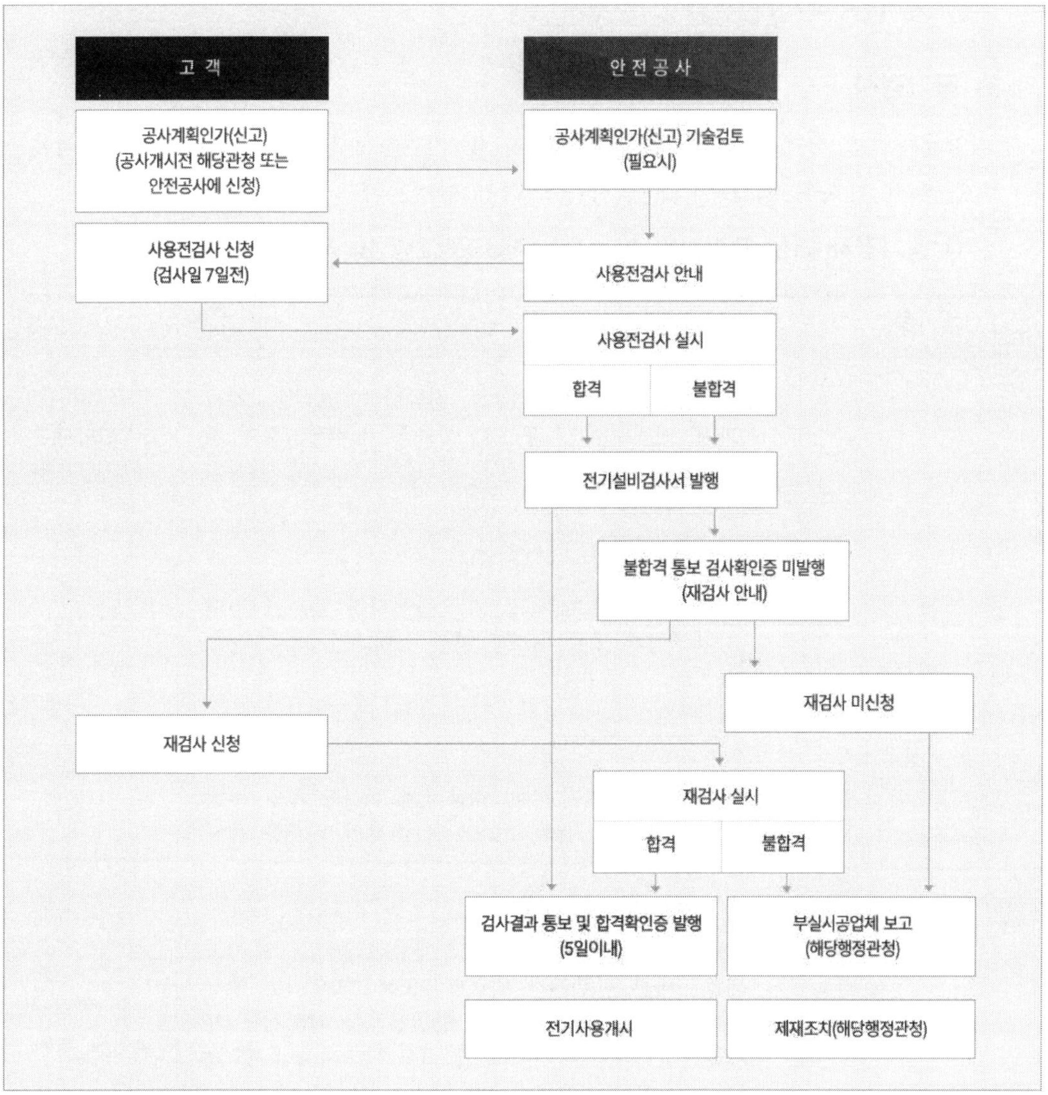

(다) 검사신청

① 검사 희망일 3일 전

② 검사결과 통보 : 검사 후 5일 이내
(합격, 부분합격, 합격[요주의], 불합격 및 임시사용)

(라) 제출서류

① 시험성적서

② 전기설비(이설, 재)사용 신청/확인서

③ 사업자등록증

④ 전기안전관리자 선임신고증명서

(3) 정기검사

전기안전관리법 제11조에 따르면 전기사업자 및 자가용전기설비의 소유자 또는 점유자는 전기설비에 대하여 정기적으로 검사를 받아야 한다, 라고 규정하고 있다.

(가) 정기검사 대상 전기설비 및 시기 (제8조제2항 및 제2항 관련)

구 분	대 상	시 기
자가용전기설비 (전기수용설비 및 비상용 예비발전설비)	1) 의료기관, 호텔, 대규모점포, 전통시장, 예식장, 지정문화재, 단란주점, 유흥주점, 목욕장, 노래연습장에 설치한 고압 이상의 수전설비 및 용량 75 [KW] 이상의 비상용 예비발전설비	2년마다 2개월 전후
	(2) 제25조제1항에 따라 전기안전관리자의 선임이 면제된 제조업자 또는 제조업 관련 서비스업자의 수용설비	2년마다 2개월 전후
	(3) (1) 및 (2)의 설비 외의 수용가에 설치한 고압 이상의 수전설비 및 용량 75 [KW] 이상의 비상용 예비발전설비	3년마다 2개월 전후
	(4) (3)의 규정에도 불구하고 「산업안전보건법」 제49조의2에 따른 공정안전 보고서 또는 「고압가스 안전관리법」 제13조의2에 따른 안전성향상 계획서를 제출하거나 낮춰 둔 자의 고압 이상의 수전설비 및 75 [KW] 이상의 비상발전설비	4년마다 2개월 전후

비고 : ① 발전설비의 검사는 발전설비의 가동·정지시간 중에 하며, 설비 고장 등 검사시기, 조정사유 발생시 검사기관과 협의하여 2개월 이내의 범위에서 검사시기를 조정할 수 있다.

② 비상용 예비발전설비는 이와 연계된 비상부하설비를 포함한다.

(나) 검사결과 통보 : 검사 후 5일 이내

부록 1. 옥내배선용 그림기호

한국산업규격 KS C 0103-1995
(KOREAN INDUSTRIAL STANDARD)
옥내배선용 그림기호
(Graphical Symbols of Interior Wiring Diagram for Architectectual Plans)

1. 적용범위

이 규칙은 일반 옥내배선에서 전등, 전력, 통신, 신호, 재해방지, 피뢰설비 등의 배선, 기기 및 그들의 부착위치, 부착방법을 표시하는 도면에 사용하는 그림기호에 대하여 규정한다.

2. 배 선

(1) 일반배선(배관, 덕트, 금속선 홈통 등)

명 칭	그림기호	적 요
천장은폐배선 바닥은폐배선 노출배선	———————— — — — — — ···············	1. 천장은폐배선 중 천장 속의 배선을 구별하는 경우는 천장 속의 배선에 —— . —— . 를 사용하여도 좋다. 2. 노출배선 중 바닥면 노출배선을 구별하는 경우는 바닥면 노출배선에 —— . . —— . 를 사용하여도 좋다. 3. 전선의 종류를 표시할 필요가 있는 경우는 기호를 기입한다. 보기 : 600 [V] 비닐절연전선 IV 내화케이블 FP 내열전선 HP 4. 절연전선의 굵기 및 전선수는 다음과 같이 기입한다. 단위가 명백한 경우에는 단위를 생략할 수도 있다. 보기 : —///—— —//—— 1.6 2 숫자 방기의 보기 : ———————— 1.6×5 5.5×1

명 칭	그림기호	적 요
		단, 시방서 등에 전선의 굵기 및 전선수가 명백한 경우는 기입하지 않아도 좋다. 5. 케이블의 굵기 및 선심수(또는 쌍수)는 다음과 같이 기입하고 필요에 따라 전압을 기입한다. 보기 : 1.6 [mm] 3심인 경우 ———— 1.6-3C 0.5 [mm] 100쌍인 경우 ———— 0.5-100P 단, 시방서 등의 케이블 굵기 및 선심수가 명백한 경우는 기입하지 않아도 좋다. 6. 전선의 접속선은 다음에 따른다. 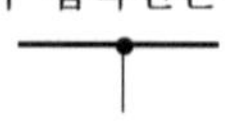 7. 배관은 다음과 같이 표시한다. -//-—— 강제 전선관의 경우 1.6(19) -//-—— 경질 비닐전선관의 경우 1.6(VE16) -//-—— 2종 금속제 가용전선관의 경우 1.6(F217) -//-—— 합성수지제 가요관의 경우 1.6(PF16) ———— 전선이 들어 있지 않은 경우 (19) 단, 시방서 등에 명백한 경우에는 기입하지 않아도 좋다. 8. 플로어 덕트의 표시는 다음과 같다. 보기 : — — — — (F17) — — — — (FC6) 정크션 박스를 표시하는 경우는 다음과 같다.  9. 금속덕트의 표시는 다음과 같다. [MD] 10. 금속선 홈통의 표시는 다음과 같다. 1종 — — — — MM_1 2종 — — — — MM_2 11. 라이팅 덕트의 표시는 다음과 같다. 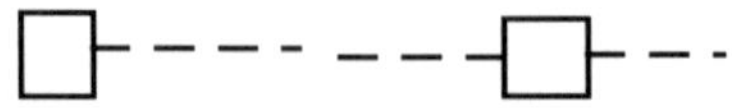 LD LD

명 칭	그림기호	적 요
		피드인 박스를 표시한다. 필요에 따라 전압, 극수, 용량을 기입한다. 보기 :  LD125V 2P 15A 12. 접지선의 표시는 다음과 같다. 보기 : E2.0 13. 접지선과 배선을 동일관 내에 넣는 경우는 다음과 같다. 보기 :  2.0(25) E2.0 단, 접지선의 표시 E가 명백한 경우는 기입하지 않아도 좋다. 14. 케이블의 방화구획 관통부는 다음과 같이 표시한다.  15. 정원등 등에 사용하는 지중매설배선은 다음과 같다.  16. 옥내배선은 옥내배선의 그림기호를 준용한다. 17. 구별을 필요로 하지 않는 경우는 실선만으로 표시하여도 좋다. 18. 건축도의 선과 명백히 구별한다.
상 승 인 하 소 통		1. 동일층의 상승, 인하를 특별히 표시하지 않는다. 2. 관, 선 등의 굵기를 명기한다. 단, 명백한 경우는 기입하지 않아도 좋다. 3. 필요에 따라 공사 종별을 기입한다. 4. 케이블 방화구획 관통부는 다음과 같이 표시한다. 
풀 박스 및 접속상자	⊠	1. 재료의 종류, 치수를 표시한다. 2. 박스의 대소 및 모양에 따라 표시한다.
VVF용 조인트 박스		단자붙임을 표시하는 경우는 t를 방기한다. 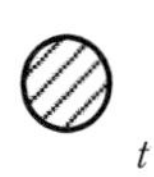
접지단자		의료용인 것은 H를 방기한다.
접지센터	EC	의료용인 것은 H를 방기한다.

명 칭	그림기호	적 요
접지전극		1. 접지 종별은 다음과 같이 방기한다. 제1종 E_1, 제2종 E_2, 제3종 E_3, 특3종 E_{s3} 보기 : 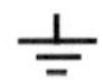 E_1 2. 필요에 따라 재료의 종류, 크기, 필요한 접지저항값 등을 방기한다.
수전점		인입구에 이것을 적용하여도 좋다.
점검구		

(2) 버스 덕트

명 칭	그림기호	적 요
버스덕트		1. 필요에 따라 다음 사항을 표시한다. FBD 피더 버스덕트 PBD 플러그인 버스덕트 TBD 트롤리 버스덕트 WP 방수형의 경우 전기방식, 정격전압, 정격전류 보기 : 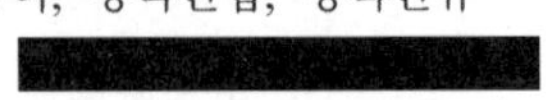 FBD 3ϕ3W300V600A 2. 익스팬션을 표시하는 경우는 다음과 같다. 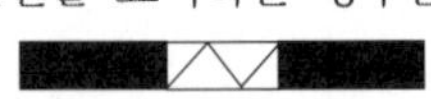 3. 오프셋을 표시하는 경우는 다음과 같다.  4. 탭붙이를 표시하는 경우는 다음과 같다.  5. 상승, 인하를 표시하는 경우는 다음과 같다. 상승  인하  6. 필요에 따라 정격전류에 의해 폭을 바꾸어 표시하여도 좋다.

(3) 합성수지선 홈통

명 칭	그림기호	적 요
합성수지선 홈통		1. 필요에 따라 전선의 종류, 굵기, 가닥수, 선홈통의 크기 등을 기입한다. 보기 :  IV16×4(PR35×18)  전선이 들어 있지 않는 경우 (PR35×18) 2. 회선수를 다음과 같이 표시하여도 좋다. 보기 :  2회선인 경우 3. 그림기호  는 .... 로 표시하여도 좋다. PR 4. 조인트 박스를 표시하는 경우는 다음과 같다.  5. 콘센트를 표시하는 경우는 다음과 같다. 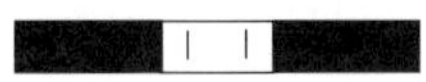 6. 점멸기를 표시하는 경우는 다음과 같다. 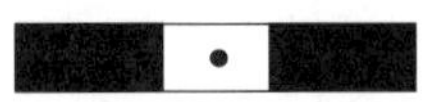 7. 걸림 로제트를 표시하는 경우는 다음과 같다. 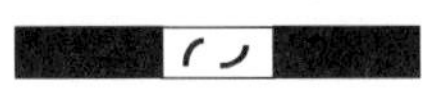

(4) 증 설

동일도면에서 증설·기설을 표시하는 경우 증설은 굵은 선, 기설은 가는 선 또는 점선으로 한다. 또한 증설은 적색, 기설은 흙색 또는 청색으로 하여도 좋다.

(5) 철 거

철거인 경우는 ×를 붙인다.

보기 : 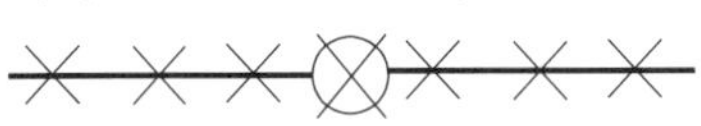

3. 기　기

명　칭	그림기호	적　　요
전동기	M	필요에 따라 전기방식, 전압, 용량을 방기한다. 보기 : M　3φ200V 3.75 kW
콘덴서	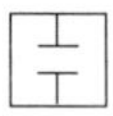	전동기의 적요를 준용한다.
전열기	H	전동기의 적요를 준용한다.
환풍기 (선풍기 포함)		필요에 따라 종류 및 크기를 방기한다.
룸 에어콘	RC	1. 옥외유닛에는 0을, 옥내유닛에는 1을 방기한다. RC 0　　RC 1 2. 필요에 따라 전동기, 전열기의 전기방식, 전압, 용량 등을 방기한다.
소형 변압기	T	1. 필요에 따라 용량, 2차전압을 방기한다. 2. 필요에 따라 벨변압기는 B, 리모콘변압기는 R, 네온변압기는 N, 형관등안정기는 F, HID(고광도방전등)용 안정기는 H를 방기한다. T B　T R　T N　T F　T H 3. 형광등용 안정기 및 HID등용 안장기로서 기구에 넣는 것은 표시하지 않는다.
정류장치		필요에 따라 종류, 용량, 전압 등을 방기한다.
축전지	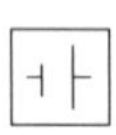	필요에 따라 종류, 용량, 전압 등을 방기한다.
발전기	G	전동기의 적요를 준용한다.

4. 전등·전력

(1) 조명기구

명 칭	그림기호	적 요
일반용 조명 백열등 HID등	○	1. 벽붙이는 벽 옆을 칠한다. ◐ 2. 기구종류를 표시하는 경우는 ○ 안이나 또는 방기로 글자명, 숫자 등의 문자기호를 기입하고 도면의 비교 등에 표시한다. 보기 : (나) ○나 (1) ○1 (A) ○A 같은 방에 같은 기구를 여러 개 시설하는 경우는 통합하여 문자기호와 기구수를 기입하여도 좋다. 3. 2에 따르기 어려운 경우는 다음 보기에 따른다. 걸림 로제트  펜던트 ⊖ 실링 직접부착 (CL) 샹들리에 (CH) 매입기구 (DL) 또는 ◎ 4. 용량을 표시하는 경우는 와트수[W]×램프수를 표시한다. 5. 옥외등은  로 하여도 좋다. 6. HID등의 종류를 표시하는 경우는 용량 앞에 다음 기호를 붙인다. 수은등 H 메탈핼라이드등 M 나트륨등 N 보기 : H400
형광등	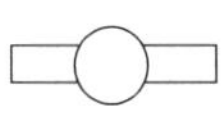	1. 그림기호 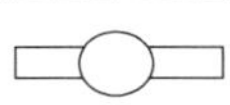 는 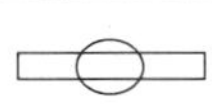 로 하여도 좋다. 2. 벽붙이는 벽 옆을 칠한다. 가로붙이인 경우 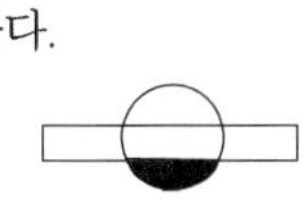 세로붙이인 경우 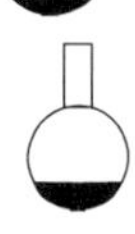

명 칭	그림기호	적 요
형광등	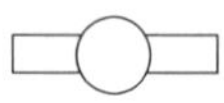	3. 기구종류를 표시하는 경우는 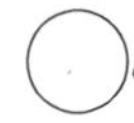안이나 또는 방기로 글자명, 숫자 등의 문자기호를 기입하고 도면의 비교 등에 표시한다. 보기 : 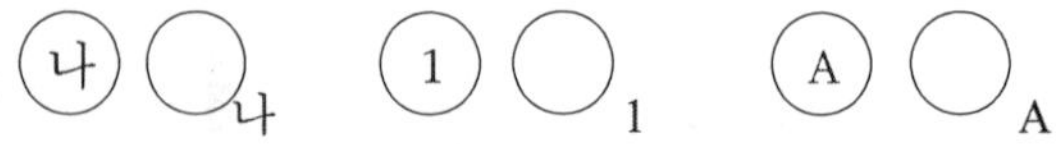 같은 방에 같은 기구를 여러 개 시설하는 경우는 통합하여 문자기호와 기구수를 기입하여도 좋다. 또한 여기에 다루기 어려운 경우에는 일반용 조명 백열등, HID 등의 적용 3을 준용한다. 4. 용량을 표시하는 경우에는 램프의 크기[W]×램프수로 표시한다. 또 용량 앞에 F를 붙인다. 보기 : F40, F40×2 5. 용량 외에 기구수를 표시하는 경우는 램프의 크기[W]×램프수－기구수로 표시한다. 보기 : F40－2, F40×2－3 6. 기구내 배선의 연결방법을 표시하는 경우는 다음과 같다. 보기 :  F40－2 F40－3 7. 기구의 대소 및 모양에 따라 표시하여도 좋다. 보기 : 
비상용 조명 (건축기준법의 규정에 따르는 것) 백열등		1. 일반용 조명 백열등의 적요를 준용한다. 단, 기구의 종류를 표시하는 경우는 방기한다. 2. 일반용 조명 형광등에 조립하는 경우는 다음과 같다. 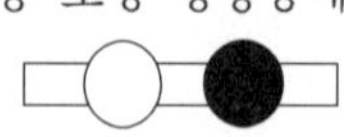
비상등 조명 (형광등)		1. 일반용 조명 백열등의 적요를 준용한다. 단, 기구의 종류를 표시하는 경우는 방기한다. 2. 계단에 설치하는 통로유도등과 겸용인 것은 다음과 같이 표기한다. 
유도등 (소방법에 따르는 것) 백열등		1. 일반용 조명 백열등의 적요를 준용한다. 2. 객석유도등인 경우는 필요에 따라 S를 방기한다.  S

명 칭	그림기호	적 요
유도등 (소방법에 따르는 것) 형광등	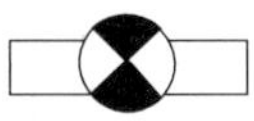	1. 일반용 조명 백열등의 적요를 준용한다. 2. 기구의 종류를 표시하는 경우는 방기한다.  중 3. 통로유도등인 경우는 필요에 따라 화살표를 기입한다. 보기 : 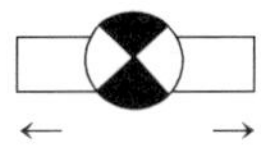 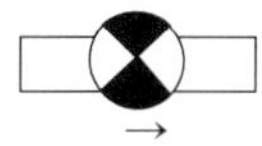 4. 계단에 설치하는 비상용 조명과 겸용인 것은 다음과 같이 표기한다. 
불멸 또는 비상등용 (건축기준법, 소방법에 따르지 않는 것) 백열등		1. 벽붙이는 벽 옆을 칠한다.  2. 일반용 조명 백열등의 적요를 준용한다. 단, 기구의 종류를 표시하는 경우는 방기한다.
불멸 또는 비상등용 (건축기준법, 소방법에 따르지 않는 것) 형광등	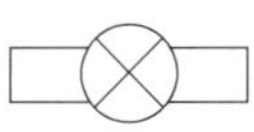	1. 벽붙이는 벽 옆을 칠한다.  2. 일반용 조명 백열등의 적요를 준용한다. 단, 기구의 종류를 표시하는 경우는 방기한다.

(2) 콘센트

명 칭	그림기호	적 요
콘센트		1. 그림기호는 벽붙이를 표시하고 벽 옆을 칠한다. 2. 그림기호  는 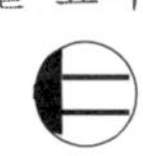 로 표시하여도 좋다. 3. 천장에 부착하는 경우는 다음과 같다.  5. 용량의 표시방법은 다음과 같다. ① 15A는 방기하지 않는다. ② 20A 이상은 암페어수를 방기한다. 보기 :  20A

명　칭	그림기호	적　　　　요
콘센트		6. 2구 이상인 경우는 구수를 방기한다. 보기 :  2 7. 3극 이상인 경우는 극수를 방기한다. 보기 :  3P 8. 종류를 표시하는 경우는 다음과 같다. 빠짐 방지형  LK 걸림형  T 접지전극 붙이  E 접지단자 붙이  ET 누전차단기 붙이  EL 9. 방수형은 WP를 방기한다.  WP 10. 방폭형은 EX를 방기한다.  EX 11. 타이머붙이, 덮개붙이 등 특수한 것은 방기한다. 12. 의료용은 H를 방기한다.  H 13. 전원 종별을 명백히 하고 싶은 경우는 그 뜻을 방기한다.
비상용 콘센트 (소방법에 따르는 것)	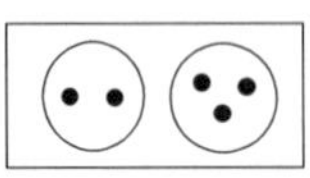	

(3) 점 멸 기

명　칭	그림 기호	적　　　　요
점멸기		1. 용량의 표시방법은 다음과 같다. ① 10A는 방기하지 않는다. ② 15A 이상은 전류값을 방기한다. 보기 :  15A

명 칭	그림 기호	적 요
점멸기	●	2. 극수 표기방법은 다음과 같다. ① 단극은 방기하지 않는다. ② 2극 또는 3로, 4로는 각각 2P 또는 3, 4의 숫자를 방기한다. 보기 : ●$_{2P}$ ●$_{3}$ 3. 풀 스위치는 P를 방기한다. ●$_{P}$ 4. 파일럿 램프를 내장하는 것은 L을 방기한다. ●$_{L}$ 5. 따로 놓여진 파일럿 램프는 ○로 표시한다. 보기 : ○● 6. 방수형은 WP를 방기한다. ●$_{WP}$ 7. 방폭형은 EX를 방기한다. ●$_{EX}$ 8. 타이머붙이는 T를 방기한다. ●$_{T}$ 9. 자동형, 덮개붙이 등 특수한 것은 방기한다. 10. 옥외등 등에 사용하는 자동점멸기는 A 및 용량을 방기한다. 보기 : ●$_{A(3A)}$
조광기		용량을 표기하는 경우는 방기한다. 보기 :  15A
리모콘 스위치	R	1. 파일럿 램프붙이는 ○을 병기한다. 보기 : ○●$_{R}$ 2. 리모콘 스위치임이 명백한 경우는 R을 생략하여도 좋다.
실렉터 스위치		1. 점멸회로수를 방기한다. 보기 :  9 2. 파이럿 램프붙이는 L을 방기한다. 보기 :  9L
리모콘 릴레이	▲	리모콘 릴레이를 집합하여 부착하는 경우는 [▲▲▲] 를 사용하고 릴레이수를 방기한다. 보기 : [▲▲▲] 10

(4) 개폐기 및 계기

명 칭	그림기호	적 요
개폐기	S	1. 상자들이인 경우는 상자의 재질 등을 방기한다. 2. 극수, 정격전류, 퓨즈 정격전류 등을 방기한다. 보기 : S 2P 30A f 15A 3. 전류계붙이는 S 를 사용하고 전류계의 정격전류를 방기한다. 보기 : S 3P 30A f 15A A5
배선용 차단기	B	1. 상자들이인 경우는 상자의 재질 등을 방기한다. 2. 극수, 프레임의 크기, 정격전류 등을 방기한다. 보기 : B 3P 225AF 150A 3. 모터 브레이커를 표시하는 경우는 B 를 사용한다. 4. B 를 S MCB 로서 표시하여도 좋다.
누전차단기	E	1. 상자들이인 경우는 상자의 재질 등을 방기한다. 2. 과전류 소자붙이는 극수, 프레임의 크기, 정격전류, 정격감도전류 등 과전류소자 없음은 극수, 정격전류, 정격감도전류 등을 방기한다. 과전류 소자붙이의 보기 : E 2P 30 AF 15A 30mA
누전차단기		과전류소자 없음의 보기 : E 2P 15A 30mA 3. 과전류 소자붙이는 BE 를 사용하여도 좋다. 4. B 를 E ELB로 표시하여도 좋다.

명 칭	그림기호	적 요
전자개폐기용 누름버튼	◉ B	텀블러형 등인 경우도 이것을 사용한다. 파일럿 램프붙이인 경우는 L을 방기한다.
압력 스위치	◉ P	
플로트 스위치	◉ F	
플로트리스 스위치 전극	◉ LF	전극수를 방기한다. 보기 : ◉$_{LF3}$
타임 스위치	[TS]	
전력량계	(WH)	1. 필요에 따라 전기방식, 전압, 전류 등을 방기한다. 2. 그림기호 (WH)는 (Wh)로 표시하여도 좋다.
전력량계 (상자들이 또는 후드들이)	[WH]	1. 전력량계의 적요를 준용한다. 2. 집합 계기상자에 넣는 경우는 전력량계의 수를 방기한다. 보기 : [WH]$_{12}$
변류기 (상자들이)	[CT]	필요에 따라 전류를 방기한다.
전류제한기	(L)	1. 필요에 따라 전류를 방기한다. 2. 상자들이인 경우는 그 뜻을 방기한다.
누전경보기	 G	필요에 따라 종류를 방기한다.
누전화재경보기 (소방법에 따르는 것)	 F	필요에 따라 급별을 방기한다.
지진감지기	(EQ)	필요에 따라 작동특성을 방기한다. 보기 : (EQ) 100~170 cm/s² (EQ) 100~170 Gal

(5) 분전반, 배전반, 제어반

명 칭	그림기호	적 요
배전반, 분전반 및 제어반	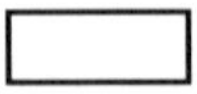	1. 종류를 구별하는 경우는 다음과 같다. 배전반  분전반  제어반  2. 직류용은 그 뜻을 방기한다. 3. 재해방지 전원회로용 배전반 등인 경우는 2중틀로 하고 필요에 따라 종별을 표기한다. 보기 : 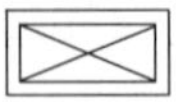 1종  2종

5. 통신, 신호

(1) 전 화

명 칭	그림기호	적 요
내선전화기		버튼 전화기를 구별하는 경우는 BT를 방기한다. 
가입전화기		
공중전화기		
팩시밀리		
전환기	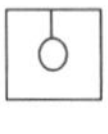	양쪽을 끊는 전환기인 경우는 다음과 같다. 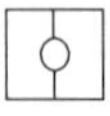
보안기		집합 보안기인 경우는 다음과 같이 표시하고 개수(실장/용량)를 방기한다. 보기 :  3/5
본배전반		
교환기	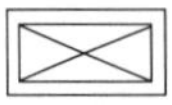	

명 칭	그림기호	적 요
버튼전화 주장치	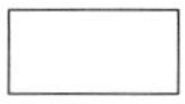	형식을 기입한다. 보기 : 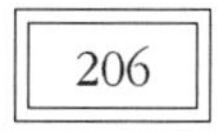
단자반	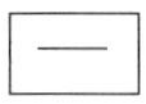	1. 대수(실장/용량)을 방기한다. 보기 : 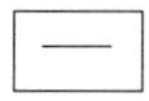 30P/40P 2. 전화 이외의 단자반에도 이것을 적용한다. 3. 중간단자반, 주단자반, 국선용 단자반을 구별하는 경우는 다음과 같다. 중간단자반 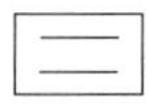 주단자반  국선용 단자반 
전화용 아웃트렛		1. 벽붙이는 벽 옆을 칠한다.  2. 바닥에 설치하는 경우는 다음에 따라도 좋다. 

(2) 경보, 호출, 표시장치

명 칭	그림기호	적 요
누름버튼		1. 벽붙이는 벽 옆을 칠한다.  2. 2개 이상인 경우는 버튼수를 방기한다. 보기 :  3 3. 간호부 호출용은  N 또는  로 한다. 4. 복귀용은 다음에 따른다. 
손잡이 누름버튼		간호부 호출용은  N 또는  로 한다.
벨	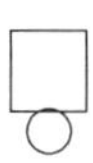	경보용, 시동용을 구별하는 경우는 다음과 같다. 경보용  시보용 

명 칭	그림기호	적 요
버저		경보용, 시동용을 구별하는 경우는 다음과 같다. 경보용  시보용 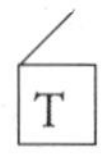
차임	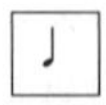	
경보수신반		
간호부 호출용 수신반		창수를 방기한다. 보기 :  10
표시기(반)	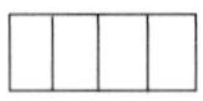	창수를 방기한다. 보기 : 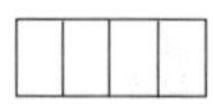 10
표시 스위치 (발신기)		표시 스위치반은 다음에 따라 표시하고 스위치수를 방기한다. 보기 : 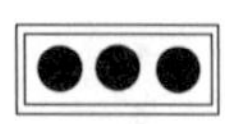 10
표시등	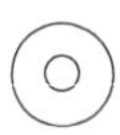	벽붙이는 벽 옆을 칠한다. 

(3) 전기시계 설비

명 칭	그림기호	적 요
자시계		1. 모양, 종류 등을 표시하는 경우는 그 뜻을 방기한다. 2. 아웃트렛만인 경우는 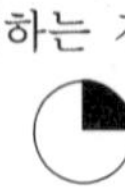 로 한다. 3. 스피커붙이 자식계는 다음과 같이 표시한다. 
시보 자시계		자시계의 적요를 준용한다.
부시계		시계 감시반에 부시계를 조립한 경우는  로 한다.

(4) 확성장치 및 인터폰

명 칭	그림기호	적 요
스피커		1. 벽붙이는 벽 옆을 칠한다.  2. 모양, 종류를 표시하는 경우는 그 뜻을 방기한다. 3. 소방용 설비 등에 사용하는 것은 필요에 따라 F를 방기한다. 4. 아웃트렛만인 경우는 다음과 같다.  5. 방향을 표시하는 경우는 다음과 같다. 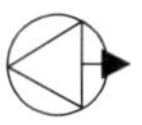 6. 폰형 스피커를 구별하는 경우는 다음과 같다. 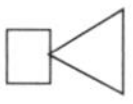
잭		종별을 표시할 때는 방기한다. 마이크로폰용 잭  스피커용 잭 
감쇠기		
라디오 안테나		
전화기형 인터폰(부)		
전화기형 인터폰(자)		
스피커형 인터폰(부)		
스피커형 인터폰(자)		간호부 호출용으로 사용하는 경우는 N을 반기한다. 
증폭기	AMP	소방용 설비 등에 사용하는 것은 필요에 따라 F를 방기한다.
원격조작기	RM	소방용 설비 등에 사용하는 것은 필요에 따라 F를 방기한다.

(5) 텔레비전

명 칭	그림기호	적 요
텔레비전 안테나	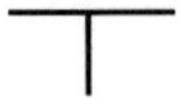	필요에 따라 VHF, UHF, 소자수 등을 방기한다.
혼합, 분파기		
증폭기	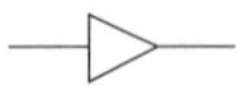	
4분기기	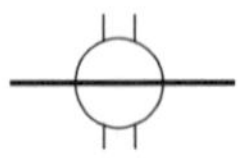	
2분기기	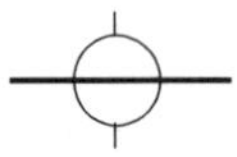	
4분배기	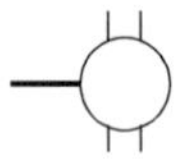	
2분배기	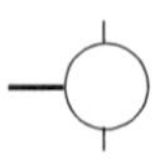	
직렬유닛 1단자형 (75Ω)		1. 분기단자 300Ω형인 경우는  로 한다. 2. 종단저항붙이인 경우는 R을 방기한다. 
직렬유닛 2단자형 (75Ω, 300Ω)		1. 분기단자 75 2단자인 경우는 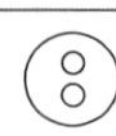 로 한다. 2. 종단저항붙이인 경우는 R을 방기한다. 
벽면 단자		
기기 수용상자	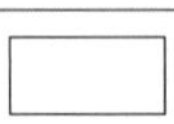	

6. 방 화

(1) 자동화재검지 설비

명 칭	그림기호	적 요
차동식 스폿형 감지기		필요에 따라 종별을 방기한다.
보상식 스폿형 감지기		필요에 따라 종별을 방기한다.
정온식 스폿형 감지기		1. 필요에 따라 종별을 방기한다. 2. 방수형인 경우는 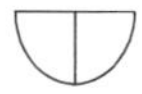 로 한다. 3. 내산형인 경우는  로 한다. 4. 내알칼리형인 경우는  로 한다. 5. 방폭형인 경우는 EX를 방기한다.
연기감지기		1. 필요에 따라 종별을 방기한다. 2. 점검 박스붙이인 경우는 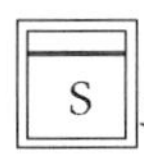로 한다. 3. 매입인 것은 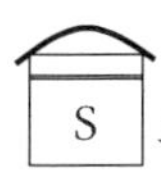 로 한다.
감지선		1. 필요에 따라 종별을 방기한다. 2. 감지선과 전선의 접속점은  로 한다. 3. 가건물 및 천장 안에 시설할 경우는  로 한다. 4. 관통 위치는 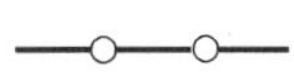 로 한다.
공기관		1. 배선용 그림기호보다 굵게 한다. 2. 가건물 및 천장 안에 시설할 경우는 .... 로 한다. 3. 관통 위치는 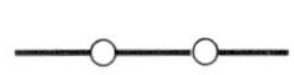 로 한다.
열전대		가건물 및 천장 안에 시설하는 경우는  로 한다.
열반도체		
차동식 분포형 감지기의 검출부		필요에 따라 종별을 방기한다.
P형 발신기		1. 옥외용인 것은  로 한다. 2. 방폭인 것은 EX로 방기한다.

명　칭	그림기호	적　요
경보벨	Ⓑ	1. 방수용인 것은  로 한다. 2. 방폭인 것은 EX로 방기한다.
회로시험기		
수신기	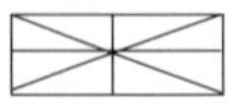	다른 설비의 기능을 갖는 경우는 필요에 따라 해당설비의 그림기호를 방기한다. 보기 : 가스누설 경보설비와 일체인 것 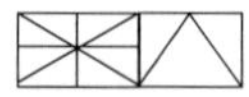 가스누설 경보설비 및 방배연 연동과 일체인 것 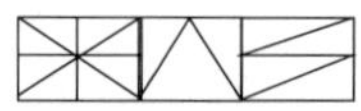
부수신기 (표시기)	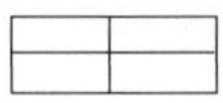	
중계기	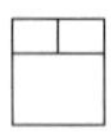	
표시등		
표지판	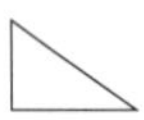	
보조전원	TR	
차동 스폿 시험기	T	필요에 따라 개수를 방기한다.
이보기	R	필요에 따라 해당설비의 기호를 방기한다. 경비회사 등 기기　G 비상방송　E 소화장치　X 소화전　H 방화문, 배연 등　D 기타　F
종당저항기	Ω	보기 : 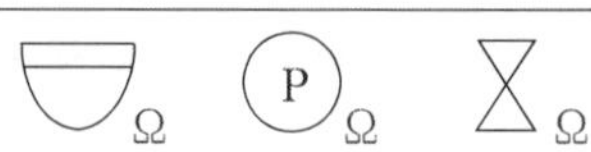
기기 수용상자	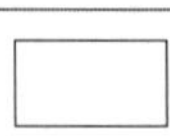	
경계구역 경계선	─── · · ───	배선의 그림기호보다 굵게 한다.

명 칭	그림기호	적 요
경계구역번호	○	1. ○안에 경계구역번호를 넣는다. 2. 필요에 따라 ⊖로 하고 상부에 필요사항, 하부에 경계구역 번호를 넣는다.

(2) 비상경보설비

명 칭	그림기호	적 요
기동장치	(F)	1. 방수용인 것은 (F)로 한다. 2. 방폭인 것은 EX를 방기한다.
비상전화기	(ET)	필요에 따라 번호를 방기한다.
경보벨	(B)	
경보사이렌	○◁	
경보구역 경계선	— · · —	자동화재경보 설비의 경계구역 경계선의 적요를 준용한다.
경보구역번호	△	△안에 경계구역번호를 넣는다.

[주] 상기 이외의 그림기호에 대하여는 (1)을 준용한다.

(3) 소화설비

명 칭	그림기호	적 요
기동버튼	(E)	가스계 소화설비는 G, 수계 소화설비는 W를 방기한다.
경보벨	(B)	자동화재경보 설비의 경보벨 적요를 준용한다.
경보버저	(BZ)	자동화재경보 설비의 경보벨 적요를 준용한다.
사이렌	○◁	자동화재경보 설비의 경보벨 적요를 준용한다.

명　칭	그림기호	적　　　　요
제어반	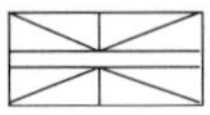	
표시반	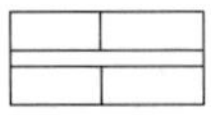	필요에 따라 종류, 종별을 방기한다. 보기 : 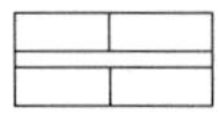 3
표시등		시동표시등과 겸용인 것은 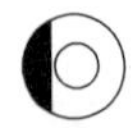 로 한다.

(4) 방화댐퍼, 방화문 등의 제어기기

명　칭	그림기호	적　　　　요
연기감지기 (전용인 것)		1. 필요에 따라 종별을 방기한다. 2. 매입인 것은  로 한다.
열감지기 (전용인 것)		필요에 따라 종류, 종별을 방기한다.
자동폐쇄장치	ER	용도를 표시하는 경우는 다음 기호를 방기한다. 방화문용　D 방화셔터용　S 연기방지 수직벽용　W 방화댐퍼용　SD
연동제어기	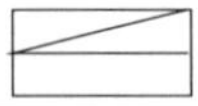	조작부를 가진 것은 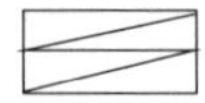 로 한다.
동작구역번호		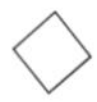 안에 동작구역번호를 넣는다.

(5) 가스누설 경보관계 설비

명　칭	그림기호	적　　　　요
검지기		1. 벽걸이형인 것은  로 한다. 2. 분리형의 검지부는 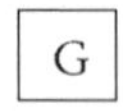 로 한다. 3. 버저, 램프를 내장하고 있는 것은 필요에 따라 그 뜻을 방기한다. 보기 :  L　 L.B

명 칭	그림기호	적 요
검지구역 경보장치		자동화재경보 설비의 경보벨 적요를 준용한다.
음성경보장치		5의 (4) 스피커 적요를 준용한다.
수신기		
중계기	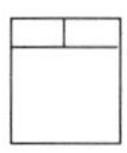	1. 복수개로 일체인 것은 개수를 방기한다. 보기 : 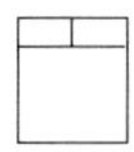 ×3 2. 가스누설 표시등의 중계기에서는 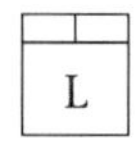 로 한다.
표시등		
경계구역 경계선	—— · · ——	
경계구역번호	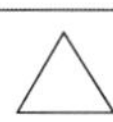	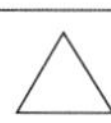 안에 경계구역번호를 넣는다.

(6) 무선통신 보조설비

명 칭	그림기호	적 요
누설 동축 케이블	————————	1. 일반배선용 그림기호보다 굵게 한다. 2. 천장에 은폐하는 경우는 —— - —— 를 사용하여도 좋다. 3. 필요에 따라 종별, 형식, 사용길이 등을 기입한다. 보기 : —— - —— LC×500 100m 4. 내열형인 것은 필요에 따라 H를 기입한다. 보기 : ———————— H⁻LC×200 50m
안테나		1. 필요에 따라 종별, 형식 등을 기입한다. 2. 내열형인 것은 필요에 따라 H를 방기한다.
혼합기	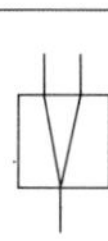	주파수가 다른 경우는 다음과 같다. 

명 칭	그림기호	적 요
분배기	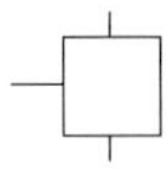	1. 분배수에 따른 그림기호로 한다. 4분기의 보기 : 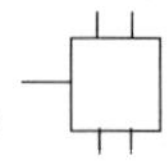 2. 필요에 따라 종별을 방기한다.
분기기	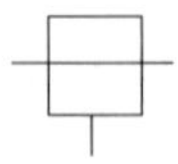	필요에 따라 분기수에 따른 그림기호로 한다. 2분기의 보기 : 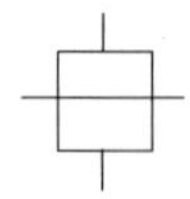
종단저항기		
무선기 접속단자	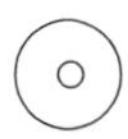	필요에 따라 다음 기호를 방기한다. 소방용 F 경찰용 P 자위용 G
무선기 접속단자	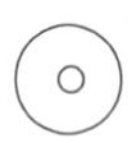	보기 :  F
커넥터	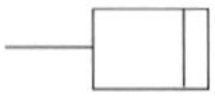	필요에 따라 생략할 수 있다.
분파기 (필터포함)	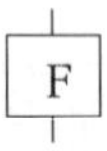	

(7) 피뢰설비

명 칭	그림기호	적 요
돌침부		평면도형
		입면도형
피뢰도선 및 수평도체	────	1. 필요에 따라 재질의 종류, 크기 등을 방기한다. 2. 접속점은 다음과 같다. 
접지저항 측정용 단자		접지용 단자상자에 넣는 경우는 다음과 같다. 

참고문헌

1. 전기설비기술기준(2022)
2. 내선규정(대한전기협회)
3. 한국전기설비규정(대한전기협회, 2022)
4. 한국산업표준
5. 설계기준(한국전력공사)
6. 공급규정(한국전력공사)
7. 화재안전기준(2022)
8. 전기용어 대사전(겸지사)
9. 최신전기설비설계(문운당)

찾아보기

ㄱ

ㄴ

ㄷ

ㄹ, ㅁ

ㅂ

ㅅ

ㅇ

ㅈ

ㅎ

영문편

최신 전기설비

설계·시공·감리

연습문제풀이집

문운당

1 연습문제 해답

(1–1)

단원 1-1-1 참조(page 2)

(1–2)

단원 1-1-3 참조(page 4)

(1–3)

단원 1-2-2의 3. 실시설계 참조(page 9)

연습문제 해답 2

(2–1)

① 최대수요전력(DM : Demand Meter)

② 24[[KV]

③ 18[KV]]

④ 100[A]

[풀이]

$$Im = \frac{변압기용량[kvA]}{\sqrt{3} \times 정격전압[kv]} \times 2$$

$$= \frac{2000}{\sqrt{3} \times 22.9} \times 2 = 55.6[A]$$

$\therefore Im = 100[A]$ (계산값에 가까운 표준값으로 결정한다)

⑤ 75/5[A]

[풀이]

Im_1(정격1차전류)

$$= \frac{변압기용량[kvA]}{\sqrt{3} \times 정격전압[kv]} \times (1.25 \sim 1.5)$$

$$= \frac{2000}{\sqrt{3} \times 22.9} \times (1.25 \sim 1.5)$$

$= 70 \sim 84[A]$

$\therefore I_{m_1} = 75[A]$

$I_{m_2} = 5[A]$

⑥ 과전류지락계전기[OCGR]

⑦ 20[m]

⑧ Y-△결선도

[풀이]

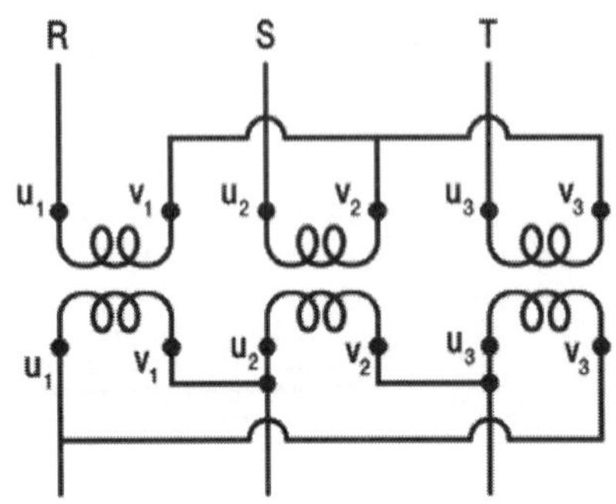

⑨ MOF의 복선도

[풀이]

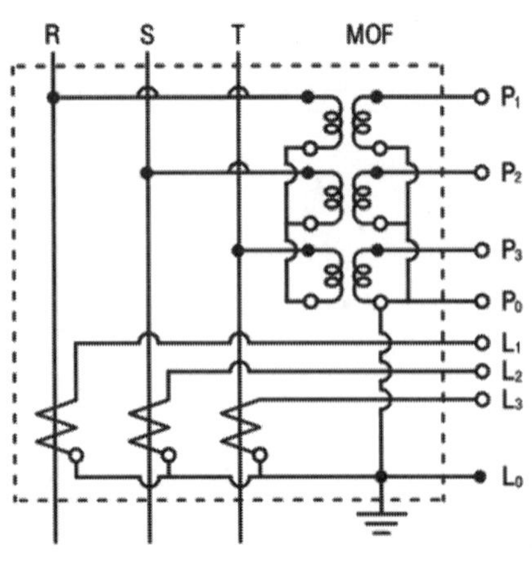

⑩ 한 개의 전류계로 R, S, T 선의 전류를 측정하기 위한 것
(AS : 전류절환 스위치)

(2-2) 175[MVA]

[풀이]

① 기준용량 10,000[KVA]로 %Z 계산

$$\%Z_{g1} = \frac{10,000}{5,000} \times 12[\%] = 24[\%]$$

$\%Z_{g2} = 15[\%]$, $\%Z_{g3} = 15[\%]$

② Impedance Map

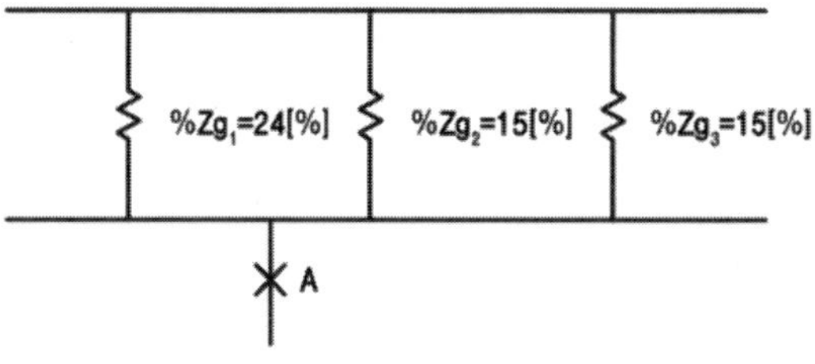

③ A점에서 본 합성 $\%Z_0 = \dfrac{1}{\dfrac{1}{\%Z_{g1}} + \dfrac{1}{\%Z_{g2}} + \dfrac{1}{\%Z_{g3}}}$

$$= \frac{1}{\frac{1}{24} + \frac{1}{15} + \frac{1}{15}} = 5.71[\%]$$

$$\therefore \text{차단용량}[MVA] = \frac{\text{기준용량}[kVA]}{\%Z_0} \times 100 \times 10^{-3}[MVA]$$

$$= \frac{1000}{5.71} \times 100 \times 10^{-3} \fallingdotseq 175[MVA]$$

(2-3) 3[A]

[풀이]

$$\text{과전류계전기 전류탭} = \text{부하전류} \times 1.2 \times \frac{1}{CT\text{비}}$$

$$= 60 \times 1.2 \times \frac{1}{\frac{120}{5}} = 3[A]$$

(2-4)

① 정격전압

이 전압을 선로단자와 접지단자 사이에 인가한 상태에서 소정의 단위동작책무를 소정의 횟수로 반복수행할 수 있는 상용주파 최고한도전압(실효값)을 말한다.

② 제한전압

피뢰기의 방전 중 과전압이 제한되어 양단자 사이에 잔류하는 충격전압이며, 방전전류의 파고 및 파형에 의해 정하며 제한전압이 규정치는 파고치를 표시한다.

③ 공칭방전전류

피뢰기의 보호성능 및 회복성능을 표현하기 위해 사용하는 방전전류의 규정값을 말한다.

④ 충격방전개시전압

피뢰기의 양단자 사이에 충격전압이 인가되어 피뢰기가 방전하는 경우 그 초기에 방전전류가 충분히 형성되어 단자간 전압강하가 시작하기 이전에 도달하는 단자전압의 최고전압을 말한다.

(2–5)

PT비 = 13,200/110[V], CT비 = 40/5[A]

[풀이]

CT의 정격1차전류 =

$$\frac{계약전력[kw]}{\sqrt{3}\times 정격전압[kv]\times 역률}\times(1.25\sim1.5)$$

$$=\frac{1,000}{\sqrt{3}\times22.9\times0.9}\times(1.25\sim1.5)$$

$$=35\sim42$$

$$\therefore I_{m1}=40[A]$$

(2–6) 30/5[A]

[풀이]

$$I_{m1}=\frac{수전전력[kw]}{\sqrt{3}\times 정격전압\times 역률}\times(1.25\sim1.5)$$

$$=\frac{1750}{\sqrt{3}\times22.9\times0.8}(1.25\sim1.5)$$

$$=(29.5\sim35.4)[A]$$

$$\therefore I_{m1}=30[A]$$

(2-7)

CT 2차측 단자를 단락시킨다.

(2-8) 92.3[%]

[풀이]

$$역률 = \frac{유효전력}{피상전력} \times 100 = \frac{유효전력}{\sqrt{(유효전력)^2 + (무효전력)^2}} \times 100$$

$$부하의\ 무효전력 = 부하의\ 유효전력 \times \frac{1}{\cos\theta} \times \sin\theta$$

(여기서 $(\sin\theta = \sqrt{1 - \cos^2\theta}\,)$

$$= 3000 \times \frac{1}{0.8} \times 0.6 = 2250[kVar]$$

∴ 콘덴서 설치후의 무효전력 = 부하무효전력-콘덴서 용량

= 2250-1000 = 1250[KVar]

$$\therefore 콘덴서설치후의역률 = \frac{3000}{\sqrt{3000^2 + 1250^2}} \times 100 \fallingdotseq 92.3[\%]$$

(2-9) 500[KVA]

[풀이]

$$콘덴서용량[kVA] = P[kw] \times (\frac{\sin\theta_0}{\cos\theta_0} - \frac{\sin\theta_1}{\cos\theta_1})[KVA]$$

$$= 1000 \times 0.6(\frac{\sqrt{1-0.6^2}}{0.6} - \frac{\sqrt{1-0.9^2}}{0.9})$$

= 509.4[kVA]

(2-10) 18[KV]

(2-11) 335[㎡]

[풀이]

$$변전실면적[m^2] = k(변압기용량[kVA])^{0.7}$$

단 k : 특고압 → 고압 : 1.7

특고압 → 저압 : 1.4

고압 → 저압 : 0.98

$\therefore A[m^2] = 1.4(2500)^{0.7} \fallingdotseq 335[m^2]$

(2-12)

page 34~37 참조

(2-13) 360[KW]

[풀이]

부하의 평균전력[KW] = 부하설비용량[KW]×수용률×부하율

= 800×0.75×0.6

= 360[KW]

(2-14)

① 전정격 보호방식(220[V]급)

주차단기나 분기차단기가 충분한 차단용량을 가지며, 급전을 연속적으로 필요하지 않은 전로에 사용한다.

② 선택차단방식(400[V]급)

상위차단기의 차단시간을 길게 하므로서 급전의 연속성을 확보할 수 있는 보호방식이다.

(ACB-MCCB, ACB-Fuse 붙이 차단기)

③ Casecade 방식(400[V]급)

분기차단기는 차단용량이 비교적 적고 또 단시간 정격이 큰 차단능력이 있는 것을 사용하고, 큰 단락전류의 차단용으로는 상위차단기가 차단하므로 후비보호를 하는 방식이다. 이 방식은 400[V]급 배전의 배전반 분기용 및 동력제어반의 단락보호에 쓰인다.

(2-15)

① 변압기의 전압비가 같아야 한다

② 임피던스 전압이 같고, 저항과 리액턴스비가 같아야 한다

③ 극성이 같아야 한다.

④ 각변위와 상회전방향이 같아야 한다.

(2-16)

① 변압기의 동손의 경감
② 선로손실의 경감
③ 공급설비용량의 여유도 증가
④ 전압강하의 개선
⑤ 전기요금의 경감

(2-17)

① 콘덴서 투입시 돌입전류 억제와 전압파형의 일그러짐을 개선한다
② 콘덴서를 회로로부터 개방하였을 때 잔류전하를 신속하게 방전시키므로 작업자의 감전을 방지하고, 재투입시 과전압을 억제시킬 수 있다.

(2-18)

① OCR : 전력계통의 과부하 및 단락보호
② OVR : 과저압으로부터 기기보호
③ GR : 영상전류를 검출하여 지락보호
④ OVGR : 영상전압을 검출하여 지락보호
⑤ SGR : 영생전압과 영상전류의 방향성에 의해 동작하는 계전기로 전력계통의 고장선로만 선택차단하기 위한 계전기

(2-19) 750[KVA]

[풀이]

변압기 용량 [kVA]

$$= \{(\text{A부하설비용량} \times \text{수용률}) + (\text{B부하설비용량} \times \text{수용률}) + (\text{C부하설비용량} \times \text{수용률})\} \times \frac{1}{\text{부등률}} \times \frac{1}{\text{종합역률}}$$

$$\therefore \text{변압기 용량} = \{(200 \times 0.4) + (300 \times 0.7) + (500 \times 0.6)\}\frac{1}{1.1} \times \frac{1}{0.8}$$

$$= 670[\text{kVA}]$$

$\therefore$ 변압기용량$[KVA] = 750[KVA]$(계산값의 직상위 표준값으로 결정)

(2-20)

① 중성점을 접지할 수 있어서 단절연방식을 채택할 수 있고, 지락사고시 이상전압이 발생하지 않아 저감절연을 할 수 있어 경제적인 절연이 용이하다.

② 상전압이 선간전압의 $\frac{1}{\sqrt{3}}$이므로 고전압계통에 적합하다.

③ 순환전류의 통로가 없으므로 순환전류가 흐르지 않는다.

④ 제3고조파전류의 통로가 없으므로 2차측 전압파형이 일그러진다.

⑤ 중성점접지를 하면 큰 지락전류에 의해 계통에 주는 충격이 크고, 통신선에 유도장해의 영향을 준다.

(2-21)

① 난연성이다.
② 소형, 경량이다.
③ 고효율, 저손실이다.
④ 내습성이 좋다.
⑤ 단시간 과부하내량이 크다.
⑥ 소음이 적다(유입변압기에 비해 크고, H종 건식변압기에 비해 적다.)
⑦ 서지(Surge)에 약하다.

(2-22)

종류	진공차단기(VCB)	가스차단기(GCB)
차단 원리	10^{-4}Torr 이상의 고진공 영역을 이용한 차단기로 Arc부는 주위 고진공에 비해 압력 및 밀도구배가 매우 커 금속이온이 주변으로 급속하게 확산 전류"0"점에서 절연확보하여 차단	SF_6가스 중에 Arc가 발생하면 외염부의 온도가 매우 낮으므로 Arc단면적이 급속히 감소하여 전류"0"점에서 절연내력을 회복하여 차단
특징	① 차단성능이 우수 ② 소형·경량이다 ③ 수명이 길다 ④ 화재의 위험이 없다 ⑤ 안전성이 높아 방재설비용으로 적합하다 ⑥ 소음이 적다 ⑦ 이상전압을 발생시킨다 ⑧ 사용전압범위 : 12~36[KV]	① 차단성능이 우수 ② 설치면적이 적어 초고압계통의 차단기로 사용 적합 ③ 화재의 위험이 없다 ④ 소음이 적다(밀폐형) ⑤ 고가이다 ⑥ 사용전압범위 : 12~550[KV]

(2-23)

종류	한류형(전압 "0" 에서 차단)	비한류형(전류 "0" 점에서 차단)
차단 특성	단락전류 차단시 높은 Arc저항이 발생하여 사고전류를 강제적으로 억제 차단한다	단락전류 차단시 소호가스를 뿜어 전류"0"에서 극간의 절연내력을 재기전압 이상으로 높여 차단한다
특징	① 소형이며 차단용량이 크다 ② 한류효가가 크므로 후비보호용으로 적합하다 ③ 차단시 과전압이 발생한다 ④ 용단은 되나 차단되지 않는 최소차단전류값을 갖는다	① 차단시 과전압이 발생하지 않는다 ② 용단되면 반드시 차단되므로 과부하보호도 가능하다 ③ 대형이다 ④ 한류효과가 적다

(2-24) 34,560[KWH]

[풀이]

월사용전력량$[kwh]$ = 1시간평균전력$^{[kw]}$ × 24$^{[시간]}$ × 30$^{[일]}$

1시간평균전력$[kw]$ = 설비용량$[kw]$ × 수용률 × 부하율

∴1개월 사용전력량$[kwh]$

= 설비용량$[kw]$ × 수용률 × 부하율 × 24 × 30

= 100×0.8×0.6×24×30

= 34,560[kwh]

(2-25)

① 불활성 가스이다.

② 열전도율이 좋다.

③ 무색, 무독, 무해, 불연성, 비폭발성 가스이다.

④ 비중이 공기의 5배이다.

⑤ 소호능력이 공기의 100배이다.

⑥ 절연내력이 1기압에서 공기의 3배 정도이다.

⑦ 3기압으로 가압된 경우 절연내력이 절연유와 거의 같다.

(2-26)

구 분	단로기(DS)	차단기(CB)
사용목적	기기를 회로로부터 확실하게 분리하거나 회로를 변경	전력계통 사고시 보호계전기와 조합하여 신속하게 회로를 차단하여 기기나 선로 보호
부하전류 개폐	×	○
고장전류 차단	×	○
선로충전전류 개폐	○	○
과부허전류 차단	×	○
무부하전류 개폐	○	○

(2-27)

① 전력손실이 증가한다.

② 부하 증가시 설비 증설로 인해 점유면적이 증가하고 경제적 부담이 커진다.

③ 전압강하가 증가한다.

④ 전기요금 부담이 커진다.

연습문제 해답 3

(3-1)

① 축전지

② 충전장치

③ 보호장치(보안장치)

④ 제어장치

(3-2) 120[A]

[풀이]

$$충전기2차전류[A] = \frac{정격용량[AH]}{방전률} + \frac{상시부하용량[kw]}{표준전압[v]}$$

$$= \frac{200}{10} + \frac{10000}{100}$$

= 120[A]

(3-3) 1,199[PS]

[풀이]

$$기관출력[ps] = 발전기용량[KVA] \times \frac{1}{효율} \times 역률 \times \frac{1}{0.746}$$

$$= 1000 \times \frac{1}{0.95} \times 0.85 \times \frac{1}{0.746}$$

$$\fallingdotseq 1199[ps]$$

(3-4) 1,500[KVA]

[풀이]

$$발전기용량[KVA] \geq (\frac{1}{허용전압강하} - 1) \times 발전기과로리액턴스 \times 기동용량[KVA]$$

$$\therefore \geq (\frac{1}{0.23} - 1) \times 0.25 \times 1800$$

$$\geq 1507[KVA]$$

∴ 표준용량인 1500[KVA]로 결정한다.

(3-5)

① 기전력의 크기가 같아야 한다.
② 기전력의 위상이 같아야 한다.
③ 기전력의 주파수가 같아야 한다.
④ 기전력의 파형이 같아야 한다.
⑤ 상회전 방향이 같아야 한다.

(3-6) 38[㎡]

[풀이]

$$발전기실의\ 넓이[m^2] \geq 1.7\sqrt{원동기출력[ps]}$$

$$\therefore \geq 1.7\sqrt{500}$$

$$\therefore \geq 38[m^2]$$

(3-7)

① 개폐기 ② 과전류차단기(과부하보호장치) ③ 전압계 ④ 전류계

(3-8)

충전기가 상용부하에 전력을 공급함과 동시에 축전지의 자기방전을 보충하도록 하되 충전기가 부담하기 어려운 일시적 대전류는 축전지로 하여금 부담하게 하는 충전방식을 말한다.

(3-9)

① 연축전지 : 2[V/cell] ② 알카리축전지 : 1.2[V/cell]

(3-10) 약 20[%]

(3-11) 5,000[KVA]

[풀이]

$$차단기용량[KVA]=\frac{발전기출력[kw]}{발전기과로리액터스}\times 1.25$$

$$=\frac{1000}{0.25}\times 1.25$$

$$= 5000[KVA]$$

(3-12)

단원 3-3-3 참조(page 169)

(3-13)

표 3-3 참조(page 151)

(3-14)

그림 3-11 참조(page 178~179)

(3-15)

① 공기식 시동방식

공기시동형은 공기탱크에 공기압력을 컴프레서를 가동하여 10~30[kg/㎠]로 가압하고, 이 공기를 이용하여 기동하는 방식으로 6회 이상 연속기동이 가능하도록 하여야 한다.

특징을 살펴보면 중·고속의 직접분사식이 많이 채용되며 화재의 우려가 없어 방폭지역에 효과적이고, 공기탱크는 주탱크와 예비탱크를 갖추고 있으며, 설치면적이나 설치비용이 전기식에 비해 고가여서 대형 디젤발전기에 적합하다.

② 엔진구동용 Motor에 의한 구동방식으로 DC12[V] 축전지에 접속시킨 구동모터와 피니언 기어를 연결시켜 엔진기관의 Flyheel 기어를 맞물리게 하여 기동하는 방식으로 시스템이 간단하고 유지보수가 용이하여 소·중용량 발전기에 많이 채용된다.

(3-16) 350[AH]

[풀이]

축전기용량[AH]$= \frac{1}{\text{보수율}}[K_1 I_1 + K_2(I_2 - I_1) + K_3(I_3 - I_2)]$

$= \frac{1}{0.8}[1.38 \times 100 + 0.67(200 - 100) + 0.25(500 - 200)$

=350[AH]

(3-17)

단원 3 참조(page 157)

(3-18) 1.96[V/cell]

[풀이]

축전지 허용최저전압$[v] = \frac{\text{부하의 허용최저전압}[v] + \text{축전지와 부하 사이의 전압강하}[v]}{\text{직렬로 접속된 전지개수}}$

$= \frac{95 + 3}{50} = 1.96[v]$

연습문제 해답 4

(4-1)

변압기 2차측 전압을 조정하기 위해

(4-2)

구 분		정 의	특징
단상	1∅2W식	전압선과 접지선 즉, 2가닥으로 배전하는 방식	① 계통구성이 간단하다. ② 부하불평형이 발생하지 않는다. ③ 소요 동량이 크다.(1) ④ 전력손실이 크다.
	1∅3W식	전압선 2가닥과 접지선 1가닥으로 배전하는 방식	① 220[V]와 110[V] 부하를 동시 사용할 수 있다. ② 소요 동량(3/8) ③ 부하불평형이 발생한다. ④ 중성선 단선시 이상전압이 발생한다.
3상	3∅3W식	변압기를 △결선하고 전압선 3가닥으로 배전하는 방식	① 1∅2W식에 비해 전력손실이나 전선의 소용 동량(3/4) 및 전압강하 등이 개선된다. ② 동력부하에 적합하다.
	3∅4W식	변압기를 Y결선하고 전압선 3가닥과 중성선 1가닥, 즉 4가닥으로 배전하는 방식	① 경제적인 배선이다. ② 중성선 단선시 이상전압 발생 ③ 대용량 동력부하 기동시 플리커 발생 우려가 있다. ④ 3∅ 동력과 단상 전등부하를 동시 사용 가능

(4-3)

① 고조파전류발생 원인

대전력 전력전자소자(power electronics)를 사용하는 전력변환장치에서 발생한다.

② 고조파전류의 영향

㉮ 유도장해

통신선에 정전유도 및 전자유도장애를 유발한다.

㉯ 고조파공진 유발

전력계통 내 유도성 리액턴스와 용량성 리액턴스가 고조파전류의 차수에 대해 병렬공진 현상을 일으켜 공진주파수의 고조파 성분의 전압왜곡이 확대된다.

㉰ 계통기기의 영향

기기명	영 향
변압기	자기왜곡으로 소음발생 및 철손과 동손 증가
발전기	역상전류에 의한 회전자 표면의 과열 손상
전력용콘덴서	임피던스 공진현상 발생에 따른 과대전류로 과열 및 진동, 이상소음 발생
유도전동기	역상 토크로 토크의 진동, 회전수의 주기적 변동 및 손실(철손, 동손)의 증가
케이블	3∅4W식 중성선이 고조파(3배수)전류에 의해 과열

③ 방지대책

㉮ 변화기의 다펄스화

㉯ 전원측 단락용량의 증대

㉰ 계통분리

㉱ 변압기의 △결선

㉱ 수동 또는 능동필터 설치

(4-4) 204.5[V]

[풀이]

급전 전압[v]=부하단자전압+선로전압강하[v]

선로전압강하(102w식)[v]=2×부하전류[A](R·cosθ+X·sinθ)

$= 2 \times \dfrac{\text{부하용량}[w]}{\text{부하전압}[v] \times \text{역률}}(R \cdot \cos\theta + X \cdot \sin\theta)$

$= 2 \times \dfrac{3 \times 10^3}{200 \times 1.0}(0.15 \times 1.0 + 0.25 \times 0)$

$= 4.5[v]$

$\therefore$ 급전전압$[v] = 200 + 4.5$

$= 204.5[v]$

(4-5) 2.5[㎟]

(4-6) 3[MΩ]

(4-7)

설비의 유형	조명[%]	기타[%]
A - 저압으로 수전하는 경우	3	5
B - 고압 이상으로 수전하는 경우(α)	6	8

(4-8) Va=133[v], Vb=67[v]

[풀이]

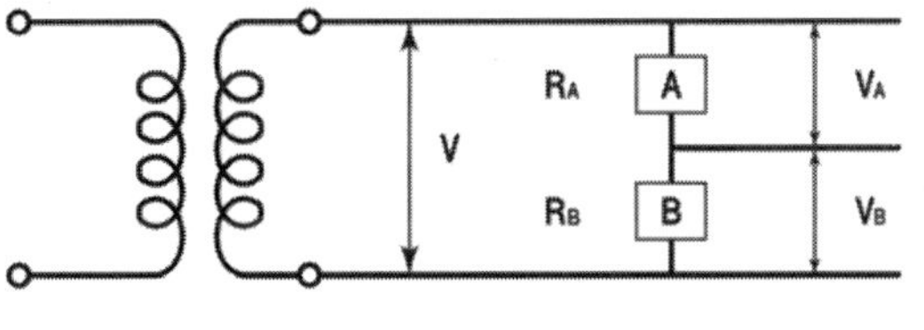

$$R_A[\Omega] = \frac{전압^2[v]}{전력[w]} = \frac{100^2}{200} = 50[\Omega]$$
$$R_B[\Omega] = \frac{100^2}{400} = 25[\Omega]$$

∴ 분압법칙에 의하여

$$V_a = \frac{R_A}{R_{A+}R_B} \times V = \frac{50}{50+25} \times 200 ≒ 133[v]$$
$$V_B = \frac{R_A}{R_{A+}R_B} \times V = \frac{25}{50+25} \times 200 ≒ 67[v]$$

(4-9)

동일계통 내의 각 전압선과 중성선 간 또는 각 전압선 간에 부하의 불균등으로 인하여 단자간 전압의 불평형이 발생하는데 이를 전압불평형 또는 설비불평형이라한다.

이러한 설비불평형이 발생하면 ① 변압기 열화 ② 전력손실 증가 ③설비이용률 저하 등의 문제를 야기하기 때문에 1∅3W식에서는 40[%] 이하, 3∅3W식이나 3∅4W식에서는 30[%] 이하를 유지하도록 전기설비기술기준에서 규정하고 있다.

(4-10) 250[㎟]

[풀이]

전선의 굵기$[mm^2]$(3ϕ3W)

$$= \frac{30.8 \times L(선로길이)[m] \times I[A]}{1000 \times e(전압강하)[v]}$$

$$I = \frac{P[w]}{\sqrt{3} \times V[v] \times 역률}$$ (여기서 역률은 1.0으로 본다)

$$= \frac{100 \times 10^3}{\sqrt{3} \times 220 \times 1.0} ≒ 262[A]$$

$$∴ 전선의\ 굵기[mm^2] = \frac{30.8 \times 100 \times 262}{1000 \times 4}$$
$$≒ 201[mm^2]$$

∴ 공칭단면적인 $250[mm^2]$

(4-11)

분기회로의 종류	분기과전류차단기의 정격전류
15[A] 이하	정격전류가 15[A] 이하인 과전류차단기
20[A]	정격전류가 15[A]를 초과하고 20[A] 이하인 배선용차단기
	정격전류가 15[A]를 초과하고 20[A] 이하인 과전류차단기(배선용차단기 제외)
30[A]	정격전류가 20[A]를 초과하고 30[A] 이하인 과전류차단기
40[A]	정격전류가 30[A]를 초과하고 40[A] 이하인 과전류차단기
50[A]	정격전류가 40[A]를 초과하고 50[A] 이하인 과전류차단기
50[A] 초과	배선의 허용전류 이하인 과전류차단기

(4-12) 3[m] 이내

(4-13) 5[㎟]

[풀이] 1φ2W식에서

$$A[mm^2] = \frac{35.6 \times L[m] \times I[A]}{1000 \times e[v]}$$

$$I[A] = \frac{\text{전력}[w]}{\text{전압}[v] \times \text{역률}} = \frac{2 \times 10^3}{200 \times 1.0} = 20[A]$$

$$\therefore A[mm^2] = \frac{35.6 \times 20 \times 20}{1000 \times 4} = 3.56[mm^2]$$

∴ 계산값의 상위값인 공칭단면적인 $5[mm^2]$로 결정한다.

(4-14)

① 1.5[KV] ② 1[KV] ③ 1.5[KV] ④ 1[KV] ⑤ 7[KV] ⑥ 7[KV]

(4-15)

정격전압	호칭	기호
0.6/1[KV]	· 비닐절연 비닐시스 케이블 · 비닐절연 비닐시스 제어케이블 · 제어용 가교폴리에틸렌절연 비닐시스 케이블 · 제어용 가교폴리에틸렌절연 폴리에틸렌시스 케이블 · 비닐절연 비닐캡타이어시스 케이블 · 가교폴리에틸렌절연 비닐시스 케이블 · 가교폴리에틸렌절연 폴리에틸렌시스 케이블· · 가교폴리에틸렌절연 저독성 난연 폴리올레핀시스 케이블 · 가교폴리에틸렌절연 저독성 난연 폴리올레핀시스 제어케이블 · 고무절연 클로로프렌 켑타이어 케이블 · EP 고무절연 비닐시스 케이블 · 고무절연 클로로프렌시스 케이블	· VV(단심, 다심) · CVV(단심, 다심) · CCV(2~30심) · CCE(2~30심) · VCT(단심, 다심) · CV(단심, 다심) · CE(단심, 다심) · HFCO(단심, 다심) · HFCCO(2~30심) · PNCT(단심, 다심) · PV(단심, 다심) · PN(단심, 다심)

(4-16)

항 목	합성수지관 공사	금속관 공사
특징	① 절연성이 좋아 누전의 위험성이 없다. ② 가공이 용이하고 가볍다. ③ 가격이 저렴하고 전체 공사비가 적게 든다. ④ 화학적으로 안정하며 부식의 우려가 없다. ⑤ 금속관에 비해 기계적 강도가 적다. ⑥ 열팽창계수가 크다. ⑦ 배관내 전선의 허용전류가 금속관에 비해 작다.	① 접지가 잘되어 누전 등에 의한 화재 발생의 위험이 적고, 단락시 발생하는 불꽃이 외부로 누출되지 않아 전기화재의 위험이 적다. ② 외부 충격에도 절연전선의 손상 우려가 적다. ③ 증설 및 개수공사가 용이하다. ④ 방폭공사를 겸할 수 있으며 모든 전기 공장물 시설 장소에 적용할 수 있다.

(4-17)

구 분	CN-CV Cable	CV Cable
명칭	동심축상에 중성선을 갖는 가교폴리에틸렌절연 비닐(PVC)외장 전력케이블 [Concentric Neutral Type Cross-Linkd Polyethylene Insulated Polyvinyl Chloride Sheathed Cable]	가교폴리에틸렌절연 비닐(PVC)외장 전력케이블 [Cross-Linkd Polyethylene Insulated Polyvinyl Chloride Sheathed Cable]
적용장소	22.9[KV-Y] 다중접지계통	비접지계통
중성선 및 차폐선	중성선(2.0×20)	차폐층(0.1[mm]연동 Tape)

연습문제 해답 5

(5-1)

실질적인 조명은 빛의 발생, 빛의 제어, 빛과 조명의 특성이 서로 연관되어 있다고 할 수 있다.

빛의 발생이란 광원을 말하며 이는 발전 중에 있고 자연광과 아주 유사한 광원개발과 경제성 등에 주안을 두고 있고, 빛의 제어란 조명방식과 조명기구 등으로 용이하게 제어하므로 눈부심이 일지 않도록 하고, 빛과 조명은 조명과 인간을 관계시키는 것으로 시각, 명시, 심리, 생리적인 특성을 이해하고 설명해야만 그 기능을 발휘할 수 있게 되는 명시과학 분야이다.

이 명시론은 물체의 보임, 눈부심, 밝음의 분포, 편안한 시각의 평가 등 고찰해야 한다.

(5-2)

page 345~346 참조

(5-3)

조명률이란 광원에서 방사되는 총광속 중 실제로 작업면에 도달하는 광속의 비율[%]을 말하며, 조명률은 방의 크기, 모양, 전장 · 벽 · 바닥 등의 반사율과 실지수나 조명기구의 배광특성, 조명방식 등에 따라서 달라진다.

(5-4)

[풀이]

$$B=\frac{I}{A}=\frac{\frac{F}{w}}{A}=\frac{F}{A\cdot w}=\frac{S\cdot E}{A\cdot w}$$

$$=\frac{4\pi r^2\cdot M}{\pi r^2\cdot 4\pi}=\frac{M}{\pi}$$

$$\therefore M=\pi B[rlx]$$

여기서 B : 휘도
I : 광도
A : 구의 투영면적
w : 입체각
S : 구의 면적
M : 광속발산로

(5-5)

① 예열기동형 점등회로
② 속시기동형 점등회로
③ 순시기동형 점등회로
④ 전자식 안전기형 전등회로
상세 내용은 page 315~317 본문 참조

(5-6)

수은이나 불활성 기체와 같은 준안정상태를 형성하는 기체는 소량의 아르곤(Ar)을 혼합하면 혼합기체의 전리전압이 원기체의 준안정상태의 여기전압보다 낮아져 기동이 용이하게 되는데 이러한 현상을 패닝효과(Penning Effect)라 한다.

(5-7)

방전개시전압은 봉입기체의 압력과 전극간의 간격과의 곱의 함수가 되어. 즉, 방전개시전압은 봉입기체의 압력에 비례하는데 이를 Paschen's Law라 한다.

(5-8)

① 흑화가 적다.

② 초소형, 경량화할 수 있다.
③ 광속변화가 적다.
④ 배광제어가 용이하다.
⑤ 연색성이 좋다.

(5-9)

① 수명이 길다(7,500시간)
② 효율이 좋다.
③ 여러 가지 광색을 얻을 수 있다.
④ 휘도가 낮다,
⑤ 열을 동반하지 않는다.
⑥ 전원전압의 변동에 광색변화가 적다.
⑦ 전원주파수 변동이 관속이나 수명에 영향을 미친다.
⑧ 주위온도의 영향이 크다.
⑨ 역률이 낮다(55~65[%])
⑩ 플리커가 발생한다.
⑪ 라디오에 전파장해를 준다.

(5-10)

교재 page310~312 참조

(5-11)

① 연색성과 눈부심을 고려하는 경우에는 광색을 고려하고,
② 광질과 밝음, 그리고 유지·보수성을 고려하는 경우에는 수명을 고려하며,
③ 경제성을 고려하는 경우에는 효율에 중점을 두고 광원을 선택한다.

(5-12)

①광속법(전반조명 설계시 조도계산법)
page 356 (5) 조도계산 참조
② 역제곱의 법칙(국부조명 설계시 조도계산법)
광도 I[cd]인 균등한 점관원을 반지름 R[m]의 구심에 놓았을 때 구면위의 모

든 점의 조도 E[Lx]는 거리의 제곱에 반비례하고 광도 I[cd]에 비례한다.

(5-13)

① 기체방전(page 299, 그림 5-12 참조)

유리관에 저압기체를 봉입하고 직류전압을 인가하면 봉입기체 중에 광전효과, 우주선, 방사선 물질 등의 원인으로 이온이 포함되어 있어 전류가 흐르고, 전압을 높여가면 전류가 곡선 O-A와 같이 비례 증가한다. 더욱 전압을 높여가면 전류가 포화하여 곡선 A-B가 되는데 이는 전자의 흐름은 있으나 이 전자가 원자와 충돌하여 원자를 여기나 전리를 시키지 못하기 때문이다. 그러나 B점 이상의 전압을 높이면 전자의 운동에너지가 원자를 전리시키는데 충분한 에너지를 갖게 되어 전류가 B-C와 같이 급격하게 증가되어 방전이 개시된다.

② 자속방전

기체방전에서 외부의 자극에 의한 전자방출이 중지되어도 스스로 지속되는 방전을 자속방전이라 한다.

자속방전의 조건은 음극에서 방출된 전자가 기체원자를 전리시켜 한쌍의 양이온과 음이온을 만드는데 이를 α 효과라 하고, 이 때 발생한 양이온이 음극과 충돌하여 전자를 튀어나오게 하는 것을 γ 효과라 하며, 이 α 효과와 γ 효과를 통해 음극에서 튀어나오는 전자가 1개 이상이면 된다.

$$\gamma(e^{\alpha d}-1) \geq 1$$

(5-14) 1.56

[풀이]

$$\text{실지수(방지수)} = \frac{X \cdot Y}{H(X+Y)}$$

$$= \frac{(14 \times 7)}{(3.85-0.85) \times (14+7)} \fallingdotseq 1.56$$

여기서 H : 작업면(0.85[m])에서 천장까지 높이[m]

$X \cdot Y$: 방의 폭과 깊이[m]

(5-15)

① 전극이 3중 필라멘트이다.

② 금속반사판을 갖는다.

③ 회로를 닫음과 거의 동시에 점등된다.

④ 전원전압이 낮아도 소등되지 않는다.

(5-16) 32개

[풀이]

광속법에서

$FNU = EAD$

$$N = \frac{E \cdot A \cdot D}{F \cdot u} = \frac{200 \times (20 \times 10) \times 1.3}{2400 \times 0.8} \fallingdotseq 27$$

∴ 등기수는 4배수인 32개로 한다. (각 Span당 4개씩)

(5-17) S≤3.6[m], S0≤1.2[m]

[풀이]

$S \leq 1.5H$ (S : 조명기구 간 거리[m])

$S_0 \leq \frac{1}{2}H$ (S_0 : 조명기구와 벽면간의 거리[m])

$\therefore S \leq 1.5H = 1.5 \times 2.4 = 3.6[m]$

$\therefore S_0 \leq \frac{1}{2}H = \frac{1}{2} \times 2.4 = 1.2[m]$

(5-18) 320[개], 4.5[m], 1.5[m]

① (문제 5-16) 풀이 참조

[풀이]

$$N = \frac{E \cdot A \cdot D}{F \cdot u} = \frac{250 \times (50 \times 25) \times 1.3}{2500 \times 0.6} \fallingdotseq 271[\text{개}]$$

∴ 등기구 수는 320[개]

② 등기구간 이격거리 S≤1.5H 이므로 S≤1.5×3 = 4.5[m]

등기구와 벽면간의 이격거리는 S0≤1/2 · H 이므로 1.5[m]

(5-19) 8.6[Lx]

[풀이]

(문제5-16) 풀이 참조

(5-20)

① 직입기동방식(전전압기동방식)

② Y-△ 기동방식

③ 기동보상기법

④ 리액터기동방식

⑤ 쿠샤기동방식 (자세한 내용은 page 370~372 참조)

(5-21)

계자 또는 전기자회로 중 한쪽의 극성을 반대로 접속하면 역전한다. 단, 전기자회로의 극성을 바꿀 때는 보극과 보상권선을, 복권전동기에서 계자회로의 극성을 바꿀 때는 분로권선 및 직력권선을 모두 바꾸도록 해야 한다.

(5-22)

① 권선형 유도전동기

비례추이의 원리를 이용한 전동기로써 2차 권선의 저항값을 가변하므로 Torq. 및 Slip을 제어할 수 있는 특성을 갖는다.

② 권선형 유도전동기의 기동법에는 ㉮ 2차저항 기동법 ㉯ 2차 임피던스 기동법 등이 있다. (자세한 내용은 page 375 참조)

(5-23)

① 탈출 Torque

고정자권선으로 만들어진 회전자계에 회전자의 자극 N, S극을 끌어서 동기속도로 회전하고 부하를 걸어도 회전속도는 변하지 않는데, 이때 회전자계와 회전자극과의 상차각이 부하증가에 따라 커지며 60~90° 를 넘으면 동기가 어긋나 정지해 버리는데 이 토크를 탈출토크라 한다.

② 난조

부하의 급격한 증가시 회전자는 관성 때문에 늦게 따르지만 부하토크의 평형점을 통과한 후 또다시 평형점으로 되돌아가는데, 이와 같이 평형점을 중심으로 주기적인 속도변동을 하고 평형점에 낙착하게 되는 과도적인 현상을 난조라 한다.

③ V 특성

동기전동기의 단자전압과 부하를 일정하게 하고 여자전류와 전기자전류의 관계를 보면 여자전류의 증가로 전기자전류가 V자 형태로 변화하는데 이를 동기전동기의 V 특성이라 한다.

(5-24)

① 극수 변환법

② 주파수 변환법

③ 전압 제어법

④ 2차저항 제어법

⑤ VVVF 속도제어법 (자세한 내용은 본문 참조)

(5-25)

전동기 운전 중에 급히 정지시키기 위해 전동기가 역전하도록 권선의 접속을 바꾸어 감속시키고 정지되기 직전에 전동기를 전원으로부터 분리한 다음 기계적(마찰력) 제동기에 의하여 정지시키는 방식을 Plugging(역상제동)이라 한다.

(5-26)

① OCR(과전류계전기) ② TH-R(열동계전기 ③ 3E 계전기 ④ 4E 계전기

(5-27) 210[KW]

[풀이]

전동기 용량 $P[kw] = \dfrac{0.163 \times Q \times H \times r(1+d)}{3}$

여기서 Q : 양수량$[m^3/\text{min}]$

H : 전양정[m]

r : 물의 비중

α : 여유도(0.05~0.2)

β : 펌프효율(0.3~0.8)

$\therefore P[kw] = \dfrac{0.163 \times 100 \times 10 \times 1(1+0.1)}{0.85} \fallingdotseq 210[kw]$

(5-28)

① 과부하 보호기능 ② 결상 보호기능

③ 역상사고 보호기능 ④ 접지사고 보호기능

(5-29) 63[A]

[풀이] page 388 참조

① I_B(부하전류의 합)$[A] = 10 + 20 + 30 = 60[A]$

② $A[mm^2]$(간선의 굵기)$= 16[mm^2]$

(page 233 표 4-32 참조, 부하전류의 상위값을 허용전류로 갖는 케이블의 굵기)

③ 간선보호용 과전류 차단기 선정조건

$I_B \le I_m \le I_z$

여기서 I_B : 부하전류$[A]$

Im : 과전류차단기 정격전류$[A]$

I_z : 케이블의 허용전류$[A]$

$\therefore I_n = 63[A]$

(표 4-45 page246 참조, Im값은 부하전류보다 크고 케이블의 허용전류값보다 작은값으로 결정한다)

(5-30) 35[㎟]

[풀이] I_B(전동기 부하전류의 합)$[A] = 60 + (10 \times 5) = 110[A]$

$\therefore A$(간선굵기)$[mm^2] = 35[mm^2]$

(표 4-33 page 235 참조, 간선의 허용전류값은 부하전류값인 110[A]의 상위값을 허용전류로 갖는 케이블의 굵기로 결정한다.)

(5-31)

문제 5-29 풀이 참조

연습문제 해답 6

(6-1)

단원 6-1-2 접지의 목적 참조(page 395)

(6-2)

보호도체의 단면적 참조(page 401)

(6-3)

공통접지란 기능상 목적이 같은 접지들끼리 등전위가 되도록 공통으로 접지하는 방식이다.

(1) 장 · 단점

① 독립접지에 비해 비용이 적게 든다.

② 낙뢰시 접지선에서의 직접적인 서지로 인한 피해가 적다.

③ 통신기기에 낙뢰의 직접적인 피해가 적다.

④ 낙뢰시 전위차에 대한 감전의 우려가 있다.

⑤ 통신기기에 서지로 인한 전위차가 발생하여 오동작이나 손상의 우려가 있다.

⑥ 건물 내부가 등전위가 되어있지 않다.

(6-4)

전압강하법(전위강하법) 참조(page 429~430)

(6-5)

① 물리적인 저감법

㉮ 접지극의 길이를 길게 한다 (심타공법)

-. 직렬 접지시공

-. 매설지선 시설

-. 평판 접지극 시설

㉯ 접지극의 병렬 접속(병렬접지공법)

㉰ 접지봉의 매설깊이를 깊게 한다 (지표면하 75[cm] 이하에 시설)

㉱ 접지극과 대지와의 접촉저항을 향상시키기 위하여 심타공법으로 시공한다.

② 화학적 저감법

㉮ 접지극 주변 토양의 개량(염, 유산, 암모니아, 탄산소다, 카본분말, 벤드라이트 등 화학약품을 사용하는 데 따른 환경오염 문제로 사용이 제한되고 있음)

㉯ 접지저항 저감제 사용(주로 아스론 사용)

(6-6)

3. 허용접촉전압과 보폭전압 참조(page 416)

(6-7)

① 안전할 것(토양을 오염시키지 않으며 인체에 유해하지 않을 것)

② 전기적으로 양도체일 것

③ 지속성이 있을 것

④ 전극을 부식시키지 않을 것

⑤ 작업성이 좋을 것

(6-8)

① 접지극은 매설하는 토양을 오염시키지 않아야 하며, 가능한 다습한 부분에 설치한다.

② 접지극은 지표면으로부터 지하 0.75[m] 이상으로 하되 동결 깊이를 감안하여 매설 깊이를 정해야 한다.

③ 접지도체를 철주 기타의 금속제를 따라서 설치하는 경우에는 접지극을 철주 밑면으로부터 0.3[m] 이상의 깊이에 매설하는 경우 이외에는 접지극을 지중에서 그 금속체로부터 1[m] 이상 떼어 매설하여야 한다.

④ 발열성 용접, 압착접속, 클램프 또는 그밖의 적절한 기계적 접속장치로 접속하여야 한다.

⑤ 지중에 매설되어 있고 대지와의 전기저항 값이 3[Ω] 이하의 값을 유지하고 있는 금속제 수도관로는 접지극으로 사용이 가능하다.

⑥ 건축물 · 구조물의 철골 기타의 금속제는 이를 비접지식 고압전로에 시설하는 기계기구의 철대 또는 금속제 외함에 접지공사 또는 비접지식 고압전로와 저압전로를 결합하는 변압기의 저압전로의 접지공사의 접지극으로 사용할 수 있다. 다만, 대지와의 사이에 전기저항 값이 2[Ω] 이하인 값을 유지하는 경우에 한한다.

(6-9) 3[MΩ]

(6-10)

① 접지목적

-. 접지전위 상승에 따른 인체의 감전사고의 방지

-. 이상전압 억제

-. 보호계전기의 정확한 동작확보

② 접지개소

-. 피뢰기

-. MOF, CB, 변압기 등의 외함

-. 변압기 2차측 중성선 또는 임의의 1단자

-. CT, PT의 2차측 전로

-. 고압 또는 특고압 기계기구의 철대

(6-11)

단원 6-4 전력계통접지 참조(page 404)

(6-12)

단원 6-12 감전방지대책 참조(page 436)

(6-13)

① 정전차폐는 물론 절연체의 내전압 향상

② 고장전류의 통로기능

③ 절연체 내의 전계의 균등화

④ 기계적인 충격으로부터 도체와 절연체의 보호기능

⑤ 라디오장해 방지기능

연습문제 해답 7

(7-1)

① 감지기 ② 수신기 ③ 발신기 ④ 경보장치 ⑤ 전원 ⑥ 배선

(7-2)

종 류	기 능
P형2급	① 지구램프, 소화펌프의 동작시험 기능 ② 상용·예비전원 자동전환 기능 ③ 예비전원시험 기능(단, 1회로용은 예비전원이 필요없음)
P형1급	① P형2급 수신기의 모든 기능 ② 회로도통시험 기능 ③ 연락전화 기능 ④ 소화설비 기동장치
R형	화재신호를 R형 중계기를 통해서 각 회선마다 고유의 신호를 수신하여 방재설비를 감시 또는 제어를 수행할 수 있는 기능을 갖고 있으며, 중계기와 수신기 사이에 한 쌍의 전선을 통하여 다중화된 신호를 송·수신하는 수신기이다.
M형	M형 발신기로부터 발하는 신호를 수신하여 화재발생을 소방관서에 통보하는 기능
2신호식 수신기	화재신호를 1회 수신하면 지구표시등과 주경종을 작동시키고, 두 번째 수신했을 때 화재발생이라고 판단 전역에 통보하는 기능
GP형 수신기	① P형 수신기의 모든 기능 ② 가스누출탐지 기능
GR형 수신기	① R형 수신기의 모든 기능 ② 가스누출탐지 기능

(7-3)

<table>
<tr><th colspan="2">종 류</th><th>동작원리</th></tr>
<tr><td rowspan="3">열감지기</td><td>차동식</td><td>감지기가 설치된국소, 또는 주위의 온도가 일정한 온도상승률 이상일 경우에 작동</td></tr>
<tr><td>정온식</td><td>감지기가 설치된 주위온도가 일정한 온도 이상이 되면 작동</td></tr>
<tr><td>보상식</td><td>차동식과 정온식의 기능을 동시에 가지고 있는 감지기로서 두 기능 중 어느 한 가지의 기능만의 작동에도 화재신호를 송출(부동작 방지용)</td></tr>
<tr><td rowspan="2">연기감지기</td><td>이온화식</td><td>외부와 통하는 외부이온실과 차폐된 내부이온실이 직렬로 접속되어 연기의 유입으로 외부이온실의 이온전류가 변화하여 작동한다.</td></tr>
<tr><td>광전식</td><td>주위의 빛을 완전히 차단시키고 연기만 유입하도록 한 암상자 내의 한쪽에서 발광소자 다이오드의 광속을 한 방향으로 조사시키고, 이 광속이 유입된 연기에 의해 산란한 산란광이 수광소자에 입사되는 경우 화재신호 송출한다.</td></tr>
<tr><td colspan="2">복합형 감지기</td><td>특성이 서로 다른 2개 이상의 기능을 보유한 것으로 두 가지의 특성이 같이 동작했을 때만 화재신호를 송출</td></tr>
<tr><td colspan="2">다신호식 감지기</td><td>감도가 서로 다른 2개 이상의 신호를 발하는 감지기로서 정온식의 경우 60[℃]와 70[℃]의 동작신호를 수신기로 송출하고, 이온화식의 경우 축적신호와 비축적신호를 송출한다.</td></tr>
<tr><td colspan="2">불꽃 감지기</td><td>화재로 인해 발생하는 불꽃으로부터 방사되는 자외선이나 적외선을 검출하여 화재신호를 송출한다.</td></tr>
<tr><td colspan="2">Analog식 감지기</td><td>감지기 주위의 조건(온도, 연기농도) 변화에 따라서 정보를 출력(예비경보, 화재경보, 소화설비 연동 등의 단계별 경보출력)</td></tr>
</table>

(7-4)

① 수평 경계구역의 기준

㉮ 하나의 경계구역이 2개 이상의 건축물에 미치지 아니하도록 할 것.

㉯ 하나의 경계구역이 2개 이상의 층에 미치지 아니하도록 할 것. 다만

500[㎡] 이하의 범위 안에서는 2개의 층을 하나의 경계구역으로 할 수 있다.

㉰ 하나의 경계구역의 면적은 600[㎡] 이하로 하고 한 변의 길이는 50[m] 이하로 할것. 다만 해당 특정 소방대상물의 주된 출입구에서 그 내부 전체가 보이는 것에 있어서는 한 변의 길이가 50[m]의 범위에서 1,000[㎡] 이하로 할 수 있다. (학교의 강당, 옥내 경기장, 체육관, 집회장, 관람장, 극장의 객석 등) 단, 사무실, 창고등 한눈에 볼 수 있는 것으로 생각되는 경우라도 실제로는 물건을 쌓았거나 큰 기계, 샤프트 등이 설치되어 있어 내부를 볼 수 없다면 해당되지 않는다.

② 수직 경계구역의 기준

계단(직통계단 외의 것에 있어서는 떨어져 있는 상하계단의 상호간 수평거리가 5[m] 이하로서 서로 간에 구획되지 아니한 것에 한한다.) · 경사로(에스컬레이터 경사로 포함) · 엘리베이터 승강로(권상기실이 있는 경우 권상기실) · 린넨슈트 · 파이프 피트 및 덕트 기타 이와 유사한 부분에 대하여는 별도로 경계구역을 설정하되, 하나의 경계구역은 높이 45[m] 이하(계단 및 경사로에 한한다)로 하고, 지하층의 계단 및 경사로(지하층의 층수가 1일 경우는 제외한다)는 별도로 하나의 경계구역으로 하여야 한다.

③ 외기에 면하여 상시 개방된 부분이 있는 차고 · 주차장 · 창고 등에 있어서는 외기에 면하는 각 부분으로부터 5[m] 미만의 범위 안에 있는 부분은 경계구역의 면적에 산입하지 아니한다.

(7-5)

종 류	설 치 기 준
피난구유도등	① 옥내로부터 직접 지상으로 통하는 출입구 및 그 부속실의 출입구 ② 직통계단 · 직통계단의 계단실 및 그 부속실의 출입구 ③ 제1호와 제2호에 따른 출입구에 이르는 복도 또는 통로로 통하는 출입구 ④ 안전 구획된 거실로 통하는 출입구 ⑤ 피난구유도등은 피난구의 바닥으로부터 높이 1.5m 이상으로서 출입구에 인접하도록 설치하여야 한다. ⑥ 피난층으로 향하는 피난구의 위치를 안내할 수 있도록 제1항 제1호 또는 제2호의 출입구 인근 천장에 제1항 제1호 또는 제2호에 따라 설치된 피난구유도등의 면과 수직이 되도록 피난구유도등을 추가로 설치하여야 한다. 다만, 제1항 제1호 또는 제2호에 따라 설치된 피난구유도등이 입체형인 경우에는 그러하지 아니하다.
통로유도등	① 복도에 설치하되 제5조 제1항 제1호 또는 제2호에 따라 피난구 유도등이 설치된 출입구의 맞은편 복도에는 입체형으로 설치하거나, 바닥에 설치할 것. ② 구부러진 모퉁이 및 가목에 따라 설치된 통로유도등을 기점으로 보행거리 20[m]마다 설치할 것. ③ 바닥으로부터 높이 1[m] 이하의 위치에 설치할 것. 다만, 지하층 또는 무창층의 용도가 도매시장·소매시장·여객자동차터미널·지하역사 또는 지하상가인 경우에는 복도·통로 중앙 부분이 바닥에 설치하여야 한다. ④ 바닥에 설치하는 통로유도등은 하중에 따라 파괴되지 아니하는 강도의 것
객석유도등	① 객석유도등은 객석의 통로, 바닥 또는 벽에 설치하여야 한다. ② 객석의 통로, 바닥 또는 벽에 설치하는 유도등으로서 객석 내 통로가 계단으로 되어 있을 때는 객석 통로의 전장에 걸쳐서 조명할 수 있게 설치하고, 경사로 또는 수평로인 경우는 4[m] 이하마다 설치한다. ③ 객석 내의 통로가 경사로 또는 수평로로 되어 있는 부분은 다음의 식에 따라 산출한 수(소수점 이하의 수는 1로 본다.)의 유도등을 설치하여야 한다. 설치개수 = 객석의통로의 직선부분의길이(m)/4 − 1 ④ 객석 내의 통로가 옥외 또는 이와 유사한 부분에 있는 경우에는 해당 통로 전체에 미칠 수 있는 수의 유도등을 설치하여야 한다.

(7-6)

구 분	2선식 배선방식	3선식 배선방식
평상시	점등과 동시에 축전지 충전	소등상태이나 축전지 충전
비상시	상용전원 정전시, 또는 자동화재탐지설비 작동시 축전지 방전에 의한 점등	① 상용전원 정전 또는 배선의 단선시 ② 자동화재탐지설비의 작동시 ③ 자동소화설비 작동시 ④ 방제실 및 배전반에서 수동조작시 등에 의한 점등

(7-7)

동작원리 참조(page 478)

(7-8)

피뢰시스템의 4등급

등급	대상 시설물
I	원자력 발전소, 화학물 취급소 등
II	정유공장, 주유소 등
III	통신사, 발전소 등
IV	주택, 농장 등

(7-9)

인하도선의 시공방법

① 건축물 · 구조물과 분리된 피뢰시스템인 경우

-. 뇌전류의 경로가 보호대상물에 접촉하지 않도록 하여야 한다.

-. 별개의 지주에 설치되어 있는 경우 각 지주 마다 1조 이상의 인하도선을 시설한다.

-. 수평도체 또는 메시도체인 경우 지지 구조물 마다 1조 이상의 인하도

선을 시설한다.

② 건축물 · 구조물과 분리되지 않은 피뢰시스템인 경우

-. 벽이 불연성 재료로 된 경우에는 벽의 표면 또는 내부에 시설할 수 있다. 다만, 벽이 가연성 재료인 경우에는 0.1[m] 이상 이격하고, 이격이 불가능 한 경우에는 도체의 단면적을 100[㎟] 이상으로 한다.

-. 인하도선의 수는 2조 이상으로 한다.

-. 보호대상 건축물 · 구조물의 투영에 다른 둘레에 가능한 한 균등한 간격으로 배치한다. 다만, 노출된 모서리 부분에 우선하여 설치한다.

-. 병렬 인하도선의 최대 간격은 피뢰시스템 등급에 따라 Ⅰ·Ⅱ 등급은 10[m], Ⅲ 등급은 15[m], Ⅳ 등급은 20[m]로 한다.

③ 수뢰부시스템과 접지극시스템 사이에 전기적 연속성이 형성되도록 다음에 따라 시설하여야 한다.

-. 경로는 가능한 한 최단거리로 곧게 수직으로 시설하되 루프 형성이 되지 않아야 하며, 처마 또는 수직으로 설치된 홈통 내부에 시설하지 않아야 한다.

-. 자연적 구성부재를 사용하는 경우에는 전기적 연속성이 보장되어야 한다. 다만, 전기적연속성 적합성은 해당하는 금속부재의 최상단부와 지표레벨 사이의 직류전기저항을 0.2[Ω] 이하로 한다.

-. 시험용 접속점을 접지극시스템과 가까운 인하도선과 접지극시스템의 연결부분에 시설하고, 이 접속점은 항상 폐로 되어야 하며 측정 시에 공구 등으로만 개방할 수 있어야 한다. 다만, 자연적 구성부재를 이용한다.

2. 접지전극의 시공방법

① 건축물 · 구조물과 분리된 피뢰시스템인 경우

-. 뇌전류의 경로가 보호대상물에 접촉하지 않도록 하여야 한다.

-. 별개의 지주에 설치되어 있는 경우 각 지주 마다 1조 이상의 인하도선을 시설한다.

-. 수평도체 또는 메시도체인 경우 지지 구조물 마다 1조 이상의 인하도선을 시설한다.

② 건축물 · 구조물과 분리되지 않은 피뢰시스템인 경우

-. 벽이 불연성 재료로 된 경우에는 벽의 표면 또는 내부에 시설할 수 있다. 다만, 벽이 가연성 재료인 경우에는 0.1[m] 이상 이격하고, 이격이 불가능 한 경우에는 도체의 단면적을 100[㎟] 이상으로 한다.

-. 인하도선의 수는 2조 이상으로 한다.

-. 보호대상 건축물·구조물의 투영에 다른 둘레에 가능한 한 균등한 간격으로 배치한다. 다만, 노출된 모서리 부분에 우선하여 설치한다.

-. 병렬 인하도선의 최대 간격은 피뢰시스템 등급에 따라 Ⅰ·Ⅱ 등급은 10[m], Ⅲ 등급은 15[m], Ⅳ 등급은 20[m]로 한다.

③ 수뢰부시스템과 접지극시스템 사이에 전기적 연속성이 형성되도록 다음에 따라 시설하여야 한다.

-. 경로는 가능한 한 최단거리로 곧게 수직으로 시설하되 루프 형성이 되지 않아야 하며, 처마 또는 수직으로 설치된 홈통 내부에 시설하지 않아야 한다.

-. 자연적 구성부재를 사용하는 경우에는 전기적 연속성이 보장되어야 한다. 다만, 전기적연속성 적합성은 해당하는 금속부재의 최상단부와 지표레벨 사이의 직류전기저항을 0.2[Ω] 이하로 한다.

-. 시험용 접속점을 접지극시스템과 가까운 인하도선과 접지극시스템의 연결부분에 시설하고, 이 접속점은 항상 폐로 되어야 하며 측정 시에 공구 등으로만 개방할 수 있어야 한다. 다만, 자연적 구성부재를 이용하

① 재료의 형상에 따른 최소단면적은 KS C IEC 62305-3에 따른다.

② 접속은 용접, 압착, 봉합, 나사 조임 또는 볼트 조임 등의 방법 중 현장 여건에 적합한 방법으로 한다.

(7-10)

설치대상물

① 층수가 11층 이상인 특정소방대상물의 경우에는 11층 이상의 층부터 설치다.

② 지하층 층수가 3개 층 이상이고 지하층 바닥면적 합계가 1,000[㎡] 이상인 것은 지하층 모든 층에 설치한다.

③ 지하가 중 터널로서 길이가 500[m] 이상인 것

설치목적

고층 건축물에서 화재가 발생하여 상용전원이 정전될 경우, 건물 내부가 어두워서 소화활동이 불가능하게 된다. 이를 해소하기 위해 지하층을 제외한 층수가 7층 이상에 비상콘센트(비상전원)를 설치하게 하여 유사시 필요한 전기기구(조명기, 배연기 등)를 사용하여 소방관의 소방활동을 원활하게 하도록 하는데 목적이 있다.

(7-11)

방재센터의 기능

① 일반 방재설비의 관리와 방염 활동을 용이하게 할 수 있는 기능.

② 화재를 조기에 발견하고 일시에 많은 인원을 안전하고 신속하게 피난, 유도시킬 수 있는 기능 및 초기 소화작업이 용이하고 비상사태 발생시 사태 진압에 용이한 기능.

③ 소방기관에 신속한 연락 및 본격적인 소화 진압을 위한 지휘 및 통제가 용이한 기능.

최신 전기설비 설계 · 시공 · 감리

초판인쇄 | 2024년 2월 15일
초판발행 | 2024년 2월 23일

지 은 이 | 강동귀 · 이순형
발 행 인 | 이성범
발 행 처 | 문운당
주　　소 | 서울시 종로구 혜화로5길 16 (명륜1가 45-3)
출판등록 | 1962년 7월 4일 제 1-139
전　　화 | (02)762-6010
팩　　스 | 영업 (02)745-0265 / 편집 (02)762-8758
이 메 일 | 영업 munun2@chol.com
편집 munundang@naver.com
홈페이지 | http://munundang.co.kr

ISBN 979-11-5692-676-46 93560

정가 32,000원